西门子
S7-1200 PLC
从入门到精通

陈忠平　许慧燕　刘琼 编著

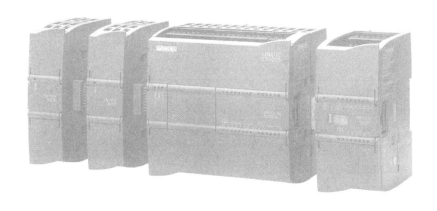

中国电力出版社
CHINA ELECTRIC POWER PRESS

内 容 提 要

本书从实际工程应用出发，详细讲解了西门子 S7-1200 系列 PLC 的基础与实际应用等方面的内容。本书共有 9 章，主要介绍了 PLC 的基本概况、S7-1200 PLC 的硬件、S7-1200 PLC 编程基础、S7-1200 PLC 的指令系统、S7-1200 PLC 的用户程序结构、S7-1200 PLC 的顺序控制编程方法与 SCL 编程语言、S7-1200 PLC 模拟量功能与 PID 控制、S7-1200 PLC 通信、PLC 控制系统设计与实例等内容。

本书语言通俗易懂，实例的实用性和针对性较强，特别适合初学者使用，对有一定 PLC 基础知识的读者也会有很大帮助。本书既可作为电气控制领域技术人员的自学教材，也可作为高职高专院校、成人高校、本科院校的电气工程、自动化、机电一体化、计算机控制等专业的参考书。

图书在版编目（CIP）数据

西门子 S7-1200 PLC 从入门到精通/陈忠平，许慧燕，刘琼编著 . —北京：中国电力出版社，2024.7
ISBN 978-7-5198-8817-6

Ⅰ.①西…　Ⅱ.①陈…　②许…　③刘…　Ⅲ.①PLC 技术　Ⅳ.①TM571.61

中国国家版本馆 CIP 数据核字（2024）第 077382 号

出版发行：中国电力出版社
地　　址：北京市东城区北京站西街 19 号（邮政编码 100005）
网　　址：http：//www. cepp. sgcc. com. cn
责任编辑：刘　炽（484241246@qq.com）
责任校对：黄　蓓　常燕昆　于　维
装帧设计：王红柳
责任印制：杨晓东

印　　刷：北京雁林吉兆印刷有限公司
版　　次：2024 年 7 月第一版
印　　次：2024 年 7 月北京第一次印刷
开　　本：787 毫米×1092 毫米　16 开本
印　　张：35.5
字　　数：839 千字
定　　价：128.00 元

前　言

可编程逻辑控制器（programmable logic controller，PLC），是以微处理器为基础，综合了计算机技术、自动控制技术和通信技术，发展起来的一种通用工业自动控制装置。自 20 世纪 60 年代推出第 1 台 PLC 至今，PLC 的发展非常迅猛，已成为工控领域中最重要、应用最广的控制设备之一。

随着时代的发展、科技的进步，PLC 厂商纷纷推出了更新换代的产品，作为全球 PLC 生产大型厂商的德国西门子股份公司（SIEMENS）也不例外。SIMATIC❶ S7-1200 PLC 是 SIEMENS 于 2009 年推出的一种紧凑型、模块化 PLC，可作为 S7-200 PLC 和 S7-300 PLC 之间的替代产品，其扩展性强、灵活度高，能实现高标准工业通信。为便于读者学习和理解 S7-1200 PLC 控制系统的相关技术，特编写本书。

在编写过程中编者注重题材的取舍，使本书具有以下特点：

（1）以 PLC 的应用技术为重点，淡化原理，注重实用，以项目、案例为线索进行内容的编排。

（2）本书定位于面向自动控制的应用层面上，从示范工程到应用层，工程实例丰富，着重培养读者的动手能力，使读者容易跟上新技术的发展。

（3）本书的大部分实例取材于实际工程项目或其中的某个环节，对读者从事 PLC 应用和工程设计具有较大的实践指导意义。

全书共分 9 章，第 1 章讲述了 PLC 的定义、发展历程与趋势、功能、特点与主要性能指标、应用和分类、PLC 的硬件组成及工作原理；第 2 章介绍了 S7-1200 PLC 的性能特点与硬件系统组成、中央处理器（central processing unit，CPU）模块、信号模块与信号板、集成的通信接口与通信模块、分布式模块、硬件安装和拆卸、S7-1200 PLC 的接线和电源计算等内容；第 3 章先简单介绍了 PLC 的编程语言种类、数据类型与寻址方式，然后详细讲述了 TIA Portal（博途）编程软件的使用，最后又讲解了安装支持包等内容；第 4 章介绍了 S7-1200 的基本指令、扩展指令、工艺功能，并通过实例讲解了指令的使用方法；第 5 章介绍了 S7-1200 PLC 的用户程序结构及编程方法，数据块、组织块、函数和函数块的使用方法；第 6 章先介绍了梯形图的翻译设计方法与经验设计法、顺序控制设计法与顺序功能图，然后详细讲解了常见的顺序控制编写梯形图程序的方法、置位/复位指令方式的顺序控制，最后还讲解了结构化控制语言（structured control language，SCL）；第 7 章介绍了模拟量的基本概念、S7-1200 系列的模拟量扩展模块、模拟量控制的使用、比例-积分-微分（proportional integral derivative，PID）控制与应用等内容；第 8 章介绍了通信基础知识、S7-1200 PLC 的自由口协议通信、Modbus RTU 协议通信、通用串行通信接口（universal serial interface，USS）协议通信、程序总线网络（process field bus，PROFIBUS）通信、PROFINET 通信、开放式用户通信和 S7 通信等内容；第

---

❶　SIMATIC 是 SIEMENS 自动化系列产品品牌统称，来源于 SIEMENS＋Automatic（西门子＋自动化）。

9 章讲解了 PLC 控制系统的设计方法，并通过实例讲解了 PLC 在控制系统中的应用。

参加本书编写工作的有湖南工程职业技术学院陈忠平，湖南涉外经济学院许慧燕，湖南航天机电设备与特种材料研究所刘琼等。全书由湖南工程职业技术学院龚亮副教授主审。由于编者知识水平和经验的局限性，书中难免有错漏之处，敬请广大读者批评指正。

编著者

2024 年 1 月

目　　录

第1章　PLC 的基本概况

可编程控制器是结合继电-接触器控制和计算机技术而不断发展完善的一种自动控制装置，具有编程简单、使用方便、通用性强、可靠性高等优点，在自动控制领域的应用十分广泛。本书以西门子 SIMATIC S7-1200 PLC 为例，介绍可编程控制器的基本结构、工作原理、指令系统、程序设计、应用控制等内容。

1.1　PLC　概　述

1.1.1　PLC 的定义

可编程控制器是在继电器控制和计算机控制的基础上开发出来的，并逐渐发展为以微处理器为基础，综合计算机技术、自动控制技术和通信技术等现代科技为一体的新型工业自动控制装置。目前广泛应用于各种生产机械和生产过程的自动控制系统中。

因早期的可编程控制器主要用于代替继电器实现逻辑控制，因此将其称为可编程逻辑控制器（programmable logic controller，PLC）。随着技术的发展，许多厂家采用微处理器（micro processer unit，MPU）作为可编程控制的中央处理单元（central processing unit，CPU），大大增强 PLC 功能，使它不仅具有逻辑控制功能，还具有算术运算功能和对模拟量的控制功能。据此美国电气制造协会（National Electrical Manufacturers Association，NEMA）于 1980 年将它正式命名为可编程控制器（programmable controller，PC），且对 PC 作如下定义：PC 是一种数字式的电子装置，它使用了可编程序的存储器以存储指令，能完成逻辑、顺序、计时、计数和算术运算等功能，用以控制各种机械或生产过程。

为了确定可编程控制器的性质，国际电工委员会（International Electrical Committee，IEC）曾多次发布及修订有关可编程控制器的文件，如在 1987 年颁布的可编程控制器标准草案中对它作了以下定义：可编程控制器是一种专门为在工业环境下应用而设计的数字运算操作的电子装置。它采用可以编制程序的存储器，用来在其内部存储执行逻辑运算、顺序控制、定时、计数和算术运算等操作的指令，它以接入式 CPU 为核心，通过数字式或模拟式的输入和输出，控制各种类型的机械或生产过程。

PLC 从内部构造、功能及工作原理上看是一台计算机，是数字运算操作的电子装置，它带有可以编制程序的存储器，能进行逻辑运算、顺序运算、定时、计数和算术运算工作。

PLC 是一种工业现场用计算机。它是为在工业环境下应用而设计的，工业环境和一般办公环境有较大的区别。由于 PLC 的特殊构造，它能在高粉尘、高噪声、强电磁干扰和温度变化剧烈的环境下正常工作。为了能控制机械或生产过程，它要能很容易地与工业控制系统形成一个整体，这些都是个人计算机无法比拟的。

PLC 是一种通用的计算机。它能控制各种类型的工业设备及生产过程。它能够很容易地扩展功能，使用者可以根据控制对象的不同来编制程序。也就是说，PLC 较之以前的工业控制计算机，如单片机工业控制系统，具有更大的灵活性，它可以方便地应用在各种场合。

通过以上定义还可以了解到，相对于一般意义上的计算机，PLC 不仅具有计算机的内核，它还配置了许多使其适用于工业控制的器件。它实质上是经过一次开发的工业控制用计算机。从另一个方面来说，它是一种通用机，经过二次开发，它可以在任何具体的工业设备上使用。自其问世以来，电气工程技术人员感受最强的，也正是 PLC 二次开发十分容易。在很大程度上，它使工业自动化设计从专业设计院走进工厂和矿山，变成了普通工程技术人员甚至普通电气工人力所能及的工作。再加上体积小、工作可靠性高、抗干扰能力强、控制功能完善、适应性强、安装接线简单等众多优点，PLC 获得了突飞猛进的发展，在工业控制领域获得了非常广泛的应用。

PC 可编程控制器在工业界使用了多年，但因个人计算机（personal computer）也简称为 PC，为了对两者进行区别，现在通常把可编程控制器简称为 PLC，所以本书中也将其称为 PLC。

1.1.2　PLC 的发展历史与趋势

PLC 从问世至今，已成为最重要、最普及、应用场合最广的工业控制器之一。

1. PLC 的发展历史

20 世纪 20 年代起，人们把各种继电器、定时器、接触器及其触点按一定的逻辑关系连接起来，组成传统的继电-接触器控制系统，来控制各种机械设备。其结构简单，在一定范围内能满足控制要求，因而使用面广，在工业控制领域中一直占有主导地位。

随着工业技术的发展，设备和生产过程越来越复杂。复杂的系统若采用传统继电-接触器控制，需使用成百上千个各式各样的继电器。对于复杂的系统而言，继电器控制系统存在可靠性差和灵活性差等缺点。

20 世纪 60 年代，工业生产流水线的自动控制系统基本上都由传统的继电-接触器构成。20 世纪 60 年代中期，美国汽车制造业竞争激烈，各生产厂家的汽车型号不断更新，要求加工的生产线控制装置也随之改变。美国通用汽车公司（GM）为适应生产工艺不断更新的需要，提出使用一种新的工业控制装置，该装置具有以下 10 项指标：

（1）编程简单，可在现场修改程序。

（2）维护方便，采用模块化结构。

（3）可靠性高于继电-接触器控制装置。

（4）体积小于继电-接触器控制装置。

（5）成本可与继电-接触器控制装置竞争。

（6）可将数据直接输入计算机。

（7）输入为交流 115V（美国标准系列电压值）。

（8）输出为交流 115V、2A 以上，能直接驱动电磁阀、交流接触器、小功率电动机等。

(9) 通用性强，能扩展。

(10) 能存储程序，存储器容量至少能扩展到 4KB。

根据这些条件，美国数字设备公司（DEC）首先响应，于 1969 年成功研制出世界第一台可编程控制器 PDP-14，用它代替传统的继电器控制系统，并在美国 GM 公司的汽车自动装配线上试用成功。接着，美国莫迪康公司（Modicon）（现为施耐德电气旗下品牌）也开发出了可编程控制器 Modicon 084。

这种新型的工业控制装置具有简单易懂、操作方便、可靠性高、通用灵活、体积小、使用寿命长等优点，其技术很快在美国其他工业领域中得到推广，在工业界产生了巨大影响。从此，PLC 在世界各地迅速发展起来。

1971 年，日本从美国引进这些技术，并很快研制了日本第一台可编程控制器 DSC-8。1973～1974 年德意志联邦共和国和法国也开始研制出自己的 PLC。我国从 1974 年开始研制，当时仿制美国第一代产品，技术水平不高。直到 1977 年底，美国摩托罗拉公司（Motorola）的一位微处理器 MC14500 研制成功后，我国就以 MC14500 微处理器为核心进行 PLC 的研制，并很快研制成功，开始应用于工业领域。

PLC 从 1969 年问世至今，经过 40 余年的发展，大致经历了五次更新换代。

(1) 第一代：1969～1972 年。第一代的 PLC 称为可编程逻辑控制器，主要是作为继电-接触器控制装置的替代物而出现的。其功能单一，只是执行原先由继电器完成的顺序控制、定时、计数等功能，将继电器的"硬接线"控制方式改为"软接线"方式。CPU 由中、小规模集成电路组成，存储器为磁芯存储器。典型的产品有 DEC 的 PDP-14、PDP14/L，日本富士电机公司的 USC-4000，日本欧姆龙公司（OMRON）的 SCY-022，北辰电机公司的 HOSC-20，日本横河电机公司的 YODIC-S 等。

(2) 第二代：1973～1975 年。第二代的 PLC 已开始使用微处理器作为 CPU，存储器采用可擦除可编程只读存储器（EPROM）半导体技术。功能有所增加，能够实现数字运算、传送、比较等功能，并初步具备自诊断功能，可靠性也有一定的提高。典型产品有美国莫迪康公司（Modicon）的 Modicon 184、284、384；美国通用电气公司（GE）的 LOGISTROT；德国西门子股份公司（SIEMENS）的 SIMATIC S3、S4 系列；日本富士电机公司的 SC 系列等。

第一代和第二代的 PLC 又称为早期 PLC，在这一时期采用了广大电气工程技术人员所熟悉的继电-接触器控制线路方式，即梯形图，并作为 PLC 特有的编程语言一直沿用至今。

(3) 第三代：1976～1983 年。第三代 PLC 又称为中期 PLC，在这一时期 PLC 进入了大发展阶段，美国、德国、日本各有多个厂家生产 PLC。这个时期的产品中 CPU 已采用 8 位和 16 位微处理器，部分产品的 CPU 还采用多个微处理器结构，这使 PLC 的功能增强、工作速度加快、能进行多种复杂的数学运算、体积减小、可靠性提高、成本下降。

在硬件方面，除保持原有的开关模块外，还增加模拟量模块、远程输入/输出（I/O）控制模块、扩大存储容量、增加各种逻辑线圈的数量；在软件方面，除保持原有的逻辑运算、计时、计数功能外，还增加了算术运算、数据处理和传送、通信、自诊断等功能。

典型产品有美国莫迪康公司（Modicon）的 Modicon 84、484、584、684、884，美国德州仪器公司（TI）的 PM550、510、520、530，德国西门子股份公司（SIEMENS）的

SYMATIC S5 系列，日本三菱公司（MITSUBISHI）的 MELPLAC-50、550，日本富士电机公司的 MICREX 等。

（4）第四代：1983 年～20 世纪 90 年代中期。在这一时期，由于超大规模集成电路技术的迅速发展，CPU 采用了 16 位微处理器，内存容量更大。为了进一步提高 PLC 的处理速度，各制造商还研制了专用逻辑处理芯片。这样 PLC 在软、硬件功能上都有巨大变化。PLC 的联网通信能力增强，可将多台 PLC 连接起来，可构成功能完善的分布式控制系统，实现资源共享；外设多样化，可配置阴极射线管显示器（CRT）和打印机等。

（5）第五代：20 世纪 90 年代中期至今。近期 PLC 使用 16 位和 32 位微处理器，运算速度更快，功能更强，具有更强的数学运算和大批量的数据处理能力；出现了智能化模块，可以实现各种复杂系统的控制；编程语言除了可使用传统的梯形图、流程图外，还可使用高级编程语言。

2. PLC 的发展趋势

近年来，PLC 发展更加迅猛。展望未来，PLC 主要朝以下方向进行发展：

（1）向简易经济超小型和高速度、大容量、高性能的大型 PLC 发展。单片机技术的发展，使 PLC 的结构更加紧凑、体积进一步减小、价格降低、可靠性不断提高，可广泛取代传统的继电-接触器控制系统。简易经济超小型 PLC 主要用于单机控制和规模较小的控制线系统。

大型 PLC 一般为多处理器系统，由字处理器、位处理器和浮点处理器等组成，具有较大的存储功能和较强的输入/输出接口。如有的机型扫描速度高达 0.1ms/KB，可处理几万个开关量 I/O 信号和多个模拟量 I/O 信号，用户存储器空间达几十兆字节。

（2）过程控制功能增强。随着 PLC 技术的发展，已出现了模拟量 I/O 模块和专门用于模拟量闭环控制（过程控制）的智能 PID 模块。现代 PLC 模拟量控制除采用闭环控制指令和智能 PID 模块外，有的还采用模糊控制、自适应控制和参数自整定功能，以减少调试时间、提高控制精度。

（3）向智能化、模块化发展。智能 I/O 模块就是以微处理器和存储器为基础的微型计算机系统，具有很强的信息处理能力和控制功能。它们的 CPU 与 PLC 的主 CPU 并行工作，占用主 CPU 的时间很少，有利于提高 PLC 系统的运行速度、信息处理速度，有时还可完成主 CPU 难以兼顾的功能，以提高 PLC 的适应性和可靠性。

（4）向网络通信方向发展。PLC 通过网络接口，可级联不同类型的 PLC 和计算机，从而组成控制范围很大的局部网络，便于分散与集中控制。PLC 通信能力的增强，使设备之间的通信能够自动周期性地进行，而不需要用户为通信而进行编程。

（5）向软件化发展。编程软件可以控制 PLC 系统中各框架各个插槽上模块的型号、模块参数、各串行通信接口的参数等硬件结构和参数。在屏幕上可以直接生成和编辑 PLC 梯形图、指令表、功能图、顺序控制功能程序，还可以实现不同编程语言的相互转换。

1.1.3 PLC 的功能、特点与主要性能指标

1. PLC 的基本功能

PLC 具有逻辑控制、定时控制、计数控制、顺序控制、数据处理、模/数（A/D）和

数/模（D/A）转换、通信联网、监控等基本功能。

（1）逻辑控制功能。逻辑控制又称为顺序控制或条件控制，它是 PLC 应用最广泛的领域。逻辑控制功能实际上就是位处理功能，使用 PLC 的"与"（AND）、"或"（OR）、"非"（NOT）等逻辑指令，取代继电器触点的串联、并联及其他各种逻辑连接，进行开关控制。

（2）定时控制功能。PLC 的定时控制，类似于继电-接触器控制领域中的时间继电器控制。在 PLC 中有许多可供用户使用的定时器，这些定时器的定时时间可由用户根据需要进行设定。PLC 执行时根据用户定义时间长短进行相应限时或延时控制。

（3）计数控制功能。PLC 为用户提供了多个计数器，PLC 的计数器类似于单片机中的计数器，其计数初值可由用户根据需求进行设定。执行程序时，PLC 对某个控制信号状态的改变次数（如某个开关的动合次数）进行计数，当计数到设定值时，发出相应指令以完成某项任务。

（4）步进控制功能。步进控制（又称为顺序控制）功能是指在多道加工工序中，使用步进指令控制在完成一道工序后，PLC 自动进行下一道工序。

（5）数据处理功能。PLC 一般具有数据处理功能，可进行算术运算、数据比较、数据传送、数据移位、数据转换、编码、译码等操作。中、大型 PLC 还可完成开方、PID 运算、浮点运算等操作。

（6）A/D、D/A 转换功能。有些 PLC 通过 A/D、D/A 模块完成模拟量和数字量之间的转换、模拟量的控制和调节等操作。

（7）通信联网功能。PLC 通信联网功能是利用通信技术，进行多台 PLC 间的同位连接、PLC 与计算机连接，以实现远程 I/O 控制或数据交换。可构成集中管理、分散控制的分布式控制系统，以完成较大规模的复杂控制。

（8）监控功能。监控功能是指利用编程器或监视器对 PLC 系统各部分的运行状态、进程、系统中出现的异常情况进行报警和记录，甚至自动终止运行。通常小型低档 PLC 利用编程器监视运行状态；中档以上的 PLC 使用 CRT 接口，从屏幕上了解系统的工作状况。

2. PLC 的主要特点

PLC 之所以广泛应用于各种工业控制领域中，是因为它与传统的继电-接触器系统相比具有以下显著的特点。

（1）可靠性高，抗干扰能力强。继电-接触器控制系统使用大量的机械触点，连接线路比较繁杂，且触点通断时有可能产生电弧，造成机械磨损，会影响其寿命，可靠性差。PLC 中采用现代大规模集成电路，比机械触点继电器的可靠性要高。在硬件和软件设计中都采用了先进技术以提高可靠性和抗干扰能力。比如，用软件代替传统继电-接触器控制系统中的中间继电器和时间继电器，只剩下少量的输入/输出硬件，将触点因接触不良造成的故障大大减小，提高了可靠性；所有 I/O 接口电路采用光电隔离，使工业现场的外电路与 PLC 内部电路进行电气隔离；增加自诊断、纠错等功能，使其在恶劣工业生产现场的可靠性、抗干扰能力提高。

（2）灵活性好，扩展性强。继电-接触器控制系统是由继电器等低压电器采用硬件接线实现的，连接线路比较繁杂，而且每个继电器的触点数目有限。当控制系统功能改变时，需改变线路的连接，所以继电-接触器控制系统的灵活性、扩展性差。而由 PLC 构成的控制系统中，只需在 PLC 的端子上接入相应的控制线即可，减少接线。当控制系统功能改变时，有时只需编程器在线或离线修改程序，就能实现其控制要求。PLC 内部有大量的编程元件，能进行逻辑判断、数据处理、PID 调节和数据通信功能，可以实现非常复杂的控制功能，当元件不够时，只需加上相应的扩展单元即可，因此 PLC 控制系统的灵活性好、扩展性强。

（3）控制速度快，稳定性强。继电-接触器控制系统是依靠触点的机械动作来实现控制的，其触点的动断速度一般在几十毫秒，影响控制速度，有时还会出现抖动现象。PLC 控制系统是由程序指令控制半导体电路来实现的，响应速度快，一般执行一条用户指令仅在很短的微秒内即可，PLC 内部有严格的同步，不会出现抖动现象。

（4）延时调整方便，精度较高。继电-接触器控制系统的延时控制是通过时间继电器来完成的，而时间继电器的延时调整不方便，且易受环境温度和湿度和影响，延时精度不高。PLC 控制系统的延时是通过内部时间元件来完成的，不受环境的温度和湿度的影响，定时元件的延时时间只需改变定时参数即可，因此其定时精度较高。

（5）系统设计安装快，维修方便。继电-接触器实现一项控制工程，其设计、施工、调试必须依次进行，周期长，维修比较麻烦。PLC 使用软件编程取代继电-接触器中的硬件接线而实现相应功能，使安装接线工作量减小，现场施工与控制程序的设计还可同时进行，周期短、调试快。PLC 具有完善的自诊断、履历情报存储及监视功能，对于其内部工作状态、通信状态、异常状态和 I/O 点的状态均有显示，当控制系统有故障时，工作人员通过它即可迅速查出故障原因，及时排除故障。

3. PLC 的主要性能指标

PLC 的性能指标较多，在此主要介绍与组成 PLC 控制系统关系较直接的几个。

（1）编程语言及指令功能。梯形图语言、助记符语言在 PLC 中较为常见，梯形图语言一般都在计算机屏幕上编辑，使用起来简单方便。助记符语言与计算机编程序相似，对于有编制程序基础的工程技术人员来说，学习助记符会容易一些，只要理解各个指令的含义，就可以像做计算机程序一样写 PLC 的控制程序。如果两种语言都会使用更好，因为它们之间可以互相转换。PLC 实际上只认识助记符语言，梯形图语言是需要转换成助记符语言后，存入 PLC 的存储器中。

现在功能语言的使用量有上升趋势。编程语言中还有一个内容是指令的功能。衡量指令功能的强弱可看两个方面：一是指令条数的多少；二是指令中有多少综合性指令。一条综合性指令一般就能完成一项专门操作。用户编制的程序完成的控制任务，取决于 PLC 指令的多少，指令功能越多，编程越简单和方便，完成一定的控制任务越容易。

（2）输入/输出（I/O）点数。I/O 点数是指 PLC 面板上输入和输出的端子个数，即点数，它是衡量 PLC 性能的重要指标。I/O 点数越多，外部可接的输入和输出的元器件就越多，控制规模就越大。因此国际上根据 I/O 点数的多少而将 PLC 分为大型机、中型机和小型或微型机。

（3）存储容量。存储容量在此是指用户程序存储器的存储空间的大小，它决定了 PLC 可容纳的用户程序的长短。一般是以字为单位进行计算，2 个字节构成 1 个字，1024 个字节为 1KB。中、小型 PLC 的存储容量一般在 8KB 以下，大型 PLC 的存储容量有的可达几兆字节，也有的 PLC 其用户存储容量以编程的步数来表示，每编一条语句为一步。

（4）扫描速度。扫描速度是指 PLC 执行用户程序的速度，它也是衡量 PLC 性能的一个重要指标，一般以每扫描 1KB 的用户程序所需时间的长短来衡量扫描速度。例如 20ms/KB 表示扫描 1KB 的用户程序所需的时间为 20ms。

（5）内部元件的种类和数量。在编写 PLC 程序时，需使用大量的内部元件，如辅助继电器、计时器、计数器、移位寄存器等进行存放变量、中间结果、时间等状态，因此这些内部元件的种类和数量越多，表示 PLC 存储和处理各种信息的能力越强。

（6）可扩展性。在现代工业生产中，PLC 的可扩展性也显得非常重要，主要包括 I/O 点数的扩展、存储容量的扩展、联网功能的扩展、可扩展的模块数。

1.1.4　PLC 的应用和分类

1. PLC 的应用

以前由于 PLC 的制造成本较高，其应用受到一定的影响。随着微电子技术的发展，PLC 的制造成本不断下降，同时 PLC 的功能大大增强，因此 PLC 已广泛应用于冶金、石油、化工、建材、机械制造、电力、汽车、造纸、纺织、环保等行业。从应用类型看，其应用范围大致归纳以下几种：

（1）逻辑控制。PLC 可进行"与""或""非"等逻辑运算，使用触点和电路的串、并联代替继电-接触器系统进行组合逻辑控制、定时控制、计数控制与顺序逻辑控制。这是 PLC 应用最基本、最广泛的领域。

（2）运动控制。大多数 PLC 具有拖动步进电动机或伺服电动机的单轴或多轴位置的专用运动控制模块，灵活运用指令，使运动控制与顺序逻辑控制有机结合在一起，广泛用于各种机械设备，如对各种机床、装配机械、机械手等进行运动控制。

（3）过程控制。现代中、大型 PLC 都具有多路模拟量 I/O 模块和 PID 控制功能，有的小型 PLC 也具有模拟量输入/输出模块。PLC 可接收到的温度、压力、流量等连续变化的模拟量，通过这些模块实现模拟量和数字量的 A/D 或 D/A 转换，并对被控模拟量进行闭环 PID 控制。这一控制功能被广泛应用于锅炉、反应堆、水处理、酿酒等方面。

（4）数据处理。现代 PLC 具有数学运算（如矩阵运算、函数运算、逻辑运算等）、数据传送、转换、排序、查表、位操作等功能，可进行数据采集、分析、处理，同时可通过通信功能将数据传送给别的智能装置，如 PLC 对计算机数值控制（CNC）设备进行数据处理。

（5）通信联网控制。PLC 通信包括 PLC 与 PLC、PLC 与上位机（如计算机）、PLC 与其他智能设备之间的通信。PLC 通过同轴电缆、双绞线等设备与计算机进行信息交换，可构成"集中管理、分散控制"的分布式控制系统，以满足工厂自动化（FA）系统、柔性制造系统（FMS）、集散控制系统（DCS）等发展的需要。

2. PLC 的分类

PLC 种类繁多，性能规格不一，通常根据其结构形式、性能高低、控制规模等方面进行分类。

（1）按结构形式进行分类。根据 PLC 的硬件结构形式，将 PLC 分为整体式、模块式和混合式三类。

整体式 PLC 是将电源、CPU、I/O 接口等部件集中配置装在一个箱体内，形成一个整体，通常将其称为主机或基本单元。采用这种结构的 PLC 具有结构紧凑、体积小、重量轻、价格较低、安装方便等特点，但主机的 I/O 点数固定，使用不太灵活。一般小型或超小型的 PLC 通常采用整体式结构，例如 SIEMENS 生产的 S7-200 系列 PLC 就是采用整体式结构。

模块式结构 PLC 又称为积木式结构 PLC，它是将 PLC 各组成部分以独立模块的形式分开，如 CPU 模块、输入模块、输出模块、电源模块，有各种功能模块。模块式 PLC 由框架或基板和各种模块组成，将模块插在带有插槽的基板上，组装在一个机架内。采用这种结构的 PLC 具有配置灵活、装配方便、便于扩展和维修。大、中型 PLC 一般采用模块式结构。

混合式结构 PLC 是将整体式的结构紧凑、体积小、安装方便和模块式的配置灵活、装配方便等优点结合起来的一种新型结构 PLC。例如台达电子生产的 SX 系列 PLC 就是采用这种结构的小型 PLC，SIEMENS 生产的 S7-300 系列 PLC 是采用这种结构的中型 PLC。

（2）按性能高低进行分类。根据性能的高低，将 PLC 分为低档 PLC、中档 PLC 和高档 PLC 这三类。

低档 PLC 具有基本控制和一般逻辑运算、计时、计数等基本功能，有的还具有少量模拟量输入/输出、算术运算、数据传送和比较、通信等功能。这类 PLC 只适合于小规模的简单控制，在联网中一般作为从机使用。

中档 PLC 有较强的控制功能和运算能力，它不仅能完成一般的逻辑运算，也能完成比较复杂的三角函数、指数和 PID 运算，工作速度比较快，能控制多个输入/输出模块。中档 PLC 可完成小型和较大规模的控制任务，在联网中不仅可作从机，也可作主机，如 S7-300 就属于中档 PLC。

高档 PLC 有强大的控制和运算能力，不仅能完成逻辑运算、三角函数、指数、PID 运算、还能进行复杂的矩阵运算、制表和表格传送操作。可完成中型和大规模的控制任务，在联网中一般作主机，如 SIEMENS 生产的 S7-400 就属于高档 PLC。

（3）按控制规模进行分类。根据 PLC 控制器的 I/O 总点数的多少可分为小型机、中型机和大型机。

I/O 总点数在 256 点以下的 PLC 称为小型机，如 S7-200 系列 PLC。小型 PLC 通常用来代替传统继电-接触器控制，在单机或小规模生产过程中使用，它能执行逻辑运算、定时、计数、算术运算、数据处理和传送、高速处理、中断、联网通信及各种应用指令。I/O 总点数等于或小于 64 点的称为超小型或微型 PLC。

I/O 总点数为 256～2048 点的 PLC 称为中型机，如 S7-300 系列 PLC。中型 PLC 采用模块化结构，根据实际需求，用户将相应的特殊功能模块组合在一起，使其具有数字计算、PID 调节、查表等功能，同时相应的辅助继电器增多，定时、计数范围扩大，功能更强，扫描速度更快，适用于较复杂系统的逻辑控制和闭环过程控制。

I/O 总点数在 2048 点以上的 PLC 称为大型机，如 S7-400 系列 PLC，其中 I/O 总点数超过 8192 点的称为超大型 PLC 机。大型 PLC 具有逻辑和算术运算、模拟调节、联网通信、监视、记录、打印、中断控制、远程控制及智能控制等功能。目前有些大型 PLC

使用 32 位处理器，多 CPU 并行工作，具有大容量的存储器，使其扫描速度高速化，存储容量大大增加。

1.2　PLC 的结构和工作原理

PLC 是微型计算机技术与机电控制技术相结合的产物，是一种以微处理器为核心，用于电气控制的特殊计算机，因此 PLC 的组成与微型计算机类似，由硬件系统和软件系统组成。

1.2.1　PLC 的硬件组成

硬件系统就如人的躯体，PLC 的硬件系统主要由中央处理器（CPU）、存储器、输入/输出（I/O）接口、电源、通信接口、扩展接口等单元部件组成。整体式 PLC 的硬件组成如图 1-1 所示，模块式 PLC 的硬件组成如图 1-2 所示。

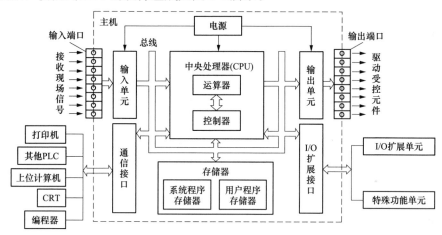

图 1-1　整体式 PLC 的硬件组成

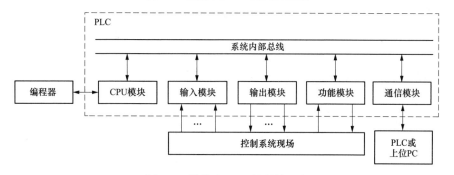

图 1-2　模块式 PLC 的硬件组成

1. 中央处理器（CPU）

PLC 的中央处理器与一般的计算机控制系统一样，由运算器和控制器构成，是整个系统的核心，类似于人类的大脑和神经中枢。它是 PLC 的运算、控制中心，用来实现逻辑和算术运算，并对全机进行控制，按 PLC 中系统程序赋予的功能，有条不紊地指挥

PLC 进行工作，主要完成以下任务：

（1）控制从编程器、上位计算机和其他外部设备键入的用户程序数据的接收和存储。

（2）用扫描方式通过输入单元接收现场输入信号，并存入指定的映像寄存器或数据寄存器。

（3）诊断电源和 PLC 内部电路的工作故障和编程中的语法错误等。

（4）PLC 进入运行状态后，执行相应工作：①从存储器逐条读取用户指令，经过命令解释后，按指令规定的任务产生相应的控制信号去启闭相关控制电路，通俗讲就是执行用户程序，产生相应的控制信号；②进行数据处理，分时、分渠道执行数据存取、传送、组合、比较、变换等动作，完成用户程序中规定的逻辑运算或算术运算等任务；③根据运算结果，更新有关标志位的状态和输出寄存器的内容，再由输入映像寄存器或数据寄存器的内容，实现输出控制、制表、打印、数据通信等。

2. 存储器

PLC 中存储器的功能与普通微机系统的存储器的结构类似，它由系统程序存储器和用户程序存储器等部分构成。

（1）系统程序存储器。系统程序存储器是用 EPROM 或 E^{2}PROM 来存储厂家编写的系统程序，系统程序是指控制和完成 PLC 各种功能的程序，相当于单片机的监控程序或微机的操作系统，在很大程度上它决定该系列 PLC 的性能与质量，用户无法更改或调用。系统程序有系统管理程序、用户程序编辑和指令解释程序、标准子程序和调用管理程序这 3 种类型。

1）系统管理程序：由它决定系统的工作节拍，包括 PLC 运行管理（各种操作的时间分配安排）、存储空间管理（生成用户数据区）和系统自诊断管理（如电源、系统出错，程序语法、句法检验等）。

2）用户程序编辑和指令解释程序：编辑程序能将用户程序转变为内码形式，以便于程序的修改、调试。解释程序能将编程语言转变为机器语言，以便于 CPU 操作运行。

3）标准子程序和调用管理程序：为了提高运行速度，在程序执行中某些信息处理（I/O 处理）或特殊运算等都是通过调用标准子程序来完成的。

（2）用户程序存储器。用户程序存储器是用来存放用户的应用程序和数据，它包括用户程序存储器（程序区）和用户数据存储器（数据区）两种。

程序存储器用以存储用户程序。数据存储器用来存储输入、输出及内部触点和线圈的状态，以及特殊功能要求的数据。

用户存储器的内容可以由用户根据需要任意读/写、修改、增删。常用的用户存储器形式有高密度、低功耗的 CMOS RAM（由锂电池实现断电保护，一般能保持 5~10 年，经常带负载运行也可保持 2~5 年）、EPROM 和 E^{2}PROM 三种。

3. 输入/输出单元（I/O 单元）

输入/输出单元又称为输入/输出模块，它是 PLC 与工业生产设备或工业过程连接的接口。现场的输入信号，如按钮开关、行程开关、限位开关及各传感器输出的开关量或模拟量等，都要通过输入模块送到 PLC 中。这些信号电平各式各样，而 PLC 的 CPU 所处理的信息只能是标准电平，所以输入模块还需要将这些信号转换成 CPU 能够接受和处理的数字信号。输出模块的作用是接收 CPU 处理过的数字信号，并把它转换成现场的执行部件所能接收的控制信号，以驱动负载，如电磁阀、电动机、灯光显示等。

PLC 的输入/输出单元上通常都有接线端子，PLC 类型不同，则其输入/输出单元的接线方式不同，通常分为汇点式、分组式和隔离式这 3 种接线方式，如图 1-3 所示。

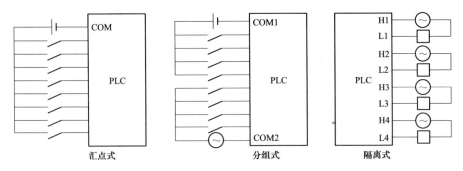

图 1-3 输入/输出单元 3 种接线方式

输入/输出单元分别只有 1 个公共端（COM）的称为汇点式，其输入或输出点共用一个电源；分组式是指将输入/输出端子分为若干组，每组的 I/O 电路有一个公共点并共用一个电源，组与组之间的电路隔开；隔离式是指具有公共端子的各组输入/输出点之间互相隔离，可各自使用独立的电源。

PLC 提供了各种操作电平和驱动能力的输入/输出模块供用户选择，如数字量输入/输出模块、模拟量输入/输出模块。这些模块又分为直流与交流型、电压与电流型等。

（1）数字量输入模块。数字量输入模块又称为开关量输入模块，它是将工业现场的开关量信号转换为标准信号传送给 CPU，并保证信息的正确和控制器不受其干扰。它一般是采用光电耦合电路与现场输入信号相连，这样可以防止使用环境中的强电干扰进入 PLC。光电耦合电路的核心是光电耦合器，其结构由发光二极管和光电三极管构成。现场输入信号的电源可由用户提供，直流输入信号的电源也可由 PLC 自身提供。数字量输入模块根据使用电源的不同分为直流输入模块（直流 12V 或 24V）和交流输入模块（交流 100～120V 或 200～240V）两种。

1）直流输入模块。当外部检测开关触点接入的是直流电压时，需使用直流输入模块对信号进行的检测。下面以某一输入点的直流输入模块进行讲解。

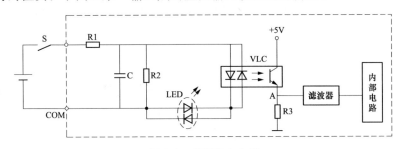

图 1-4 直流输入电路

直流输入模块的原理电路如图 1-4 所示。外部检测开关 S 的一端接外部直流电源（直流 12V 或 24V），S 的另一端与 PLC 的输入模块的一个信号输入端子相连，外部直流电源的另一端接 PLC 输入模块的公共端 COM。虚线框内的是 PLC 内部输入电路，R1 为限流

11

电阻；R2 和 C 构成滤波电路，抑制输入信号中的高频干扰；LED 为发光二极管。当 S 闭合后，直流电源经 R1、R2、C 的分压、滤波后形成 3V 左右的稳定电压供给光电隔离 VLC 耦合器，LED 显示某一输入点有无信号输入。光电隔离 VLC 耦合器另一侧的光电三极管接通，此时 A 点为高电平，内部＋5V 电压经 R3 和滤波器形成适合 CPU 所需的标准信号送入内部电路中。

内部电路中的锁存器将送入的信号暂存，CPU 执行相应的指令后，通过地址信号和控制信号读取锁存器中的数据信号。

当输入电源由 PLC 内部提供时，外部电源断开，将现场检测开关的公共触点直接与 PLC 输入模块的公共输入点 COM 相连即可。

2）交流输入模块。当外部检测开关触点加入的是交流电压时，需使用交流输入模块进行信号的检测。

交流输入模拟的原理电路如图 1-5 所示。外部检测开关 S 的一端接外部交流电源（交流 100～120V 或 200～240V），S 的另一端与 PLC 输入模块的一个信号输入端子相连，外部交流电源的另一端接 PLC 输入模块的公共端 COM。虚线框内的是 PLC 内部输入电路，R1 和 R2 构成分压电路，C 为隔直电容，用来滤掉输入电路中的直流成分，对交流相当于短路；LED 为发光二极管。当 S 闭合时，PLC 可输入交流电源，其工作原理与直流输入电路类似。

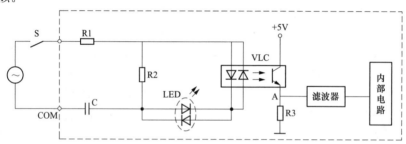

图 1-5　交流输入电路

3）交直流输入模块。当外部检测开关触点加入的是交流或直流电压时，需使用交直流输入模块进行信号的检测，如图 1-6 所示。从图 1-6 中看出，其内部电路与直流输入电路类似，只不过交直流输入电路的外接电源除直流电源外，还可用 12～24V 的交流电源。

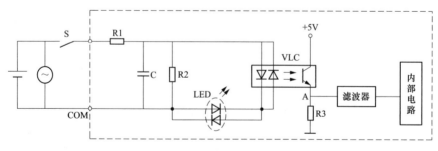

图 1-6　交直流输入电路

（2）数字量输出模块。数字量输出模块又称为开关量输出模块，它是将 PLC 内部信号转换成现场执行机构所能接收的各种开关信号。数字量输出模块按照使用电源（即用户电源）的不同，分为直流输出模块、交流输出模块和交直流输出模块 3 种。按照输出电路所使用的开关器件不同，又分为晶体管输出、晶闸管（即可控硅）输出和继电器输出，其中晶体管输出方式的模块只能带直流负载；晶闸管输出方式的模块只能带交流负载；继电器输出方式的模块既可带交流也可带直流的负载。

1）直流输出模块（晶体管输出方式）。PLC 某 I/O 点直流输出模块电路如图 1-7 所示，虚线框内表示 PLC 的内部结构。它由光电隔离耦合器件 VLC、二极管显示 LED、输出电路 VT、稳压管 VD、熔断器 FU 等组成。当某端需输出时，CPU 控制锁存器的对应位为 1，通过内部电路控制 VLC 输出，晶体管 VT 导通输出，相应的负载接通，同时输出指示灯 LED 亮，表示该输出端有输出。当某端不需要输出时，锁存器相应位为 0，光电隔离耦合器 VLC 没有输出，晶体管 VT 截止，使负载失电，此时指示灯 LED 熄灭，负载所需直流电源由用户提供。

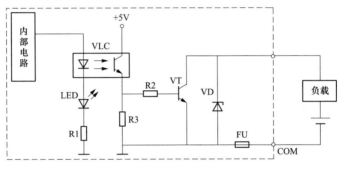

图 1-7　晶体管输出电路

2）交流输出模块（晶闸管输出方式）。PLC 某 I/O 点交流输出模块电路如图 1-8 所示，虚线框内表示 PLC 的内部结构。图中双向晶闸管（光控晶闸管）为输出开关器件，由它和发光二极管组成的固态继电器 T 有良好的光电隔离作用；电阻 R2 和 C 构成了高频滤波电路，减少高频信号的干扰；浪涌吸收器起限幅作用，将晶闸管上的电压限制在 600V 以下；负载所需交流电源由用户提供。当某端需输出时，CPU 控制锁存器的对应位为 1，通过内部电路控制 T 导通，相应的负载接通，同时输出指示灯 LED 亮，表示该输出端有输出。

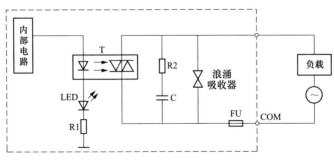

图 1-8　晶闸管输出电路

3）交直流输出模块（继电器输出方式）。PLC 某 I/O 点交直流输出模块电路如图 1-9 所示，它的输出驱动是继电器 K。继电器 K 既是输出开关，又是隔离器件；R2 和 C 构成灭弧电路。当某端需输出时，CPU 控制锁存器的对应位为 1，通过内部电路控制 K 吸合，相应的负载接通，同时输出指示灯 LED 亮，表示该输出端有输出。负载所需交直流电源由用户提供。

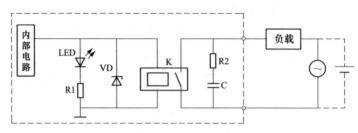

图 1-9　继电器输出电路

通过上述分析可知，为防止干扰和保证 PLC 不受外界强电的侵袭，I/O 单元都采用了电气隔离技术。晶体管只能用于直流输出模块，它具有动作频率高、响应速度快、驱动负载能力小的特点；晶闸管只能用于交流输出模块，它具有响应速度快、驱动负载能力不大的特点；继电器既能用于直流也能用于交流输出模块，它的驱动负载能力强，但动作频率和响应速度慢。

（3）模拟量输入模块。模拟量输入模块是将输入的模拟量如电流、电压、温度、压力等转换成 PLC 的 CPU 可接收的数字量。在 PLC 中将模拟量转换成数字量的模块又称为 A/D 模块。

（4）模拟量输出模块。模拟量输出模块是将输出的数字量转换成外部设备可接收的模拟量，这样的模块在 PLC 中又称为 D/A 模块。

4. 电源单元

PLC 的电源单元通常是将 220V 的单相交流电源转换成 CPU、存储器等电路工作所需的直流电，它是整个 PLC 系统的能源供给中心，电源的好坏直接影响 PLC 的稳定性和可靠性。对于小型整体式 PLC，其内部有一个高质量的开关稳压电源，为 CPU、存储器、I/O 单元提供 5V 直流电源，还可为外部输入单元提供 24V 直流电源。

5. 通信接口

为了实现微机与 PLC、PLC 与 PLC 间的对话，PLC 配有多种通信接口，如打印机、上位计算机、编程器等接口。

6. I/O 扩展接口

I/O 扩展接口用于将扩展单元或特殊功能单元与基本单元相连，使 PLC 的配置更加灵活，以满足不同控制系统的要求。

1.2.2　PLC 的工作原理

PLC 是一种存储程序的控制器。用户根据某一对象的具体控制要求，编制好控制程序后，用编程器将程序输入到 PLC（或用计算机下载到 PLC）的用户程序存储器中寄存。PLC 的控制功能就是通过运行用户程序来实现的。

PLC 虽然以微处理器为核心，具有微型计算机的许多特点，但它的工作方式却与微型计算机很大不同。微型计算机一般采用等待命令或中断的工作方式，如常见的键盘扫描方式或 I/O 扫描方式，当有键按下或 I/O 动作时，转入相应的子程序或中断服务程序；无键按下，则继续扫描等待。微型计算机运行程序时，一旦执行 END 指令，程序运行便结束。而 PLC 采用循环扫描的工作方式，即"顺序扫描，不断循环"。

　　PLC 从 0 号存储地址所存放的第 1 条用户程序开始，在无中断或跳转的情况下，按存储地址号递增的方向顺序逐条执行用户程序，直到 END 指令结束。然后再从头开始执行，并周而复始地重复，直到停机或从运行（RUN）切换到停止（STOP）工作状态。PLC 的这种执行程序方式称为扫描工作式。每扫描 1 次程序就构成 1 个扫描周期。另外，PLC 对输入、输出信号的处理与微型计算机不同。微型计算机对输入、输出信号实时处理，而 PLC 对输入、输出信号是集中批处理。其运行和信号处理示意如图 1-10 所示。

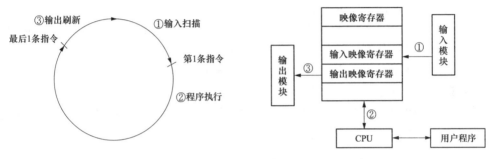

图 1-10　PLC 内部运行和信号处理示意图

　　PLC 采用集中采样、集中输出的工作方式，减少了外界干扰的影响。PLC 的循环扫描工作过程分为输入扫描、程序执行和输出刷新三个阶段，如图 1-11 所示。

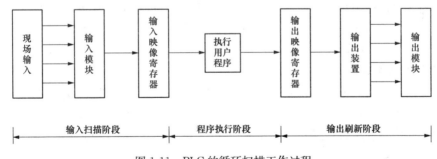

图 1-11　PLC 的循环扫描工作过程

1. 输入扫描阶段

　　PLC 在开始执行程序前，首先扫描输入模块的输入端子，按顺序将所有输入信号读入到寄存器（即输入状态的输入映像寄存器）中，此过程称为输入扫描。PLC 在运行程序时，所需的输入信号不是现时取输入端子上的信息，而是取输入映像寄存器中的信息。在本工作周期内这个采样结果的内容不会改变，输入状态的变化只在下一个扫描周期输入扫描阶段才被刷新。此阶段的扫描速度很快，其扫描时间取决于 CPU 的时钟速度。

2. 程序执行阶段

　　PLC 完成输入扫描工作后，从 0 号存储地址按顺序对用户程序进行扫描执行，如果程序用梯形图表示，那么总是按先上后下、先左后右的顺序进行。当遇到程序跳转指令时，根据跳转条件是否满足来决定程序的跳转地址。当指令中涉及输入、输出状态时，PLC 从输入映像寄存器将上一阶段采样的输入端子状态读出，从元件映像寄存器中读出对应元件的当前状态，并根据用户程序进行相应运算，然后将运算结果再存入元件寄存器中，对于元件映像寄存器来说，其内容随着程序的执行而发生改变。此阶段的扫描时间取决于程序的长度、复杂程度和 CPU 的功能。

3. 输出刷新阶段

当所有指令执行完后，进入输出刷新阶段。此时，PLC 将输出映像寄存器中所有与输出有关的输出继电器的状态转存到输出锁存器中，并通过一定的方式输出，驱动外部负载。此阶段的扫描时间取决于输出模块的数量。

上述 3 个阶段就是 PLC 的软件处理过程，可以认为就是程序扫描时间。扫描时间通常由 3 个因素决定：一是 CPU 的时钟速度，越高档的 CPU，时钟速度越高，扫描时间越短；二是 I/O 模块的数量，模块数量越少，扫描时间越短；三是程序的长度，程序长度越短，扫描时间越短。一般的 PLC 执行容量为 1KB 的程序需要的扫描时间为 1~10ms。

PLC 工作过程除了上述 3 个主要阶段外，还要完成内部处理、通信处理等工作。在内部处理阶段，PLC 检查 CPU 模块内部的硬件是否正常，将监控定时器复位，以及完成一些别的内部工作。在通信服务阶段，PLC 与其他带微处理器的智能装置实现通信。

1.2.3 PLC 的立即输入、输出功能

比较高档的 PLC 都有立即输入、输出功能。

1. 立即输入功能

立即输入适用于对反应速度要求很严格的场合，例如控制系统中要求在几毫秒的情况下立即对某事件做出相应响应。立即输入时，PLC 立即挂起（中断）正在执行的程序，扫描输入模块，然后更新特定的输入状态到输入映像表，最后继续执行剩余的程序，其过程示意如图 1-12 所示。

2. 立即输出功能

立即输出功能就是输出模块在处理用户程序时，能立即被刷新。PLC 临时挂起（中断）正在执行的程序，将输出映像表中的信息输出到输出模块，立即进行输出刷新，然后再回到程序中继续运行，其过程示意如图 1-13 所示。立即输出功能并不能对所有的输出模块进行刷新。

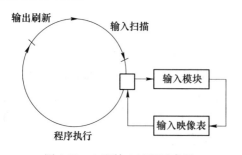
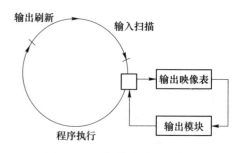

图 1-12　立即输入过程示意图　　　　图 1-13　立即输出过程示意图

第 2 章　S7-1200 PLC 的硬件

SIMATIC S7-1200 PLC 是 SIEMENS 推出的面向离散自动化系统和独立自动化系统的紧凑型自动化产品，定位于原有的 SIMATIC S7-200 PLC 和 S7-300 PLC 产品之间。S7-1200 拥有品种繁多的 CPU 模块、信号模块、信号板和通信模块，根据应用对象的不同，可选用不同型号和不同数量的模块。

2.1　S7-1200 PLC 概述

S7-1200 系列 PLC 结构紧凑、组态灵活、指令丰富、功能强大、可靠性高，具有体积小、运算速度快、性价比高、易于扩展等特点，适用于自动化工程中的各种应用场合。

2.1.1　西门子 PLC 简介

德国西门子股份公司（SIEMENS）是欧洲最大的电子和电气设备制造商之一，生产的 SIMATIC PLC 在欧洲处于领先地位。其著名的"SIMATIC"商标，就是 SIEMENS 在自动化领域的注册商标。其第一代 PLC 是 1975 年投放市场的 SIMATIC S3 系列的控制系统。

在 1979 年，微处理器技术被广泛应用于 PLC 中，产生了 SIMATIC S5 系列，取代了 S3 系列，之后在 20 世纪末又推出了 S7 系列产品。

经过多年的发展演绎，SIEMENS 最新的 SIMATIC 产品可以归结为 SIMATIC S7、M7 和 C7 等几大系列。

M7-300/400 采用与 S7-300/400 相同的结构，它可以作为 CPU 或功能模块使用，具有 AT（advanced technology）兼容计算机功能，使用 S7-300/400 的编程软件 STEP 7 和可选的 M7 软件包，可以用 C、C++或连续功能图（CFC）等语言来编程。M7 适用于需要处理数据量大，对数据管理、显示和实时性有较高要求的系统使用。

C7 由 S7-300PLC、人机接口（HMI）操作面板、I/O、通信和过程监控系统组成。整个控制系统结构紧凑，面向用户配置/编程、数据管理与通信集成于一体，具有很高的性价比。

现今应用最为广泛的 S7 系列 PLC 是 SIEMENS 在 S5 系列 PLC 的基础上，于 1995 年陆续推出的性能价格比较高的 PLC 系统。

西门子 S7 系列 PLC 体积小、速度快、标准化，具有网络通信能力，功能更强，可靠性更高。S7 系列 PLC 产品可分为微型 PLC(如 S7-200)，小规模性能要求的 PLC（如 S7-300）和中、高性能要求的 PLC（如 S7-400）等，其定位及主要性能见表 2-1。

表 2-1   **S7 系列 PLC 控制器的定位**

序号	控制器	定位	主要性能
1	LOGO!	低端独立自动化系统中简单的开关量解决方案和智能逻辑控制器	适用于简单自动化控制，可作为时间继电器、计数器和辅助接触器的替代开关设备。采用模块化设计，柔性应用。有数字量、模拟量和通信模块，具有用户界面友好、配置简单的特点
2	S7-200	低端的离散自动化系统和独立自动系统中使用的紧凑型逻辑控制器模块	采用整体式设计，其 CPU 集成 I/O，具有实时处理能力，带有高速计数器、报警输入和中断
3	S7-300	中端的离散自动化系统中使用的控制器模块	采用模块式设计，具有通用型应用和丰富的 CPU 模块种类，由于使用多媒体存储卡（multimedia card，MMC）存储程序和数据，系统免维护
4	S7-400	高端的离散自动化系统中使用的控制器模块	采用模块式设计，具有特别高的通信和处理能力，其定点加法或乘法指令执行速度最快可达 0.03μs，支持热插拔和在线 I/O 配置，避免重启，具备守时模块，可以通过 PROFIBUS 控制高速机器
5	S7-200 SMART	低端的离散自动化系统和独立自动化系统中使用的紧凑型逻辑控制器模块，是 S7-200 的升级版本	采用整体式设计，其结构紧凑、组态灵活、指令丰富、功能强大、可靠性高，具有体积小、运算速度快、性价比高、易于扩展等特点，适用于自动化工程中的各种应用场合
6	S7-1200	中低端的离散自动化系统和独立自动化系统中使用的小型控制器模块	采用模块式设计，CPU 模块集成了 PROFINET 接口，具有强大的计数、测量、闭环控制及运动控制功能，在直观高效的 STEP 7 Basic 项目系统中可直接组态控制器和 HMI
7	S7-1500	中高端系统	S7-1500 控制器除了包含多种创新技术之外，还设定了新标准，最大程度提高生产效率。无论是小型设备还是对速度和准确性要求较高的复杂设备装置，都一一适用。S7-1500 PLC 无缝集成到 TIA Portal（博途）中，极大提高了项目组态的效率

S7-200 PLC 是超小型化的 PLC，由于其具有紧凑的设计、良好的扩展性、低廉的价格和强大的指令系统，它能适用于各行各业，各种场合中的自动检测、监测及控制等。S7-200 PLC 的强大功能使其无论单机运行，还是连成网络都能实现复杂的控制功能。

S7-300 是模块化小型 PLC 系统，能满足中等性能要求的应用。各种单独的模块之间可进行广泛组合，构成不同要求的系统。与 S7-200 PLC 比较，S7-300 PLC 采用模块化结构，具备高速（0.6～0.1μs）的指令运算速度；用浮点数运算比较有效地实现了更为复杂的算术运算；一个带标准用户接口的软件工具方便用户给所有模块进行参数赋值；方便的人机界面服务已经集成在 S7-300 操作系统内，人机对话的编程要求大大减少。SIMATIC 人机界面（HMI）从 S7-300 中取得数据，S7-300 按用户指定的刷新速度传送这些数据。S7-300 操作系统自动地处理数据的传送；CPU 的智能化诊断系统连续监控系统的功能是否正常、记录错误和特殊系统事件（如超时、模块更换等）；多级口令保护可以使用户高度、有效地保护其技术机密，防止未经允许的复制和修改；S7-300 PLC 设有操作方式选择开关，操作方式选择开关像钥匙一样可以拔出，当钥匙拔出时，就不能改变操作方式，这样就可防止非法删除或改写用户程序。S7-300 PLC 具备强大的通信功能，可通过编程软件 Step 7 的用户界面提供通信组态功能，这使得组态非常容易、简单。S7-300 PLC 具有多种不同的通信接口，并通过多种通信处理器来连接执行器-传感器接口（AS-i）总线接口和工业以太网总线系统；串行通信处理器用来连接点到点的通信系统；多点接口（MPI）集成在 CPU 中，用于同时连接编程器、PC 机、人机界面系统及其他 SIMATIC S7/M7/C7 等自动化控制系统。

S7-400 PLC 是用于中、高档性能范围的 PLC。该系列 PLC 采用模块化无风扇的设计、可靠耐用，同时可以选用多种级别（功能逐步升级）的 CPU，并配有多种通用功能的模板，这使用户能根据需要组合成不同的专用系统。当控制系统规模扩大或升级时，只要适当地增加一些模板，便能使系统升级且充分满足需要。

随着技术和工业控制的发展，SIEMENS 在技术层面上对 S7 系列 PLC 进一步升级。近几年推出了 S7-200 SMART、S7-1200、S7-1500 系列 PLC 产品。

S7-200 SMART 是 SIEMENS 于 2012 年推出的专门针对于我国市场的高性价比微型 PLC，可作为国内广泛使用的 S7-200 系列 PLC 的替代产品。S7-200 SMART 的 CPU 内可安装一块多种型号的信号板，配置较灵活，保留了 S7-200 的 RS-485 接口，集成了一个以太网接口，还可以用信号板扩展一个 RS-485/RS-232 接口。用户通过集成的以太网接口，可以用 1 根以太网线，实现程序的下载和监控，也能实现与其他 CPU 模块、触摸屏和计算机的通信和组网。S7-200 SMART 的编程语言、指令系统、监控方法和 S7-200 兼容。与 S7-200 的编程软件 STEP 7-Micro/Win 相比，S7-200 SMART 的编程软件融入了新颖的带状菜单和移动式窗口设计，先进的程序结构和强大的向导功能，使其编程效率更高。S7-200 SMART 软件自带 Modbus RTU 指令库和 USS 协议指令库，而 S7-200 需要用户安装这些库。

S7-200 SMART 主要应用于小型单机项目，而 S7-1200 定位于中低端小型 PLC 产品线，可应用于中型单机项目或一般性的联网项目。S7-1200 是 SIEMENS 于 2009 年推出的一款紧凑型、模块化的 PLC。S7-1200 的硬件由紧凑模块化结构组成，其系统 I/O 点数、内存容量均比 S7-200 多出 30%，充分满足市场对小型 PLC 的需求，可作为 S7-200 和 S7-300 之间的替代产品。S7-1200 具有集成的 PROFINET 接口，可用于编程、HMI 通信和 PLC 间的通信。S7-1200 带有 6 个高速计数器，可用于高速计数和测量。S7-1200 集成了 4 个高速脉冲输出，可用于步进电动机或伺服驱动器的速度和位置控制。S7-1200 提供了多达 16 个带自动调节功能的 PID 控制回路，用于简单的闭环过程控制。

S7-1500 PLC 是对 S7-300/400 PLC 进行进一步开发，于 2013 年推出的一种模块化控制系统。它缩短了程序扫描周期，其 CPU 位指令的处理时间最短可达 1ns；集成运动控制，可最多控制 128 轴；CPU 配置显示面板，通过该显示面板可设置操作密码、CPU 的 IP 地址等。S7-1500 PLC 标准配置的通信接口是 PROFINET 接口，取消了 S7-300/400 标准配置的 MPI 接口，此外 S7-1500 PLC 在少数的 CPU 上配置了 PROFIBUS-DP 接口（用户若需进行 PROFIBUS-DP 通信，则需要配置该通信模块）。

本书以 S7-1200 为例，讲述 PLC 的相关知识。

2.1.2　S7-1200 PLC 的性能特点

S7-1200 PLC 涵盖了 S7-200 PLC 的原有功能，并且新增了许多功能，可以满足更广泛领域的应用，其性能特点具体如下。

1. 集成了 PROFINET 接口

集成的 PROFINET 接口用于编程、人机界面（HMI）通信和 PLC 间的通信。此外，它还通过开放的以太网协议支持与第三方设备的通信。该接口还带一个具有自动交叉网线（auto-cross-over）功能的 RJ45 连接器，提供 10/100Mbit/s 的数据传输速率，支持 TCP/IP、ISO-on-TCP 和 S7 通信协议。

2. 集成了工艺功能

（1）高速输入。S7-1200 控制器带有多达 6 个高速计数器，其中 3 个输入为 100kHz，其他 3 个输入为 30kHz，用于计数和测量。

（2）高速输出。S7-1200 控制器集成了 4 个 100kHz 的高速脉冲输出，用于步进电动机或控制伺服驱动器的速度和位置控制（使用 PLCopen 运行控制指令）。这 4 个输出都可以输出脉宽调制信号，来控制电动机速度、阀位置或加热元件的占空比。

（3）PID 控制。S7-1200 控制器中提供了多达 16 个带自动调节功能的 PID 控制回路，用于简单的闭环过程控制。

3. 存储器

为用户指令和数据提供高达 150KB 的共用工作内存，同时还提供了高达 4MB 的集成装载内存和 10KB 的掉电保持内存。

SIMTIC 存储卡是可选配件，通过不同的设置可用作编程卡、传送卡和固件更新卡。通过它可以方便地将程序传输到多个 CPU。该卡还可以用来存储各种文件或更新控制器系统的固件。

4. 智能设备

通过简单的组态，S7-1200 控制器可组态为 PROFINET I/O 智能设备，与 I/O 控制器实现主从架构的分布式 I/O 应用。

5. 通信

S7-1200 PLC 提供各种各样的通信选项以满足网络通信要求，其可支持的通信协议有智能设备（I-Device）、PROFINET、PROFIBUS、远距离控制通信、点对点（PtP）通信、USS 通信、Modbus RTU、AS-i、I/O Link MASTER。

2.1.3 S7-1200 PLC 的硬件系统组成

S7-1200 是小型 PLC，采用配置灵活的模块式结构，其硬件系统主要由 CPU 模块、信号模块（SM）、通信模块（CM）和信号板（CB 和 SB）组成（如图 2-1 所示），各种模块安装在标准 DIN 导轨上。

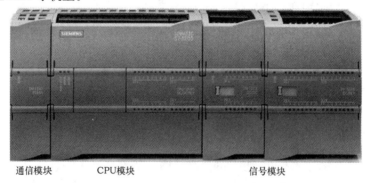

图 2-1　S7-1200 PLC 硬件系统构成

CPU 模块带有集成 PROFINET 接口，用于编程设备、HMI 或其他 SIMATIC 控制器之间的通信；信号模块包括数字量扩展模块和模拟量扩展模块，用于扩展 PLC 的输入和输出通道；通信模块用于 PLC 通信接口；信号板可直接插入控制器。通常通信模块安装在 CPU 模块的左侧，信号模块安装在 CPU 模块的右侧。SIEMENS 早期 PLC 产品的扩展模块只能安装在 CPU 模块的右侧。

S7-1200 的硬件组成具有高度的灵活性，用户可以根据自身需求确定 PLC 结构，系统扩展十分方便。S7-1200 PLC 允许最多扩展 8 个信号模块和 3 个通信模块，最大本地数字 I/O 点数为 284 个，最大本地模拟 I/O 点数为 69 个。

2.2　S7-1200 PLC 的 CPU 模块

S7-1200 系列 PLC 的 CPU 模块将微处理器、集成电源、数字量输入/输出电路、模拟量输入/输出电路、PROFINET 以太网接口、高速运动控制功能等集成在一个紧凑的外壳中，从而形成了一个功能强大的整体式 PLC。

2.2.1　CPU 模块的类别及主要性能

S7-1200 PLC 的 CPU 模块有 5 类：CPU 1211C、CPU 1212C、CPU 1214C、CPU 1215C 和 CPU 1217C，它们的主要技术性能如表 2-2 所示。每类 S7-1200 的 CPU 模块又细分为 3 种规格：DC/DC/DC、DC/DC/RLY 和 AC/DC/RLY，印刷在 CPU 模块的外壳上，其含义如图 2-2 所示。

表 2-2　　　　　　　　　　　S7-1200 CPU 技术性能

特性	CPU 1211C	CPU 1212C	CPU 1214C	CPU 1215C	CPU 1217C
本地数字量 I/O 点数	6 入/4 出	8 入/6 出	14 入/10 出	14 入/10 出	14 入/10 出
本地模拟量 I/O 点数	2 入	2 入	2 入	2 入/2 出	2 入/2 出
信号模块扩展个数	无	2	8	8	8
最大本地数字量 I/O 点数	14	82	284	284	284
最大本地模拟量 I/O 点数	3	19	67	69	69
工作存储器/装载存储器	30KB/1MB	50KB/1MB	75KB/4MB	100KB/4MB	125KB/4MB
高速计数器	最多可以组态 6 个使用任意内置或信号板输入的高速计数器				
脉冲输出（最多 4 点）	100kHz	100kHz/30kHz	100kHz/30kHz	100kHz/30kHz	1MHz/100kHz
上升沿/下降沿中断点数	6/6	8/8	12/12	12/12	12/12
脉冲捕获输入点数	6	8	14	14	14
传感器电源输出电流（mA）	300	300	400	400	400
外形尺寸 $W \times H \times D$(mm)	90×100×75	90×100×75	110×100×75	130×100×75	150×100×75

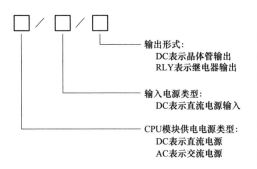

图 2-2　细分规格含义

AC/DC/RLY 的含义：CPU 模块的供电电压是交流电，范围是 AC 120～240V；输入电源是直流电源，范围为 DC 20.4～28.8V；输出形式是继电器输出。

继电器输出的电压范围为 DC 5～30V 或 AC 5～250V。DC/DC/DC 型 CPU 的金属-氧化物半导体场效应晶体管（MOSFET）的 1 状态最小输出电压为 DC 20V，0 状态最大输出电压为 DC 0.1V，输出电流 0.5A。

2.2.2 CPU 模块的外形结构

S7-1200 PLC 的 CPU 模块的外形结构大同小异,图 2-3 (a) 为 CPU 模块的俯视图,图 2-3 (b) 为 CPU 模块的正视图。

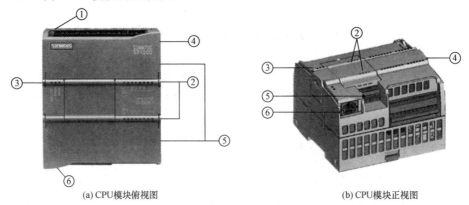

(a) CPU模块俯视图　　　　　　　　　　(b) CPU模块正视图

图 2-3　CPU 模块外形结构

图 2-3 中的①为电源接口,是用于向 CPU 模块供电的接口,每类 CPU 模块均有交流和直流两种供电方式。对于直流电源供电方式,通常外接 DC 24V 电源;对于交流电源供电方式,通常外接 AC 220V 电源。

图 2-3 中的②为指示集成输入/输出 (I/O) 的状态 LED,集成 I/O 的状态 LED 指示灯(绿色)的点亮或熄灭,指示各输入或输出端子的状态。例如 I0.0 端子相应的指示灯点亮,则说明 I0.0 输入为 ON;Q0.1 端子相应的指示灯点亮,则说明 Q0.1 线圈输出为 ON。

图 2-3 中的③为指示 CPU 运行状态的 LED,通常 CPU 模块有 3 只运行状态指示灯,分别为 STOP/RUN、ERROR 和 MAINT,用于显示 CPU 的工作状态,如运行状态、停止状态和强制状态等。这 3 只指示灯的含义如表 2-3 所示。

表 2-3　　　　　　　　　S7-1200 PLC 的 CPU 模块运行状态指示灯含义

RUN/STOP (黄色/绿色)	ERROR (红色)	MAINT (黄色)	含义
指示灯熄灭	指示灯熄灭	指示灯熄灭	CPU 电源缺失或不足
指示灯闪烁 (黄色与绿色交替)	—	指示灯熄灭	启动、自检或固件更新
黄色指示灯点亮	—	—	停止模式
绿色指示灯点亮	—	—	运行模式
黄色指示灯点亮	—	指示灯闪烁	取出存储卡
黄色或绿色灯点亮	指示灯闪烁	—	错误
黄色或绿色灯点亮	—	指示灯点亮	请求维护: ·强制 I/O; ·需要更换电池 (如果安装了电池板)
黄色指法灯亮	指示灯亮	指示灯灭	硬件出现故障
指法灯闪烁 (黄色与绿色交替)	指示灯闪烁	指示灯闪烁	LED 测试或 CPU 固件出现故障
黄色指示灯亮	指示灯闪烁	指示灯闪烁	CPU 组态版本未知或不兼容

图 2-3 中的④为存储卡插槽，位于盖板下面，用于安装 SIMATIC 存储卡；⑤为接线连接器（又称为接线端子），位于盖板下面，具有可拆卸的优点，便于 CPU 模块的安装和维护；⑥为 PROFINET 以太网接口的 RJ-45 连接器，用于程序下载、设备组网，这使得程序下载更加方便快捷，节省了购买专用通信电缆的费用。

2.2.3　CPU 模块的工作方式

CPU 有 3 种工作模式：STOP、STARTUP、RUN，CPU 前面的状态 LED 指示当前的工作模式。

（1）在 STOP 模式下，CPU 不执行用户程序，但用户可以下载项目。

（2）在 STARTUP 模式下，执行一次启动 OB（如果存在）。在此模式下，CPU 不会处理中断事件。

（3）在 RUN 模式下，重复执行扫描周期。在程序循环阶段的任何时刻都可能发生和处理中断事件。

CPU 支持通过暖启动进入 RUN 模式。暖启动不包括存储器复位，但通过编程软件可以控制存储器复位。存储器复位清除所有工作存储器、保持性及非保持性存储区，并将装载存储器内容复制到工作存储器。存储器复位不会清除诊断缓冲区，也不会清除永久保存的 IP 地址。在暖启动时，所有非保持性系统及用户数据都将被初始化。

注意：①CPU 处于 RUN 模式下时，无法下载任何项目，只有 CPU 处于 STOP 模式时，才能下载项目；②S7-1200/1500 CPU 仅有暖启动模式，而部分 S7-400 CPU 有热启动和冷启动模式。

2.2.4　CPU 模块的接线

1. 数字量 I/O 的接线方式

S7-1200 CPU 模块的 I/O 包括输入端子和输出端子，作为数字量 I/O 时，输入方式分为 DC 24V 源型和漏型输入；输出方式分为 DC 24V 源型的晶体管输出和 AC 120/240V 的继电器输出，它们的接线方式如图 2-4 所示。

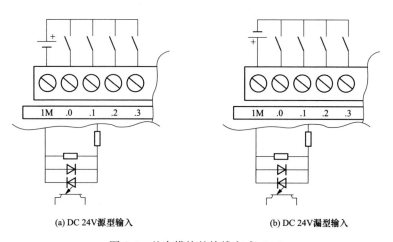

(a) DC 24V 源型输入　　　　　　　　(b) DC 24V 漏型输入

图 2-4　基本模块的接线方式（一）

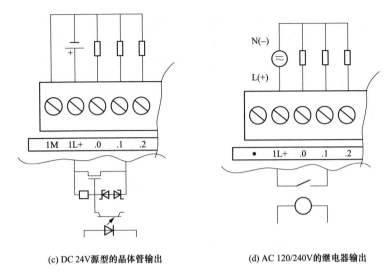

(c) DC 24V源型的晶体管输出　　　　　　　　(d) AC 120/240V的继电器输出

图 2-4　基本模块的接线方式（二）

2. 数字 I/O 的外部接线

S7-1200 PLC 的 CPU 模块有 5 类，但其外部接线类似，在此以 CPU 1215C 为例进行介绍，其余规格产品可参考相关手册。

（1）CPU 1215C AC/DC/RLY（继电器）型的外部接线。CPU 1215C AC/DC/RLY（继电器）型的外部接线如图 2-5 所示，该模块的供电电压是交流电，图 2-5 中①为

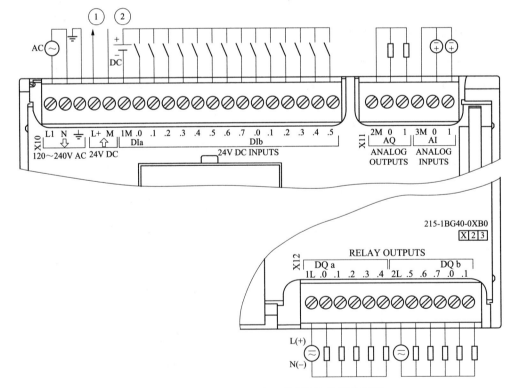

图 2-5　CPU 1215C AC/DC/RLY 的外部接线图

DC 24V 传感器电源，②为 CPU 模块输入端的接线。若要获得更好的抗噪声效果，即使未使用传感器电源，也可以将"M"端子连接到机壳进行接地。

CPU 模块的输入回路一般使用图 2-5 中标有①的内置的 DC 24V 传感器电源，漏型输入时需要去除图 2-5 中标有②的外接 DC 电源，将输入回路的"1M"端子与 DC 24V 传感器电源的"M"端子连接起来，将内置的 24V 电源的"L+"端子连接到外接触点的公共端。源型输入时将 DC 24V 传感器电源的"L+"端子连接到"1M"端子。

(2) CPU 1215C DC/DC/RLY（继电器）型的外部接线。CPU 1215C DC/DC/RLY（继电器）型的外部接线如图 2-6 所示，该模块的供电电压是 DC 24V 直流电，与图 2-5 的区别在于前者的电源电压为 DC 24V。图中有两个"L+"和两个"M"端子，有箭头向 CPU 模块内部指向的"L+"和"M"端子是向 CPU 供电电源的接线端子，有箭头向 CPU 模块外接指向的"L+"和"M"端子是 CPU 向外部供电的接线端子，切记两个"L+"端子不要短接，否则容易烧毁 CPU 模块内部的电源。

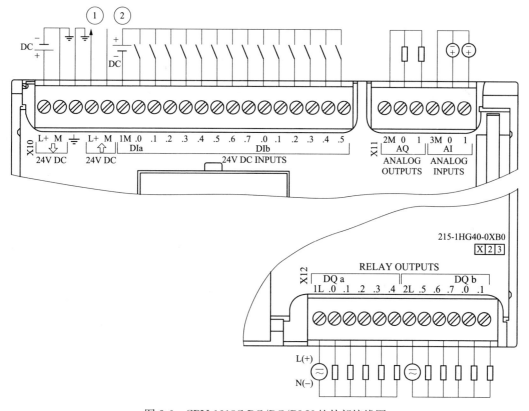

图 2-6　CPU 1215C DC/DC/RLY 的外部接线图

(3) CPU 1215C DC/DC/DC 型的外部接线。CPU 1215C DC/DC/DC 的电源电压、输入回路和输出回路电压均为 DC 24V，输入回路也可使用内置的 DC 24V 电源，其外部接线如图 2-7 所示。

3. CPU 1215C 的模拟量 I/O 接线

在工业控制中，被控对象常常是模拟量，如压力温度、流量、转速等。而 PLC 的 CPU 内部执行的是数字量，因此需要将模拟量转换成数字量，以便 CPU 进行处理，这一任务由模拟量 I/O 来完成。模拟量 I/O 的 A/D 转换器可以将 PLC 外部的电压或电流转换成数字量送入 PLC 内,经 PLC 处理后,再由模拟量 I/O 的 D/A 转换器将 PLC 输出的数字量转换成电压或电流送给被控对象。

CPU 1215C 模块集成了两个模拟量 I/O 通道,模拟量输入通道的量程范围为 0～10V,模拟量输出通道的量程范围为 0～20mA。图 2-6 和图 2-7 的右上端为模拟量 I/O 的接线方式,其中接线端子旁的"ANALOG OUTPUTS"字样,表示模拟量输出端子;"ANALOG INPUTS"表示模拟量输入端子。右上端的方框"▯"代表模拟量输出的负载,常见的负载是变频器或各种阀门;圆框"⊕"代表模拟量输入,一般与各类模拟量的传感器或变送器相连接,圆框中的"+"和"−"代表传感器的正信号和负信号端子。

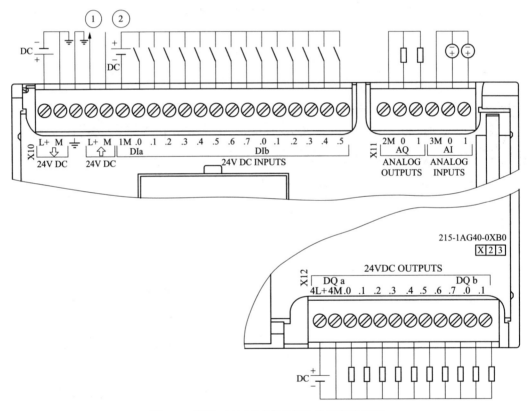

图 2-7　CPU 1215C DC/DC/DC 的外部接线图

2.2.5　CPU 集成的工艺功能

S7-1200 CPU 模块集成的工艺功能包括高速计数与频率测量、高速脉冲输出、脉冲宽度调制(PWM)控制、运动控制和 PID 控制。

1. 高速计数器

S7-1200 CPU 模块最多可以组态 6 个使用 CPU 内置或信号板输入的高速计数器,这些计数器独立于 CPU 的扫描周期进行计数。CPU 1217C 有 4 点最高频率为 1MHz 的高速计数器，其他 CPU 可组态 6 个最高频率为 100kHz（单相）/80kHz（互差 90°的正交相位）或最高频率为 30kHz（单相）/20kHz（正交相位）的高速计数器（与输入点地址有关）。如果使用信号板，最高计数频率为 200kHz（单相）/160kHz（正交相位）。

2. 高速输出

S7-1200 PLC 与其他 SIEMENS 的 PLC 类似，也具有 PWM 功能，可以为用户提供高速输出占空比可调的脉冲输出串。各种型号的 CPU 最多有 4 点高速脉冲输出（包括信号板的 DQ 输出）。CPU 1217C 的高速脉冲输出的最高频率为 1MHz，其他 CPU 为 100kHz，信号板为 200kHz。

在使用高速脉冲输出功能时，应采用 DC/DC/DC 类型的 CPU。由于继电器的机械特性在输出频率较快的脉冲时，会影响继电器的寿命，所以继电器输出型 S7-1200 CPU 其集成的 DQ 不能使用 PWM 功能，但可以通过扩展 SB 信号板来实现高速脉冲输出功能。

3. 运动控制

S7-1200 通过轴工艺对象和下述 3 种方式控制伺服电动机或步进电动机。轴工艺对象有专用的组态窗口、调试窗口和诊断窗口。

（1）通过高速脉冲串输出（pulse train output，PTO）来控制驱动器，实现最多 4 路开环位置控制。

（2）通过 PROFIBUS/PROFINET 与支持 PROFIdrive 的驱动器连接，进行运动控制。

（3）通过模拟量输出控制第三方伺服控制器，实现最多 8 路闭环位置控制。

4. 用于闭环控制的 PID 功能

PID 功能用于对闭环过程进行控制，通常 PID 控制回路的个数不要超过 16 个。STEP 7 中的 PID 调试窗口提供用于参数调节的形象直观的曲线图，支持 PID 参数自整定功能。

2.3　信号模块与信号板

在 S7-1200 系列 PLC 中，为增加系统的数字量或模拟量 I/O 点数，CPU 模拟的右侧可以连接相应的信号模块（即数字量或模拟量扩展模块）。但是 CPU 1211C 不能连接信号模块，CPU 1212C 只能连接两个信号模块，其他 CPU 模块可以连接最多 8 个信号模块。所有的 S7-1200 CPU 都可以在 CPU 的左侧安装最多 3 个通信模块。

2.3.1　数字量信号模块

S7-1200 PLC 的数字量信号模块包括数字量输入信号模块（SM 1221）、数字量输出信号模块（SM 1222）和数字量输入/输出信号模块（SM 1223）。

1. 数字量输入信号模块 SM 1221

S7-1200 系列 PLC 的数字量输入信号模块包括 2 种类型：8 点 24V 直流电源输入和 16 点 24V 直流电源输入。输入方式分为直流 24V 源型、漏型输入，其主要技术参数如表 2-4 所示。

表 2-4 数字量输入信号模块的主要技术参数

型号	SM 1221 DI 8×24V DC	SM 1221 DI 16×24V DC
产品编号	6ES7 221-1BF32-0XB0	6ES7 221-1BH32-0XB0
尺寸 $W×H×D$(mm)	45×100×75	45×100×75
功耗（W）	1.5	2.5
电流消耗（SM 总线）(mA)	105	130
电流消耗（DC 24V）	所用的每点输入 4mA	所用的每点输入 4mA
数字量输入点数	8	16
输入类型	漏型/源型	漏型/源型
额定输入电压	DC 24V/4mA	DC 24V/4mA
输入隔离组数	2	4

　　数字量输入信号模块有专用的插针与 CPU 通信，并通过此插针由 CPU 向扩展插入模块提供 DC 5V 的电源。SM 1221 数字量输入信号模块的接线如图 2-8 所示。图 2-8 中①表示，对于漏型输入，将 "－" 连接到 "M" 端子；对于源型输入，将 "＋" 连接到 "M" 端子。

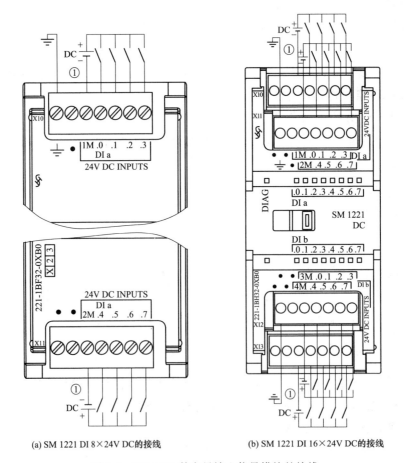

(a) SM 1221 DI 8×24V DC的接线　　　　(b) SM 1221 DI 16×24V DC的接线

图 2-8　SM 1221 数字量输入信号模块的接线

2. 数字量输出信号模块 SM 1222

S7-1200 系列 PLC 的数字量输出信号模块包括 2 种类型：8/16 点 DC 24V 晶体管输出、8/16 点继电器输出。输出方式分为 DC 24V 源型/漏型输出，以及 AC 120/230V 的继电器输出，其主要技术参数如表 2-5 所示。

表 2-5　　　　　　　　　　　数字量输出信号模块的主要技术参数

型号	SM 1222 DQ 8×RLY	SM 1222 DQ 8×RLY（双态）	SM 1222 DQ 16×RLY	SM 1222 DQ 8×24V DC	SM 1222 DQ 16×24V DC	SM 1222 DQ 16×24V DC 漏型
产品编号	6ES7 222-1HF32-0XB0	6ES7 222-1XF32-0XB0	6ES7 222-1HH32-0XB0	6ES7 222-1BF32-0XB0	6ES7 222-1BH32-0XB0	6ES7 222-1BH32-1XB0
尺寸 $W \times H \times D$(mm)	45×100×75	70×100×75	45×100×75	45×100×75	45×100×75	45×100×75
功耗（W）	4.5	5	8.5	1.5	2.5	2.5
电流消耗（SM 总线）（mA）	120	140	135	120	140	140
电流消耗（DC 24V）	所用的每个继电器线圈 11mA	所用的每个继电器线圈 16.7mA	所用的每个继电器线圈 11mA	50mA	100mA	40mA
数字量输出点数	8	8	16	8	16	16
输出类型	继电器，干触点	继电器切换触点	继电器，干触点	固态 MOSFET（源型）		固态 MOSFET（漏型）
输出电压范围（V）	DC 5～30 或 AC 5～250			DC 20.4～28.8		
每点输出额定电流（A）	2.0			0.5		
最大通态触点电阻（Ω）	0.2（新设备）			0.6		0.5
输出隔离组数	2	8	4	1	1	1
每个公共端最大电流（A）	10	3	10	4	8	限流保护

普通的 SM 1222 数字量输出信号模块的接线如图 2-9 所示，对于继电器输出模块而言，"L＋"和"M"端子是模块的 DC 24V 供电接入端子，而"1L""2L""3L"和"4L"端子可以接入直流和交流电源，给负载供电。

SM 1222 DQ 8×RLY（双态）的接线如图 2-10 所示，该模块使用公共端子控制两个电路：一个动断触点和一个动合触点。例如输入"0"，当输出点断开时，公共端子"0L"与动断触点".0x"相连，并与动合触点".0"断开。当输出点接通时，公共端子"0L"与动断触点".0x"断开，并与动合触点".0"相连。

SM 1222 DQ 16×24V DC 漏型为最新推出的数字量输出信号模块，与 SM 1222 DQ 16×24V DC 模块相比，最大区别在于输出公共端连接的电源极性不同。

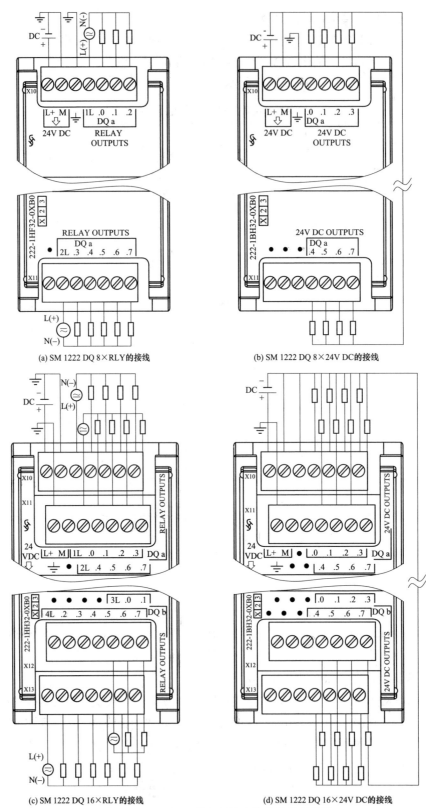

(a) SM 1222 DQ 8×RLY的接线　　　　　　(b) SM 1222 DQ 8×24V DC的接线

(c) SM 1222 DQ 16×RLY的接线　　　　　　(d) SM 1222 DQ 16×24V DC的接线

图 2-9　SM 1222 数字量输出信号模块的接线

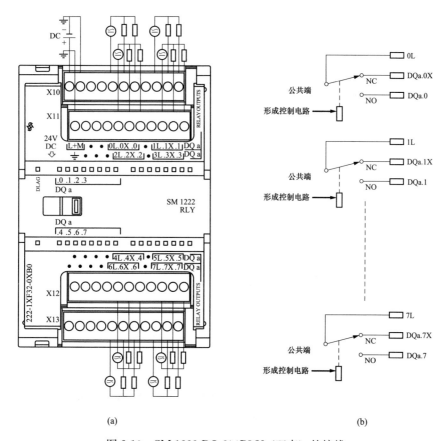

图 2-10　SM 1222 DQ 8×RLY（双态）的接线

3. 数字量输入/输出信号模块 SM 1223

S7-1200 系列 PLC 的数字量输入/输出信号模块 SM 1223 包括 2 种类型：数字量直流输入/输出模块和数字量交流输入/输出模块。数字量直流输入/输出模块：①8 点 24V 直流输入，8 点直流 24V 源型输出；②8 点 24V 直流输入，8 点交流 120/230V 的继电器输出；③16 点 24V 直流输入，16 点直流 24V 源型/漏型输出；④16 点 24V 直流输入，16 点直流 24V 漏型输出；⑤16 点 24V 直流输入，16 点交流 120/230V 的继电器输出。数字量交流输入/输出模块为 8 点 120/230V 交流输入，8 点交流 120/230V 的继电器输出。数字量输入/输出信号模块 SM 1223 的主要技术参数如表 2-6 所示。

表 2-6　　数字量输入/输出信号模块的主要技术参数

型号	SM 1223 DI 8×24V DC DQ 8×RLY	SM 1223 DI 16×24V DC DQ 16×RLY	SM 1223 DI 8×24V DC DQ 8×24V DC	SM 1223 DI 16×24V DC DQ 16×24V DC	SM 1223 DI 16×24V DC DQ 16×24V DC 漏型	SM 1223 DI 8×120/230V AC DQ 8×RLY
产品编号	6ES7 223-1PH32-0XB0	6ES7 223-1PL32-0XB0	6ES7 223-1BH32-0XB0	6ES7 223-1BL32-0XB0	6ES7 223-1BL32-1XB0	6ES7 223-1QH32-0XB0
尺寸 $W×H×D$(mm)	45×100×75	70×100×75	45×100×75	70×100×75	70×100×75	45×100×75

续表

型号	SM 1223 DI 8×24V DC DQ 8×RLY	SM 1223 DI 16×24V DC DQ 16×RLY	SM 1223 DI 8×24V DC DQ 8×24V DC	SM 1223 DI 16×24V DC DQ 16×24V DC	SM 1223 DI 16×24V DC DQ 16×24V DC 漏型	SM 1223 DI 8×120/230V AC DQ 8×RLY
功耗（W）	5.5	10	2.5	4.5	4.5	7.5
电流消耗 （SM 总线） （mA）	145	180	145	185	185	120
电流消耗 （DC 24V）	所用的每点输入 4mA 所用的每个继电器线圈 11mA	150mA	200mA	40mA		所用的每个继 电器线圈 11mA
数字量输入/ 输出点数	8 入/8 出	16 入/16 出	8 入/8 出	16 入/16 出	16 入/16 出	8 入/8 出
输入类型	漏型/源型					IEC 类型 1
输出类型	继电器，干触点		固态 MOSFET （源型）		固态 MOSFET （漏型）	继电器，干触点
额定输入 电压	DC 24V/4mA					AC 120V 时 6mA， AC 230V 时 9mA
输出电压 范围（V）	DC 5～30 或 AC 5～250		DC 20.4～28.8	DC 20.4～28.8	DC 20.4～28.8	DC 5～30 或 AC 5～250
每点输出额定 电流（A）	2.0	2.0	0.5	0.5	0.5	2.0
通态触点 电阻（Ω）	0.2	0.2	0.6	0.6	0.5	0.2
隔离 组数 输入	2	2	2	2	2	4
输出	2	4	1	1	1	2
每个公共端 最大电流（A）	10	8	4	8	8	10

SM 1223 数字量直流输入/输出信号模块的接线如图 2-11 所示，图 2-11 中①表示，对于漏型输入，将"—"连接到"M"端子；对于源型输入，将"+"连接到"M"端子。图 2-11（a）为 8 点 24V 直流输入，8 点直流 24V 源型输出的接线方式；图 2-11（b）为 8 点 24V 直流输入，8 点交流 120/230V 的继电器输出的接线方式；图 2-11（c）为 8 点 120/230V 交流输入，8 点交流 120/230V 的继电器输出的接线方式。

2.3.2 模拟量信号模块

模拟量模块的主要任务是实现 A/D 转换（模拟量输入）和 D/A 转换（模拟量输出）。A/D 转换器和 D/A 转换器的二进制位数反映了它们的分辨率，位数越多，分辨率越高。S7-1200 PLC 的模拟量信号模块包括模拟量输入模块（SM 1231）、模拟量输出模块（SM 1232）和模拟量输入/输出模块（SM 1234）。

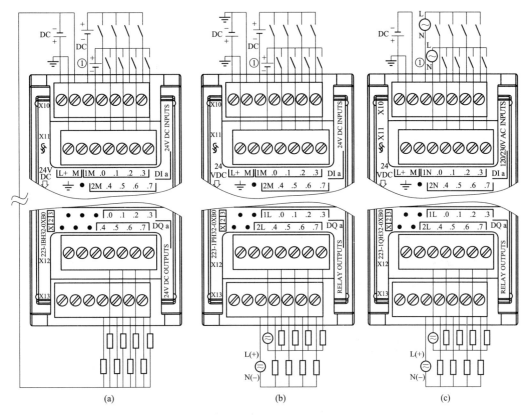

图 2-11　SM 1223 数字量直流输入/输出信号模块的接线

1. 模拟量输入模块（SM 1231）

S7-1200 PLC 的模拟量输入模块有 4、8 路的 13 位模块和 4 路的 16 位模块。模拟量输入可选±10、±5V 和 0～20、4～20mA 等多种量程。电压输入的输入电阻大于等于 9MΩ，电流输入的输入电阻为 280Ω。双极性和单极性模拟量满量程转换后对应的数字分别为－27 648～27 648 和 0～27 648。模拟量输入信号模块 SM 1231 的主要技术参数如表 2-7 所示。

表 2-7　　　　　　　模拟量输入信号模块 SM 1231 的主要技术参数

型号	SM 1231 AI 4×13 位	SM 1231 AI 8×13 位	SM 1231 AI 4×16 位
产品编号	6ES7 231-4HD32-0XB0	6ES7 231-4HF32-0XB0	6ES7 231-5ND32-0XB0
尺寸 $W×H×D$(mm)	45×100×75	45×100×81	45×100×75
功耗（W）	2.2	2.3	2.0
电流消耗（SM 总线）（mA）	80	90	80
电流消耗（DC 24V）（mA）	45	45	65
模拟量输入路数	4	8	4
输入类型	电压或电流（差动），可 2 个选为 1 组		电压或电流（差动）

续表

型号	SM 1231 AI 4×13 位	SM 1231 AI 8×13 位	SM 1231 AI 4×16 位
输入电压或电流范围	±10、±5、±2.5V，0～20mA 或 4～20mA		±10、±5、±2.5、±1.25V，0～20mA 或 4～20mA
满量程范围（数据字）	电压：－27 648～27 648；电流：0～27 648		
上溢/下溢（数据字）	电压：32 767～32 512/－32 513～－32 768 电流 0～20mA：32 767～32 512/－4865～－32 768 电流 4～20mA：32 767～32 512/值小于－4865 时，表示开路		
A/D 分辨率	12 位＋符号位		15 位＋符号位
A/D 转换精度	满量程的±0.1%/±0.2%		满量程的±0.1%/±0.3%
输入阻抗	≥9MΩ（电压）/≥270Ω，<290Ω（电流）		≥1MΩ（电压）/>280Ω，<315Ω（电流）

2. 模拟量输出模块（SM 1232）

S7-1200 PLC 的模拟量输出模块有 2 路和 4 路输出模块，－10～＋10V 电压输出为 14 位，最小负载阻抗 1000Ω。0～20mA 或 4～20mA 电流输出为 13 位最大阻抗 600Ω。－27 648～27 648 对应满量程电压，0～27 648 对应满量程电流。

电压输出负载为电阻时转换时间为 300μs，负载为 1μF 电容时转换时间为 750μs。电流输出负载为 1mH 电感时转换时间为 600μs，负载为 10mH 电感时转换时间为 2ms。模拟量输出扩展模块 SM 1232 的主要技术参数如表 2-8 所示。

表 2-8　　　　　　　　模拟量输出信号模块的主要技术参数

型号	SM 1232AQ 2×14 位	SM 1232AQ 4×14 位
产品编号	6ES7232-4HB32-0XB0	6ES7 232-4HD32-0XB0
尺寸 $W×H×D$(mm)	45×100×75	45×100×75
功耗（空载）（W）	1.8	2.0
电流消耗（SM 总线）（mA）	80	80
电流消耗（DC 24V）（mA）	45（空载）	45（空载）
模拟量输出路数	2	4
模拟量输出类型	电压或电流	电压或电流
输出电压或电流范围	±10V，0～20mA 或 4～20mA	±10V，0～20mA 或 4～20mA
D/A 分辨率	电压 14 位；电流 13 位	电压 14 位；电流 13 位
D/A 转换精度	满量程的±0.3%（25℃）/±0.6%（0～55℃）	
负载阻抗	≥1kΩ（电压）；≤600Ω（电流）	≥1kΩ（电压）；≤600Ω（电流）
转换时间	电压：300μs(R)、750μs(1μF)；电流：600μs(1mH)、2ms(10mH)	

3. 模拟量输入/输出模块（SM 1234）

S7-1200 系列 PLC 的模拟量输入/输出模块为 4 路模拟量输入、2 路模拟量输出模块，其主要参数如表 2-9 所示。

表 2-9　　　　　　　　　　　　　　模拟量输入/输出模块的主要技术参数

型号	SM 1234 AI 4×13 位/AQ 2×14 位
产品编号	6ES7 234-4HE32-0XB0
尺寸 $W×H×D$(mm)	45×100×75
功耗（W）	2.4
电流消耗（SM 总线）(mA)	80
电流消耗（DC 24V)(mA)	60（无负载）
模拟量输入/输出路数	4/2
模拟量输入类型	电压或电流（差动）；可 2 个选为一组
模拟量输入范围	±10、±5、±2.5V，0~20mA 或 4~20mA
模拟量满量程范围（数据字）	−27 648~27 648
A/D 分辨率	12 位＋符号位
A/D 转换精度	满量程的±0.1%/±0.2%
输入阻抗	≥9MΩ(电压)/≥270Ω，<290Ω(电流)
模数转换时间	625μs（400Hz 抑制）
模拟量输出类型	电压或电流
模拟量输出范围	电压或电流
D/A 分辨率	电压 14 位；电流 13 位
D/A 转换精度	满量程的±0.3%(25℃)/±0.6%(0~55℃)
负载阻抗	≥1kΩ(电压)；≤600Ω（电流）

2.3.3　热电偶和热电阻模拟量输入模块

热电偶和热电阻模拟量输入模块（SM 1231）有 4、8 路的热电偶（TC）模块和 4、8 路的热电阻（RTD）模块。可选多种量程的传感器，分辨率为 0.1℃/0.1℉，15 位＋符号位。热电偶和热电阻模拟量输入模块的主要技术参数如表 2-10 所示。

表 2-10　　　　　　热电偶和热电阻模拟量输入模块的主要技术参数

型号	SM1231 AI 4×16 位热电偶	SM 1231 AI 8×16 位热电偶	SM 1231 AI 4×16 位热电阻	SM 1231 AI 8×16 位热电阻
产品编号	6ES7 231-5QD32-0XB0	6ES7 231-5QF32-0XB0	6ES7 231-5PD32-0XB0	6ES7 231-5PF32-0XB0
尺寸 $W×H×D$(mm)	45×100×75	45×100×75	45×100×75	45×100×75
功耗（W）	1.5	1.5	1.5	1.5
电流消耗（SM 总线)(mA)	80	80	80	90
电流消耗（DC 24V）(mA)	40	45	40	40
模拟量输入路数	4	8	4	8
输入类型	热电偶	热电偶	RTD 和电阻	RTD 和电阻

续表

型号	SM1231 AI 4×16 位热电偶	SM 1231 AI 8×16 位热电偶	SM 1231 AI 4×16 位热电阻	SM 1231 AI 8×16 位热电阻
输入范围	J、K、T、E、R、S、B、N、C、TXK/XK(L)，电压范围：±80mV		铂（Pt）、铜（Cu）、镍（Ni）、LG-Ni 或电阻	
A/D 分辨率 温度	0.1℃/0.1℉	0.1℃/0.1℉	0.1℃/0.1℉	0.1℃/0.1℉
A/D 分辨率 电阻	15 位＋符号位	15 位＋符号位	15 位＋符号位	15 位＋符号位
阻抗（MΩ）	≥10	≥10	≥10	≥10
通道间隔离	AC 120V	AC 120V	无	无
测量原理	积分	积分	积分	积分
冷端误差	±1.5℃	±1.5℃	—	—

2.3.4 信号板

S7-1200 系列 PLC 所有 CPU 模块的正面都可以安装一块信号板，并且不会增加安装的空间。安装一块信号板，就可以增加需要的功能。S7-1200 的信号板有数字量输入信号板、数字量输出信号板、数字量输入/输出信号板、模拟量输入信号板、模拟量输出信号板、热电偶和热电阻模拟量输入信号板、RS-485 通信信号板。

1. 数字量输入信号板

SB 1221 数字量输入信号板为 4 点输入，最高计数频率为 200kHz，其电源可以是 DC 24V 或 DC 5V，其主要技术参数如表 2-11 所示。SB 1221 数字量输入信号板只能采用源型输入，其接线方式如图 2-12 所示，图 2-12 中的①表示源型输入电压为 DC 24V 或 DC 5V。

表 2-11 数字量输入信号板的主要技术参数

型号	SB 1221 DI 4×24V DC，200kHz	SB 1221 DI 4×5V DC，200kHz
产品编号	6ES7 221-3BD30-0XB0	6ES7 221-3AD30-0XB0
尺寸 $W×H×D$(mm)	38×62×21	38×62×21
功耗（W）	1.5	1.0
电流消耗（SM 总线）（mA）	40	40
电流消耗（24V DC）	7mA/每通道＋20mA	15mA/每通道＋15mA
数字量输入路数	4	4
数字量输入类型	源型	源型
额定电压	7mA 时，DC 24V	15mA 时，DC 5V
HSC 时钟输入频率	单相：200kHz；正交相位：160kHz	单相：200kHz；正交相位：160kHz
隔离组	1	1

2. 数字量输出信号板

SB 1222 数字量输出信号板为 4 点输出，最高计数频率为 200kHz，其电源可以是 DC 24V 或 DC 5V，其主要技术参数如表 2-12 所示。SB 1222 数字量输出信号板的接线方式如图 2-13 所示，图 2-13 中的①表示源型输出或漏型输出，输出电压为 DC 24V 或 DC

5V。对于源型输出，将负载连接到"－"；对于漏型输出，将负载连接到"＋"。源型输出表现为正逻辑（当负载有电流时，Q 位接通且 LED 亮起），而漏型输出表现为负逻辑（当负载有电流时，Q 位断开且 LED 熄灭）。如果插入模块且无用户程序，那么此模块的默认值是 0V，这意味着漏型负载将接通。

表 2-12　　数字量输入信号板的主要技术参数

型号	SB 1222 DQ 4×24V DC，200kHz	SB 1222 DQ 4×5V DC，200kHz
产品编号	6ES7 222-1BD30-0XB0	6ES7 222-1AD30-0XB0
尺寸 $W×H×D$(mm)	38×62×21	38×62×21
功耗（W）	0.5	0.5
电流消耗（SM 总线）(mA)	35	35
电流消耗（DC 24V）(mA)	15	15
数字量输出路数	4	4
数字量输出类型	固态-MOSFET（源型或漏型）	固态-MOSFET（源型或漏型）
电压范围（V）	DC 20.4～28.8	DC 4.25～6.0
输出最大电流（A）	0.1	0.1
公共端电流（A）	0.4	0.4
脉冲串输出频率	最大 200kHz，最小 2Hz	最大 200kHz，最小 2Hz
隔离组	1	1

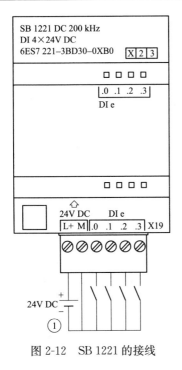

图 2-12　SB 1221 的接线

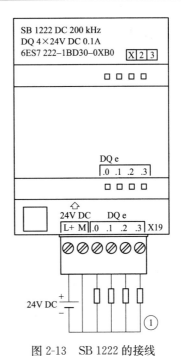

图 2-13　SB 1222 的接线

3. 数字量输入/输出信号板

SB 1223 数字量输入/输出信号板为 2 点输入和 2 点输出，最高计数频率为 200kHz，其电源可以是 DC 24V 或 DC 5V，其主要技术参数如表 2-13 所示。SB 1223 数字量输入/

输出信号板的接线方式如图 2-14 所示，图 2-14 中的①为源型输入，②为源型或漏型输出，③为漏型输入。对于源型输出，将负载连接到"－"；对于漏型输出，将负载连接到"＋"。

表 2-13　　　　　　　　　数字量输入/输出信号板的主要技术参数

型号	SB 1223 DI 2×24V DC/DQ 2×24V DC, 200kHz	SB 1223 DI 2×24V DC/DQ 2×5V DC, 200kHz	SB 1223 DI 2×24V DC/DQ 2×24V DC, 200kHz
产品编号	6ES7 223-0BD30-0XB0	6ES7 223-3BD30-0XB0	6ES7 223-3AD30-0XB0
尺寸 $W×H×D$(mm)	38×62×21	38×62×21	38×62×21
功耗（W）	1.0	1.0	0.5
电流消耗（SM 总线）（mA）	50	35	35
电流消耗（DC 24V）	所用的每点输入 4mA	7mA/每通道＋30mA	15mA/每通道＋15mA
数字量输入/输出路数	2/2	2/2	2/2
数字量输入/输出类型	漏型/固态-MOSFET（源型）	源型/固态-MOSFET（源型或漏型）	源型/固态-MOSFET（源型或漏型）
输入额定电压	4mA 时，DC 24V	7mA 时，DC 24V	15mA 时，DC 5V
输出电压范围（V）	DC 20.4～28.8	DC 20.4～28.8	DC 4.25～6.0
输出最大电流（A）	0.5	0.1	0.1
输出公共端电流（A）	1	0.2	0.2
脉冲串输出频率	最大 20kHz，最小 2Hz	最大 200kHz，最小 2Hz	最大 200kHz，最小 2Hz
输入/输出的隔离组	1/1	1/1	1/1

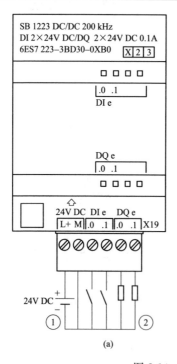 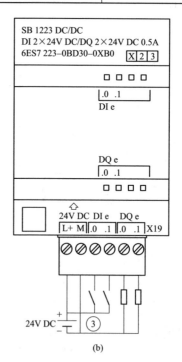

图 2-14　SB 1223 的接线

4. 模拟量输入信号板

SB 1231 模拟量输入信号板为 1 路 12 位的输入，可测量电压和电流，其主要技术参数如表 2-14 所示。SB 1231 模拟量输入信号板的接线方式如图 2-15 所示。图 2-15 中的①表示如果要施加电流，应连接 "R" 和 "0＋"。

表 2-14　　　　　　　　　　　模拟量输入信号板的主要技术参数

型号	SB 1231 AI 1×12 位
产品编号	6ES7 231-4HA30-0XB0
尺寸 $W×H×D$(mm)	38×62×21
功耗（W）	0.4
电流消耗（SM 总线）(mA)	55
模拟量输入路数	1
模拟量输入范围	±10、±5、±2.5V，0～20mA
A/D 分辨率	11 位＋符号位
满量程范围（数据字）	－27 648～27 648
A/D 转换精度	满量程的±0.3%/±0.6%
输入阻抗	150kΩ（电压）/250Ω（电流）

5. 模拟量输出信号板

SB 1232 模拟量输出信号板为 1 路 12 位的输出，可输出分辨率为 12 位的电压和 11 位的电流，其主要技术参数如表 2-15 所示。SB 1232 模拟量输出信号板的接线方式如图 2-16 所示。

表 2-15　　　　　　　　　　　模拟量输出信号板的主要技术参数

型号	SB 1232 AQ 1×12 位
产品编号	6ES7 232-4HA30-0XB0
尺寸 $W×H×D$(mm)	38×62×21
功耗（W）	1.5
电流消耗（SM 总线）(mA)	15
电流消耗（24V DC）(mA)	40
模拟量输出路数	1
模拟量输出类型	电压或电流
模拟量输出范围	±10V 或 0～20mA
D/A 分辨率	电压：12 位；电流：11 位
满量程范围（数据字）	电压：－27 648～27 648；电流：0～27 648
D/A 转换精度	满量程的±0.5%/±1%
负载阻抗	≥1kΩ（电压）；≤600Ω（电流）

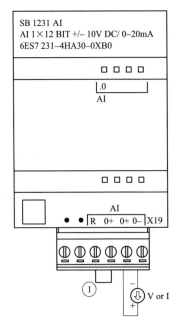

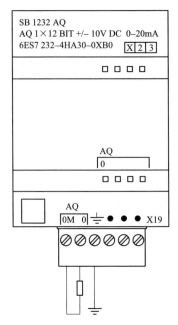

图 2-15 SB 1231 的接线   图 2-16 SB 1232 的接线

6. 热电偶和热电阻模拟量输入信号板

SB 1231 热电偶和热电阻模拟量输入信号板为 1 路输入，可以选多种量程的传感器，分辨率为 0.1℃/0.1℉，15 位＋符号位，其主要技术参数如表 2-16 所示。热电偶信号板的接线如图 2-17 所示。热电阻信号板支持 2 线、3 线和 4 线制方式连接到传感器电阻进行测量，其接线如图 2-18 所示，图 2-18 中①为环接未使用的 RTD 输入；②为 2 线制 RTD 输入；③为 3 线制 RTD 输入；④为 4 线制 RTD 输入。

表 2-16　　　　　　　　　热电偶和热电阻模拟量输入信号板的主要技术参数

型号		SM 1231 AI 1×16 位热电偶	SM 1231 AI 1×16 位热电阻
产品编号		6ES7 231-5QAB30-0XB0	6ES7 231-5PA32-0XB0
尺寸 $W \times H \times D$(mm)		38×62×21	38×62×21
功耗（W）		0.5	0.7
电流消耗（SM 总线）(mA)		5	5
电流消耗（24V DC）(mA)		20	25
模拟量输入路数		1	1
输入类型		悬浮型热电偶和毫伏信号	RTD 和电阻
输入范围		J、K、T、E、R、S、B、N、C、TXK/XK(L)，电压范围：±80mV	铂(Pt)、铜(Cu)、镍(Ni)、LG-Ni 或电阻
A/D 分辨率	温度	0.1℃/0.1℉	0.1℃/0.1℉
	电阻	15 位＋符号位	15 位＋符号位
阻抗（MΩ）		≥10	≥10
测量原理		积分	积分
冷端误差		±1.5℃	—

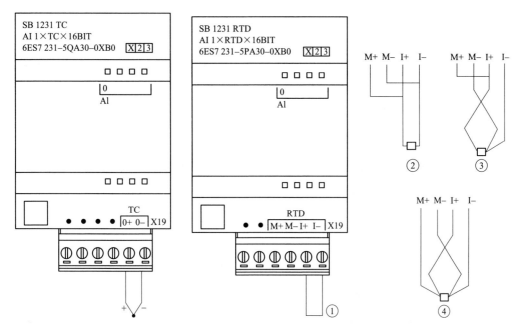

图 2-17　热电偶信号板的接线　　图 2-18　热电阻信号板的接线

7. RS-485 通信信号板

CB 1241 RS-485 通信信号板提供 1 个 RS-485 接口，该信号板集成的协议有自由端口、ASCII、Modbus 和 USS，其主要技术参数如表 2-17 所示。CB 1241 RS-485 通信信号板的接线如图 2-19 所示。自由口通信一般是与第三方设备通信时采用的，而 USS 通信则是西门子 PLC 与西门子变频器专用的通信协议。

表 2-17　RS-485 通信信号板的主要技术参数

型号	CB 1242 RS-485
产品编号	6ES7 241-1CH30-0XB0
尺寸 $W \times H \times D$(mm)	$38 \times 62 \times 21$
功耗（W）	1.5
电流消耗（SM 总线）(mA)	50
电流消耗（24V DC）(mA)	80
发送器和接收器类型	RS-485（2 线制半双工）
发送器差动输出电压	$R_L = 100\Omega$ 时，最小 2V；$R_L = 54\Omega$ 时，最小 1.5V
接收器输入阻抗	最小 $5.4\text{k}\Omega$，包括终端

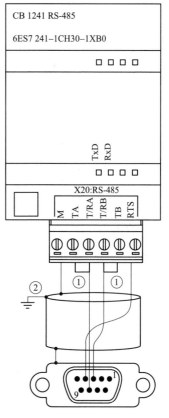

图 2-19　CB 1242 的接线

2.4 集成的通信接口与通信模块

S7-1200 PLC 具有非常强大的通信功能，支持的通信：智能设备（I-Device）、PROFINET、PROFIBUS、远距离控制通信、点对点（PtP）通信、USS 通信、Modbus RTU、AS-i 和 I/O LinkMASTER。

2.4.1 集成的 PROFINET 接口

实时工业以太网是现场总线发展的方向，PROFINET 是基于工业以太网的现场总线，是开放式的工业以太网标准，它使工业以太网的应用扩展到了控制网络最底层的现场设备。

S7-1200 的 CPU 模块集成了 PROFINET 接口，通过该接口可以将计算机、其他 S7 CPU、PROFINET I/O 设备，以及使用标准的 TCP 通信协议的设备进行相连。该接口支持 TCP/IP、ISO-on-TCP、UDP 和 S7 通信协议。

S7-1200 CPU 模块集成的 PROFINET 接口使用具有自动交叉网线（auto-crossover）功能的 RJ-45 连接器，用直通网线或交叉网络都可以连接 CPU 和其他以太网设备或交换机，数据传输速率为 10/100Mbit/s。支持最多 23 个以太网连接，其中 3 个连接用于与 HMI 的通信；1 个连接用于与编程设备（PG）的通信；8 个连接用于开放式用户通信；3 个连接用于使用 GET/PUT 指令的 S7 通信的服务器；8 个连接用于使用 GET/PUT 指令的 S7 通信的客户端。

2.4.2 S7-1200 PLC 通信模块

除了使用集成 PROFINET 接口进行通信外，S7-1200 还可连接通信模块以实现网络通信。S7-1200 最多可以增加 3 个通信模块，它们安装在 CPU 模块的左侧，而一般扩展模块安装在 CPU 模块的右边。

S7-1200 PLC 通信模块的规格较为齐全，主要有点对点（PtP）串行通信模块 CM 1241、紧凑型交换机模块 CSM 1277、PROFIBUS-DP 主站模块 CM 1243-5、PROFIBUS-DP 从站模块 CM 1242-5、GPRS 模块 CP 1242-7 和 I/O 主站模块 CM 1278。S7-1200 PLC 通信模块的基本功能如表 2-18 所示。

表 2-18 　　　　　　　　　　　　S7-1200 PLC 通信模块的基本功能

名称	功能描述
点对点串行通信 模块 CM 1241	• 用于执行强大的点对点高速串行通信，如连接打印机、扫描仪等。 • 执行协议：ASCII、USS drive protocol、Modbus RTU。 • 可装载其他协议。 • 通过 STEP Basic V15，可简化参数设定
紧凑交换机模块 CSM 1277	• 能够以线形、树形或星形拓扑结构，将 S7-1200 PLC 连接到工业以太网。 • 增加了 3 个用于连接的节点。 • 节省空间，可便捷安装到 S7-1200 导轨上。 • 低成本的解决方案，实现小的、本地以太网连接。

续表

名称	功能描述
紧凑交换机模块 CSM 1277	• 集成了坚固耐用、工业标准的 RJ-45 连接器。 • 通过设备上的 LED 实现简单、快速的状态显示。 • 集成的交叉自适应功能，允许使用交叉连接电缆和直通电缆。 • 无风扇的设计，维护方便。 • 应用自检测和交叉自适应功能实现数据传输速率的自动检测。 • 是一个非托管交换机，不需要进行组态配置
PROFIBUS-DP 主站 模块 CM 1243-5	通过使用 PROFIBUS-DP 主站通信模块，S7-1200 可以和下列设备通信： • 其他 CPU。 • 编程设备。 • 人机界面。 • PROFIBUS-DP 从站设备（例如 ET 200 和 SINAMICS）
PROFIBUS-DP 从站 模块 CM 1245-5	通过使用 PROFIBUS-DP 从站通信模块 CM 1242-5，S7-1200 可以作为一个智能 DP 从站设备与任何 PROFIBUS-DP 主站设备通信
GPRS 模块 CP 1242-7	通过使用 GPRS 通信处理器 CP 1242-7，S7-1200 可以与下列设备远程通信： • 中央控制站。 • 其他的远程站。 • 移动设备（SMS 短消息）。 • 编程设备（远程设备）。 • 使用开放用户通信（UDP）的其他通信设备
I/O 主站模块 CM 1278	可作为 PROFIENT I/O 设备的主站

2.5　S7-1200 PLC 的分布式模块

SIEMENS 的 ET 200 是基于现场总线 PROFIBUS-DP 和 PROFINET 的分布式 I/O，可以分别与经过认证的非 SIEMENS 生产的 PROFIBUS-DP 主站或 PROFINET I/O 控制器协同运行。

在组态时，STEP 7 自动分配 ET 200 的输入/输出地址。DP 主站或 I/O 控制器的 CPU 分别通过 DP 从站或 I/O 设备的 I/O 模块的地址直接访问它们。

ET 200MP 和 ET 200SP 是专门为 S7-1200/1500 PLC 设计的分布式 I/O，它们也可以用于 S7-300/400 PLC。

2.5.1　ET 200MP 模块

ET 200MP 是一种模块化、可扩展的分布式 I/O 系统。ET 200MP 模块包含即时通信（IM）接口模块和 I/O 模块，其中 IM 接口模块将 ET 200MP 连接到 PROFINET 或 PROFIBUS 总线，与 S7-1200 PLC 通信，实现 S7-1200 PLC 扩展。ET 200MP 模块的 I/O 模块与 S7-1200 PLC 本机上的 I/O 模块通用。ET 200MP 的 IM 接口模块的主要技术参数见表 2-19。

表 2-19　　　　　　　　　　　ET 200MP 的 IM 接口模块的主要技术参数

接口模块	IM 155-5 PN 标准型	IM 155-5 PN 高性能型	IM 155-5 DP 标准型
订货号	6SE7 155-5AA00-0AB0	6SE7 155-5AA00-0AC0	6SE7 155-5BA00-0AB0
电源电压	DC 24V（20.4～28.8V）		
支持等时同步模式	√（最短周期 250μs）		
通信方式	PROFINET I/O		PROFIBUS-DP
接口类型	2×RJ-45（共享一个 IP 地址，集成交换机功能）		RS-485，DP 接头
支持 I/O 模块数量	30		12
基于 S7-400H 的系统冗余	—	PROFINET 系统冗余	—
共享设备	√；2 个 I/O 控制器	√；4 个 I/O 控制器	—
支持等时同步实时通信（IRT）、优先化启动	√	√	—
支持介质冗余：介质冗余协议（MRP）、用于有计划复制的介质冗余（MRPD）	√	√	—
简单网络管理协议（SNMP）	√	√	—
链路层发现协议（LLDP）	√	√	—
硬件中断	√	√	√
诊断中断	√	√	√
诊断功能	√	√	√

2.5.2　ET 200SP 模块

SIMATIC ET 200SP 是新一代分布式 I/O 系统，具有体积小、使用灵活、性能突出等特点，主要体现在以下方面：

（1）防护等级 IP20，支持 PROFINET 和 PROFIBUS。

（2）更加紧凑的设计，单个模块最多支持 16 通道。

（3）直插式端子，不需要工具，单手可以完成接线。

（4）模块和基座的组装更加方便。

（5）各种模块可以任意组合。

（6）各个负载电动势的形成无需 PM-E 电源模块。

（7）支持热插拔，运行中可以更换模块。

SIMATIC ET 200SP 安装于标准 DIN 导轨，一个站点的基本配置包括支持 PROFINET 或 PROFIBUS 的 IM 通信接口模块、各种 I/O 模块、功能模块，以及所对应的基准单元和最右侧用于完成配置的服务模块。

每个 ET 200SP 接口通信模块最多可扩展 32 个或 64 个模块，其 IM 接口模块的主要技术参数见表 2-20。

表 2-20　　　　　　　　　　　ET 200SP 的 IM 接口模块的主要技术参数

接口模块	IM 155-6 PN 基本型	IM 155-6 PN 标准型	IM 155-6 PN 高性能型	IM 155-6 PN 高速型	IM 155-6 DP 高性能型
电源电压	DC 24V	DC 24V	DC 24V	DC 24V	DC 24V
典型功耗（W）	1.7	1.9	2.4	2.4	1.5
通信方式	PROFINET I/O	PROFINET I/O	PROFINET I/O	PROFINET I/O	PROFIBUS DP
总线连接	集成 2×RJ45	总线适配器	总线适配器	总线适配器	PROFIBUS-DP 接头
支持模块数量	12	32	64	30	32
Profisafe 故障安全	—	√	√	√	√
S7-400 冗余系统	—	—	PROFINET 冗余	—	可以通过 Y-Link
扩展连接 ET 200AL	—	√	√	—	√
PROFINET RT/IRT	√/—	√/√	√/√	√/√	—
PROFINET 共享设备	—	√	√	√	√
中断/诊断功能/状态显示	√	√	√	√	√

　　ET 200SP 的 I/O 模块非常丰富，包括数字量输入模块、数字量输出模块、模拟量输入模块、模拟量输出模块、工艺模块和通信模块等。

2.6　S7-1200 PLC 硬件安装和拆卸

2.6.1　S7-1200 设备的安装方法及安装尺寸

1. S7-1200 设备的安装方法

　　S7-1200 既可以安装在控制柜背板上（面板安装），也可以安装在标准导轨上（DIN 导轨安装）；既可以水平安装，也可以垂直安装，如图 2-20 所示。

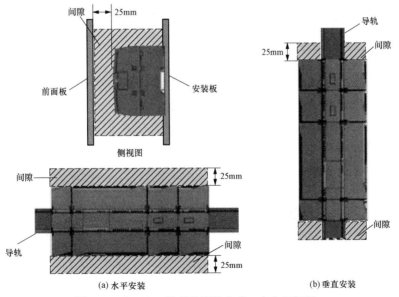

(a) 水平安装　　　　　　　　　(b) 垂直安装

图 2-20　S7-1200 设备的安装方式、方向和间距

2. S7-1200 设备的安装尺寸

S7-1200 系列的 CPU 和信号模块、通信模块都有安装孔，可以很方便地安装在背板上，安装尺寸如图 2-21 所示，图中"W"和"H"表示相关模块的宽度和高度，具体安装尺寸如表 2-21 所示。

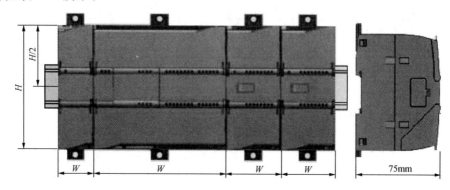

图 2-21 S7-1200 设备安装尺寸

表 2-21   S7-1200 系列的 CPU 和扩展模块安装尺寸

S7-1200 模块		宽度 W（mm）	高度 H（mm）
CPU 模块	CPU 1211 和 CPU 1212(F)C	90	100
	CPU 1214(F)C	110	100
	CPU 1215(F)C	130	100
	CPU 1217C	150	100
信号模块（SM）	8 点和 16 点 DC 和继电器型（8I、16I、8Q、16Q、8I/8Q） 模拟量（4AI、8AI、4AI/2AQ、2AQ、4AQ、TC4、RTD4、TC8）	45	100
	16I/16Q 继电器型（16I/16Q）8 继电器切换 模拟量 RTD8 故障安全（16DI、8DQ、2 继电器）	70	100
通信模块（CM）	CM 1241 RS232、CM 1241 RS485/422、CM1243-5、CM1242-5、CP 1243-1	30	100

2.6.2 CPU 模块的安装和拆卸

CPU 模块可以很方便地安装到标准 DIN 导轨或面板上，如图 2-22 所示。采用导轨安装时，可通过卡夹将设备固定到 DIN 导轨上。面板安装时，将卡夹掰到一个伸出位置，然后通过螺栓将其固定到安装位置。

（a）DIN导轨安装   （b）面板安装

图 2-22 在 DIN 导轨或面板上安装 CPU 模块

1. CPU 模块安装到 DIN 导轨或面板上时的注意事项

（1）PLC 系统中若有通信模块，则应先将通信模块连接到 CPU 模块上，然后将该组件作为一个单元来安装。在安装 CPU 之后，再安装信号模块。

（2）对于 DIN 导轨安装，要确保 CPU 模块和通信模块（CM）的上部 DIN 导轨卡夹处于锁紧位置，而下部 DIN 导轨卡夹处于伸出位置。

（3）将设备安装到 DIN 导轨上后，将下部 DIN 导轨卡夹推到锁紧位置，以将设备锁定在 DIN 导轨上。

（4）对于面板安装，确保将 DIN 导轨卡夹推到伸出位置。

2. 面板上安装 CPU 模块

在面板上安装 CPU 模块时，首先按照表 2-21 所示的尺寸进行定位、钻安装孔，并确保 CPU 模块和 S7-1200 设备与电源断开连接，然后用合适的螺栓（M4 或美国标准 8 号螺栓）将模块固定在背板上。若再使用扩展模块，则将其放在 CPU 模块旁，并一起滑动，直至连接器牢固连接。

3. 在 DIN 导轨上安装 CPU 模块

在 DIN 导轨上安装 CPU 模块时，首先每隔 75mm 将导轨固定到安装板上，然后"咔嚓"一声打开模块底部的 DIN 夹片［如图 2-23（a）所示］，并将模块背面卡在 DIN 导轨上，最后将模块向下旋转至 DIN 导轨，咔嚓一声闭合 DIN 夹片［如图 2-23（b）所示］。

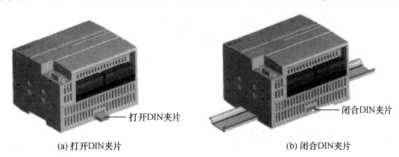

(a) 打开DIN夹片　　　　　　　　　　(b) 闭合DIN夹片

图 2-23　DIN 导轨安装 CPU 模块

4. 在 DIN 导轨上拆卸 CPU 模块

在 DIN 导轨上拆卸 CPU 模块时，首先切断 CPU 模块和连接的所有 I/O 模块的电源，接着断开连接到 CPU 模块的所有线缆，然后拧下安装螺栓或"咔嚓"一声打开 DIN 夹片。如果连接了扩展模块，那么向左滑动 CPU 模块，将其从扩展模块连接器脱离。最后，卸下 CPU 模块即可。

2.6.3　信号模块的安装和拆卸

1. 在 CPU 模块中安装信号板

在 CPU 模块中安装信号板时，其步骤如下：

（1）确保 CPU 模块和所有 S7-1200 设备与电源断开连接。

（2）卸下 CPU 模块上部和下部的端子板盖板。

（3）将螺钉旋具插入 CPU 模块上部接线盒背面的槽中。

（4）轻轻将盖撬起，并从 CPU 模块上卸下，如图 2-24（a）所示。

（5）将信号板或电池板直接向下放入 CPU 模块上部的安装位置中，如图 2-24（b）所示。

（6）用力将模块压入该位置，直到卡入就位。

（7）重新装上端子块盖板。

(a) 卸下信号板   (b) 信号板向下放入

图 2-24　安装信号板或电池板

2. 在 CPU 模块中拆卸信号板

在 CPU 模块中拆卸信号板时，其步骤如下：

（1）确保 CPU 模块和所有 S7-1200 设备与电源断开连接。

（2）卸下 CPU 模块上部和下部的端子板盖板。

（3）将螺钉旋具插入 CPU 模块上部接线盒背面的槽中。

（4）轻轻将盖手撬起，使其与 CPU 模块分离。

（5）将模块直接从 CPU 模块上部的安装位置中取出。

（6）将盖板重新装到 CPU 模块上。

（7）重新装上端子块盖板。

2.6.4　通信模块的安装和拆卸

在 S7-1200 系统中，通信模块都是安装在 CPU 模块的左侧，且与 CPU 连接后作为一个组件单元安装到导轨或面板上。

1. 通信模块的安装

通信模块的安装步骤如下：

（1）确保 CPU 模块和所有 S7-1200 设备与电源断开连接。

（2）将螺钉旋具插入 CPU 模块上部接线盒，首先将通信模块连接到 CPU 上，然后再将整个组件作为一个单元安装到 DIN 导轨或面板上。

（3）将螺钉旋具插入 CPU 左侧总线盖上方的插槽中，轻轻撬出上方的盖，以卸下 CPU 左侧的总线盖。

（4）使通信模块的总线连接器和接线柱与 CPU 上的孔对齐，并用力将两个单元压在一起，直到接线柱卡入到位，从而将通信模块连接到 CPU 上。

（5）将 CPU 模块上安装到 DIN 导轨或面板上。

2. 通信模块的拆卸

通信模块的拆卸步骤如下：

（1）确保 CPU 模块和所有 S7-1200 设备与电源断开连接。

（2）拆除 CPU 上的 I/O 连接器和所有接线及电缆。

（3）对于 DIN 导轨安装，将 CPU 和通信模块上的下部 DIN 导轨卡掰开。

（4）从 DIN 导轨或面板上卸下 CPU 和通信模块。

（5）用力抓住 CPU 和通信模块，并将它们分开。

2.6.5　信号板的安装和拆卸

1. 信号模块的安装

在安装好 CPU 模块之后，才能单独安装信号模块。信号模块的安装步骤如下：

（1）确保 CPU 模块和所有 S7-1200 设备与电源断开连接。

（2）卸下 CPU 模块右侧的 I/O 总线连接器盖。

（3）将小螺钉旋具插入盖上方的插槽中。

（4）将其上方的盖轻轻撬出，并卸下盖。

2. 信号模块与 CPU 模块的连接

将信号模块与 CPU 模块进行连接时，其步骤如下：

（1）拉出下方的 DIN 导轨卡夹，以便将扩展模块安装到导轨上。

（2）将信号模块放置在 CPU 右侧。

（3）将信号模块挂到 DIN 导轨上方。

（4）向左滑动信号模块，直至 I/O 连接器与 CPU 模块右侧的连接器完全啮合，并推入下方的卡夹，将信号模块锁定到导轨上。

3. 信号模块的拆卸

信号模块的拆卸可按以下步骤进行：

（1）确保 CPU 模块和所有 S7-1200 设备与电源断开连接。

（2）将 I/O 连接器和接线从扩展模块上卸下，然后拧松所有 S7-1200 设备的 DIN 导轨卡夹。

（3）向右滑动扩展模块。

2.6.6　端子板的安装和拆卸

1. 端子块连接器的拆卸

卸下 CPU 模块的电源，并打开连接器上的盖子，准备从系统中拆卸端子块连接器时，其步骤如下：

（1）确保 CPU 模块和所有 S7-1200 设备与电源断开连接。

（2）查看连接器的顶部，并找到可插入螺钉旋具头的槽。

（3）将小螺钉旋具插入槽中，如图 2-25（a）所示。

（4）轻轻撬起连接器顶部，使其与 CPU 模块分离，使连接器从夹紧位置脱离，如图 2-25（b）所示。

（5）抓住连接器，并将其从 CPU 模块上卸下。

2. 端子块连接器的重新安装

断开 CPU 模块电源，并打开连接器上的盖子，准备安装端子块连接器时，其步骤如下：

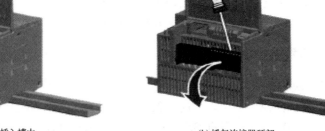

(a) 小螺钉旋具插入槽中　　　　　　　　　　(b) 撬起连接器顶部

图 2-25　拆卸端子块连接器

（1）确保 CPU 模块和所有 S7-1200 设备与电源断开连接。

（2）连接器与单元上的插针对齐。

（3）将连接器的接线边对准连接器座沿的内侧。

（4）用力按下，并转动连接器，直到卡入到位。

2.7　S7-1200 PLC 的接线和电源计算

2.7.1　安装现场的接线

S7-1200 PLC 的供电电源可以是 AC 110V 或 220V 电源，也可以是 DC 24V 电源，接线时有一定的区别及相应的注意事项。

1. 现场接线的注意事项

在安装和移动 S7-1200 PLC 模块及其相关设备之前，一定要切断所有的电源。S7-1200 PLC 设计安装和现场接线的注意事项如下：

（1）使用正确的导线，采用铜芯横截面积为 $0.5 \sim 1.5 mm^2$ 的导线。

（2）尽量使用短导线（最长 500m 屏蔽线或 300m 非屏蔽线），导线要尽量成对使用，用一根中性或公共导线与一根热线或信号线相配对。

（3）将交流线或高能量快速开关的直流线与低能量的信号线隔开。

（4）针对闪电式浪涌，安装合适的浪涌抑制设备。

（5）外部电源不要与 DC 输出点并联用作输出负载，这可能导致反向电流冲击输出，除非在安装时使用二极管或其他隔离栅。

2. 交流安装现场接线

交流安装现场的接线方法如图 2-26 所示，图中①是用一个单刀切断开关将电源与 CPU、所有的输入电路和输出（负载）电路隔离开；图中②是用一台过电流保护设备来保护 CPU 的电源、输出点及输入点，用户也可以为每个输出点加上熔丝或熔断器，以扩大保护范围；图中③是当用户使用 PLC DC 24V 传感器电源时，由于该传感器具有短路保护，可以取消输入点的外部过电流保护；图中④是将 S7-1200 的所有地线端子与最近接地点相连接，以获得最好的抗干扰能力；图中⑤是本机单元的直流传感器电源，可用作本机单元的输入；图中⑥和⑦是扩展 DC 输入，以及扩展继电器线圈供电，这一传感器电源具有短路保护功能；在大部的安装中，常将图中⑧的传感器的供电"M"端子接到地上，可以获得最佳的噪声抑制。

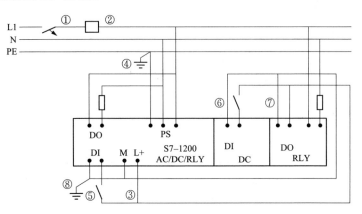

图 2-26　交流安装现场的接线方法

3. 直流安装现场接线

直流安装现场的接线方法如图 2-27 所示，图中①是用一个单刀切断开关将电源与 CPU、所有的输入电路和输出（负载）电路隔离开；图中②是用过电流保护设备保护 CPU 电源；图中③是用过电流保护设备保护输出点；图中④是用过电流保护设备保护输入点，用户可以在每个输出点加上熔丝或熔断器进行过电流保护，当用户使用 DC 24V 传感器电源时，可以取消输入点的外部过电流保护，因为传感器电源内部带有限流功能；图中⑤是加上一个外部电容，以确保 DC 电源有足够的抗冲击能力，从而保证在负载突变时，可以维持一个稳定的电压；图中⑥是在大部分的应用中，把所有的 DC 电源接到地，可以得到最佳的噪声抑制；图中⑦是在未接地的 DC 电源的公共端与保护地之间并联电阻与电容，其中电阻提供静电释放通路，电容提供高频噪声通路，它们的典型值是 1MΩ 和

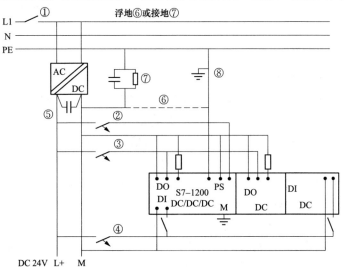

图 2-27　直流安装现场的接线方法

4700pF；图中⑧是将 S7-1200 所有的接地端子与最近接地点连接，以获得最好的抗干扰能力。

2.7.2 电源连接方式

S7-1200 CPU 模块有两种供电类型：DC 24V 和 AC 120/240V。DC/DC/DC 类型的 CPU 供电是 DC 24V；AC/DC/RLY 类型的 CPU 供电是 AC 220V。图 2-28 的 CPU 供电接线说明了 S7-1200 CPU 供电的端子名称和接线方法，直流供电和交换供电接线端子的标识是不同的，接线时一定要确认 CPU 的类型及其供电方式。

凡是标记为"L1"和"N"的接线端子，都是交流电源端；凡是标记为"L＋"和"M"的接线端子，都是直流电源端。

S7-1200 CPU 模块有一个 24V 直流传感器电源，可以用来给 CPU 本体的 I/O 点、信号模块、SB 信号板上的 I/O 点供电，该传感器电源的端子名称及接线方式如图 2-29 所示。

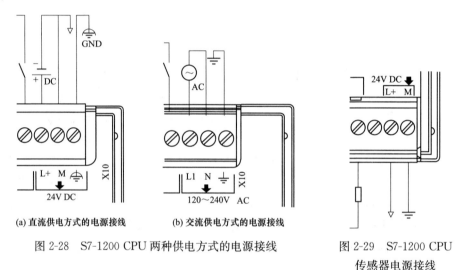

(a) 直流供电方式的电源接线　　　　(b) 交流供电方式的电源接线

图 2-28　S7-1200 CPU 两种供电方式的电源接线　　　　图 2-29　S7-1200 CPU
传感器电源接线

2.7.3 电源的需求计算

1. 电源的需求计算概述

S7-1200 CPU 模块有一个内部电源，可以为 CPU 模块、信号模块、信号板和通信模块的正常工作进行供电，并且也可以为用户提供 DC 24V 电源。

CPU 模块将为信号模块、信号扩展模块、通信模块提供 DC 5V 电源，不同的 CPU 模块能够提供的功率是不同的。在硬件选型时，需要计算所有扩展模块的功率总和，检查该数值是否在 CPU 模块提供功率的范围之内。如果超出范围，那么必须更换容量更大的 CPU 模块或减少扩展模块的数量。

S7-1200 CPU 模块也可以为信号模块的 24V 输入点、继电器输出模块或其他设备提供电源（称为传感器电源），如果实际负载超过了此电源的能力，那么需要增加一个外部 24V 电源，此电源不能与 CPU 模块提供的 24V 电源并联。可以将所有 24V 电源的负端连接到一起。

传感器 24V 电源与外部 24V 电源应当供给不同的设备，否则将会产生冲突。

如果 S7-1200 PLC 系统的一些 24V 电源输入端互联，那么此时可用一个公共电路连接多个 "M" 端子。例如，当设计 CPU 模块为 24V 电源供给、信号模块继电器为 24V 电源供给、非隔离模拟量输入为 24V 电源供给的 "非隔离" 电路时，所有非隔离的 "M" 端子必须连接到同一个外部参考点上。

2. 电源的需求计算举例

某 S7-1200 PLC 系统中，CPU 模块为 CPU 1215C DC/DC/RLY，1 个信号板 SB 1223 2×24V DC 输入/2×24V DC 输出，1 个通信模块 CM 1241 RS-422/485、3 个信号模块 SM 1223 8 DC 输入/8 路继电器输出，以及 1 个 SM 1221 8 DC 输入，试计算电流消耗，看是否能用传感器电源 DC 24V 供电。

经统计需要 I/O 点数为 22 个 DI，DC 24V 输入；12 个 DO 中继电器输出 10 个，两个 DC 输出；1 路模拟量输入和 1 路模拟量输出，选用 S7-1200 PLC，试计算电流的消耗，看是否能用传感器电源 DC 24V 供电。

解：该系统安装后，共有 48 点输入、36 点输出。CPU 1215C DC/DC/RLY 模块已分配驱动 CPU 内部继电器线圈所需的功率，因此计算消耗的电流时不需要包括内部继电器线圈所消耗的电流。

计算过程如表 2-22 所示。经计算，DC 5V 总电流差额＝1600mA－810mA＝790mA＞0mA，DC 24V 总电流差额＝400mA－456mA＝－56mA＜0mA，CPU 模块提供了足够 DC 5V 的电流，但是传感器电源不能为所有输入和扩展继电器线圈提供足够的 DC 24V 电流。因此，这种情况下，DC 24V 供电需外接直流电源，实际工程中干脆由外接 DC 24V 直流电源供电，就不用 CPU 模块上的传感器电源了，以免出现扩展模块不能正常工作的情况。

表 2-22　　　　　　　　　　　某 S7-1200 PLC 系统耗电计算　　　　　　　　　　单位：mA

CPU 电流计算	电流供应		
	DC 5V	DC 24V（传感器电源）	备注
CPU 1215C DC/DC/RLY	1600	400	—
减去			
CPU 1215C，14 点输入	—	56	14×4
1 个 SB 1223 2×24V DC 输入/2×24V DC 输出	50	8	2×4
1 个 CM 1241 RS-422/485	220		
3 个 SM 1223，5V 电源	435	—	3×145
1 个 SM 1221，5V 电源	105	—	1×105
3 个 SM 1223，各 8 点输入	—	96	3×8×4
3 个 SM 1223，各 8 点继电器输出	—	264	3×8×11
1 个 SM 1221，5V 电源	—	32	8×4
系统总要求	810	456	—
等于			
总电流差额	790	－56	—

第 3 章　S7-1200 PLC 编程基础

软件系统就如人的灵魂，PLC 的软件系统是 PLC 所使用的各种程序集合。为了实现某一控制功能，需要在某一特定环境中使用某种语言编写相应指令来完成，本章主要讲述西门子 PLC 的编程语言、数据格式与数据类型、存储区与寻址方式，以及编程软件的使用。

3.1　PLC 编程语言简介

PLC 是专为工业控制而开发的装置，其主要使用者是工厂的广大电气技术人员，为了适应他们的传统习惯和掌握能力，通常 PLC 采用面向控制过程、面向问题的"自然语言"进行编程。S7-1200 系列 PLC 是在 TIA 博途中进行程序的编写，该软件支持的编程语言非常丰富，有梯形图、语句表（又称指令表或助记符）、顺序功能流程图、功能块图等，用户可选择一种语言或混合使用多种语言，通过上位机编写具有一定功能的指令。

3.1.1　PLC 编程语言的国际标准

基于微处理器的 PLC 自 1968 年问世以来，已取得迅速的发展，成为工业自动化领域应用最广泛的控制设备。当形形色色的 PLC 涌入市场时，国际电工委员会（International Electrotechnical Commission，IEC）及时地于 1993 年制定了 IEC 1131 标准（后改为 IEC 61131），以引导 PLC 健康发展。

IEC 1131 标准分为 IEC 1131-1～IEC 1131-8 共 8 个部分：IEC 1131-1 为一般信息，即对通用逻辑编程做了一般性介绍，并讨论了逻辑编程的基本概念、术语和定义；IEC 1131-2 为装配和测试需要，从机械和电气两部分介绍了逻辑编程对硬件设备的要求和测试需要；IEC 1131-3 为编程语言的标准，吸取了多种编程语言的长处，并制定了 5 种标准语言；IEC 1131-4 为用户指导，提供了有关选择、安装、维护的信息资料和用户指导手册；IEC 1131-5 为通信规范，规定了逻辑控制设备与其他装置的通信联系规范；IEC 1131-6 为现场总线通信；IEC 1163-7 为模糊控制编程；IEC 1163-8 为编程语言的实施方针。

IEC 1131 标准是由来自欧洲、北美及日本的工业界和学术界的专家通力合作的产物，在 IEC 1131-3 中，专家们首先规定了控制逻辑编程中的语法、语义和显示，然后从现有编程语言中挑选了 5 种，并对其进行了部分修改，使其成为目前通用的语言。在这 5 种语言中，有 3 种是图形化语言，2 种是文本化语言。图形化语言有梯形图（ladder programming，LAD)、顺序功能图（sequential function chart，SFC)、功能块图（function block diagram，FBD），文本化语言有指令表（instruction list，IL）和结构文本（structured text，ST)。IEC 并不要求每种产品都运行这 5 种语言，可以只运行其中的一种或几种，但均必须符合标准。在实际组态时，可以在同一项目中运用多种编程语言，相互嵌套，以供用户选择最简单的方式生成控制策略。

正是由于 IEC 1131-3 标准的公布，许多 PLC 制造厂先后推出符合这一标准的 PLC 产品。美国 Allen-Bradley 公司（A-B）属于罗克韦尔自动化有限公司（Rockwell)，其许多 PLC 产品都带符合 IEC 1131-3 标准中结构文本的软件选项。施耐德电气有限公司（Schneider Electric SA）的 Modicon TSX Quantum PLC 产品可采用符合 IEC 1131-3 标准的 Concept 软件包，它在支持 Modicon 984 梯形图的同时，也遵循 IEC 1131-3 标准的 5 种编程语言。SIEMENS 的 SIMATIC S7-1200/1500 PLC 的编译环境为 TIA Portal（博途)，该软件中的编程语言符合 IEC 1131-3 标准。

3.1.2　LAD 梯形图

梯形图（ladder programming，LAD）语言是使用最多的图形编程语言，被称为 PLC 的第一编程语言。LAD 是在继电-接触器控制系统原理图的基础上演变而来的一种图形语言，它和继电-接触器控制系统原理图很相似，如图 3-1 所示。梯形图具有直观易懂的优点，很容易被工厂电气人员掌握，特别适用于开关量逻辑控制，它常被称为电路或程序，梯形图的设计称为编程。

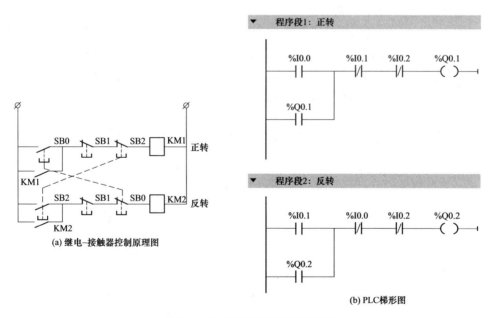

图 3-1　同一功能的两种不同图形

1. 梯形图相关概念

在梯形图编程中，用到软继电器、能流和梯形图的逻辑解算这 3 个基本概念。

(1) 软继电器。PLC 梯形图中的某些编程元件沿用了继电器的这一名称，如输入继电器、输出继电器、内部辅助继电器等，但是它们不是真实的物理继电器，而是一些存储单元（软继电器），每一个软继电器与 PLC 存储器中映像寄存器的一个存储单元相对应。梯形图中采用了类似于继电-接触器中的触点和线圈符号，如表 3-1 所示。

表 3-1 符号对照表

线圈/触点	物理继电器	PLC 继电器
线圈	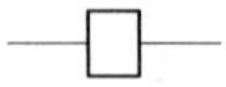 —□—	—( )
动合触点	 —／—	—‖—
动断触点	 —／—	—‖／—

存储单元如果为"1"状态，那么表示梯形图中对应软继电器的线圈"通电"，其动合触点接通，动断触点断开，这种状态是该软继电器的"1"或"ON"状态。如果该存储单元为"0"状态，那么对应软继电器的线圈和触点的状态与上述的相反，该软继电器为"0"或"OFF"状态。使用中，常将这些"软继电器"称为编程元件。

PLC 梯形图与继电-接触器控制原理图的设计思想一致，它沿用继电-接触器控制电路元件符号，只有少数不同，信号输入、信息处理及输出控制的功能也大体相同。但两者还是有一定的区别：①继电-接触器控制电路由真正的物理继电器等部分组成，而梯形图没有真正的继电器，是由软继电器组成；②继电-接触器控制系统得电工作时，相应的继电器触头会产生物理动断操作，而梯形图中软继电器处于周期循环扫描接通之中；③继电-接触器系统的触点数目有限，而梯形图中的软触点有多个；④继电-接触器系统的功能单一，编程不灵活，而梯形图的设计和编程灵活多变；⑤继电-接触器系统可同步执行多项工作，而 PLC 梯形图只能采用扫描方式由上而下按顺序执行指令，并进行相应工作。

（2）能流。在梯形图中有一个假想的"概念电流"或"能流"（power flow）从左向右流动，这一方向与执行用户程序时的逻辑运算的顺序是一致的。能流只能从左向右流动。利用能流这一概念，可以更好地理解和分析梯形图。图 3-2（a）不符合能流只能从左向右流动的原则，因此应改为如图 3-2（b）所示的梯形图。

(a) 错误的梯形图 (b) 正确的梯形图

图 3-2 母线梯形图

梯形图的两侧垂直公共线称为公共母线（bus bar），左侧母线对应于继电-接触器控制系统中的"相线"，右侧母线对应于继电-接触器控制系统中的"中性线"，一般右侧母线可省略。在分析梯形图的逻辑关系时，为了借用继电器电路图的分析方法，可以想象左右两侧母线（左母线和右母线）之间有一个左正右负的直流电源电压，母线之间有"能流"从左向右流动。

（3）梯形图的逻辑解算。根据梯形图中各触点的状态和逻辑关系，求出与图中各线圈对应的编程元件的状态，称为梯形图的逻辑解算。梯形图中逻辑解算是按从左到右、从上到下的顺序进行的。解算的结果，可以马上被后面的逻辑解算所利用。逻辑解算是根据输入映像寄存器中的值，而不是根据解算瞬时外部输入触点的状态来进行的。

2. 梯形图的编程规则

尽管梯形图与继电-接触器电路图在结构形式、元件符号及逻辑控制功能等方面类似，但在编程时，梯形图需遵循一定的规则，具体如下。

（1）从上到下，从左到右的方法编写程序。编写 PLC 梯形图时，应按从上到下、从左到右的顺序放置连接元件。在 TIA 博途中，与每个输出线圈相连的全部支路形成 1 个逻辑行即 1 个程序段，每个程序段起于左母线，最后终于输出线圈，同时还要注意输出线圈的右边不能有任何触点，输出线圈的左边必须有触点，如图 3-3 所示。

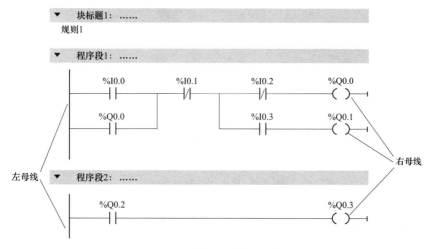

图 3-3　梯形图绘制规则 1

（2）串联触点多的电路应尽量放在上部。在每个程序段（每一个逻辑行）中，当几条支路并联时，串联触点多的应尽量放在上面，如图 3-4 所示。

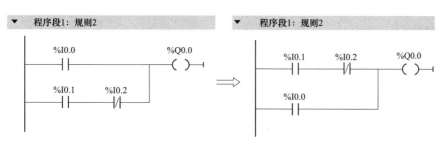

图 3-4　梯形图绘制规则 2

（3）并联触点多的电路应尽量靠近左母线。几条支路串联时，并联触点多的应尽量靠近左母线，这样可适当减少程序步数，如图 3-5 所示。

（4）垂直方向不能有触点。在垂直方向的线上不能有触点，否则形成不能编程的梯形图，因此需重新安排，如图 3-6 所示。

（5）触点不能放在线圈的右侧。不能将触点放在线圈的右侧，只能放在线圈的左侧，对于多重输出的，还须将触点多的电路放在下面，如图 3-7 所示。

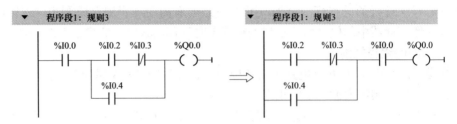

图 3-5　梯形图绘制规则 3

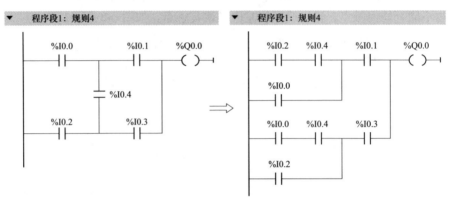

图 3-6　梯形图绘制规则 4

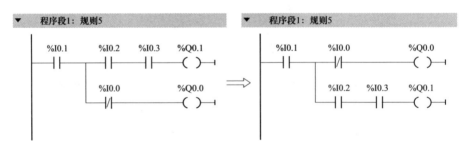

图 3-7　梯形图绘制规则 5

3.1.3　STL 语句表

语句表（statement list，STL），又称指令表或助记符。它是通过指令助记符控制程序要求的，类似于计算机汇编语言。不同厂家的 PLC 所采用的指令集不同，所以对于同一个梯形图，书写的语句表指令形式也不尽相同。

一条典型指令往往由助记符和操作数或操作数地址组成，助记符是指使用容易记忆的字符代表 PLC 的某种操作功能。语句表与梯形图有一定的对应关系，如图 3-8 所示，分别采用梯形图和语句表来实现电动机正反转控制的功能。

3.1.4　SFC 顺序功能图

顺序功能流程图（sequential function chart，SFC）又称状态转移图，它是描述控制

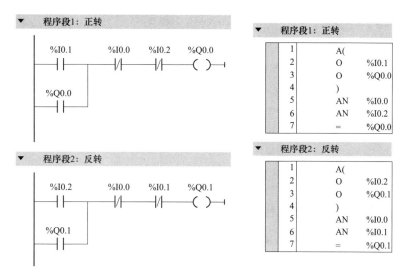

图 3-8　采用梯形图和语句表实现电动机正反转控制程序

系统的控制过程、功能和特性的一种图形,这种图形又称
为"功能图"。顺序功能流程图中的功能框并不涉及所描
述的控制功能的具体技术,而是只表示整个控制过程中一
个个的"状态",这种"状态"又称"功能"或"步",如
图 3-9 所示。

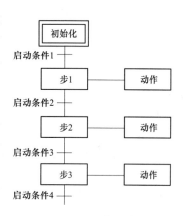

　　顺序功能图编程法可将一个复杂的控制过程分解为一
些具体的工作状态,把这些具体的功能分别处理后,再按
照一定的顺序控制要求,将这些具体的状态组合成整体的
控制程序,它并不涉及所描述的控制功能的具体技术,是
一种通用的技术语言,可以供进一步设计,以及不同专业
的人员之间进行技术交流之用。

图 3-9　顺序功能

　　SIMATIC STEP 7 中的顺序控制图形编程语言(S7 Graph)属于可选软件包,在这
种语言中,工艺过程被划分为若干个顺序出现的步,步中包含控制输出的动作,从一步
到另一步的转换由转换条件控制。用 Graph 表达复杂的顺序控制过程非常清晰,用于编
程及故障诊断更为有效,使 PLC 程序的结构更为易读,它特别适合于生产制造过程。S7
Graph 具有丰富的图形、窗口和缩放功能。系统化的结构和清晰的组织显示使 S7 Graph
对于顺序过程的控制更加有效。

3.1.5　FBD 功能块图

　　功能块图(function block diagram,FBD)又称逻辑盒指令,它是一种类似于数字逻
辑门电路的 PLC 图形编程语言。控制逻辑常用"与""或""非"3 种逻辑功能进行表达,
每种功能都有一个算法。运算功能由方框图内的符号确定,方框图的左边为逻辑运算的
输入变量,右边为输出变量,没有像梯形图那样的母线、触点和线圈。图 3-10 所示为
PLC 梯形图和功能块图表示的电动机启动电路。

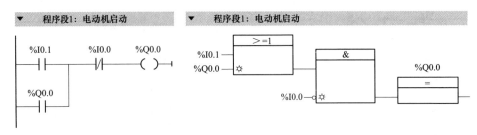

图 3-10　梯形图和功能块图表示的电动机启动电路

SIEMENS 的"LOGO"系列微型 PLC 使用功能块图编程，除此之外，国内很少使用此语言。功能块图语言适合熟悉数字电路的用户使用。

3.1.6　STEP 7 的其他编程语言

梯形图、语句表、顺序功能图、功能块图等编程语言在一般的 PLC 编程软件中都支持。SIEMENS 推出的 TIA 博途中的编程语言非常丰富，除了支持上述编程语言外，还支持其他的一些编程语言，如结构化控制语言、S7 HiGraph 编程语言、S7 CFC 编程语言等。

1. 结构化控制语言

结构文本（structured text，ST）是为 IEC 61131-3-2013《程序控制器　第 3 部分：程序设计语言》创建的一种专用高级编程语言，STEP 7 的 S7 SCL 结构化控制语言是 IEC 61131-3-2013《程序控制器　第 3 部分：程序设计语言》高级文本语言。S7 SCL 的语言结构与编程语言 Pascal 和 C 相似，与梯形图相比，它能实现更复杂的数学运算，而编写的程序非常简洁和紧凑。S7 SCL 适合于复杂的公式计算和最优化算法，或管理大量的数据等。所以 S7 SCL 适用于数据处理场合，特别适合习惯使用高级编程语言的人使用。

S7 SCL 程序是用自由编辑方式编辑器中 SCL 源文件生成的。例如定义的一个功能块 FB20 的某段子程序如下：

```
FUNCTION_BLOCK FB20
VAR_INPUT
ENDVAL:        INT;
END_VAR
VAR_IN_OUT
IQ1:           REAL;
END_VAR
VAR
INDEX:         INT;
END_VAR
BEGIN
CONTROL:=FALSE;
FOR INDEX:=1 TO ENDVAL DO
  IQ1:=IQ1 * 2;
```

```
   IF IQ1>10000 THEN
       CONTROL=TRUE
   END_IF
END_FOR
END_FUNCTION_BLOCK
```

2. S7 HiGraph 编程语言

SIMATIC STEP 7 中的 S7 HiGraph 图形编程语言属于可选软件包，它用状态图（state graphs）来描述异步、非顺序过程的编程。系统被分解为几个功能单元，每个单元呈现不同的状态，各功能单元的同步信息可以在图形之间交换。需要为不同状态之间的切换定义转换条件，用类似于语句表的语言描述状态的动作和状态之间的转换条件。S7 HiGraph 适合于异步非顺序过程的编程。

可为每个功能单元创建一个描述功能单元响应的图，各图组合起来就构成了设备图。图之间可进行通信，以对功能单元进行同步。通过合理安排的功能单元的状态转换视图，可使用户能够进行系统编程并简化调试。

S7 GRAPH 与 S7 HiGraph 之间的区别：S7 HiGraph 每一时刻仅获取一个状态（在 S7 GRAPH 的"步"中）。

3. S7 CFC 编程语言

SIMATICSTEP 7 中的连续功能图（continuous function chart，CFC）是用图形的方式连接程序库，而程序库是以块的形式提供各种功能，它包括从简单的逻辑操作到复杂的闭环和开环控制等领域。编程时，将这些块复制到图中并用线连接起来即可。

不需要用户掌握详细的编程知识和 PLC 的专门知识，只要具有行业所必需的工艺技术方面的知识，就可以用 CFC 来编程。CFC 适用于连续过程控制的编程。

3.2　S7-1200 PLC 的数据格式与数据类型

3.2.1　数据长度与数制

1. 数据长度

计算机中使用的都是二进制数，在 PLC 中，通常使用位、字节、字、双字来表示数据，它们占用的连续位数称为数据长度。

位（Bit）指二进制的一位，它是最基本的存储单位，只有"0"或"1"两种状态。在 PLC 中一个位可对应一个继电器，如某继电器线圈得电时，相应位的状态为"1"；当继电器线圈失电或断开时，其对应位的状态为"0"。8 位二进制数构成一个字节（Byte），其中第 7 位为最高位（MSB），第 0 位为最低位（LSB）。两个字节构成一个字（Word），在 PLC 中字又称为通道（CH），一个字含 16 位，即一个通道（CH）由 16 个继电器组成。两个字构成一个汉字，即双字（Double Word），在 PLC 中它由 32 个继电器组成。

2. 数制

数制也称计数制，是用一组固定的符号和统一的规则来表示数值的方法。如在计数过程中采用进位的方法，则称为进位计数制。进位计数制有数位、基数、位权三个要素。

数位，指数码在一个数中所处的位置。基数，指在某种进位计数制中，数位上所能使用的数码的个数，例如，十进制数的基数是 10，二进制的基数是 2。位权，指在某种进位计数制中，数位所代表的大小，对于一个 R 进制数（即基数为 R），若数位记作 j，则位权可记作 R^j。

人们通常采用的数制有十进制、二进制、八进制和十六进制。在 S7-1200/1500 系列 PLC 中使用的数制主要是二进制、十进制、十六进制。

（1）十进制数。十进制数有两个特点：①数值部分用 10 个不同的数字符号 0、1、2、3、4、5、6、7、8、9 来表示；②逢十进一。

【例 3-1】 123.45

小数点左边第一位代表个位，3 在左边 1 位上，它代表的数值是 3×10^0，1 在小数点左面 3 位上，代表的是 1×10^2，5 在小数点右面 2 位上，代表的是 5×10^{-2}。

$$123.45 = 1 \times 10^2 + 2 \times 10^1 + 3 \times 10^0 + 4 \times 10^{-1} + 5 \times 10^{-2}$$

一般对任意一个正的十进制数 S，可表示为

$$S = K_{n-1}(10)^{n-1} + K_{n-2}(10)^{n-2} + \cdots + K_0(10)^0 + K_{-1}(10)^{-1} +$$
$$K_{-2}(10)^{-2} + \cdots + K_{-m}(10)^{-m}$$

其中，k_j 是 0、1、$\cdots$、9 中任意一个，由 S 决定，k_j 为权系数；m、n 为正整数；10 称为计数制的基数；$(10)^j$ 称为权值。

（2）二进制数。BIN 即为二进制数，它是由 0 和 1 组成的数据，PLC 的指令只能处理二进制数。它有两个特点：①数值部分用 2 个不同的数字符号 0、1 来表示；②逢二进一。

二进制数化为十进制数，通过按权展开相加法。

【例 3-2】 $1101.11B = 1 \times 2^3 + 1 \times 2^2 + 0 \times 2^1 + 1 \times 2^0 + 1 \times 2^{-1} + 1 \times 2^{-2}$
$$= 8 + 4 + 0 + 1 + 0.5 + 0.25$$
$$= 13.75$$

任意二进制数 N 可表示为

$$N = \pm(K_{n-1} \times 2^{n-1} + K_{n-2} \times 2^{n-2} + \cdots + K_0 \times 2^0 + K_{-1} \times 2^{-1} +$$
$$K_{-2} \times 2^{-2} + \cdots + K_{-m} \times 2^{-m})$$

其中，k_j 只能取 0、1；m、n 为正整数；2 是二进制的基数。

（3）八进制数。八进制数有两个特点：①数值部分用 8 个不同的数字符号 0、1、3、4、5、6、7 来表示；②逢八进一。

任意八进制数 N 可表示为

$$N = \pm(K_{n-1} \times 8^{n-1} + K_{n-2} \times 8^{n-2} + \cdots + K_0 \times 8^0 + K_{-1} \times 8^{-1} +$$
$$K_{-2} \times 8^{-2} + \cdots + K_{-m} \times 8^{-m})$$

其中，k_j 只能取 0、1、3、4、5、6、7；m、n 为正整数；8 是基数。

因 $8^1 = 2^3$，所以 1 位八制数相当于 3 位二进制数，根据这个对应关系，二进制与八进制间的转换方法为从小数点向左向右每 3 位分为一组，不足 3 位者以 0 补足 3 位。

（4）十六进制数。十六进制数有两个特点：①数值部分用 16 个不同的数字符号 0、1、2、3、4、5、6、7、8、9、A、B、C、D、E、F 来表示；②逢十六进一。这里的 A、B、C、D、E、F 分别对应十进制数字中的 10、11、12、13、14、15。

任意十六进制数 N 可表示为

$$N = \pm(K_{n-1} \times 16^{n-1} + K_{n-2} \times 16^{n-2} + \cdots + K_0 \times 16^0 + K_{-1} \times 16^{-1} + $$
$$K_{-2} \times 16^{-2} + \cdots + K_{-m} \times 16^{-m})$$

其中，k_j 只能取 0、1、2、3、4、5、6、7、8、9、A、B、C、D、E、F；m，n 为正整数；16 是基数。

因 $16^1 = 2^4$，所以 1 位十六制数相当于 4 位二进制数，根据这个对应关系，二进制数转换为十六进制数的转换方法为从小数点向左向右每 4 位分为一组，不足 4 位者以 0 补足 4 位。十六进制数转换为二进制数的转换方法为从左到右将待转换的十六制数中的每个数依次用 4 位二进制数表示。

3.2.2　基本数据类型

数据类型决定了数据的属性，如要表示元素的相关地址及其值的允许范围等，数据类型也决定了所采用的操作数。在 S7-1200 系列 PLC 中，所使用的数据类型主要包括基本数据类型、复杂数据类型等。

基本数据类型是根据 IEC 1131-3（国际电工委员会制定的 PLC 编程语言标准）来定义的，对于 S7-1200/1500 系列 PLC 而言，每个基本数据类型具有固定的长度且不超过 64 位。

基本数据类型最为常用，可细分为位数据类型、整数数据类型、浮点数类型、日期和时间数据类型。每一种数据类型都具备关键字、数据长度、取值范围和常数表达格式等属性。

1. 位数据类型

S7-1200/1500 系列 PLC 中的位数据类型包括布尔型（Bool）、字节型（Byte）、字型（Word）、双字型（DWord）和长字型（LWord），如表 3-2 所示。注意，在 TIA Portal 软件中，关键字不区分大小写，如 Byte 和 Byte 都是合法的，不必严格区分。

表 3-2　　　　　　　　　　　　　　　　　位数据类型

关键字	长度（位）	取值范围	输入值示例
Bool	1	0～1	TRUE, FALSE, 0, 1
Byte	8	B＃16＃00～B＃16＃FF	B＃16＃3C, B＃16＃FA
Word	16	W＃16＃0000～ W＃16＃FFFF	W＃16＃4AB9, W＃16＃EBCD
DWord	32	DW＃16＃0000_0000～ DW＃16＃FFFFFFFF	DW＃16＃9AC8DE2C
LWord	64	LW＃16＃0000_0000_0000_0000～LW 16＃FFFF_FFFF_FFFF_FFFF	LW＃16＃12349876A1B2F3D4

（1）布尔型（Bool）。布尔型又称位（Bit）类型，它只有 TRUE/FALSE（真/假）这两个取值，对应二进制数的"1"和"0"。

位存储单元的地址由字节地址和位地址组成，例如 I2.5 中的"I"表示过程输入映像区域标识符，"2"表示字节地址，"5"表示位地址，这种存取方式称为"字节.位"寻址方式。

（2）字节（Byte）。字节（Byte）数据长度为 8 位，一个字节等于 8 位（Bit0～Bit7），

其中 Bit0 为最低位，Bit7 位为最高位。例如，IB0（包括 I0.0～I0.7 位）、QB0（包括 Q0.0～Q0.7 位）、MB0、VB0 等。字节的数据格式为"B♯16♯"，其中"B"代表 Byte，表示数据长度为一个字节（8 位），"♯16♯"表示十六进制，取值范围 B♯16♯00～B♯16♯FF（十进制的 0～255）。

（3）字（Word）。字（Word）数据长度为 16 位，它用来表示一个无符号数，可由相邻的两字节（Byte）组成一个字。例如，IW0 是由 IB0 和 IB1 组成的，其中"I"是区域标识符，"W"表示字，"0"是字的起始字节。需要注意的是，字的起始字节（如该例中的"0"）都必须是偶数。字的取值范围为 W♯16♯0000～W♯16♯FFFF（即十进制的 0～65 535）。在编程时要注意，如果已经用了 IW0，那么如再用 IB0 或 IB1，要特别加以小心。

（4）双字（Double Word）。双字（Double Word）的数据长度为 32 位，它也可用来表示一个无符号数，可由相邻的两个字（Word）组成一个双字或相邻的四个字节（Byte）组成一个双字。例如，MD100 是由 MW100 和 MW102 组成的，其中"M"是内部存储器标志位存储区域标识符，"D"表示双字，"100"是双字的起始字节。需要注意的是，双字的起始字节（如该例中的"100"）和字一样，必须是偶数。双字的取值范围为 DW♯16♯0000_0000～DW♯16♯FFFF_FFFF（即十进制的 0～4 294 967 295）。在编程时要注意，如果已经用了 MD100，那么如再用 MW100 或 MW102，要特别加以小心。

以上的字节、字和双字数据类型均为无符号数，即只有正数，没有负数。位、字节、字和双字的相互关系如表 3-3 所示。

表 3-3　　　　位、字节、字与双字之间的关系（以部分输出映像存储器为例）

双字				字	QB								
				QW0	QB0	Q0.7	Q0.6	Q0.5	Q0.4	Q0.3	Q0.2	Q0.1	Q0.0
			QD0	QW1	QB1	Q1.7	Q1.6	Q1.5	Q1.4	Q1.3	Q1.2	Q1.1	Q1.0
		QD1		QW2	QB2	Q2.7	Q2.6	Q2.5	Q2.4	Q2.3	Q2.2	Q2.1	Q2.0
	QD2			QW3	QB3	Q3.7	Q3.6	Q3.5	Q3.4	Q3.3	Q3.2	Q3.1	Q3.0
QD3				QW4	QB4	Q4.7	Q4.6	Q4.5	Q4.4	Q4.3	Q4.2	Q4.1	Q4.0
			QD4	QW5	QB5	Q5.7	Q5.6	Q5.5	Q5.4	Q5.3	Q5.2	Q5.1	Q5.0
		QD5		QW6	QB6	Q6.7	Q6.6	Q6.5	Q6.4	Q6.3	Q6.2	Q6.1	Q6.0
	QD6			QW7	QB7	Q7.7	Q7.6	Q7.5	Q7.4	Q7.3	Q7.2	Q7.1	Q7.0
QD7				QW8	QB8	Q8.7	Q8.6	Q8.5	Q8.4	Q8.3	Q8.2	Q8.1	Q8.0
			QD8	QW9	QB9	Q9.7	Q9.6	Q9.5	Q9.4	Q9.3	Q9.2	Q9.1	Q9.0
		QD9		QW10	QB10	Q10.7	Q10.6	Q10.5	Q10.4	Q10.3	Q10.2	Q10.1	Q10.0
	QD10			QW11	QB11	Q11.7	Q11.6	Q11.5	Q11.4	Q11.3	Q11.2	Q11.1	Q11.0
QD11				QW12	QB12	Q12.7	Q12.6	Q12.5	Q12.4	Q12.3	Q12.2	Q12.1	Q12.0
			QD12	QW13	QB13	Q13.7	Q13.6	Q13.5	Q13.4	Q13.3	Q13.2	Q13.1	Q13.0
				QW14	QB14	Q14.7	Q14.6	Q14.5	Q14.4	Q14.3	Q14.2	Q14.1	Q14.0
					QB15	Q15.7	Q15.6	Q15.5	Q15.4	Q15.3	Q15.2	Q15.1	Q15.0

2. 整数数据类型

整数数据类型根据数据的长短可分为短整型、整型、双整型和长整型；根据符号的不同，可分为有符号整数和无符号整数。有符号整数包括有符号短整型（SInt）、有符号整型（Int）、有符号双整型（DInt）、有符号长整型（LInt）。无符号整数包括无符号短整型（USInt）、无符号整型（UInt）、无符号双整型（UDInt）、无符号长整型（ULInt）。整数数据类型如表 3-4 所示。

表 3-4　　　　　　　　　　　　　　　　　　　**整数数据类型**

关键字	长度（位）	取值范围	输入值示例
SInt	8	十进制数范围为−128～+127；十六进制数仅表示正数，其范围为 16#00～16#7F	16#3C，+36
USInt	8	16#00～16#FF（即 0～255）	16#4E，56
Int	16	十进制数范围为−32 768～+32 767；十六进制数仅表示正数，其范围 16#0000～16#7FFF	16#79AC，+6258
UInt	16	16#0000～16#FFFF（即 0～65 535）	16#A74B，12 563
DInt	32	十进制数范围为−2 147 483 648～+2 147 483 647；十六进制数仅表示正数，其范围为 16#0000_0000～16#7FFF_FFFF	+135 980
UDInt	32	16#0000_0000～16#FFFF_FFFF（即 0～4 294 967 295）	4 041 352 187
LInt	64	十进制数范围为−9 223 372 036 854 775 808～+9 223 372 036 854 775 807；十六进制数仅表示正数，其范围为 16#0000_0000_0000_0000～16#7FFF_FFFF_FFFF_FFFF	+154 896 325 562 369
ULInt	64	16#0000_0000_0000_0000～16#FFFF_FFFF_FFFF_FFFF（即 0～18 446 744 073 709 551 615）	158 258 365 258 479

（1）短整型。短整型的数据长度为 8 位，它分为符号位短整型（SInt）和无符号位短整型（USInt）。对于符号位短整型而言，其最高位为符号位，若最高位为"1"，则表示负数，为"0"则表示正数。使用二进制数、八进制数和十六进制数时，SInt 仅能表示正数，范围为 16#00～16#7F；使用十进制数时，SInt 可以表示正数或负数，数值范围为−128～+127。无符号位短整型 USInt 可以表示正数或负数，数值范围为 16#00～16#FF（即 0～255）。

（2）整型。整型的数据长度为 16 位，它分为符号位整型（Int）和无符号位整型（UInt）。对于符号位整型而言，其最高位为符号位，若最高位为"1"，则表示负数，为"0"则表示正数。使用二进制数、八进制数和十六进制数时，Int 仅能表示正数，范围为 16#0000～16#7FFF；使用十进制数时，Int 可以表示正数或负数，数值范围为−32 768～+327 677。无符号位整型 UInt 可以表示正数或负数，数值范围为 16#0000～16#FFFF（即 0～65 535）。

（3）双整型。双整型的数据长度为 32 位，它分为符号位双整型（DInt）和无符号位双整型（UDInt）。对于符号位双整型而言，其最高位为符号位，若最高位为"1"，则表示负数，为"0"则表示正数。

65

（4）长整型。长整型的数据长度为 64 位，它分为符号位长整型（LInt）和无符号位长整型（ULInt）。对于符号位长整型而言，其最高位为符号位，若最高位为"1"，则表示负数，为"0"则表示正数。

3. 浮点数类型

对于 S7-1200 系列 PLC 而言，支持两种浮点数类型：32 位的单精度浮点数 Real 和 64 位的双精度浮点数 LReal，如表 3-5 所示。

表 3-5 浮点数类型

关键字	长度（位）	取值范围	输入值示例
Real	32	＋1.175 495E－38～＋3.402 823E＋38（正数） －1.175 495E－38～－3.402 823E＋38（负数）	1.0E－5
L Real	64	＋2.2250 738 585 072 014E－308～＋1.797 693 134 862 315 8E＋308（正数） －1.797 693 134 862 315 8E＋308～－2.225 073 858 507 201 4E－308（负数）	2.3E－24

（1）单精度浮点数（Real）。单精度浮点数又称为实数，单精度浮点数（Real）为 32 位，可以用来表示小数。Real 由符号位、指数 e 和尾数 3 部分构成，其存储结构如图 3-11 所示。例如 $123.4 = 1.234 \times 10^2$。

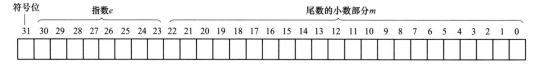

图 3-11 Real 存储结构

根据 ANSI/IEEE 标准，单精度浮点数可以表示为 $1.m \times 2^e$ 的形式。其中指数 e 为 8 位正整数（$0 \leqslant e \leqslant 255$）。在 ANSI/IEEE 标准中单精度浮点数占用一个双字（32 位）。因为规定尾数的整数部分总是为 1，只保留尾数的小数部分 m（0～22 位）。浮点数的表示范围为 $\pm 1.175\ 495 \times 10^{-38} \sim \pm 3.402\ 823 \times 10^{+38}$。

（2）双精度浮点数（LReal）。双精度浮点数又称为长实数（long real），它为 64 位。LReal 同样由符号位、指数 e 和尾数 3 部分构成，其存储结构如图 3-12 所示。

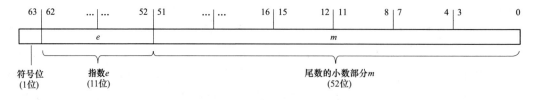

图 3-12 LReal 存储结构

双精度浮点数可以表示为 $1.m \times 2^e$ 的形式。其中指数 e 为 11 位正整数（$0 \leqslant e \leqslant 2047$）。尾数的整数部分总是为 1，只保留尾数的小数部分 m（0～51 位）。

4. 时间和日期数据类型

时间和日期数据类型包括 Time、Date 和 TOD 这 3 种类型，如表 3-6 所示。

表 3-6　　　　　　　　　　　　　　时间和日期数据类型

关键字	长度（位）	取值范围	输入值示例
Time	32	T＃-24D_20H_31M_23S_648MS～＋24D_20H_31M_23S_647MS	T＃10D_12H_45M_23S_123MS
Date	16	D＃1990-01-01～D＃2169-06-06	D＃2022-05-20
TOD	32	TOD＃00：00：00.000～TOD＃23：59：59.999	TOD＃15：14：30.400

Time 为有符号的持续时间，长度为 32 位，时基为固定值 1ms，数据类型为双整数，所表示的时间值为整数值乘以时基。格式为 T＃aaD_bbH_ccM_ddS_eeeMS，其中 aa 为天数，天数前可加符号位；bb 为小时；cc 为分钟；dd 为秒；eee 为毫秒。根据双整数最大值为 2 147 483 647，乘以时基 1ms，可以算出，Time 时间的最大值为 T＃24D_20H_31M_23S_648MS。

Date 日期数据长度为 2 个字节（16 位），数据类型为无符号整数，以 1 日为单位，日期从 1990 年 1 月 1 日开始至 2169 年 6 月 6 日。1990 年 1 月 1 日对应的整数为 0，日期每增加 1 天，对应的整数值加 1，如 30 对应 1990 年 1 月 29 日。日期格式为 D＃_年_月_日，例如 2009 年 8 月 1 日表示为 D＃2009_8_1。

日时间（time_of_day，TOD）存储从当天 0：00 开始的毫秒数，数据长度为 4 个字节（32 位），数据类型为无符号整数。

3.2.3　复杂数据类型

复杂数据类型是一类由其他数据类型组合而成的，或者长度超过 32 位的数据类型。S7-1200 系列 PLC 的复杂数据类型有以下几种。

1. 结构类型（Struct）

Struct 数据类型是一种元素数量固定但数据类型不同的数据结构，通常用于定义一组相关数据。在结构中，可嵌套 Struct 或 Array 数据类型的元素，但是不能在 Struct 变量中嵌套结构。Struct 变量始终以具有偶地址的一个字节开始，并占用直至下一个字限制的内存。例如电动机的一组数据可以按如下方式定义：

```
Motor:STRUCT
  Speed:INT
  Current:REAL
END_STRUCT
```

2. 用户自定义数据类型（UDT）

UDT（user-defined data types）是一种复杂的用户自定义数据类型，用于声明一个变量。这种数据类型是一个由多个不同数据类型元素组成的数据结构。其中，各元素可源自其他 UDT 和 Array，也可直接使用关键字 Struct 声明为一个结构。与 Struct 不同的是，UDT 是一个模板，可以用来定义其他变量。

3. 数组类型（Array）

将一组同一类型的数据组合在一起组成一个单位就是数组。一个数组的最大维数为 6 维，数据中的元素可以是基本数据类型，也可以是复合数据类型，但不包括数组类型本身。数据组中每一维的下标取值范围是-32 768～32 767。但是下标的下限必须小于上限，例如 1…2、-15…-4 都是合法的下标定义。定义一个数组时，需要指明数组的元素类型、维数和每一维的下标范围，例如，Array[1…3，1…5，1…6]of Int 定义了一个元素为整数型，大小为 3×5×6 的三维数组。可以用变量名加上下标来引用数组中的某一个元素，例如 a[3，4，5]。

4. 系统数据类型（SDT）

系统数据类型（SDT）是由系统提供并具有预定义的结构，它只能用于特定指令。系统数据类型的结构由固定数目的可具有各种数据类型的元素构成，使用时用户不能更改系统数据类型的结构。系统数据类型及其用途如表 3-7 所示。

表 3-7　　　　　　　　　　　　　系统数据类型及其用途

参数类型	长度（字节）	用途说明
IEC_Timer	16	声明有 PT、ET、IN 和 Q 参数的定时器结构。时间值为 TIME 数据类型。例如，此数据类型可用于"TP""TOF""TON""TONR""RT"和"PT"指令
IEC_SCOUNTER	3	计数值为 SINT 数据类型的计数器结构。例如，此数据类型用于"CTU""CTD"和"CTUD"指令
IEC_USCOUNTER	3	计数值为 USINT 数据类型的计数器结构。例如，此数据类型用于"CTU""CTD"和"CTUD"指令
IEC_COUNTER	6	计数值为 INT 数据类型的计数器结构。例如，此数据类型用于"CTU""CTD"和"CTUD"指令
IEC_UCOUNTER	6	计数值为 UINT 数据类型的计数器结构。例如，此数据类型用于"CTU""CTD"和"CTUD"指令
IEC_DCOUNTER	12	计数值为 DINT 数据类型的计数器结构。例如，此数据类型用于"CTU""CTD"和"CTUD"指令
IEC_UDCOUNTER	12	计数值为 UDINT 数据类型的计数器结构。例如，此数据类型用于"CTU""CTD"和"CTUD"指令
ERROR_STRUCT	28	编程错误信息或 I/O 访问错误信息的结构。例如，此数据类型用于"GET_ERROR"指令
CREF	8	数据类型 ERROR_STRUCT 的组成，在其中保存有关块地址的信息
NREF	8	数据类型 ERROR_STRUCT 的组成，在其中保存有关操作数的信息
VREF	12	用于存储 VARIANT 指针。这种数据类型通常用于 S7-1200/1500 Motion Control 指令中
CONDITIONS	52	用户自定义的数据结构，定义数据接收的开始和结束条件。例如，此数据类型用于"RCV_CFG"指令
TADDR_Param	8	指定用来存储那些通过 UDP 实现开放用户通信的连接说明的数据块结构。例如，此数据类型用于"TUSEND"和"TURSV"指令
TCON_Param	64	指定用来存储那些通过工业以太网（PROFINET）实现开放用户通信的连接说明的数据块结构。例如，此数据类型用于"TSEND"和"TRSV"指令
HSC_Period	12	使用扩展的高速计数器，指定时间段测量的数据块结构。此数据类型用于"CTRL_HSC_EXT"指令

5. 硬件数据类型（Hardware）

硬件数据类型（Hardware）由 CPU 提供，可用硬件数据类型的数目取决于 CPU。根据硬件配置中设置的模块存储特定硬件数据类型的常量。在用户程序中插入用于控制或激活已组态模块的指令时，可将这些可用常量用作参数。硬件数据类型及其用途如表 3-8 所示。

表 3-8　　　　　　　　　　　　　　　硬件数据类型及其用途

参数类型	基本数据类型	用途说明
REMOTE	Any	用于指定远程 CPU 的地址。例如，此数据类型可用于"PUT"和"GET"指令
HW_ANY	UInt	任何硬件组件（如模块）的标识
HW_DEVICE	HW_Any	DP 从站/PROFINET I/O 设备的标识
HW_DPMASTER	HW_Interface	DP 主站的标识
HW_DPSLAVE	HW_Device	DP 从站的标识
HW_IO	HW_Any	CPU 或接口的标识号。该编号在 CPU 或硬件配置接口的属性中自动分配和存储
HW_IOSYSTEM	HW_Any	PN/IO 系统或 DP 主站系统的标识
HW_SUBMODULE	HW_IO	重要硬件组件的标识
HW_INTERFACE	HW_SUBMODULE	接口组件的标识
HW_IEPORT	HW_SUBMODULE	端口的标识（PN/IO）
HW_HSC	HW_SUBMODULE	高速计数器的标识。例如，此数据类型可用于"CTRL_HSC"和"CTRL_HSC_EXT"指令
HW_PWM	HW_SUBMODULE	脉冲宽度调制标识。例如，此数据类型用于"CTRL_PWM"指令
HW_PTO	HW_SUBMODULE	脉冲编码器标识。该数据类型用于运动控制
AOM_IDENT	DWord	AS 运行系统中对象的标识
EVENT_ANY	AOM_IDENT	用于标识任意事件
EVENT_ATT	EVENT_Any	用于指定动态分配给 OB 的事件。例如，此数据类型可用于"ATTACH"和"DETACH"指令
EVENT_HWINT	EVENT_ATT	用于指定硬件中断事件
OB_ANY	INT	用于指定任意组织块
OB_DELAY	OB_Any	用于指定发生延时中断时调用的组织块。例如，此数据类型可用于"SRT_DINT"和"CAN_DINT"指令
OB_TOD	OB_Any	指定时间中断 OB 的数量。例如，此数据类型用于"SET_TINT""CAN_TINT""ACT_TINT"和"QRY_TINT"指令
OB_CYCLIC	OB_Any	用于指定发生看门狗中断时调用的组织块
OB_ATT	OB_Any	用于指定动态分配给事件的组织块。例如，此数据类型可用于"ATTACH"和"DETACH"指令
OB_PCYCLE	OB_Any	用于指定分配给"循环程序"事件类别事件的组织块
OB_HWINT	OB_Any	用于指定发生硬件中断时调用的组织块
OB_DIAG	OB_Any	用于指定发生诊断中断时调用的组织块

续表

参数类型	基本数据类型	用途说明
OB_TIMEERROR	OB_Any	用于指定发生时间错误时调用的组织块
OB_STARTUP	OB_Any	用于指定发生启动事件时调用的组织块
PORT	HW_SUBMODULE	用于指定通信端口。该数据类型用于点对点通信
RTM	UInt	用于指定运行小时计数器值。例如，此数据类型用于"RTM"指令
CONN_ANY	Word	用于指定任意连接
CONN_OUC	CONN_ANY	用于指定通过工业以太网（PROFINET）进行开放式通信的连接
DB_WWW	DB_ANY	通过 Web 应用生成的 DB 的数量（例如，"WWW"指令）。数据类型"DB_WWW"在"Temp"区域中的长度为 0
DB_DYN	DB_ANY	用户程序生成的 DB 编号

6. 参数数据类型（Variant）

Variant 数据类型的参数是一个指针或引用，可指向各种不同数据类型的变量。Variant 指针无法指向实例，所以不能指向多重实例或多重实例的 Array。Variant 指针可以是基本数据类型（如 Int 或 Real）的对象，还可以是 String、DTL、Struct 数组、UDT、UDT 类型的数组。Variant 指针可以识别结构，并指向各个结构元素。Variant 数据类型的操作数不占用背景数据块或工作存储器中的空间。但是，将占用 CPU 上的存储空间。

7. 字符数据类型

字符数据类型包括字符（Char）、字符串（String）、宽字符（WChar）和宽字符串（WString），如表 3-9 所示。

表 3-9　　　　　　　　　　　　　　字符数据类型

关键字	取值范围	输入值示例
Char	ASCII 字符集	'A'
String	ASCII 字符集	'123abcdef'
WChar	Unicode 字符集，取值范围 $0000～$ D7FF	WCHAR#'a'
WString	Unicode 字符集，取值范围 $0000～$ D7FF	WSTRING'你好'

字符（Char）数据的长度为 8 位（1 个字节），占用一个字节（Byte）的存储空间。它是将单个字符采用 ASCII 码（美国标准交换信息码）的存储方式。

字节串（String）数据类型的操作数在一个字符串中存储多个字符，它的前两个字节用于存储字符串长度的信息，因此一个字符串类型的数据最多可包含 254 个字符。其常数表达方式是由两个单引号包括的字符串，例如'Simatic S7-1200'。用户在定义字符串变量时，也可以限定它的最大长度，例如 String [16]，则该变量最多只能包含 16 个字符。

宽字符（WChar）数据的长度为 16 位，占用两个字符的存储空间。它是将扩展字符集中的单个字符以 Unicode 编码格式进行存储。控制字符在输入时，以美元符号 $ 表示。Unicode 是国际标准字符集，又称为万国码或统一码等，包括中日韩越汉字和世界上绝大多数的语言文字。

宽字符串（WString）的操作数用于在一个字符串中存储多个数据类型为 WChar 的 Unicode 字符。如果未指定长度，那么字符串的长度为预置的 254 个字。宽字符串的第 1 个字为总长度，其第 2 个字为有效字符数量。

8. 长日期时间数据类型（DTL）

长日期时间数据类型的长度为 12 个字节，以预定义结构存储日期和时间信息，其包括的信息有年、月、日、小时、分钟、秒和纳秒。取值范围为 DTL♯1970-01-01-00：00：00.0～DTL♯2262-04-11-23：47：16.854775807。

3.3　S7-1200 PLC 的存储区与寻址方式

3.3.1　S7-1200 PLC 的存储系统

CPU 存储区，又称为存储器。S7-1200 PLC 存储区分为 3 个区域：装载存储器、工作存储器和系统存储区，如图 3-13 所示。

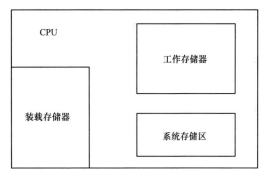

图 3-13　S7-1200 PLC 存储区的组织结构

1. 装载存储器（load memory）

装载存储器是一种非易失性存储器，用来存储不包含符号地址和注释的用户程序和附加的系统数据，例如存储组态信息、连接及模块参数等。将这些对象装载到 CPU 时，会首先存储到装载存储器中。对于 S7-1200 PLC 而言，装载存储器位于 SIMATIC 存储卡上，所以在运行 CPU 之间必须先插入 SIMATIC 存储卡。

2. 工作存储器

工作存储器也是一种非易失性存储器，用于运行程序指令，并处理用户程序数据，例如全局数据块、背景数据块等。工作存储器占用 CPU 模块中的部分 RAM，它是集成的高速存取的 RAM 存储器，不能被扩展。为了保证程序执行的快速性和不过多地占用工作存储器，只有与程序执行有关的块被装入工作存储器中。

3. 系统存储区（system memory）

系统存储区是 CPU 为用户程序提供的存储器组件，不能被扩展。系统存储区根据功能的不同，被划分为若干个地址区域，用户程序指令可以在相应的地址区内对数据直接寻址。系统存储区的常用地址区域：过程映像输入/输出（I/Q）、直接访问外设 I/O（PI/PQ）地址、内部存储器标志位存储区（M）、局部数据存储器（L）、数据块地址存储器（DB）等。

3.3.2　S7-1200 PLC 存储器的范围及特性

1. 过程映像输入/输出（I/Q）

当用户程序寻址输入（I）和输出（O）地址区时，不能查询数字量信号模板的信号状态。相反，它将访问系统存储器的一个存储区域。这一存储区域称为过程映像，该过程映像被分为两部分：输入的过程映像（PI）和输出的过程映像（PQ）。

一个循环内刷新过程映像的操作步骤如图 3-14 所示，在每个循环扫描开始时，CPU读取数字量输入模块的输入信号的状态，并将它们存入过程映像输入区（process image input，PII）中；在循环扫描中，用户程序计算输出值，并将它们存入过程映像输出区（process image output，PIQ）中。在循环扫描结束时，将过程映像输出区中的内容写入数字量输出模块。

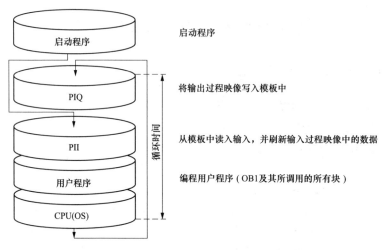

图 3-14　一个循环内刷新过程映像的操作步骤

用户程序访问 PLC 的输入（I）和输出（O）地址区时，不是去读写数字信号模块内的信号状态，而是访问 CPU 中的过程映像区。

I 和 Q 均可以按位、字节、字和双字来存取，例如 I0.1、IB0、IW0、ID0 等。

与直接 I/O 访问相比，过程映像访问可以提供一个始终一致的过程信号映像。以用于循环程序执行过程中的 CPU。如果在程序执行过程中输入模板上的信号状态发生变化，那么过程映像中的信号状态保持不变，直到下一个循环过程映像再次刷新。另外，由于过程映像被保存在 CPU 的系统存储器中，访问速度比直接访问信号模板显著加快。

输入过程映像在用户程序中的标识符为"I"，是 PLC 接收外部输入数字量信号的窗口。输入端可以外接动合或动断触点，也可以接多个触点组成的串并联电路。PLC 将外部电路的通/断状态读入并存储到输入过程映像中，外部输入电路接通时，对应的输入过程映像为 ON（1 状态）；外部输入电路断开时，对应的输入过程映像为 OFF（0 状态）。在梯形图中，可以多次使用输入过程映像的动合或动断触点。

输出过程映像在用户程序中的标识符为"Q"，在循环结束时，CPU 将输出过程映像的数据传送给输出模块，再由输出模块驱动外部负载。如果梯形图中 Q0.0 的线圈"通电"，继电器型输出模块中对应的硬件继电器的动合触点闭合，使接在 Q0.0 对应的输出端子的外部负载工作。输出模块中的每一硬件继电器仅有一对动合触点，但是在梯形图中，每一个输出位的动合触点和动断触点都可以使用多次。

2. 直接访问外设 I/O（PI/PQ）地址

如果将模块插入到站点中，默认情况下其逻辑地址将位于 SIMATIC S7-1200 CPU 的过程映像区中。在过程映像区更新期间，CPU 会自动处理模块和过程映像区之间的数据交换。

如果希望程序直接访问模块，那么可以使用 PI/PQ 指令来实现。通过访问外设 I/O 存储区（PI 和 PQ），用户可以不经过过程映像输入和过程映像输出，直接访问本地的和分布式的输入模块（例如接收模拟量输入信号）和输出模块（例如产生模拟量输出信号）。如果在程序中使用外部输入参数，那么在执行程序相应指令时将直接读取指定输入模块的状态。如果使用外部输出参数，那么在执行程序相应指令时将直接把计算结果写到指定输出模块上，而不需要等到输出刷新这一过程。可以看到，使用外设输入/输出存储区可以跟输入/输出模块进行实时数据交换，因此在处理连续变化的模拟量时，一般要使用外部输入/输出这一存储区域。

3. 内部存储器标志位存储区（M）

在逻辑运算中，经常需要一些辅助继电器，其功能与传统的继电器控制线路中的中间继电器相同。辅助继电器与外部没有任何直接联系，不能驱动任何负载。每个辅助继电器对应位存储区的一个基本单元，它可以由所有的编程元件的触点来驱动，其状态也可以多次使用。在 S7-1200 中，有时也称辅助继电器为位存储区的内部存储标志位。

内部存储器标志位在用户编程时，通常用来保存控制逻辑的中间操作状态或其他信息。内部存储器标志位通常以"位"为单位使用，采用"字节. 位"的编址方式，每 1 位相当于 1 个中间继电器。内部存储器标志位除了以"位"为单位使用外，还可以用字节、字、双字为单位使用。

4. 局部数据存储器（L）

局部数据可以作为暂时存储器或子程序传递参数，局部变量只在本单元有效。局部数据存储器可以存储块的临时数据，这些数据仅在该块的本地范围内有效。

5. 数据块地址存储器（DB）

在程序执行的过程中使用 DB 可存放中间结果，或用来保存与工序或任务有关的数据。可以对 DB 进行定义以便所有程序块可以访问它们，也可将其分配给特定的功能块（FB）或系统功能块（SFB）。

3.3.3　寻址方式

操作数是指令操作或运算的对象，一般情况下，指令的操作数位于 PLC 的存储器中。操作数由操作数标识符和标识参数组成，操作数标识符告诉 CPU 操作数存放在存储器的哪个区域及操作数的位数；标识参数则进一步说明操作数在该存储区域的具体位置。寻址方式，即对数据存储区进行读写访问的方式。S7-1200 的寻址方式可分为立即寻址、直接寻址和间接寻址。

1. 立即寻址

数据在指令中以常数形式出现，取出指令的同时也就取出了操作数据，这种寻址方式称为立即数寻址方式。常数可分为字节、字、双字型数据。CPU 以二进制方式存储常数，指令中还可用十进制、十六进制、ASCII 码或浮点数等来表示。有些指令的操作数是唯一的，为简化起见，并在指令中写出，例如 SET、CLR 等指令。下面是使用立即寻址的程序实例：

SET		//把 RLO 置 1
OW	W#16#253	//将常数 W#16#253 与 ASCI I"或"运算
L	1521	//将常数 1521 装入 ACCU1(累加器 1)
L	"9C73"	//把 ASCII 码字符 9C73 装入 ACCU1
L	C#253	//把 BCD 码常数 253(计数值)装入 ACCU1
AW	W#16#3C2A	//将常数 W#16#3C2A 与 ACCU1 的低位,运算结果在 ACCU1 的低字中

2. 直接寻址

直接寻址在指令中直接给出存储器或寄存器的区域、长度和位置。在 STEP 7 中可采用绝对地址寻址和符号地址寻址这两种方式对存储器直接进行访问,即直接寻址。

绝对地址寻址是直接指定所访问的存储区域、访问形式及地址数据。STEP 7 对于各存储区域(计数器和定时器除外)基本上可采取 4 种方式直接寻址:位寻址、字节寻址、字寻址、双字寻址。

(1)位寻址。存储器的最小组成部分是位(Bit),位寻址是最小存储单元的寻址方式。寻址时,采用结构:区域标识符+字节地址+位地址。

【例 3-3】 Q2.5

"Q"表示过程映像输出区域标识符;"2"表示第 2 个字节,字节地址从 0 开始,最大值由该存储区的大小决定;"5"表示位地址为 5,位地址的取值范围是 0~7。

(2)字节寻址。字节寻址,可用来访问一个 8 位的存储区域。寻址时,采用结构:区域标识符+字节的关键字(B)+字节地址。

【例 3-4】 MB0

"M"表示内部存储器标志位存储区;"B"表示字节 byte;"0"表示第 0 个字节,它包含 8 个位,其中最低位(LSB)的位地址为 M0.0,最高位(MSB)的位地址为 M0.7,其结构如图 3-15 所示。

图 3-15 MB0 字节存储区的结构图

(3)字寻址。字寻址,可用来访问一个 16 位的存储区域,即两个连续字节的存储区域。寻址时,采用结构:区域标识符+字的关键字(W)+第一字节地址。

【例 3-5】 IW3

"I"表示过程映像输入区域标识符;"W"表示字(Word);"3"表示从第 3 个字节开始的连续两个字的存储区域,即 IB3 和 IB4,其结构如图 3-16 所示。

使用字寻址时,应注意以下两点:

第一,字中包含两个字节,但在访问时只指明一个字节数,而且只指明数值较低的两个数。例如 QW10 包括 QB10 和 QB11,而不是 QB9 和 QB10。

第二,两个字节中按照从高到低的排列是数值较低的字节为高位,而数值较高的字节为低位,这一点可能与某些习惯不同。例如 IW3 中,IB3 为高位字节,IB4 为低位字节;QW20 中 QB20 为高位,QB21 为低位。

图 3-16　IW3 字存储区的结构图

（4）双字寻址。双字寻址，可用来访问一个 32 位的存储区域，即四个连续字节的存储区域。寻址时，采用结构：区域标识符＋双字的关键字（D）＋第一字节地址。

【例 3-6】　LD 10

"L"表示局部数据暂存区标识符；"D"表示双字（Double Word）；"10"表示从第 10 个字节开始的连续四个字节的存储区域，即 LB10、LB11、LB12 和 LB13，其结构如图 3-17 所示。

图 3-17　LD10 双字存储区的结构图

双字的结构与字的结构类似，但在编写程序进行寻址时，应尽量避免地址重叠情况的发生。例如 MW20 和 MW21，都包含了 MB21，所以在使用时，要统一用偶数或奇数，且要进行加 4 寻址。

西门子 STEP 7 中绝对寻址的地址如表 3-10 所示。

表 3-10　　　　　　　　　　　　　　　　绝对寻址的地址

区域名称	访问区域方式	关键字	举例
过程映像输入区 （I）	位访问（input bit）	I	I1.4，I2.7，I4.5
	字节访问（input byte）	IB	IB10，IB21，IB100
	字访问（input word）	IW	IW2，IW10，IW24
	双字访问（input double word）	ID	ID0，ID5，ID13
过程映像输出区 （Q）	位访问（quite bit）	Q	Q0.2，Q1.7，Q6.3
	字节访问（quite byte）	QB	QB4，QB30，QB60
	字访问（quite word）	QW	QW3，QW12，QW20
	双字访问（quite double word）	QD	QD6，QD12，QD9
内部存储器标志 位存储区（M）	存储位（memory bit）	M	M0.4，M2.3，M5.6
	存储字节（memory byte）	MB	MB0，MB12，MB20
	存储字（memory word）	MW	MW2，MW5，MW10
	存储双字（memory double word）	MD	MD0，MD4，MD10
外设输入（PI）	外设输入字节	PIB	PIB2
	外设输入字	PIW	PIW4
	外设输入双字	PID	PID0

区域名称	访问区域方式	关键字	举例
外设输出（PQ）	外设输出字节	PQB	PQB0
	外设输出字	PQW	PQW4
	外设输出双字	PQD	PQD2
背景数据块（DB，使用"OPN DB"打开）	数据位	DBX	DBX0.0，DBX10.6
	数据字节	DBB	DBB1，DBB3
	数据字	DBW	DBW0，DBW10
	数据双字	DBD	DBD0，DBD10
局部数据（L）	临时局部数据位	L	L0.0，L2.7
	临时局部数据字节	LB	LB2，LB5
	临时局部数据字	LW	LW0，LW10
	临时局部数据双字	LD	LD3，LD7

注意：外设输入/输出存储区没有位寻址访问方式。另外，在访问数据块时，如果没有预先打开数据块，那么需采用数据块号加地址的方法。例如，DB20.DBX30.5 是指数据块号为 20 的、第 30 个字节的、第 5 位的位地址。

3. 间接寻址

采用间接寻址时，只有当程序执行时，用于读或写数值的地址才得以确定。使用间接寻址，可实现每次运行该程序语句时使用不同的操作数，从而减少程序语句并使程序更灵活。

对于 S7-1200 PLC，所有的编程语言都可以通过指针、数组元素的间接索引等方式进行间接寻址。当然，不同的语言也支持特定的间接寻址方式，例如在 STL 编程语言中，可以直接通过地址寄存器寻址操作数。

（1）通过指针间接寻址。对于 S7-1200 PLC 支持 Variant 指针类型进行间接寻址，表 3-11 为声明各种 Variant 指针类型的格式。

表 3-11　　　　　　声明各种 Variant 指针类型的格式

指针表示方式	格式	输入值示例	说明
符号寻址	操作数	"TagResult"	MW10 存储区
	数据块名称.操作数名称.元素	"Data_TIA_Portal".Struct Variable.FirstComponent	全局 DB10 中从 DBW10 开始带有 12 个字（Int 类型）的区域
绝对地址寻址	操作数	%MW10	MW10 存储区
	数据块编号.操作数 类型 长度	P#DB10.DBX10.0 INT 12	全局 DB10 中从 DBW10 开始带有 12 个字（Int 类型）的区域
	P#零值	P#0.0 VOID，ZERO	零值

（2）Array 元素的间接索引。要寻址 Array 元素，可以指定整型数据类型的变量并指定常量作为下标。在此，只能使用最长 32 位的整数。使用变量时，可在运行过程对索引进行计算。例如，在程序循环中，每次循环都使用不同的下标。

对于一维数组 Array 的间接索引格式为"<Data block>".<ARRAY>["i"]；对于

二维数组 Array 的间接索引格式为"＜Data block＞.＜ARRAY＞["i","j"]"。其中＜Data block＞为数据块名称，＜ARRAY＞为数组变量名称，"i"和"j"为用作指针的整型变量。

（3）间接寻址 String 的各字符。要寻址 String 或 WString 的各字符，可以将常量和变量指定为下标。该变量必须为整型数据类型。使用变量时，可在运行过程中对索引进行计算。例如，在程序循环中，每次循环都使用不同的下标。

用于 String 的间接索引的格式为"＜Data block＞.＜STRING＞["i"]"；用于 WString 的间接索引的格式为"＜Data block＞.＜WSTRING＞["i"]"。

3.4　TIA Portal（博途）软件的使用

TIA 博途（totally integrated automation portal，简称 TIA Portal）由 SIEMENS 推出，面向工业自动化领域的新一代工程软件。该软件具有容易使用、面向对象、直观的用户界面，组态取代了编程，统一的数据库，超强的功能，编程语言符合 IEC 1131-3，基于 Windows 操作系统的特点。本节将以 TIA Portal V15 版本为例，讲述该软件的使用。

3.4.1　TIA Portal 软件安装与视图结构

1. TIA Portal 软件的安装

TIA Portal V15 软件安装包可以从西门子自动化与驱动集团的中文官方网站 www. ad. siemens. com. cn 上进行下载，该软件的安装可以根据以下步骤进行。

第一步：应关闭所有应用程序，包括杀毒软件、防火墙、Microsoft Office 快捷工具栏；在光盘驱动器内插入安装光盘。如果没有禁止光盘插入自动运行，那么安装程序会自动运行；或者在 Windows 资源管理器中打开可执行文件"start. exe"，手动启动安装。

第二步：按照安装程序的提示完成安装。

（1）选择安装程序界面语言。启动软件安装时，首先将弹出如图 3-18 所示的安装界面。在此界面上，点击"下一步"按钮，将弹出如图 3-19 所示的安装语言选择对话框。

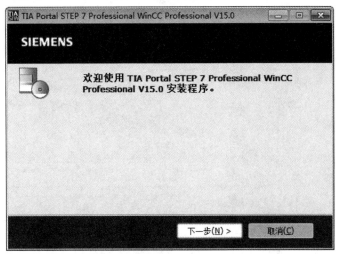

图 3-18　启动安装

此对话框中列出了简体中文、英语、法语等语言，在此，选择"简单中文"作为安装过程中使用的语言。

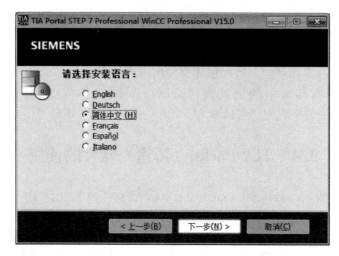

图 3-19　选择安装语言

（2）安装产品配置。在图 3-19 中，选择"简体中文"并单击"下一步"按钮，进入如图 3-20 所示的产品配置界面。在此界面上提供了"最小""典型"和"用户自定义"这 3 个配置选项卡，以供用户选择。若选择"用户自定义"选项卡，用户可进一步选择需要安装的软件，这需要根据购买的授权确定。

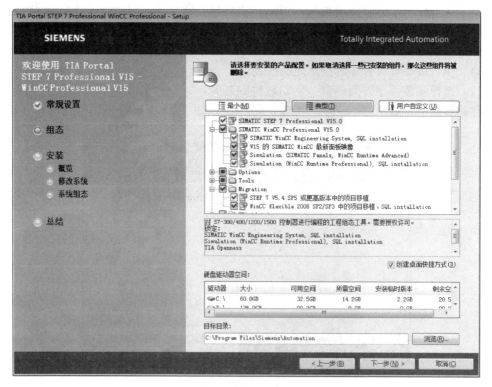

图 3-20　安装产品配置

　　如果要在桌面上创建快捷方式，那么需选中"创建桌面快捷方式"复选框；如果要更改安装的目标路径，那么在图 3-20 的右下方点击"浏览"按钮，并选择合适的路径即可。注意路径中不能含有任何 Unicode 字符（如中文字符），且安装路径的长度不能超过89 个字符。

　　（3）接受许可条款。在图 3-20 中配置好后，单击"下一步"按钮，进入图 3-21 所示的安装许可界面。在此界面中，将两个复选框都选中，接受相应的条款。

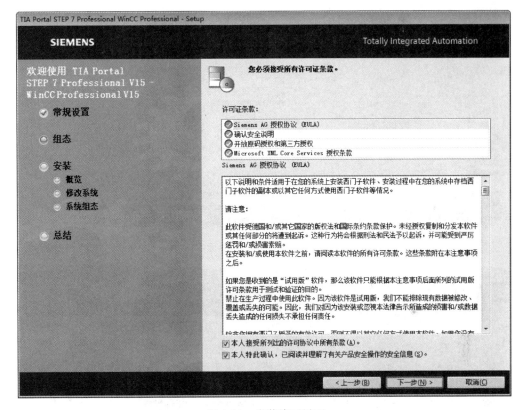

图 3-21　安装许可界面

　　（4）接受安全控制。在图 3-21 中选中两个复选框后，单击"下一步"按钮，进入图3-22 所示的安全控制界面。在此界面中，将"我接受此计算机上的安全和权限设置"复选框选中，接受安全控制。

　　（5）安装概览。在图 3-22 所示界面中设置好后，单击"下一步"按钮，进入图 3-23所示的安装概览。在此界面中，显示要安装的产品配置、产品语言及安装路径。

　　（6）产品安装。在图 3-23 所示界面中，单击"安装"按钮，将进入产品的安装，如图 3-24 所示。如果安装过程中未在计算机中找到许可密钥，那么用户可以通过从外部导入的方式将其传送到计算机中。如果跳过许可密钥传送，那么稍后用户可通过 Automation License Manager 进行注册。安装过程中，可能需要重新启动计算机。在这种情况下，请选择"是，立即重启计算机"选项按钮，然后单击"重启"，直至安装完成。

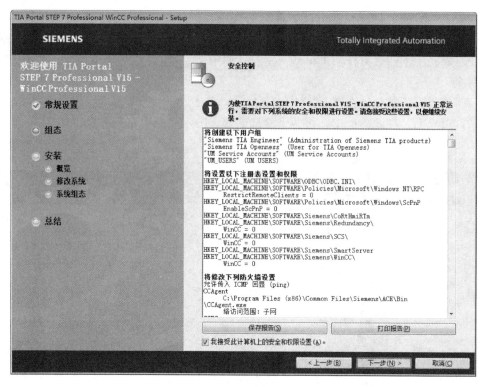

图 3-22　安全控制界面

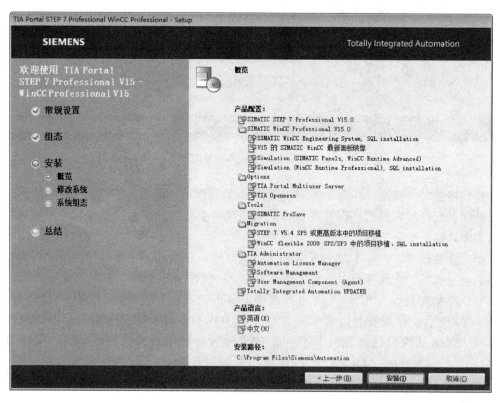

图 3-23　安装概览

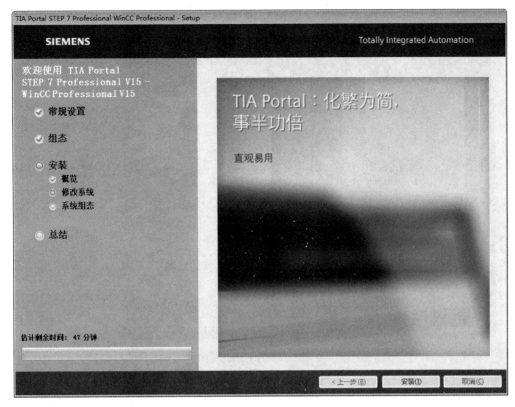

图 3-24　产品安装

注意，在刚开始安装 TIA Portal V15 软件时，有可能出现提示"请重新启动 Windows"字样。这可能是 360 安全软件作用的结果，重启计算机有时为可行方案，但有时计算机会重复提示重启电脑，导致 TIA Portal V15 的软件包无法安装，此时解决方法如下：

在 Windows 菜单命令下，单击"开始" 按钮，在"搜索程序和文件" 对话框中输入"regedit"，打开注册表编辑器。选择注册表编辑器中的"HKEY_LOCAL_MACHINE \ SYSTEM \ CurrentControlSet \ Control \ Session Manager"，删除右侧窗口的"PendingFileRenameOperations"选项。重新安装，就不会出现重启计算机的提示了。

2. TIA Portal 软件视图结构

在 Windows 系统中，用鼠标双击桌面上"TIA Portal V15"图标，或鼠标单击"开始"→"所有程序"→"Siemens Automation"→"TIA Portal V15"即可启动 TIA Portal 软件。TIA Portal 软件有两种视图：一种是面向任务的 TIA Portal 视图，另一种是包含项目各组件的项目视图。

（1）TIA Portal 视图。默认情况下，启动 TIA 博途软件后为面向任务的 TIA Portal 视图界面，如图 3-25 所示。在 TIA Portal 视图中，它主要分为左、中、右 3 个区。左区为 TIA Portal 任务区，显示启动、设备与网络、PLC 编程、运行控制 & 技术、可视化及在线与诊断等自动化任务，用户可以快速选择要执行的任务。中区为操作区，提供了在所选 TIA Portal 任务中可使用的操作，如打开现有项目、创建新项目、移植项目等。右区为选择窗口，该窗口的内容取决于所选的 TIA Portal 任务和操作。

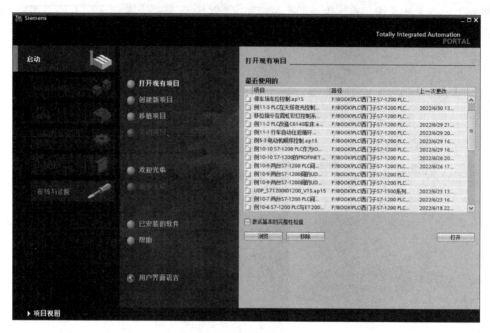

图 3-25　TIA Portal 视图

（2）项目视图。项目视图是项目所有组件的结构化视图。在 TIA Portal 视图中，单击左下角的"项目视图"按钮，将 Portal 视图切换至如图 3-26 所示的项目视图。在项目视图中，主要包括菜单栏、工具条、项目树、详细视图、任务栏、监视窗口、工作区、任务卡等。

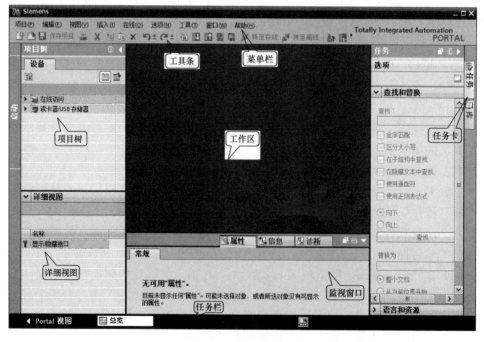

图 3-26　项目视图

菜单栏中包括工作所需的全部命令。工具条由图标（或工具按钮）组成，这些图标以快捷方式作为经常使用的菜单命令，可用鼠标点击执行。用户使用项目树可以访问所有组件和项目数据，在项目树中可执行的任务有添加组件、编辑现有组件、扫描和修改现有组件的属性。工作区中显示的是为进行编辑而打开的对象，这些对象包括编辑器和视图、表格等，例如选择了项目树下的某一对象时，工作区将显示出该对象的编辑器或窗口。监视窗口显示有关所选或已执行动作的其他信息。在详细视图中，将显示所选对象的特定内容。任务卡将可以操作的功能进行分类显示，使软件的使用更加方便。可用的任务卡取决于所编辑或选择的对象，对于较复杂的任务卡会划分多个空格，这些窗格可以折叠和重新打开。

3.4.2　TIA Portal 项目创建

1. TIA Portal 项目创建步骤

使用 TIA Portal V15 可以创建新的项目，然后项目中才能创建 S7 程序（包括梯形图程序、SCL 等），而创建一个自动化解决方案的新项目，其步骤通常如图 3-27 所示。

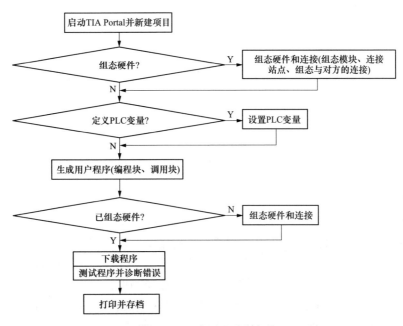

图 3-27　创建新项目的步骤

2. 新建项目内容

本章以"电动机单按钮启停控制"为例，介绍怎样用 TIA Portal V15 软件完成一个新建的项目。假设三相异步电动机 M 的启停按钮 SB 与 I0.0 连接，KM 线圈与 Q0.0 连接控制电动机 M 的运行。其运行梯形图程序如图 3-28 所示，PLC 一上电，程序段 1 中的 M10.0 动合触点闭合 1 次，使计数器（CTU）复位。第 1 次按下 SB 按钮时，程序段 1 中的 I0.0 动合触点闭合 1 次，使 M0.0 线圈得电，同时计数器（CTU）计数 1 次。M0.0 线圈得电，则程序段 2 中的 M0.0 动合触点闭合，使 Q0.0 线圈得电并自锁，启动电动机运行。第 2 次按下 SB 按钮时，程序段 1 中的 I0.0 动合触点再次闭合 1 次，使 M0.0 线圈又得电，同时计数器再计数 1 次，即计数达到了 2。计数次数达到设定值 2 次，则 M0.2 线圈得电，程序段 2 中的 M0.2 闭合触点将断开，Q0.0 线圈失电，使得电动机停止运行。同时，程序段 1 中的 M0.2 动合触点闭合，使计数器复位，为下轮单按钮启动控制做好准备。

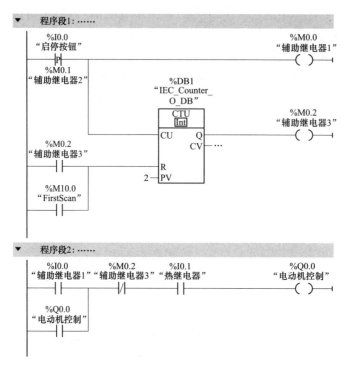

图 3-28　电动机单按钮启停控制的梯形图程序

3. 新建 TIA Portal 项目

启动 TIA 博途软件后，可以使用以下方法新建项目。

方法 1：在 Portal 视图中，选中"启动"→"创建新项目"，在"项目名称"中输入新建的项目名称（如"单按钮启停控制"），在"路径"中选择合适的项目保存路径，如图 3-29 所示。设置好后，点击"创建"按钮，即可创建新的项目。

方法 2：在项目视图中，执行菜单命令"项目"→"新建"，将弹出"创建新项目"对话框，在此对话框中输入项目名称及设置保存路径，如图 3-30 所示，然后点击"创建"按钮，即可创建新的项目。

方法 3：在项目视图中，单击工具栏中"新建项目" 图标，将弹出"创建新项目"对话框，在此对话框中输入项目名称及设置保存路径，如图 3-30 所示，然后点击"创建"按钮，即可创建新的项目。

3.4.3　硬件组态与配置

1. 硬件组态

硬件组态的任务就是在 TIA Portal 中生成一个与实际的硬件系统完全相同的系统。在 TIA Portal 软件中，硬件组态包括 CPU 模块、电源模块、信号模块等硬件设备的组

图 3-29　在 TIA Portal 视图中新建项目

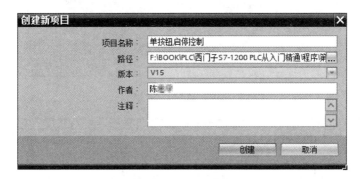

图 3-30　创建新项目对话框

态，以及 CPU 模块、信号模块相关参数的配置。项目视图是 TIA Portal 软件的硬件组态和编程的主窗口，下面以项目视图为例，讲解组态设备的相关操作。

（1）添加 CPU 模块。在项目树的"设备"栏中，双击"添加新设备"，将弹出"添加新设备"对话框，如图 3-31 所示。可以修改设备名称，也可保持系统默认名称。然后根据需求选择合适的控制器设备，即 CPU 模块。本例的 CPU 模块型号为 CPU 1215C DC/DC/RLY，订货号为 6ES7 215-1HG40-0XB0。勾选"打开设备视图"，单击"添加"按钮，完成 CPU 模块的添加，并打开设备视图，如图 3-32 所示。从图 3-32 中可以看出，在导轨_0（即机架）的插槽 1 中已添加了 CPU 模块。

（2）添加信号模块。CPU 模块的左侧，即导轨 101、102 和 103 号插槽可以添加通信模块，导轨从 2 号槽起，可以依次添加信号模块，由于目前导轨不带有源背板总线，相邻模块间不能有空槽位。在本例中，只使用了数字量的输入、输出端子，而且 CPU 模块本身集成的数字量输入和数字量输出端子能够满足本例的控制需求，所以此操作可以忽略。

但是，在复杂系统中，可能需要扩展数字量的输入/输出模块，或模拟量的输入/输出模块，所以在此讲述数字量输入模块和数字量输出模块的添加，其他模块的添加方法类似。

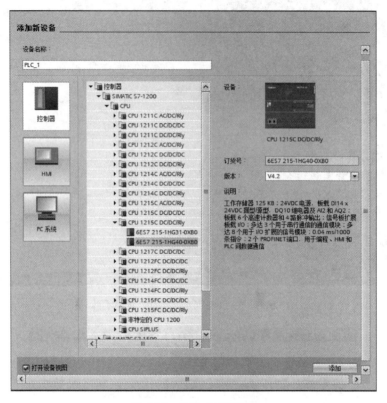

图 3-31　选择 CPU 模块

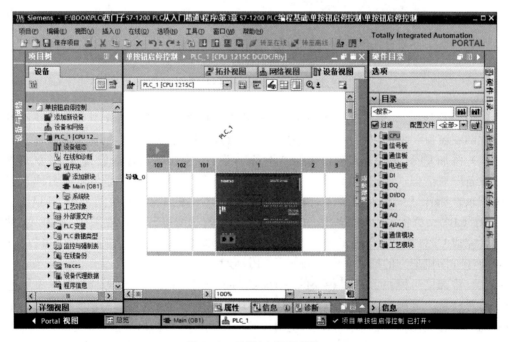

图 3-32　已添加 CPU 模块

1）添加数字量输入模块。若需要添加数字量输入模块，则在导轨_0 上先点击插槽 2，将其进行选中，然后在右侧"硬件目录"中找到 DI，选择合适的数字量输入模块，并双击该模块即可。本例的数字量输入模块为 DI 16×24V DC，订货号为 6ES7 221-1BH32-0XB0，如图 3-33 所示。

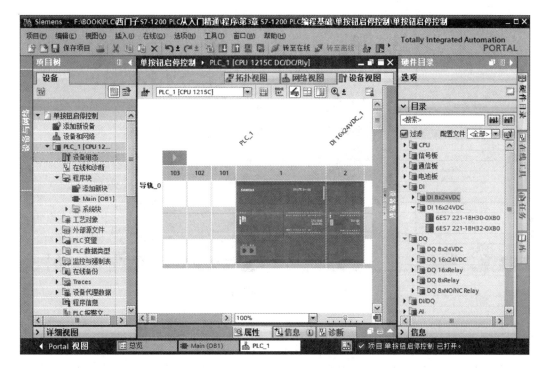

图 3-33　添加数字量输入模块

2）添加数字量输出模块。若需要添加数字量输出模块，则在导轨_0 上先点击插槽 3，将其进行选中，然后在右侧"硬件目录"中找到 DQ，选择合适的数字量输出模块，并双击该模块即可。本例的数字量输出模块为 DQ 16×24V DC/0.5A BA，订货号为 6ES7 222-1BH32-0XB0，如图 3-34 所示。

2. 硬件配置

硬件添加好后，应对这些模块进行相应的配置。

（1）CPU 模块的参数配置。导轨上选中 CPU 模块，在 TIA Portal 软件底部的监视窗口中显示 CPU 模块的属性视图。CPU 模块的设置主要有"常规""IO 变量""系统常数""文本"四大选项，其中 CPU 模块的参数配置是在"常规"中进行操作，在此可以配置 CPU 模块的各种参数，如 CPU 的启动特性、通信接口等。"IO 变量""系统常数""文本"随着"常规"的设置而生成。

1）常规。单击属性视图中的"常规"选项卡，该选项卡中显示了 CPU 模块的项目信息、目录信息、标识与维护，以及校验等相关内容，如图 3-35 所示。用户可以在项目信息下编写和查看与项目相关的信息。在目录信息下查看该 CPU 模块的简单特性描述、订货号及组态的固件版本。工厂标识和位置标识用于识别设备和设备所处的位置，工厂标识最多可输入 32 个字符，位置标识最多可输入 22 个字符，附加信息最多可以输入 54

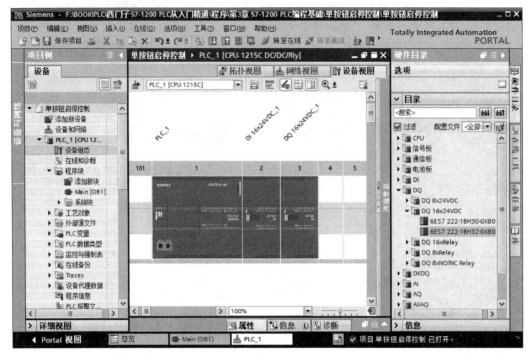

图 3-34　添加数字量输出模块

个字符。

2) PROFINET 接口。PROFINET 接口［X1］表示 CPU 模块集成的第 1 个 PRO-FEINT 接口，在 CPU 的显示屏中有标识符用于识别。PROFINET 接口包括常规、以太网地址、时间同步、操作模式、高级选项、Web 服务器访问等内容。PROFINET 接口［X2］表示 CPU 模块集成的第 2 个 PROFEINT 接口（部分 CPU 模块才有第 2 个 PRO-FEINT 接口），其设置方法与 PROFINET 接口［X1］类似，在此以 PROFINET 接口［X1］为例讲述 PROFINET 的设置。

a. 以太网地址设置。在 PROFINET 接口［X1］选项卡中，单击"以太网地址"标签，可以创建新网络、设置 IP 地址参数等，如图 3-36 所示。在"接口连接到"中，单击"添加新子网"按钮，可以为该接口添加新的以太网网络，新添加的以太网的子网名称默认为"PN/IE_1"。在"IP 协议"中，用户可以根据实际情况设置 IPv4 的 IP 地址和子网掩码，其默认 IPv4 地址为"192.168.0.1"，默认子网掩码为"255.255.255.0"。如果该PLC 需要和其他不是处于同一子网的设备进行通信，那么需要勾选"使用路由器"选项，并输入路由器（网关）的 IP 地址。如果选择了"在设备中直接设定 IP 地址"，那么表示不在硬件组态中设置 IP 地址，而是使用函数"T_CONFIG"或者显示屏等方式分配 IP地址。在"PROFINET"中，选中"在设备中直接设定 PROFINET 设备名称"选项，则CPU 模块用于 PROFINET I/O 通信时，不在硬件组态中组态设备名，而是通过函数"T_CONFIG"或者显示屏等方式分配设备名。选中"自动生成 PROFINET 设备名称"，则 TIA Portal 根据接口的名称自动生成 PROFINET 设备名称。未选中"自动生成PROFINET 设备名称"，则可以由用户设定 PROFINET 设备名。"转换的名称"，表示此

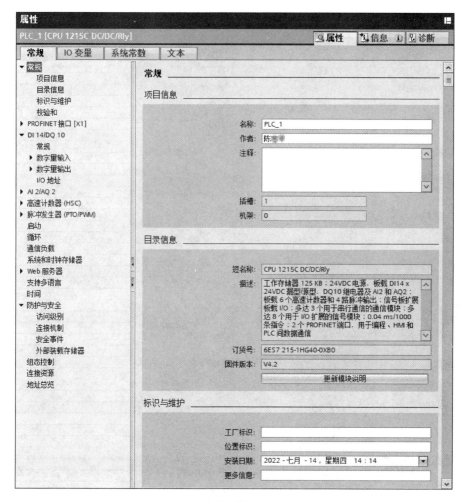

图 3-35　CPU 模块常规信息

PROFINET 设备名称转换为符合 DNS 惯例的名称，用户不能修改。"设备编号"表示 PROFINET I/O 设备的编号。

　　b. PROFINET 接口的时间同步。PROFINET 接口的时间同步界面如图 3-37 所示。NTP 模式表示该 PLC 可以通过以太网从 NTP（network time protocol）服务器上获取时间，以同步自己的时钟。如选中"通过 NTP 服务器启动同步时间"，表示 PLC 从 NTP 服务器上获取时间，以同步自己的时钟。然后添加 NTP 服务器的 IP 地址，这里最多可以添加 4 个 NTP 服务器。"更新间隔"定义 PLC 每次请求时钟同步的时间间隔，时间间隔的取值范围为 10s 到一天。

　　c. PROFINET 接口的操作模式。PROFINET 接口的操作模式界面如图 3-38 所示。在操作模式界面中，可以将该接口设置为 PROFINET IO 控制器或者 IO 设备。"IO 控制器"选项不能修改，即一个 PROFINET 网络中的 CPU 即使被设置作为 IO 设备，也可以同时作为 IO 控制器使用。如果该 PLC 作为智能设备，那么需要选中"IO 设备"，并在"已分配的 IO 控制器"选项中选择一个 IO 控制器。如果 IO 控制器不在该项目中，那么选择"未分配"。如果选中"PN 接口的参数由上位 IO 控制器进行分配"，那么 IO 设备的

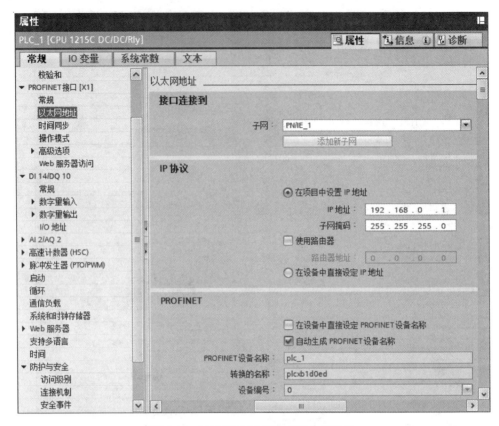

图 3-36　PROFINET 接口的以太网地址

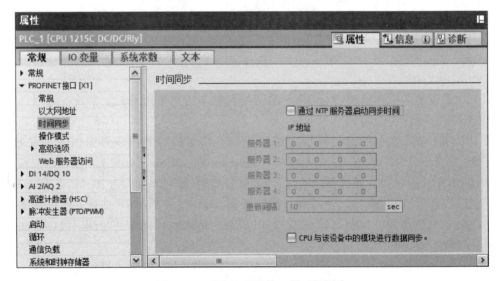

图 3-37　PROFINET 接口的时间同步

设备名称由 IO 控制器分配。

　　d. PROFINET 接口的高级选项。PROFINET 接口的高级选项界面如图 3-39 所示，主要包括接口选项、介质冗余、实时设定、端口等设置。

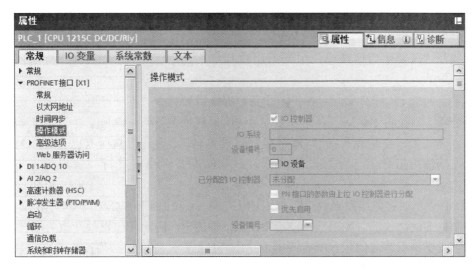

图 3-38　PROFINET 接口的操作模式

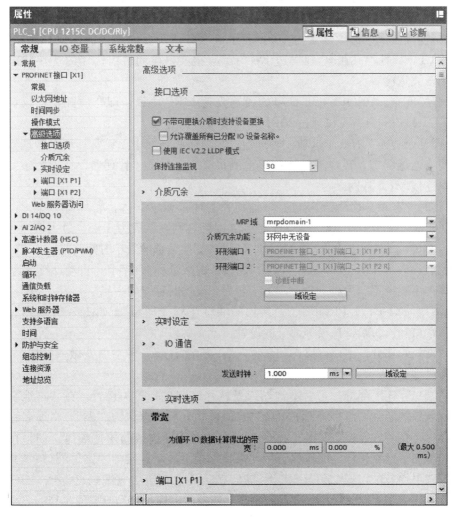

图 3-39　PROFINET 接口的高级选项界面

a）接口选项。默认情况下，一些关于 PROFINET 接口的通信事件，例如维护信息、同步丢失等，会进入 CPU 的诊断缓冲区，但不会调用诊断中断 OB82。如果在"接口选项"中选择"若发生通信错误，则调用用户程序"选项，出现上述事件时，CPU 将调用 OB82。

如果不通过 PG 或存储介质替换旧设备，那么需要选择"不带可更换介质时支持设备更换"选项。新设备不是通过存储介质或者 PG 来获致设备名，而是通过预先定义的拓扑信息和正确的相邻关系由 IO 控制器直接分配设备名。"允许覆盖所有已分配 IO 设备名称"是指当使用拓扑信息分配设备名称时，不再需要将设备进行"重置为出厂设置"操作。

LLDP 表示"链路层发现协议"，是 IEEE 802.1a 和 IEEE 802.1b 标准中定义的一种独立于制造商的协议。以太网设备使用 LLDP，按固定间隔向相邻设备发送关于自身的信息，相邻设备则保存此信息。所有联网的 PROFINET 设备接口必须设置为同一种模式，因此需选中"使用 IEC V2.2 LLDP 模式"选项。当组态同一个项目中 PROFINET 子网的设备时，TIA Portal 自动设置正确的模式，用户不需要考虑设置问题。如果是在不同项目下组态，那么可能需要手动设置。

"保持连接监视"选项默认为 30s，表示该服务用于面向连接的协议，例如 TCP 或 ISO-on-TCP，周期性（30s）地发送 Keep-alive 报文，检测通信伙伴的连接状态和可达性，并用于故障检测。

b）介质冗余。PROFINET 接口的模块支持 MRP 协议，即介质冗余协议，也就是 PROFINET 接口的设备可以通过 MRP 协议实现环网连接。

"介质冗余功能"有 3 个选项：管理器、客户端和环网中无设备。环网管理器发送报文检测网络连接状态，客户端只能传递检测报文。选择了"管理器"选项，还要选取哪两个端口连接 MRP 环网。

c）实时设定。实时设定中包括 IO 通信和实时选项。

"IO 通信"用于设置 PROFINET 的发送时钟，其默认值为 1ms，最大值为 4ms，最小值为 250μs，该时间表示 IO 控制器和 IO 设备交换数据的最小时间间隔。

"带宽"，表示 TIA Portal 软件根据 IO 设备的数量和 IO 字节，自动计算"为循环 IO 数据计算得出的带宽"大小。最大带宽一般为"发送时钟"的一半。

d）端口 [X1 P1]。PROFINET 接口的端口 [X1 P1] 界面如图 3-40 所示。主要包括常规、端口互连、端口选项等部分的设置。

在"常规"部分，用户可以在"名称""作者""注释"等空白处做一些提示的标注，可以输入汉字字符。

在"端口互连"部分，可对本地端口及伙伴端口进行相关设置。在"本地端口"中显示本地端口的名称，用户可设置本地端口的传输介质，默认为"铜"，电缆名称显示为"—"，即无。在"伙伴端口"的下拉列表中可选择需要连接的伙伴端口，如果在拓扑视图中已经组态了网络拓扑，那么在"伙伴端口"处会显示连接的"伙伴端口""介质"类型，以及"电缆长度"或"信号延迟"等信息。其中对于"电缆长度"或"信号延迟"两个参数，仅适用于 PROFINET IRT 通信。选择"电缆长度"，则 TIA Portal 根据指定的电缆长度自动计算信号延迟时间；选择"信号延时"，则人为指定信号延迟时间。如果选中了"备用伙伴"选项，那么可以在拓扑视图中将 PROFINET 接口中的一个端口连接至不同的设备，同一时刻只有一个设备真正连接到端口上。并且使用功能块"D_ACT_DP"来启动/禁用设备，这样可以实现"在操作期间替换 IO 设备功能"。

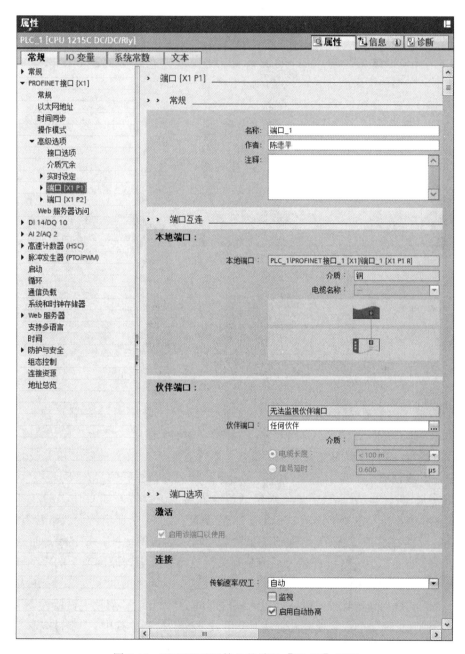

图 3-40　PROFINET 接口的端口［X1 P1］界面

在"端口选项"部分有 3 个选项的设置，即激活、连接和界限。如果在"激活"中选中"启用该端口以使用"，表示该端口可以使用，否则处于禁用状态。在"连接"中，"传输速率/双工"的下拉列表中有"自动"和"TP 100Mbit/s"两个选项，默认为"自动",表示 PLC 和连接伙伴自动协商传输速率和全双工模式,选择此模式时,不能取消激活"启用自动协商"选项。如果选择"TP 100Mbit/s",那么会自动激活"监视"选项,且不能取消"监视"选项,同时默认激活"启用自动协商"选项,但该选项可以取消激活。"监视"表示端口的连接处于监视状态,一旦出现故障,则向 CPU 报警。"界限"表示传输某种以太网报文的边界限制,其中"可访问节点检测结束"表示该接口是检测可访问的 DCP 协议报文不能被该端口转发,即该端口的下游设备不能显示在可访问节点的列表中;"拓扑识别结束"表示拓扑发现 LLDP 协议报文不会被该端口转发;"同步域断点"表示不转发那些用来同步域内设备的同步报文。

端口 [X1 P2] 是第二个端口,与端口 [X1 P1] 类似,在此不做赘述。

e. Web 服务器访问。CPU 的存储区中存储了一些含有 CPU 信息和诊断功能的 HTML 页面,Web 服务器功能使得用户可通过 Web 浏览器执行访问此功能。

PROFINET 接口的 Web 服务器访问界面如图 3-41 所示,若选中"启用使用该接口访问 Web 服务器"选项,则意味着可以通过 Web 浏览器访问该 CPU。

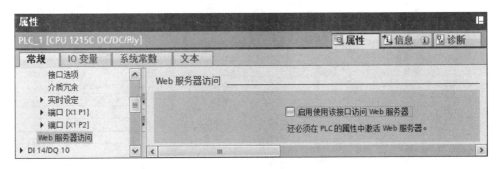

图 3-41 PROFINET 接口的 Web 服务器访问

3)DI 14/DQ 10。DI/DQ 为数字量输入/输出,DI 14/DQ 10 表示该 CPU 模块自带了 14 路数字量输入通道(即 14 个输入端子)和 10 路数字量输出通道(即 10 个输出端子)。

数字量输入/输出通道的设置包括了常规、数字量输入、数字量输出和 I/O 地址的设置。其中,常规选项卡中显示了项目的基本信息,如名称及注释内容。

a. 数字量输入的设置。数字量输入包括各输入通道的设置,如 CPU 1215C DC/DC/Rly 的数字量输入设置包括了通道 0~通道 13 的设置。这 14 个通道的设置方法基本相同,如通道 0 的设置如图 3-42 所示。"通道地址"表示输入通道的地址,其起始地址可以在数字量的"I/O 地址"中进行设置。为了抑制开关触点跳跃或电气原因产生的寄生噪声,可在"输入滤波器"中设置一个延迟时间,也就是在这个时间之内的干扰信号都可以得到有效抑制,被系统自动地滤除掉,默认的输入滤波时间为 6.4ms。"启动上升沿检测"或"启动下降沿检测"可为每个数字量输入启动上升沿或下降沿检测,其中,"事件名称"定义该事件的名称;"硬件中断"表示该事件到来时,系统会自动调用所组态的硬件中断组织块一次。如果没有已定义好的硬件中断组织块,那么可以点击后面的忽略按钮,并新增硬件中断组织块连接该事件。"启用脉冲捕捉"可以根据 CPU 的不同,激活各个输入的脉冲捕捉。激活脉冲捕捉后,即使脉冲沿比程序扫描循环时间短,也能将其检测出来。

b. 数字量输出的设置。数字量输出包括各输出通道的设置,如 CPU 1215C DC/DC/

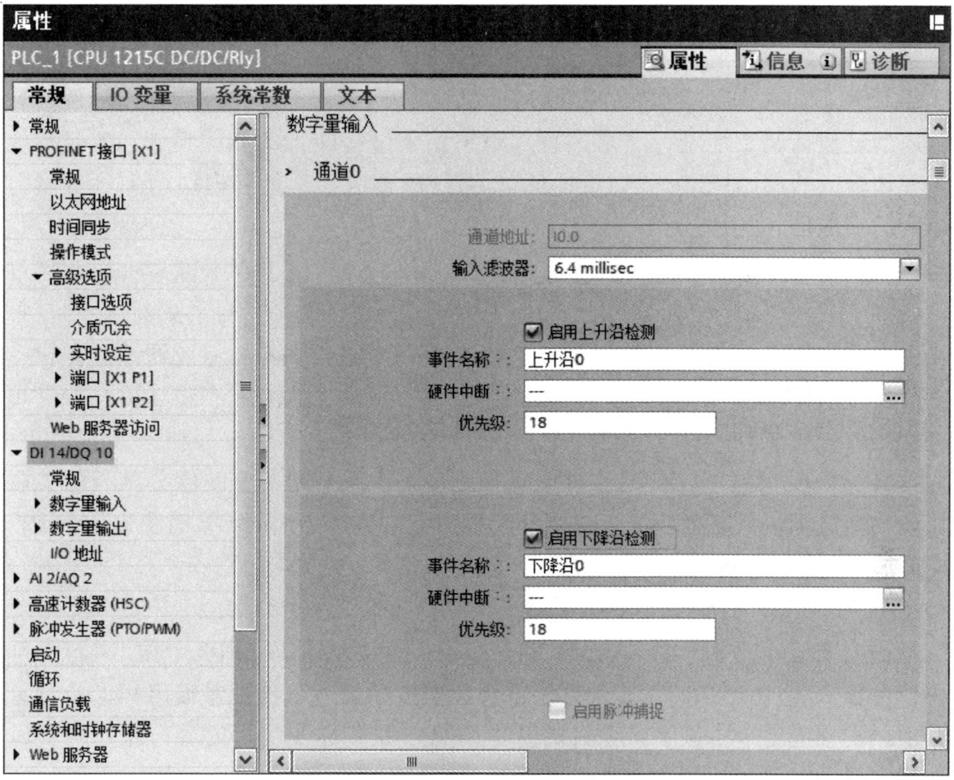

图 3-42　数字量输入通道 0 的设置

Rly 的数字量输出设置包括了通道 0～通道 9 的设置。这 10 个通道的设置方法基本相同，如通道 0 的设置如图 3-43 所示。"对 CPU STOP 模式的响应"用于设置数字量输出对 CPU 从运行状态切换到 STOP 状态的响应，可以设置为保留最后的有效值或者使用替代值。"通道地址"表示数字量输出通道的地址，其起始地址可以在数字量的"I/O 地址"中进行设置。在数字量输出设置中，选择"使用替代值"时，若勾选"从 RUN 模式切换

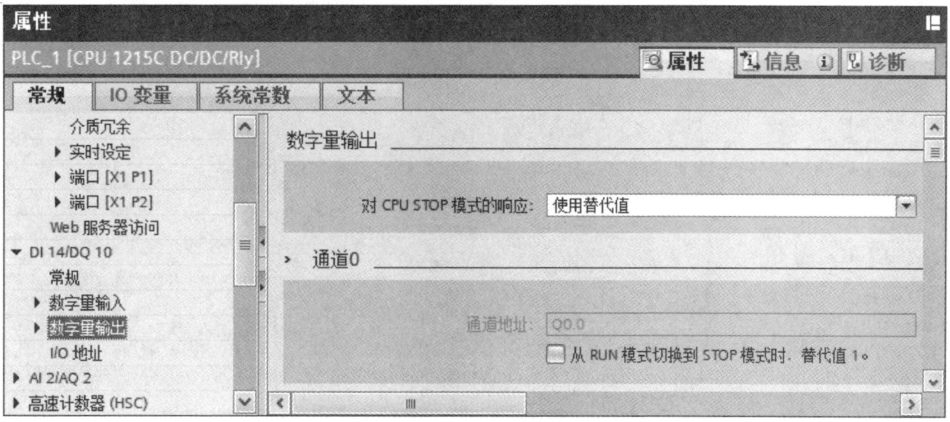

图 3-43　数字量输出通道 0 的设置

到 STOP 模式时，替代值 1"复选项，表示从运行切换到停止状态后，输出使用"替代值 1"，如果不勾选此复选项，那么输出使用"替代值 0"。如果选择了"保持上一个值"，那么此复选项为灰色不能被勾选。

c. 数字量 I/O 地址。此处的"I/O 地址"，即数字量输入地址和数字量输出地址。数字量输入地址包括起始地址、结束地址、组织块、过程映像的相关设置。"起始地址"，可设置模块输入的起始地址。"结束地址"，系统根据起始地址和模块的 I/O 数量自动计算并生成结束地址。"组织块"，可将过程映像区关联到一个组织块，当启用该组织块时，系统将自动更新所分配的过程映像分区。"过程映像"，用户可以根据需求而选择过程映像分区，如"自动更新""无""PIP x""PIP OB 伺服"。选择"自动更新"，则在每个程序循环内自动更新 I/O 过程映像；选择"无"，则没有过程映像，只能通过立即指令对此 I/O 进行读写；"PIP x"可以关联到"组织块"中所选的组织块；"PIP OB 伺服"可将运动控制使用的 I/O 模块（如工艺模块、硬限位开关等）指定给过程映像分区"OB 伺服 PIP"，这样 I/O 模块就可以与工艺对象同时处理。注意：同一个映像分区只能关联一个组织块，一个组织块只能更新一个映像分区；系统在执行分配的 OB 时更新此 PIP，如果未分配 OB，那么不更新 PIP。

4）AI 2/AQ 2。AI/AQ 为模拟量输入/输出，AI 2/AQ 2 表示该 CPU 模块自带了 2 路模拟量输入通道（即 2 个输入端子）和 2 路模拟量输出通道（即 2 个输出端子）。

模拟量输入/输出通道的设置包括了常规、模拟量输入、模拟量输出和 I/O 地址的设置。其中，常规选项卡中显示了项目的基本信息，如名称及注释内容；此处的 I/O 地址设置与数字量 I/O 地址设置类似。

a. 模拟量输入的设置。模拟量输入包括各输入通道的设置，如 CPU 1215C DC/DC/Rly 的模拟量输入设置包括了通道 0、通道 1 的设置。这 2 个通道的设置方法基本相同，如输入通道 0 的设置如图 3-44 所示。设置"积分时间"可以抑制指定频率的干扰；"通道

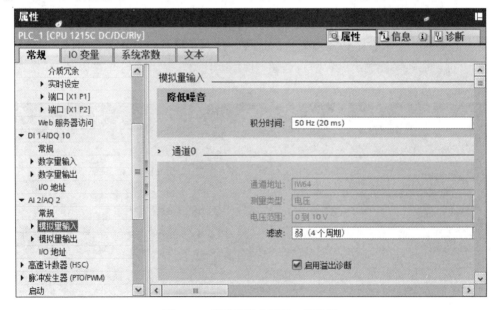

图 3-44　模拟量输入通道 0 的设置

地址"为模拟量输入通道的起始地址，该地址可以在模拟量的"I/O 地址"中设置；"测量类型"为本体上的模拟量输入，只能测量电压，该选项不可设置；"电压范围"为测量电压信号范围，固定为 0～10V；"滤波"为模拟值滤波，可用于减缓测量值变化，提供稳定的模拟信号；若勾选"启用溢出诊断"复选框，则发生溢出时会生成诊断事件。

b. 模拟量输出的设置。模拟量输出包括各输出通道的设置，如 CPU 1215C DC/DC/Rly 的模拟量输出设置包括了通道 0、通道 1 的设置。这 2 路通道的设置方法基本相同，如输出通道 0 的设置如图 3-45 所示。"对 CPU STOP 模式的响应"用于设置模拟量输出对 CPU 从运行状态切换到 STOP 状态的响应，可以设置为保留最后的有效值或者使用替代值。"通道地址"表示模拟量输出通道的地址，其起始地址可以在模拟量的"I/O 地址"中进行设置。在模拟量输出设置中，选择"使用替代值"时，则"从 RUN 模式切换到 STOP 模式时，通道的替代值"项是可以设置替代的输出值，设置值的范围为 0.0～20.0mA，表示从运行切换到停止状态后，输出使用设置的替代值。如果选择了"保持上一个值"，那么此项为灰色不能设置。勾选"启用溢出诊断"或"启用下溢诊断"时，若发生了溢出或下溢，则生成诊断事件。

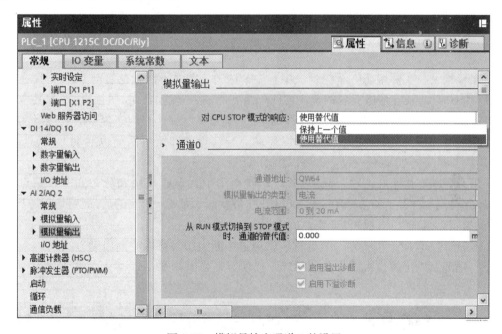

图 3-45　模拟量输出通道 0 的设置

5）高速计数器（HSC）。如果要使用高速计数器，那么在此处设置中激活"启用该高速计数器"，以及设置计数类型、工作模式、输入通道等。

6）脉冲发生器（PTO/PWM）。如果要使用高速脉冲输出 PTO/PWM 功能，那么在此处激活"启用该脉冲发生器"，并设置脉冲参数等。

7）启动。单击属性视图中的"启动"选项卡，弹出如图 3-46 所示的"启动"参数设置界面。

"上电后启动"下拉列表中有 3 个选项：未重启（仍处于 STOP 模式）、暖启动-RUN、暖启动-断开电源之前的操作模式。默认选项为"暖启动-断电前的操作模式"，在此模式下，CPU 上电后，会进入到断电之前的运行模式，如 CPU 运行时通过 TIA Portal 的"在线工具"将其停止，那么断电再上电之后，CPU 仍处于 STOP 状态。选择"未重启（仍处于 STOP 模式）"时，CPU 上电后处于 STOP 模式。选择"暖启动-RUN"时，CPU 上电后进入到暖启动和运行模式。用户如果将 CPU 模块上的模式开关置为"STOP"，即使选择"暖启动-RUN"，CPU 也不会执行启动模式，也不会进入运行模式。

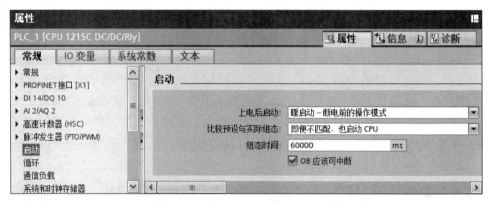

图 3-46　"启动"参数设置界面

"比较预设与实际组态"下拉列表中有 2 个选项：即便不匹配也启动 CPU、仅在兼容时才启动 CPU。兼容是指安装的模块要匹配组态的输入/输出数量，且必须匹配其电气和功能特性。若选择"仅在兼容时才启动 CPU"，则当实际模块与组态模块一致或者实际的模块兼容硬件组态的模块时，CPU 可以启动。若选择"即便不匹配也启动 CPU"，即使实际模块与组态的模块不一致，也可以启动 CPU。

"组态时间"用于在 CPU 启动过程中，检查集中式 I/O 模块和分布式 I/O 站点中的模块在此时间段内是否准备就绪，如果没有准备就绪，那么 CPU 的启动特性取决于"比较预设与实际组态"中的硬件兼容性的设置。

若勾选"OB 应该可中断"复选框，则通过中断组织块可以中断启动方式。

8）循环。单击属性视图中的"循环"选项卡，弹出如图 3-47 界面，在该界面中设置

图 3-47　"循环"参数设置界面

与 CPU 循环扫描相关的参数。"最大循环时间"是设定程序循环扫描的监控时间，如果超过了这个时间，那么在没有下载 OB80 的情况下，CPU 会进入停机状态。通信处理、连续调用中断（故障）、CPU 程序故障等都会增加 CPU 的扫描时间。在有些应用中需要设定 CPU 最小的扫描时间，此时可在"最小循环时间"项中进行设置。如果实际扫描时间小于设定的最小时间，那么 CPU 将等待，直到达到最小扫描时间后才进行下一个扫描周期。

9）通信负载。单击属性视图中的"通信负载"选项卡，弹出如图 3-48 所示界面。CPU 间的通信及调试时程序的下载等操作将影响 CPU 的扫描时间。如果 CPU 始终有足够的通信任务要处理，那么"由通信引起的循环负荷"参数可以限制通信任务在一个循环扫描周期中所占的比例，以确保 CPU 的扫描周期中通信负载小于设定的比例。

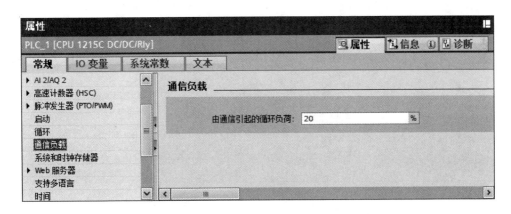

图 3-48 "通信负载"参数设置界面

10）系统和时钟存储器。单击属性视图中的"系统和时钟存储器"选项卡，弹出如图 3-49 所示界面。在该对话框中可以设置系统存储器位和时钟存储器位的相关参数。

在"系统存储器位"项中，如果选中"启用系统存储器字节"，那么将系统存储器赋值到一个标志位存储区的字节中，将字节地址设置为 10，表示系统存储器字节地址为 MB10。其中第 0 位（M10.0）为首次扫描位，只有在 CPU 启动后的第 1 个程序循环中值为 1，否则为 0；第 1 位（M10.1）表示诊断状态发生更改，即当诊断事件到来或者离开时，此位为 1，且只持续一个周期；第 2 位（M10.2）始终为 1；第 3 位（M10.3）始终为 0；第 4～7 位（M10.4～M10.7）为保留位。

时钟存储器是 CPU 内部集成的时钟存储器，在"时钟存储器位"项中如果选中"启用时钟存储器字节"，则 CPU 将 8 个固定频率的方波时钟信号赋值到一个标志位存储区的字节中。字节中每一位对应的频率和周期如表 3-12 所示。系统默认为"0"，表示时钟存储器字节地址为 MB0，M0.0 位即为频率 10Hz 的时钟。用户也可以指定其他的存储字节地址。

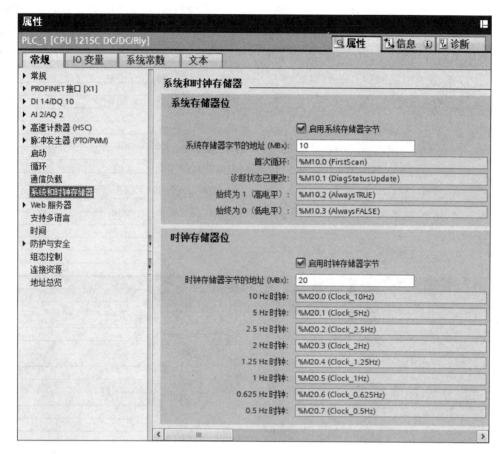

图 3-49 "系统和时钟存储器"参数设置界面

表 3-12 时钟存储器

时钟存储器的位	7	6	5	4	3	2	1	0
频率（Hz）	0.5	0.625	1	1.25	2	2.5	5	10
周期（s）	2	1.6	1	0.8	0.5	0.4	0.2	0.1

注意，本书所有程序中，其 CPU 组态的"系统存储器字节的地址"默认设置为 MB10；"时钟存储器字节的地址"默认设置为 MB20。在后续章节程序中出现的 M10.0 动合触点表示为 PLC 上电后，该触点闭合 1 次，即首次闭合（firstscan）；M20.5 动合触点为 1Hz 的时钟信号，表示每隔 1s 闭合 1 次。

（2）数字量输入模块的参数配置。在 TIA Portal 软件中，可以对 I/O 模块的参数进行配置，如数字量输入模块、数字量输出模块、模拟量输入模块、模拟量输出模块的常规信息，各通道的诊断组态信息，以及 I/O 地址的分配等。各信号模块的参数因模块型号不同，可能会有所不一样，在此以数字量输入模块 DI 16×24V DC 为例，讲述数字量输入模块参数配置的相关内容。

数字量输入模块的参数主要包括常规、DI 16 这 2 大项。其中，常规选项卡中的选项与 CPU 模块的常规信息类似。

DI 16 表示数字量输入模块为 16 输入通道，该项包括数字量输入和 I/O 地址的设置。数字量输入包括通道 0～通道 15 的设置，这 15 个通道的设置方法基本相同，如通道 0 的设置如图 3-50 所示。为了抑制开关触点跳跃或电气原因产生的寄生噪声，可在"输入滤波器"中设置一个延迟时间，也就是在这个时间之内的干扰信号都可以得到有效抑制，被系统自动地滤除掉，默认的输入滤波时间为 6.40ms。"通道地址"表示输入通道的地址，其起始地址可以在数字量的"I/O 地址"中进行设置。

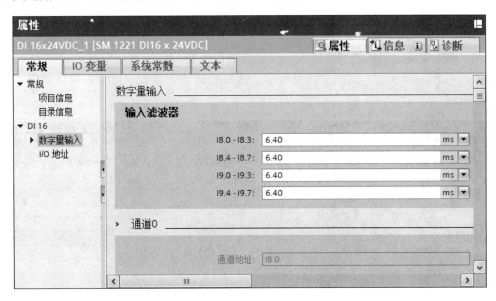

图 3-50　DI 16 输入地址参数的设置

此处的"I/O 地址"即数字量输入模块的输入地址，其设置如图 3-51 所示。数字量输入地址包括起始地址、结束地址、组织块、过程映像的相关设置。"起始地址"，可设置模块输入的起始地址。"结束地址"，系统根据起始地址和模块的 I/O 数量自动计算并生成结束地址。"组织块"，可将过程映像区关联到一个组织块，当启用该组织块时，系

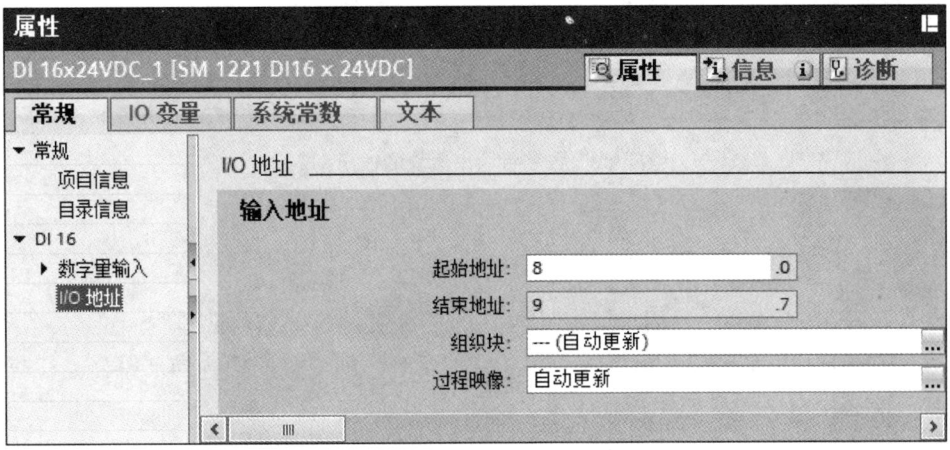

图 3-51　DI 16 "I/O 地址"的设置

统将自动更新所分配的过程映像分区。"过程映像",用户可以根据需求而选择过程映像分区,如"自动更新""无""PIP x""PIP OB 伺服"。选择"自动更新",则在每个程序循环内自动更新 I/O 过程映像;选择"无",则没有过程映像,只能通过立即指令对此 I/O 进行读写;"PIP x"可以关联到"组织块"中所选的组织块;"PIP OB 伺服"可将运动控制使用的 I/O 模块(如工艺模块、硬限位开关等)指定给过程映像分区"OB 伺服 PIP",这样 I/O 模块就可以与工艺对象同时处理。注意:同一个映像分区只能关联一个组织块,一个组织块只能更新一个映像分区;系统在执行分配的 OB 时更新此 PIP,若未分配 OB,则不更新 PIP。

(3)数字量输出模块的参数配置。数字量输出模块的模块参数包括常规和 DQ 16 组态两项,如图 3-52 所示。从图中可以看出,这两项的功能与数字量输入模块类似,这里不再描述。

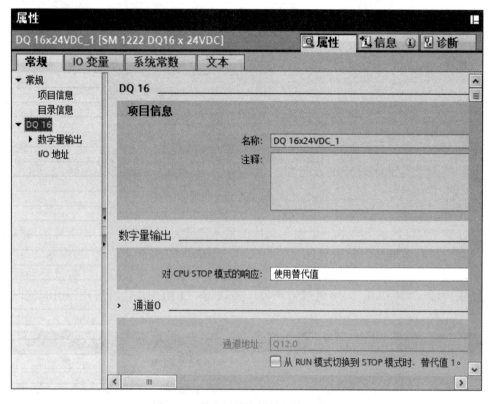

图 3-52　数字量输出模块的输出参数

3.4.4　变量表的定义

在 TIA Portal 软件中,用户可定义两类符号:全局符号和局部符号。全局符号利用变量表(tag table)来定义,可以在用户项目的所有程序块中使用;局部符号是在程序块的变量声明表中定义,只能在该程序块中使用。

PLC 变量表(tag table)包含在整个 CPU 范围有效的变量。系统会为项目中使用的每个 CPU 自动创建一个 PLC 变量表,用户也可以创建其他变量表,用于对变量和常量进行归类与分组。

在 TIA Portal 软件中添加了 CPU 设备后，会在项目树中 CPU 设备下出现一个"PLC 变量"文件夹，在该文件夹下显示 3 个选项：显示所有变量、添加新变量表、默认变量表。

"显示所有变量"选项有 3 个选项卡：PLC 变量、用户常量和系统常量，分别显示全部的 PLC 变量、用户常量和 CPU 系统常量。该表不能删除或移动。

"默认变量表"是系统自动创建，项目的每个 CPU 均有一个标准变量表。用户对该表进行删除、重命名或移动等操作。默认变量表包含 PLC 变量、用户常量和系统常量。用户可以在"默认变量表"中定义所有的 PLC 变量和用户常量，也可以在用户自定义变量表中进行定义。

双击"添加新变量表"，可以创建用户自定义变量表。用户自定义变量表包含 PLC 变量和应用常量，用户根据需要在用户自定义变量表中定义所需要的变量和常量。在 TIA Portal 软件中，用户自定义变量表可以有多个，可以对其进行重命名、整理合并为组或删除等操作。

在项目视图中，选定项目树中"PLC 变量"→"默认变量表"，如图 3-53 所示，在项目视图的右上方有一个表格，单击"添加"按钮，先在表格的"名称"栏中输入"启停按钮"，在"地址"栏中输入"I0.0"，这样符号"启停按钮"在寻址时，就代表"I0.0"。用同样的方法将其他变量名称与地址变量进行定义。

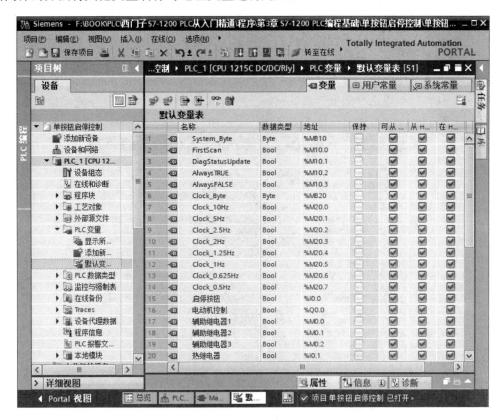

图 3-53　定义 PLC 变量

3.4.5 梯形图程序的输入

在项目视图中，选定项目树中"程序块"→"Main［OB1］"，打开主程序，按以下流程进行梯形图程序的输入。

1. 程序段 1 的输入

第一步：信号上升沿触点 I0.0 的输入步骤。首先将光标移至程序段 1 中需要输入指令的位置，单击编辑窗口右侧"指令树"中"基本指令"→"位逻辑运算"，在┤P├上双击鼠标左键输入指令。然后单击┤P├上方的"＜?? . ?＞"处输入地址 I0.0；下方的"＜?? . ?＞"处输入地址 M0.1。

第二步：输出线圈 Q0.0 的输入步骤。首先将光标移至程序段 1 中——┤P├——的右侧，单击编辑窗口右侧"指令树"中"基本指令"→"位逻辑运算"，在─()─上双击鼠标左键输入指令；或者在"工具栏"中点击"线圈"选择─()─。然后单击"＜?? . ?＞"并输入地址 Q0.0。

第三步：计数器 CTU 的输入步骤。首先将光标移至程序段 1 中——┤P├——的右侧，在"工具栏"中点击→向下连线，再单击编辑窗口右侧"指令树"中"基本指令"→"计数器操作"，并在"CTU"上双击鼠标左键输入指令，将弹出如图 3-54 所示的调用计数器背景数据块对话框，采用默认设置直接单击"确定"按钮，这样 CTU 计数器的计数器输入端 CU 与信号上升沿触点 I0.0 连接。将光标移至 CTU 计数器输出端 Q 的右侧，单击编辑窗口右侧"指令树"中"基本指令"→"位逻辑运算"，在─()─上双击鼠标左键输入指令；或者在"工具栏"中点击"线圈"选择─()─。然后单击"＜?? . ?＞"并输入地址 M0.2，这样使得 CTU 的 Q 端与输出线圈 M0.2 进行了连接。

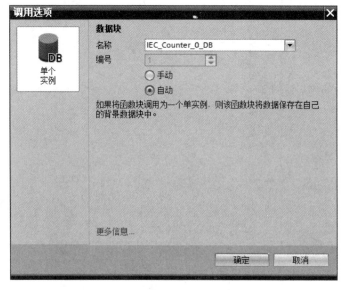

图 3-54　调用计数器背景数据块

第四步：计数器复位端的输入步骤。首先将光标移至程序段 1 的左母线处，在"工具栏"中点击┣→向下连线，再单击编辑窗口右侧"指令树"中"基本指令"→"位逻辑运算"，并在┤┣上双击鼠标左键输入指令；或者在"工具栏"中点击"触点"选择┤┣，单击"＜?? .?＞"并输入地址 M0.2。然后将光标移至 辅助继电器3 右侧，按位鼠标左键，拖动到 CTU 的 R 端（复位端），可将 M0.2 动合触点与 R 端连接。依此方法，将 M10.0 动合触点与 CTU 的 R 端连接。

2. 程序段 2 的输入

第一步：动合触点 M0.0 的输入步骤。首先将光标移至程序段 1 中需要输入指令的位置，单击编辑窗口右侧"指令树"中"基本指令"→"位逻辑运算"，在┤┣上双击鼠标左键输入指令；或者在"工具栏"中选择动合触点┤┣。然后单击"＜?? .?＞"并输入地址 M0.0。

第二步：串联动断触点 M0.2 的输入步骤。首先将光标移至程序段 1 中 辅助继电器1 的右侧，单击编辑窗口右侧"指令树"中"基本指令"→"位逻辑运算"，在┤/┣上双击鼠标左键输入指令；或者在"工具栏"中选择动断触点┤/┣。然后单击"＜?? .?＞"并输入地址 M0.2。

第三步：串联闭开触点 I0.1 的输入步骤。首先将光标移至程序段 1 中 辅助继电器3 的右侧，单击编辑窗口右侧"指令树"中"基本指令"→"位逻辑运算"，在┤┣上双击鼠标左键输入指令；或者在"工具栏"中选择动合触点┤┣。然后单击"＜?? .?＞"并输入地址 I0.1。

第四步：并联动合触点 Q0.0 的输入步骤。首先将光标移至程序段 1 中 辅助继电器1 的下方，在"工具栏"中点击┣→向下连线，再单击编辑窗口右侧"指令树"中"基本指令"→"位逻辑运算"，并在┤┣上双击鼠标左键输入指令；或者在"工具栏"中点击"触点"选择┤┣。然后单击"＜?? .?＞"并输入地址 Q0.0。最后单击选中┤┣且点击┣向上连线。

第五步：输出线圈 Q0.0 的输入步骤。首先将光标移至程序段 1 中的 热继电器 右侧，单击编辑窗口右侧"指令树"中"基本指令"→"位逻辑运算"，在┤(┣)上双击鼠标左键输入指令；或者在"工具栏"中点击"线圈"选择┤(┣)。然后单击"＜?? .?＞"并输入地址 Q0.0。

输入完毕后保存的完整梯形图主程序如图 3-55 所示。

3.4.6　项目编译与下载

在 TIA Portal 软件中，完成了硬件组态，以及输入完程序后，可对项目进行编译与下载操作。

1. 项目编译

在 TIA Portal 软件中，打开已编写好的项目程序，并在项目视图中选定项目树中

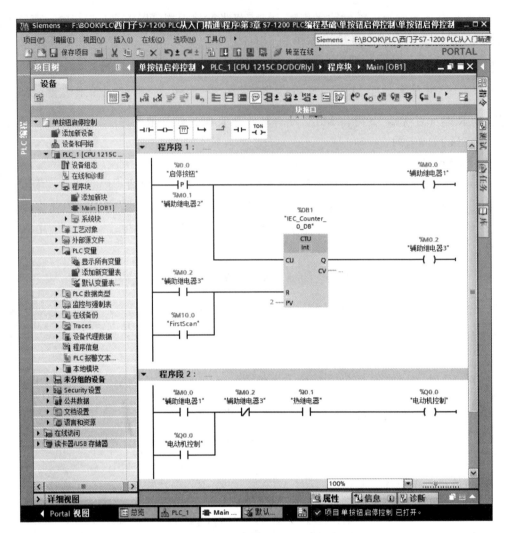

图 3-55 完整的梯形图主程序

"PLC_1",然后右击鼠标,在弹出的菜单中选择"编译",或执行菜单命令"编辑"→"编译",即可对项目进行编译。编译后在输出窗口显示程序中语法错误的个数、每条错误的原因和错误的位置。双击某一条错误,将会显示程序编辑器中该错误所在程序段。图3-56表示编译后项目没有错误,也没有警告。需要指出的是,项目如果未编译,那么下载前软件也会自动编译,编译结果显示在输出窗口。

2. 程序下载

在下载程序前,必须先要保障 S7-1200 PLC 的 CPU 和计算机之间能正常通信。设备能实现正常通信的前提是,设备之间进行了物理连接、设备进行了正确的通信设置,且S7-1200 PLC 已经通电。如果单台 S7-1200 PLC 与计算机之间连接,那么只需要 1 根普通的以太网线;如果多台 S7-1200 PLC 与计算机之间连接,那么还需要交换机。

(1)计算机网卡的 IP 地址设置。打开计算机的控制面板,双击"网络连接"图标,其对话框会打开,按图 3-57 所示设置 IP 地址即可。这里的 IP 地址设置为

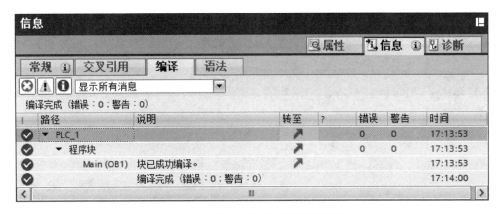

图 3-56　两台电动机控制的编译结果

"192.168.0.20"，子网掩码为 "255.255.255.0"，网关不需要设置。

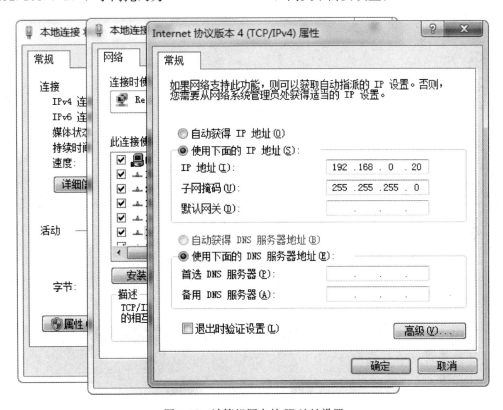

图 3-57　计算机网卡的 IP 地址设置

（2）下载。在项目视图中选定项目树中 "PLC_1"，然后右击鼠标，在弹出的菜单中选择 "下载到设备"，或执行菜单命令 "在线"→"下载到设备"，将弹出图 3-58 所示的对话框。在此对话框中将 "PG/PC 接口的类型" 选择为 PN/IE，将 "PG/PC 接口" 选择为本计算机的网卡型号，将 "接口/子网的连接" 选择为插槽 "1×1" 处的方向。注意 "PG/PC 接口" 是网卡的型号，不同的计算机可能不同，应根据实际情况进行选择，此外，初学者如果选择无线网卡，那么也容易造成通信失败。

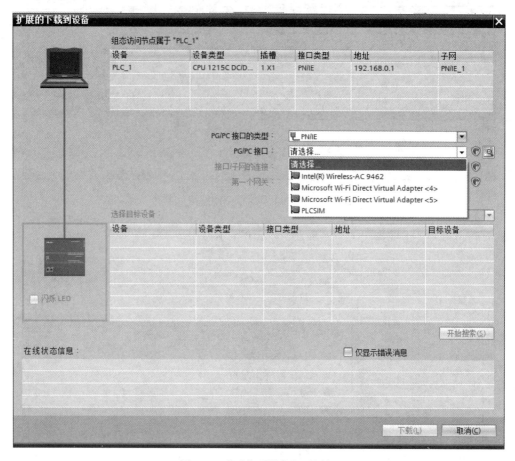

图 3-58 "下载到设备"对话框

单击"开始搜索"按钮，TIA Portal 软件开始搜索可以连接的设备，例如"示例 1"搜索到的设备为"PLC_1"。再单击"下载"按钮，在弹出的"下载预览"对话框中把第 1 个动作修改为"全部接受"，然后单击"装载"按钮，弹出如图 3-59 所示对话框，最后

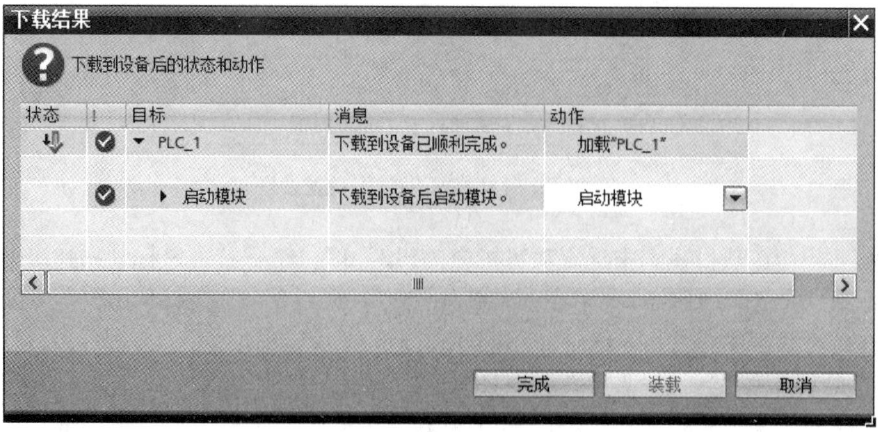

状态	!	目标	消息	动作	
↓	✓	▼ PLC_1	下载到设备已顺利完成。	加载"PLC_1"	
	✓	▶ 启动模块	下载到设备后启动模块。	启动模块	▼

图 3-59 "下载结果"对话框

单击"完成"按钮，下载完成。

3.4.7　打印与归档

一个完善的项目，应包含有文字、图表及程序的文件。打印的目的是进行纸面上的交流及存档，归档则是电子方面的交流及存档。

1. 打印项目文档

打印的操作步骤如下：

（1）打开相应的项目对象，在屏幕上显示要打印的信息。

（2）在应用程序窗口中，使用菜单栏命令"项目"→"打印"，打开打印界面。

（3）可以在对话框中更改打印选项，如选择打印机、打印范围和打印份数等。

也可以将程序生成 XPS 或者 pdf 格式的文档，以下是生成 XPS 格式文档的步骤。

在项目视图中选定项目树中"PLC_1"，然后右击鼠标，在弹出的菜单中选择"打印"，或执行菜单命令"项目"→"打印"，将弹出图 3-60 所示对话框。在此对话框中设置打印机名称，文档布局中的文档信息设置为"DocuInfo_Simple_A4_Portrait"，再单击"打印"按钮，生成"控制两台三相异步电动机"的 XPS 格式文档如图 3-61 所示。

2. 项目归档

项目归档的目的是把整个项目的文档压缩到一个压缩文件中，以便备份及转移。当需要使用时，使用恢复命令即可恢复为原来的项目文档。

（1）归档。在项目视图中选定项目树中"PLC_1"，然后右击鼠标，在弹出的菜单中选择"归档"，或执行菜单命令"项目"→"归档"，将弹出图 3-62 所示对话框。在此对话框中，可以设置归档文件的名称及保存的路径。设置完后，单击"归档"按钮，将生成一个后缀名为".ZAP15"的压缩文件。然后打开相应的文件

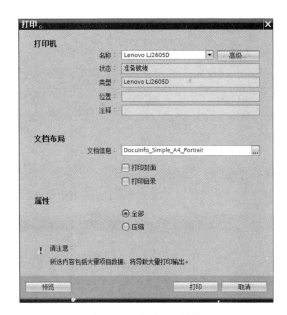

图 3-60　"打印"对话框

夹，在此文件夹中可以看到刚才已压缩的项目文档。

（2）恢复。在项目视图中执行菜单命令"项目"→"恢复"，打开准备解压的压缩文件名称，选中需要的解压文件名称，点击"确定"按钮，在弹出的对话框中选择合适的解压保存路径，即可进行文件解压。

单按钮启停控制/PLC_1 [CPU 1215C DC/DC/Rly]/程序块
Main[OB1]

Main属性					
常规					
名称	Main	编号	1	类型	OB
语言	LAD	编号	自动		
信息					
标题	"Main Program Sweep (Cycle)"	作者		注释	
系列		版本	0.1	用户自定义ID	

Main			
名称	数据类型	默认值	注释
▼ Input			
Initial_Call	Bool		Initial call of this OB
Remanence	Bool		=True，if remanent data are available
Temp			
Constant			

网络1:

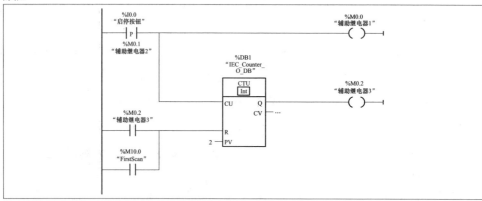

网络2:

图 3-61 电动机单按钮启停控制的 XPS 格式文档

![图3-62 归档项目对话框]

图 3-62 "归档项目"对话框

3.5　程序调试与仿真

3.5.1　程序信息

程序信息用于显示用户程序已经使用地址的分配表、程序块的调用关系、从属结构和资源信息。在 TIA Portal 项目视图的项目树中，双击"程序信息"标签，将弹出程序信息视图，如图 3-63 所示。

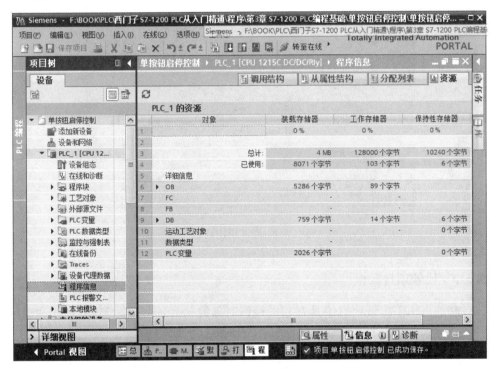

图 3-63　程序信息

"调用结构"显示用户程序内块的调用结构，并概要说明所用的块及块的关系。从属结构显示程序中每个块与其他块的从属关系，与"调用结构"相反，可以很快看出其上一级的层次。"分配列表"用于显示用户程序对输入（I）、输出（Q）、位存储器（M）、定时器（T）和计数器（C）的占用情况，显示被占用的地址区长度。在调试程序时，查看分配列表，可以避免地址冲突。"资源"显示用于对象（OB、FC、FB、DB、PLC 变量和用户自定义数据类型）、CPU 存储区及现有 I/O 模块的 CPU 硬件资源。

3.5.2　交叉引用

交叉引用列表提供用户程序中操作数和变量的使用概况。

（1）交叉引用的总览。创建和更改程序时，保留已使用的操作数、变量和块调用的总览。在 TIA Portal 软件项目视图的工具栏中，执行命令"工具"→"交叉引用"，将弹出交叉引用列表，如图 3-64 所示。

（2）从交叉引用的跳转。从交叉引用可直接跳转到操作数和变量的使用位置。双击图 3-64 所示的"电动机控制"下的 @Main ▶ NW2，则会自动跳转到程序段 2 的"电动机控制"Q0.0 的位置。

图 3-64　交叉引用列表

3.5.3　比较项目数据

比较功能可用于比较项目中具有相同标识对象的差异，可分为离线/在线和离线/离线两种比较方式，它们的比较结果符号如表 3-13 所示。

表 3-13　　　　　　　　　　　比较结果符号

	符号	含义		符号	含义
离线/离线比较	●	实际程序	在线/离线比较		文件夹包含在线和离线版本不同的对象
		版本比较			比较结果
		文件夹包含版本比较存在不同的对象			对象的在线和离线版本相同
		离线/离线比较的结果			对象的在线和离线版本不同
		比较对象的版本相同			对象仅离线存在
		比较对象的版本不同			对象仅在线存在
		对象仅存在于输出程序中			
		对象仅存在于比较版本中			

如果需要获得详细的在线和离线比较信息，那么可以在项目视图的项目树中，右击项目的站点（如"PLC_1"），在弹出的菜单中执行"比较"→"离线/在线"，即可进行比较，如图 3-65 所示。

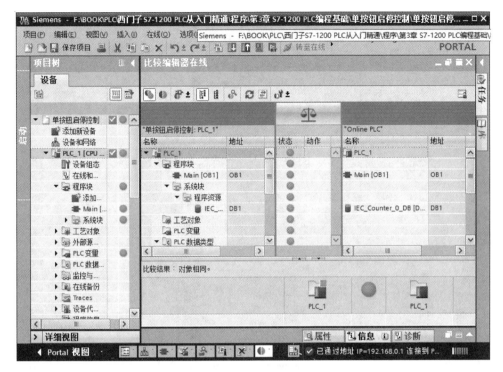

图 3-65 离线/在线比较

3.5.4 使用监控表与强制表进行调试

1. 用监控表进行调试

硬件接线完成后，需要对所接线的输入和输出设备进行测试，即 I/O 设备测试。I/O 设备的测试可以使用 TIA Portal 软件提供的监控表实现。TIA Portal 软件中监控表的功能相当于经典 STEP 7 软件中变量表的功能。

监控表（watch table）又称为监视表，可以显示用户程序的所有变量的当前值，也可以将特定值分配给用户程序或 CPU 中的各个变量。使用这两项功能可以检查 I/O 设备接线情况。

（1）创建监控表。在 TIA Portal 软件中添加了 CPU 设备后，会在项目树中 CPU 设备下出现一个"监控与强制表"文件夹。双击该文件夹下的"添加新监控表"，即可创建新的监控表，默认名称为"监控表_1"，如图 3-66 所示。

在监控表中输入要监控的变量，创建监控表完成，如图 3-67 所示。

（2）监控表的 I/O 测试。在监控表中，对数据的编辑功能与 Excel 表类似，所以监控表中变量的输入可以使用复制、粘贴和拖曳等操作，变量可以从其他表中复制过来，也可以通过拖曳的方法实现变量的添加。

CPU 程序运行时，单击监控表中工具条的"监视变量" <img> 按钮，可以看到 6 个变量的监视值，如图 3-68 所示。

如图 3-69 所示，选中变量 I0.1 后面的"修改值"栏的"FALSE"，单击鼠标右键，弹出快捷菜单，选中"修改"→"修改为 1"，变量 I0.1 的监视值变成"TRUE"，使用同样的方法将 I0.0 的监视值变成"TRUE"，其监控如图 3-70 所示。

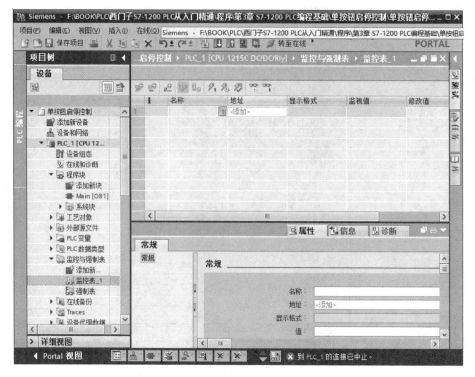

图 3-66　创建新的监控表

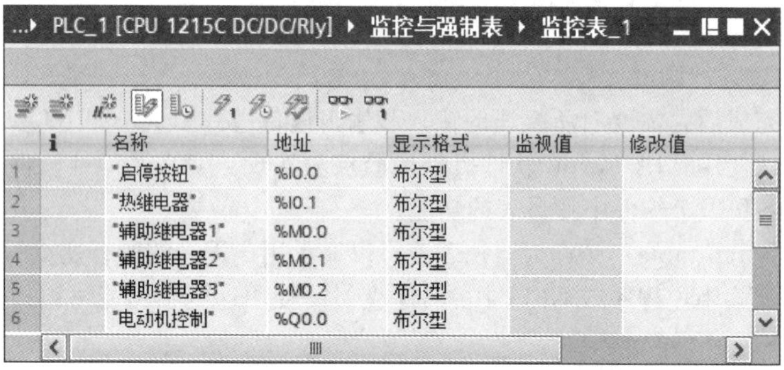

图 3-67　在监控表中定义要监控的变量

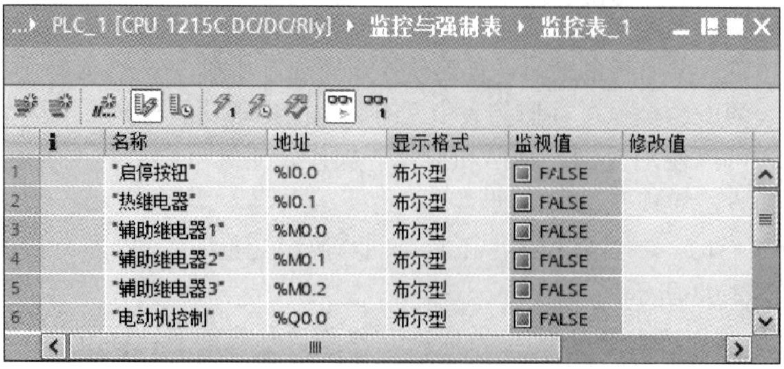

图 3-68　监控表的监视值

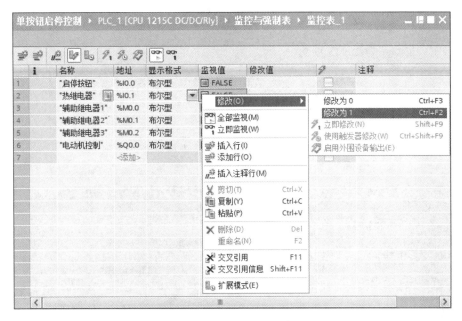

图 3-69　修改监控表的监视值

图 3-70　监控表中 I0.0 和 I0.1 修改后的值

2. 用强制表进行调试

使用强制表给用户程序中的各个变量分配固定值，该操作称为"强制"。在强制表中可以进行监视变量及强制变量的操作。

在强制表中可监视的变量包括输入存储器、输出存储器、位存储器和数据块的内容，此外还可监视输入的内容。通过使用或不使用触发条件来监视变量，这些监视变量可以在 PG/PC 上显示用户程序或 CPU 中各变量的当前值。

变量表可强制的变量包括外设输入和外设输出。通过强制变量可以为用户程序的各个 I/O 变量分配固定值。

在 TIA Portal 软件中添加了 CPU 设备后，会在项目树中 CPU 设备下出现一个"监控与强制表"文件夹。双击该文件夹下的"强制表"，即可将其打开，然后输入要强制的变量，如图 3-71 所示。

CPU 程序运行时，如图 3-72 所示，选中变量 I0.1 的"强制值"栏中的"TURE"，

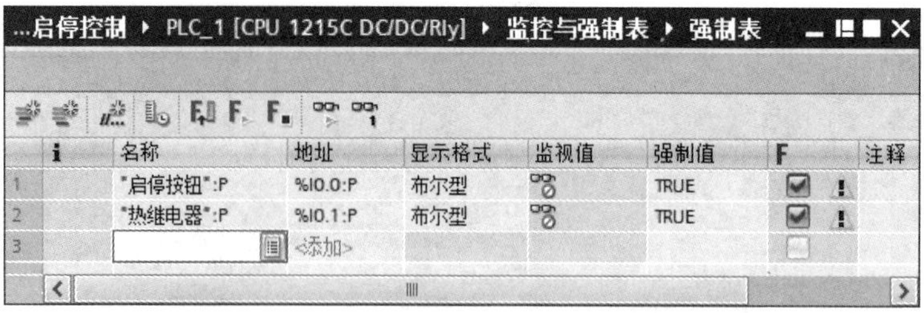

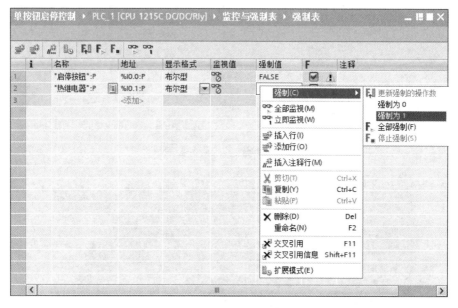

图 3-71　在强制表中输入强制变量

图 3-72　将变量 I0.1 强制为 "1"

单击鼠标的右键，弹出快捷菜单，单击 "强制"→"强制为 1" 命令。然后弹出强制为 "1" 的对话框，在此对话框中单击 "是" 按钮后，强制表如图 3-73 所示，在变量 I0.1 的第 1 列出现匚标识，其强制值显示为 TURE。依此方法，将变量 I0.0 也强制为 TRUE，CPU 模块的 "MAINT" 指示灯变为黄色。

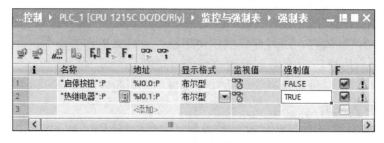

图 3-73　变量 I0.1 的强制值为 "TRUE"

单击工具栏中的 "停止所选地址的强制" 按钮匚，停止所有的强制输出，"MAINT"

指示灯变为绿色。

3.5.5　使用 S7-PLCSIM 软件进行仿真

西门子 S7-PLCSIM 仿真软件是 TIA Portal 软件的可选软件工具，安装后集成在 TIA Portal 软件中。它不需任何 S7 硬件（CPU 或信号模块），能够在 PG/PC 上模拟 S7-1200、S7-1500 系列部分型号 CPU 中用户程序的执行过程，可以在开发阶段发现和排除错误，非常适合前期的项目测试。

S7-PLCSIM 进行仿真时其操作比较简单，下面以"单按钮启停控制"为例讲述其使用方法。

第一步：开启仿真。首先在 TIA Portal 软件打开已创建的"单按钮启停控制"项目，并在项目视图中选定项目树中"PLC_1"，然后右击鼠标，在弹出的菜单中选择"开始仿真"，或执行菜单命令"在线"→"仿真"→"启动"，即可开启 S7-PLCSIM 仿真。

第二步：装载程序。开启 S7-PLCSIM 仿真时，弹出"扩展的下载到设备"对话框，在此对话框中将"接口/子网的连接"选择为"PN/IE_1"，再点击"开始搜索"按钮，TIA Portal 软件开始搜索可以连接的设备，并显示相应的在线状态信息，如图 3-74 所示。然后在图 3-74 中单击"下载"按钮，将弹出图 3-75 所示的"下载预览"对话框。在图 3-75

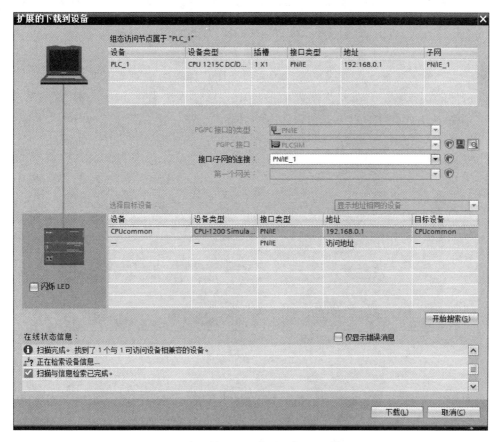

图 3-74　"扩展的下载到设备"对话框

对话框中单击"装载"按钮，将实现程序的装载。

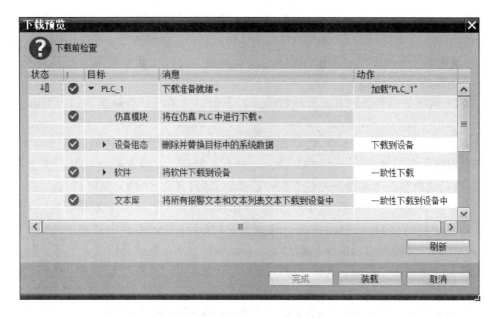

图 3-75　"下载预览"对话框

第三步：强制变量。点击项目树"PLC_1"中"监控与强制表"文件夹下的"强制表"，将打开"强制表"。在此强制表的地址中分别输入变量"I0.0"和"I0.1"，并将 I0.1 的强制值设为"TRUE"，然后点击启动强制图标**F**▷，使 I0.1 强制为 ON。同样，将 I0.0 强制为 ON，最后点击全部监视图标 ，如图 3-76 所示。

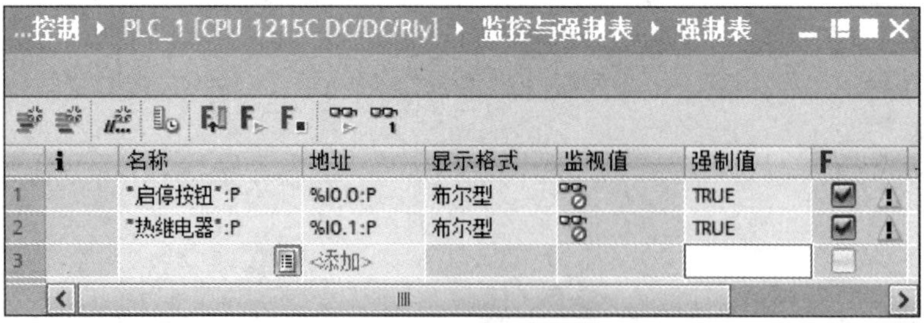

图 3-76　强制变量

第四步：监视运行。点击项目树中"程序块"下的"Main［OB1］"，切换到主程序窗口，然后点击全部监视图标 ，同时使 S7-PLCSIM 处于"RUN"状态，即可观看程序的运行情况，"单按钮启停控制"的仿真运行效果如图 3-77 所示。

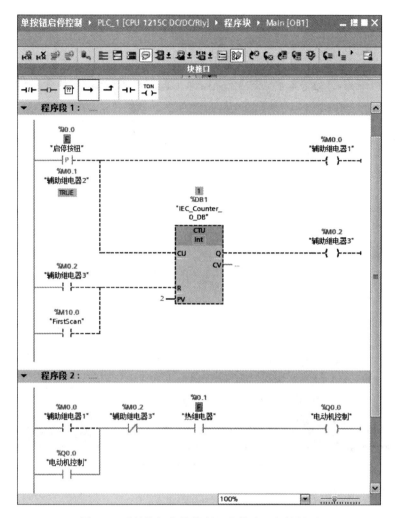

图 3-77　"单按钮启停控制"的仿真运行效果图

3.6　安装支持包和 GSD 文件

3.6.1　安装支持包

SIEMENS 的 PLC 模块进行固体升级或者推出了新型号模块后，若 TIA Portal 软件没有及时升级，则不支持这些新的模块（即使勉强支持了，也会有警告信息弹出），所以用户最好安装最新的支持包。

HSP（硬件支持包）是特定于 TIA Portal 的版本，可以从 SIEMENS 官网中进行下载。在下载前，必须注意 HSP 的版本要与 TIA Portal 版本一致。HSP 是以 ".isp［版本号］"方式进行命名，例如 "＊.isp15"对应于 TIA Portal V15；"＊.isp14"对应于 TIA Portal V14。

若计算机中已下载了相关的 HSP，在 TIA Portal 项目视图的菜单中，执行菜单命令

"选项"→"支持包",将弹出"详细信息"对话框,如图 3-78 所示。在此对话框中,选择"安装支持软件包"选项,点击"从文件系统添加"按钮,从本计算机中找到存放支持包的位置(如图 3-79 所示),选中需要安装的支持包,单击"打开"按钮。

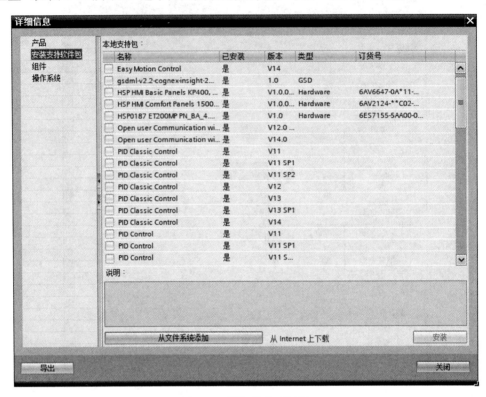

图 3-78　详细信息对话框

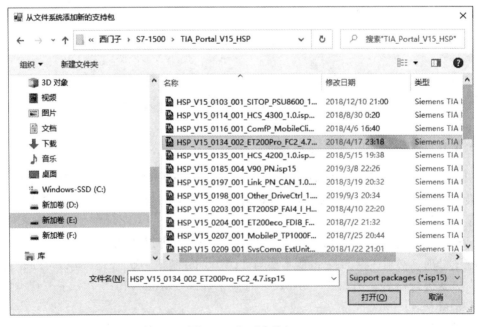

图 3-79　打开支持包

在图 3-80 中，勾选需要安装的支持包，单击"安装"按钮，进行支持包的安装。当支持包安装完成后，弹出如图 3-81 所示的对话框，单击"完成"按钮，TIA Portal 软件开始更新硬件目录，之后新安装的硬件就可以在硬件目录中找到。

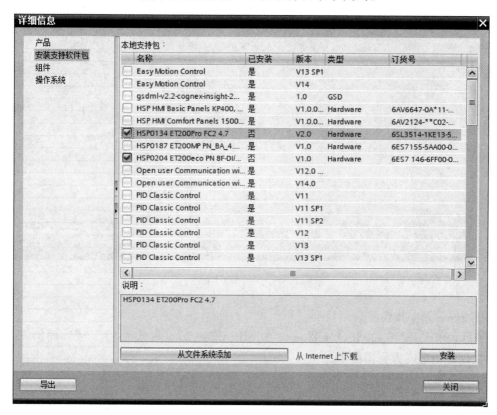

图 3-80　选中需安装的支持包

若用户没有下载支持包，则在图 3-78 中单击"从 Internet 上下载"按钮，然后再安装。

3.6.2　安装 GSD 文件

GSD（通用站说明）文件是可读的 ASCII 码文本文件，包括通用的和与设备有关的通信的技术规范。在 TIA Portal 项目中需要配置第三方设备时，一般需要

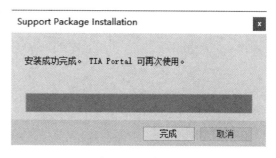

图 3-81　安装完成

安装第三方设备的 GSD 文件。在 TIA Portal 中 GSD 文件的安装方法如下。

在 TIA Portal 项目视图的菜单中，执行菜单命令"选项"→"管理通用描述文件（GSD）"，将弹出"管理通用站描述文件"对话框。在此对话框中，单击"浏览"按钮，在本计算机中找到存放 GSD 文件的位置，然后选中需要安装的 GSD 文件，单击"安装"按钮即可，如图 3-82 所示。

当 GSD 文件安装完成后，TIA Portal 开始更新硬件目录，之后新安装的 GSD 文件就

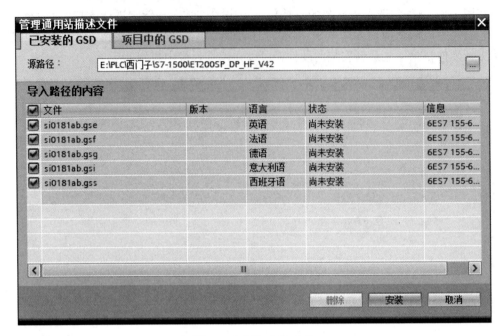

图 3-82　安装 GSD 文件

可以在硬件目录中找到。

　　注意，SIEMENS 的 GSD 文件可以在 SIEMENS 的官网上免费下载，而第三方的 GSD 文件则由第三方公司提供。

第4章　S7-1200 PLC 的指令系统

西门子 SIMATIC S7-1200 指令系统非常丰富，通过编程软件 TIA Portal 的有机组织和调用，形成用户文件，以实现各种控制功能。本章主要介绍 S7-1200 系列 PLC 梯形图编程语言中的基本指令、部分扩展指令，以及工艺功能。

4.1　S7-1200 PLC 基本指令

基本指令是用来表达元件触点与母线之间、触点与触点之间、线圈与线圈之间等的连接指令。S7-1200 PLC 的基本指令包括了位逻辑运算指令、定时器操作指令、计数器操作指令、移动操作指令、比较操作指令、数学函数指令、字逻辑运算指令、移位和循环指令，以及转换操作指令等。

4.1.1　位逻辑运算指令

位逻辑运算指令是 PLC 中常用的基本指令，用于二进制数的逻辑运算，其指令如表 4-1 所示。从表 4-1 中可以看出，位逻辑运算指令包含了触点和线圈两大类，触点又分为动合触点和动断触点两种形式。对触点与线圈而言，"1"表示动作或通电；"0"表示未动作或未通电。

表 4-1　位逻辑运算指令

指令	功能	指令	功能
─┤├─	动合触点（地址）	─(S)─	置位输出
─┤/├─	动断触点（地址）	─(R)─	复位输出
─┤NOT├─	取反 RLO 触点	─┤P├─	扫描操作数的信号上升沿
─( )─	输出线圈	─┤N├─	扫描操作数的信号下降沿
─(/)─	反向输出线圈	─(P)─	在信号上升沿置位操作数
─(SET_BF)─	置位位域	─(N)─	在信号下降沿置位操作数
─(RESET_BF)─	复位位域	P_TRIG ─CLK　　Q─	扫描 RLO 的信号上升沿
SR S　　Q R1	置位/复位触发器	N_TRIG ─CLK　　Q─	扫描 RLO 的信号下降沿

指令	功能	指令	功能
RS R — Q S1	复位/置位触发器	**F_TRIG** EN — ENO CLK — Q	检查信号下降沿
R_TRIG EN — ENO CLK — Q	检测信号上升沿		

1. 动合触点与动断触点

动合触点对应的位操作数为 1 状态时，该触点闭合；触点符号中间的 "/" 表示动断触点，其对应的位操作数为 0 状态时，该触点闭合。两条触点指令中位操作数的数据类型为 BOOL 型，其存储区是 I、Q、M、L、D、T、C 的位。两个触点串联将进行逻辑"与"运算，两个触点并联将进行逻辑"或"运算。

2. 线圈指令

输出线圈指令像继电器逻辑图中的线圈一样作用。如果有能流流过线圈（RLO=1），那么输出线圈得电，其相应的动合触点闭合，动断触点断开；如果没有能流流过线圈（RLO=0），那么输出线圈失电，其相应的动合触点断开，动断触点闭合。

线圈符号中间有 "/" 表示为反向输出线圈指令，如果有能流流过线圈（RLO=1），那么取反输出线圈失电，其相应的动合触点断开，动断触点闭合；如果没有能流流过线圈（RLO=0），那么取反输出线圈得电，其相应的动合触点闭合，动断触点断开。

【**例 4-1**】 两台电动机点动控制。在某一控制系统中，SB1 为停止按钮，SB2、SB3 分别为点动按钮 1 与点动按钮 2，PLC 一上电时，LED 电源指示灯以 1Hz 的频率进行闪烁。当 SB2 按下时，电动机 M1 启动，此时再按下 SB3，电动机 M2 启动而电动机 M1 仍然工作，如果按下 SB1，那么两个电动机都停止工作，试用 PLC 实现其控制功能。

分析：使用 3 个输入端子和 3 个输出端子即可实现控制，因此采用 CPU 1215C DC/DC/RLY 模块。SB1、SB2、SB3 分别与 CPU 模块的输入端子 I0.0、I0.1、I0.2 连接。电动机 M1、电动机 M2 分别由 KM1、KM2 控制，KM1、KM2 的线圈分别与 CPU 模块的输出端子 Q0.0、Q0.1 连接，LED 电源指示灯与 Q0.2 连接。PLC 的 I/O 接线（又称为外部接线图）如图 4-1 所示，PLC 控制程序如表 4-2 所示。PLC 一上电，程序段 1 中的 M20.5 每隔 1s 闭合 1 次，使得与 Q0.2 连接的 LED 电源指示灯以 1Hz 的频率进行闪烁。程序段 2 为两台电动机的点动控制。注意，本例中 M20.5 为 1Hz 频率的触点，需在硬件组态设置时将系统时钟存储器位设置为 20。

表 4-2   **两台电动机点动控制的 PLC 程序**

程序段	LAD
程序段 1	%M20.5 "Clock_1Hz" ——┤├——　　　　　　　　　　　　　　　%Q0.2 "LED电源指示" ——( )——

续表

程序段	LAD
程序段 2	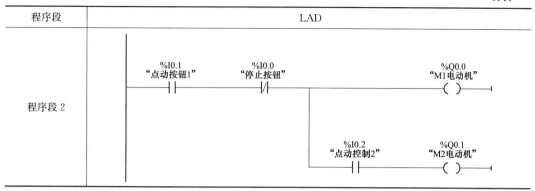

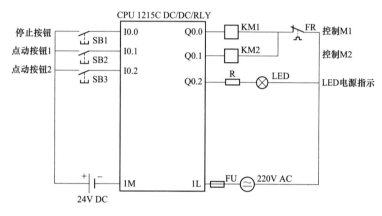

图 4-1　两台电动机点动控制的 I/O 接线图

3. 取反 RLO 触点

位逻辑运算的结果（result of logic operation，RLO），触点符号中间有"NOT"表示为取反 RLO，它用来转换能流输入逻辑状态。如果有能流流入取反 RLO 触点，该触点输入端的 RLO 为 1 状态，反之为 0 状态。

如果没有能流流入取反 RLO 触点，那么有能流输出；如果有能流输入取反 RLO 触点，那么没有能流输出。通俗来说，如果取反 RLO 触点输入端的逻辑为 1，经过取反 RLO 触点后，其触点输出端逻辑为 0；如果取反 RLO 触点输入端逻辑为 0，经过取反 RLO 触点后，其触点输出端逻辑为 1。

【例 4-2】　取反 RLO 触点指令在单按钮电路中的应用。在某系统中，未按下电源按钮 SB 或偶数次按下电源按钮时，电源指示灯以 1Hz 的频率进行闪烁；奇数次按下电源按钮 SB 时，电源指示灯常亮。程序中要求使用取反 RLO 触点指令。

分析：在第 3 章使用计数器 CTU 指令计数的方式，实现了电动机的单按钮启停控制，在此可使用多个触点的方式来实现此操作。使用 1 个输入端子和 1 个输出端子即可实现控制，因此采用 CPU 1215C DC/DC/RLY 模块。电源按钮 SB 与 CPU 模块的输入端子 I0.0 连接，LED 电源指示灯与 Q0.0 连接。PLC 控制程序如表 4-3 所示，PLC 一上电第 1 次按下电源按钮 SB 时，程序段 1 中的 I0.0 动合触点闭合，使得 M0.0 线圈得电，M0.0 动合触点闭合，实现了 M0.0 的自锁控制。同时，程序段 3 中的 M0.0 动合触点闭合，使得 Q0.0 线圈得电，输出为 ON，控制 LED 电源指示灯长亮。松开电源按钮 SB 时，程序段 2 中的 I0.0 动断触点闭合，M0.0 动合触点仍处于闭合状态，使得 M0.1 线圈得电，从而保证程序段 1 中的 M0.0 线圈继续得电，程序段 3 中的 Q0.0 线圈得电，输出为 ON。第 2 次按下电源按钮 SB 时，程序段 1 中的 I0.0 动断触点断开，使得 M0.0 线圈解除自锁，处于断开状态。程序段 2 中的 I0.0 动合触点闭合，M0.1 动合触点仍处于闭合状态，使得 M0.1 线圈继续得电。程序段 3 中的 M0.0 动合触点断开，通过取反 RLO 触点后，由 M20.5 触点控制与 Q0.0 连接的 LED 电源指示灯以 1Hz 的频率闪烁。

表 4-3 取反 RLO 触点指令在单按钮电路应用中的 PLC 程序

程序段	LAD
程序段 1	
程序段 2	
程序段 3	

4. 置位、复位输出

置位输出（set，S）是将指定的位操作数置位（变为"1"并保持）。

复位输出（reset，R）是将指定的位操作数复位（变为"0"并保持）。

两条指令的数据类型为 Bool（布尔）型，其存储区是 I、Q、M、L、D 的位。如果 S 和 R 操作同一位操作数时，那么书写在后的指令有效。如果同一操作数的 S 线圈和 R 线圈同时断电，那么指定操作数的信号状态保持不变。

【例 4-3】 置位/复位输出指令在电动机控制中的应用。在某电动机控制系统中，SB1 为停止按钮，SB2 为启动按钮，当 SB2 按下后，电动机启动运行，SB1 按下后，电动机停止运行。试用置位/复位输出指令实现其控制功能。

　　分析：SB1、SB2 分别与 CPU 1215C DC/DC/RLY 的 I0.0、I0.1 连接。电动机由 KM 与 CPU 1215C DC/DC/RLY 的 Q0.0 连接。置位输出指令与复位输出指令最主要的特点是有记忆和保持功能，编写程序如表 4-4 所示。当 I0.1 动合触点闭合时，程序段 1 中的 S 指令将 M0.0 线圈置位输出为 1，并保持为 1（若无复位信号）；当 I0.0 动合触点闭合时，程序段 2 中的 R 指令将 M0.0 线圈复位输出为 0，并保持为 0（若无置位信号）。程序段 3 中，M0.0 动合触点闭合时，Q0.0 线圈得电，控制电动机运行。该程序的操作时序如图 4-2（a）所示，相当于继电-接触器电路如图 4-2（b）所示。

表 4-4　　　　　　　　　　　置位/复位输出指令在电动机控制中的应用程序

程序段	LAD
程序段 1	%I0.1 "启动按钮"　——| |——　　　　　　　　%M0.0 "辅助继电器"　——(S)——
程序段 2	%I0.0 "停止按钮"　——| |——　　　　　　　　%M0.0 "辅助继电器"　——(R)——
程序段 3	%M0.0 "辅助继电器"　——| |——　　　　　　　　%Q0.0 "电动机控制"　——( )——

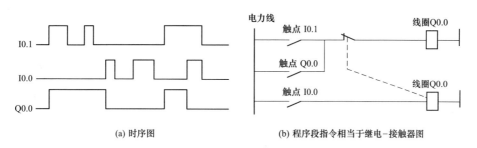

(a) 时序图　　　　　　　　　　　(b) 程序段指令相当于继电-接触器图

图 4-2　例 4-3 相应的图形

5. 置位位域指令和复位位域

SET_BF（set bit field）是将指定地址开始的连续若干个位地址置位（变为"1"并保持）。

RESET_BF（reset bit field）是将指定地址开始的连续若干个位地址复位（变为"0"并保持）。

这两条指令有两个操作数，其中指令下方的为操作数 1，用来指定要置位或复位的位数；指令上方的为操作数 2，用来指定要置位或复位的起始地址。操作数 1 的数据类型为

127

UInt，其存储区为常数；操作数 2 的数据类型为 Bool 型，存储区为 I、Q、M、DB 或 IDB 等。

【例 4-4】 置位位域指令和复位位域指令在闪烁灯控制中的应用。在某控制系统中，当 PLC 一上电，8 只 LED 信号灯处于熄灭状态。奇数次按下电源按钮 SB 时，8 只信号灯以 1Hz 的频率进行闪烁；偶数按下电源按钮 SB 时，8 只信号灯立即熄灭。尝试使用置位位域和复位位域指令实现控制功能。

分析：8 只 LED 信号灯要进行闪烁显示，所以可采用 CPU 1215 DC/DC/DC 模块来实现。电源按钮 SB 与 CPU 1215 DC/DC/DC 的 I0.0 连接；8 只 LED 信号灯与 Q0.0～Q0.7 连接。8 只信号灯的亮与灭由置位位域/复位位域指令来控制，闪烁频率由系统时钟 M20.5 来输出，编写程序如表 4-5 所示。程序段 1 和程序段 2 为单按钮电源控制，当奇数次按下电源按钮 SB 时，M0.0 线圈得电；偶数次按下电源按钮 SB 时，M0.0 线圈失电。程序段 3 为 1Hz 频率输出控制，当 M0.0 动合触点闭合时，每隔 1s 使 M0.2 线圈输出为 ON。程序段 4 中，M0.2 动合触点闭合 1 次，将 8 只信号灯置位，使其点亮。程序段 5 中，M0.2 动合触点未闭合，或者在 PLC 上电瞬间，将 8 只信号灯复位，使其熄灭。

表 4-5　　　　　　　　置位位域/复位位域指令在闪烁信号灯控制中的应用程序

程序段	LAD
程序段 1	
程序段 2	
程序段 3	

续表

程序段	LAD
程序段 4	%M0.2 "辅助继电器"　　　　　　　　　　　　　　　　　　%Q0.0 　　┤├　　　　　　　　　　　　　　　　　　"LED信号灯" 　　　　　　　　　　　　　　　　　　　　　—(SET_BF)—┤├ 　　　　　　　　　　　　　　　　　　　　　　　　8
程序段 5	%M0.2 "辅助继电器"　　　　　　　　　　　　　　　　　　%Q0.0 　　┤├　　　　　—┤NOT├—　　　　　　　　"LED信号灯" 　　　　　　　　　　　　　　　　　　　—(RESET_BF)—┤├ 　　　　　　　　　　　　　　　　　　　　　　8 %M10.0 "FirstScan" 　　┤├

6. 双稳态触发器指令

在 SIMATIC S7-1200 PLC 中的双稳态触发器包含 SR 置位/复位触发器和 RS 复位/置位触发器，它们都有相应的置位/复位双重功能。

SR 置位/复位触发器指令是复位优先，根据置位（S）和复位（R1）的信号状态，置位或复位指定操作数的位。如果 S 的信号状态为 1 且输入 R1 的信号状态为 0，那么将指定的操作数置位为 1；如果 S 的信号状态为 0 且输入 R1 的信号状态为 1，那么将指定的操作数复位为 0。当置位（S）和复位（R1）同时为 1 时，不会执行该指令，操作数的信号状态保持不变。

RS 复位/置位触发器指令是置位优先，根据复位（R）和置位（S1）的信号状态，复位或置位指定操作数的位。如果 R 的信号状态为 1 且输入 S1 的信号状态为 0，那么将指定的操作数复位为 0；如果 R 的信号状态为 0 且输入 S1 的信号状态为 1，那么将指定的操作数置位为 1。当置位（S1）和复位（R）同时为 1 时，不会执行该指令，操作数的信号状态保持不变。

【例 4-5】　双稳态触发器指令在简易抢答器中的应用。要求 3 人任意抢答，主持人按下允许抢答按钮后，谁先按动抢答按钮，谁的 LED 指示灯优先点亮，且只能亮一只灯，进行下一问题时，由主持人按复位按钮和允许抢答按钮后，抢答重新开始。

分析：3 人抢答按钮和主持人允许抢答按钮及复位按钮分别与 CPU 1215C DC/DC/DC 的 I0.0～I0.4 连接，3 人 LED 抢答指示灯与 CPU 1215C DC/DC/DC 的 Q0.0～Q0.2 连接。使用双稳态指令编写程序如表 4-6 所示，当主持人按下"允许抢答"按钮后，只要甲、乙或丙中的某一个人先按下抢答按钮，那么该程序段的 SR 触发器将立即置位，且相应的指示灯点亮，同时在另两个程序段中的动断触点断开，使另两个程序段的 SR 触发器不能置位。当主持人按下"抢答复位"按钮时，I0.4 触点闭合，使 SR 触发器复位，则抢答指示灯熄灭，为下一轮抢答做好准备。注意，在 3 个程序段中使用了 3 次 SR 触发器，这些 SR 触发器的位地址不能重复，否则将出错。

表 4-6　　　　　　　　　　双稳态触发器指令在简易抢答器中的应用程序

程序段	LAD
程序段 1	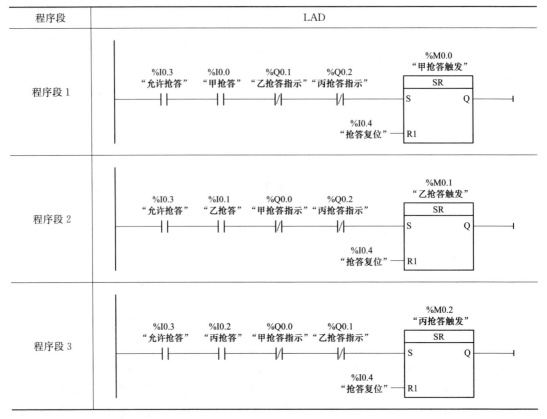
程序段 2	
程序段 3	

7. 扫描操作数信号边沿指令

中间有 P 的触点指令为"扫描操作数的信号上升沿指令"，该指令的上方为操作数 1，下方为操作数 2。如果操作数 1 发生上升沿跳变（即由 0 状态变为 1 状态），那么该触点接通一个扫描周期。操作数 2 用来存储上一次扫描循环时操作数 1 的状态，通过比较操作数 1 的当前状态和上一次循环的状态来检测信号的边沿。

中间有 N 的触点指令为"扫描操作数的信号下降沿指令"，该指令的上方为操作数 1，下方为操作数 2。如果操作数 1 发生下降沿跳变（即由 1 状态变为 0 状态），则该触点接通一个扫描周期。操作数 2 用来存储上一次扫描循环时操作数 1 的状态，通过比较操作数 1 的当前状态和上一次循环的状态来检测信号的边沿。

【例 4-6】　扫描操作数的信号上升沿指令在单按钮电路的应用。在某系统中，未按下电源按钮 SB 或偶数次按下电源按钮时，电源指示灯以 1Hz 的频率进行闪烁；奇数次按下电源按钮 SB 时，电源指示灯常亮。程序中要求使用扫描操作数的信号上升沿指令和 RS 指令。

分析：在例 4-2 中使用了取反 RLO 触点指令实现任务操作，在此使用扫描操作数的信号上升沿指令和 RS 指令编写的程序如表 4-7 所示。在程序段 1 中，奇数次按下电源按钮时，M0.0 线圈得电，M0.0 动断触点断开；偶数次按下电源按钮时，R 端子高电平，所以 M0.0 线圈失电。奇数次按下电源按钮时，程序段 2 中的 M0.0 动合触点闭合，Q0.0 线圈得电，使电源指示灯长亮；偶数次按下电源按钮时，程序段 2 中的 M0.0 动断触点闭合，Q0.0 线圈每隔 1s 得电，使电源指示灯闪烁。

表 4-7　　　　　扫描操作数的信号上升沿指令在单按钮电路应用中的 **PLC 程序**

程序段	LAD
程序段 1	%M0.3 "触发状态" %I0.0 RS %M0.0 "电源按钮" "电源开" —|P|— R Q ( ) %M0.1 "暂存状态1" %I0.0 %M0.0 "电源按钮" "电源开" —|P|——|/|——S1 %M0.2 "暂存状态2"
程序段 2	%M0.0 %M20.5 %Q0.0 "电源开" "Clock_1Hz" "电源指示" —|/|———| |———————( ) %M0.0 "电源开" —| |—

8. 在信号边沿置位操作数的指令

中间有 P 的线圈指令为"在信号上升沿置位操作数指令"，中间有 N 的线圈指令为"在信号下降沿置位操作数指令"，这两条指令的上方为操作数 1，下方为操作数 2。

执行在信号上升沿置位操作数指令时，RLO 由"0"（低电平）变为"1"（高电平）时检测到上升沿，将操作数 1 置位，操作数 2 为边沿存储位，存储 P 线圈输入端的 RLO 状态。

执行在信号下降沿置位操作数指令时，RLO 由"1"（高电平）变为"0"（低电平）时检测到下降沿，将操作数 1 置位，操作数 2 为边沿存储位，存储 N 线圈输入端的 RLO 状态。

【例 4-7】　在信号边沿置位操作数的指令在单按钮电路的应用。在某系统中，未按下电源按钮 SB 或偶数次按下电源按钮时，电源指示灯以 1Hz 的频率进行闪烁；奇数次按下电源按钮 SB 时，电源指示灯常亮。程序中要求使用在信号边沿置位操作数的指令，通过逻辑判断方式实现。

分析：单按钮电路的实现有多种方法，使用在信号边沿置位操作数的指令，通过逻辑判断方式实现，其程序编写如表 4-8 所示。当 I0.0 动合触点闭合 1 次时，M0.1 线圈闭合。在奇数次按下 I0.0 时，在程序段 2 中，首先 M0.1 动合触点闭合，使 M0.0 线圈得电，然后 M0.1 动断触点闭合，M0.0 动合触点也闭合，实现了 M0.0 线圈的自锁控制。

偶数次按下 I0.0 时，由于 M0.1 线圈闭合，使得程序段 2 中的 M0.1 动断触点断开，解除 M0.0 线圈自锁，使 M0.0 线圈失电。

表 4-8　　　　在信号边沿置位操作数的指令在单按钮电路应用中的 PLC 程序

程序段	LAD
程序段 1	
程序段 2	
程序段 3	

9. 扫描 RLO 的信号边沿指令

P_TRIG 和 N_TRIG 为扫描 RLO 的信号边沿指令，这两条指令的下方都有一个操作数，为边沿存储位，此外，还有一个 CLK 输入端和一个 Q 输出端。P_TRING 指令比较 CLK 输入端的 RLO 的当前信号状态与保存在操作数中一次查询的信号状态，如果该指令检测到 RLO 从"0"变为"1"，那么说明出现了一个信号上升沿，该指令的输出端 Q 变为"1"，且只保持一个循环扫描周期。N_TRING 指令与 P_TRING 指令类似，当 RLO 从"1"变为"0"，说明出现了一个信号下降沿，该指令的输出端 Q 变为"1"，且只保持一个循环扫描周期。

【例 4-8】 扫描 RLO 的信号边沿指令在故障信息显示电路中的应用。当某系统中发生故障时，故障输入信号 I0.0 为 ON 状态，Q0.0 控制的指示灯以 1Hz 的频率闪烁。当操作人员按复位按钮 I0.1 后，如果故障已经消失，那么指示灯熄灭。

分析：若故障信号和复位信号分别由 CPU 1215C DC/DC/RLY 的 I0.0 和 I0.1 输入，故障显示灯与 CPU 1215C DC/DC/RLY 的 Q0.0 连接。使用扫描 RLO 的信号边沿指令编写的程序如表 4-9 所示。系统发生故障时，I0.0 触点闭合 1 次，将辅助继电器 M0.1 线圈置位，M0.1 触点闭合，Q0.0 控制的指示灯以 1Hz 的频率进行闪烁。当故障排除时，I0.1 触点闭合 1 次，将 M0.1 线圈复位，M0.1 触点断开，Q0.0 控制的指示灯熄灭，其时序如图 4-3 所示。

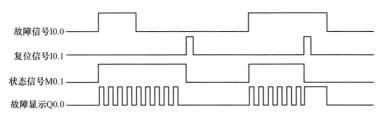

图 4-3　故障信息显示电路的时序图

| 表 4-9 | 扫描 RLO 的信号边沿指令在故障报警中的应用程序 |

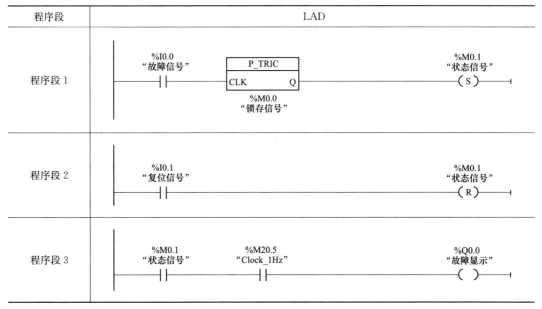

10. 检测信号边沿指令

R_TRIG 和 F_TRIG 是检测信号边沿信号指令，它们都是函数块，在调用时应为它们指定背景数据块（背景数据块的内容见 5.2 节）。这两条指令都有一个 CLK 输入端和一个 Q 输出端，将输入 CLK 处的当前 RLO 与保存在指定数据块中的上次查询的 RLO 进行比较。R_TRIG 指令检测到 RLO 从 "0" 变为 "1"，则说明出现了一个信号上升沿，背景数据块中变量的信号状态将置位为 "1"，同时 Q 输出端输出为 "1"，并保持一个循环扫描周期。F_TRIG 指令检测到 RLO 从 "1" 变为 "0"，背景数据块中变量的信号状态将置位为 "1"，同时 Q 输出端输出为 "1"，并保持一个循环扫描周期。

【例 4-9】　使用检测信号边沿指令实现例 4-8 控制功能。

分析：使用检测信号边沿指令实现例 4-8 控制功能时，可以在表 4-9 所示的程序上进行修改。在程序段 1 中，I0.0 直接与 R_TRIG 指令的 CLK 端连接，M0.0 与 R_TRIG 指令的 Q 端连接；在程序段 2 中，M0.0 动合触点连接置位指令，将 M0.1 线圈置位；程序段 3 和程序段 4 分别与表 4-9 的程序段 2、程序段 3 相同。此外，在表 4-9 的基础上，可以使用线圈自锁取代线圈置位的方式来记录 R_TRIG 指令 Q 端的输出状态，其程序如表 4-10 所示。

表 4-10　　　　　　　　　　检测信号边沿指令在故障报警中的应用程序

程序段	LAD
程序段 1	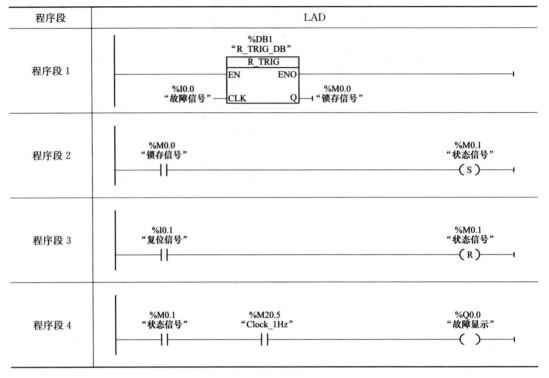
程序段 2	%M0.0 "锁存信号" —[ ]————————————————————(S) %M0.1 "状态信号"
程序段 3	%I0.1 "复位信号" —[ ]————————————————————(R) %M0.1 "状态信号"
程序段 4	%M0.1 "状态信号" —[ ]——%M20.5 "Clock_1Hz" —[ ]——————( ) %Q0.0 "故障显示"

11. 位逻辑运算指令的应用

PLC 是在继电器的基础上进行设计而成的，因此可将 PLC 的位逻辑运算指令应用到改造继电-接触器控制系统中。

使用 PLC 改造继电-接触器控制电路时，可把 PLC 理解为一个继电-接触器控制系统中的控制箱。在改造过程中一般要进行如下步骤：

（1）了解和熟悉新设备的工艺过程和机械动作情况，根据继电-接触器电路图分析和掌握控制系统的工作过程。

（2）确定继电-接触器的输入信号和输出负载，将它们与 PLC 中的输入/输出映像寄存器的元件进行对应，写出 PLC 的 I/O 端子分配表，并画出 PLC 的 I/O 接线图。

（3）根据上述控制系统的工作过程，参照继电-接触器电路图和 PLC 的 I/O 接线图，编写 PLC 相应程序。

【例 4-10】将图 4-4 所示的单向运行继电-接触器控制的三相异步电动机控制系统改造成 S7-1200 系列 PLC 的控制系统。

分析：从图 4-4 可以看出，此系统为电动机的"点动＋长动"控制系统，SB1 为停止按钮，SB2 为长动按钮，SB3 为点动按钮。当

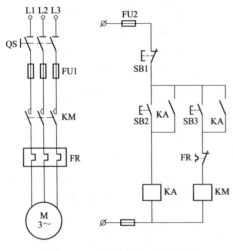

图 4-4　三相异步电动机控制

SB2 没有按下，而按下 SB3 时，电动机进行短时间的点动运行。当 SB2 按下时，不管 SB3 是否按下，三相异步电动机进行长时间的运行。

将图 4-4 所示的控制系统改造成 PLC 控制时，确定输入/输出点数，如表 4-11 所示。FR、SB1、SB2、SB3 为外部输入信号，分别与 CPU 1215CDC/DC/RLY 的输入端子 I0.0、I0.1、I0.2、I0.3 连接；KA 为中间继电器，对应 PLC 中内部辅助寄存器的 M；KM 为继电-接触器控制系统的接触器，与 CPU 1215CDC/DC/RLY 的输出端子 Q0.0 连接。对应 PLC 的 I/O 接线图（又称为外部接线图），如图 4-5 所示。

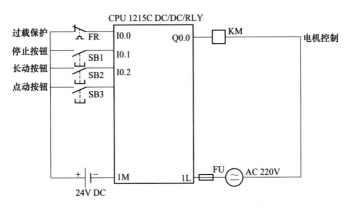

图 4-5　点动＋长动控制的 I/O 接线图

根据图 4-4、图 4-5 及 I/O 分配表，编写 PLC 控制程序，如表 4-12 所示。

表 4-11　　　　　　　　　　点动＋长动的 I/O 分配表

输入（I）			输出（O）		
功能	元件	PLC 地址	功能	元件	PLC 地址
过载保护	FR	I0.0	电动机控制	KM	Q0.0
停止按钮	SB1	I0.1			
长动按钮	SB2	I0.2			
点动按钮	SB3	I0.3			

表 4-12　　　　　　　　　　点动＋长动的 PLC 控制程序

程序段	LAD
程序段 1	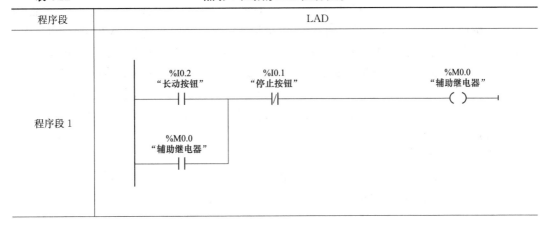

程序段	LAD
程序段 2	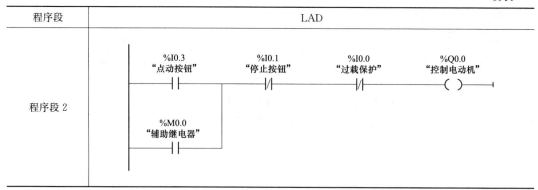

【例 4-11】 将图 4-6 所示的传统继电-接触器控制的三相异步电动机正反转系统改造成 S7-1200 系列 PLC 的控制系统。

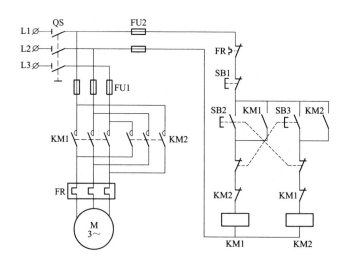

图 4-6 继电-接触器控制的正反转线路

分析：在第 3 章中图 3-8 展示的程序为"正-停-反"控制程序，而图 4-6 为"正-反-停"方式的正反转控制线路，后者的安全性优于前者。图 4-6 中 SB1 为停止按钮，SB2 为正向启动按钮，SB3 为反向启动按钮，KM1 接触器控制电动机正转，KM2 接触器控制电动机反转。合上隔离开关 QS，按下正向启动按钮 SB2 时，KM1 线圈得电，主触头闭合，电动机正向启动运行。当需反向运行时，按下反向启动按钮，其动断触点打开，切断 KM1 线圈电源，电动机正向运行电源切断，同时 SB3 的动合触点闭合，使 KM2 线圈得电，KM2 的主触头闭合，改变了电动机的电源相序，使电动机反向运行。电动机需要停止运行时，只需按下停止按钮 SB1 即可实现。

将图 4-6 所示的控制系统改造成 PLC 控制时，其 I/O 分配如表 4-13 所示。为节省 I/O 端子，FR 热继电器触点可以放到 PLC 的输出端，与 KM1 和 KM2 线圈进行串联，对应 PLC 的 I/O 接线图，如图 4-7 所示。

表 4-13　　　　　　　　　　　　　　正反转控制的 I/O 分配表

输　入			输　出		
功能	元件	PLC 地址	功能	元件	PLC 地址
停止按钮	SB1	I0.0	控制 M 正转	KM1	Q0.0
正向启动按钮	SB2	I0.1	控制 M 反转	KM2	Q0.2
反向启动按钮	SB3	I0.2			

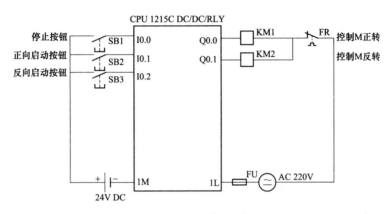

图 4-7　正反转控制的 I/O 接线图

根据图 4-6、图 4-7 及 I/O 分配表，编写 PLC 控制程序，如表 4-14 所示。

表 4-14　　　　　　　　　　　　　　正反转控制的 PLC 程序

程序段	LAD
程序段 1	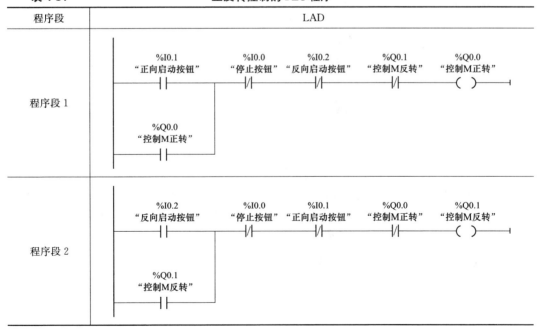
程序段 2	

4.1.2　定时器操作指令

在传统继电器-交流接触器控制系统中一般使用延时继电器进行定时，通过调节延时调节螺栓来设定延时时间的长短。在 PLC 控制系统中通过内部软延时继电器-定时器来进行定时操作。PLC 内部定时器是 PLC 中最常用的元器件之一，用好、用对定时器对 PLC 程序的设计非常重要。

1. S7-1200 定时器概述

S7-1200 PLC 的定时器属于 IEC 定时器，IEC 定时器集成在 CPU 的操作系统中，占用 CPU 的工作存储器资源，数量与工作存储器的大小有关。IEC 定时器有了新生成的背景数据块，可以对块进行多次调用，而且通过多重背景数据块的调用，可以减少内存使用。IEC 定时器与传统的 S5 定时器相比，性能更好，且计时更为准确。S7-1200 PLC 提供了 4 种定时器，如表 4-15 所示。

表 4-15   S7-1200 的定时器

类型	描　　述
TP	脉冲定时器可生成具有预设宽度时间的脉冲
TON	接通延迟定时器输出 Q 在预设的延时过后设置为 ON
TOF	关断延迟定时器输出 Q 在预设的延时过后重置为 OFF
TONR	保持型接通延迟定时器输出在预设的延时过后设置为 ON

使用 S7-1200 定时器时需要注意的是，S7-1200 的 IEC 定时器没有定时器编号（即没有 T0、T36 这种带定时器编号的定时器），每个定时器都使用一个存储在背景数据块中的

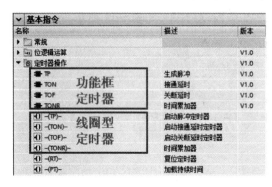

结构来保存定时器数据。在程序编辑器中放置定时器指令时，即可分配该背景数据块，可以采用默认设置，也可以手动自动设置。

在 TIA Portal 软件中，定时器指令放在"指令"任务卡下，"基本指令"目录的"定时器操作"指令中。4 种定时器又都有功能框和线圈型两种，如图 4-8 所示。

图 4-8   S7-1200 定时器

2. 功能框定时器

在 S7-1200 PLC 中，IEC 功能框定时器指令包括 TP 生成脉冲定时器指令、TON 通电延时定时器指令、TONR 通电延时保持型定时器指令、TOF 断电延时定时器指令。

（1）TP 生成脉冲定时器指令。TP 指令可以输出一个脉冲，脉宽由预设时间决定。该指令有 IN、PT、ET 和 Q 等参数，各参数说明如表 4-16 所示。

表 4-16   TP 生成脉冲定时器指令参数

梯形图指令符号	参数	数据类型	说明
TP Time IN　　　Q PT　　　ET	IN	Bool	启动定时器
	PT	Time、LTime	脉冲的持续时间，其值必须为正数
	ET	Time、LTime	当前定时器的值
	Q	Bool	脉冲输出

当输入参数 IN 的逻辑运算结果（RLO）从 0 变为 1（信号上升沿）时，启动该指令并开始计时。计时时间由预设时间参数 PT 设定，同时输出参数 Q 的状态在预设时间内保持为 1，即 Q 输出一个宽度为预设时间 PT 的脉冲。在计时时间内，即使检测到 RLO 新的信号上升沿，输出 Q 的信号状态也不会受到影响。

可以在输出参数 ET 处查询到当前时间值，该时间值从 T♯0s 开始，在达到持续时间 PT 后保持不变。如果达到已组态的持续时间 PT，并且输入 IN 的信号状态为 0，则输出 ET 将复位为 0。TP 指令的时序如图 4-9 所示。

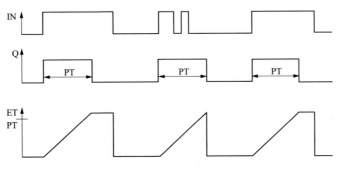

图 4-9　TP 指令的时序图

【例 4-12】　TP 生成脉冲定时器指令在电动机停机控制中的应用。某电动机控制系统中，按下启动按钮时，电动机运行；按下停止按钮 3s 后，电动机才停止运行，要求使用 TP 指令实现操作。

分析：此程序使用 TP 生成脉冲定时器指令实现时，其程序如表 4-17 所示。按下启动按钮，程序段 2 中的 I0.1 动合触点闭合，Q0.0 线圈输出为 ON，控制电动机启动运行。若电动机未启动，即使按下停止按钮，程序段 1 中的 TP 指令也不执行。当电动机启动后，按下停止按钮，程序段 1 中将执行 TP 指令执行延时操作，同时 M0.0 输出为 ON。在未到达延时 3s 时，程序段 2 中的 I0.0 动断触点断开，而 M0.0 动合触点闭合，使电动机仍然正常运行。当 TP 延时到达设置值 3s 时，程序段 1 中的 M0.0 线圈输出为 OFF，使得程序段 2 中的 M0.0 动合触点断开，电动机将停止运行。表中 %DB1（符号为 IEC_Timer_0_DB）是用户指定的存储该 IEC 定时器的背景数据块，在调用该定时器指令时，由 TIA Portal 自动生成。

表 4-17　　TP 生成脉冲定时器指令在电动机停机控制中应用的 PLC 程序

程序段	LAD
程序段 1	%I0.0 "停止按钮" — %Q0.0 "电动机运行" — %DB1 "IEC_Timer_0_DB" TP Time IN Q — %M0.0 "延时到" ( )　　T#3s — PT ET — ···

程序段	LAD
程序段 2	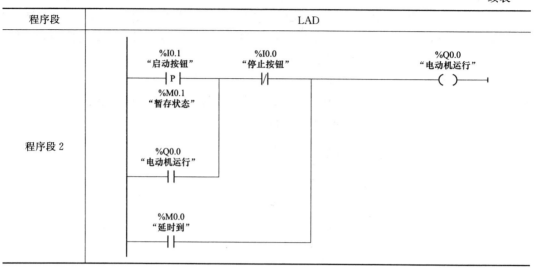

（2）TON 通电延时定时器指令。通电延时型定时器指令 TON 用于单一间隔的定时，该指令有 IN、PT、ET 和 Q 等参数，各参数说明如表 4-18 所示。

表 4-18   TON 通电延时定时器指令参数

梯形图指令符号	参数	数据类型	说明
TON Time / IN / PT / Q / ET	IN	Bool	启动定时器
	PT	Time、LTime	通电延时的持续时间，其值必须为正数
	ET	Time、LTime	当前定时器的值
	Q	Bool	超过时间 PT 后，定时器置位输出

当输入参数 IN 的逻辑运算结果（RLO）从 0 变为 1 时，启动该指令并开始计时。计时的时间由预设时间参数 PT 设定，当计时时间到达后，输出 Q 的信号状态为 1。此时，只要输入参数 IN 仍为 1，输出 Q 就保持为 1，直到输入参数 IN 的信号状态从 1 变为 0，复位输出 Q。当输入参数 IN 检测到新的信号上升沿时，该定时器功能将再次启动。

可以在输出参数 ET 处查询到当前时间值，该时间值从 T#0s 开始，在达到持续时间 PT 后保持不变。只要输入 IN 的信号状态变为 0，输出 ET 就复位为 0。TON 指令的时序如图 4-10 所示。

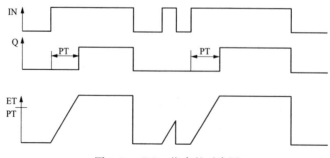

图 4-10　TON 指令的时序图

【例 4-13】　TON 指令在两台电动机顺启逆停控制中的应用。假设电动机停止按钮 SB1、启动按钮 SB2 分别与 CPU 1215C DC/DC/RLY 的输入端子 I0.0 和 I0.1 连接，电动机 M1 和 M2 分别与 CPU 1215C DC/DC/RLY 的输出端子 Q0.0、Q0.1 连接。要求按下 SB2（I0.1）后，电动机 M1 开始运行，并启动定时器进行延时。当定时器延时达到 3s 后，电动机 M2 也启动运行。当按下停止按钮 SB1，电动机 M2 立即停止运行，M1 电动机延时 2s 后才停止运行。

分析：要实现电动机的顺启逆停控制，可以使用一个 TON 指令进行顺序启动控制，再使用另一个 TON 指令进行逆停控制，其程序编写如表 4-19 所示。按下启动按钮 SB2 时，程序段 1 中的 M0.0 线圈得电并自锁。M0.0 线圈得电，程序段 2 中的 TON 指令进行延时，同时 Q0.0 线圈得电输出，控制电动机 M1 运行。当延时达到 3s 时，程序段 2 中 TON 指令的 Q 输出为 ON，使 Q0.1 线圈得电输出，控制电动机 M2 运行。按下停止按钮 SB1 时，程序段 3 中 M0.1 线圈得电并自锁，程序段 2 中的 M0.1 动断触点断开，使得 Q0.1 线圈失电，M2 电动机停止运行。同时，程序段 3 中的 TON 指令也进行延时。当延时达到 2s 时，M0.2 线圈得电，两个 M0.2 动断触点断开，其中程序段 1 中的 M0.2 触点断开，M0.0 线圈失电并切除自锁，从而使得 M1 电动机停止运行，且程序段 2 中的 TON 指令复位。程序段 3 中的 M0.2 触点断开，使得程序段 3 中的 TON 指令也复位，为下轮的顺启逆停控制做好准备。

表 4-19　　　　　TON 指令在两台电动机顺启逆停控制中的应用程序

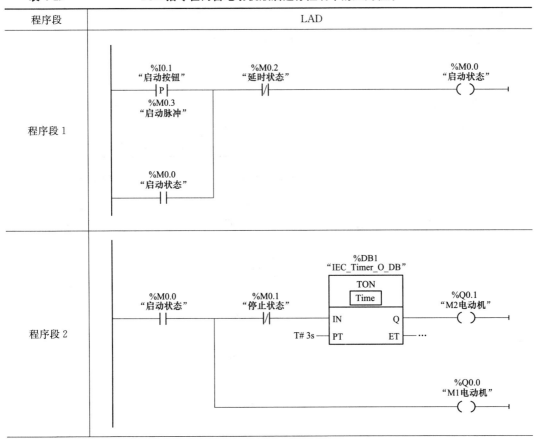

程序段	LAD
程序段 1	
程序段 2	

续表

程序段	LAD
程序段 3	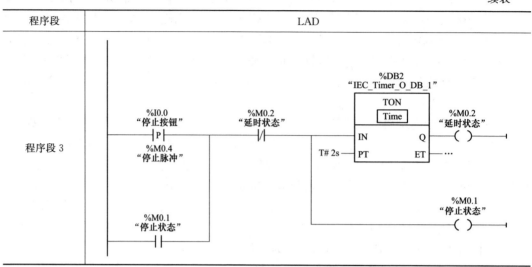

（3）TONR 通电延时保持型定时器指令。通电延时保持型定时器指令用于多次间隔的累计定时，其构成和工作原理与接通延时型定时器类似，不同之处在于通电延时保持型定时器在 IN 端为 0 时，当前值将被保持，当 IN 有效时，在原保持值上继续递增。该指令有 IN、R、PT、ET 和 Q 等参数，各参数说明如表 4-20 所示。

表 4-20　　　　　　　　　　TONR 通电延时保持型定时器指令参数

梯形图指令符号	参数	数据类型	说明
TONR Time IN　　Q R　　ET PT	IN	Bool	启动定时器
	R	Bool	复位定时器
	PT	Time、LTime	设置的持续时间，其值必须为正数
	ET	Time、LTime	累计的时间
	Q	Bool	超过时间 PT 后，Q 端置位输出

当输入 IN 的信号状态从 0 变为 1 时，将执行该指令，同时开始计时（计时时间由 PT 设定）。在计时过程中，累加 IN 输入的信号状态为 1 时所持续的时间值，累加的时间通过 ET 输出。当持续时间达到 PT 设定时间后，输出 Q 的信号状态变为 1。即使 IN 参数的信号状态从 1 变为 0，Q 参数仍将保持置位为 1；而输入 R 端信号为 1 时，将复位输出 ET 和 Q。TONR 指令的时序如图 4-11 所示。

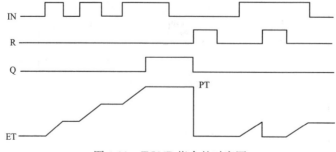

图 4-11　TONR 指令的时序图

【例 4-14】　TONR 指令的电动机启动控制中的应用。某电动机控制系统中，按下启动按钮的累计时间大于或等于 20s 后，启动电动机运行，按下停止按钮时，电动机立即停止。

分析：若连续按下启动按钮超过预设值，启动电动机运行，可以使用 TON 指令。但本例中要求按下启动按钮的累计时间大于或等于预设值才启动电动机，也就是说启动按钮的按下并不一定是持续的，因此时间的统计应由 TONR 指令来实现。编写程序如表 4-21 所示，按下启动按钮 SB2(I0.1) 的时间累计和大于或等于 20s（即 I0.1 闭合 1 次或者多次闭合的时间累计和大于或等于 20s），Q0.0 输出为 ON，启动电动机运行。在时间累计过程中或已累计达到 20s，只要按下停止按钮 SB1(I0.0)，定时器就会复位，电动机立即停止运行。表中 %DB1（符号为 IEC_Timer_0_DB）是用户指定的存储该 IEC 定时器的数据块。

表 4-21　TONR 指令的使用

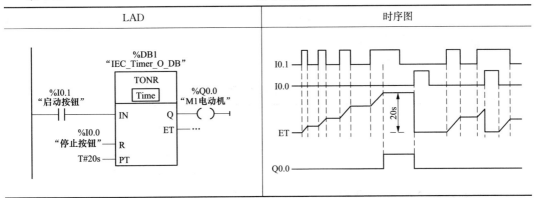

LAD	时序图

（4）TOF 断电延时定时器指令。断电延时型定时器指令 TOF 用于断开或故障事件后的单一间隔定时，该指令有 IN、PT、ET 和 Q 等参数，各参数说明如表 4-22 所示。

表 4-22　TOF 断电延时定时器指令参数

梯形图指令符号	参数	数据类型	说明
	IN	Bool	启动定时器
	PT	Time、LTime	断电延时的持续时间，其值必须为正数
	ET	Time、LTime	当前定时器的值
	Q	Bool	超过时间 PT 后，定时器复位输出

当输入 IN 的信号状态由 1 变为 0 时，执行该指令，同时开始计时（计时时间由 PT 设定）。当计时时间到达后，输出 Q 变为 0。如果输入 IN 的信号状态在计时结束之前再次变为 1，那么复位定时器，而输出 Q 的信号状态仍将为 1。

可以在输出参数 ET 处查询到当前时间值，该时间值从 T#0s 开始，在达到 PT 时间值时结束。当持续时间 PT 计时结束后，在输入 IN 变回 1 之前，ET 输出仍保持置位为当前值。在持续时间 PT 计时结束之前，如果输入 IN 的信号状态切换为 1，那么将输出复位为 T#0s。TOF 指令的时序如图 4-12 所示。

【例 4-15】　TOF 指令在电动机控制中的应用。某电动机控制系统中，按下启动按钮

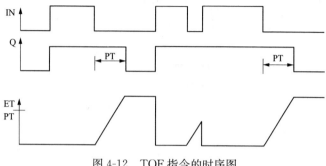

图 4-12　TOF 指令的时序图

立即启动电动机运行；松开启动按钮延时 3s，电动机才停止运行。

分析：电动机延时停止，可以使用 TOF 指令实现，编写程序如表 4-23 所示。按下启动按钮 SB（I0.1、I0.1 动合触点闭合），启动电动机（Q0.0）运行。松开启动按钮 SB(I0.1)，I0.1 动合触点断开，定时器开始延时。当定时器延时达到 3s，电动机（Q0.0）停止运行。若定时器延时未达到预设值 3s，且 I0.1 动合触点再次闭合，电动机（Q0.0）将再次被启动。

表 4-23　　　　　　　　　　　　　　　　TOF 指令的使用

LAD	时序图
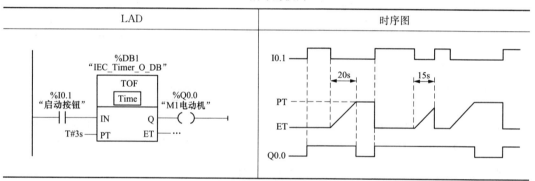	

3. 线圈型定时器

在 S7-1200 PLC 中线圈型定时器指令包括 TP 启动脉冲定时器指令、TON 启动接通延时定时器指令、TOF 启动关断延时定时器指令、TONR 时间累加器指令。这类指令有两个操作数，其中指令上方的为"操作数 1"，指令下方的为"操作数 2"。此外，还有复位定时器（RT）和加载持续时间（PT）指令。

（1）TP 启动脉冲定时器指令。使用 TP 指令可以启动将指定周期作为脉冲的 IEC 定时器，其工作时序 TP 生成脉冲指令的工作时序相同。"操作数 1"指定将要开始的 IEC 时间，可声明为一个系统数据类型为 IEC_TIMER 的数据块；"操作数 2"指定脉冲的持续时间。

【例 4-16】 TP 启动脉冲定时器指令在电动机停机控制中的应用。某电动机控制系统中，按下启动按钮时，电动机运行；按下停止按钮 3s 后，电动机才停止运行，要求使用 TP 指令实现操作。

分析：在例 4-12 中使用 TP 生成脉冲定时器指令实现了任务操作，在此使用 TP 启动脉冲定时器指令时，先要添加背景数据块，其操作是在 TIA Portal 的项目树下“PLC_1”的“程序块”中点击“添加新块”，在弹出的“添加新块”中选择“数据块”，名称可更改，类型为“IEC_TIMER”，如图 4-13 所示。在图 4-13 中点击“确定”按钮后，即可生成如图 4-14 所示的定时器背景数据块。使用 TP 启动脉冲定时器指令实现时，其程序如表 4-24 所示。按下启动按钮，程序段 2 中的 I0.1 动合触点闭合，Q0.0 线圈输出为 ON，控制电动机启动运行。若电动机未启动，即使按下停止按钮，程序段 1 中的 TP 指令也不执行。当电动机启动后，按下停止按钮，程序段 1 中将执行 TP 指令执行延时操作。在未到达延时 3s 时，程序段 2 中的 I0.0 动断触点断开，而“数据块 1”.Q（“数据块 1”是 DB1 的符号地址）动合触点闭合，使电动机仍然正常运行。当 TP 延时到达设置值 3s 时，程序段 2 中的“数据块 1”.Q 动合触点断开，电动机将停止运行。

图 4-13　添加定时器背景数据块

数据块_1

	名称	数据类型	起始值	保持	可从 HMI/...	从 H...	在 HMI ...
1	▼ Static			☐	☐	☐	☐
2	PT	Time	T#0ms	☐	☑	☑	☑
3	ET	Time	T#0ms	☐	☑	☐	☑
4	IN	Bool	false	☐	☑	☑	☑
5	Q	Bool	false	☐	☑	☐	☑

图 4-14　定时器的背景数据块

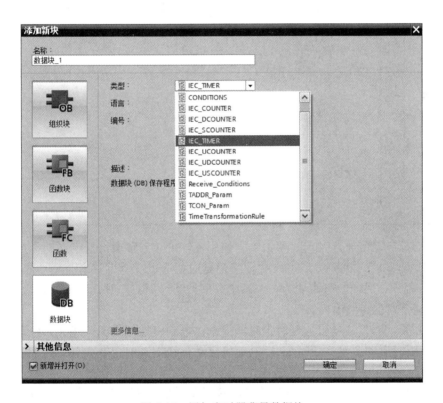

表 4-24　　　　TP 启动脉冲定时器指令在电动机停机控制中应用的 PLC 程序

程序段	LAD
程序段 1	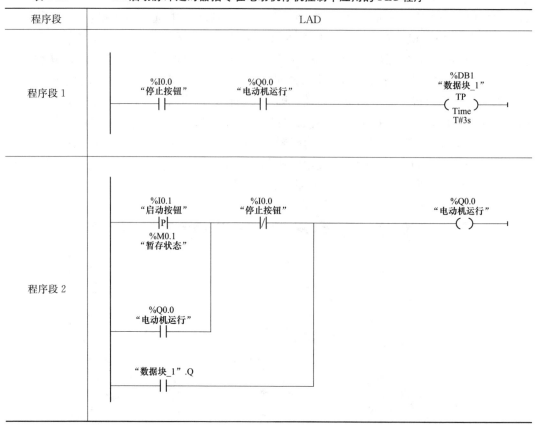
程序段 2	

（2）TON 启动接通延时定时器指令。使用 TON 指令启动将指定周期作为接通延时的 IEC 定时器，其工作时序与 TON 生成接通延时指令的工作时序相同。"操作数 1"指定将要开始的 IEC 时间，可声明为一个系统数据类型为 IEC_TIMER 的数据块；"操作数 2"指定接通延时的持续时间。

【例 4-17】　TON 启动接通延时定时器指令在电动机控制中的应用。某电动机控制系统中，按下瞬时启动按钮，延时 5s 后电动机启动；按下瞬时停止按钮，延时 10s 后电动机停止。

分析：由于为瞬时按钮，而 TON 启动接通延时定时器指令要求 RLO 从"0"变为"1"时，才启动 IEC 定时器，需采用位存储区 M 作为中间变量。本例需要定时 5s 和 10s，所以使用 TON 启动接通延时定时器指令时，先要添加两个背景数据块，分别命名为"延时 5s"和"延时 10s"，类型为"IEC_TIMER"。使用 TON 启动接通延时定时器指令实现时，其程序如表 4-25 所示。在程序段 1 中，按下启动按钮，I0.1 动合触点闭合 1 次，将 M0.3 置位。在程序段 2 中，M0.3 动合触点闭合，进行 5s 的延时。若延时达到 5s，程序段 3 中的"延时 5s".Q 动合触点闭合，启动电动机运行，同时将 M0.3 复位。程序 4 中，按下停止按钮，I0.0 动合触点闭合 1 次，将 M0.2 置位。在程序段 5 中，M0.2 动合触点闭合，进行 10s 的延时。若延时达到 10s，程序段 6 中的"延时 10s".Q 动合触点闭合，停止电动机运行，同时将 M0.2 复位。

表 4-25　　　　TON 启动接通延时定时器指令在电动机控制中应用的 PLC 程序

程序段	LAD
程序段 1	%I0.1 "启动按钮" —|P|—　　　　%M0.1 "启动状态"　　　　　　　%M0.3 "启动标志" —(S)—
程序段 2	%M0.3 "启动标志" —||—　　　　%DB1 "延时5s" TON Time T#5s —( )—
程序段 3	"延时5s".Q —||—　　　　%Q0.0 "电动机运行" —(S)—　　%M0.3 "启动标志" —(R)—
程序段 4	%I0.0 "停止按钮" —|P|—　%M0.0 "停止状态"　　　　%M0.2 "停止标志" —(S)—
程序段 5	%M0.2 "停止标志" —||—　　　%DB2 "延时10s" TON Time T#10s —( )—
程序段 6	"延时10s".Q —||—　　　%Q0.0 "电动机运行" —(R)—　　%M0.2 "停止标志" —(R)—

（3）TOF 启动关断延时定时器指令。使用 TOF 启动关断延时定时器指令，启动将指定周期作为接通延时的 IEC 定时器，其工作时序与 TOF 生成关断延时定时器指令的工作时序相同。"操作数 1"指定将要开始的 IEC 时间，可声明为一个系统数据类型为 IEC_TIMER 的数据块；"操作数 2"指定关断延时的持续时间。

【例 4-18】 TOF 启动关断延时定时器指令在信号灯控制中的应用。在某信号灯系统中，按下启动按钮 SB2 后，信号灯以 1Hz 的频率进行闪烁。按下停止按钮 SB1 后，延时 10s，信号灯才熄灭。

分析：TOF 启动关断延时定时器指令在信号灯控制中的应用程序编写如表 4-26 所示。在编写程序前，先添加背景数据块，并将其命名为"断电延时 10s"。程序段 1 为"启保停"程序，按下启动按钮 SB2 时，I0.1 动合触点闭合，M0.0 线圈输出为 ON。同时，程序段 3 中的"断电延时 10s".Q 动合触点闭合，使信号灯按 1Hz 的频率进行闪烁；按下停止按钮 SB1 时，I0.0 动断触点断开，M0.0 线圈失电。在程序段 2 中，当 M0.0 动合触点由 ON 变为 OFF 时，执行 TOF 指令，进行断电延时控制。断电延时达到 10s，程序段 3 中的"断电延时 10s".Q 动合触点断开，信号灯处于熄灭状态，这样达到断电延时 10s 的控制要求。

表 4-26   TOF 启动关断延时定时器指令在信号灯控制中应用的 PLC 程序

程序段	LAD
程序段 1	
程序段 2	
程序段 3	

（4）TONR 时间累加器指令。使用 TONR 时间累加器指令，记录指令"1"输入的信号长度，其工作时序与 TONR 通电延时保持型定时器指令的工作时序相同。"操作数 1"指定将要开始的 IEC 时间，可声明为一个系统数据类型为 IEC_TIMER 的数据块；"操作数 2"指定持续时间。使用"RT 复位定时器"指令，可将定时器状态和当前到期

的定时器复位为 "0"。

（5）RT 复位定时器指令。使用 RT 复位定时器指令，可将操作数指定背景数据块中的 IEC 定时器结构组件复位为 "0"。该指令只有 1 个操作数，且位于指令的上方。

【例 4-19】 使用 TONR 时间累加器指令和 RT 复位定时器指令，实现信号灯控制。某信号灯控制系统中，按下启动按钮的累计时间大于或等于 20s 后，启动信号灯以 1Hz 的频率闪烁，按下停止按钮时，信号灯立即停止。

分析：按下启动按钮累计时间大于或等于 20s，可由 TONR 时间累加器指令来实现。由于要对定时器立即复位，需要使用 RT 指令来实现。编写程序如表 4-27 所示。程序段 1，通过 TONR 指令实现时间累计。当时间累计达到 20s 后，程序段 2 控制信号灯以 1Hz 的频率进行闪烁。程序段 3，通过 RT 指令对定时器进行复位，实现信号灯立即停止。

表 4-27　TONR 时间累加器指令和 RT 复位定时器指令实现信号灯控制的 PLC 程序

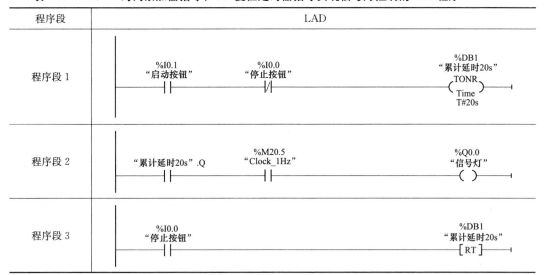

程序段	LAD
程序段 1	%I0.1 "启动按钮"　%I0.0 "停止按钮"　%DB1 "累计延时20s" TONR Time T#20s
程序段 2	"累计延时20s".Q　%M20.5 "Clock_1Hz"　%Q0.0 "信号灯"
程序段 3	%I0.0 "停止按钮"　%DB1 "累计延时20s" [RT]

（6）PT 加载持续时间指令。使用 PT 加载持续时间指令，可将指定时间写入 IEC 定时器的结构中。该指令有两个操作数，指令上方的 "操作数 1" 指定将要开始的 IEC 时间，可声明为一个系统数据类型为 IEC_TIMER 的数据块；指令下方的 "操作数 2" 指定加载的持续时间。

4. 定时器指令的应用实例

【例 4-20】 定时器指令在 3 台电动机的顺启逆停中的应用。某电动机控制系统中，连接 3 台电动机，要求实现电动机的顺序定时启动、逆序定时停止控制。当按下启动按钮 SB2 时，启动第 1 台电动机 M1 运行，延时 5s 后启动第 2 台电动机 M2 运行，再延时 8s 后启动第 3 台电动机 M3 运行。全部启动后，按下停止按钮 SB1，M3 电动机立即停止，延时 4s 后 M2 电动机停止，再延时 3s 后 M1 电动机停止。

分析：假设停止按钮 SB1、启动按钮 SB2 分别与 CPU 模块的 I0.0 和 I0.1 连接；控制电动机 M1、M2 和 M3 的 3 个交流接触器线圈 KM1、KM2、KM3 分别与 CPU 模块的输出端子 Q0.0、Q0.1 和 Q0.2 相连。则本例需 2 个输入点和 3 个输出点，输入/输出分配表如表 4-28 所示，其 I/O 接线如图 4-15 所示。

表 4-28   **3 台电动机控制的输入/输出分配表**

输　入			输　出		
功能	元件	PLC 地址	功能	元件	PLC 地址
停止按钮，停止电动机	SB1	I0.0	接触器 1，控制 M1	KM1	Q0.0
启动按钮，启动电动机	SB2	I0.1	接触器 2，控制 M2	KM2	Q0.1
			接触器 3，控制 M3	KM3	Q0.2

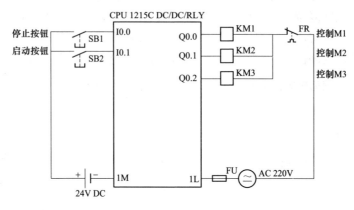

图 4-15   3 台电动机控制的 I/O 接线图

本例可以使用 4 个定时器，分别实现延时 5s、8s、4s 和 3s，编写的程序及时序动作如表 4-29 所示。按下启动按钮 SB2，I0.1 动合触点闭合，Q0.0 线圈先得电并自锁，M1 电动机启动，同时 DB1（DB1 为背景数据块）定时器得电延时。当 DB1 定时器延时 5s 后，M0.1 线圈得电，M0.1 动合触点闭合，使得 Q0.1 线圈得电，M2 电动机启动，同时 DB2 定时器得电延时，其仿真效果如图 4-16 所示。当 DB2 延时 8s 后，M0.2 线圈得电，M0.2 动合触点闭合，使得 Q0.2 线圈得电，M3 电动机启动，这样 3 台电动机按顺序启动了。按下停止按钮 SB1，I0.0 动断触点断开，Q0.2 线圈失电，M3 电动机立即停止，同时 DB3 定时器得电延时。当 DB3 定时器延时 4s 后，M0.4 线圈得电，M0.4 动断触点断开，Q0.1 线圈失电，M2 电动机停止，同时 DB4 定时器得电延时。当 DB4 定时器延时 3s 后，M0.5 线圈得电，M0.5 动断触点断开，M0.0 线圈失电，控制 Q0.0 线圈失电，M1 电动机停止。至此，3 台电动机逆序停止。

表 4-29   **定时器在 3 台电动机控制中的应用程序**

程序段	LAD
程序段 1	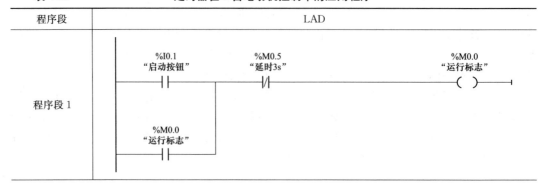

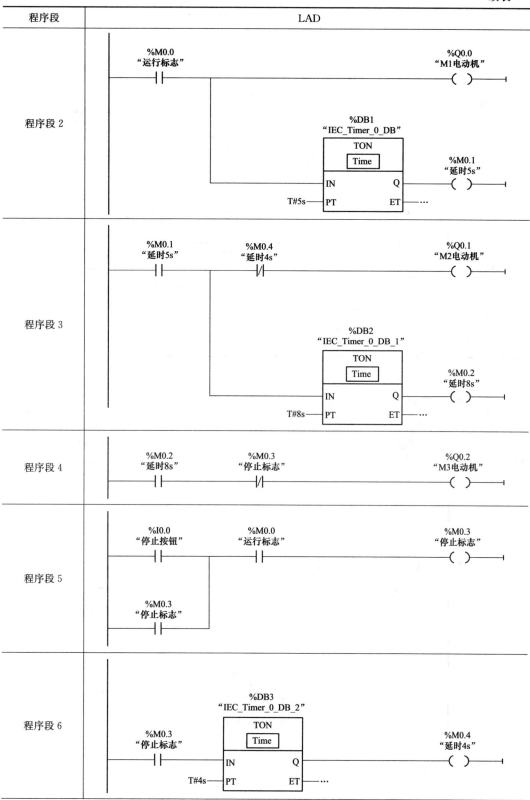

程序段	LAD

程序段	LAD
程序段 7	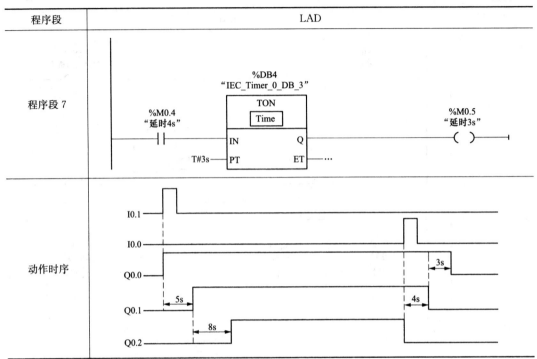
动作时序	

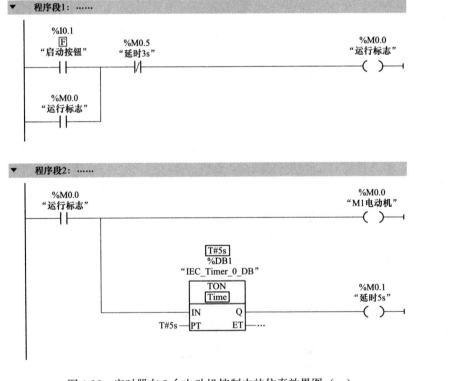

图 4-16 定时器在 3 台电动机控制中的仿真效果图（一）

▼　程序段3：……

```
  %M0.1        %M0.4                                        %Q0.1
 "延时5s"      "延时4s"                                    "M2电动机"
   ┤├──────────┤/├─┐                                        ─( )─
                   │
                   │                T#1s_789MS
                   │                  %DB2
                   │              "IEC_Timer_0_DB_1"
                   │              ┌ ─ ─ ─ ─ ─ ─ ─ ┐
                   │                    TON                  %M0.2
                   │              │    Time       │         "延时8s"
                   │              ┤IN          Q├ ─ ─ ─ ─ ─ ─( )─ ─
                   └──────────────┘                │
                           T#8s─┤PT         ET├─ ─
                                 └ ─ ─ ─ ─ ─ ─ ─ ┘
```

▼　程序段4：……

```
  %M0.2        %M0.3                                        %Q0.2
 "延时8s"     "停止标志"                                   "M3电动机"
   ┤├─ ─ ─ ─ ─ ─┤/├──────────────────────────────────────── ─( )─ ─
```

▼　程序段5：……

```
   %I0.0
    F
 "停止按钮"     %M0.0                                        %M0.3
   ┤├─┐       "运行标志"                                   "停止标志"
      │ ─ ─ ─ ─ ┤├────────────────────────────────────────── ─( )─ ─
      │
   %M0.3
  "停止标志"
   ┤├─ ┘
```

▼　程序段6：……

```
                            T#0MS
                             %DB3
                        "IEC_Timer_0_DB_2"
                        ┌ ─ ─ ─ ─ ─ ─ ─ ┐
  %M0.3                       TON                           %M0.4
 "停止标志"               │   Time        │                "延时4s"
   ┤├─ ─ ─ ─ ─ ─ ─ ─ ─ ┤IN          Q├ ─ ─ ─ ─ ─ ─ ─ ─ ─ ─ ─( )─ ─
                            │                │
                    T#4s─┤PT         ET├─ ─
                          └ ─ ─ ─ ─ ─ ─ ─ ┘
```

▼　程序段7：……

```
                            T#0MS
                             %DB4
                        "IEC_Timer_0_DB_3"
                        ┌ ─ ─ ─ ─ ─ ─ ─ ┐
  %M0.4                       TON                           %M0.5
 "延时4s"                │   Time        │                "延时3s"
   ┤├─ ─ ─ ─ ─ ─ ─ ─ ─ ┤IN          Q├ ─ ─ ─ ─ ─ ─ ─ ─ ─ ─ ─( )─ ─
                            │                │
                    T#3s─┤PT         ET├─ ─
                          └ ─ ─ ─ ─ ─ ─ ─ ┘
```

图 4-16　定时器在 3 台电动机控制中的仿真效果图（二）

【例 4-21】 某企业车间产品的分拣示意如图 4-17 所示，电动机 M 由启动按钮 SB2 和停止按钮 SB1 控制其运行与停止，S1 为检测站 1，S2 为检测站 2，Y 为电磁铁，电动机 M 运行时，被检测的产品（包括正品与次品）在皮带上运行。产品在皮带上运行时，当 S1 检测到次品，经过 10s 传送，到达次品剔除位置时，启动电磁铁 YA 驱动剔除装置，剔除次品（电磁铁通电 1s）；检测器 S2 检测到次品，经过 5s 后，启动电磁铁 YA 剔除次品；正品继续向前输送。

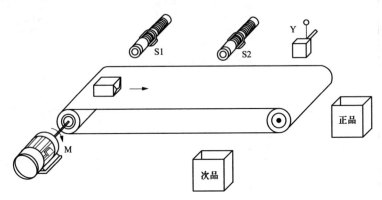

图 4-17　正次品分拣示意图

分析：正次品分拣的操作流程是首先启动电动机 M，使得产品在皮带运行下进行传送。在传送过程中，如果有次品，那么通过两个检测站将次品剔除，而正品继续传送，其流程如图 4-18 所示。

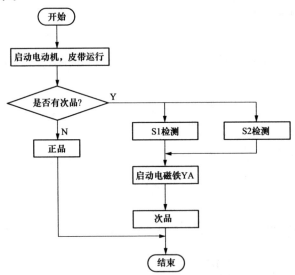

图 4-18　正次品分拣操作流程图

使用 PLC 实现正次品分拣时，I/O 分配如表 4-30 所示，PLC 的 I/O 接线图如图 4-19 所示。程序编写如表 4-31 所示。程序段 1 为电动机运行控制，按下启动按钮 SB2，则电动机 M 运行，使得被检测的产品（包括正品与次品）在皮带上运行。程序段 2 中 S1 检测到次品时，M0.0 线圈得电。程序段 3 中，DB1 定时器延时 10s，将次品传到剔除位置，

仿真效果如图 4-20 所示。程序段 4 中 S2 检测到次品时，M0.1 线圈得电。程序段 5 中，
DB2 定时器延时 5s，将次品传送到剔除位置。程序段 6 中只要次品到达剔除位置（即
"延时 10s".Q 或 "延时 5s".Q 动合触点闭合 1 次），Q0.1 线圈得电，启动电磁铁 YA
驱动剔除装置，剔除次品。程序段 7 为剔除机构动作时间控制。

表 4-30 　　　　　　　　　　　　**正次品分拣 I/O 分配表**

输入（I）			输出（O）		
功能	元件	PLC 地址	功能	元件	PLC 地址
停止按钮	SB1	I0.0	驱动电动机 M	KM	Q0.0
启动按钮	SB2	I0.1	剔除次品	YA	Q0.1
检测站 1	S1	I0.2			
检测站 2	S2	I0.3			

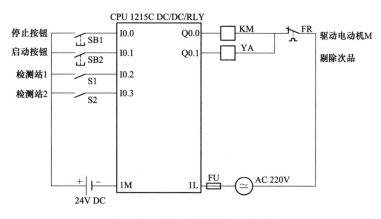

图 4-19　正次品分拣 I/O 接线图

表 4-31 　　　　　　　　　　　　**正次品分拣的应用程序**

程序段	LAD
程序段 1	%I0.1 "启动按钮" —||— %I0.0 "停止按钮" —|/|— %Q0.0 "驱动 M" —( )—　　%Q0.0 "驱动 M" —||—
程序段 2	%I0.2 "检测站 1" —||— %Q0.1 "剔除次品" —|/|— %M0.0 "检测站 1 状态" —( )—　　%M0.0 "检测站 1 状态" —||—

程序段	LAD
程序段 3	%M0.0 "检测站1状态" ─┤├─ %DB1 "延时10s" (TON) Time T#10s
程序段 4	%I0.3 "检测站2" %Q0.1 "剔除次品" %M0.1 "检测站2状态" ─┤├──┬──┤/├────────( )─ %M0.1 "检测站2状态" ─┤├─┘
程序段 5	%M0.1 "检测站2状态" ─┤├─ %DB2 "延时5s" (TON) Time T#5s
程序段 6	"延时10s".Q "延时1s".Q %Q0.1 "剔除次品" ─┤├──┬──┤/├────────( )─ "延时5s".Q ─┤├─┤ %Q0.1 "剔除次品" ─┤├─┘
程序段 7	%Q0.1 "剔除次品" ─┤├─ %DB3 "延时1s" (TON) Time T#1s

程序段1：传送带电动机控制

```
        %I0.1              %I0.0
         |F|                |F|
      "启动按钮"          "停止按钮"                                %Q0.0
                                                                   "驱动M"
      ──┤↑├─ ─ ─┬──────────┤/├──────────────────────────────────────( )──
                │
        %Q0.0   │
        "驱动M"  │
      ──┤├───────┘
```

程序段2：检测站1

```
        %I0.2              %Q0.1
         |F|
      "检测站1"           "剔除次品"                              %M0.0
                                                               "检测站1状态"
      ──┤├───────┬─────────┤/├──────────────────────────────────────( )──
                │
        %M0.0   │
      "检测站1状态"
      ──┤├───────┘
```

程序段3：检测站1传送延时10s

```
                                                           T#55_724MS
                                                              %DB1
        %M0.0                                               "延时10s"
      "检测站1状态"                                            TON
      ──┤├──────────────────────────────────────────────── IN     Q ──
                                                         ─ Time
                                                           T#10s
```

程序段4：检测站2

```
        %I0.3              %Q0.1
         |F|
      "检测站2"           "剔除次品"                             %M0.1
                                                              "检测站2状态"
      ──┤↑├─ ─ ─┬──────────┤/├──────────────────────────────────────( )──
                ┊
        %M0.1   ┊
      "检测站2状态"
      ──┤↑├──────┘
```

程序段5：检测站2传送延时5s

```
                                                            T#0MS
                                                              %DB2
        %M0.1                                                "延时5s"
      "检测站2状态"                                             TON
      ──┤↑├─ ─ ─ ─ ─ ─ ─ ─ ─ ─ ─ ─ ─ ─ ─ ─ ─ ─ ─ ─ ─ ─ ─ ── IN     Q ──
                                                         ─ Time
                                                           T#5s
```

图 4-20　正次品分拣的仿真效果图（一）

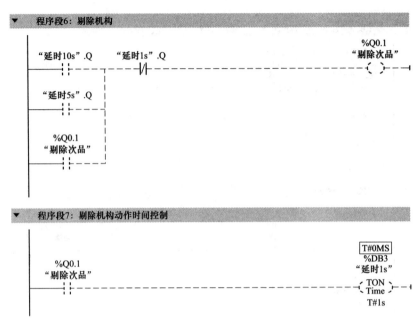

图 4-20 正次品分拣的仿真效果图（二）

4.1.3 计数器操作指令

计数器用来累计输入脉冲的次数，它是 PLC 中最常用的元器件之一。例如，在生产线上可使用 PLC 的计数器对加工物品进行计件等操作。

1. 计数器概述

S7-1200 PLC 的计数器属于 IEC 计数器，IEC 计数器集成在 CPU 的操作系统中，占用 CPU 的工作存储器资源，数量与工作存储器大小有关。S7-1200 PLC 有 3 种计数器：加计数器、减计数器和加减计数器。

使用 S7-1200 的计数器时需要注意的是，S7-1200 的 IEC 计数器没有计数器编号（即没有 C0、C6 这种带计数器编号的计数器），每个计数器都使用一个存储在数据块中的结构来保存计数器数据。在程序编辑器中放置计数器指令时即可分配该数据块，可以采用默认设置，也可以手动自动设置。对于每种计数器，计数值可以是如表 4-32 所示的任何整数数据类型。

表 4-32　　　　　　　　　　　　计数器类型及范围

整数类型	计数器类型	计数器类型（TIA Portal V14 开始）			计数范围
SINT	IEC_SCOUNTER	CTU_SINT	CTD_SINT	CTUD_SINT	−128～127
INT	IEC_COUNTER	CTU_INT	CTD_INT	CTUD_INT	−32 768～32 767
DINT	IEC_DCOUNTER	CTU_DINT	CTD_DINT	CTUD_DINT	−2 147 483 648～2 147 483 647
USINT	IEC_USCOUNTER	CTU_USINT	CTD_USINT	CTUD_USINT	0～255
UINT	IEC_UCOUNTER	CTU_UINT	CTD_UINT	CTUD_UINT	0～65 535
UDINT	IEC_UDCOUNTER	CTU_UDINT	CTD_UDINT	CTUD_UDINT	0～4 294 967 295

在 TIA Portal 软件中，计数器指令放在"指令"任务卡下，"基本指令"目录的"计数器操作"指令中，如图 4-21 所示。

2. 计数器指令

在 S7-1200 PLC 中 IEC 计数器指令包括 CTU 加计数指令、CTD 减计数指令、CTUD 加减计数指令。在程序中，每次调用 IEC 计数器指令时，都需要指定一个背景数据块。

（1）CTU 加计数指令。使用加计数指令 CTU，可以递增输出 CV 的值，该指令有 CU、R、PV、Q 和 CV 等参数，各参数说明如表 4-33 所示。

如果输入 CU 的信号状态由 0 变为 1，那么当前计数值加 1，并存储在输出 CV 中。第 1 次执行该指令时，将输出 CV 处的当前计数值置为 0。每检测到 CU 一个上升沿，计数值都会递增，直至达到 CV 指定数据类型的上限。达到上限，输入 CU 的信号状态将不会再影响该指令。

图 4-21　S7-1200 计数器

表 4-33　CTU 加计数指令参数

梯形图指令符号	参数	数据类型	说明
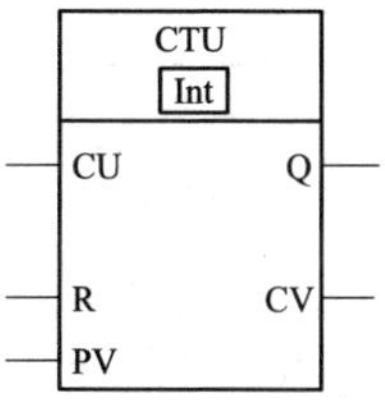 CTU Int CU　Q R　CV PV	CU	Bool	加计数输入
	R	Bool	复位输入
	PV	整数	置位输出 Q 的目标值
	Q	Bool	计数器状态
	CV	整数	当前计数器值

输出 Q 的信号状态由参数 PV 决定，如果当前计数值大于或等于 PV 的值，那么将输出 Q 的信号状态置为 1。在其他任何情况下，输出 Q 的信号状态均为 0。输入 R 的信号状态变为 1 时，输出 CV 的值被复位，Q 的信号状态被复位。

【例 4-22】　CTU 加计数指令的使用如表 4-34 所示。I0.1 为加计数脉冲输入端，I0.0 为复位输入端，计数器的计数次数设置为 4。当输入端 I0.1 的信号状态每发生 1 次从"0"变为"1"的上升沿跳变时，当前计数值 MW0 加 1。如果当前计数值大于或等于预置值"4"，那么 Q0.0 输出为"1"，否则输出为"0"。当 I0.1 信号状态变为"1"时，计数器复位，使得当前计数器值变为 0，同时 Q0.0 输出为"0"。

（2）CTD 减计数指令。使用减计数指令 CTD，可以递减输出 CV 的值，该指令有 CD、LD、PV、Q 和 CV 等参数，各参数说明如表 4-35 所示。

如果输入 CD 的信号状态由 0 变为 1，那么当前计数值减 1，并存储在输出 LD 中。第 1 次执行该指令时，将输出 CV 处的当前计数值置为 0。每检测到 CU 一个上升沿，计数值都会递减，直至达到 CV 指定数据类型的下限。达到下限，输入 CD 的信号状态将不会再影响该指令。

表 4-34　　　　　　　　　　　　　　CTU 加计数指令的使用

程序段	LAD
程序段 1	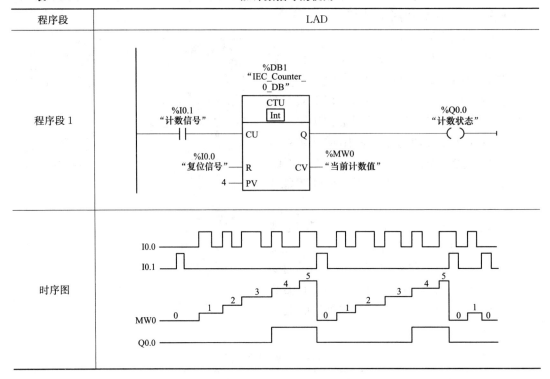

表 4-35　　　　　　　　　　　　　CTD 减计数指令参数

梯形图指令符号	参数	数据类型	说明
CTD Int CD — Q LD — CV PV	CD	Bool	减计数输入
	LD	Bool	装载输入
	PV	整数	置位输出 Q 的目标值
	Q	Bool	计数器状态
	CV	整数	当前计数器值

　　输出 Q 的信号状态由参数 PV 决定，如果当前计数值小于或等于 0，那么将输出 Q 的信号状态置为 1。在其他任何情况下，输出 Q 的信号状态均为 0。输入 LD 的信号状态变为 1 时，将输出 CV 的值设置为参数 PV 的值。只要输入 LD 的信号状态仍为 1，输入 CD 的信号状态就不会影响该指令。

　　【例 4-23】　CTD 减计数指令的使用如表 4-36 所示。I0.1 为减计数脉冲输入端，I0.0 为装载数据输入端，计数器的计数次数设置为 5。当输入端 I0.0 的信号状态每发生 1 次从"0"变为"1"的上升沿跳变时，当前计数值减 1。如果当前计数器值小于或等于"0"，那么 Q0.0 输出为"1"，否则输出为"0"。当 I0.1 信号状态变为"1"时，计数器置数，使得当前计数器值变为 5。

　　（3）CTUD 加减计数指令。使用加减计数指令 CTUD，可以递增或递减输出 CV 的值，该指令有 CU、CD、R、LD、PV、QU、QD 和 CV 等参数，各参数说明如表 4-37 所示。

如果 CU 的逻辑运算结果（RLO）从"0"变为"1"（信号上升沿），那么当前计数值加 1，并存储在参数 CV 中；如果 CD 的逻辑运算结果（RLO）从"0"变为"1"（信号上升沿），那么当前计数值减 1，并存储在参数 CV 中。

表 4-36　　　　　　　　　　　　　　CTD 减计数指令的使用

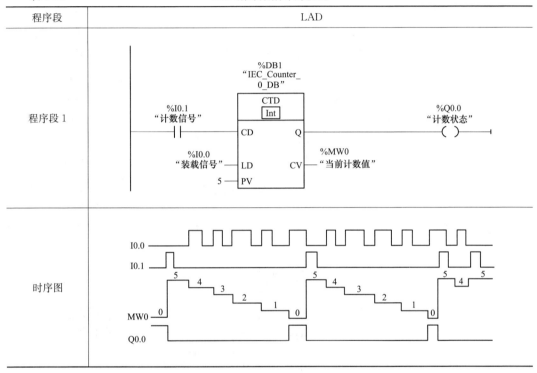

程序段	LAD
程序段 1	
时序图	

表 4-37　　　　　　　　　　　　　　CTUD 加减计数指令参数

梯形图指令符号	参数	数据类型	说明
	CU	Bool	加计数输入
	CD	Bool	减计数输入
	R	Bool	复位输入
	LD	Bool	装载输入
	PV	整数	预设值
	QU	Bool	加计数器状态
	QD	Bool	减计数器状态
	CV	整数	当前计数器值

进行加计数操作时，若每检测到一个信号上升沿，计数器值就会递增 1，直到达到输出 CV 中所指定数据类型的上限。达到上限时，停止递增，输入 CU 的信号状态将不再影响该指令。进行减计数操作时，每检测到一个信号上升沿，计数器值就会递减 1，直到达到输出 CV 中所指定数据类型的下限。达到下限时，停止递减，输入 CD 的信号状态将不再影响该指令。

当输入 R 的信号状态从"0"变为"1"时，输出 CV 的值被复位为"0"。当输入 LD

的信号状态从"0"变为"1"时，输出 CV 的值被设置为参数 PV 的值。

如果当前计数器值大于或等于参数 PV 的值，那么输出 QU 的信号状态为"1"，否则 QU 的信号状态为"0"。如果当前计数器值小或等于 0，那么输出 QD 的信号状态为"1"，否则 QD 的信号状态为"0"。

【例 4-24】 CTUD 加减计数指令的使用如表 4-38 所示。I0.0 为加计数脉冲输入端，I0.1 为减计数脉冲输入端，I0.2 为复位输入端，I0.3 为装载输入端，计数器的计数次数设置为 4。当输入端 I0.0 的信号状态每发生 1 次从"0"变为"1"的上升沿跳变时，当前计数值加 1。如果当前计数器值大于或等于"4"，那么 Q0.0 输出为"1"，否则输出为"0"。当输入端 I0.1 的信号状态每发生 1 次从"0"变为"1"的上升沿跳变时，当前计数值减 1。如果当前计数器值小于或等于"0"，那么 Q0.1 输出为"1"，否则输出为"0"。当 I0.2 信号状态变为"1"时，计数器复位，使得当前计数器值变为 0，同时 Q0.0 输出为"0"。当 I0.3 信号状态变为"1"时，计数器置数，使得当前计数器值变为 4。

表 4-38   CTUD 加减计数指令的使用

程序段	LAD
程序段 1	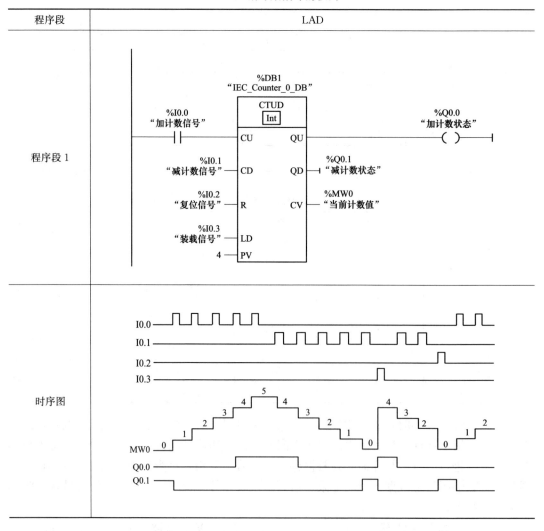

3. 计数器指令的应用

【**例 4-25**】 计数器指令在啤酒包装线中的应用。在某啤酒包装线中，要求每次装入 12 瓶啤酒到包装箱时，信号指示灯闪烁，同时传输带运行 10s，然后继续下一轮啤酒的包装。

分析：包装线上可以使用光电传感器来检测啤酒瓶，当每检测到 1 瓶时，产生 1 个脉冲信号送入 PLC 的 DB1（CTU 的背景数据块为 DB1）计数器中进行计数。光电检测信号与 I0.1 连接，复位信号与 I0.0 连接，信号灯与 Q0.0 连接，传输带由 Q0.1 控制，所以本系统需要 2 个输入、2 个输出端子，I/O 分配如表 4-39 所示，其 I/O 接线如图 4-22 所示。

表 4-39　　　　　　　　　　啤酒包装线的 I/O 分配表

输入（I）			输出（O）		
功能	元件	PLC 地址	功能	元件	PLC 地址
复位信号	SB1	I0.0	信号灯	HL	Q0.0
检测信号	S1	I0.1	传输带控制	KM	Q0.1

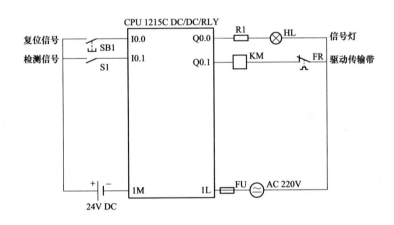

图 4-22　啤酒包装线的 I/O 接线图

本例编写的程序如表 4-40 所示，在程序段 1 中，每检测到 1 瓶啤酒时，I0.1 产生 1 个计数脉冲信号，使 DB1 中的当前计数值加 1。当当前计数值达到 12 时，M0.1 线圈闭合。在程序段 2 中，M0.1 动合触点闭合时，M0.2 线圈得电并自锁，同时 Q0.0 线圈控制信号灯以 1Hz 的频率闪烁，而 Q0.1 控制传输带将包装好的啤酒箱传输到下一工序位置，其仿真效果如图 4-23 所示。M0.2 线圈得电，程序段 1 中的 M0.2 动断触点断开，使 DB1 计数器不进行加 1 计数；程序段 3 中的 M0.2 动合触点闭合，启动 DB2（定时器的背景数据块）定时器进行延时。若延时达到 10s，意味着包装好的啤酒箱已传输到下一工序位置，此时 M0.3 线圈得电。M0.3 线圈得电，在程序段 1 中 M0.3 动合触点闭合，将 DB1 计数器复位，为下轮计数做好准备；在程序段 3 中，M0.3 动断触点闭合，信号灯熄灭，同时传输带电动机停止工作。

表 4-40   **计数器指令在啤酒包装线中应用的 PLC 程序**

程序段	LAD
程序段 1	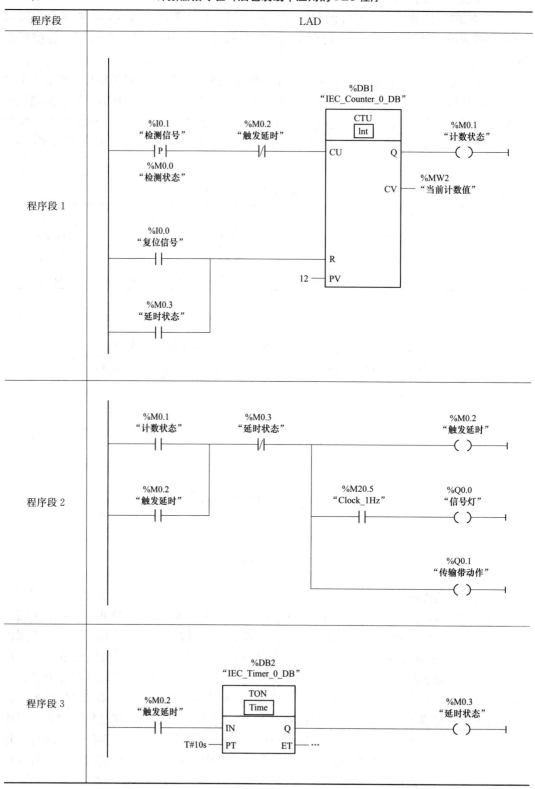

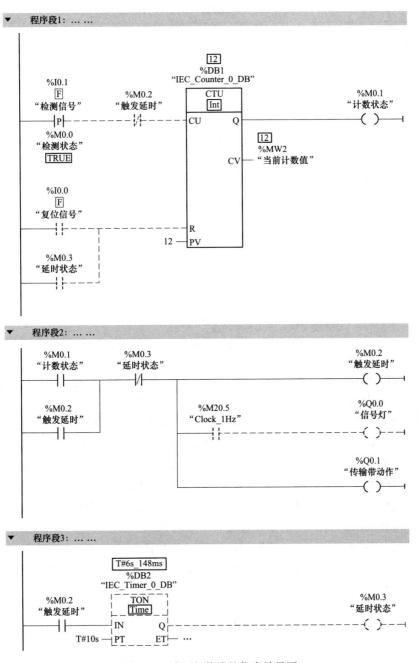

图 4-23　啤酒包装线的仿真效果图

【例 4-26】 计数器指令在两台电动机协调运行中的应用。某系统中有两台电动机，分别为 M1 和 M2。M1 和 M2 协调运行，M1 运行 10s，停止 5s，M2 则与 M1 相反，M1 运行，M2 停止；M2 运行，M1 停止，如此反复执行 3 次后，M1 和 M2 都停止运行。

分析：系统中可由两个定时器实现延时，分别延时 10s 和 5s；M1 和 M2 反复执行 3 次，其次数统计由计数器来实现。M1 和 M2 都是单向运行，可由 3 个输入、2 个输出端子进行控制，I/O 分配如表 4-41 所示，其 I/O 接线如图 4-24 所示。

表 4-41 两台电动机协调运行的 I/O 分配表

输入（I）			输出（O）		
功能	元件	PLC 地址	功能	元件	PLC 地址
停止按钮	SB1	I0.0	M1 电动机	KM1	Q0.0
M1 启动按钮	SB2	I0.1	M2 电动机	KM2	Q0.1
M2 启动按钮	SB3	I0.2			

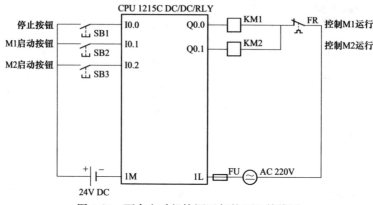

图 4-24 两台电动机协调运行的 I/O 接线图

本例编写的程序如表 4-42 所示，按下 M1 启动按钮时，在程序段 1 中，I0.1 动合触点闭合，Q0.0 线圈得电，启动 M1 电动机运行，同时启动 DB1（定时器的背景数据块）进行延时。当 DB1 定时器延时达到 10s 时，M0.3 线圈得电，使程序段 2 中 M0.3 动合触点闭合，M0.0 线圈得电。M0.0 线圈得电，程序段 3 中的 M0.0 动合触点闭合，Q0.1 线圈得电，启动 DB2 进行延时。同时，程序段 1 中的 M0.3 动断触点断开，使 M1 电动机停止运行。当 DB2 定时器延时达到 5s 时，M0.4 线圈得电，程序段 4 中 M0.4 动合触点闭合，M0.1 线圈得电。M0.1 线圈得电，程序段 5 中的 M0.0 动合触点闭合，DB3 计数器计数 1 次，仿真效果如图 4-25 所示；程序段 1 中的 M0.1 动合触点闭合，启动 M1 电动机运行；M1 电动机运行中，Q0.0 线圈得电，使得程序段 3 中的 Q0.0 动断触点断开，M2 电动机停止运行。如此循环 3 次时，DB3 计数器达到 3 次，M0.2 线圈得电，则程序段 1～程序段 4 中的 M0.2 动断触点断开，M1 和 M2 电动机均停止运行。

表 4-42 计数器指令在两台电动机协调运行中应用的 PLC 程序

程序段	LAD
程序段 1	![程序段1梯形图] %I0.1 "M1 启动按钮" — %M0.2 "计数状态" — %Q0.1 "控制M2 运行" — %I0.0 "停止按钮" — %M0.3 "延时10s" — %Q0.0 "控制M1运行" — ( ); %Q0.0 "控制M1 运行"; %M0.1 "运行状态2"; %DB1 "IEC_Timer_0_DB" TON Time — IN Q — %M0.3 "延时10s" ( ); T#10s — PT ET — ...

续表

程序段	LAD
程序段 2	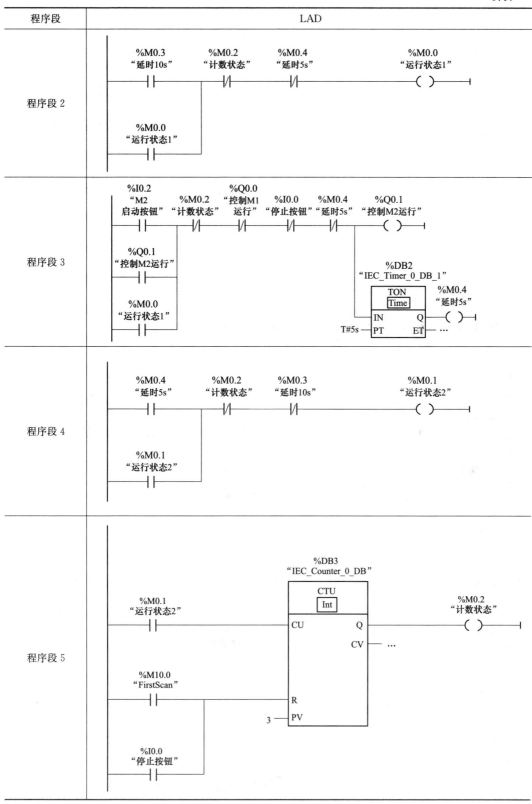
程序段 3	
程序段 4	
程序段 5	

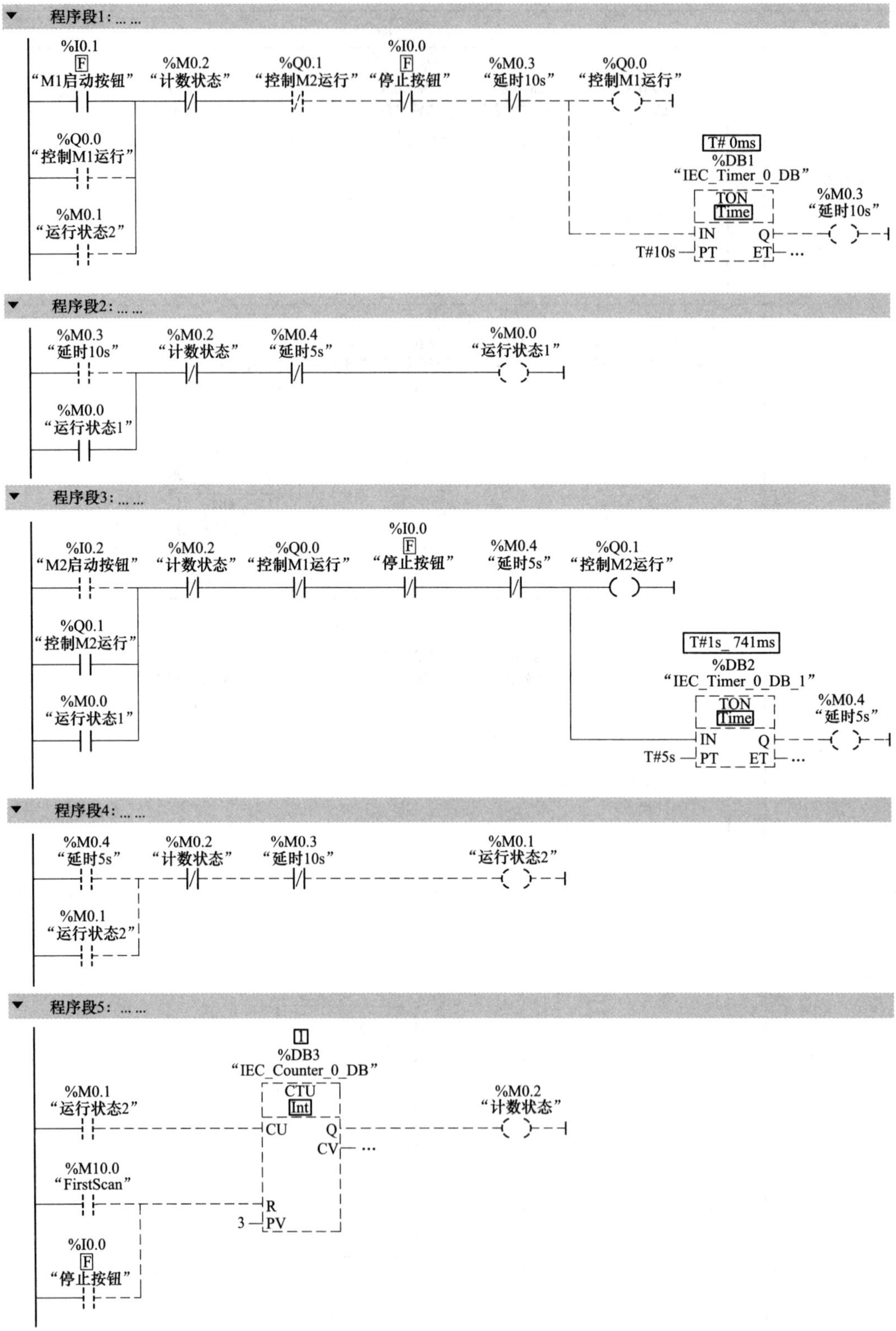

图 4-25　两台电动机协调运行的仿真效果图

4.1.4　移动操作指令

移动指令用于将输入端（源区域）的值复制到输出端（目的区域）指定的地址中。与 SIMATIC S7-300/400 PLC 相比，SIMATIC S7-1200 PLC 的移动操作指令更加丰富，有移动值、序列化和取消序列化、存储区移动和交换等指令，还有专门针对 Variant 变量的移动操作指令，当然也支持经典 STEP 7 所支持的移动操作指令，如图 4-26 所示。在此讲解一些常用的移动操作指令。

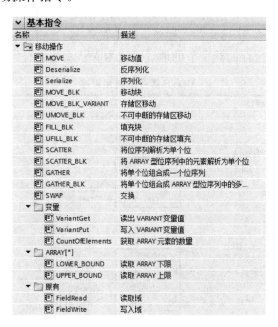

图 4-26　移动操作指令集

1. 移动值指令 MOVE

移动值指令（MOVE）可以将 IN 输入处操作数中的内容传送给 OUT 输出的操作数中。该指令有 EN、IN、ENO 和 OUT 等参数，各参数说明如表 4-43 所示。

表 4-43　　　　　　　　　　MOV 指令参数

梯形图指令符号	参数	数据类型	说明
	EN	Bool	允许输入
	ENO	Bool	允许输出
	IN	Sint、Int、Dint、USInt、UDInt、DInt、Real、	源数值
	OUT1	LReal、Byte、Word、DWord、Char、WChar、Array、Struct、DTL、Time、Date、TOD、IEC 数据类型、PLC 数据类型	目的地址

使用 MOVE 指令，可以将 IN 输入的源数值传送到 OUT 指定的地址单元。通过鼠标单击指令框中的星号"＊"，可以增加输出地址单元（如 OUT2、OUT3 等）。如果输入 IN 数据类型的位长度低于输出 OUT 数据类型的位长度，那么目标值的高位会被改写为

169

0。如果输入 IN 数据类型的位长度超出输出 OUT 数据类型的位长度，那么目标值的高位会被丢失。

【**例 4-27**】 MOVE 指令的使用如表 4-44 所示。PLC 一上电时，程序段 1 中 M10.0 触点闭合 1 次，将 W♯16♯A89D 传送给 MW0（MW0 由 MB0 和 MB1 构成），传送后 MB0 的内容为 16♯A8，MB1 的内容为 16♯9D。程序段 2 中的 M10.2 触点总处于闭合状态，将 IB0（IB0 由 I0.0～I0.7 构成）的开关量状态传送给 QB0。在程序段 3 中，当 I1.0 触点闭合时，先将立即数 0 传送到 QB1 中，使 QB1 内容清零，同时将十进制数 2345（对应的十六进制数为 16♯929）送入 MW2（MW2 由 MB2 和 MB3）中，传送后 MB2 的内容为 16♯9，MB3 的内容为 16♯29。注意，表中的 M10.0 和 M10.2 触点功能是在 CPU 模块的参数配置时将系统存储器字节的地址设置为 MB10 才会有的。

表 4-44   MOVE 指令的使用程序

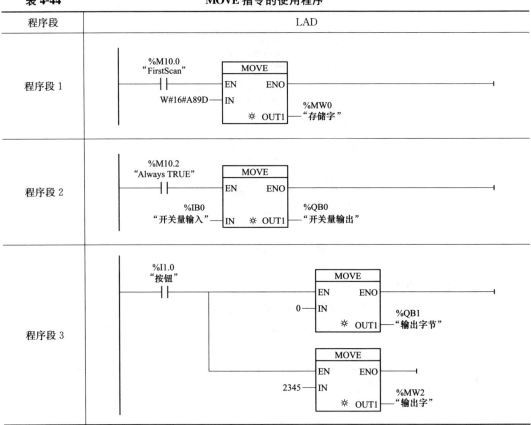

2. 移动块指令 MOVE_BLK

移动块指令（MOVE_BLK）可以将一个存储区（源区域）的数据移动到另一个存储区（目标区域）中。该指令有 EN、IN、ENO、COUNT 和 OUT 等参数，各参数说明如表 4-45 所示。

执行 MOVE_BLK 指令，将 IN 端起始区域的 n 个元素（n 由 COUNT 指定）传送到 OUT 端的目的起始区域中。EN 的信号状态为 0 或者移动的元素个数超出输入 IN 或输出 OUT 所能容纳的数据量时，ENO 输出为 0。

表 4-45   MOV_BLK 指令参数

梯形图指令符号	参数	数据类型	说明
	EN	Bool	允许输入
	ENO	Bool	允许输出
MOVE_BLK EN　ENO IN　OUT COUNT	IN	Sint、Int、Dint、USInt、UDInt、DInt、Real、LReal、Byte、Word、DWord、Char、WChar、Array、Struct、DTL、Time、Date、TOD、WChar	待复制源区域中的首个元素
	OUT		源区域内容要复制到目标区域中的首个元素
	COUNT	USInt、UInt、UDInt	要从源区域移动到目标区域的元素个数

【例 4-28】　MOVE_BLK 指令的使用如表 4-46 所示，每隔 1s 执行 1 次 MOVE_BLK 指令，将数组 A（"数据块_1"）中从第 2 个元素（A［0］）起的 3 个元素，传送到数组 B（"数据块_1"）中第 3 个元素（B［2］）起的数组中。

表 4-46   MOVE_BLK 指令的使用程序

程序段	LAD
程序段 1	%M20.5 "Clock_1Hz" —|P|— %M0.0 "状态"　　　　MOVE_BLK　EN　ENO　"数据块_1".A[1] —IN　OUT— "数据块_1".B[2]　　3 —COUNT

3. 填充块指令 FILL_BLK

填充块指令（FILL_BLK）可以用 IN 输入的值填充到由 OUT 指定地址起始的存储区（目标区域）。该指令有 EN、IN、ENO、COUNT 和 OUT 等参数，各参数说明如表 4-47 所示。

表 4-47   FILL_BLK 指令参数

梯形图指令符号	参数	数据类型	说明
	EN	Bool	允许输入
	ENO	Bool	允许输出
FILL_BLK EN　ENO IN　OUT COUNT	IN	Sint、Int、Dint、USInt、UDInt、DInt、Real、LReal、Byte、Word、DWord、Char、WChar、Array、Struct、DTL、Time、Date、TOD、WChar	用于填充目标范围的元素
	OUT1		目标区域中填充的起始地址
	COUNT	USInt、UInt、UDInt、ULInt	移动操作的重复次数

执行 FILL_BLK 指令时，将 IN 端的数值传送到 OUT 端的目的起始区域中，传送到 OUT 端的区域范围由 COUNT 指定。EN 的信号状态为 0 或者移动的元素个数超出输出 OUT 所能容纳的数据量时，ENO 输出为 0。

【例 4-29】　FILL_BLK 指令的使用如表 4-48 所示，当 PLC 一上电时，执行 1 次

FILL_BLK 指令，将十六进制立即数 16♯3CBD 传送到数据组 A（"数据块 1"）中从第 3 个元素（A［2］）起连续 3 个单元的数组中。

表 4-48　　　　　　　　　　　　　FILL_BLK 指令的使用程序

程序段	LAD
程序段 1	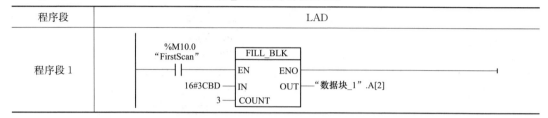

4. 交换指令 SWAP

交换指令（SWAP）是改变输入 IN 中字节的顺序，并由 OUT 输出。该指令有 EN、IN、ENO 和 OUT 等参数，各参数说明如表 4-49 所示。

表 4-49　　　　　　　　　　　　　　SWAP 指令参数

梯形图指令符号	参数	数据类型	说明
SWAP Word　EN ENO　IN OUT	EN	Bool	允许输入
	ENO	Bool	允许输出
	IN	Word、DWord	要交换其字节的操作数
	OUT1	Word、DWord	输出交换结果

执行 SWAP 指令时，将 IN 端输入的字节顺序发生改变，然后传送到 OUT 端。可以从指令框的 "???" 下拉列表中选择该指令的数据类型，指令类型可指令 WORD、DWORD。

【例 4-30】　SAWP 指令在 LED 指示灯中的应用。假设 CPU 1215C DC/DC/DC 的 QB0 和 QB1 外接 16 只发光二极管，每隔 1s，高 8 位的 LED 与低 8 位的 LED 实现互闪，其程序编写如表 4-50 所示。在程序段 1 中，PLC 一上电时，将初始值 16♯FF 送入 QW0，由于 QW0 包含 QB0 和 QB1 这两个字节，且 QB0 为高 8 位，QB1 为低 8 位，执行传送指令后，QB1 为 16♯FF，QB0 为 16♯00。在程序段 2 中，由于 M20.5 为 1Hz 的时钟脉冲信号，则每隔 1s，执行 SWAP 指令将 QB0 和 QB1 中的内容交换，从而实现了高 8 位（QB0）的 LED 与低 8 位（QB1）的 LED 互闪。

表 4-50　　　　　　　　　　　　SWAP 指令在 LED 指示灯中的应用程序

程序段	LAD
程序段 1	%M10.0 "FirstScan" ——｜｜——　MOVE　EN ENO　16#FF — IN　☀ OUT1 — %QW0 "LED指示灯"
程序段 2	%M20.5 "Clock_1Hz" ——｜P｜——　%M0.0 "状态"　SWAP Word　EN ENO　%QW0 "LED指示灯" — IN OUT1 — %QW0 "LED指示灯"

5. 移动操作指令的应用

【例 4-31】 移动操作指令在彩灯控制中的应用。某彩灯系统中有 8 只 LED，当按下 I0.0 按钮时，8 只 LED 全部熄灭；按下 I0.1 按钮时，8 只 LED 全部点亮；按下 I0.2 按钮时，8 只 LED 奇数灯亮；按下 I0.3 按钮时，8 只 LED 偶数灯亮。

分析：8 只 LED 可与 CPU 1215C DC/DC/DC 的 QB0 连接，4 只按钮分别与 I0.0～I0.3 连接，I/O 分配如表 4-51 所示，其 I/O 接线如图 4-27 所示。

表 4-51　　　　　　　　　　　　彩灯控制的 I/O 分配表

输入（I）			输出（O）		
功能	元件	PLC 地址	功能	元件	PLC 地址
熄灭按钮	SB1	I0.0	彩灯 1	LED1	Q0.0
全亮按钮	SB2	I0.1	彩灯 2	LED2	Q0.1
奇数按钮	SB3	I0.2	彩灯 3	LED3	Q0.2
偶数按钮	SB4	I0.3	彩灯 4	LED4	Q0.3
			彩灯 5	LED5	Q0.4
			彩灯 6	LED6	Q0.5
			彩灯 7	LED7	Q0.6
			彩灯 8	LED8	Q0.7

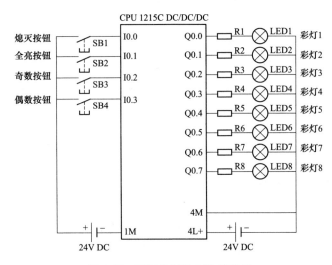

图 4-27　彩灯控制的 I/O 接线图

根据其要求，得出 8 只 LED 的逻辑关系如表 4-52 所示，表中"1"表示亮，"0"表示熄灭。编写程序如表 4-53 所示，程序段 1，当 I0.0 为 ON 时，将立即数 16＃00 送入 QB0，使 8 只 LED 全部熄灭；程序段 2，当 I0.1 为 ON 时，将立即数 16＃FF 送入 QB0，使 8 只 LED 全部点亮；程序段 3，当 I0.0 为 ON 时，将立即数 16＃AA 送入 QB0，使 8 只 LED 奇数灯点亮，其仿真效果如图 4-28 所示；程序段 4，当 I0.0 为 ON 时，将立即数 16＃55 送入 QB0，使 8 只 LED 偶数灯点亮。

表 4-52 **8 只 LED 的逻辑关系**

输入	输出								QB0 输出内容
	Q0.7	Q0.6	Q0.5	Q0.4	Q0.3	Q0.2	Q0.1	Q0.0	
I0.0	0	0	0	0	0	0	0	0	16#00
I0.1	1	1	1	1	1	1	1	1	16#FF
I0.2	1	0	1	0	1	0	1	0	16#AA
I0.3	0	1	0	1	0	1	0	1	16#55

表 4-53 **8 只 LED 的应用程序**

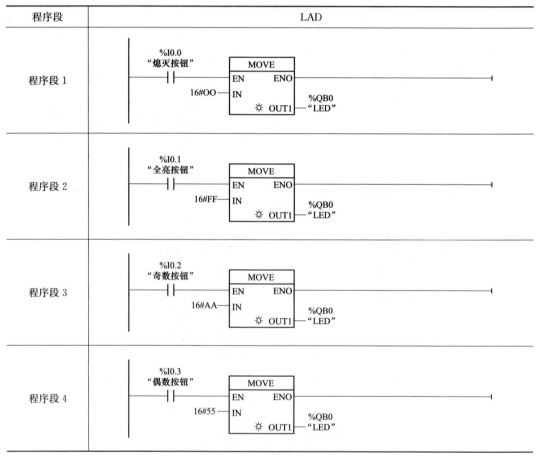

程序段	LAD
程序段 1	
程序段 2	
程序段 3	
程序段 4	

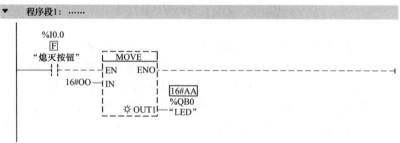

图 4-28 8 只 LED 的运行效果图（一）

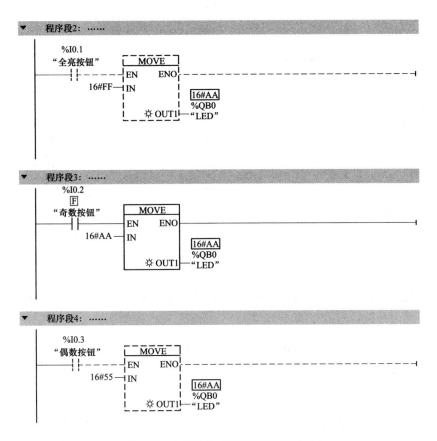

图 4-28　8 只 LED 的运行效果图（二）

【例 4-32】　移动操作指令在 5 人抢答器中的应用。某抢答器允许 5 人进行抢答，每人都有 1 个抢答按钮，当主持人按下允许抢答按钮后，先按下抢答按钮者，LED 数码管显示其抢答号码，蜂鸣器发声并持续 5s 后自动停止，同时锁住抢答器，此时，其他组的操作信号不起作用。当主持人按复位按钮 SB7 后，系统复位，显示抢答号码为 0。

分析：通常使用 7 段 LED 数码管，它是由 8 个发光二极管组成，其中 7 个 LED 呈"日"字形排列，另外 1 个 LED 用于表示小数点（dp），其结构及连接如图 4-29 所示。由于小数点 dp 通常不显示，LED 数码管又称为 7 段 LED 数码管。当某一发光二极管导通时，相应地点亮某一点或某一段笔画，通过二极管不同的亮暗组合形成不同的数字、字母及其他符号。

LED 数码管中发光二极管有两种接法：①所有发光二极管的阳极连接在一起，这种连接方法称为共阳极接法；②所有二极管的阴极连接在一起，这种连接方法称为共阴极接法。共阴极的 LED 高电平时对应的段码被点亮，共阳极的 LED 低电平时对应的段码被点亮。一般共阴极可以不外接电阻，但共阳极中的发光二极管一定要外接电阻。

LED 数码管的发光二极管亮暗组合实质上就是不同电平的组合，也就是为 LED 显示器提供不同的代码，这些代码称为字形代码，即段码。7 段发光二极管加上 1 个小数点 dp 共计 8 段，字形代码与这 8 段的关系如表 4-54 所示。

表 4-54 字形代码与 LED 段的关系

数据字	D7	D6	D5	D4	D3	D2	D1	D0
LED 段	dp	g	f	e	d	c	b	a

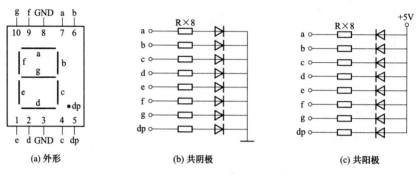

(a) 外形   (b) 共阴极   (c) 共阳极

图 4-29 LED 结构及连接

字形代码与十六进制数的对应关系如表 4-55 所示。从表中可以看出共阴极与共阳极的字形代码互为补数。

表 4-55 字形代码与十六进制数对应关系

字符	dp	g	f	e	d	c	b	a	段码（共阴）	段码（共阳）
0	0	0	1	1	1	1	1	1	16#3F	16#C0
1	0	0	0	0	0	1	1	0	16#06	16#F9
2	0	1	0	1	1	0	1	1	16#5B	16#A4
3	0	1	0	0	1	1	1	1	16#4F	16#B0
4	0	1	1	0	0	1	1	0	16#66	16#99
5	0	1	1	0	1	1	0	1	16#6D	16#92
6	0	1	1	1	1	1	0	1	16#7D	16#82
7	0	0	0	0	0	1	1	1	16#07	16#F8
8	0	1	1	1	1	1	1	1	16#7F	16#80
9	0	1	1	0	1	1	1	1	16#6F	16#90
A	0	1	1	1	0	1	1	1	16#77	16#88
B	0	1	1	1	1	1	0	0	16#7C	16#83
C	0	0	1	1	1	0	0	1	16#39	16#C6
D	0	1	0	1	1	1	1	0	16#5E	16#A1
E	0	1	1	1	1	0	0	1	16#79	16#86
F	0	1	1	1	0	0	0	1	16#71	16#8E
_	0	1	0	0	0	0	0	0	16#40	16#BF
.	1	0	0	0	0	0	0	0	16#80	16#7F
熄灭	0	0	0	0	0	0	0	0	16#00	16#FF

假设主持人复位按钮 SB1 与 I0.0 连接，允许抢答按钮 SB2 与 I0.1 连接；5 人抢答按钮 SB3～SB7 分别与 I0.2～I0.6 连接；1 位共阴极 LED 数码管的 a～g 段与 Q0.0～Q0.6 连接，dp 端不连接；LB 蜂鸣器与 Q1.0 连接。因此需要使用 7 个输入点，8 个输出点，I/O 分配如表 4-56 所示，其 I/O 接线如图 4-30 所示。

表 4-56　　　　　　　　　　　　5 人抢答器的输入/输出分配表

输　入			输　出		
功能	元件	PLC 地址	功能	元件	PLC 地址
复位按钮	SB1	I0.0	数码管 a 段	a	Q0.0
允许抢答按钮	SB2	I0.1	数码管 b 段	b	Q0.1
抢答 1 按钮	SB3	I0.2	数码管 c 段	c	Q0.2
抢答 2 按钮	SB4	I0.3	数码管 d 段	d	Q0.3
抢答 3 按钮	SB5	I0.4	数码管 e 段	e	Q0.4
抢答 4 按钮	SB6	I0.5	数码管 f 段	f	Q0.5
抢答 5 按钮	SB7	I0.6	数码管 g 段	g	Q0.6
			蜂鸣器	LB	Q1.0

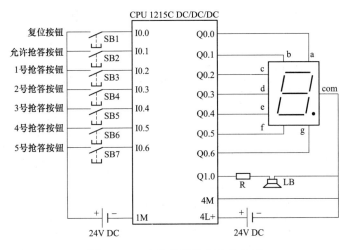

图 4-30　5 人抢答器的 I/O 接线图

在编程时，各人抢答状态用 5 条 SET 指令保存，同时考虑到抢答器是否已经被最先按下的所锁定，抢答器的锁定状态用 M0.1 保存；抢先状态锁存后，其他人的操作无效，将相应抢答人编号使用 MOVE 指令传送到 QB0，通过共阴极 LED 数码进行显示，同时铃响 5s 后自停，可用定时器指令实现延时，LB（蜂鸣器）报警声音控制可使用 PLC 系统时钟来实现。

编写的程序如表 4-57 所示，在程序段 1 中，主持人按下 SB2 时，I0.1 动合触点闭合，M0.0 线圈得电并自锁。程序段 2～程序段 6 为各人抢答操作，例如 1 号先抢答时按下 SB3，I0.2 动合触点闭合，M1.1 线圈置位，同时将 16#06 送入 QB0，使共阴极 LED 数码管显示 "1"，其仿真效果如图 4-31 所示。程序段 7 为抢答状态，锁定其他人继续抢答。程序段 8 为抢答延时控制。程序段 9 为抢答成功后，蜂鸣器发声控制。程序段 10 为复位控制，当主持人按下复制按钮时，I0.0 动合触点闭合，将 M1.1～M1.5 的线圈复位，同时将 16♯3F 送入 LED 数码管，显示编号为 0。

表 4-57　　　　　　　　　　　　　　**5 人抢答器的 PLC 程序**

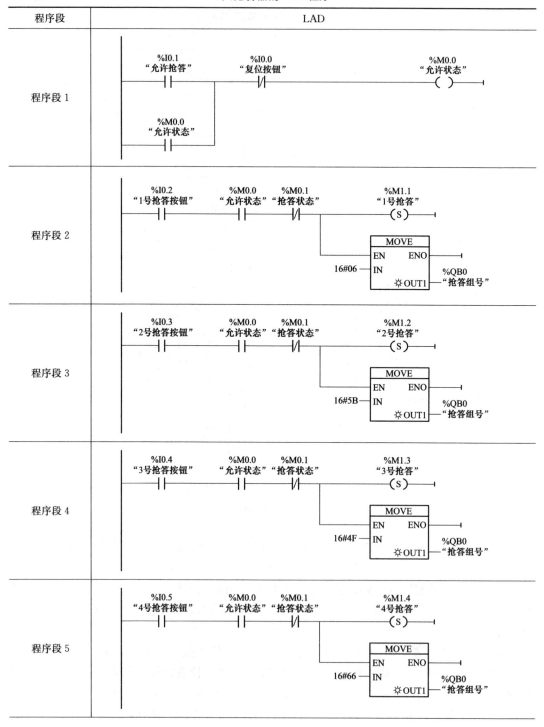

程序段	LAD
程序段 1	
程序段 2	
程序段 3	
程序段 4	
程序段 5	

续表

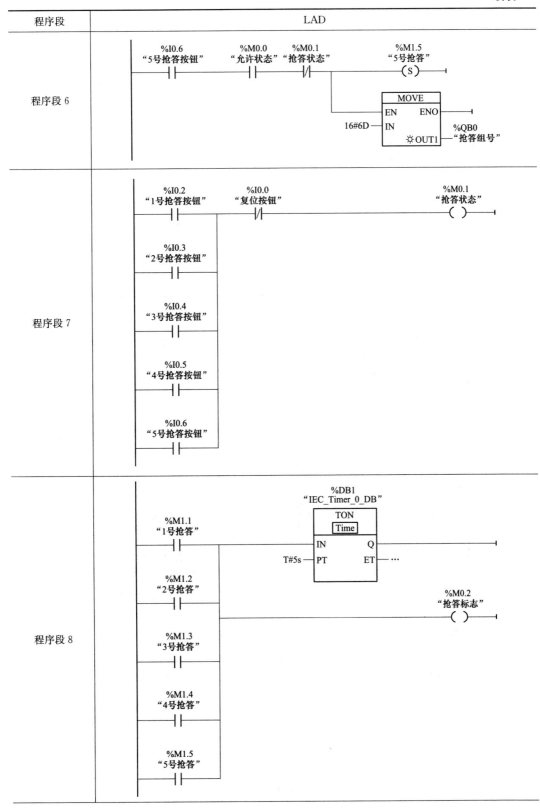

程序段	LAD
程序段 6	
程序段 7	
程序段 8	

续表

程序段	LAD
程序段 9	
程序段 10	

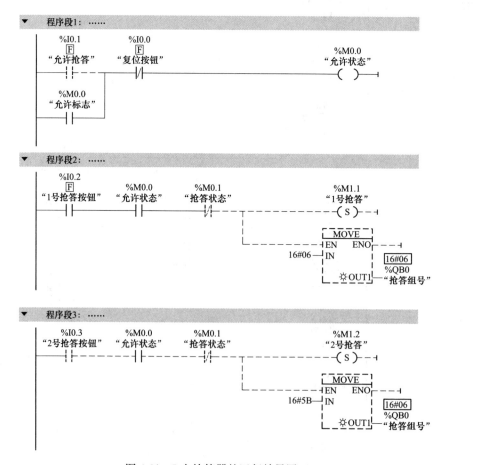

图 4-31 5 人抢答器的运行效果图（一）

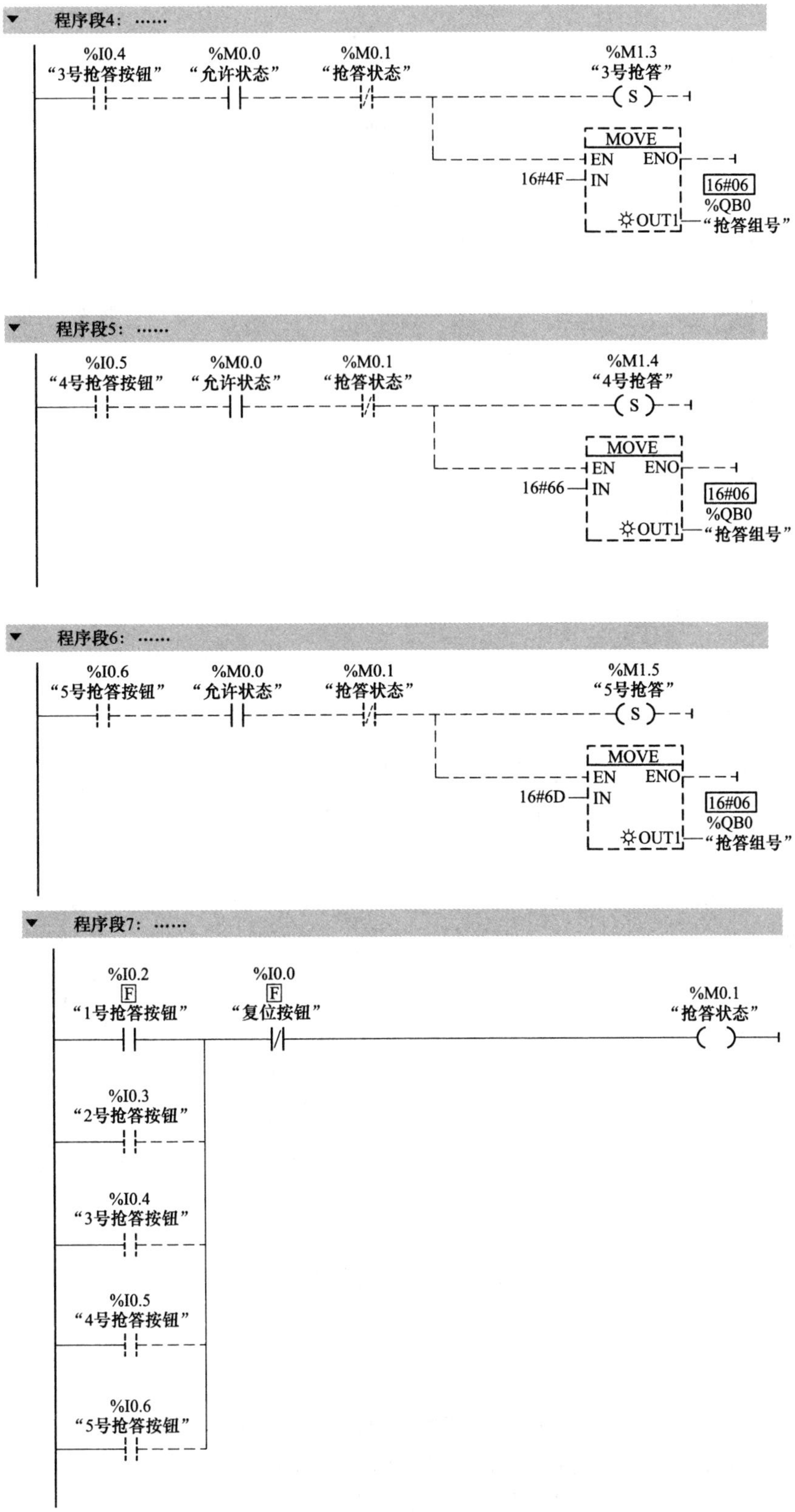

程序段4：……

%I0.4
"3号抢答按钮"

%M0.0
"允许状态"

%M0.1
"抢答状态"

%M1.3
"3号抢答"
—(S)—

MOVE
EN　ENO
16#4F —IN
☼OUT1
16#06
%QB0
"抢答组号"

程序段5：……

%I0.5
"4号抢答按钮"

%M0.0
"允许状态"

%M0.1
"抢答状态"

%M1.4
"4号抢答"
—(S)—

MOVE
EN　ENO
16#66 —IN
☼OUT1
16#06
%QB0
"抢答组号"

程序段6：……

%I0.6
"5号抢答按钮"

%M0.0
"允许状态"

%M0.1
"抢答状态"

%M1.5
"5号抢答"
—(S)—

MOVE
EN　ENO
16#6D —IN
☼OUT1
16#06
%QB0
"抢答组号"

程序段7：……

%I0.2
[P]
"1号抢答按钮"

%I0.0
[P]
"复位按钮"

%M0.1
"抢答状态"
—( )—

%I0.3
"2号抢答按钮"

%I0.4
"3号抢答按钮"

%I0.5
"4号抢答按钮"

%I0.6
"5号抢答按钮"

图 4-31　5人抢答器的运行效果图（二）

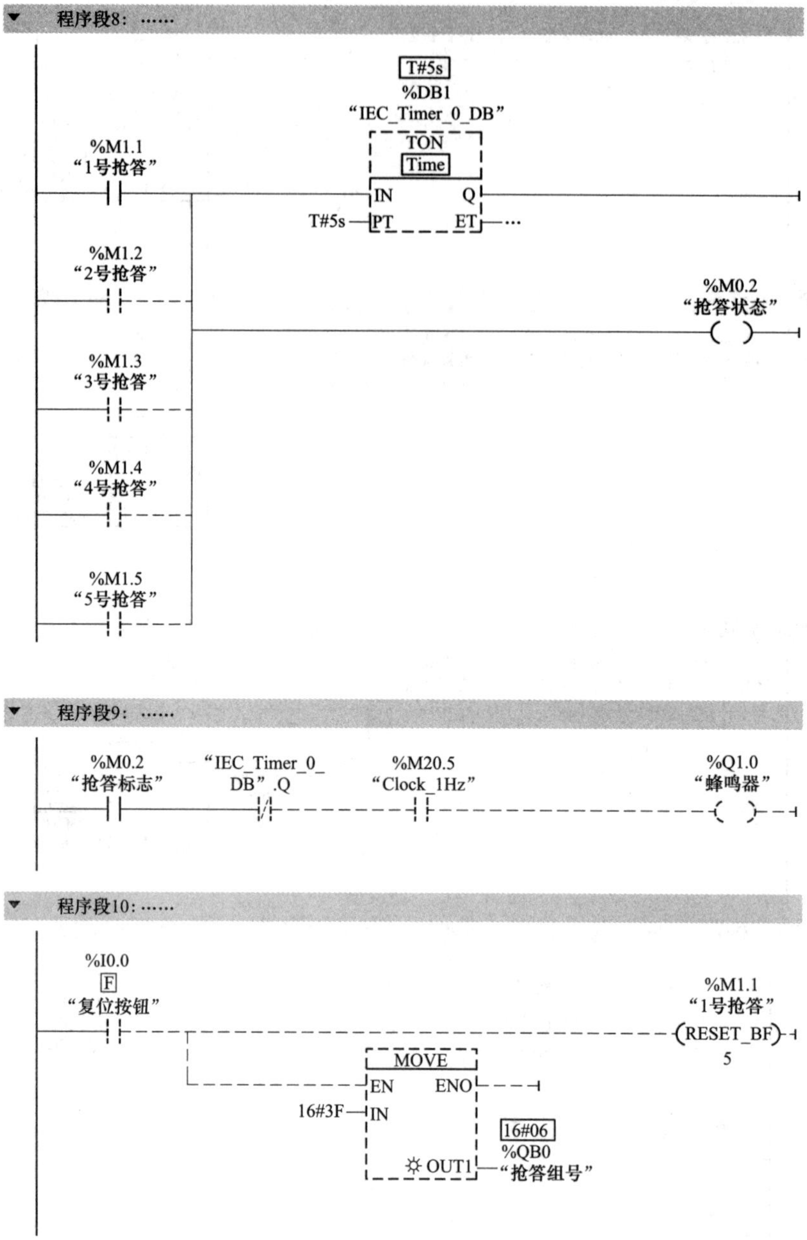

图 4-31　5 人抢答器的运行效果图（三）

4.1.5　比较操作指令

比较操作指令是根据所选择的比较类型，对两个操作数 IN1 和 IN2 进行大小的比较。TIA Portal 软件提供了丰富的比较指令，以满足用户的各种需要，操作数的数据类型可以是整数、双整数、实数等。比较操作指令的梯形图形式如表 4-58 所示。

表 4-58　　　　　　　　　　　　　　　　比较操作指令

比较关系	梯形图指令符号	比较关系	梯形图指令符号	比较关系	梯形图指令符号
等于 (CMP==)	`<???>` | == | ??? `<???>`	小于或等于 (CMP<=)	`<???>` | <= | ??? `<???>`	值在范围内 (IN_RANGE)	IN_RANGE ??? MIN VAL MAX
不等于 (CMP<>)	`<???>` | <> | ??? `<???>`	大于 (CMP>)	`<???>` | > | ??? `<???>`	值在范围外 (OUT_RANGE)	OUT_RANGE ??? MIN VAL MAX
大于或等于 (CMP>=)	`<???>` | >= | ??? `<???>`	小于 (CMP<)	`<???>` | < | ??? `<???>`		

比较操作指令 CMP 的上方<???>为操作数 IN1，下方<???>为操作数 IN2，中间的<???>为操作数的数据类型，由用户进行选择。

比较操作指令 IN_RANGE 和 OUT_RANGE 的 MIN 为取值范围的下限，MAX 为取值范围的上限，VAL 为比较值。执行指令 IN_RANGE 时，如果 VAL 的值满足 MIN≤VAL 或 VAL≤MAX，那么"功能框输出"的信号状态为"1"，否则信号状态为"0"。执行指令 OUT_RANGE 时，如果 VAL 的值满足 MIN>VAL 或 VAL>MAX，那么"功能框输出"的信号状态为"1"，否则信号状态为"0"。

【例 4-33】 比较操作指令在 3 台电动机的顺启顺停控制中的应用。3 台电动机 M1、M2 和 M3 分别由 Q0.0、Q0.1 和 Q0.2 输出控制。按下启动按钮 SB2 后，首先 M1 直接启动，延时 3s 后 M2 启动，再延时 5s 后 M3 启动。按下停止按钮 SB1 后，M1 直接停止，延时 2s 后 M2 停止，再延时 3s 后 M3 停止。使用比较指令实现此功能。

分析：停止按钮 SB1 与 I0.0 连接，启动按钮 SB2 与 I0.1 连接，3 台电动机 M1、M2 和 M3 分别由 Q0.0、Q0.1 和 Q0.2 控制，I/O 分配如表 4-59 所示，其 I/O 接线如图 4-32 所示。

表 4-59　　　　　　　　　　3 台电动机顺启顺停的输入/输出分配表

输　入			输　出		
功能	元件	PLC 地址	功能	元件	PLC 地址
停止按钮	SB1	I0.0	控制 M1 运行	KM1	Q0.0
启动按钮	SB2	I0.1	控制 M2 运行	KM2	Q0.1
			控制 M3 运行	KM3	Q0.2

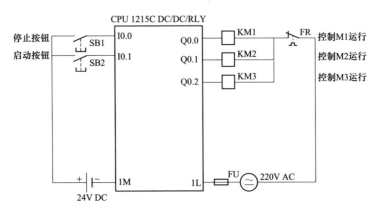

图 4-32　3 台电动机的顺启顺停的 I/O 接线图

　　要实现电动机 M1~M3 的顺序启动、顺序停止，可使用两个定时器和比较指令来实现。一个 TON(DB1) 作为启动延时定时器，另一个 TON(DB2) 作为停止延时定时器，编写程序如表 4-60 所示。程序段 1 中，按下启动按钮 SB2 时，程序段 1 中的 I0.1 动合触点闭合，M0.0 线圈得电并自锁。M0.0 线圈得电，使得程序段 3 中的 M0.0 动合触点闭合，TON 指令开始延时（MD2 存放当前计时值），同时 Q0.0 线圈得电，电动机 M1 直接启动。当 TON 延时达 3s（MD2 大于或等于 T♯3s）时，程序段 5 中的 Q0.1 线圈得电，使电动机 M2 延时 3s 后启动，其仿真效果如图 4-33 所示。当 TON 延时达 8s（M0.2 线圈得电）时，程序段 6 中 M0.2 动合触点闭合，使 Q0.2 线圈得电，电动机 M3 再延时 5s 后启动，同时程序段 2 中的 M1.0 动合触点闭合，为电动机的停止做准备。当 3 台电动机全部启动后，按下停止按钮 SB1，程序段 2 中的 M0.1 线圈得电自锁。M0.1 线圈得电，使得程序段 4 中的 TON 进行延时（MD6 存放当前计时值），同时程序段 3 中的 M0.1 动断触点断开，电动机 M1 直接停止。当 TON 延时达 2s（MD6 大于或等于 T♯2s），程序段 7 中的 M0.4 线圈得电，从而使程序段 5 中的 M0.4 动断触点断开，Q0.1 线圈失电，电动机 M2 停止运行。当 TON 延时达 5s（M0.3 线圈得电），程序段 3 中的 M0.3 动断触点断开，电动机 M3 停止运行，同时程序段 1 中的 M1.1 动断触点也断开，使 M0.0 线圈失电，各元件恢复为初始状态。

表 4-60　　　　　　　　比较操作指令在 3 台电动机的顺启顺停控制中的应用程序

程序段	LAD
程序段 1	%I0.1 "启动按钮" ┤├　　%M0.3 "延时停止" ┤├　　%M0.0 "启动标志" ( ) %M0.0 "启动标志" ┤├

程序段	LAD

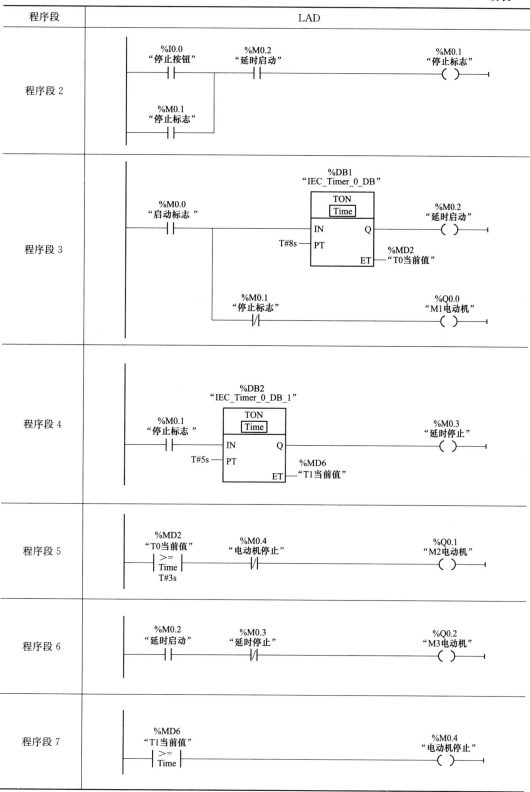

▼　程序段1：⋯⋯

```
      %I0.1
       F                %M0.3                                      %M0.0
     "启动按钮"          "延时停止"                                  "启动标志"
  ─────┤ ├────────────────┤/├──────────────────────────────────────( )─────

      %M0.0
     "启动标志"
  ─────┤ ├────
```

▼　程序段2：⋯⋯

```
      %I0.0
       F                %M0.2                                      %M0.1
     "停止按钮"          "延时启动"                                  "停止标志"
  ─────┤ ├────────────────┤/├──────────────────────────────────────( )─────

      %M0.1
     "停止标志"
  ─────┤ ├────
```

▼　程序段3：⋯⋯

```
                         T# 3s_907ms
                         %DB1
                         "IEC_Timer_0_DB"
      %M0.0              ┌──────────┐                              %M0.2
     "启动状态"          │   TON    │                              "延时启动"
  ─────┤ ├──────────────┤   Time   ├──────────────────────────────( )─────
                        │          │
                        ┤IN       Q├
              T#8s─────┤PT          │      T# 3s_907ms
                        │          │       %MD2
                        │        ET├───── "T0当前值"
                        └──────────┘

      %M0.1                                                        %Q0.0
     "停止标志"                                                     "M1电动机"
  ─────┤/├──────────────────────────────────────────────────────( )─────
```

▼　程序段4：⋯⋯

```
                         T# 0ms
                         %DB2
                         "IEC_Timer_0_DB_1"
      %M0.1              ┌──────────┐                              %M0.3
     "停止标志"          │   TON    │                              "延时停止"
  ─────┤ ├──────────────┤   Time   ├──────────────────────────────( )─────
                        │          │
                        ┤IN       Q├
              T#5s─────┤PT          │       T# 0ms
                        │          │        %MD6
                        │        ET├────── "T1当前值"
                        └──────────┘
```

▼　程序段5：⋯⋯

```
      T#3S_453MS
      %MD2
     "T0当前值"           %M0.4                                     %Q0.1
    ┌──────┐            "电动机停止"                                "M2电动机"
  ──┤ >=   ├──────────────┤/├──────────────────────────────────────( )─────
    │ Time │
    └──────┘
      T#3s
```

图 4-33　3 台电动机的顺启顺停控制的运行仿真效果图（一）

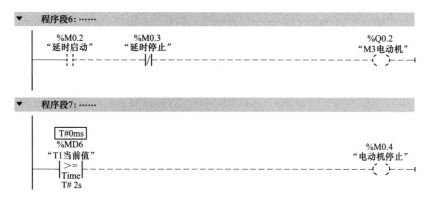

图 4-33　3 台电动机的顺启顺停控制的运行仿真效果图（二）

【**例 4-34**】　比较指令在十字路口模拟交通灯控制中的应用。某十字路口模拟交通灯的控制示意如图 4-34 所示，在十字路口，当某个方向绿灯点亮 20s 后熄灭，黄灯以 2s 周期闪烁 3 次（另一方向红灯点亮），然后红灯点亮（另一方向绿灯点亮、黄灯闪烁），如此循环。

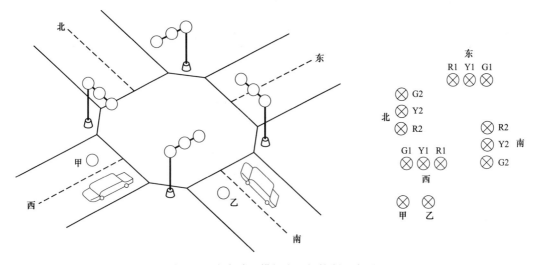

图 4-34　十字路口模拟交通灯控制示意图

分析：根据题意可知，PLC 实现十字路口模拟交通灯控制时，需要 2 个输入点和 8 个输出点，因此 CPU 模块可选用 CPU 1215C DC/DC/DC，使用 CPU 模块集成的 I/O 端子即可，I/O 分配如表 4-61 所示，其 I/O 接线如图4-35所示。

按某个方向顺序点亮绿灯、黄灯、红灯，可以采用 M20.5 作为 1s 的时钟脉冲，由计数器进行计时，通过比较计数器的当前计数值驱动交通灯显示，编写程序如表 4-62 所示。程序段 1 中，当按下启动按钮时，M0.0 线圈得电并自锁。程序段 2 中，通过 M20.5，每隔 1s 使计数器计数 1 次，其最大计数值为 50。当计数器的计数值达到 50 次时，程序段 3 中的 M0.1 线圈得电，从而使程序段 2 中的计数器复位。程序段 4 为东西方向的绿灯显示及甲车通行控制；程序段 5 为东西方向的黄灯显示控制，黄灯闪烁 3 次，因此通过 3 次数值比较而实现；程序段 6 为东西方向的红灯显示控制；程序段 7 为南北方向的红灯显示控

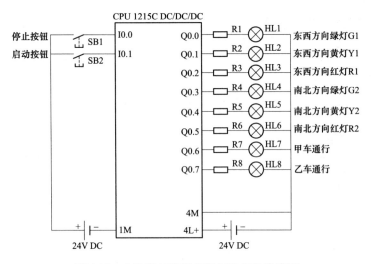

图 4-35　十字路口模拟交通灯的 I/O 接线图

制；程序段 8 为南北方向的绿灯显示及乙车通行控制；程序段 9 为南北方向的黄灯显示控制。十字路口模拟交通灯的运行仿真效果如图 4-36 所示。

表 4-61　　　　　　　　　　　　　十字路口模拟交通灯 I/O 分配表

输入（I）			输出（O）		
功能	元件	PLC 地址	功能	元件	PLC 地址
停止按钮	SB1	I0.0	东西方向绿灯 G1	HL1	Q0.0
启动按钮	SB2	I0.1	东西方向黄灯 Y1	HL2	Q0.1
			东西方向红灯 R1	HL3	Q0.2
			南北方向绿灯 G2	HL4	Q0.3
			南北方向黄灯 Y2	HL5	Q0.4
			南北方向红灯 R2	HL6	Q0.5
			甲车通行	HL7	Q0.6
			乙车通行	HL8	Q0.7

表 4-62　　　　　　　　　　　　　十字路口模拟交通灯程序

程序段	LAD
程序段 1	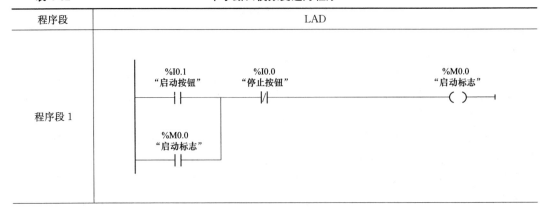

续表

程序段	LAD
程序段 2	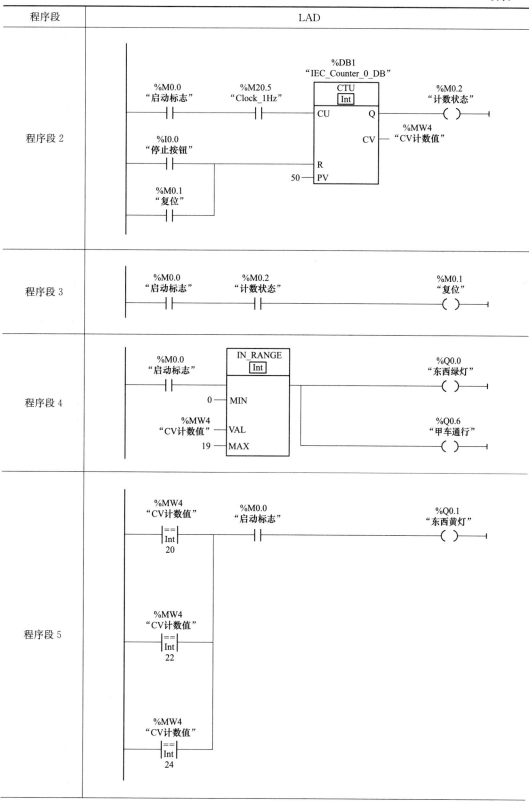
程序段 3	
程序段 4	
程序段 5	

程序段	LAD
程序段 6	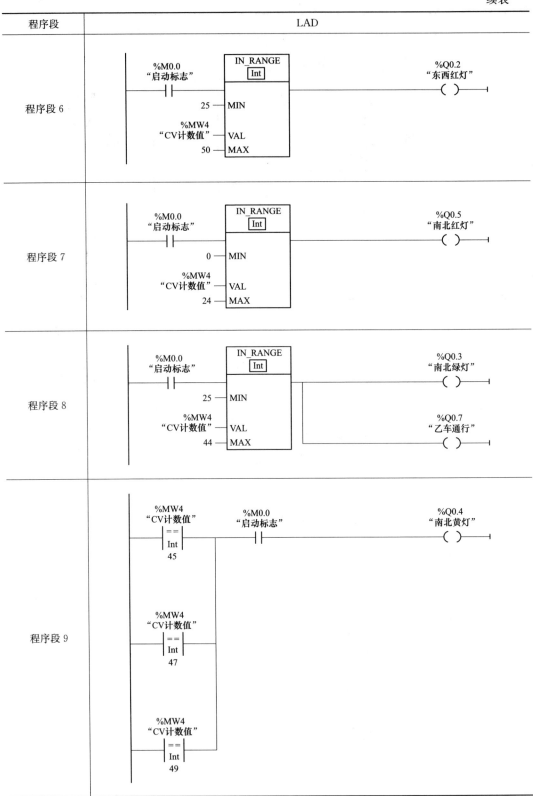
程序段 7	
程序段 8	
程序段 9	

▼　程序段1：……

```
      %I0.1              %I0.0                                          %M0.0
       F                  F                                            "启动标志"
    "启动按钮"          "停止按钮"
    ───┤ ├─────────────┤／├──────────────────────────────────────────( )───

      %M0.0
    "启动标志"
    ───┤ ├───
```

▼　程序段2：……

```
                                              ┌26┐
                                              %DB1
                                        "IEC_Counter_0_DB"
      %M0.0            %M20.5           ┌ ─ ─ ─ ─ ─ ─ ─ ┐              %M0.2
    "启动标志"       "Clock_1Hz"              CTU                    "计数标志"
                                              Int
    ───┤ ├─────────────┤ ├───────────── CU          Q ───────────────( )───
                                                              ┌26┐
      %I0.0                                                   %MW4
       F                                                   "CV计数值"
    "停止按钮"                                      CV ───
    ───┤ ├───┐
      %M0.1  │
    "复位"   ├───────────────────────── R
    ───┤ ├───┘                    50 ─ PV
                                        └ ─ ─ ─ ─ ─ ─ ─ ┘
```

▼　程序段3：……

```
      %M0.0            %M0.2                                          %M0.1
    "启动标志"        "计数状态"                                      "复位"
    ───┤ ├─────────────┤ ├──────────────────────────────────────────( )───
```

▼　程序段4：……

```
      %M0.0          ┌ ─ ─ ─ ─ ─ ┐                                   %Q0.0
    "启动标志"         IN_RANGE                                     "东西绿灯"
                       Int
    ───┤ ├──────────┐                    ┌──────────────────────────( )───
                    │
                 0 ─ MIN                  │                          %Q0.6
      ┌26┐                                                         "甲车通行"
      %MW4                                │
    "CV计数值" ──── VAL                   └──────────────────────────( )───
                19 ─ MAX
                    └ ─ ─ ─ ─ ─ ┘
```

图 4-36　十字路口模拟交通灯的运行仿真效果图（一）

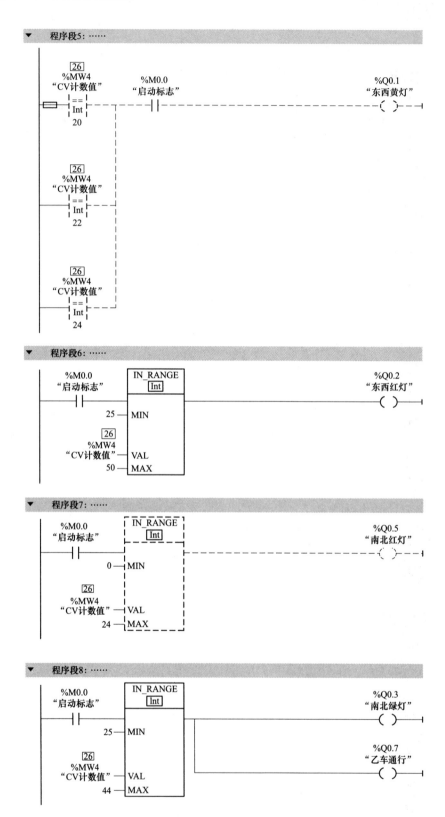

图 4-36 十字路口模拟交通灯的运行仿真效果图（二）

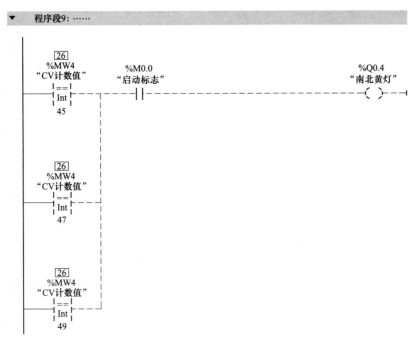

图 4-36　十字路口模拟交通灯的运行仿真效果图（三）

4.1.6　转换操作指令

转换操作指令是对操作数的类型进行转换，并输出到指定的目标地址中去。在 TIA Portal 中提供了一些转换操作指令，如转换值、取整、标准化、缩放、取消缩放等指令。

1. 转换值指令

转换值指令 CONV 将读取参数 IN 的内容，并根据指令框中选择的数据类型对其进行转换，转换结果存储在 OUT 中，指令参数如表 4-63 所示。

表 4-63　　　　　　　　　　　　CONV 指令参数

梯形图指令符号	参数	数据类型	说明
CONV ??? to ??? EN　　ENO IN　　OUT	EN	Bool	允许输入
	ENO	Bool	允许输出
	IN	位字符串、整数、浮点数、Char、WChar、BCD16、BCD32	要转换的值
	OUT		转换结果

指令框的"???"下拉列表中可以选择该指令的数据类型，其中左侧"???"设置待转换的数据类型，右侧"???"设置转换后的数据类型。在此，以 BCD 码与整数之间的转换为例，讲述转换值指令的相关内容。

在一些数字系统，如计算机和数字式仪器中，采用数码开关设置数据时，往往采用二进制码表示十进制数。通常，把用一组四位二进制码来表示一位十进制数的编码方法称为 BCD 码。

4 位二进制码共有 16 种组合，可从中选取 10 种组合来表示 0～9 这 10 个数，根据不同的选取方法，可以编制出多种 BCD 码，其中 8421BCD 码最为常用。十进制数与 8421BCD 码的对应关系如表 4-64 所示。如十进制数 1234 转换成 8421BCD 码为 0001001000110100。

表 4-64   十进制数与 8421BCD 码对应表

十进制数	0	1	2	3	4	5	6	7	8	9
BCD 码	0000	0001	0010	0011	0100	0101	0110	0111	1000	1001

【例 4-35】 转换值指令 CONV 的使用程序如表 4-65 所示。PLC 一上电时，M10.0 触点闭合 1 次，将 3 个不同的立即数传送到相应的存储单元中。当 I0.0 触点闭合时，执行 CONV 指令，将 MW0 中的 16 位 BCD 码（W♯16♯875）转换为 16 位整数，结果（875）送入 MW30 中，其转换过程如图 4-37（a）所示；当 I0.1 触点闭合时，执行 CONV 指令，将 MW2 中的 16 位整数（－869）转换为 16 位 BCD，结果（16♯F869）送入 MW32 中，其转换过程如图 4-37（b）所示；当 I0.2 触点闭合时，执行 CONV 指令，将 MD4 中的 32 位 BCD 码值（16♯00253498）转换为 32 位整数，结果（16♯0003DE3A）送入 MD34 中，其转换过程如图 4-37（c）所示。

表 4-65   转换值指令 CONV 的使用程序

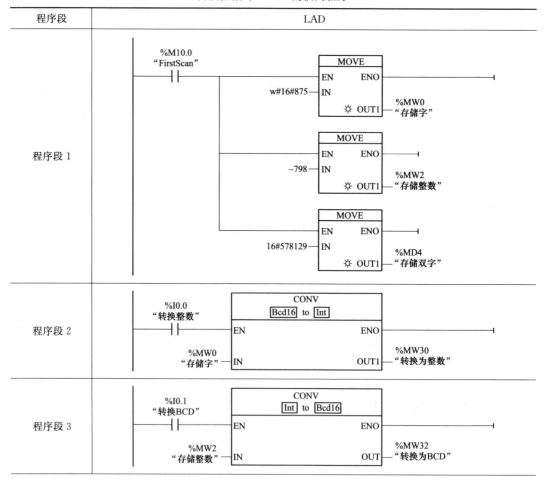

程序段	LAD
程序段 4	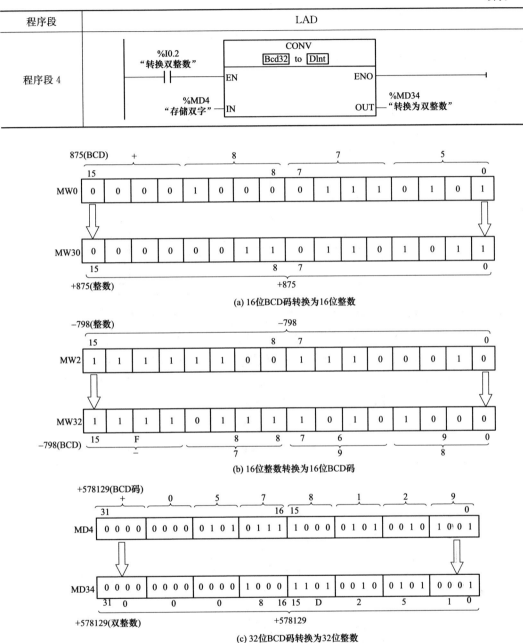

(a) 16位BCD码转换为16位整数

(b) 16位整数转换为16位BCD码

(c) 32位BCD码转换为32位整数

图 4-37 转换值指令 CONV 的转换过程

2. 取整指令

取整指令包括取整数 ROUND 指令、浮点数向上取整指令 CEIL 指令、参数浮点数向下取整 FLOOR 指令、截尾取整 TRUNC 指令，这些指令均由参数 EN、ENO、IN、OUT 构成，其梯形图指令形式如表 4-66 所示。

ROUND/TRUNC/CEIL/FLOOR 指令可以将输入参数 IN 的内容以浮点数读入，并将它转换成 1 个双整数 (32 位)。其结果为与输入数据最接近的整数 ("最接近舍入" / "舍入到零方式" / "向正无穷大舍入" / "向负无穷大舍入")。如果产生上溢，那么 ENO 为 "0"。IN 为浮点数输入端，其数据类型为 Real；OUT 为最接近的较大双整数输出端，其数据类型为 DInt；ENO 为使能输出，其数据类型为 Bool。

表 4-66 取整指令

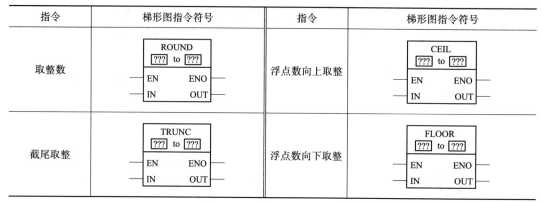

【例 4-36】 取整指令的使用如表 4-67 所示。PLC 一上电时，M10.0 触点闭合 1 次，将实数 12.53 送入 MD0 中；在程序段 2 中，当 I0.0 触点闭合时，将实数 12.53 进行取整 (四舍五入)，其结果 13 送入 MW4 中；在程序段 3 中，当 I0.1 触点闭合时，将实数 12.53 去掉小数部分进行取整操作，结果 12 送入 MW6 中；在程序段 4 中，当 I0.2 触点闭合时，将实数 12.53 向上取整，结果 13 送入 MW8 中；在程序段 5 中，当 I0.3 触点闭合时，将实数 12.53 向下取整，结果 12 送入 MW12 中。

表 4-67 取整指令的使用程序

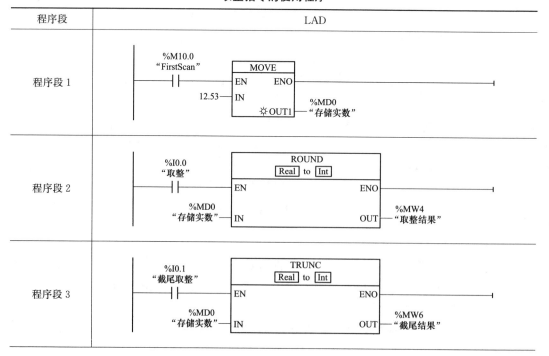

续表

程序段	LAD
程序段 4	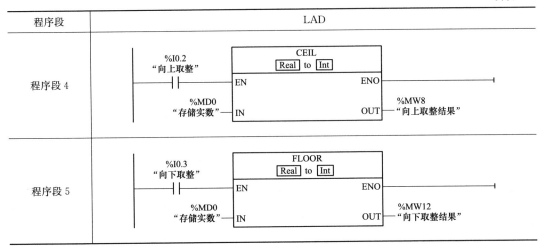
程序段 5	

3. 标准化指令

使用标准化指令 NORM_X 可将输入 VALUE 变量中的值映射到线性标尺，对其进行标准化。输入 VALUE 值的范围由参数 MAX 和 MIN 进行限定，指令参数如表 4-68 所示。

标准化指令 NORM_X 的计算公式为 OUT＝(VALUE－MIN)/(MAX－MIN)，其对应的计算原理如图 4-38 所示。当 EN 的信号状态为 "0" 或者输入 MIN 的值大于或等于输入 MAX 的值时，ENO 的输出信号状态为 "0"。

表 4-68　　　　　　　　　　　NORM_X 指令参数

梯形图指令符号	参数	数据类型	说明
NORM_X	EN	Bool	允许输入
	ENO	Bool	允许输出
	MIN		取值范围的下限
	VALUE	整数、浮点数	要标准化的值
	MAX		取值范围的上限
	OUT	浮点数	标准化结果

4. 缩放指令

使用缩放 SCALE_X 指令可将输入 VALUE 变量中的值映射到指定的值范围来对其进行缩放。输入 VALUE 浮点值的范围由参数 MAX 和 MIN 进行限定，指令参数如表 4-69 所示。

缩放 SCALE_X 的计算公式为 OUT＝[VALUE×(MAX－MIN)]＋MIN，其对应的计算原理如图 4-39 所示。当 EN 的信号状态为 "0" 或者输入 MIN 的值大于或等于输入 MAX 的值时，ENO 的输出信号状态为 "0"。

【例 4-37】 转换指令在温度转换中的应用。假设 S7-1200 PLC 的模拟量输入 IW64 为温度信号，0～100℃对应 0～10V 电压，对应于 PLC 内部 0～27 648 的数，使用转换指令求 IW64 对应的实际整数温度值，并将该值由 4 个数码管（带译码电路）进行显示。

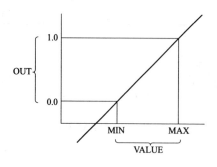
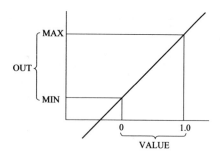

图 4-38 NORM_X 指令公式对应的计算原理图　　图 4-39 SXALE_X 指令公式对应的计算原理

表 4-69 SCALE_X 指令参数

梯形图指令符号	参数	数据类型	说明
SCALE_X ??? to ??? EN ENO MIN OUT VALUE MAX	EN	Bool	允许输入
	ENO	Bool	允许输出
	MIN	整数、浮点数	取值范围的下限
	MAX		取值范围的上限
	VALUE	浮点数	要缩放的值
	OUT	整数、浮点数	缩放结果

分析：本例需先将温度值进行转换为整数值，然后将整数转换为 16 位的 BCD 码即可。温度值转换成整数的公式：$T = \dfrac{IW64 - 0}{27\,648 - 0} \times (100 - 0) + 0$。16 位 BCD 码中每 4 位 BCD 码连接 1 个带译码电路的数码管，则可实现实际整数温度值的显示。

模拟量输入信号由 CPU 1215C DC/DC/DC（产品编号 6ES7 215-1AG40-0XB0）集成的模拟量通道 0 输入，其输入地址为 IW64。4 位数码管，每位数码管采用 BCD 码方式连接，则共需 16 个输出端子，因此 CPU 1215C 模块需要外接数字量输出扩展模块，如 DQ 16×24V DC（产品编号 6ES7 222-1BH32-0XB0），该扩展模块用于连接 4 位 BCD 码数码管，默认起始输出地址为 QB12。

编写的程序如表 4-70 所示。程序段 1 控制 PLC 是否开启转换。程序段 2 和程序段 3 将温度值转换成 16 位整数送入 MW24，程序段 4 将 MW24 中的整数转换成 16 位 BCD 码并送入 QW12。由于 S7-1200 PLC 连接了数字量输出模块，其输出地址为 QW12（QB12、QB13），而数字量输出模块又与 4 个数码管（带译码电路）连接，这样就实现了温度的转换显示。

表 4-70 转换指令在温度转换中的应用程序

程序段	LAD
程序段 1	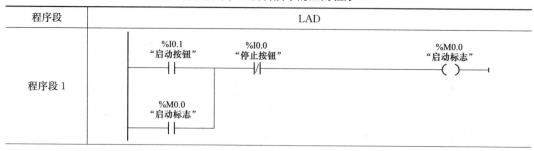

续表

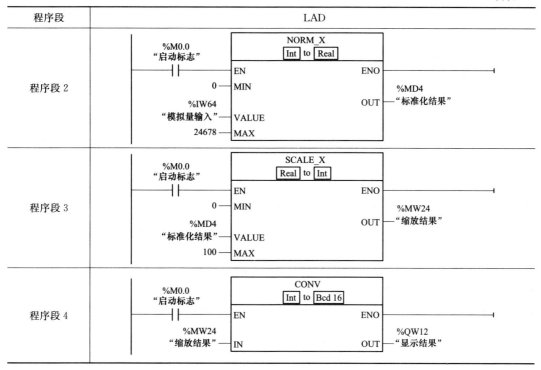

程序段	LAD
程序段 2	%M0.0 "启动标志"　NORM_X　Int to Real　EN　ENO　0 MIN　%IW64 "模拟量输入" VALUE　24678 MAX　OUT %MD4 "标准化结果"
程序段 3	%M0.0 "启动标志"　SCALE_X　Real to Int　EN　ENO　0 MIN　%MD4 "标准化结果" VALUE　100 MAX　OUT %MW24 "缩放结果"
程序段 4	%M0.0 "启动标志"　CONV　Int to Bcd 16　EN　ENO　%MW24 "缩放结果" IN　OUT %QW12 "显示结果"

4.1.7　数学函数指令

PLC 普遍具有较强的运算功能，其中数学运算类指令是实现运算的主体。S7-1200 PLC 的数学函数类指令可对整数或浮点数实现四则运算、数学函数运算和其他常用数学运算。

1. 四则运算指令

四则运算包含加法、减法、乘法、除法操作。为完成这些操作，在 S7-1200 PLC 中提供相应的四则运算指令，如表 4-71 所示。

表 4-71　　　　　　　　　　　　　　四则运算指令

指令	梯形图指令符号	指令	梯形图指令符号
加法指令	ADD　Auto(???)　EN　ENO　IN1　OUT　IN2　✿	乘法指令	MUL　Auto(???)　EN　ENO　IN1　OUT　IN2　✿
减法指令	SUB　Auto(???)　EN　ENO　IN1　OUT　IN2	除法指令	DIV　Auto(???)　EN　ENO　IN1　OUT　IN2

四则运算指令可对整数、浮点数等进行操作，点击指令框的"Auto（???）"，下拉列表中可以选择指令的数据类型。IN1 和 IN2 为源操作数，可以输入需要运算的数据，OUT 为目的操作数，存放运算的结果。加法指令和乘法指令，点击指令框中的星号可以扩展输入数目，即添加源操作数。减法指令的操作是 IN1－IN2，结果存放在 OUT 中；除法指令是 IN1 除以 IN2，产生的整数商或实数商存放在 OUT 中，不保留余数。

【例 4-38】 四则运算指令的应用。试编写程序实现以下数学运算：$y = \dfrac{x+12}{2} \times 3 - 8$，式中，$x$ 是从 IW0 输入的二进制数，计算出的 y 值由 4 个数码管（带译码电路）显示出来。

分析：x 是从 IW0 输入的二进制数，此二进制数为 BCD 码，而本例中是进行十进制数的运算，所以运算前需先将该二进制数转换成对应的十进制数。运算完后，又需将运算结果转换成相应的 BCD 码，以进行显示。编写程序如表 4-72 所示，程序段 1 将 IW0 中的 BCD 码转换为十进制数并送入 MW0；程序段 2 将 MW0 中的数加上 12 后的和值送入 MW2；程序段 3 是将 MW2 中的数除以 2 后的商送入 MW4（余数被舍去）；程序段 4 是将 MW4 中的数乘以 3 后的积送入 MW6；程序段 5 是将 MW6 中的数减去 8 后的差值送入 MW8；程序段 6 是将 MW8 中的十进制转换成 BCD 码后送入 QW0，以进行数值显示。

表 4-72 四则运算指令的应用

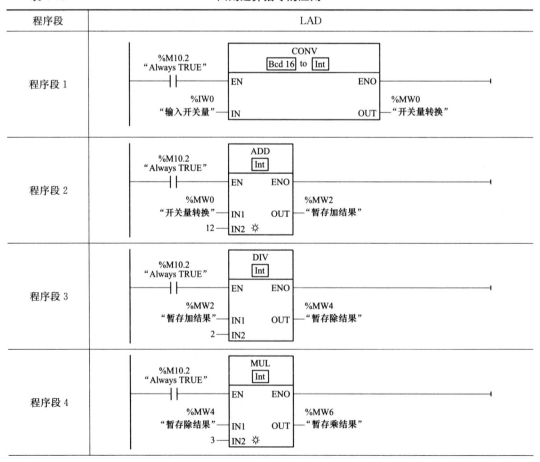

程序段	LAD
程序段 1	
程序段 2	
程序段 3	
程序段 4	

续表

程序段	LAD
程序段 5	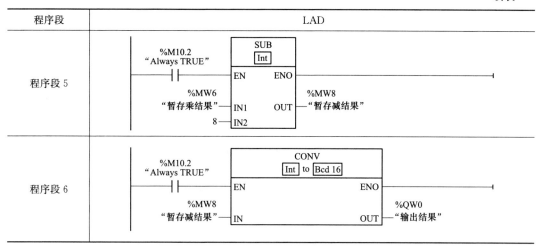
程序段 6	

2. 函数运算指令

在 S7-1200 系列 PLC 中的数学函数指令包括求平方、平方根、自然对数、自然指数、三角函数指令（正弦、余弦、正切）和反三角函数指令（反正弦、反余弦、反正切）等，这些常用的数学函数指令实质是浮点数函数指令，其指令参数如表 4-73 所示。点击表中各指令框的"???"下拉列表，可以选择该指令的数据类型（Real 或 LReal）。EN 为指令的允许输入端；ENO 为指令的允许输出端。

表 4-73　数学函数运算指令参数

指令名称	梯形图指令符号	输入数据 IN	输出数据 OUT
平方指令	SQR ??? EN ENO IN OUT	输入值，浮点数类型（I、Q、M、D、L、P 或常量）	输入值 IN 的平方，浮点数类型（I、Q、M、D、L、P）
平方根指令	SQRT ??? EN ENO IN OUT	输入值，浮点数类型（I、Q、M、D、L、P 或常量）	输入值 IN 的平方根，浮点数类型（I、Q、M、D、L、P）
自然对数指令	LN ??? EN ENO IN OUT	输入值，浮点数类型（I、Q、M、D、L、P 或常量）	输入值 IN 的自然对数，浮点数类型（I、Q、M、D、L、P）
自然指数指令	EXP ??? EN ENO IN OUT	输入值，浮点数类型（I、Q、M、D、L、P 或常量）	输入值 IN 的指数值，浮点数类型（I、Q、M、D、L、P）

指令名称	梯形图指令符号	输入数据 IN	输出数据 OUT
正弦指令	SIN ??? EN ENO IN OUT	输入角度值（弧度形式），浮点数类型（I、Q、M、D、L、P 或常量）	指定角度 IN 的正弦，浮点数类型（I、Q、M、D、L、P）
余弦指令	COS ??? EN ENO IN OUT	输入角度值（弧度形式），浮点数类型（I、Q、M、D、L、P 或常量）	指定角度 IN 的余弦，浮点数类型（I、Q、M、D、L、P）
正切指令	TAN ??? EN ENO IN OUT	输入角度值（弧度形式），浮点数类型（I、Q、M、D、L、P 或常量）	指定角度 IN 的正切，浮点数类型（I、Q、M、D、L、P）
反正弦指令	ASIN ??? EN ENO IN OUT	输入正弦值，浮点数类型（I、Q、M、D、L、P 或常量）	指定正弦值 IN 的角度值（弧度形式），浮点数类型（I、Q、M、D、L、P）
反余弦指令	ACOS ??? EN ENO IN OUT	输入余弦值，浮点数类型（I、Q、M、D、L、P 或常量）	指定余弦值 IN 的角度值（弧度形式），浮点数类型（I、Q、M、D、L、P）
反正切指令	ATAN ??? EN ENO IN OUT	输入正切值，浮点数类型（I、Q、M、D、L、P 或常量）	指定正切值 IN 的角度值（弧度形式），浮点数类型（I、Q、M、D、L、P）

（1）平方指令 SQR 与平方根 SQRT 指令。平方指令（square，SQR）是计算输入的正实数 IN 的平方值，产生 1 个实数结果由 OUT 指定输出。

平方根指令（square root，SQRT）是对输入的正实数 IN 取平方根，产生 1 个实数结果由 OUT 指定输出。

【例 4-39】 平方指令和平方根指令的使用程序如表 4-74 所示。PLC 一上电时，程序段 1 中执行 SQR 指令，求出 56.4 的平方值，其结果（3180.96）由 MD0 输出；程序段 2 中执行 SQRT 指令，求出 128.0 的平方根值，其结果（11.31 371）由 MD4 输出。

表 4-74　　　　　　　　　　　　平方指令和平方根指令的使用程序

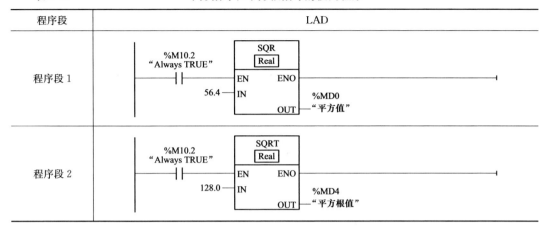

程序段	LAD
程序段 1	
程序段 2	

（2）自然对数指令 LN 与自然指数指令 EXP。自然对数指令（natural logarithm，LN）是将输入实数 IN 取自然对数，产生 1 个实数结果由 OUT 输出。当求以 10 为底的常数自然对数 lgx 时，用自然对数值除以 2.302 585 即可实现。

自然指数指令（natural exponential，EXP）是将输入的实数 IN 取以 e 为底的指数，产生 1 个实数结果由 OUT 输出。自然对数与自然指数指令相结合，可实现以任意数为底，任意数为指数的计算。

【例 4-40】　用 PLC 自然对数和自然指数指令实现 7 的 5 次方运算。

分析：求 7 的 5 次方用自然对数与指数表示为 $7^5 = \text{EXP}[5 \times \text{LN}(7)]$，若用 PLC 自然对数和自然指数表示，则程序如表 4-75 所示。程序段 1 将整数 5 和 7 转换为实数并存入 MD0 和 MD4 中；程序段 2 执行自然对数指令 LN，求 7 的自然对数，结果（1.94 591）存入 MD12 中；程序段 3 执行实数乘法指令 ∗R，求得 5×LN（7），结果（9.729 55）存入 MD16 中；程序段 4 执行自然指数指令，以求得最终结果（16 806.99，该值与 16 807 存在一定的误差，属于正常现象）存入 MD22 中。注意，本例中的相关指令属于浮点数运算，所以在输入程序前，应将 MD0、MD4、MD12、MD16 和 MD22 的数据类型设置为 Real 型，否则执行完程序后其结果会有误。

表 4-75　　　　　　　用 PLC 自然对数和自然指数指令实现 7 的 5 次方运算

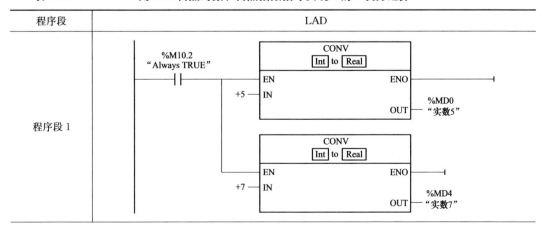

程序段	LAD
程序段 1	

程序段	LAD
程序段 2	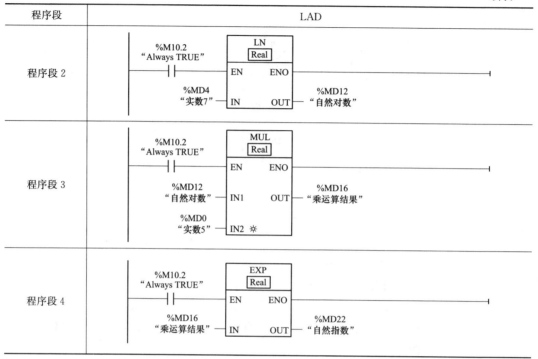
程序段 3	
程序段 4	

【例 4-41】 用 PLC 自然对数和自然指数指令求 128 的 3 次方根运算。

分析：求 128 的 3 次方根用自然对数与指数表示为 $128^{1/3}=\mathrm{EXP}[\mathrm{LN}(128)\div 3]$，若用 PLC 自然对数和自然指数表示，可在表 4-75 的基础上将乘 5 改成除以 3，送入 MD0 和 MD4 中的值分别为 3 和 128 即可，计算结果 5.039 684 送入 MD42 中，程序如表 4-76 所示。

表 4-76　　　用 PLC 自然对数和自然指数指令实现 128 的 3 次方根运算

程序段	LAD
程序段 1	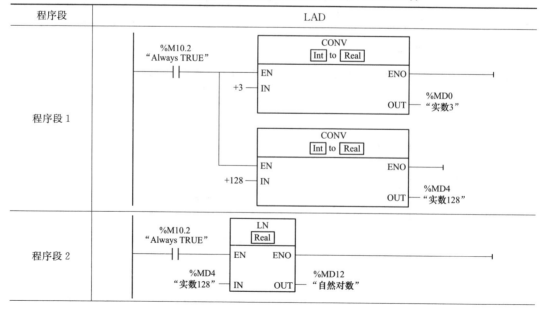
程序段 2	

续表

程序段	LAD
程序段 3	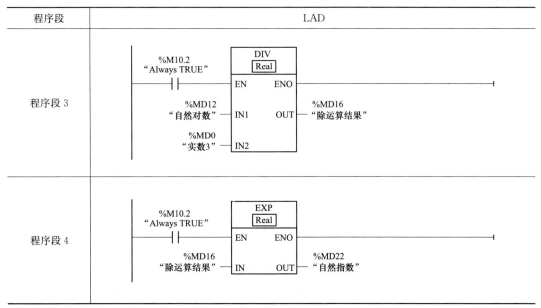
程序段 4	

（3）三角函数和反三角函数指令。在 S7-1200 系列 PLC 中的三角函数指令主要包括正弦指令 SIN、余弦指令 COS、正切指令 TAN，这些指令分别是对输入实数的角度取正弦、余弦或正切值。

反三角函数指令主要包括反正弦指令 ASIN、反余弦指令 SACOS 和反正切指令 ATAN。这些指令分别是对输入实数的弧度取反正弦、反余弦或反正切的角度值。

三角函数和反三角函数指令中的角度均是以弧度为单位的浮点数。如果输入值是以度为单位的浮点数，那么使用三角函数和反三角函数指令之前，应先将角度值乘以 $\pi/180$，转换为弧度值。

【例 4-42】　用 PLC 三角函数指令实现算式 $\sin 60° + \cos 45° - \tan 30°$ 的计算。

分析：输入的正弦、余弦和正切都是以度为单位的浮点数，在使用三角函数和反三角函数指令之前，应先将角度值乘以 $\pi/180$，转换为弧度值。然后，再将各弧度值进行相应的正弦、余弦和正切转换，最后将各转换值进行加、减操作即可，编写程序如表 4-77所示。

表 4-77　　　　　　　　　　　　　　**三角函数指令的使用程序**

程序段	LAD
程序段 1	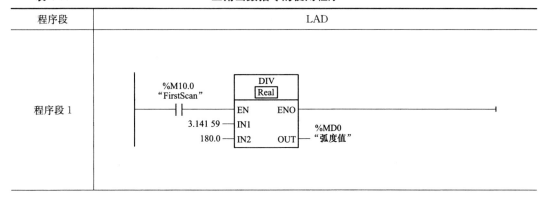

程序段	LAD
程序段 2	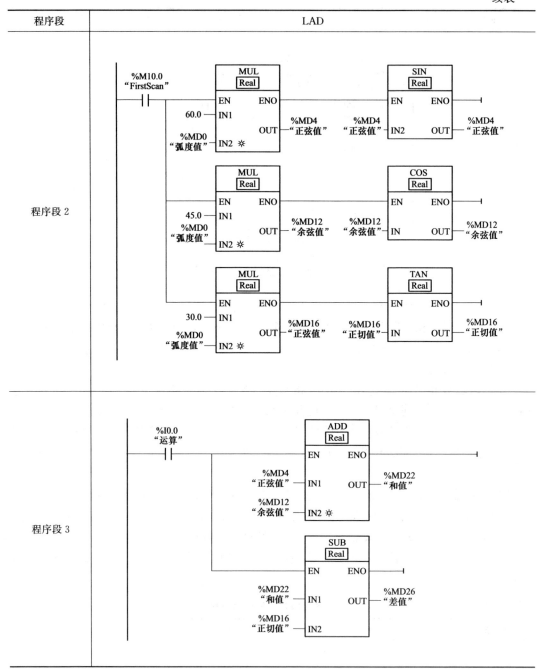

3. 其他常用数学运算指令

S7-1200 系列 PLC 还支持一些其他常用数学运算指令，如取余指令 MOD、取绝对值指令 ABS、递增指令 INC、递减指令 DEC、取最大值指令 MAX、取最小值指令 MIN、设置限值指令 LIMIT 等。

（1）取余指令 MOD。执行取余指令 MOD，将输入端 IN1 整除输入端 IN2 后的余数由 OUT 输出，其指令参数如表 4-78 所示。

表 4-78　　　　　　　　　　　　　　　取余指令参数

梯形图指令符号	参数	数据类型	说明
MOD Auto(???) EN ENO IN1 OUT IN2	EN	Bool	允许输入
	ENO	Bool	允许输出
	IN1	整数	被除数
	IN2		除数
	OUT	整数	除法的余数

（2）取绝对值指令 ABS。执行取绝对值指令 ABS，对输入端 IN 求绝对值，并将结果送入 OUT 中，其指令参数如表 4-79 所示。

表 4-79　　　　　　　　　　　　　　　取绝对值指令参数

梯形图指令符号	参数	数据类型	说明
ABS ??? EN ENO IN OUT	EN	Bool	允许输入
	ENO	Bool	允许输出
	IN	整数、浮点数	输入值
	OUT	整数、浮点数	输入值的绝对值

【**例 4-43**】　MOD 和 ABS 指令的使用程序如表 4-80 所示，在程序段 1 中，将 IW0（IB0 和 IB1）的开关值减去 98，结果存入 MW0 中；在程序段 2 中，将 MW0 的值取绝对值，结果送 MW2 中；在程序段 3 中，将 MW2 中的绝对值除以 5 的余数存入 MW4 中。

表 4-80　　　　　　　　　　　　MOD 和 ABS 指令的使用程序

程序段	LAD
程序段 1	
程序段 2	
程序段 3	

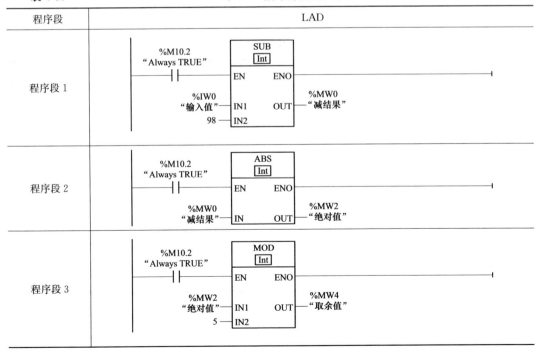

（3）递增指令 INC 与递减指令 DEC。对于 S7-1200 系列 PLC 而言，递增（increment）和递减（decrement）指令是对 IN 中的无符号整数或者有符号整数自动加 1 或减 1，并把数据结果存放到 OUT，IN 和 OUT 为同一存储单元，其指令参数如表 4-81 所示。

表 4-81 INC 和 DEC 的指令参数

指令	梯形图指令符号	IN/OUT	指令	梯形图指令符号	IN/OUT
递增指令	INC [???] EN ENO IN/OUT	整数（要递增的值）	递减指令	DEC [???] EN ENO IN/OUT	整数（要递减的值）

【**例 4-44**】 递增指令在单按钮电路中的应用。在某系统中，未按下电源按钮 SB 或偶数次按下电源按钮时，电源指示灯以 1Hz 的频率进行闪烁；奇数次按下电源按钮 SB 时，电源指示灯常亮。程序中要求使用取反递增指令。

分析：使用递增指令时，编写的程序如表 4-82 所示。PLC 一上电时，程序段 3 中的 M10.0 动合触点闭合，执行 MOVE 指令，将 MW2 中的内容清零。每按 1 次启停按钮时，程序段 1 中的 I0.0 动合触点闭合 1 次，执行 INC 指令，将 MW2 中的内容加 1。当 MW2 中的内容为 1 时，表示奇数次按下了启停按钮，程序段 2 中的 M0.1 线圈得电。当 MW2 中的内容大于或等于 2 时，表示偶数次按下启停按钮，程序段 3 中也会执行 MOVE 指令，将 MW2 中的内容清零，这样实现了单按钮启停控制。在程序段 4 中，M0.1 动合触点断开，通过取反 RLO 触点后，由 M20.5 触点控制与 Q0.0 连接的 LED 电源指示灯以 1Hz 的频率闪烁。

表 4-82 递增指令在单按钮电路中的应用程序

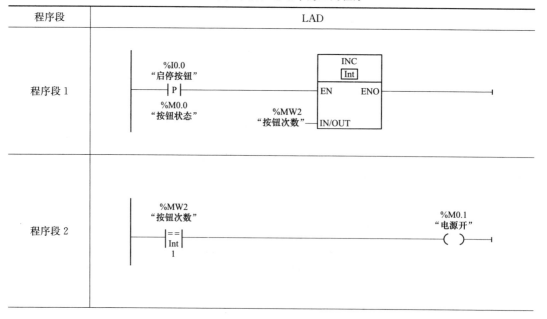

程序段	LAD
程序段 1	%I0.0 "启停按钮" ─┤P├─ %M0.0 "按钮状态" ── INC Int ── EN ENO %MW2 "按钮次数" ── IN/OUT
程序段 2	%MW2 "按钮次数" ─┤==├─ Int 1 ── %M0.1 "电源开" ─( )─

续表

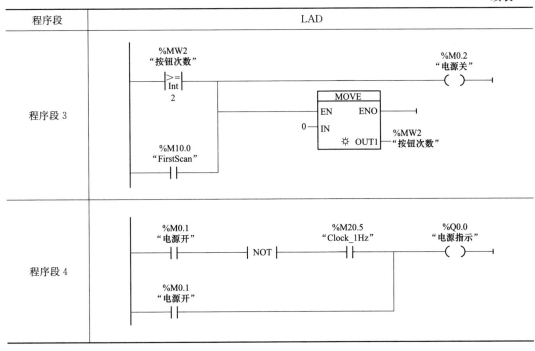

程序段	LAD
程序段 3	
程序段 4	

（4）取最大值指令 MAX 与取最小值指令 MIN。取最大值指令 MAX 是比较所有输入值，并将最大的值写入输出 OUT 中；取最小值指令 MIN 是比较所有输入值，并将最小的值写入输出 OUT 中，这两条指令参数如表 4-83 所示。

表 4-83　　　　　　　　　　　　MAX 和 MIN 的指令参数

指令名称	梯形图指令符号	IN1	IN2	IN3	OUT
取最大值指令	MIN ??? EN ENO IN1 OUT IN2 IN3 ☼	第 1 个输入值（整数、浮点数）	第 2 个输入值（整数、浮点数）	第 3 个输入值（整数、浮点数）	输出最大值
取最小值指令	MAX ??? EN ENO IN1 OUT IN2 IN3 ☼				输出最小值

（5）设置限值指令 LIMIT。使用设置限值指令 LIMIT，将输入 IN 的值限制在输入 MN 与 MX 的值范围内。如果 IN 输入的值满足条件 MN≤IN≤MX，那么 OUT 以 IN 的值输出；如果不满足该条件且输入值 IN 小于下限 MN，那么 OUT 以 MN 的值输出；如果超出上限 MX，那么 OUT 以 MX 的值输出，指令参数如表 4-84 所示。

表 4-84 设置限值指令 LIMIT 的指令参数

梯形图指令符号	参数	数据类型	说明
LIMIT ??? EN ENO MN OUT IN MX	EN	Bool	允许输入
	ENO	Bool	允许输出
	MN	整数、浮点数	下限值
	IN	整数、浮点数	输入值
	MX	整数、浮点数	上限值
	OUT	整数、浮点数	输出结果

4. 数学函数指令的应用

【例 4-45】 数学函数指令在 7 挡加热控制中的应用。某加热系统有 7 个挡位可调，功率大小分别是 0.5、1、1.5、2、2.5、3、3.5kW，由 2 个挡位选择按钮 SB3、SB4 和 1 个停止按钮 SB1，以及启动按钮 SB2 控制。每按 1 次 SB3 时，挡位值加 1；每按 1 次 SB4 时，挡位值减 1；按下 SB1 时，停止加热。

分析：根据任务要求，使用两个按钮（SB3 和 SB4）对 MW2 中的内容进行加、减 1 操作，可以实现 7 个挡位的选择，如表 4-85 所示。选择 1 挡时，Q0.0 线圈输出为 ON，控制加热元件 1 进行加热，从而实现 0.5kW 的加热；选择 2 挡时，Q0.1 线圈输出为 ON，控制加热元件 2 进行加热，从而实现 1kW 的加热；选择 3 挡时，Q0.0 和 Q0.1 这两个线圈均输出为 ON，控制加热元件 1 和加热元件 2 进行加热，从而实现 1.5kW 的加热；……选择 7 挡时，Q0.0、Q0.1 和 Q0.2 这 3 个线圈均输出为 ON，控制 3 个加热元件同时加热，从而实现 3.5kW 的加热。MW2 由 MB2 和 MB3 构成，其中 MB2 为高字节，MB3 为低字节。从表中可以看出，可由 MB3 的 M3.0～M3.2 位来控制 Q0.0～Q0.2 线圈的输出情况。MB3 的内容为零，意味着 Q0.0～Q0.2 线圈输出为低电平，即停止加热。

表 4-85 加热挡位选择控制

MW2 中的内容	M3.2	M3.1	M3.0	输出功率（kW）
0	0	0	0	0
1	0	0	1	0.5
2	0	1	0	1
3	0	1	1	1.5
4	1	0	0	2
5	1	0	1	2.5
6	1	1	0	3
7	1	1	1	3.5

PLC 实现 7 挡加热控制时，需要 4 个输入点和 3 个输出点，输入/输出分配如表 4-86 所示，因此 CPU 模块可选用 CPU 1215C DC/DC/RLY（产品编号 6ES7 215-1HG40-

0XB0），使用 CPU 模块集成的 I/O 端子即可，对应的 I/O 接线图如图 4-40 所示。

表 4-86　　　　　　　　　　　　7 挡加热控制的输入/输出分配表

输　入			输　出		
功能	元件	PLC 地址	功能	元件	PLC 地址
停止按钮	SB1	I0.0	0.5kW 控制	KM1	Q0.0
启动按钮	SB2	I0.1	1kW 控制	KM2	Q0.1
加挡	SB3	I0.2	2kW 控制	KM3	Q0.2
减挡	SB4	I0.3			

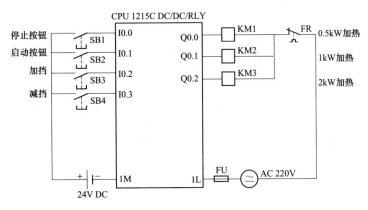

图 4-40　7 挡加热控制的 I/O 接线图

挡位的增、减可使用 INC 和 DEC 指令来实现。根据 7 挡加热控制系统的控制分析和 PLC 资源配置，编写程序如表 4-87 所示。程序段 1 进行加热系统的开关控制。程序段 2 用于挡位值复位控制，当按下加热系统的启动按钮时，M0.0 触点闭合 1 次，将 MW2 复位，或按下停止按钮，也将 MW2 复位。程序段 3 用于加挡选择控制，在加挡前先判断 MW2 的值是否小于 8，若是，则每按 1 次加挡按钮 SB3 时，MW2 中的值加 1。程序段 4 用于减挡选择控制，在减挡前先判断 MW2 的值是否大于 0，若是，则每按 1 次减挡按钮 SB4 时，MW2 中的值减 1。程序段 5～程序段 7 是根据所选挡位，控制相应的发热元件进行加热，例如选择第 2 挡时，Q0.1 线圈得电，实现 1kW 的加热控制，其仿真效果如图 4-41 所示。

表 4-87　　　　　　　　　　　　7 挡加热控制的应用程序

程序段	LAD
程序段 1	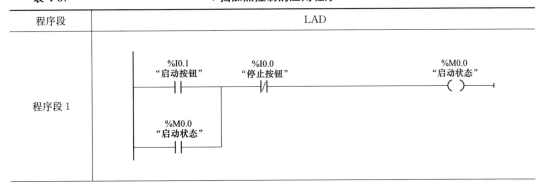

续表

程序段	LAD
程序段 2	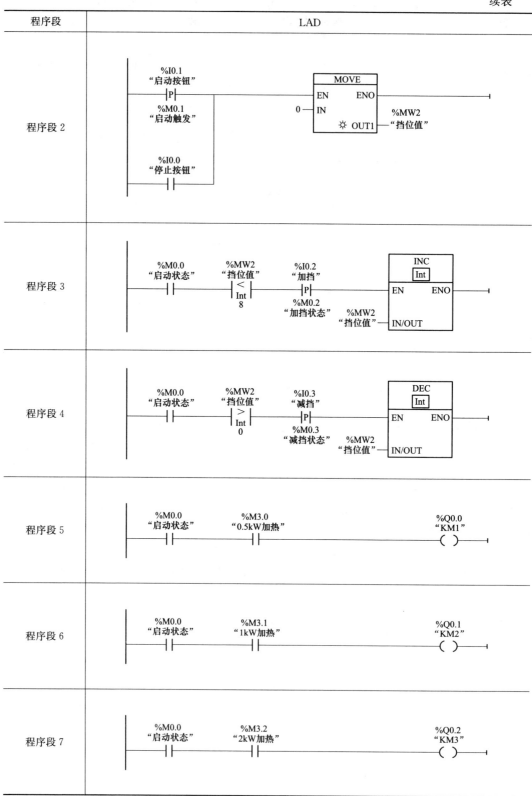
程序段 3	
程序段 4	
程序段 5	
程序段 6	
程序段 7	

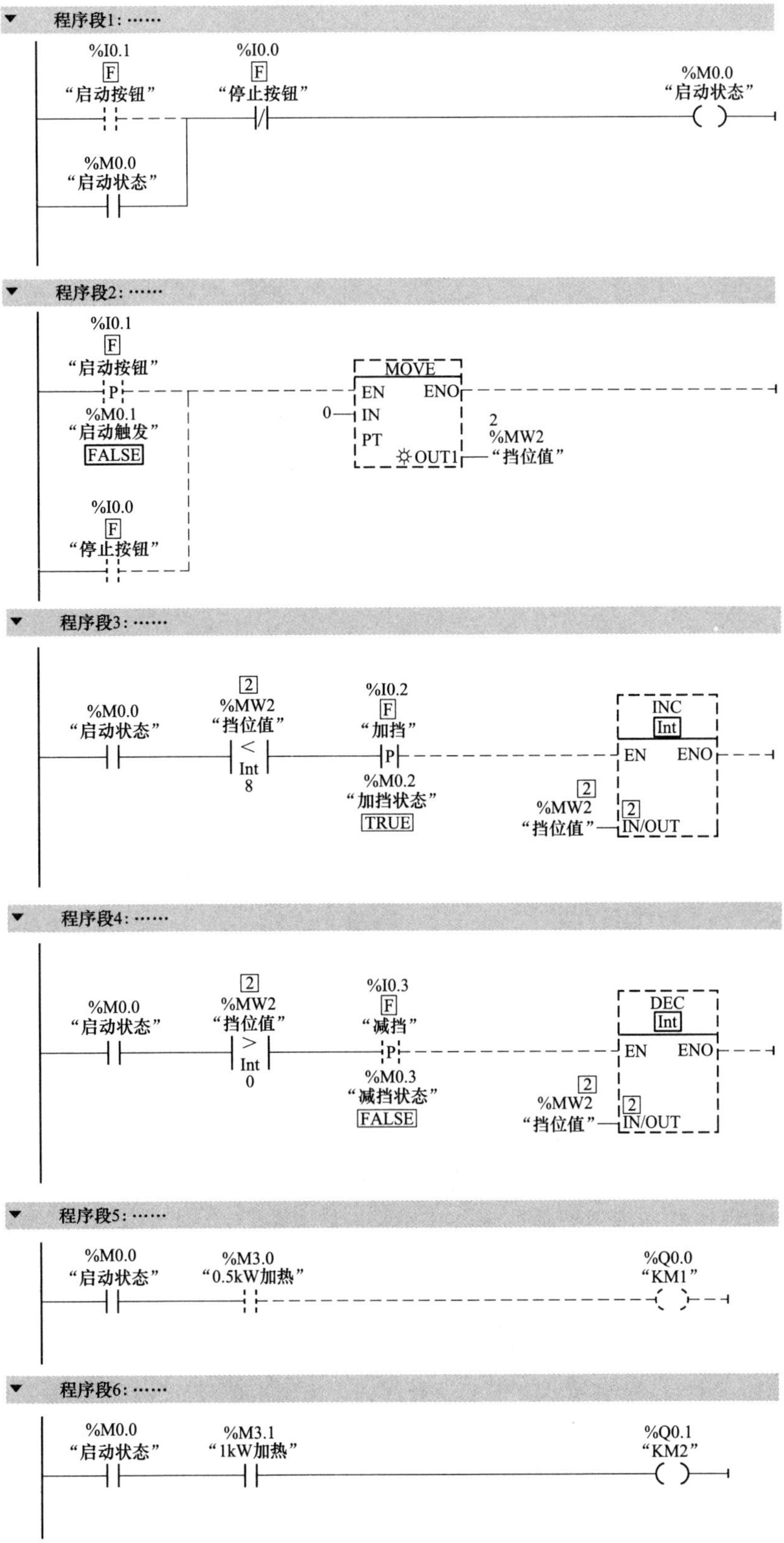

图 4-41　7 挡加热控制的仿真效果图（一）

图 4-41　7 挡加热控制的仿真效果图（二）

4.1.8　字逻辑运算指令

字逻辑运算类指令是对指定的数或单元中的内容逐位进行逻辑"取反""与""或""异或""编码""译码"等操作。S7-1200 的 LAD 字逻辑运算类指令可以对字节（Byte）、字（Word）或双字（DWord）进行逻辑运算操作。

1. 逻辑"取反"指令

逻辑"取反"（invert，INV）指令，是对输入数据 IN 按位取反，产生结果 OUT，也就是对输入 IN 中的二进制数逐位取反，由 0 变 1，由 1 变 0，其指令参数如表 4-88 所示。

表 4-88　　　　　　　　　　　　逻辑"取反"指令参数

梯形图指令符号	参数	数据类型	说明
INV ??? EN ENO IN OUT	EN	Bool	允许输入
	ENO	Bool	允许输出
	IN	位字符串、整数	输入值
	OUT	位字符串、整数	输出 IN 值的反码

【例 4-46】　逻辑"取反"指令在指示灯中的应用。某指示灯系统中，按下启动按钮 SB2 后，若按下选择 1 按钮 SB3，8 只指示灯每隔 1s 进行高、低互闪；按下选择 2 按钮 SB4，8 只指示灯每隔 1s 奇偶互闪；按下选择 3 按钮 SB5，8 只指示灯的中间 4 只与两端各 2 只互闪。按下停止按钮，8 只指示灯立即熄灭。

分析：可以使用逻辑"取反"指令实现操作，每隔 1s，将 MB2 中的内容"取反"，然后再将 MB2 取反后的内容送入 QB0。由于 3 种显示方式，MB2 的初始值设置有 3 个，例如高、低互闪时，MB2 的初始值可以为 16♯F0 或 16♯0F；奇偶互闪时，MB2 的初始值可以为 16♯55 或 16♯AA；中间 4 只与两端各 2 只互闪时，MB2 的初始值可以为 16♯C3 或 16♯3C。编写程序如表 4-89 所示，程序段 1 为指示灯系统的开关控制；程序段 2 为 MB2 复位控制；程序段 3～程序段 5，根据按下的选择按钮将不同的初始值送入 MB2 中；程序段 6 为取反操作，使用 INV 指令每隔 1s 将 MB2 中的内容取反；程序段 7 将 MB2 中的内容送入 QB0 中，以进行指示灯显示。

表 4-89　　逻辑"取反"指令在指示灯中的应用程序

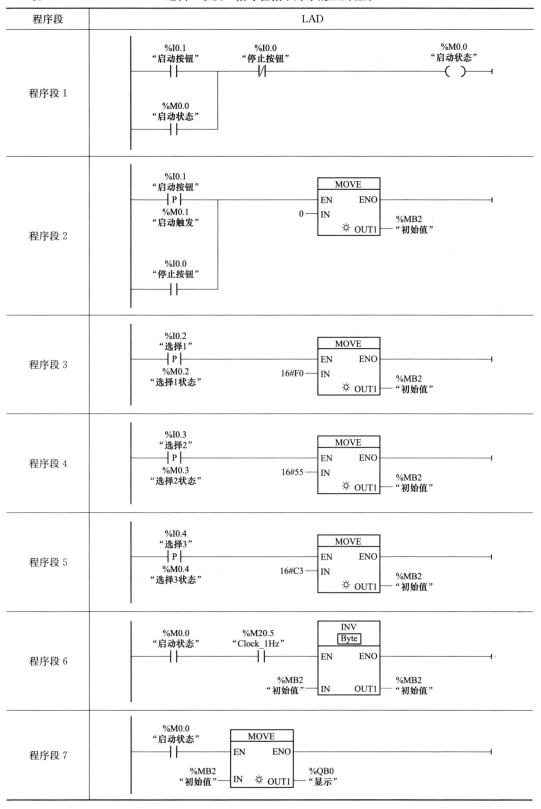

2. 逻辑"与"指令

逻辑"与"（logic and，AND）指令，是对两个输入数据 IN1、IN2 按位进行"与"操作，产生结果 OUT。逻辑"与"时，若两个操作数的同一位都为 1，则该位逻辑结果为 1，否则为 0，其指令参数如表 4-90 所示。点击指令框中的星号可以扩展输入数目。

表 4-90　　　　　　　　　　　　　逻辑"与"指令参数

梯形图指令符号	参数	数据类型	说明
AND ??? EN ENO IN1 OUT IN2 ☆	EN	Bool	允许输入
	ENO	Bool	允许输出
	IN1	位字符串、整数	逻辑运算的第 1 个值
	IN2	位字符串、整数	逻辑运算的第 2 个值
	OUT	位字符串、整数	逻辑"与"运算结果

【例 4-47】 逻辑"与"指令的使用及运算过程如表 4-91 所示。程序段 1 中，PLC 一上电，将十六进制数 16♯5C、16♯9A、16♯98A5 和 16♯795C 分别送入 MB2、MB4、MW30 和 MW32；程序段 2 中，当 I0.1 动合触点闭合 1 次时，将 MB2、MB4 中的内容进行逻辑"与"操作，结果 16♯18 送入 MB6，将 MW30 和 MW32 中的内容进行逻辑"与"操作，结果 16♯1804 送入 MW34 中。表中"&"为逻辑"与"的运算符号。

表 4-91　　　　　　　　　　　　逻辑"与"指令的使用程序

程序段	LAD
程序段 1	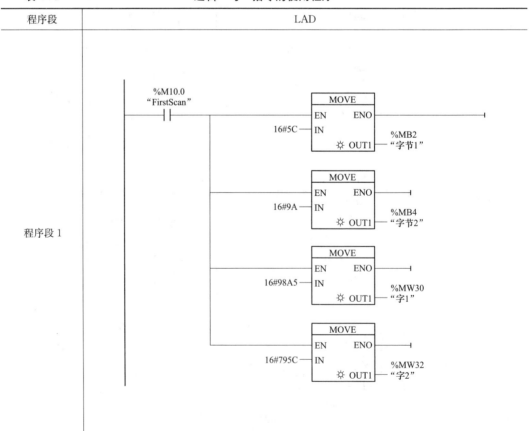

续表

程序段	LAD
程序段 2	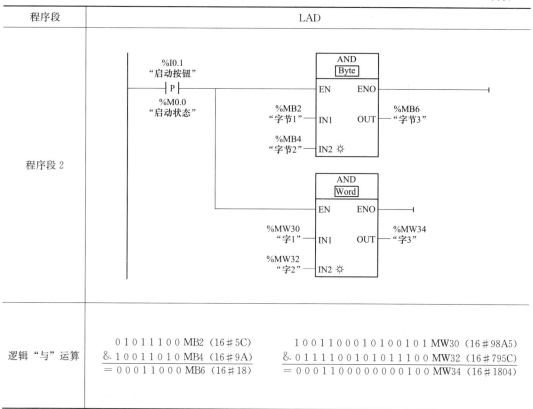
逻辑"与"运算	0 1 0 1 1 1 0 0 MB2（16♯5C） & 1 0 0 1 1 0 1 0 MB4（16♯9A） = 0 0 0 1 1 0 0 0 MB6（16♯18）　　　　1 0 0 1 1 0 0 0 1 0 1 0 0 1 0 1 MW30（16♯98A5） & 0 1 1 1 1 0 0 1 0 1 0 1 1 1 0 0 MW32（16♯795C） = 0 0 0 1 1 0 0 0 0 0 0 0 0 1 0 0 MW34（16♯1804）

3. 逻辑"或"指令

逻辑"或"（logic or，OR）指令，是对两个输入数据 IN1、IN2 按位进行"或"操作，产生结果 OUT。逻辑"或"时，只需两个操作数的同一位中 1 位为 1，则该位逻辑结果为 1，其指令参数如表 4-92 所示。点击指令框中的星号可以扩展输入数目。

表 4-92　　　　　　　　　　　　逻辑"或"指令参数

梯形图指令符号	参数	数据类型	说明
OR [???] EN　　ENO IN1　　OUT IN2　☼	EN	Bool	允许输入
	ENO	Bool	允许输出
	IN1	位字符串、整数	逻辑运算的第 1 个值
	IN2	位字符串、整数	逻辑运算的第 2 个值
	OUT	位字符串、整数	逻辑"或"运算结果

【例 4-48】　逻辑"或"指令的使用及运算过程如表 4-93 所示。程序段 1 中，PLC一上电，将十六进制数 16♯5C、16♯9A、16♯98A5 和 16♯795C 分别送入 MB2、MB4、MW30 和 MW32；程序段 2 中，当 I0.1 动合触点闭合 1 次时，将 MB2、MB4 中的内容进行逻辑"或"操作，结果 16♯DE 送入 MB6，将 MW30 和 MW32 中的内容进行逻辑"或"操作，结果 16♯F9FD 送入 MW34 中。表中"｜"为逻辑"或"的运算符号。

表 4-93   逻辑"或"指令的使用程序

程序段	LAD
程序段 1	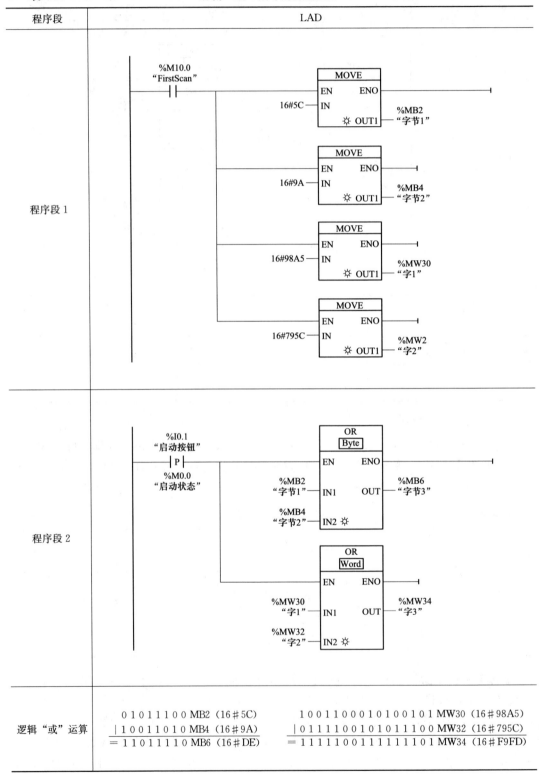
程序段 2	
逻辑"或"运算	0 1 0 1 1 1 0 0 MB2（16#5C） | 1 0 0 1 1 0 1 0 MB4（16#9A） = 1 1 0 1 1 1 1 0 MB6（16#DE）　　　　1 0 0 1 1 0 0 0 1 0 1 0 0 1 0 1 MW30（16#98A5） | 0 1 1 1 1 0 0 1 0 1 0 1 1 1 0 0 MW32（16#795C） = 1 1 1 1 1 0 0 1 1 1 1 1 1 1 0 1 MW34（16#F9FD）

4. 逻辑"异或"指令

逻辑"异或"（logic exclusive or，XOR）指令，是对两个输入数据 IN1、IN2 按位进行"异或"操作，产生结果 OUT。逻辑"异或"时，两个操作数的同一位不相同，则该位逻辑结果为"1"，其指令参数如表 4-94 所示。点击指令框中的星号可以扩展输入数目。

表 4-94　　　　　　　　　　　　　　逻辑"异或"指令参数

梯形图指令符号	参数	数据类型	说明
	EN	Bool	允许输入
XOR	ENO	Bool	允许输出
???	IN1	位字符串、整数	逻辑运算的第 1 个值
	IN2	位字符串、整数	逻辑运算的第 2 个值
	OUT	位字符串、整数	逻辑"异或"运算结果

【例 4-49】　逻辑"异或"指令的使用及运算过程如表 4-95 所示。程序段 1 中，PLC 一上电，将十六进制数 16#5C、16#9A、16#98A5 和 16#795C 分别送入 MB2、MB4、MW30 和 MW32；程序段 2 中，当 I0.1 动合触点闭合 1 次时，将 MB2、MB4 中的内容进行逻辑"异或"操作，结果 16#C6 送入 MB6，将 MW30 和 MW32 中的内容进行逻辑"异或"操作，结果 16#E1F9 送入 MW34 中。表中"^"为逻辑"异或"的运算符号。

表 4-95　　　　　　　　　　　　　　逻辑"异或"指令的使用程序

程序段	LAD
程序段 1	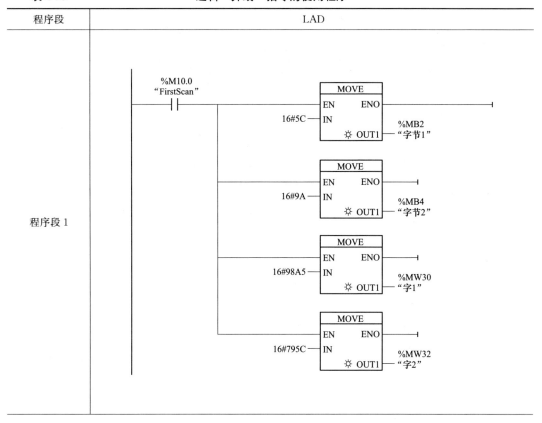

程序段	LAD
程序段 2	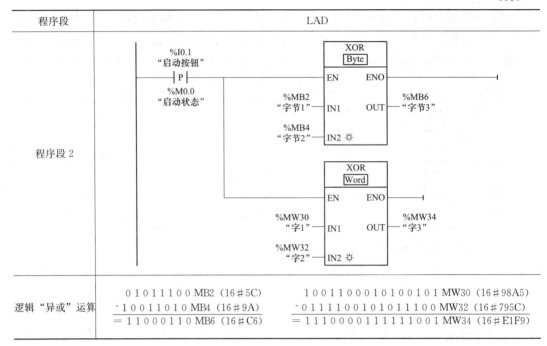
逻辑"异或"运算	0 1 0 1 1 1 0 0 MB2 (16♯5C)　　　　1 0 0 1 1 0 0 0 1 0 1 0 0 1 0 1 MW30 (16♯98A5) ⌃1 0 0 1 1 0 1 0 MB4 (16♯9A)　　　⌃0 1 1 1 1 0 0 1 0 1 0 1 1 1 0 0 MW32 (16♯795C) = 1 1 0 0 0 1 1 0 MB6 (16♯C6)　　　= 1 1 1 0 0 0 0 1 1 1 1 1 1 0 0 1 MW34 (16♯E1F9)

5. 编码指令

编码指令（Encode，ENCO）是将输入 IN 的字型数据中为 1 的最低有效位的位号写入输出 OUT 中，指令参数如表 4-96 所示。

表 4-96　　　　　　　　　　　　　编码指令参数

梯形图指令符号	参数	数据类型	说明
ENCO ??? EN　　ENO IN　　OUT	EN	Bool	允许输入
	ENO	Bool	允许输出
	IN	位字符串	输入值
	OUT	Int	输出编码结果

6. 译码指令

译码指令（Decode，DECO）是将输入 IN 的位号输出到 OUT 所指定单元对应的位置 1，而其他位清 0，指令参数如表 4-97 所示。

表 4-97　　　　　　　　　　　　　译码指令参数

梯形图指令符号	参数	数据类型	说明
DECO Ulnt to ??? EN　　ENO IN　　OUT	EN	Bool	允许输入
	ENO	Bool	允许输出
	IN	UInt	输入值
	OUT	位字符串	输出译码结果

【例 4-50】　编码与译码指令的使用程序如表 4-98 所示。PLC 一上电时，将立即数

16#5CA8和 5 分别送入 MW30 和 MW32 中。若 I0.0 触点闭合 1 次，执行 ENCO 指令进行编码操作，16#5CA8 相应的二进制代码为 0101_1100_1010_1000，该二进制代码中最低为 1 的位号为 3，所以执行 ENCO 后 MW34 中的值为 3；若 I0.1 触点闭合 1 次时，执行 DECO 指令进行译码操作时，指定最低为 1 的位号为 5，所以执行 DECO 后，MW36 中的二进制代码为 0000_0000_0010_0000，即 MW36 的值为 16#0020。

表 4-98　　　　　　　　　　　　　编码与译码指令的使用程序

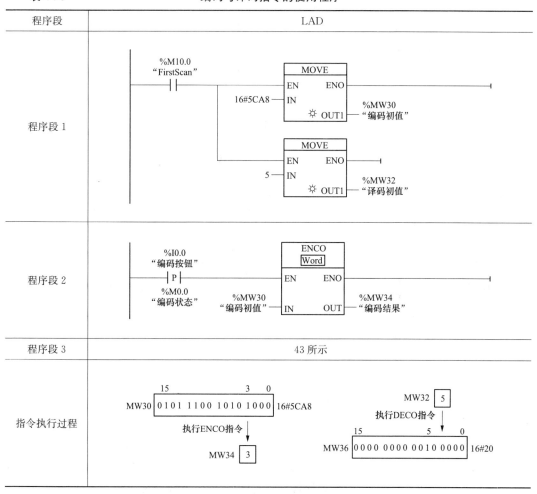

程序段	LAD
程序段 1	
程序段 2	
程序段 3	43 所示
指令执行过程	

7. 字逻辑运算指令的应用

【例 4-51】 字逻辑运算指令在表决器中的应用。在某表决器中有 3 位裁判及若干个表决对象，裁判需对每个表决对象做出评价，判断其过关还是淘汰。当主持人按下评价按钮时，3 位裁判均按下 1 键，表示表决对象过关；否则表决对象淘汰。过关绿灯亮，淘汰红灯亮。

分析：根据题意，列出表决器的 I/O 分配如表 4-99 所示，I/O 接线如图 4-42 所示。进行表决时，首先将每位裁判的表决情况送入相应的辅助寄存器中（例如 A 裁判的表决结果送入 MB2），然后将辅助寄存器中的内容进行逻辑"与"操作，只有逻辑结果为"1"才表示表决对象过关，编写程序如表 4-100 所示。

221

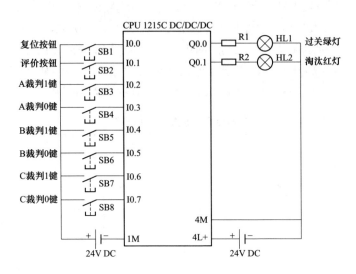

图 4-42　表决器的 I/O 接线图

表 4-99　　　　　　　　　表决器的 I/O 分配表

输　入			输　出		
功能	元件	PLC 地址	功能	元件	PLC 地址
主持人复位按钮	SB1	I0.0	过关绿灯	HL1	Q0.0
主持人评价按钮	SB2	I0.1	淘汰红灯	HL2	Q0.1
A 裁判 1 键	SB3	I0.2			
A 裁判 0 键	SB4	I0.3			
B 裁判 1 键	SB5	I0.4			
B 裁判 0 键	SB6	I0.5			
C 裁判 1 键	SB7	I0.6			
C 裁判 0 键	SB8	I0.7			

　　程序段 1 为启保停控制电路，当主持人按下评价按钮时，I0.1 动合触点闭合，M0.0 线圈得电并自锁。程序段 2 为复位控制电路，当主持人按下复位按钮时，I0.0 动合触点闭合，将相关的辅助寄存器复位。程序段 3、程序段 4 为 A 裁判表决情况，A 裁判按下 1 键时，将 "1" 送入 MB2 中；A 裁判按下 0 键时，将 "0" 送入 MB2 中，同时将 M5.0 置 1。程序段 5、程序段 6 为 B 裁判表决情况，B 裁判按下 1 键时，将 "1" 送入 MB3 中；B 裁判按下 0 键时，将 "0" 送入 MB3 中，同时将 M5.1 置 1。程序段 7、程序段 8 为 C 裁判表决情况，C 裁判按下 1 键时，将 "1" 送入 MB4 中；C 裁判按下 0 键时，将 "0" 送入 MB4 中，同时将 M5.2 置 1。程序段 9 将各位裁判的表决结果进行逻辑 "与" 操作，只有 3 位裁判的表决结果均为 "1"，MB6 的内容才为 "1"，否则 MB6 的内容为 "0"。程序段 10 为过关绿灯控制，当 MB6 的内容为 "1" 时，Q0.0 线圈输出为 "1"，控制 HL1 点亮。程序段 11 为淘汰红灯控制，当 MB6 的内容为 "0" 时，只要有 1 位裁判表决结果为 "0" 时，Q0.1 线圈输出为 "1"，控制 HL2 点亮。

表 4-100   字逻辑运算指令在表决器中的应用程序

程序段	LAD
程序段 1	
程序段 2	
程序段 3	
程序段 4	
程序段 5	

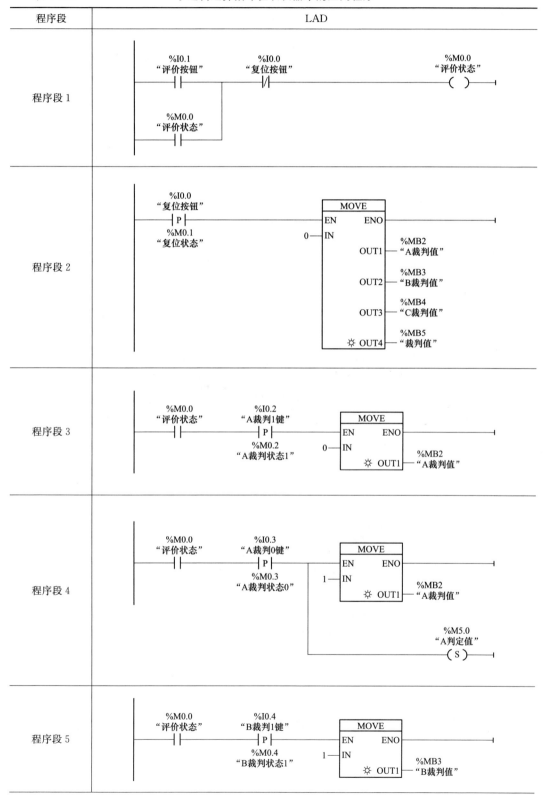

程序段	LAD
程序段 6	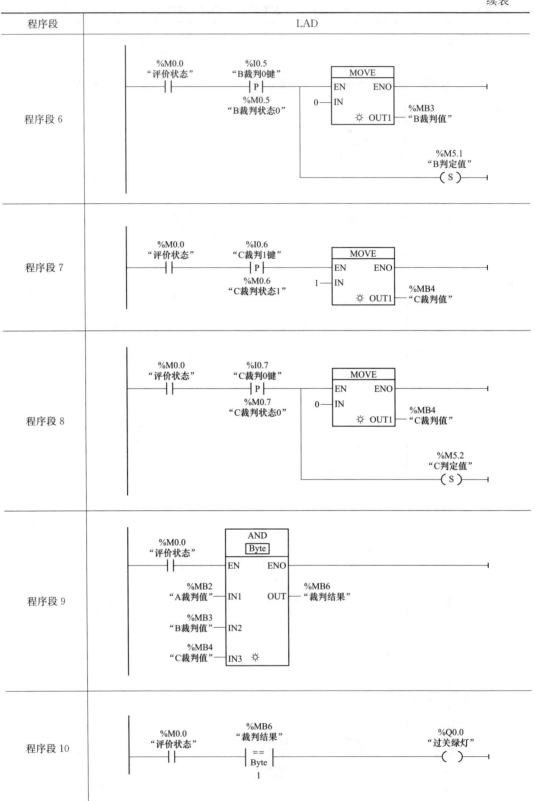
程序段 7	
程序段 8	
程序段 9	
程序段 10	

续表

程序段	LAD
程序段 11	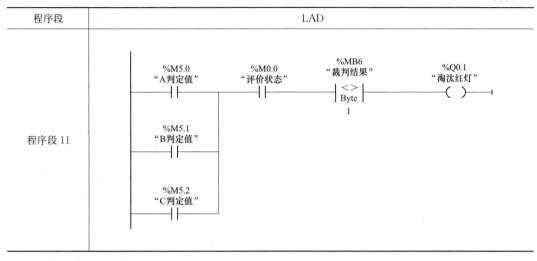

4.1.9　移位和循环指令

移位控制指令是 PLC 控制系统中比较常用的指令之一，在程序中可以方便地实现某些运算，也可以用于取出数据中的有效位数字。S7-1200 系列 PLC 的移位控制类指令主要有移位指令和循环移位指令。

1. 移位指令

移位指令是将输入 IN 中的数据向左或向右逐位移动，根据移位方向的不同可分为左移位指令和右移位指令。

（1）左移位指令。左移位指令是将输入端 IN 指定的数据左移 N 位，结果存入 OUT 中，左移 N 位相当于乘以 2^N。左移位指令参数如表 4-101 所示，如果参数 N 的值为 0，那么将输入 IN 的值复制到输出 OUT 的操作数。执行指令时，左侧移出位舍弃，右侧空出的位用"0"进行填充。

表 4-101　　　　　　　　　　　左移位指令参数

梯形图指令符号	参数	数据类型	说明
SHL [???] EN ENO IN OUT N	EN	Bool	允许输入
	ENO	Bool	允许输出
	IN	位字符串、整数	要移位的值
	N	正整数	待移位的位数
	OUT	位字符串、整数	左移位输出

（2）右移位指令。右移位指令 SHR 是将输入端 IN 指定的数据右移 N 位，结果存入 OUT 中，右移 N 位相当于除以 2^N。右移位指令参数如表 4-102 所示，如果参数 N 的值为 0，那么将输入 IN 的值复制到输出 OUT 的操作数中。执行指令时，若 IN 为无符号数值，左侧空出的位用"0"进行填充；若 IN 为有符号数值，左侧空出的位用"符号位"进行填充。

表 4-102　　　　　　　　　　　　　　　右移位指令参数

梯形图指令符号	参数	数据类型	说明
	EN	Bool	允许输入
	ENO	Bool	允许输出
	IN	位字符串、整数	要移位的值
	N	正整数	待移位的位数
	OUT	位字符串、整数	右移位输出

【例 4-52】 移位指令的使用如表 4-103 所示。在程序段 1 中，当 PLC 一上电时，分别将两个 8 位的字节数值送入 MB2 和 MB3 中，两个 16 位的数值送入 MW4 和 MW6 中。在程序段 2 中，I0.0 动合触点每闭合 1 次时，执行 1 次左移指令，将 MB2 中的内容左移 2 位，MW4 中的内容左移 3 位；在程序段 3 中，I0.1 动合触点每闭合 1 次时，执行 1 次右移指令，将 MB3 中的内容右移 3 位，MW6 中的内容右移 2 位。每执行 1 次左移指令时，MB2 中数值的高 2 位先舍去，其余位向左移 2 位，然后最低 2 位用 0 填充；MW4 中数值的高 3 位先舍去，其余位向左移 3 位，然后最低的 3 位用 0 进行填充。每执行 1 次右移指令时，MB3 中数值的低 3 位先舍去，其余位向右移 3 位，最高的 3 位用 0 填充；MW6 中的数值的低 2 位先舍去，其余位向右移 2 位，然后最高的 2 位用 0 进行填充。

表 4-103　　　　　　　　　　　　　　　移位指令的使用程序

程序段	LAD

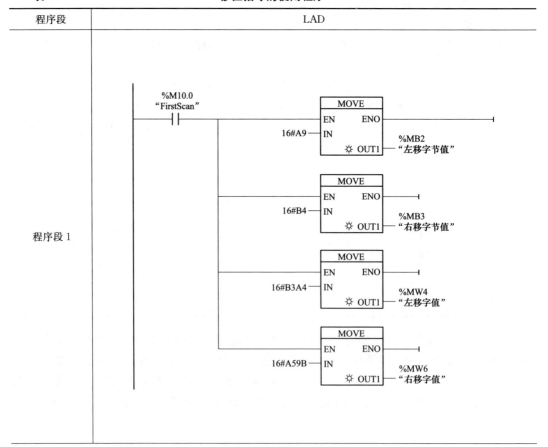

程序段	LAD
程序段 2	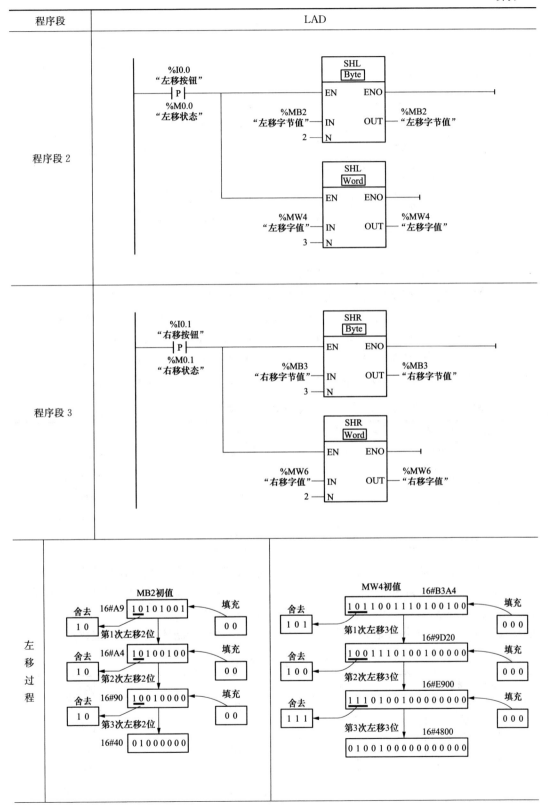
程序段 3	
左移过程	

续表

程序段	LAD
右移过程	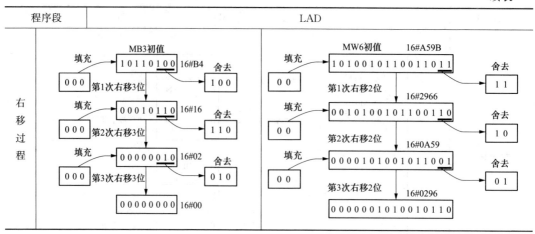

2. 循环移位指令

循环移位指令是将输入 IN 中的全部内容循环地逐位左移或右移，空出的位用输入 IN 移出位的信号状态填充，根据移位方向的不同可分为循环左移指令和循环右移指令。

（1）循环左移指令。循环左移位指令是将输入端 IN 指定的数据循环左移 N 位，并用移出的位填充因循环移位而空出的位，结果存入 OUT。循环左移位指令参数如表 4-104 所示。如果参数 N 的值为 0，那么将输入 IN 的值复制到输出 OUT 的操作数中；如果参数 N 的值大于可用位数，那么输入 IN 中的操作数仍会循环移动指定位数。

表 4-104　　　　　　　　　　　循环左移位指令参数

梯形图指令符号	参数	数据类型	说明
ROL [???]　EN ENO　IN OUT　N	EN	Bool	允许输入
	ENO	Bool	允许输出
	IN	位字符串、整数	要循环移位的值
	N	正整数	待移位的位数
	OUT	位字符串、整数	循环左移位输出

（2）循环右移指令。循环右移位指令是将输入端 IN 指定的数据循环右移 N 位，并用移出的位填充因循环移位而空出的位，结果存入 OUT。循环右移位指令参数如表 4-105 所示。如果参数 N 的值为 0，那么将输入 IN 的值复制到输出 OUT 的操作数中；如果参数 N 的值大于可用位数，那么输入 IN 中的操作数仍会循环移动指定位数。

表 4-105　　　　　　　　　　　循环右移位指令参数

梯形图指令符号	参数	数据类型	说明
ROR [???]　EN ENO　IN OUT　N	EN	Bool	允许输入
	ENO	Bool	允许输出
	IN	位字符串、整数	要循环移位的值
	N	正整数	待移位的位数
	OUT	位字符串、整数	循环右移位输出

【例 4-53】　循环移位指令的使用如表 4-106 所示。在程序段 1 中，当 PLC 一上电时，分别将两个 8 位的字节数值送入 MB2 和 MB3 中，两个 16 位的数值送入 MW4 和 MW6 中。在程序段 2 中，I0.0 动合触点每闭合 1 次时，执行 1 次循环左移指令，将 MB2 中的内容循环左移 2 位，MW4 中的内容循环左移 3 位；在程序段 3 中，I0.1 动合触点每闭合 1 次时，执行 1 次循环右移指令，将 MB3 中的内容循环右移 3 位，MW6 中的内容循环右移 2 位。每执行 1 次循环左移指令时，MB2 中数值的高 2 位先移出并添加到 MB2 的最低 2 位，然后其余位向左移 2 位；MW4 中数值的高 3 位先移出并添加到 MW4 的最低 3 位，然后其余位向左移 3 位。每执行 1 次循环右移指令时，MB3 中数值的低 3 位先移出并添加到 MB3 的最高 3 位，然后其余位向右移 3 位；MW6 中的数值的低 2 位先移出并添加到 MW6 的最高 2 位，然后其余位向右移 2 位。

表 4-106　　　　　　　　　　　　　　循环移位指令的使用程序

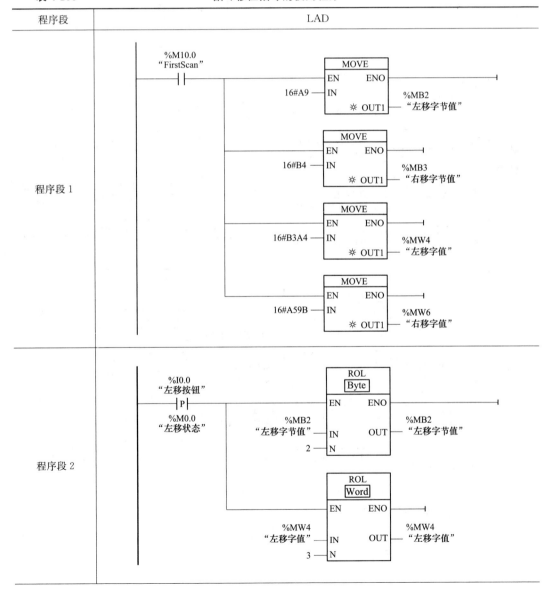

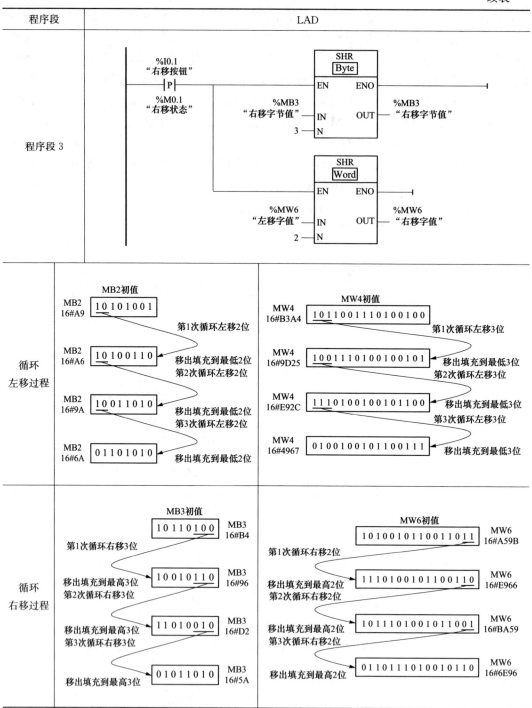

3. 移位和循环指令的应用

【例 4-54】 使用移位指令实现小车自动往返控制。设小车初始状态停止在最左端，按下启动按钮 SB2，将按图 4-43 所示的轨迹运行；再次按下启动按钮 SB2，小车又开始新一轮运动。

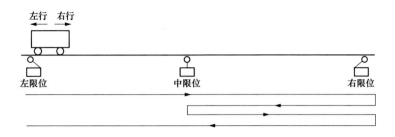

图 4-43　小车自动往返运行示意图

　　分析：根据题意可知，小车自动往返控制应有 5 个输入和 2 个输出，I/O 分配如表 4-107 所示，其 I/O 接线如图 4-44 所示。

表 4-107　　　　　　　　　　　小车自动往返控制 I/O 分配表

输入（I）			输出（O）		
功能	元件	PLC 地址	功能	元件	PLC 地址
停止按钮	SB1	I0.0	小车右行	KM1	Q0.0
启动按钮	SB2	I0.1	小车左行	KM2	Q0.1
左限位	SQ1	I0.2			
中限位	SQ2	I0.3			
右限位	SQ3	I0.4			

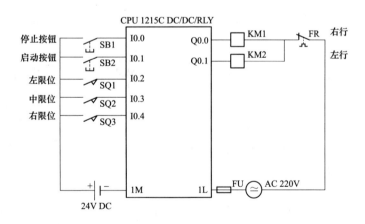

图 4-44　小车自动往返控制 I/O 接线图

　　可以使用左移位指令 SHL 实现此功能，编写的程序如表 4-108 所示。程序段 1 为小车的启动与停止控制。程序段 2 中当小车启动运行或每个循环结束时，将 MB2 清零。程序段 3 中 M2.1～M2.4 为 0 时，将 M2.0 置 1，为左移位指令重新赋移位初值。程序段 4 中，移位脉冲每满足 1 次，移位指令将 MB2 的值都会左移 1 次，其运行效果如图 4-45 所示。程序段 5 为右行输出控制。程序段 6 为左行输出控制。

表 4-108 小车自动往返控制程序

程序段	LAD
程序段 1	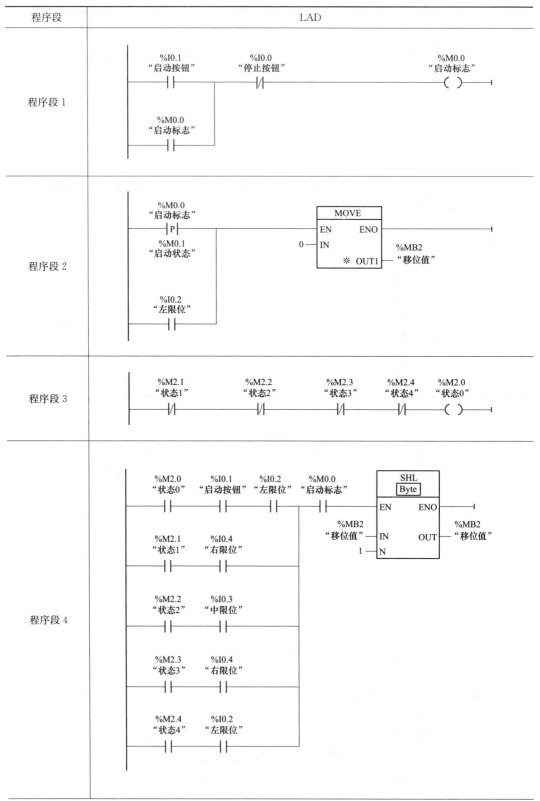
程序段 2	
程序段 3	
程序段 4	

程序段	LAD
程序段 5	
程序段 6	

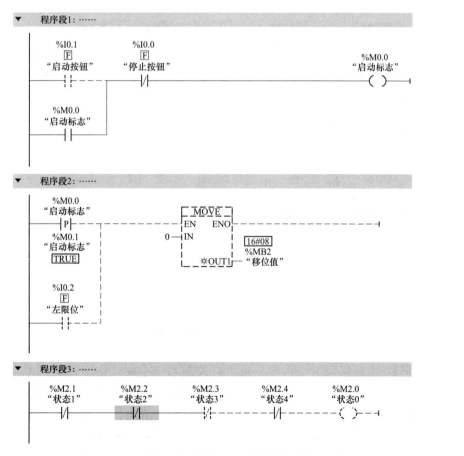

图 4-45　小车自动往返控制的运行仿真效果图（一）

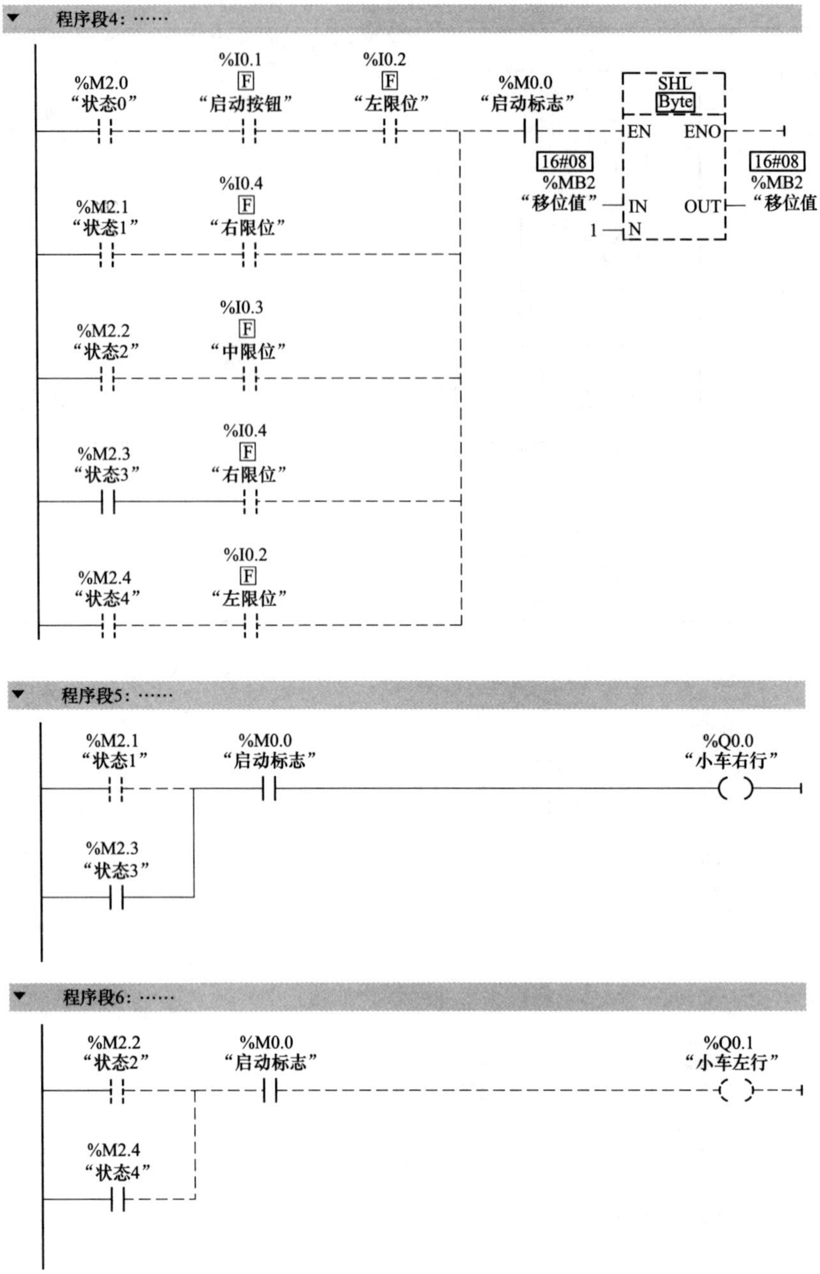

图 4-45　小车自动往返控制的运行仿真效果图（二）

【例 4-55】　循环移位指令在 8 只流水灯控制系统中的应用。假设 PLC 的输入端子 I0.0 和 I0.1 分别外接停止按钮和启动按钮；PLC 的输出端子 QB0 外接流水灯 HL1～HL8。要求按下启动按钮后，流水灯开始从 Q0.0～Q0.7 每隔 1s 依次左移点亮，当 Q0.7 点亮后，流水灯又开始从 Q0.0～Q0.7 每隔 1s 依次左移点亮，循环进行。

分析：根据题意可知，PLC 实现流水灯控制时，应有 2 个输入和 8 个输出，I/O 分配如表 4-109 所示，其 I/O 接线如图 4-46 所示。

表 4-109　　　　　　　　　　　PLC 实现 8 只流水灯控制的 I/O 分配表

输　入			输　出		
功能	元件	PLC 地址	功能	元件	PLC 地址
停止按钮	SB1	I0.0	流水灯 1	HL1	Q0.0
启动按钮	SB2	I0.1	流水灯 2	HL2	Q0.1
			流水灯 3	HL3	Q0.2
			流水灯 4	HL4	Q0.3
			流水灯 5	HL5	Q0.4
			流水灯 6	HL6	Q0.5
			流水灯 7	HL7	Q0.6
			流水灯 8	HL8	Q0.7

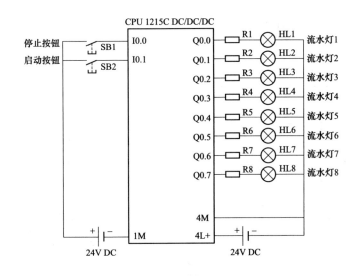

图 4-46　8 只流水灯的 I/O 接线图

　　使用循环左移指令 ROL 可实现 8 只流水灯控制，编写程序如表 4-110 所示。程序段 1 中，当 PLC 一上电或者按下停止按钮 SB1 时，MB2 的内容清零，使得 QB0 输出为 0，即 8 只流水灯全部熄灭。程序段 2 中，当 I0.0 为 ON 时，M0.0 线圈得电，其触点自锁，这样即使 I0.0 松开 M0.0 线圈仍然保持得电状态。M0.0 线圈得电后，程序段 3 中执行一次传送指令，将初始值 1 送入 MB2 为循环左移赋初值。MB2 赋初值 1 后，在程序 4 中由 M20.5 控制，每隔 1s，执行循环左移指令使 MB2 中的内容左移 1 次，以实现流水灯控制，其运行仿真效果如图 4-47 所示。程序段 5 中，将 MB2 的内容送入 QB0，即控制相应的灯进行点亮。

表 4-110   8 只流水灯的控制程序

程序段	LAD
程序段 1	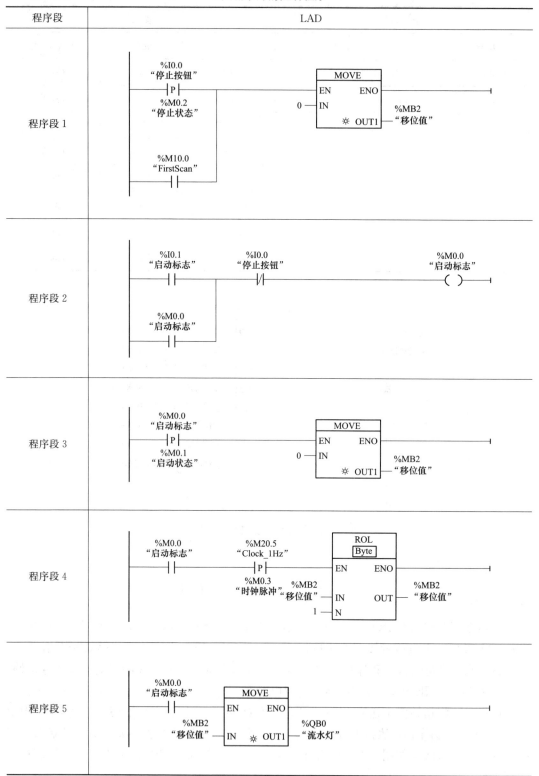
程序段 2	
程序段 3	
程序段 4	
程序段 5	

▼   程序段1: ……

```
        %I0.0
         F
       "停止按钮"
         P                           MOVE
                                   EN    ENO
        %M0.2
       "停止状态"                 0 — IN
        FALSE                               16#20
                                          %MB2
                                 ❊ OUT1 — "移位值"


        %M10.0
       "FirtScan"
```

▼   程序段2: ……

```
        %I0.1          %I0.0
         F              F                                    %M0.0
       "启动按钮"      "停止按钮"                           "启动标志"
                                                            ( )

        %M0.0
       "启动标志"
```

▼   程序段3: ……

```
        %M0.0
       "启动标志"                    MOVE
         P                          EN    ENO
        %M0.1
       "启动状态"                 1 — IN
        TRUE                                16#20
                                          %MB2
                                 ❊ OUT1 — "移位值"
```

▼   程序段4: ……

```
        %M0.0          %M20.5                           ROL
       "启动标志"      "Clock_1Hz"                       Byte
                         P                             EN    ENO
                        %M0.3
                       "时钟脉冲"         16#20                16#20
                        FALSE            %MB2                %MB2
                                        "移位值" — IN    OUT — "移位值"
                                             1 — N
```

▼   程序段5: ……

```
        %M0.0
       "启动标志"          MOVE
                         EN    ENO

         16#20            16#20
        %MB2             %QB0
       "移位值" — IN  ❊ OUT1 — "流水灯"
```

图 4-47 8 只流水灯的运行仿真效果图

4.1.10　程序控制指令

程序控制指令主要控制程序结构和程序的执行。在 S7-1200 系列 PLC 中，程序控制类指令主要包括 JMP 跳转、JMPN 若非跳转、LABLE 跳转标号、JMP_LIST 定义跳转、SWITCH 跳转分支、RET 返回等指令。

1. 跳转指令与标号指令

跳转指令有两条：JMP 跳转和 JMPN 跳转。如果 JMP 跳转指令输入的逻辑运算结果 RLO 为 "1"，可以中断正在执行的程序段，跳转到同一程序 LABLE 指定的标号处执行，否则将继续执行下一段程序段。如果 JMPN 跳转指令输入的逻辑运算结果 RLO 为 "0"，可以中断正在执行的程序段，跳转到同一程序 LABLE 指定的标号处执行，否则将继续执行下一段程序段。

LABLE 是一个跳转指令目的地的标识符。第一个字符必须是字母表中的一个字母，其他字符可以是字母，也可以是数字（例如 LP1）。对于 JMP 或 JMPN 指令必须有一个跳转标号（LABLE）。

【例 4-56】　跳转与标号指令在数据传送中的使用程序如表 4-111 所示。在程序段 1 中，当 I0.0 动合触点闭合时，执行 JMP 跳转到标号为 LP1 处。在程序段 2 中，当 I0.1 动断触点断开时，执行 JMPN 跳转到标号为 LP2 处。程序段 4 为 LP1 的跳转目的地，在此目的地，动合触点 I0.2 闭合时，执行 MOVE 指令，将 16#06 送入 MB2。程序段 5 为 LP2 的跳转目的地，在此目的地，动合触点 I0.3 闭合时，执行 MOVE 指令，将 16#5B 送入 MB2。在程序段 3 中，若 I0.0 和 I0.1 触点未动作，执行 MOVE 指令，将 16#3F 送入 MB2。在程序段 6 中，执行 MOVE 指令，将 MB2 中的内容传送到 QB0，使与 QB0 连接的共阴极数码显示相应的数字。例如 QB0 中的值为 16#3F 时，数码管显示 0；QB0 中的值为 16#06 时，数码管显示 1；QB0 中的值为 16#5B 时，数码管显示 2。

表 4-111　　　　　　　　　　　跳转与标号指令在数据传送中的使用程序

程序段	LAD
程序段 1	%I0.0 "SB1按钮" ┤├　　%I0.1 "SB2按钮" ┤/├　　LP1 ─(JMP)
程序段 2	%I0.1 "SB2按钮" ┤├　　%I0.0 "SB1按钮" ┤/├　　LP2 ─(JMP)
程序段 3	%I0.0 "SB1按钮" ┤/├　　%I0.1 "SB2按钮" ┤/├　　MOVE　EN　ENO　16#3F─IN　※ OUT1─ %MB2 "数据保存"

续表

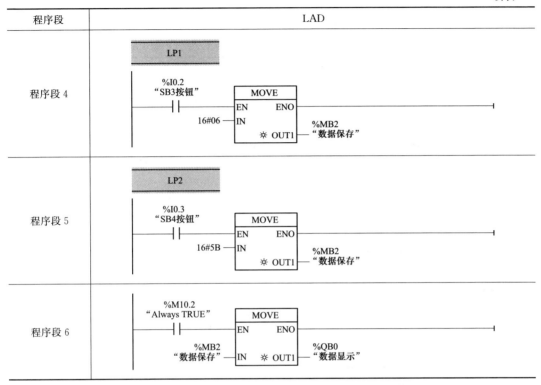

程序段	LAD
程序段 4	LP1 %I0.2 "SB3按钮"　MOVE EN　ENO 16#06 — IN ※ OUT1 — %MB2 "数据保存"
程序段 5	LP2 %I0.3 "SB4按钮"　MOVE EN　ENO 16#5B — IN ※ OUT1 — %MB2 "数据保存"
程序段 6	%M10.2 "Always TRUE"　MOVE EN　ENO %MB2 "数据保存" — IN　※ OUT1 — %QB0 "数据显示"

2. JMP_LIST 定义跳转列表指令

使用 JMP_LIST 指令可以定义多个有条件跳转，并继续执行由参数 K 值指定的程序段中的程序，该指令有 EN、K、DEST0、DEST1、DESTn 等参数，各参数说明如表 4-112 所示。

表 4-112　　　　　　　　　JMP_LIST 定义跳转列表指令参数

梯形图指令符号	参数	数据类型	说明
JMP_LIST EN　DEST0 K　DEST1 ※ DEST2	EN	Bool	使能输入
	K	UInt	指定输出的编号及要执行的跳转
	DEST0	—	第 1 个跳转标号
	DEST1	—	第 2 个跳转标号
	DESTn	—	第 $n+1$ 个跳转标号

JMP_LIST 指令可以使用（LABEL）来定义跳转，跳转标号可以在指令框的输出指定，例如在指令中点击黄色的星号即可添加跳转（DEST）。参数 K 指定输出编号，程序将从跳转标号处继续执行，如果 K 值大于可用的输出编号，那么继续执行块中下一个程序段中的程序。

【例 4-57】 JMP_LIST 指令的使用如表 4-113 所示。I0.1 动合触点闭合时，将根据 MW4 的内容进行相应的跳转。如果 MW4＝"DEST0"，那么跳转到 LP1 标号的程序段处（即程序段 2）执行程序；如果 MW4＝"DEST1"，那么跳转到 LP2 标号的程序段处（即程序段 3）执行程序；如果 MW4＝"DEST3"，那么跳转到 LP3 标号的程序段处（即程序段 4）执行程序。程序段 5 将 MW6 中的值传送给 QB0，以进行 LED 共阴极数码管的显示。

表 4-113   JMP_LIST 指令的使用程序

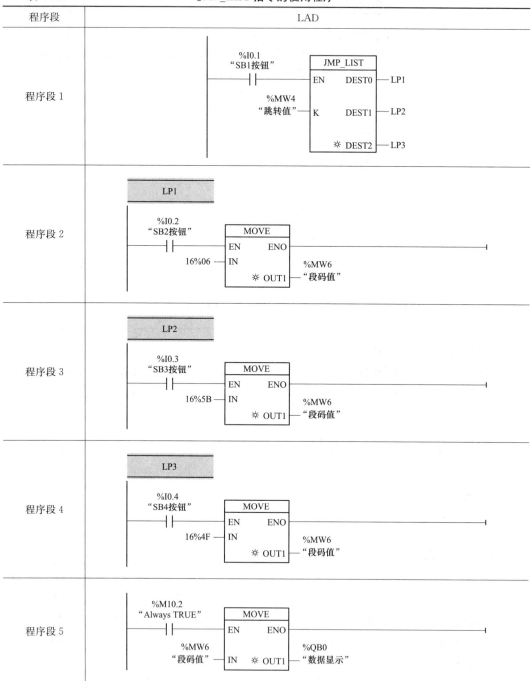

程序段	LAD
程序段 1	
程序段 2	
程序段 3	
程序段 4	
程序段 5	

3. SWITCH 跳转分支指令

使用跳转分支指令 SWITCH，可以根据一个或多个比较指令的结果，定义要执行的多个程序跳转。该指令有 EN、K、＜比较值＞、DEST0、DEST1、DESTn、ELSE 等参数，各参数说明如表 4-114 所示。

该指令从第 1 个比较开始执行，直至满足比较条件为止。如果满足比较条件，那么将不考虑后续比较条件。如果未满足任何指定的比较条件，那么将在输出 ELSE 处执行跳转。如果输出 ELSE 中未定义程序跳转，那么程序从下一个程序段继续执行。参数 K 指定输出编号，程序将从跳转标号处继续执行，如果 K 值大于可用的输出编号，则继续执行块中下一个程序段中的程序。

表 4-114　　　　　　　　　　　　SWITCH 跳转分支指令参数

梯形图指令符号	参数	数据类型	说明
	EN	Bool	使能输入
	K	UInt	指定输出的编号及要执行的跳转
	<比较值>	位、字符串、整数、浮点数、Time、Date 等	参数 K 的值要与其比较的输入值
	DEST0	—	第 1 个跳转标号
	DEST1	—	第 2 个跳转标号
	DESTn	—	第 $n+1$ 个跳转标号（n 的范围为 $2 \sim 256$）
	ELSE	—	不满足任何比较条件时，执行的程序跳转

【例 4-58】　SWITCH 指令的使用如表 4-115 所示。在程序段 1 中，每按下 1 次选择按钮时，I0.0 动合触点闭合 1 次，CTU 计数器的当前计数值 MW2 中的内容加 1。在程序段 2 中，将根据 MW2 的内容进行相应的跳转。如果 MW2 等于 3，那么跳转到 LP1 标号的程序段处（即程序段 3）执行程序；如果 MW2 小于或等于 2，那么跳转到 LP2 标号的程序段处（即程序段 4）执行程序；如果 MW2 大于或等于 4，那么跳转到 LP3 标号的程序段处（即程序段 5）执行程序；否则跳转到 LP4 标号的程序段处（即程序段 6）执行程序。程序段 7 将 MW6 中的值传送给 QB0，以进行 LED 共阴极数码管的显示。

表 4-115　　　　　　　　　　　　SWITCH 指令的使用程序

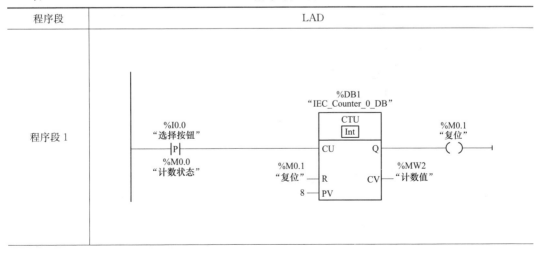

程序段	LAD
程序段 1	

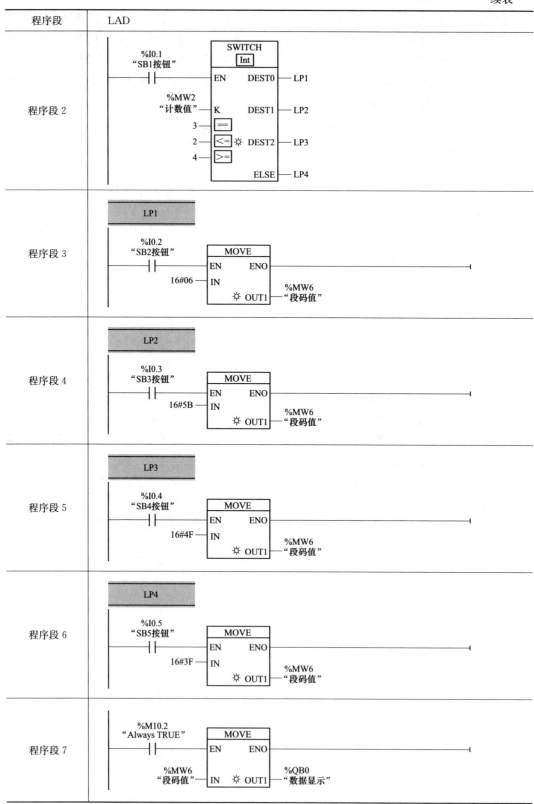

程序段	LAD

程序段 2

%I0.1
"SB1按钮"

SWITCH
Int
EN   DEST0 — LP1

%MW2
"计数值" — K   DEST1 — LP2

3 — ==
2 — <= ☼ DEST2 — LP3
4 — >=

ELSE — LP4

程序段 3

LP1

%I0.2
"SB2按钮"

MOVE
EN   ENO
16#06 — IN
☼ OUT1 — %MW6
"段码值"

程序段 4

LP2

%I0.3
"SB3按钮"

MOVE
EN   ENO
16#5B — IN
☼ OUT1 — %MW6
"段码值"

程序段 5

LP3

%I0.4
"SB4按钮"

MOVE
EN   ENO
16#4F — IN
☼ OUT1 — %MW6
"段码值"

程序段 6

LP4

%I0.5
"SB5按钮"

MOVE
EN   ENO
16#3F — IN
☼ OUT1 — %MW6
"段码值"

程序段 7

%M10.2
"Always TRUE"

MOVE
EN   ENO

%MW6
"段码值" — IN ☼ OUT1 — %QB0
"数据显示"

4. 程序控制指令的应用

【例 4-59】　程序控制指令在灯光显示电路中的应用。某灯光显示电路中，有 8 只 LED 指示灯，要求使用程序控制指令实现灯光显示。按下启动按钮 SB2，启动指示灯电路。若按下 SB3，选择左移，使 8 只指示灯每隔 1s 循环左移点亮；按下 SB4，选择右移，8 只指示灯每隔 1s 循环右移点亮；SB3 和 SB4 均未按下时，8 只指示灯每隔 1s 闪烁显示。

分析：此灯光显示电路，应由 4 个按钮及 8 只指示灯构成，因此需占用 4 个输入端子和 8 个输出端子，I/O 分配如表 4-116 所示，其 I/O 接线如图 4-48 所示。

表 4-116　　　　　　　　　　　　灯光显示电路的 I/O 分配表

输　入			输　出		
功能	元件	PLC 地址	功能	元件	PLC 地址
停止按钮	SB1	I0.0	指示灯 1	HL1	Q0.0
启动按钮	SB2	I0.1	指示灯 2	HL2	Q0.1
左移按钮	SB3	I0.2	指示灯 3	HL3	Q0.2
右移按钮	SB4	I0.3	指示灯 4	HL4	Q0.3
			指示灯 5	HL5	Q0.4
			指示灯 6	HL6	Q0.5
			指示灯 7	HL7	Q0.6
			指示灯 8	HL8	Q0.7

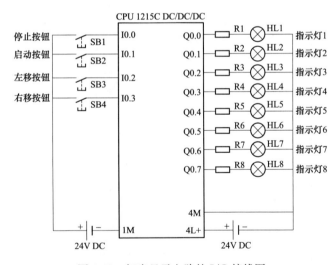

图 4-48　灯光显示电路的 I/O 接线图

本例可以使用 JMP 指令来实现，编写的程序如表 4-117 所示。程序段 1 用于复位控制，当 PLC 一上电或者按下停止按钮 SB1 时，将 MB2 中的内容清零。程序段 2 为启停控制，当按下启动按钮 SB2 时，I0.1 动合触点闭合，M0.0 线圈得电并自锁，按下停止按钮 SB1 时，I0.0 动断触点断开，使 M0.0 线圈失电。在程序段 3 中，当系统启动后，按下 SB3 按钮时，I0.2 动合触点闭合，M0.4 线圈置位为 1，同时 M0.5 线圈复位，执行跳转指令，跳转到 LP1 标号处，直接从程序段 6 开始继续往下执行程序。在程序段 4 中，当系统启动后，按下 SB4 按钮时，I0.3 动合触点闭合，M0.5 线圈置位为 1，同时 M0.4 线圈复位，执行跳转指令，跳转到 LP2 标号处，直接从程序段 8 开始继续往下执行程序。在程序段 5 中，当没有 SB3 或 SB4 没有按下时，每隔 1s 将 MB2 中的值取反。程序段 6 和程序段 7 为循环左移控制；程序段 8 和程序段 9 为循环右移控制。程序段 10，将 MB2 中的内容传送给 QB0，实现 8 只指示灯的显示。

表 4-117　　　　　　　　　　　　　灯光显示电路的控制程序

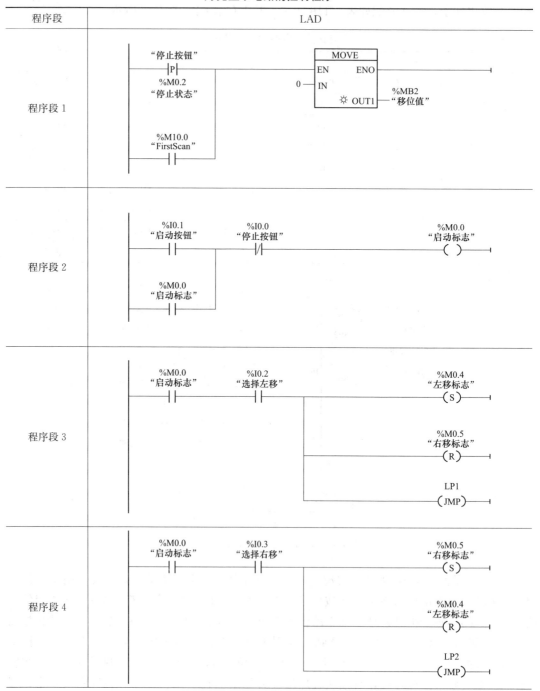

续表

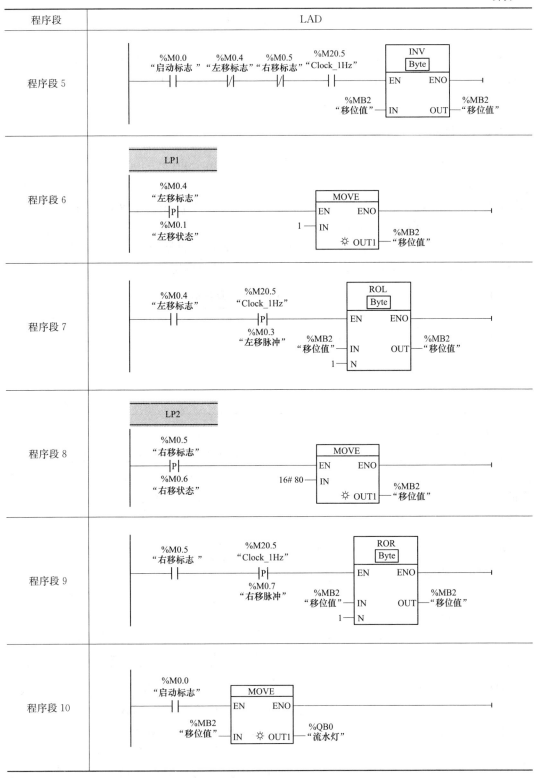

程序段	LAD
程序段 5	%M0.0 "启动标志"　%M0.4 "左移标志"　%M0.5 "右移标志"　%M20.5 "Clock_1Hz"　INV Byte　EN ENO　%MB2 "移位值" IN　OUT %MB2 "移位值"
程序段 6	LP1　%M0.4 "左移标志"　P　%M0.1 "左移状态"　MOVE　EN ENO　1 IN　☼ OUT1 %MB2 "移位值"
程序段 7	%M0.4 "左移标志"　%M20.5 "Clock_1Hz"　P　%M0.3 "左移脉冲"　ROL Byte　EN ENO　%MB2 "移位值" IN　OUT %MB2 "移位值"　1 N
程序段 8	LP2　%M0.5 "右移标志"　P　%M0.6 "右移状态"　MOVE　EN ENO　16# 80 IN　☼ OUT1 %MB2 "移位值"
程序段 9	%M0.5 "右移标志"　%M20.5 "Clock_1Hz"　P　%M0.7 "右移脉冲"　ROR Byte　EN ENO　%MB2 "移位值" IN　OUT %MB2 "移位值"　1 N
程序段 10	%M0.0 "启动标志"　MOVE　EN ENO　%MB2 "移位值" IN　☼ OUT1 %QB0 "流水灯"

4.2 扩 展 指 令

S7-1200 PLC 除了基本指令外，还包含了一些扩展指令，如日期和时间指令、字符与字符串指令、高速脉冲输出、中断指令、诊断指令等。本节只介绍日期和时间指令、字符与字符串指令、高速脉冲输出扩展指令。

4.2.1 日期和时间指令

在 CPU 断电时，使用超级电容保证实时时钟（time-of-day clock）的运行。S7-1200 PLC 的保持时间通常为 20 天，40℃时最少为 12 天。在 TIA Portal 中，打开在线与诊断视图，可以设置实时时钟的时间值，也可以使用日期和时间指令来读、写实时时钟，以及进行时间比较、时间运算等操作。

数据类型 Time 的长度为 4 字节，时间单位为 ms。长日期时间数据类型 DTL（日期和时间）如表 4-118 所示，可以在全局数据块或块的接口区定义 DTL 变量。

表 4-118   **数据类型 DTL 的结构组成及其属性**

数据	字节数	取值范围	数据	字节数	取值范围
年的低两位	2	1970～2262	h	1	0～23
月	1	1～12	min	1	0～59
日	1	1～31	s	1	0～59
星期	1	1～7	ns	4	0～999999999

1. 时间转换指令

时间转换指令 T_CONV 用于将 IN 输入参数的数据类型转换为设定的数据类型，并由 OUT 输出，指令参数如表 4-119 所示。可以从指令框的 "???" 下拉列表中选择该指令的数据类型，其中左侧的 "???" 可选择输入参数 IN 的数据类型；右侧的 "???" 可选择输出参数 OUT 的数据类型。

表 4-119   **时间转换指令参数表**

梯形图指令符号	参数	数据类型	说明
T_CONV ??? To ??? EN ENO IN OUT	EN	Bool	允许输入
	ENO	Bool	允许输出
	IN	整数、TIME、日期和时间	要转换的值
	OUT	整数、TIME、日期和时间	返回比较结果

【例 4-60】 时间转换指令的使用如表 4-120 所示。PLC 一上电，在程序段 1 中，执行 TON 指令进行延时操作，当前延时值暂存 MD4 中。在程序段 2，执行 CTU 指令进行加计数操作，当前计数值暂存 MW2 中。在程序段 3 中，当 I0.0 动合触点闭合时执行时间转换指令，将 MD4 中的当前延时值转换为整数，暂存 MW8 中。在程序段 4 中，当 I0.1 动合触点闭合时执行时间转换指令，将 MW2 中的当前计数值转换为 Time 数，暂存 MD14 中。在程序段 5 中，当 MW8 中的整数值小于 2000 时，与 Q0.0 连接的 HL1 信号

灯点亮。在程序段 6 中，当 MW2 中的当前计数值小于 30（即延时低于 30s）时，与 Q0.1 连接的 HL2 信号灯点亮。当 MW2 的当前计数值达到 35 时，M0.1 线圈得电。M0.1 线圈得电，程序段 2 中的 M0.1 动合触点闭合，使 CTU 指令复位。

表 4-120　　　　　　　　　　　　　　时间转换指令的使用

程序段	LAD
程序段 1	%M10.2 "Always TRUE" — %DB1 "IEC_Timer_0_DB" TON Time / IN — Q / T#8m — PT / ET — %MD4 "当前延时值"
程序段 2	%M20.5 "Clock_1Hz" —P— / %M0.0 "时钟脉冲" — %DB2 "IEC_Counter_0_DB" CTU Int / CU — Q / CV — %MW2 "当前计数值" / %M0.1 "比较标志" — R / 45 — PV
程序段 3	%I0.0 "时间转整数" — T_CONV Time TO Int / EN — ENO / %MD4 "当前延时值" — IN / OUT — %MW8 "整数值"
程序段 4	%I0.1 "整数转时间" — T_CONV Int TO Time / EN — ENO / %MW2 "当前计数值" — IN / OUT — %MD14 "时间值"
程序段 5	%MW8 "整数值" —< Int 2000— / %Q0.0 "HL1信号灯" —( )—

续表

程序段	LAD
程序段 6	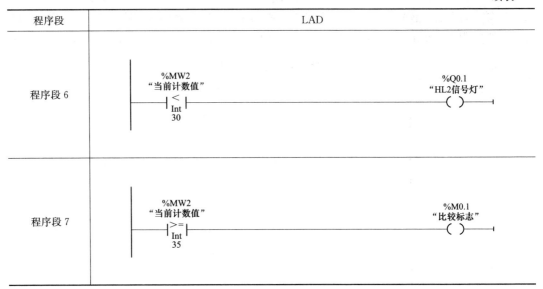
程序段 7	

2. 时间运算指令

为支持 S7-1200 PLC 进行时间运算操作，在扩展指令中提供了一些时间运算指令，如时间加运算指令 T_ADD、时间减运算指令 T_SUB、时间值相减指令 T_DIFF 和组合时间指令 T_COMBINE 等。

（1）时间加运算指令。时间加运算指令 T_ADD 是将 IN1 输入中的时间信息加到 IN2 输入中的时间信息上，然后由 OUT 输出其运算结果，指令参数如表 4-121 所示。

表 4-121　　　　　　　　　　时间加运算指令参数表

梯形图指令符号	参数	数据类型	说明
T_ADD ??? PLUS Time EN IN1 IN2 ENO OUT	EN	Bool	允许输入
	ENO	Bool	允许输出
	IN1	Time	要相加的第 1 个数
	IN2	Time	要相加的第 2 个数
	OUT	DInt、DWord、Time、TOD	返回相加的结果

T_ADD 指令可以将一个时间段加到另一个时间段上，如将一个 TIME 数据类型加到另一个 TIME 数据类型上，也可以将一个时间段加到某个时间上，如将一个 TIME 数据类型加到 DTL 数据类型上。

（2）时间减运算指令。时间减运算指令 T_SUB 是将 IN1 输入中的时间值减去 IN2 输入中的时间值，然后由 OUT 输出其运算结果，指令参数如表 4-122 所示。

T_SUB 指令可以将一个时间段减去另一个时间段，如将一个 TIME 数据类型减去另一个 TIME 数据类型，也可以从某个时间段中减去时间段，如将一个 TIME 数据类型的时间段减去 DTL 数据类型的时间。

表 4-122　　　　　　　　　时间减运算指令参数表

梯形图指令符号	参数	数据类型	说明
	EN	Bool	允许输入
	ENO	Bool	允许输出
	IN1	Time	被减数
	IN2	Time	减数
	OUT	DInt、DWord、Time、TOD、UDInt	返回相减的结果

（3）时间值相减指令。时间值相减运算指令 T_DIFF 是将 IN1 输入参数中的时间值减去 IN2 输入参数中的时间值，然后由 OUT 输出其运算结果，指令参数如表 4-123 所示。

表 4-123　　　　　　　　　时间值相减运算指令参数表

梯形图指令符号	参数	数据类型	说明
	EN	Bool	允许输入
	ENO	Bool	允许输出
	IN1	DTL、Date、TOD	被减数
	IN2		减数
	OUT	Time、Int	返回相减的结果

（4）组合时间指令。组合时间指令 T_COMBINE 用于合并日期值和时间值，并生成一个合并日期时间值，其指令参数如表 4-124 所示。

表 4-124　　　　　　　　　组合时间指令参数表

LAD	参数	数据类型	说明
	EN	Bool	允许输入
	ENO	Bool	允许输出
	IN1	Date	日期的输入变量
	IN2	TOD、LTOD	时间的输入变量
	OUT	DT、DTL、LDT	日期和时间的返回值

【例 4-61】 时间运算指令的使用程序如表 4-125 所示。在程序段 1 中，按下启动按钮时 I0.1 触点闭合，M0.0 线圈得电并自锁。M0.0 线圈得电，程序段 2 中的 M0.0 触点闭合，系统开始计时，并将当前延时值存入 MD4 中。假如 MD4 中的当前延时值为 T♯1M_31s_794ms，在程序段 3 中，将 TON 的当前延时值 MD4（T♯1M_31s_794ms）与 T♯1M_25s 进行时间加运算操作，结果 T♯2M_56s_794ms 送入 MD12 中；在程序段 4 中，将 TON 的当前延时值 MD4（T♯1M_31s_794ms）减去 T♯3M_32s，结果 T♯−2M_206ms 送入 MD16 中。在程序段 5 中，将 TOD♯12:40:12 减去 TOD♯7:28:25，求得时间差值 T♯5H_11M_47s 送入 MD22 中。

表 4-125　　　　　　　　　　　　　　时间运算指令的使用程序

程序段	LAD
程序段 1	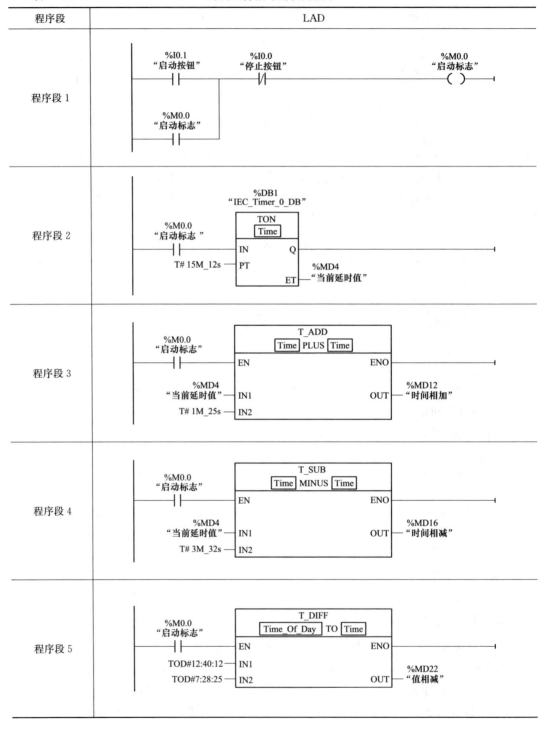
程序段 2	
程序段 3	
程序段 4	
程序段 5	

3. 时钟函数指令

时钟函数指令包括设置时间指令 WR_SYS_T、读取时间指令 RD_SYS_T、设置本地时间指令 WR_LOC_T、读取本地时间指令 RD_LOC_T、读取系统时间指令等。

（1）设置时间指令。使用设置时间指令 WR_SYS_T 可以设置 CPU 模块中 CPU 时钟的日期和时间，指令参数如表 4-126 所示。IN 的输入范围为 DTL♯1970-01-01-00：00：00.0～DTL♯2200-12-31-23：59：59.999999999。

表 4-126　　　　　　　　　　　　设置时间指令参数表

梯形图指令符号	参数	数据类型	说明
WR_SYS_T DTL EN ENO IN RET_VAL	EN	Bool	允许输入
	ENO	Bool	允许输出
	IN	DTL	日期和时间
	RET_VAL	Int	指令的状态

（2）读取时间指令。使用读取时间指令 RD_SYS_T 可以读取 CPU 模块中 CPU 时钟的当前日期和当前时间，指令参数如表 4-127 所示。参数 OUT 输出 CPU 的日期和时间信息中不包含有关本地时区或夏令时的信息。

表 4-127　　　　　　　　　　RD_SYS_T 读取时间指令参数表

梯形图指令符号	参数	数据类型	说明
RD_SYS_T DTL EN ENO RET_VAL OUT	EN	Bool	允许输入
	ENO	Bool	允许输出
	RET_VAL	Int	指令的状态
	OUT	DTL	CPU 的日期和时间

（3）读取系统时间指令。系统时间是格林尼治标准时间，本地时间是根据当地时区设置的本地标准时间。我国的本地时间（北京时间）比系统时间晚 8h。使用读取系统时间指令 TIME_TCK 可以读取 CPU 模块中 CPU 系统时间，指令参数如表 4-128 所示。该系统时间是一个时间计数器，从 0 开始计数，直到最大值 2147483647ms。发生溢出时，系统时间将重新从 0 开始计数。系统时间的时间刻度和精度均为 1ms，而且系统时间受 CPU 操作模式的影响。

表 4-128　　　　　　　　　RD_SYS_T 读取系统时间指令参数表

梯形图指令符号	参数	数据类型	说明
TIME_TCK EN ENO RET_VAL	EN	Bool	允许输入
	ENO	Bool	允许输出
	RET_VAL	Time	读取的系统时间

（4）设置本地时间指令。使用设置本地时间指令 WR_LOC_T，可以通过 LOCTIME 参数输入 CPU 时钟的日期和时间以作为本地时间，指令参数如表 4-129 所示。LOCTIME 输入值的范围为 DTL♯1970-01-01-0：0：0～DTL♯2200-12-31-23：59：59.999999999。

表 4-129   设置本地时间指令参数表

梯形图指令符号	参数	数据类型	说明
	EN	Bool	允许输入
	ENO	Bool	允许输出
	LOCITIME	DTL，LDT	本地时间
	DST	Bool	TURE（夏令时）或 FALSE（标准时间）
	RET_VAL	Int	指令的状态

（5）读取本地时间指令。使用读取本地时间指令 RD_LOC_T，可以从 CPU 时钟读取当前本地时间，并将此时间在 OUT 中输出，指令参数如表 4-130 所示。在输出本地时间时，会用到夏令时和标准时间的时区和开始时间（已在 CPU 时钟的组态中设置）的相关信息。

表 4-130   读取本地时间指令参数表

梯形图指令符号	参数	数据类型	说明
	EN	Bool	允许输入
	ENO	Bool	允许输出
	RET_VAL	Int	指令的状态
	OUT	DTL	输出本地时间

【例 4-62】 时钟函数指令的使用。使用时钟函数指令设置本地时间、读取系统时间和本地时间。

分析：使用 WR_LOC_T 指令可以设置本地时间；RD_SYS_T 指令可以读取系统时间；RD_LOC_T 指令读取本地时间。在使用这些指令前，需先在 TIA Portal 中定义 3 个全局数据变量，将其分别命名为 DT0、DT1 和 DT2，它们的数据类型都定义为 DTL。DT0 中的内容用于设置本地时间；读取的系统时间和本地时间数据分别存储到 DT1 和 DT2。具体操作步骤：首先在 TIA Portal 的项目树中执行"PLC_1"→"程序块"→"添加新块"，在弹出的"添加新块"对话框中选择"数据块"，类型为"全局 DB"，然后单击"确定"按钮，将弹出"数据块_1"的接口区定义界面，在此界面中"名称"列分别输入 DT0、DT1 和 DT2，数据类型都选择为"DTL"；最后将 DT0 的起始值设置为"DTL♯2022-08-05-11：28：00"点击"DT0"左侧的下拉三角形，将其可展示如图 4-49 所示。输入如表 4-131 所示的程序，程序段 1 用于设置本地时间；程序段 2 是读取系统时间；程序段 3 是读取本地时间。程序运行后，先只将 I0.0 强制为 ON，在"数据块_1"中可以看到 DT0 的监视值为"DTL♯2022-08-05-11：28：00"，与起始值相同，如图4-50 所示，表示已设置好了本地时间。再将 I0.1 和 I0.2 强制为 ON 后，在"数据块_1"中可以看到 DT1 和 DT2 的监视值发生了改变，如图 4-50 所示，表示已读取了系统时间与本地时间。

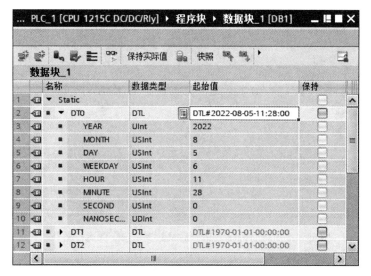

图 4-49　在"数据块_1"的接口区定义界面中更改 DT0 的起始值

表 4-131　　　　　　　　　　　　　时钟函数指令的使用程序

程序段	LAD
程序段 1	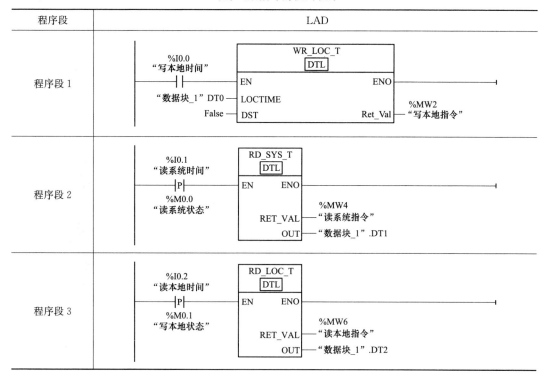
程序段 2	
程序段 3	

4. 日期和时间指令的应用

【例 4-63】　日期和时间指令在路灯控制中的应用。某公司的路灯要求每周一至周六晚上的 18:00 开启，至次日 6:00 关闭。当遇到周日晚上有人路过时，路灯自动开启，延时 5s 后再关闭。

分析：可以使用 RD_LOC_T 指令读取本地时间，并将读取的时间和要求的星期与时

253

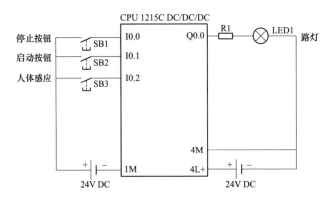

图 4-50　执行时钟函数指令后"数据块_1"的运行监视值

间进行比较，若满足条件，则将 Q0.0 线圈得电输出，控制路灯点亮。若日期处于星期天，则在 18:00～6:00，若感应到有人路过，则需控制路灯开启，延时 5s 后再关闭路灯。

　　本例需要 3 个输入点和 1 个输出点，I/O 分配如表 4-132 所示，其 I/O 接线如图 4-51 所示。

图 4-51　路灯控制的 I/O 接线图

表 4-132　　　　　　　　　　　　　路灯控制的 I/O 分配表

输入（I）			输出（O）		
功能	元件	PLC 地址	功能	元件	PLC 地址
停止按钮	SB1	I0.0	路灯	LED	Q0.0
启动按钮	SB2	I0.1			
人体感应开关	SB3	I0.2			

　　使用日期和时间指令实现此功能，编写的程序如表 4-133 所示。在编写程序前，新建 1 个数据块，并在该数据块中新建全局变量 DT0，其数据类型为"DTL"。PLC 一上电，程序段 1 获取 CPU 的本地日期和时间，并将获取的数据存储到 DT0 中。程序段 2 先判断当前是否为星期一至星期六，以及当前时间是否为 18:00～06:00，若是，则将 M0.0 线

圈得电。程序段 3 判断当前是否为星期日，以及当前时间是否为 18：00～06：00，若是，则将 M0.1 线圈得电。在程序段 4 中，当 M0.1 动合触点闭合，且感应到人到路灯下方时，M0.3 线圈得电。在程序段 4 中，M0.3 动合触点闭合时，延时 5s，在此期间 M0.4 线圈得电。程序段 6 为路灯显示控制，若 M0.0 动合触点闭合或 M0.4 动合触点闭合，Q0.0 线圈得电，控制路灯点亮，其仿真效果如图 4-52 所示。

表 4-133　　　　　　　　　日期和时间指令在路灯控制中的应用程序

程序段	LAD
程序段 1	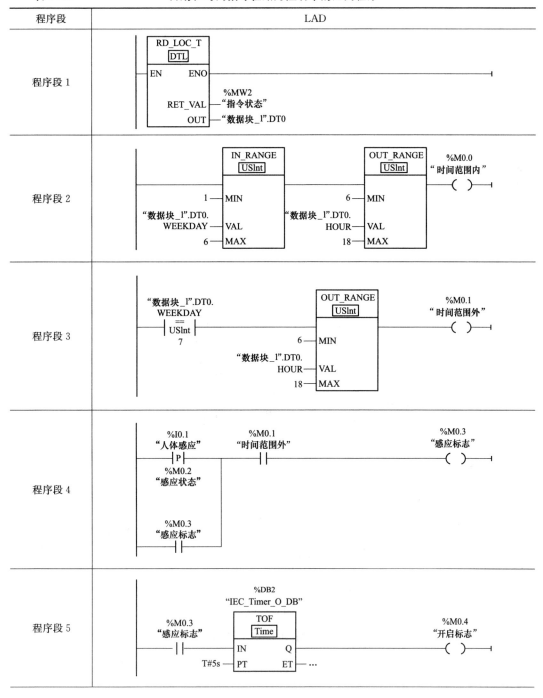
程序段 2	
程序段 3	
程序段 4	
程序段 5	

续表

程序段	LAD
程序段 6	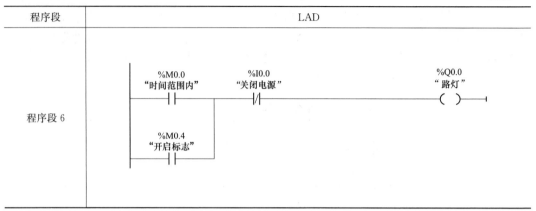

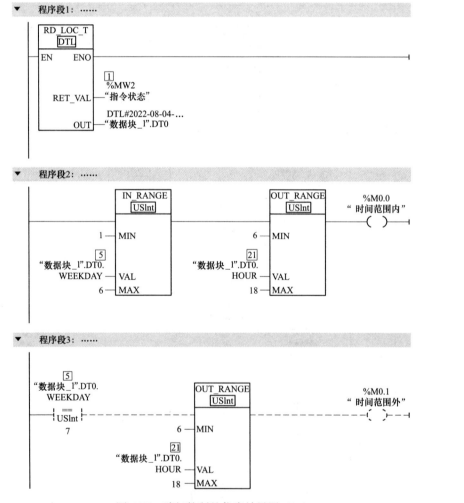

图 4-52　路灯控制的仿真效果图（一）

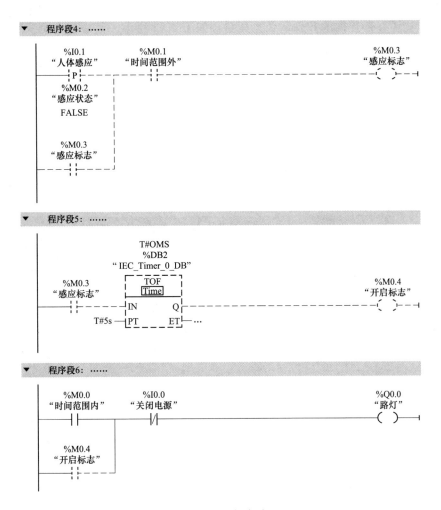

图 4-52 路灯控制的仿真效果图（二）

4.2.2 字符与字符串指令

与字符和字符串相关的函数及函数块，包括字符串移动、字符串比较、字符串转换、字符串读取、字符串的查找与替换等相关操作。

1. 字符串移动指令 S_MOVE

使用字符串移动指令 S_MOVE，可以将参数 IN 中字符串的内容传送到 OUT 所指定的存储单元中，指令参数如表 4-134 所示。

表 4-134　　　　　　　　　　　S_MOVE 指令参数表

梯形图指令符号	参数	数据类型	说明
S_MOVE EN　ENO IN　OUT	EN	Bool	允许输入
	ENO	Bool	允许输出
	IN	String、WString	源字符串

257

【例 4-64】 字符串移动指令的使用。首先在 TIA Portal 中添加全局数据块，并在块中创建 4 个用于存储数据的 String 类型变量，如图 4-53 所示。其中前两个变量定义了初始值，而后两个变量的初始值为空。

编写程序如表 4-135 所示，在程序段 1 中将两个字符串分别移动到所定义的两个变量"数据块_1". StringValue3 和"数据块_1". StringValue4 中。在程序段 2～程序段 4 分别进行字符串的比较操作，其中程序段 2 比较"数据块_1". StringValue1 和"数据块_1". StringValue4 中的字符串是否相等；程序段 3 比较"数据块_1". StringValue2 中的字符串是否大于或等于"数据块_1". StringValue4 中的字符串；程序段 4 比较"数据块_1". StringValue3 中的字符串是否小于或等于"数据块_1". StringValue4 中的字符串。在仿真状态下，执行程序后，数据块的监视值如图 4-54 所示。

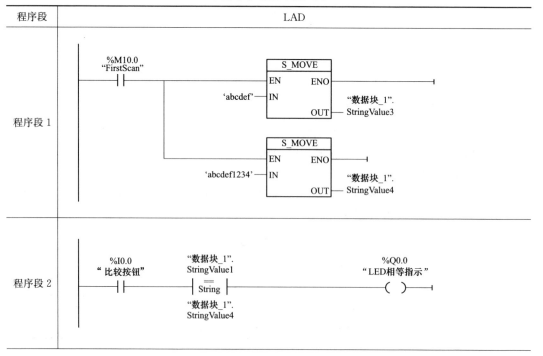

图 4-53　例 4-64 数据块中创建 4 个字符串变量

表 4-135　　　　　　　　　　　字符串移动指令的应用

程序段	LAD
程序段 1	%M10.0 "FirstScan" —┤ ├— S_MOVE (EN ENO) 'abcdef' — IN, OUT — "数据块_1". StringValue3 / S_MOVE (EN ENO) 'abcdef1234' — IN, OUT — "数据块_1". StringValue4
程序段 2	%I0.0 "比较按钮" —┤ ├— "数据块_1". StringValue1 —│ == String │— "数据块_1". StringValue4 —— %Q0.0 "LED相等指示" —( )—

续表

程序段	LAD
程序段 3	%I0.0 "比较按钮"　　"数据块_1".StringValue2　>= String　"数据块_1".StringValue4　　　　%Q0.1 "LED不小于指示"（ ）
程序段 4	%I0.0 "比较按钮"　　"数据块_1".StringValue3　<= String　"数据块_1".StringValue4　　　　%Q0.2 "LED不大于指示"（ ）

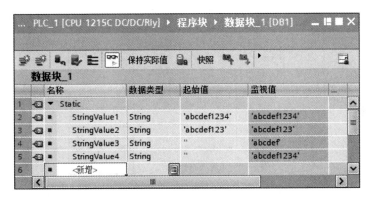

图 4-54　例 4-64 数据块的监视值

2. 字符串转换指令

在扩展指令中，有多条指令与字符串的转换有关，如转换字符串指令 S_CONV、将字符串转换为数字值指令 STRG_VAL、将数字值转换为字符串指令 VAL_STRG、将字符串转换为字符指令 Strg_TO_Chars、将字符转换为字符串指令 Chars_TO_Strg。

（1）转换字符串指令 S_CONV。使用 S_CONV 指令，可将输入 IN 的值转换成在输出 OUT 中指定的数据格式。S_CONV 可实现字符串转换为数字值、数字值转换为字符串、字符转换为字符。

1）字符串转换为数字值。将 IN 输入参数中指定字符串的所有字符进行转换。允许的字符为数字 0～9、小数点及加减号。字符串的第 1 个字符可以是有效数字或符号，而前导空格和指数表示将被忽略。无效字符可能会中断字符转换，此时，使能输出 ENO 将设置为"0"。

2）数字值转换为字符串。通过选择 IN 输入参数的数据类型来决定要转换的数字值格式。必须在输出 OUT 中指定一个有效的 String 数据类型的变量。转换后的字符串长度取决于输入 IN 的值。由于第 1 个字节包含字符串的最大长度，第 2 个字节包含字符串的实际长度，所以转换的结果从字符串的第 3 个字节开始存储。

259

3）字符转换为字符。如果在指令的输入端和输出端都输入 Char（字符）或 WChar（宽字符）数据类型，那么该字符将写入字符串的第 1 个位置处。

【例 4-65】 转换字符串指令的使用。首先在 TIA Portal 中添加全局数据块，并在块中创建 6 个用于存储数据的变量，如图 4-55 所示。

编写程序如表 4-136 所示，在程序段 1 中，PLC 一上电，将数值字符串'12345678'送入"数据块_1".StringValue 中；将数字 6789 送入"数据块_1".InINT 中。在程序段 2 中，将"数据块_1".StringValue 中的数值字符串转换为整数，结果 0 存放到变量 ResultInt 变量中；在程序段 3 中，将"数据块_1".InINT 中的整数转换为字符串，结果'6789'存放到 ResultString 变量中；在程序段 4 中，将"数据块_1".charIn 中的宽字符（WChar）转换为字符（Char），结果'b'存放到"数据块_1".ResultChar 变量中。在仿真状态下，执行程序后，数据块的监视值如图 4-56 所示。

表 4-136　　　　　　　　　　　　　转换字符串指令的使用程序

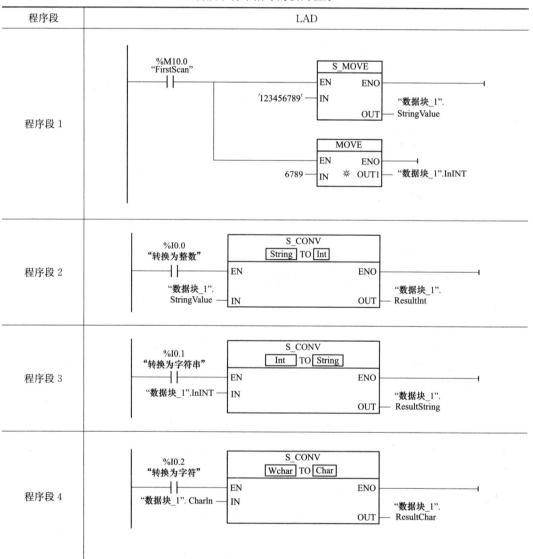

程序段	LAD
程序段 1	
程序段 2	
程序段 3	
程序段 4	

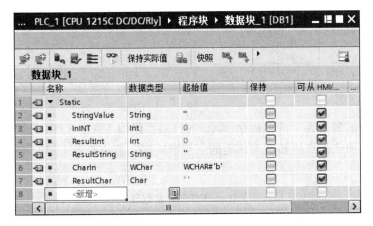

图 4-55　例 4-65 数据块中创建 6 个字符串变量

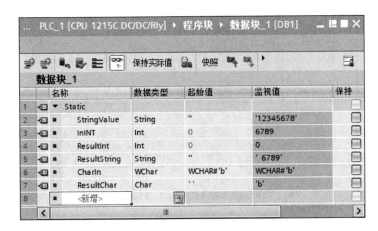

图 4-56　例 4-65 数据块的监视值

（2）将字符串转换为数字值指令 STRG_VAL。使用 STRG_VAL 指令，可将 IN 中输入的字符串转换为整数或浮点数，并由 OUT 输出，指令格式如表 4-137 所示，参数值含义如表 4-138 所示。允许转换的字符包括数字 0～9、小数点、小数撇、计数制"E"和"e"，以及加减号字符，如果是无效字符，那么将取消转换过程。转换是从 P 参数中指定位置处的字符开始。例如，P 参数为"1"，则转换从指定字符串的第 1 个字符开始。

表 4-137　　　　　　　　　　　　　STRG_VAL 指令参数表

梯形图指令符号	参数	数据类型	说明
STRG_VAL ??? TO ??? EN　　ENO IN　　OUT FORMAT P	EN	Bool	允许输入
	ENO	Bool	允许输出
	IN	String、WString	要转换的数字字符串
	FORMAT	Word	字符的输入格式（见表 4-138）
	P	UInt	要转换的第 1 个字符的引用
	OUT	USInt、SInt、UInt、Int、 UDInt、DInt、Real、LReal	输出转换结果

表 4-138   **STRG_VAL 指令中 FORMAT 参数值的含义**

W＃16＃（....）	表示法	小数点表示法	W＃16＃（....）	表示法	小数点表示法
0000	小数	"."	0003	指数	","
0001	小数	","	0004~FFFF		无效值
0002	指数	"."			

（3）将数字值转换为字符串指令 VAL_STRG。使用 VAL_STRG 指令，可以将整数值、无符号整数值或浮点值转换为相应的字符串，指令参数如表 4-139 所示，参数值含义如表 4-140 所示。

表 4-139   **VAL_STRG 指令参数表**

梯形图指令符号	参数	数据类型	说明
	EN	Bool	允许输入
	ENO	Bool	允许输出
	IN	USInt、SInt、UInt、Int、UDInt、DInt、Real、LReal	要转换的数字字符串
	SIZE	USInt	字符位数
	PREC	USInt	小数位数
	FORMAT	Word	字符的输出格式（见表 4-140）
	P	UInt	开始写入结果的字符
	OUT	String、WString	输出转换结果

表 4-140   **VAL_STRG 指令中 FORMAT 参数值的含义**

W＃16＃（....）	表示法	符号	小数点表示法
0000	小数	"—"	"."
0001	小数	"—"	","
0002	指数	"—"	"."
0003	指数	"—"	","
0004	小数	"+" 和 "—"	"."
0005	小数	"+" 和 "—"	","
0006	指数	"+" 和 "—"	"."
0007	指数	"+" 和 "—"	","

【例 4-66】 STRG_VAL 与 VAL_STRG 指令的使用。首先在 TIA Portal 中添加全局数据块，并在块中创建 5 个用于存储数据的变量，如图 4-57 所示。编写如表 4-141 所示的 STRG_VAL 与 VAL_STRG 的使用程序。

在程序段 1 中，PLC 一上电，将数值字符串'9876.45'送入"数据块_1".StringValue中；将实数－6789.34 送入"数据块_1".RealValue 中。在程序段 1 中执行了两条 STRG_VAL 指令，上面 STRG_VAL 指令将"数据块_1".StringValue 中字符串'9876.45'转换为实数，结果 87645.0 存放到变量 ResultReal 变量中，下方的 STRG_VAL 指令将"数据块_

1". StringValue 中字符串'9876.45'转换为整数，结果 76 存放到变量 ResultInt 变量中；在程序段 2 中执行 VAL_STRG 指令，将"数据块_1". RealValue 中的实数－6789.34 转换为字符串，结果'－6789.340'存放到 ResultStringOut2 变量中。在仿真状态下，执行程序后，数据块的监视值如图 4-58 所示。

表 4-141　　　　　　　　　　**STRG_VAL 与 VAL_STRG 指令的使用程序**

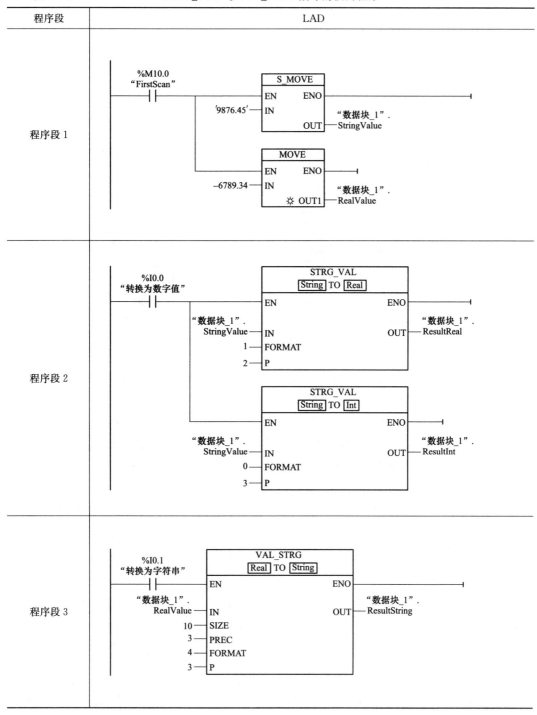

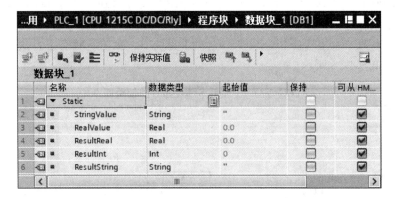

图 4-57   例 4-66 数据块中创建 5 个字符串变量

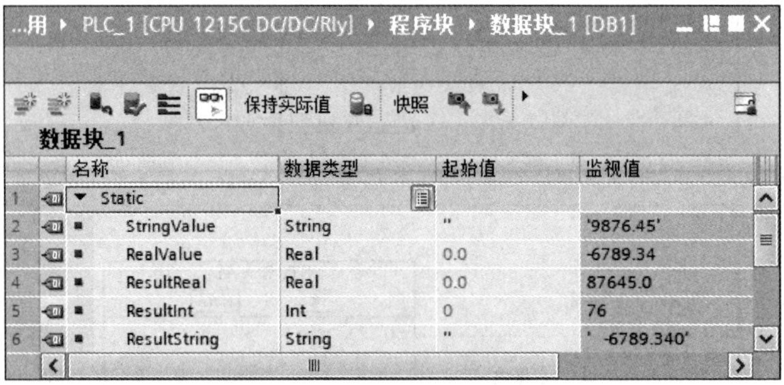

图 4-58   例 4-66 数据块的监视值

（4）将字符串转换为字符数组指令 Strg_TO_Chars。使用 Strg_TO_Chars 指令，可将数据类型为 String 的字符串复制到数组（Array of Char 或 Array of Byte）中；或将数据类型为 WString 的字符串复制到数组（Array of WChar 或 Array of Word）中。该操作只能复制 ASCII 字符，指令参数如表 4-142 所示。pChars 参数指定从字符数组中复制字符的起始位置，若从第 3 个位置开始复制数组中的字符，则 pChars 应设置为 2。

表 4-142   Strg_TO_Chars 指令参数表

梯形图指令符号	参数	数据类型	说明
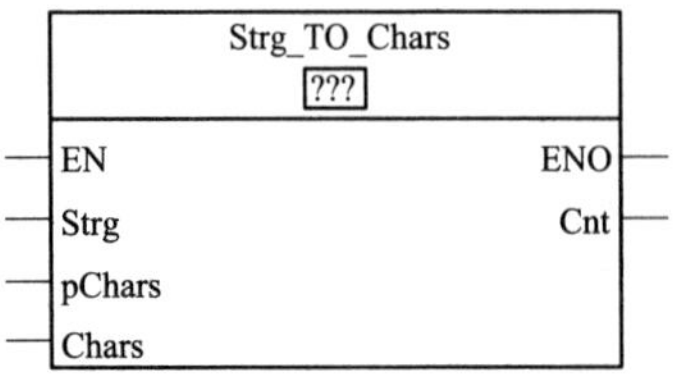 Strg_TO_Chars [???] EN ENO Strg Cnt pChars Chars	EN	Bool	允许输入
	ENO	Bool	允许输出
	Strg	String、WString	要复制的字符串对象
	pChars	DInt	指定存入数组中的起始位置
	Chars	Variant	将字符复制到指定数组中
	Cnt	UInt	指定复制的字符数

【例 4-67】 Strg_TO_Chars 指令的使用。首先在 TIA Portal 中添加全局数据块，并在块中创建 4 个参数变量，其中字符数组 ArrayChars 定义 15 个字符元素，如图 4-59

所示。

编写程序如表 4-143 所示，在程序段 1 中执行 Strg_TO_Chars 指令，将数据块预置变量 StringValue 中的字符串'S7-1200 PLC'复制到字符数组 ArrayChars 中。指定字符数组从第 4 个字符位置（PointerChars＝3）开始存储。在仿真状态下，执行指令后，数据块的监视值如图 4-60 所示。

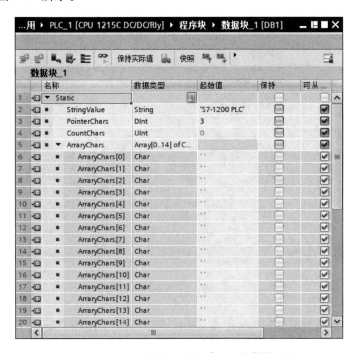

图 4-59　例 4-67 数据块中创建 4 个字符串变量

表 4-143　　　　　　　　　　　　Strg_TO_Chars 指令的使用程序

程序段	LAD
程序段 1	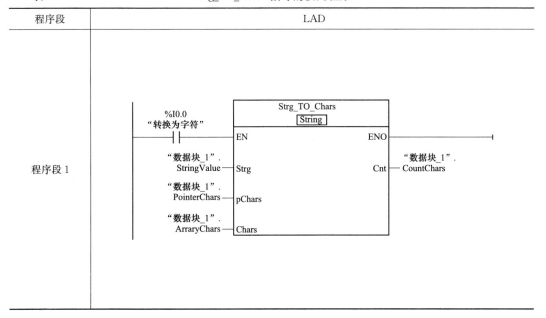

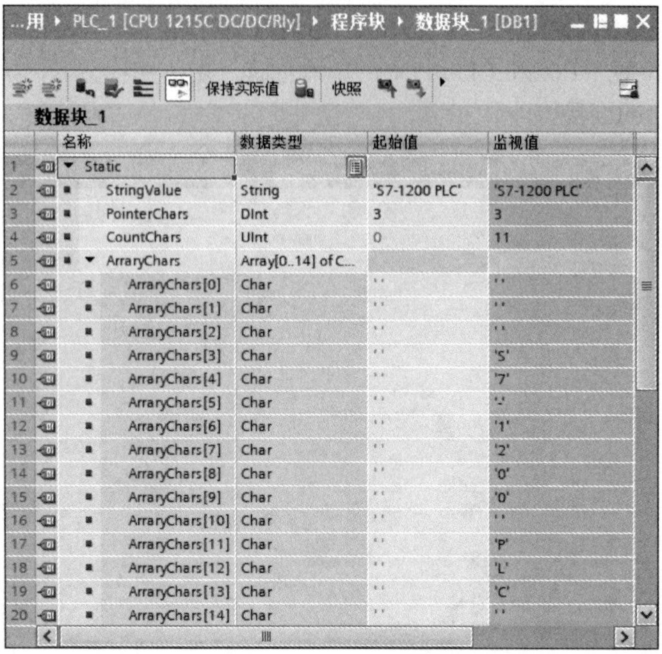

图 4-60　例 4-67 数据块的监视值

（5）将字符数组转换为字符串指令 Chars_TO_Strg。使用 Chars_TO_Strg 指令，可以将字符串从数组（Array of Char 或 Array of Byte）中复制到数据类型为 String 的字符串中，或将字符串从数组（Array of WChar 或 Array of Word）中复制到数据类型为 WString 的字符串中。该操作只能复制 ASCII 字符，指令参数如表 4-144 所示。pChars 参数指定从字符数组中复制字符的起始位置，若从第 4 个位置开始复制数组中的字符，则 pChars 应设置为 3。Cnt 参数指定要复制的字符数，若为 0，则表示复制所有字符。

表 4-144　　　　　　　　　　　　　Chars_TO_Strg 指令参数表

梯形图指令符号	参数	数据类型	说明
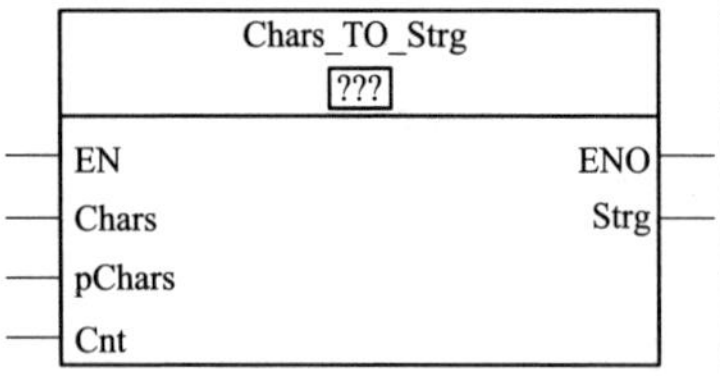 Chars_TO_Strg [???] EN　　　　ENO Chars　　　Strg pChars Cnt	EN	Bool	允许输入
	ENO	Bool	允许输出
	Chars	Variant	要复制的字符数组对象
	pChars	DInt	指定从字符数组中复制 字符的起始位置
	Cnt	UInt	指定复制的字符数
	Strg	String、WString	将字符数组复制 到指定字符串中

【例 4-68】 Chars_TO_Strg 指令的使用。首先在 TIA Portal 中添加全局数据块，并在块中创建 4 个参数变量，其中字符数组 ArrayChars 定义字符串'SIMATIC S7-1200'，

如图 4-61 所示。

编写如表 4-145 所示的程序，在程序段 1 中执行 Chars_TO_Strg 指令，将数据块字符数组变量 ArrayChars 中的字符串'SIMATIC S7-1200'复制到字符串 ResultString 中。指定字符数组从第 4 个字符位置（PointerChars＝3）开始复制。在仿真状态下，执行指令后，数据块的监视值如图 4-62 所示。

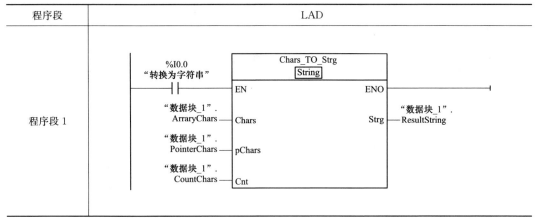

图 4-61　例 4-68 数据块中创建 4 个字符串变量

<table>
<tr><td>表 4-145</td><td colspan="2" align="center">Chars_TO_Strg 指令的使用程序</td></tr>
<tr><td align="center">程序段</td><td colspan="2" align="center">LAD</td></tr>
<tr><td align="center">程序段 1</td><td colspan="2">

%I0.0
"转换为字符串"

Chars_TO_Strg
String
EN　　　　ENO

"数据块_1".
ArrayChars — Chars

"数据块_1".
PointerChars — pChars

"数据块_1".
CountChars — Cnt

Strg — "数据块_1".
ResultString

</td></tr>
</table>

3. 字符串与十六进制数的转换指令

在扩展指令中，有两条 ASCII 码字符串与十六进制数间的转换指令，分别是将 ASCII 码字符串转换成十六进制数指令 ATH 和将十六进制数转换成 ASCII 码字符串指令 HTA。

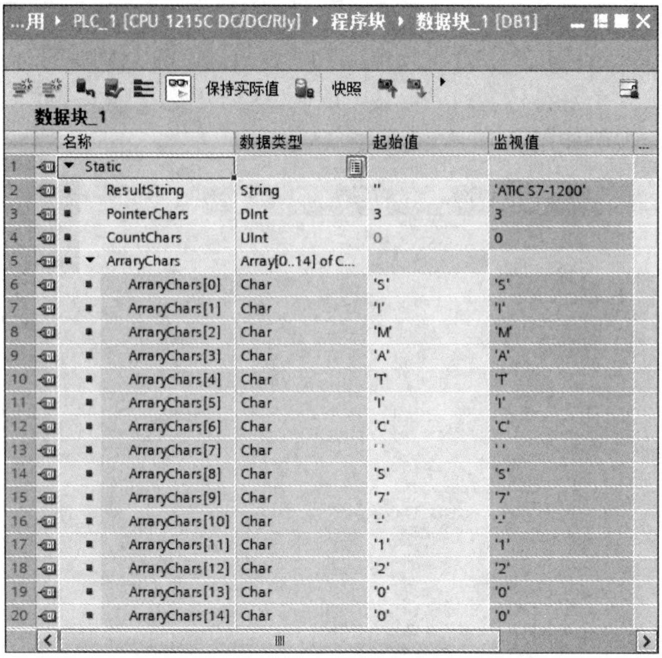

图 4-62　例 4-68 数据块的监视值

（1）将 ASCII 码字符串转换成十六进制数指令 ATH。使用 ATH 指令可以将 IN 输入参数中指定的 ASCII 字符串转换为十六进制数，转换结果输出到 OUT 中，其指令参数如表 4-146 所示。只能将数字 0～9、大写字母 A～F 及小写字母 a～f 相应的 ASCII 码字符转换为十六进制数，其他字符的 ASCII 码都转换为 0。由于 ASCII 字符为 8 位，而十六进制数只有 4 位，输出字长度仅为输入字长度的一半。ASCII 字符将按照读取时的顺序转换，并保存在输出中。如果 ASCII 字符数为奇数，那么最后转换的十六进制数右侧的半个字节将以"0"进行填充。

表 4-146　　　　　　　　　　　　　　ATH 指令参数表

LAD	参数	数据类型	说明
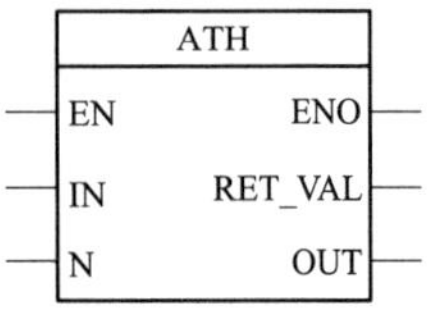	EN	Bool	允许输入
ATH	ENO	Bool	允许输出
EN　　　ENO	IN	Variant	指向 ASCII 字符串的指针
IN　　　RET_VAL	N	Int	待转换的 ASCII 字符数
N　　　OUT	RET_VAL	Word	指令的状态
	OUT	Variant	保存十六进制数结果

（2）将十六进制数转换成 ASCII 码字符串指令 HTA。使用 HTA 指令，可以将 IN 输入中指定的十六进制数转换为 ASCII 字符串，转换结果存储在 OUT 参数指定的地址中，其指令参数如表 4-147 所示。

表 4-147　　HTA 指令参数表

LAD	参数	数据类型	说明
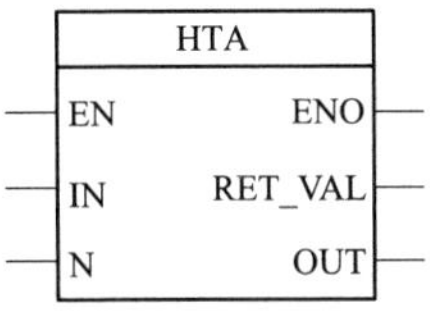	EN	Bool	允许输入
	ENO	Bool	允许输出
	IN	Variant	十六进制数的起始地址
	N	Int	待转换的十六进制字节数
	RET_VAL	Word	指令的状态
	OUT	Variant	结果的存储地址

【例 4-69】 字符串与十六进制数转换指令的使用。首先在 TIA Portal 中添加全局数据块，并在块中创建多个参数变量，并设置相应的起始值，如图 4-63 所示。

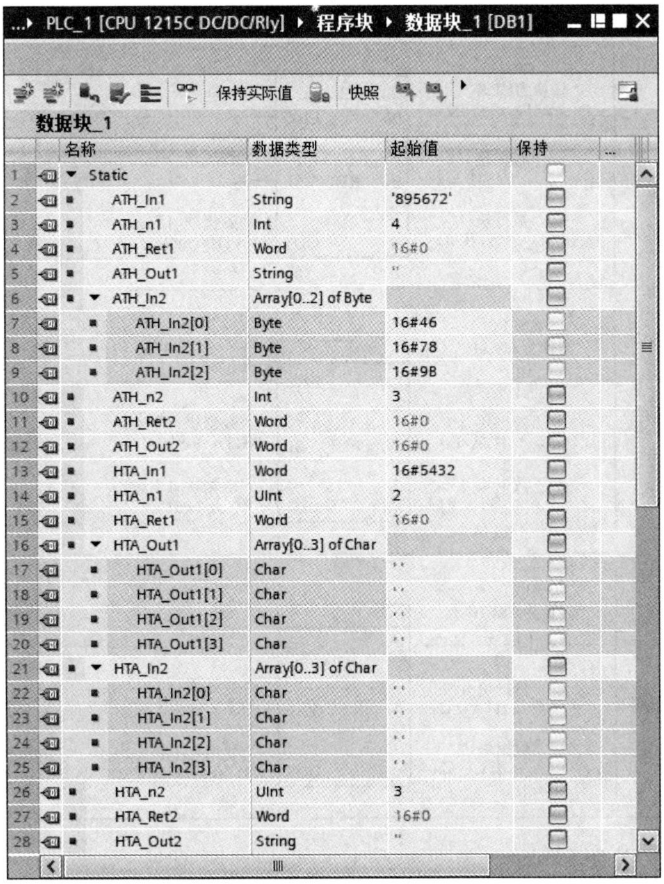

	名称	数据类型	起始值	保持
1	▼ Static			
2	ATH_In1	String	'895672'	
3	ATH_n1	Int	4	
4	ATH_Ret1	Word	16#0	
5	ATH_Out1	String	''	
6	▼ ATH_In2	Array[0..2] of Byte		
7	ATH_In2[0]	Byte	16#46	
8	ATH_In2[1]	Byte	16#78	
9	ATH_In2[2]	Byte	16#9B	
10	ATH_n2	Int	3	
11	ATH_Ret2	Word	16#0	
12	ATH_Out2	Word	16#0	
13	HTA_In1	Word	16#5432	
14	HTA_n1	UInt	2	
15	HTA_Ret1	Word	16#0	
16	▼ HTA_Out1	Array[0..3] of Char		
17	HTA_Out1[0]	Char	' '	
18	HTA_Out1[1]	Char	' '	
19	HTA_Out1[2]	Char	' '	
20	HTA_Out1[3]	Char	' '	
21	▼ HTA_In2	Array[0..3] of Char		
22	HTA_In2[0]	Char	' '	
23	HTA_In2[1]	Char	' '	
24	HTA_In2[2]	Char	' '	
25	HTA_In2[3]	Char	' '	
26	HTA_n2	UInt	3	
27	HTA_Ret2	Word	16#0	
28	HTA_Out2	String	''	

图 4-63　例 4-69 数据块中创建参数变量

编写如表 4-148 所示的程序，在程序段 1 中执行 ATH 指令后，将数据块字符串变量 ATH_In1 中的字符串'895672'转换 4 个（ATN_N1=4）ASCII 字符，结果以字符串的形式存入 ATH_Out1。在程序段 2 中执行 ATH 指令后，将数据块数组 ATH_In2 中的字节内容 16＃46、16＃78、16＃9B 转换 3 个（ATH_N2=3）ASCII 字符，结果以字的形式存入 ATH_Out2 中。程序段 3 中执行 HTA 指令后，将以字为单位的十六进制数

16＃5432相应 ASCII 字符，结果以字符数组形式存储 HTA_Out1 中。在程序段 4 中执行 HTA 指令后，将以字符数组为单位的 ASCII 字符转换为十六进制数，结果以字符串形式存储在 HTA_Out2 中。在仿真状态下，执行指令后，数据块的监视值如图 4-64 所示。

表 4-148　　　　　　　　　字符串与十六进制数转换指令的使用程序

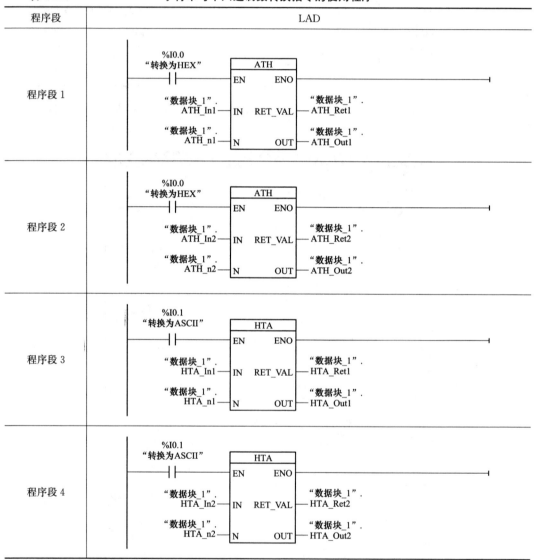

4. 字符串读取指令

字符串读取指令有 3 条，分别是读取字符串中的左侧字符指令 LEFT、读取字符串中的右侧字符指令 RIGHT 和读取字符串中的中间字符指令 MID。

使用 LEFT 指令读取输入参数 IN 中字符串的第 1 个字符开始的部分字符串，其读取字符个数由参数 L 决定，读取的字符以字符串格式由 OUT 输出。

使用 RITHT 指令读取输入参数 IN 中字符串的右侧开始的部分字符串，其读取字符个数由参数 L 决定，读取的字符以字符串格式由 OUT 输出。

使用 MID 指令读取输入参数 IN 中的部分字符串，由参数 P 指定要读取的第 1 个字

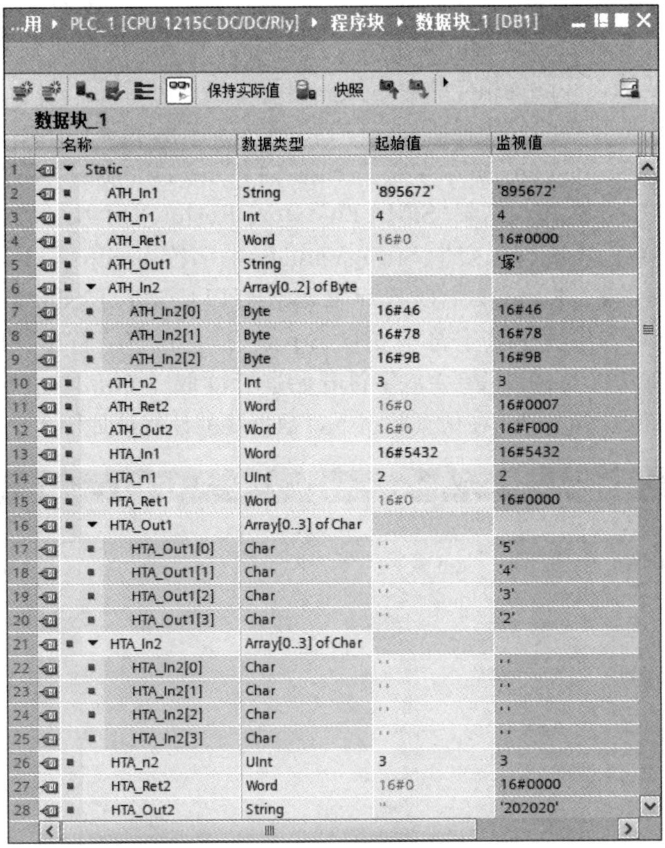

图 4-64　例 4-69 数据块的监视值

符的开始位置，读取字符个数由参数 L 决定，读取的字符以字符串格式由 OUT 输出。

字符串读取指令的主要参数如表 4-149 所示。

表 4-149　　　　　　　　　　　　字符串读取指令的主要参数

参数	声明	数据类型	说明
IN	Input	String、WString	要读取的字符串
L	Input	Byte、Int、SInt、USInt	要读取的字符个数
P	Input	Byte、Int、SInt、USInt	要读取的第 1 个字符的位置
OUT	Return	String、WString	存储读取部分的字符串

LEFT 和 RIGHT 指令没有参数 P，其余参数这 3 条指令均有。对于 LEFT 和 RIGHT 指令而言，如果要读取的字符数大于字符串的当前长度，那么 OUT 将 IN 中的字符串作为输出结果。如果参数 L 包含 "0" 或输入值为空字符串，那么 OUT 输出空字符串；如果 L 中的值为负数，那么 OUT 也输出空字符串。对于 MID 指令而言，如果要读取的字符数量超过 IN 输入参数中字符串的当前长度，那么读取以 P 字符串开始直到字符串结尾处的字符串；如果参数 P 中指定的字符位置超出 IN 字符串的当前长度，那么 OUT 将输出空字符串；如果 P 或 L 中的值为负数，那么 OUT 也输出空字符串。字符串

读取的 3 条指令在执行过程中，若发生错误且可写入 OUT 输出参数，则输出空字符串。

【例 4-70】 字符串读取指令的使用。首先在 TIA Portal 中添加全局数据块，并在块中创建多个参数变量，并设置相应的起始值，如图 4-65 所示。

编写字符串读取指令的使用程序如表 4-150 所示。在程序段 1 中执行 LEFT 指令，将数据块字符串变量 StringValueIn 中字符串'SIMATIC S7-1200 PLC'从左侧开始读取连续的 7（Left_L＝7）个字符，结果'SIMATIC'送入 ReslutOut1 中；在程序段 2 中执行 RIGHT 指令，将数据块字符串变量 StringValueIn 中字符串'SIMATIC S7-1200 PLC'从右侧开始读取连续的 3（Right_L＝3）个字符，结果'PLC'送入 ReslutOut2 中；在程序段 3 中执行 MID 指令，将数据块字符串变量 StringValueIn 中字符串'SIMATIC S7-1200 PLC'从左侧开始第 8 个（Mid_P＝8）字符开始连续读取 9（Mid_L＝9）个字符，结果'S7-1200'送入 ReslutOut3 中。在仿真状态下，数据块的监视值如图 4-66 所示。

图 4-65　例 4-70 数据块中创建参数变量

表 4-150	字符串读取指令的使用程序

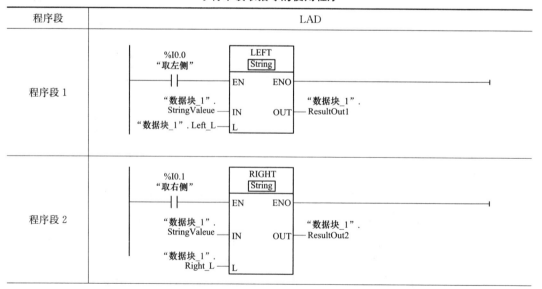

程序段	LAD
程序段 1	
程序段 2	

程序段	LAD
程序段 3	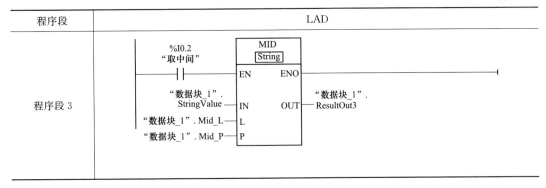

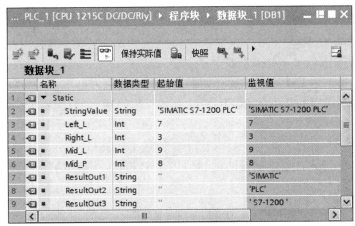

图 4-66　例 4-70 数据块的监视值

5. 字符串查找、插入、删除与替换指令

在 SIMATIC S7-1200 系列 PLC 中，使用扩展指令 FIND、INSERT、DELETE、REPLACE 可实现对字符串的查找、插入、删除与替换等操作。

（1）在字符串中查找字符指令 FIND。使用 FIND 指令，可以在输入参数 IN1 中的字符串中查找 IN2 指定的字符串第 1 次出现的所在位置值，然后由 OUT 输出该值的位置，指令参数如表 4-151 所示。

执行 FIND 指令时，在 IN1 字符串中是从左向右开始查找参数 IN2 指定的字符串。如果在 IN1 中查找到了 IN2 指定的字符串，那么 OUT 将输出第 1 次出现该字符串的位置值。如果没有查找到，那么 OUT 输出为 0。

表 4-151　　　　　　　　　　FIND 指令参数表

梯形图指令符号	参数	数据类型	说明
FIND [???] EN ENO IN1 OUT IN2	EN	Bool	允许输入
	ENO	Bool	允许输出
	IN1	String、WString	被查找的字符串
	IN2	String、WString	要查找的字符串
	OUT	Int	字符位置

（2）在字符串中插入字符指令 INSERT。使用 INSERT 指令，将输入参数 IN2 中的字符串插入 IN1 的字符串中，插入的字符串的起始位置由参数 P 指令，插入后形成新的字符串通过 OUT 输出，指令参数如表 4-152 所示。

表 4-152　　　　　　　　　　　　INSERT 指令参数表

梯形图指令符号	参数	数据类型	说明
INSERT ??? EN ENO IN1 OUT IN2 P	EN	Bool	允许输入
	ENO	Bool	允许输出
	IN1	String、WString	字符串
	IN2	String、WString	要插入的字符串
	P	Byte、Int、SInt、USInt	指定插入起始位置
	OUT	String、WString	输出生成的字符串

执行 INSERT 指令时，如果参数 P 中的值超出了 IN1 字符串的当前长度，那么 IN2 的字符串将直接添加到 IN1 字符串后。如果参数 P 中的值为负数，那么 OUT 输出空字符串。如果生成的字符串的长度大于 OUT 的变量长度，那么将生成的字符串限制到可用长度。

（3）删除字符串中的字符指令 DELETE。使用 DELETE 指令，将输入参数 IN 中的字符串删除 L 个字符数，删除字符的起始位置由 P 指定，剩余的部分字符串由 OUT 输出，指令参数如表 4-153 所示。

表 4-153　　　　　　　　　　　　DELETE 指令参数表

梯形图指令符号	参数	数据类型	说明
DELETE ??? EN ENO IN1 OUT L P	EN	Bool	允许输入
	ENO	Bool	允许输出
	IN	String、WString	字符串
	L	Byte、Int、SInt、USInt	指定要删除的字符数
	P	Byte、Int、SInt、USInt	指定删除的第 1 个字符位置
	OUT	String、WString	生成的字符串

执行 DELETE 指令时，如果参数 P 中的值为负数或等于零，那么 OUT 输出空字符串。如果参数 P 中的值超出了 IN 字符串的当前长度值或参数 L 的值为 0，那么 OUT 输出 IN 中的字符串。如果参数 L 中的值超出了 IN 字符串的当前长度值，那么将删除从 P 指定位置开始的字符。如果参数 L 中的值为负数，那么将输出空字符串。

（4）替换字符串的字符指令 REPLACE。使用 REPLACE 指令，可将 IN1 中的部分字符串由 IN2 中的字符串替换，参数 P 指定要替换的字符起始位置，参数 L 指定要替换的字符个数，替换后生成的新字符串由 OUT 输出，指令参数如表 4-154 所示。

执行 REPLACE 指令时，如果参数 P 中的值为负数或等于 0，那么 OUT 输出空字符串。如果参数 P 中的值超出了 IN1 字符串的当前长度值，那么 IN2 的字符串将直接添加到 IN1 字符串后。如果参数 P 中的值为 1，那么 IN 中的字符串将从第 1 个字符开始被替换。如果生成的字符串的长度大于 OUT 的变量长度，那么将生成的字符串限制到可用长度。如果参数 L 中的值为负数，那么 OUT 输出空字符串。如果参数 L 中的值为 0，那么将插入而不是更换字符。

表 4-154 REPLACE 指令参数表

梯形图指令符号	参数	数据类型	说明
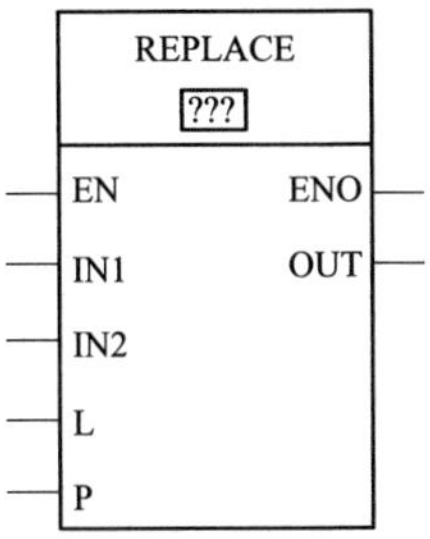 REPLACE ??? EN ENO IN1 OUT IN2 L P	EN	Bool	允许输入
	ENO	Bool	允许输出
	IN1	String、WString	要替换其中字符的字符串
	IN2	String、WString	含有要插入的字符
	L	Byte、Int、SInt、USInt	要替换的字符数
	P	Byte、Int、SInt、USInt	要替换的第 1 个字符的位置
	OUT	String、WString	生成的字符串

【例 4-71】　字符串查找、插入、删除与替换指令的使用。首先在 TIA Portal 中添加全局数据块，并在块中创建多个参数变量，并设置相应的起始值，如图 4-67 所示。

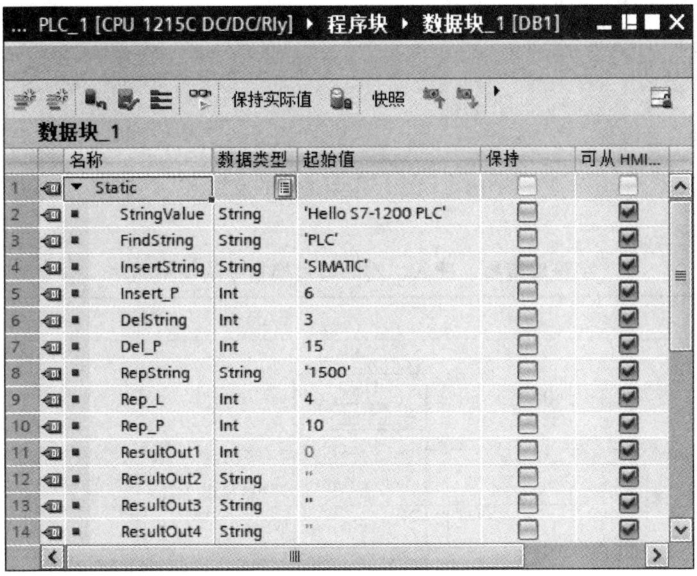

图 4-67　例 4-71 数据块中创建参数变量

编写字符串查找、插入、删除与替换指令的使用程序如表 4-155 所示。在程序段 1 中执行 FIND（查找）指令，将数据块字符串变量 StringValue 中字符串'Hello S7-1200 PLC'从左侧开始查找字符串'PLC'（FindString='PLC'），将第 1 次找到位置值 15 送入 ReslutOut1 中；在程序段 2 中执行 INSERT（插入）指令，将数据块字符串变量 StringValue 中字符串'Hello S7-1200 PLC'插入字符串'SIMATIC'（InsertString='SIMATIC'），由于指定的位置值为 6（Insert_P=6），将字符串'SIMATIC'直接添加到'Hello'的右侧，形成新的字符串为'Hello SIMATIC S7-1200 PLC'，并将其由 ReslutOut2 输出；在程序段 3 中执行 DELETE（删除）指令，将数据块字符串变量 StringValue 中字符串'Hello S7-1200 PLC'从第 15 个字符（Del_P=15）开始连续删除 3 个字符（DelString=3），保留的字符串结果'Hello S7-1200'由

ReslutOut3 输出；在程序段 4 中执行 REPLACE（替换）指令，将数据块字符串变量 StringValue 中字符串'Hello S7-1200 PLC'从第 10 个字符（Rep_P＝10）开始连续 4 个字符（Rep_L＝4）替换成字符串'1500'（RepString＝'1500'），形成新的字符串'Hello S7-1200 PLC'，并将其由 ReslutOut4 输出。在仿真状态下，数据块的监视值如图 4-68 所示。

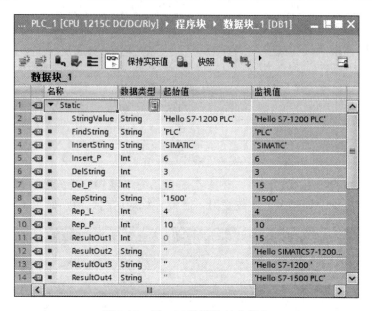

图 4-68 例 4-71 数据块的监视值

表 4-155 字符串查找、插入、删除与替换指令的使用程序

程序段	LAD
程序段 1	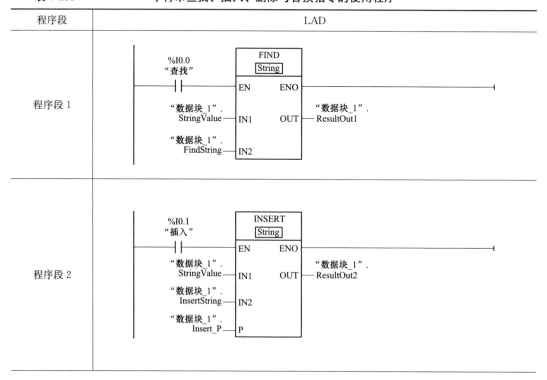
程序段 2	

续表

程序段	LAD
程序段 3	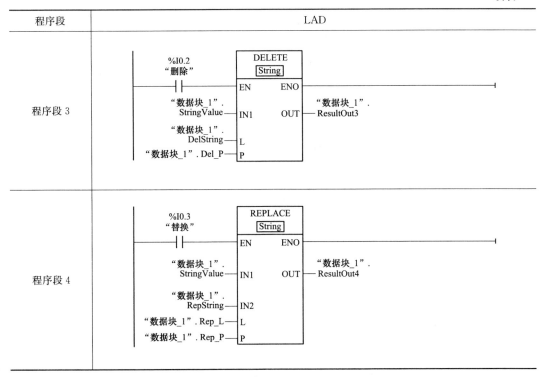
程序段 4	

4.2.3　高速脉冲输出功能指令

高速脉冲输出功能是指在 PLC 的某些输出端有高速脉冲输出，用来驱动负载以实现精确控制。S7-1200 PLC 提供了 4 种脉冲发生器用于高速脉冲输出，分别可组态为脉冲宽度调制（pulse width modulation，PWM）或脉冲串输出（pulse train output，PTO），但不能指定为既是 PWM 又是 PTO。

1. 高速脉冲输出功能

脉冲宽度与脉冲周期之比称为占空比，PTO 提供占空比为 50% 的方波脉冲列输出；PWM 是一种周期固定、脉宽可调节的脉冲输出。PWM 功能使用的是数字量输出，但其在很多方面类似于模拟量，比如它可以控制电动机的转换、阀门的位置等。

S7-1200 PLC 的 4 种脉冲发生器使用特定的输出点用于 PWM 或 PTO 输出（见表 4-156），用户可以使用 CPU 模块内置的 Q0.0～Q0.7 或信号板上的 Q4.0～Q4.3 输出 PWM 或 PTO 脉冲。CPU 1211C 没有 Q0.4～Q0.7 输出，所以 CPU 1211C 只有 PTO1/PWM1 与 PTO2/PWM2 的功能；CPU 1212C 没有 Q0.6、Q0.7 输出，所以 CPU 1212C 没有 PTO4/PWM4 功能，其余的 S7-1200 系列 CPU 模块都具有 4 种 PTO/PWM 发生器。

表 4-156 所列为默认情况下的地址分配，可以更改输出地址。无论输出点的地址是如何变化，PTO1/PWM1 总是使用第 1 组输出，PTO2/PWM2 使用紧接着的第 1 组输出，其他组类似，对于 CPU 模块的内置输出点或信号板上的输出点都是如此。PTO 在使用脉冲输出时，一般占用两个输出点，一个点作为脉冲输出，另一个作为方向输出；而 PWM 只使用一个点作为脉冲输出，另一个没有使用的点可用于其他功能。

表 4-156 脉冲功能输出点

描述	默认的输出分配	脉冲	方向
PTO1	CPU 模块内置 I/O	Q0.0	Q0.1
	SB 信号板 I/O	Q4.0	Q4.1
PWM1	CPU 模块内置 I/O	Q0.0	—
	SB 信号板 I/O	Q4.0	—
PTO2	CPU 模块内置 I/O	Q0.2	Q0.3
	SB 信号板 I/O	Q4.2	Q4.3
PWM2	CPU 模块内置 I/O	Q0.2	—
	SB 信号板 I/O	Q4.2	—
PTO3	CPU 模块内置 I/O	Q0.4	Q0.5
	SB 信号板 I/O	Q4.0	Q4.1
PWM3	CPU 模块内置 I/O	Q0.4	—
	SB 信号板 I/O	Q4.1	—
PTO4	CPU 模块内置 I/O	Q0.6	Q0.7
	SB 信号板 I/O	Q4.2	Q4.3
PWM4	CPU 模块内置 I/O	Q0.6	—
	SB 信号板 I/O	Q4.3	—

2. 高速脉冲发生器的组态

在用户程序使用 PWM 或 PTO 功能之前，应先对脉冲发生器进行组态。使用 PWM 功能时，由于继电器的机械特性，在输出频率较快的脉冲时会影响继电器的寿命，最好采用 DC/DC/DC 类型的 CPU 模块，具体步骤如下：

（1）将 2 DI/2 DQ 2×24V DC 的信号板插入 CPU 模块。在 TIA Portal 的设备视图下，将信号板 DI 2/DQ 2×24V DC（6ES7 223-3BD30-0xB0）直接拖曳到 CPU 模块中间的方框内，将信号板插入到 CPU 模块，如图 4-69 所示。

（2）启用脉冲发生器。在设备视图下，双击 CPU 模块，在"属性"→"常规"→"脉冲发生器"中可以看到该 CPU 模块支持 4 种脉冲发生器 PTO1/PWM1～PTO4/PWM4。选中"PTO1/PWM1"下的"常规"，然后在其右边窗口的复选框中启用该脉冲发生器。

（3）参数分配。选中图 4-70 左边窗口"PTO1/PWM1"下的"参数分配"，在右边的窗口用下拉式列表设置"信号类型"为 PWM 或 PTO（在此选择为 PWM）；"时基"（时间基准，仅适用于 PWM）可选毫秒或微秒；"脉冲格式"可选百分之一、千分之一、万分之一和 S7 模拟量格式（0～27 648）；"循环时间"（仅适用于 PWM）用于分配完成一次脉冲需要的持续时间；"初始脉冲宽度"（仅适用于 PWM）分配第一次脉冲的脉冲持续时间；"允许对循环时间进行运行时修改"（仅适用于 PWM）可以使程序在运行时，修改 PWM 信号的循环时间。

脉冲宽度为 0 时占空比为 0%，没有脉冲输出，输出一直为 FALSE（0 状态）。脉冲宽度等于脉冲周期时，占空比为 100%，没有脉冲输出，输出一直为 TRUE（1 状态）。

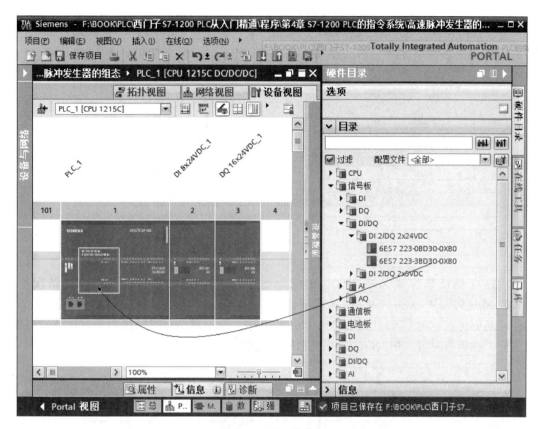

图 4-69　插入信号板

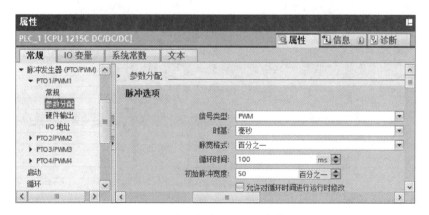

图 4-70　设置脉冲发生器的参数分配

（4）硬件输出。选中"PTO1/PWM1"下的"硬件输出"，在右边的窗口"脉冲输出"中选用信号板上的 Q4.0 输出脉冲，如图 4-71 所示。

（5）I/O 地址。选中"PTO1/PWM1"下的"I/O 地址"，可以看到 PWM1 的起始地址和结束地址，如图 4-72 所示。此 I/O 地址为 WORD 类型，可以修改其起始地址，在运

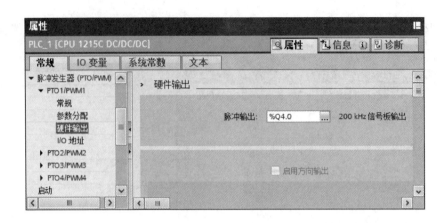

图 4-71　硬件输出

行时用这个地址来修改脉冲宽度，单位为图 4-70 中组态的百分之一。默认情况下，
PWM1 地址为 QW1000，PWM2 为 QW1002，PWM3 为 QW1004，PWM4 为 QW1006。
对于较高固体版本的 CPU，如果勾选了图 4-70 中 "允许对循环时间进行运行时修改" 的
复选框，在运行时可以用 QD1002 来修改循环时间。

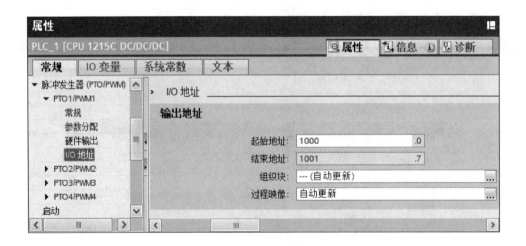

图 4-72　I/O 地址

3. 高速脉冲输出指令

在 S7-1200 系列 PLC 中，有两条高速脉冲输出指令，分别为 CTRL＿PWM 和
CTRL_PTO。

（1）CTRL_PWM 指令。在 S7-1200 PLC 中使用 CTRL_PWM 指令实现 PWM 输出，
在使用该指令时，需要添加背景数据块，用于存储参数信息。CTRL_PWM 指令参数如
表 4-157 所示。

表 4-157　　　　　　　　　　　　　　　CTRL_PWM 指令参数表

梯形图指令符号	参数	数据类型	说明
	EN	Bool	允许输入
	ENO	Bool	允许输出
	PWM	Word	硬件标识符，即组态参数中的 HW ID
CTRL_PWM EN　　　ENO PWM　　BUSY ENABLE　STATUS	ENABLE	Bool	为 TRUE 时启用脉冲输出，为 FALSE 时禁用脉冲输出
	BUSY	Bool	处理状态（默认值为 0）
	STATUS	Word	指令状态指示，0 表示无错误；16#80A1表示脉冲发生器的硬件 ID 无效；16#80D0表示具有指定硬件 ID 有脉冲发生器未激活

（2）CTRL_PTO 指令。使用 CTRL_PTO 指令将以既定频率生成一个脉冲序列，在使用该指令时，需要添加背景数据块，用于存储参数信息。CTRL_PTO 指令参数如表 4-158所示。

将 REQ 输入设置为 TRUE 时，FREQUENCY 值生效，如果 REQ 为 FALSE，那么无法修改 PTO 的输出频率，且 PTO 继续输出脉冲。图 4-73 所示为 REQ 为 1（TRUE）或 0（FALSE）时，PTO 的输出频率示意图。

表 4-158　　　　　　　　　　　　　　　CTRL_PTO 指令参数表

梯形图指令符号	参数	数据类型	说明
	EN	Bool	允许输入
	ENO	Bool	允许输出
	REQ	Word	为 TRUE 时将 PTO 输出频率设置为 FREQUENCY 中的输出值，为 FALSE 时 PTO 无修改
CTRL_PTO EN　　　　ENO REQ　　　DONE PTO　　　BUSY FREQUENCY　ERROR 　　　　STATUS	PTO	Word	硬件标识符，即组态参数中的 HW ID
	FREQUENCY	UDInt	PTO 所需频率（Hz），此值仅适用于当 REQ 为 TRUE 时（默认值为 0）
	DONE	Bool	指令已成功执行，未发生任何错误
	BUSY	Bool	处理状态（默认值为 0）
	ERROR	Word	检测到错误（默认值为 0）
	STATUS	Word	执行条件代码（默认值为 0）

当用户使用给定的频率激活 CTRL_PTO 指令时，S7-1200 将以给定的频率输出脉冲串，用户可随时更改所需频率。例如，所需频率为 1Hz（用时 1000ms 完成），并且在 500ms 后用户将频率修改为 10Hz，频率将会在 1000ms 时间周期结束时被修改，如图 4-74 所示。

4. 高速脉冲输出的应用

【例 4-72】　使用高速脉冲输出功能产生周期为 100ms，占空比通过与 IB0 连接的拨码

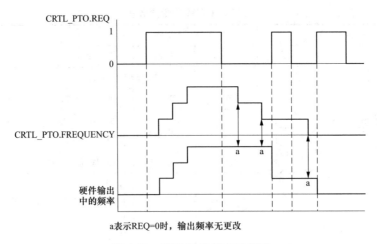

a表示REQ=0时，输出频率无更改

图 4-73　PTO 输出频率示意图

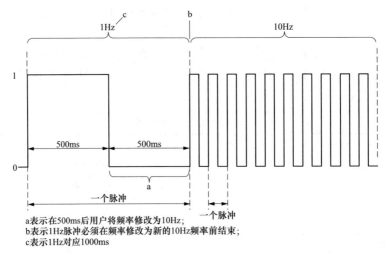

a表示在500ms后用户将频率修改为10Hz；
b表示1Hz脉冲必须在频率修改为新的10Hz频率前结束；
c表示1Hz对应1000ms

图 4-74　更改频率示意图

开关来调节的 PWM 脉冲信号。

　　分析：本例可以使用脉冲发生器的 PWM1 来输出脉冲信号，为了输出高频脉冲，可以使用一块 2 DI/2 DQ 2×24V DC 的信号板插入 CPU 模块，由信号板的输出点 Q4.0 发出 PWM 脉冲。

　　对高速脉冲发生器进行组态时，在设备视图下，双击 CPU 模块，在"属性"→"常规"→"脉冲发生器"中选择"PTO1/PWM1"下的"常规"，然后在其右边窗口的复选框中启用该脉冲发生器。

　　选中左边窗口"PTO1/PWM1"下的"参数分配"，组态"信号类型"为 PWM；"时基"为毫秒，"脉冲格式"为百分之一；"循环时间"为 100ms；"初始脉冲宽度"为 50%。选中左边窗口"硬件输出"，设置用信号板上的 Q4.0 输出脉冲。

　　IB0 连接的拨码开关可设置的数值范围为 0～126，而 PWM 的占空比为 0%～100%，所以将 IB0 的拨码值送入 IW1000 前，应先判断其值是否小于等于 100，若是，则送入。

在 OB1 中，编写的程序如表 4-159 所示。在程序段 1 中用 I1.0 来启动或停止脉冲发生器；在程序段 2 先通过比较指令判断 IB0 中的拨码值是否小于或等于 100，若是，则将 IB0 中的值送入 QW1000 中，改变 PWM 的占空比，从而实现脉宽可调 PWM 波形的输出。

表 4-159   **PWM 脉冲输出的应用程序**

程序段	LAD
程序段 1	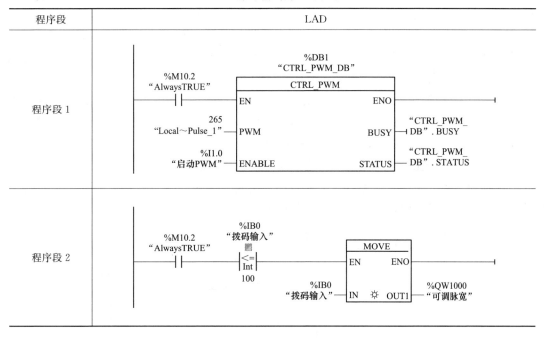
程序段 2	

4.3 工 艺 功 能

S7-1200 PLC 的工艺功能主要包括高速计数、运动控制、PID 控制等。本节只讲述高速计数及运动控制，PID 控制的相关内容将于后续章节阐述。

4.3.1 高速计数功能

PLC 的普通计数器的计数过程受 CPU 扫描速度的影响，CPU 通过每一扫描周期读取一次被测信号的方法来捕捉被测信号的上升沿，被测信号的频率较高时，会丢失计数脉冲，所以普通计数器的工作频率一般只有几十赫兹，它不能对高速脉冲信号进行计数。为解决这一问题，S7-1200 系列 PLC 提供了 6 个高速计数器 HSC1～HSC6，以响应快速脉冲输入信号。

1. 高速计数器的基础知识

S7-1200 系列 PLC 的高速计数器独立于 CPU 的扫描周期，可测量最高频率为 100kHz 的单相脉冲输入信号，也可测量最高频率为 30kHz 的双相或 A/B 相脉冲输入信号。高速计数器可用于连接增量型旋转编码器，通过对硬件组态和调用相关指令来实现此功能。

（1）高速计数器的工作模式。高速计数器有 5 种工作模式：内部方向控制的单相计数、外部方向控制的单相计数、双脉冲输入的加/减计数、两路脉冲输入的双相正交计数、监控 PTO 输出。

每个计数器都有时钟、方向控制、复位启动等特定输入。对于两个相位计数器，两个时钟都可以运行在最高频率，高速计数器的最高计数频率取决于 CPU 的类型和信号板的类型。在正交模式下，可选择 1 倍速、双倍速或者 4 倍速输入频率的内部计数频率。

1）内部方向控制的单相计数。单相计数的原理如图 4-75 所示，计数器采集记录时钟信号的个数，当内部方向信号为高电平时，计数的当前数值增加；当内部方向信号为低电平时，计数的当前数值减小。

2）外部方向控制的单相计数。单相计数的原理如图 4-75 所示，计数器采集记录时钟信号的个数，当外部方向信号（如外部按钮信号）为高电平时，计数的当前数值增加；当外部方向信号为低电平时，计数的当前数值减小。

3）双脉冲输入的加/减计数。加减两相计数原理如图 4-76 所示，计数器采集并记录时钟信号的个数，加计数信号端子和减计数信号端子分开。当加计数有效时，计数的当前数值增加；当减计数有效时，计数的当前数值减小。

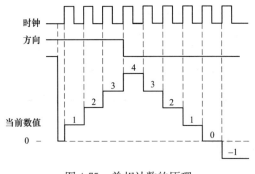

图 4-75　单相计数的原理

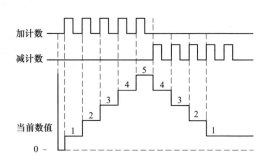

图 4-76　加/减两相计数原理

4）两路脉冲输入的双相正交计数。两路脉冲输入的双相正交计数原理如图 4-77 所示，该模式下有两个脉冲输入端，一个是 A 相，另一个是 B 相。两路输入脉冲 A 相和 B 相的相位相差 90°（正交），A 相超前 B 相 90°时，加计数；A 相滞后 B 相 90°时，减计数。S7-1200 PLC 支持 1 倍速（1 个时钟脉冲计 1 个数）、双倍速（1 个时钟脉冲计 2 个数）或 4 倍速（1 个时钟脉冲计 4 个数）输入脉冲频率。图 4-77（a）为 1 倍速的双相正交计数原理；图 4-77（b）为 4 倍速的双相正交计数原理。

5）监控 PTO 输出。HSC1 和 HSC2 支持此工作模式，在此工作模式下，不需要外部接线，用于检测 PTO 功能发出的脉冲。如用 PTO 功能控制步进驱动系统或者伺服驱动系统，可利用此模式监控步进电动机或者伺服电动机的位置和速度。

（2）高速计数器的硬件输入。并不是所有的 S7-1200 CPU 模块都支持 6 个高速计数器，不同型号略有差别，例如 CPU 1211 只有 6 个集成输入点，在使用信号板的情况下，最多只能支持 4 个高速计数器。S7-1200 CPU 高速计数器的性能如表 4-160 所示。

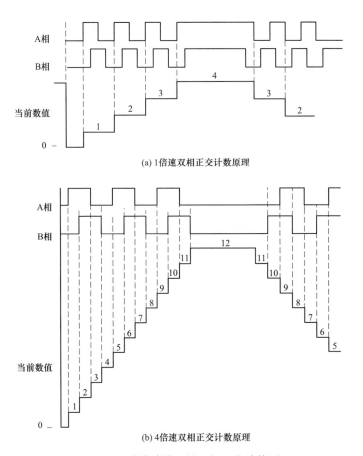

(a) 1倍速双相正交计数原理

(b) 4倍速双相正交计数原理

图 4-77　两路脉冲输入的双相正交计数原理

表 4-160　　　　　　　　　　　　　高速计数器的性能

CPU/信号板	CPU 输入通道	1 相或 2 相位模式最大频率	A/B 相正交相位模式最大频率
CPU 1211C	Ia. 0～Ia. 5	100kHz	80kHz
CPU 1212C	Ia. 0～Ia. 5	100kHz	80kHz
	Ia. 6～Ia. 7	30kHz	20kHz
CPU 1214C 和 CPU 1215C	Ia. 0～Ia. 5	100kHz	80kHz
	Ia. 6～Ib. 1	30kHz	20kHz
CPU 1217C	Ia. 0～Ia. 5	100kHz	80kHz
	Ia. 6～Ib. 1	30kHz	20kHz
	Ib. 2～Ib. 5	1MHz	1MHz
SB 1221，200kHz	Ie. 0～Ie. 3	200kHz	160kHz
SB 1223，200kHz	Ie. 0～Ie. 1	200kHz	160kHz
SB 1223	Ie. 0～Ie. 1	30kHz	20kHz

由于不同计数器在不同的模式下，同一个物理点会有不同的定义，在使用多个计数器时，需要注意不是所有计数器都可以同时定义为任意工作模式。高速计数器的硬件输入接口与普通数字量接口使用相同的地址，当某个输入已定义为高速计数器的输入时，

就不能再应用于其他功能，但在某个模式下，没有用到的输入点还可以用于其他功能的输入。表 4-161 列出了高速计数器的工作模式和硬件输入定义。

表 4-161 高速计数器硬件输入与工作模式

	描述		输入点定义			功能
HSC	HSC1	使用 CPU 集成 I/O 或 信号板或监控 PTO0	I0.0 I4.0 PTO0	I0.1 I4.1 PTO0 方向	I0.3	—
	HSC2	使用 CPU 集成 I/O 或监控 PTO1	I0.2 PTO1	I0.3 PTO1 方向	I0.1	—
	HSC3	使用 CPU 集成 I/O	I0.4	I0.5	I0.7	—
	HSC4	使用 CPU 集成 I/O	I0.6	I0.7	I0.5	—
	HSC5	使用 CPU 集成 I/O 或信号板	I1.0 I4.0	I1.1 I4.1	I1.2	—
	HSC6	使用 CPU 集成 I/O	I1.3	I1.4	I1.5	—
模式	内部方向控制的单相计数		时钟	—	—	
					复位	
	外部方向控制的单相计数		时钟	方向	—	计数或频率
					复位	计数
	双脉冲输入的加/减计数		加时钟	减时钟	—	计数或频率
					复位	计数
	两路脉冲输入的双相正交计数		A 相	B 相	—	计数或频率
					Z 相	计数
	监控 PTO 输出		时钟	方向	—	计数

S7-1200 PLC 除了提供技术功能外，还提供了频率测量功能，有 3 种不同的频率测量周期：1.0、0.1、0.01s。频率测量返回的频率值是上一个测量周期中所有测量值的平均值，无论测量周期如何选择，测量出的频率值都是以赫兹为单位。

（3）高速计数器的寻址。S7-1200 系列的 CPU 将每个高速计数器的测量值以 32 位双整型有符号数的形式存储在输入过程映像区内，在程序中可直接访问这些地址，可以在设备组态中修改这些存储地址。由于过程映像区受扫描周期的影响，在一个扫描周期内高速计数器的测量数值不会发生变化，但高速计数器中的实际值有可能会在一个扫描周期内发生变化，可以通过直接读取外设地址的方式读取到当前时刻的实际值。例如 ID 1000，其外设地址为"ID 1000：P"。表 4-162 为高速计数器的默认地址列表。

表 4-162 高速计数器默认地址

高速计数器编号	数据类型	默认地址	高速计数器编号	数据类型	默认地址
HSC1	DInt	ID 1000	HSC4	DInt	ID 1012
HSC2	DInt	ID 1004	HSC5	DInt	ID 1016
HSC3	DInt	ID 1008	HSC6	DInt	ID 1020

（4）高速计数器的组态。在使用高速计数器前，应先对 HSC 进行组态，设置 HSC 的计数模式。下面以 CPU 1215C DC/DC/DC 的 HSC1 为例，其组态步骤如下：

1）启用脉冲发生器。在设备视图下，双击 CPU 模块，在"属性"→"常规"→

"高速计数器"中可以看到该 CPU 模块支持 6 种脉冲发生器 HSC1～HSC6。选中 "HSC1"下的"常规",然后在其右边窗口的复选框中启用该 HSC1。

2）功能的设置。选中"HSC1"下的"功能",在右边窗口设置"计数类型""工作 模式"等相关内容,如图 4-78 所示。

点击"计数类型"下拉列表,可选择计数、周期、频率或 Motion Control（运动控制）。如 果选择周期或频率,使用"频率测量周期"下拉列表,可以选择 0.01s、0.1s 和 1.0s。

点击"工作模式"下拉列表,可选单相、两相位、A/B 计数器或 AB 计数器四倍频。 点击"计数方向取决于"下拉列表,可选用户程序（内部方向控制）或输入（外部方向 控制）。点击"初始计数方向"下拉列表,可选择加计数或减计数。

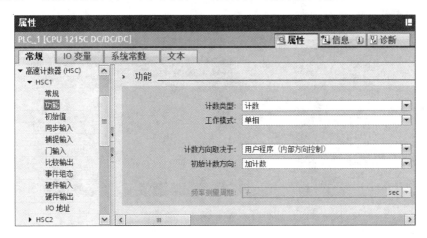

图 4-78　"功能"的设置

3）设置初始值。选中"HSC1"下的"功能",在右边窗口设置初始值,如图 4-79 所 示。"初始计数器值"是指当复位后,计数器重新计数的起始数值;"初始参考值"是指 当计数值达到此值时,可以激发一个硬件中断。

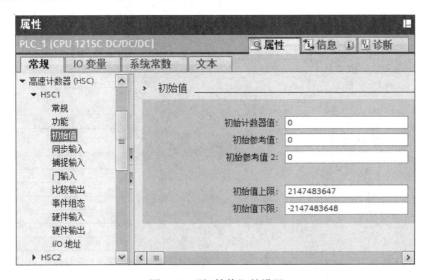

图 4-79　"初始值"的设置

4）设置同步输入。选中"HSC1"下的"同步输入"，在右边窗口设置同步输入功能，如图 4-80 所示。选中"使用外部同步输入"，则可以通过外部输入信号给计数器设置起始值，这样用户可以将当前计数值与所需的外部输入信号出现值同步。点击"同步输入的信号电平"下拉列表，可选择高电平有效、低电平有效、上升沿、下降沿或上升沿和下降沿。

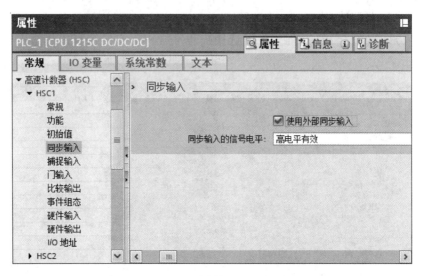

图 4-80 "同步输入"的设置

5）设置捕捉输入。选中"HSC1"下的"捕捉输入"，在右边窗口设置捕捉输入功能，如图 4-81 所示。选中"使用外部输入捕获电流计数"，捕捉功能会在外部输入边沿出现的位置捕获当前计数值。点击"记录输入的启动条件"下拉列表，可选择上升沿、下降沿或上升沿和下降沿。

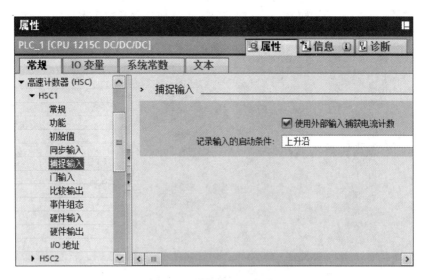

图 4-81 "捕捉输入"的设置

6）设置门输入。许多应用需要根据其他事件的情况来开启或关闭计数程序，此时需要通过内部门功能来开启或关闭计数。每个 HSC 通道有两个门：软件门和硬件门。如果软件门和硬件门都处于打开状态或尚未进行组态，那么内部门会打开。内部门打开，则开始计数。如果内部门关闭，那么会忽略其他所有计数脉冲，并且停止计数。选中"HSC1"下的"门输入"，在右边窗口设置门输入功能，如图 4-82 所示。选中"使用外部门输入"，可通过外部硬件方式来开启或关闭 HSC 计数程序。点击"硬件门的信号电平"下拉列表，可选择高电平有效或低电平有效。

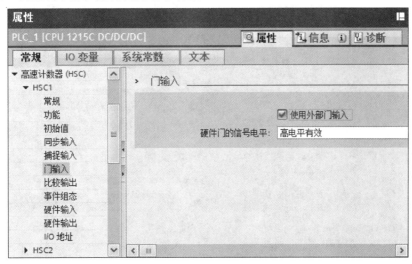

图 4-82 "门输入"的设置

7）设置比较输出。启用"比较输出"功能会生成一个可组态脉冲，每次发生组态的事件时便会产生脉冲。选中"HSC1"下的"比较输出"，在右边窗口设置比较输出功能，如图 4-83 所示。在"计数事件"下拉列表中选择相应的计数事件，则可比较输出生成一个脉冲。在"输出脉冲的周期时间"中设置 1～500ms 的循环周期范围内组态输出脉冲，

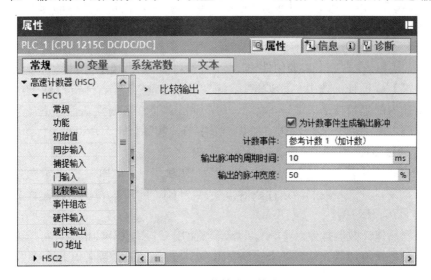

图 4-83 "比较输出"的设置

默认值为 10ms。"输出的脉冲宽度"也就是设置输出脉冲宽度的占空比，默认为 50％。

8）设置事件组态。选中"HSC1"下的"事件组态"，在右边窗口的事件组态区，可通过下拉列表选择硬件中断 OB，然后将其连接到 HSC 事件，如图 4-84 所示。中断的优先级取值范围为 2～26，其中 2 为最低级，26 为最高级。

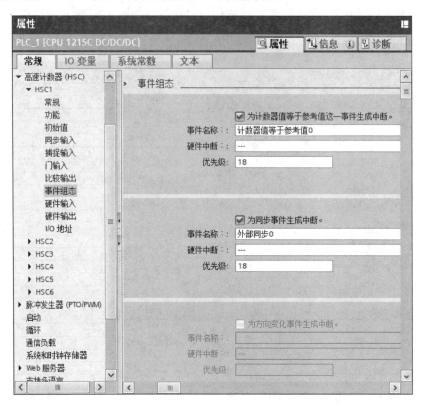

图 4-84　"事件组态"的设置

9）设置硬件输入。选中"HSC1"下的"硬件输入"，在右边窗口的硬件输入区可设置各硬件输入端子，如图 4-85 所示。

10）设置硬件输出。启用了"比较输出"时，应选择可用的输出点。选中"HSC1"下的"硬件输出"，在右边窗口的硬件输出区可设置比较输出端子，如图 4-86 所示。

11）设置 I/O 地址。选中"HSC1"下的"I/O 地址"，在右边窗口的 I/O 地址区可设置 HSC1 输入的起始与结束地址，如图 4-87 所示。通常采用默认值，起始与结束地址不更改。本例占用了 IB1000～IB1003，共 4 个字节，实际就是 ID1000。

2. 高速计数器指令

TIA Portal 软件在"工艺"→"计数"指令中为 S7-1200 PLC 提供了两条高速计数器（HSC）指令，分别是控制高速计数器指令（CTRL_HSC）和控制高速计数器扩展指令（CTRL_HSC_EXT）。

（1）控制高速计数器指令（CTRL_HSC）。使用 CTRL_HSC 指令，可以对参数进行设置，并通过将新值加载到计数器来控制 CPU 支持的高速计数器，其指令参数如表4-163 所示。

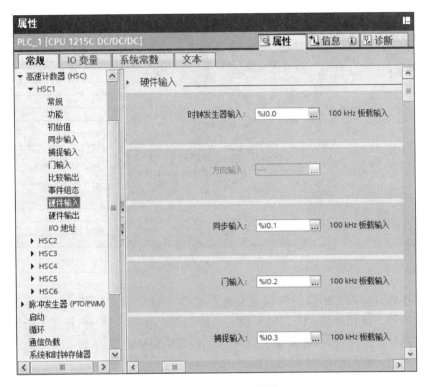

图 4-85　"硬件输入"的设置

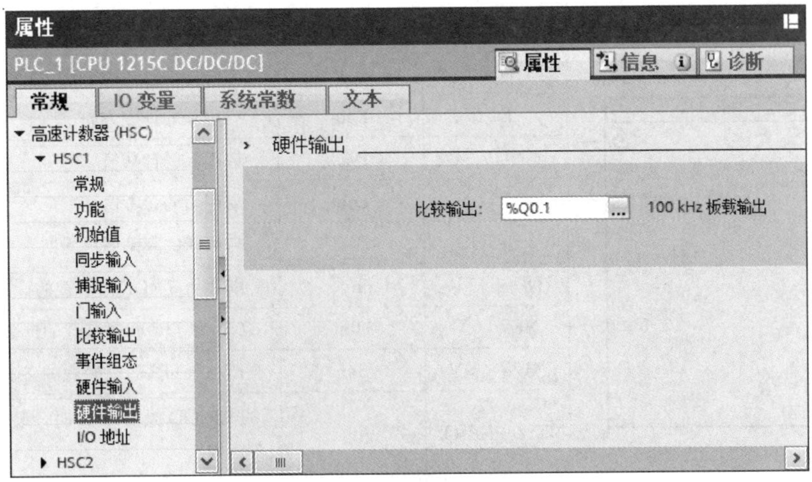

图 4-86　"硬件输出"的设置

计数方向（NEW_DIR）定义高速计数器是加计数还是减计数，NEW_DIR 为"1"时，加计数；NEW_DIR 为"0"时，减计数。输入 NEW_DIR 指定的计数方向将在置位输入 DIR 位时装载到高速计数器。

计数值（NEW_CV）是高速计数器开始计数时使用的初始值，输入 NEW_CV 指定

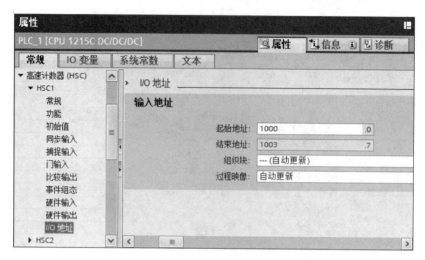

图 4-87 "I/O 地址"的设置

的计数值将在置位输入 CV 位时装载到高速计数器。可以通过比较参考值（NEW_RV）和当前计数的值，以便触发一个报警。输入 NEW_RV 指定的参考值将在置位输入 RV 位时加载到高速计数器。频率测量周期（NEW_PERIOD）通过输入 10、100、1000 来指定，它们分别表示测量周期为 0.01、0.1、1s。

表 4-163　　　　　　　　　　　　　CTRL_HSC 指令参数表

梯形图指令符号	参数	数据类型	说明
	EN	Bool	允许输入
	ENO	Bool	允许输出
	HSC	HW_HSC	硬件标识符，即 HSC 的硬件地址
CTRL_HSC	DIR	Bool	启用新的计数方向
EN　　　　　　ENO	CV	Bool	启用新的计数值
HSC　　　　　BUSY	RV	Bool	启用新的参考值
DIR　　　　　STATUS	PERIOD	Bool	启用新的频率测量周期
CV	NEW_DIR	Int	DIR 为 TRUE 时装载的计数方向
RV	NEW_CV	DInt	CV 为 TRUE 时装载的计数值
PERIOD	NEW_RV	Int	RV 为 TRUE 时装载的参考值
NEW_DIR			
NEW_CV	NEW_PERIOD	Int	PERIOD 为 TRUE 时，装载的频率测量周期
NEW_RV			
NEW_PERIOD	BUSY	Bool	处理状态
	STATUS	Word	运行状态

（2）控制高速计数器扩展指令（CTRL_HSC_EXT）。使用 CTRL_HSC_EXT 指令，可以通过将新值加载到计数器，来进行参数分配和控制 CPU 支持的高速计数器，其指令参数如表 4-164 所示。

表 4-164　　　　　　　　　　　　　CTRL_HSC_EXT 指令参数表

梯形图指令符号	参数	数据类型	说明
	EN	Bool	允许输入
	ENO	Bool	允许输出
CTRL_HSC_EXT EN　　　ENO HSC　　DONE CTRL　　BUSY 　　　　ERROR 　　　　STATUS	HSC	HW_HSC	硬件标识符，即 HSC 的硬件地址
	CTRL	Variant	使用系统数据类型（SDT）
	DONE	Bool	成功处理指令后的反馈
	BUSY	Bool	处理状态
	ERROR	Bool	错误处理指令的反馈
	STATUS	Word	运行状态

3. 高速计数器的应用

【例 4-73】　高速计数器在单相计数中的应用。某系统中，假设在旋转机械上有单相增量编码器作为反馈，接入到 S7-1200 CPU 的 I0.0，要求高速计数器在计数 10 个脉冲时，计数器复位，LED 指示灯点亮，并设定新预置值为 20 个脉冲；当计满 20 个脉冲后，LED 指示灯熄灭，并将预置值再设为 10，如此循环。

分析：本例 CPU 模块选择 CPU 1215C DC/DC/DC，高速计数器为 HSC1，模式为单相计数，内部方向控制，无外部复位。LED 指示灯与 Q0.0 连接，单相增量编码器接入 I0.0，使用 HSC1 的预置值中断（CV＝RV）功能实现此操作。

对高速计数器 HSC1 进行组态时，可按以下内容进行。

在设备视图下，双击 CPU 模块，执行"属性"→"常规"→"高速计数器"，然后选中"HSC1"下的"常规"，并启用该高速计数器。

选中左边窗口"HSC1"下的"功能"，设置"计数类型"为计数，"工作模式"为单相，"计数方向取决于"为用户程序（内部方向控制），"初始计数方向"为加计数。

选中左边窗口"HSC1"下的"初始值"，"初始计数器值"设置为 0，"初始参考值"为 10。

选中左边窗口"HSC1"下的"事件组态"，启用"为计数器值等于参考值这一事件生成中断"，"事件名称"为计数器值等于参数值 0，"硬件中断"选择 Hardware interrupt。

选中左边窗口"HSC1"下的"硬件输入"，选择"时钟发生器输入"为 I0.0。

选中左边窗口"HSC1"下的"I/O 地址"，采用默认值，起始与结束地址不更改。

双击项目树的"程序块"已添加的"硬件中断组织块"，在中断组织块中编写如表 4-165 所示的程序。在程序段 1 中，每次进入硬件中断，使 LED 指示灯的状态发生改变，例如第 1 次进入中断时，LED 指示灯点亮，下一次进入时，LED 指示灯熄灭。在程序段 2 中，第 1 次进入中断时，LED 点亮，使预设值更改为 20，再次进入时预设值更改为 10，MD4 用于存储预设值。在程序段 3 中，高速计数器硬件识别号为 257，使能更新初始值和预设值，DB1 为背景数据块。

表 4-165   在 OB40 中输入的高速计数器单相计数程序

程序段	LAD
程序段 1	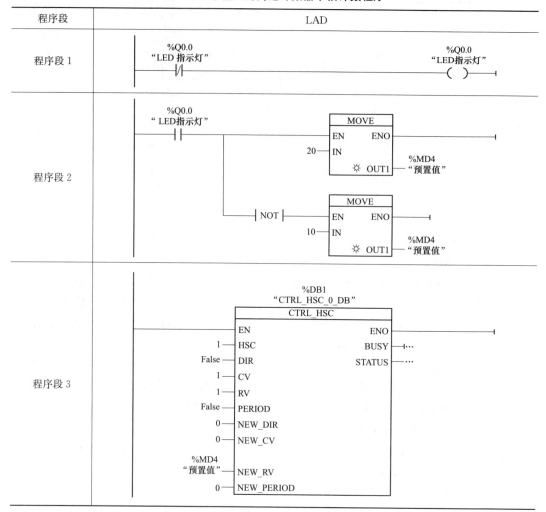
程序段 2	
程序段 3	

4.3.2 运动控制功能

运动控制是自动化的一个分支，它使用伺服机械的一些设备，如液压泵、线性执行机构或电动机来控制机器的位置或速度。S7-1200 在运动控制中使用了"轴"的概念，通过对轴的组态，如硬件接口、位置定义、动态特性、机械特性等，与相关的指令块组合使用，可实现绝对位置、相对位置、点动、转速控制及自动寻找参考点的功能。

1. 运动控制功能的原理

S7-1200 PLC 输出脉冲和方向信号至驱动器（如步进电动机的功率部件、伺服电动机的功率部件），驱动器再将从 CPU 输入的给定值经过处理后输出到步进电动机或伺服电动机，控制步进电动机或伺服电动机加速/减速和移动到指定位置，如图 4-88 所示。

步进电动机或伺服电动机的编码器提供"轴"的闭环控制的实际位置。编码器信号输入到驱动器，用于计算速度和当前位置，而 S7-1200 内部的高速计数器测量 CPU 上的脉冲输出，计算速度与位置，但此数值并非电动机编码器所反馈的实际速度与位置。S7-

1200 PLC 在运行过程中，可以修改电动机的速度和位置，使运动系统在停止的情况下，实时改变目标速度和位置。

运动控制功能原理示意图如图 4-89 所示，从图中可以看出，S7-1200 运动控制功能的实现主要包括用户程序、工艺对象"轴"、CPU 硬件输出、驱动器。

驱动器主要包括伺服电动机的功率部件和步进电动机的功率部件，CPU 通过硬件脉冲输出（PTO），给出脉冲与方向信号，用于控制伺服电动机或步进电动机的运转。

CPU 模块由 CPU 本体集成输出点或 SB 信号板上的硬件输出点，输出一串占空比为 50% 的脉冲串（PTO），并通过改变脉冲串的频率可以实现伺服电动机或步进电动机加减速控制。

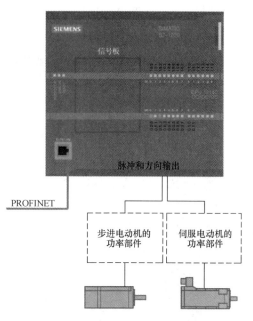

图 4-88　S7-1200 运动控制示意

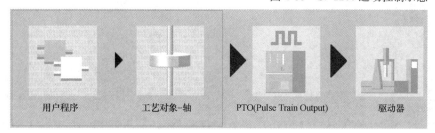

图 4-89　运动控制功能原理示意图

CPU 本体集成输出点的最高频率为 100kHz，SB 信号板输出的最高频率为 20kHz，CPU 模块在启用 PTO 功能时将占用集成点 Qa.0、Qa.2 或信号板的 Q4.0、Q4.2 作为脉冲输出点，Qa.1、Qa.3 和 Q4.3 作为方向信号输出点。虽然使用了过程映像区的地址，但这些点会被 PTO 功能占用，不会受扫描周期的影响，其作为普通输出点的功能被禁止。

"轴"表示驱动的工艺对象，它是用户程序与驱动的接口。工艺对象从用户程序中接收到运动控制命令后，在运行时执行并监视执行状态。

2. 工艺对象的组态

驱动器是由 CPU 产生脉冲对"轴"工艺对象操作进行运动控制的，在运动控制中必须要对工艺对象进行组态才能应用控制指令块。工艺对象的组态包括 3 部分的内容：工艺对象"轴"的参数配置、轴控制面板的设置及诊断面板的设置。

（1）工艺对象"轴"的参数配置。工艺对象"轴"的参数配置主要定义了工程单位（如脉冲数/秒，转/分钟）、软硬件限位、启动/停止速度、参考点定义等。

进行参数配置前，需要先添加工艺对象。在 TIA Portal 软件项目视图下，双击项目树"PLC_1"设备下"工艺对象"的"新增对象"，在弹出的图 4-90 所示对话框中，选择

"运动控制"→"Motion Control"→"TO_PositioningAxis",并输入名称和选择对象类型,然后单击"确定"按钮,将弹出如图 4-91 所示的界面。

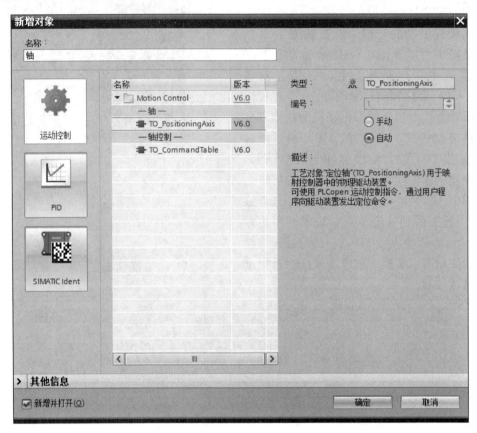

图 4-90　新增"轴"对象

图 4-91 显示的是"功能图"→"基本参数"→"常规"设置界面,在此界面中可以设置"轴名称"、选择相应的"驱动器",以及设置"测量单位"。"驱动器"项目中可选择 PTO(表示运动控制由脉冲控制)、模拟驱动装置接口(表示运动控制由模拟量控制)和 PROFIdrive(表示运行控制由通信控制)。测量单位可以根据实际情况进行选择。

点击"功能图"→"基本参数"→"驱动器",将弹出如图 4-92 所示的驱动器设置界面。在此界面中可以进行"硬件接口"和"驱动装置的使能和反馈"的相关设置。在"硬件接口"中,为轴控制选择 PTO 脉冲发生器输出(Pulse_1、Pulse_2、Pulse_3、Pulse_4),选择其对应的脉冲输出点和信号类型,以及方向输出。"驱动装置的使能和反馈"在工程中经常用到,当 PLC 准备就绪,输出一个信号到驱动器的使能端子上,通知驱动器,PLC 已经准备就绪。当驱动器准备就绪后,发出一个信号到 PLC 的输入端,通知 PLC,驱动器已经准备就绪。

点击"功能图"→"扩展参数"→"机械",将弹出如图 4-93 所示的机械参数设置界面。"电机每转的脉冲数"可输入电动机(伺服电动机或步进电动机)旋转一周所需要的脉冲个数,这取决于电动机自带编码器的参数。"电机每转的负载位移"可设置电动机旋转一周生产机械所产生的位置,这取决于机械结构,如伺服电动机与丝杆直接相连,则

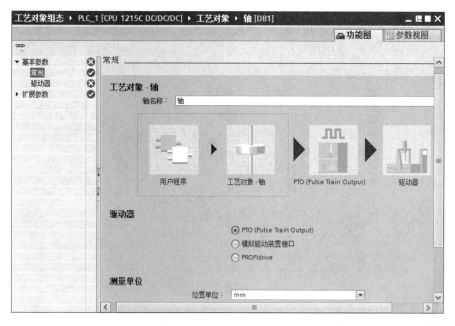

图 4-91　配置常规参数

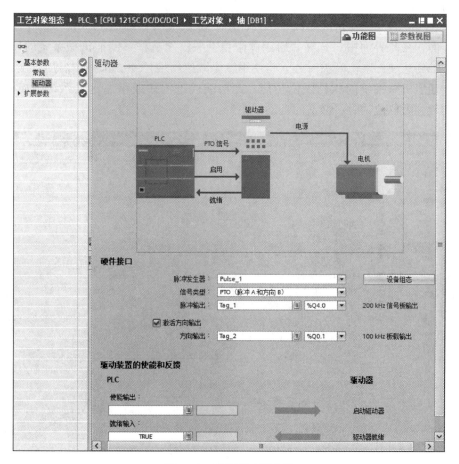

图 4-92　配置驱动器参数

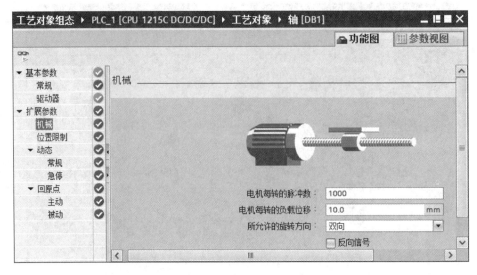

图 4-93　配置机械参数

此参数就是丝杆的螺距。"所允许的旋转方向"可设置电动机的旋转方向为双向、正方向或反方向。

　　点击"功能图"→"扩展参数"→"位置限制",将弹出如图 4-94 所示的位置限制参数设置界面。在此界面中,选择"启用硬限位开关"复选框,使能机械系统的硬件限位功能,在轴到达硬件限位开关时,它将使用急停减速斜坡停止。选择"启用软限位开关"复选框,使能机械系统的软件限位功能,此功能通过程序或组态定义系统的极限位置。在轴达到软件限位位置时,激活的运动停止。

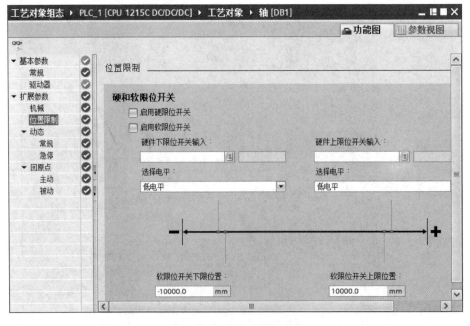

图 4-94　配置位置限制参数

点击"功能图"→"扩展参数"→"动态"→"常规",将弹出如图 4-95 所示的动态常规参数设置界面。在此界面"速度限值的单位"项可以选择速度限值的单位为脉冲/s、转/min 或 mm/s(位移单位/s);"最大转速"项可以定义系统的最大运行速度,系统自动运算以 mm/s 为单位的最大速度;"启动/停止速度"项可以定义系统的启动/停止速度,考虑到电动机的扭矩等机械特性,其启动/停止速度不能为 0,系统自动运算以 mm/s 为单位的启动/停止速度;可以设置加速度、减速度和加速时间、减速时间。

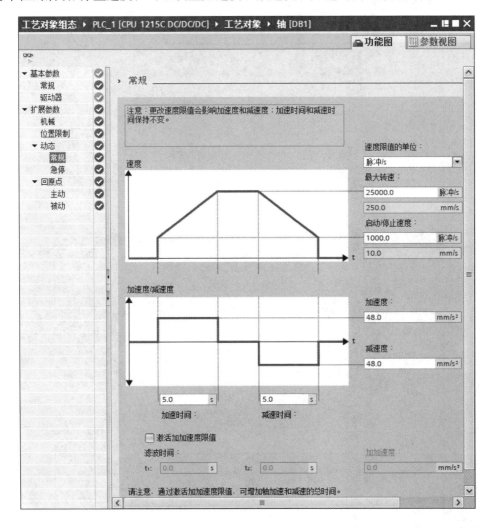

图 4-95　配置动态常规参数

点击"功能图"→"扩展参数"→"动态"→"常规",将弹出如图 4-96 所示的动态急停参数设置界面。在此界面中"紧急减速度"可以设置从最大速度急停减速到启动/停止速度的减速度;"急停减速时间"可以设置从最大速度急停减速到启动/停止速度的减速时间。

点击"功能图"→"扩展参数"→"回原点",将显示如图 4-97 所示的回原点主动参数和回原点被动参数设置界面。在界面中可以设置主动和被动回到原点的数字量开关,

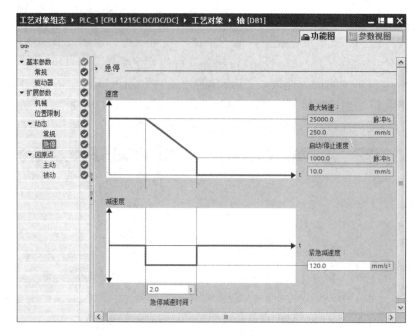

图 4-96　配置动态急停参数

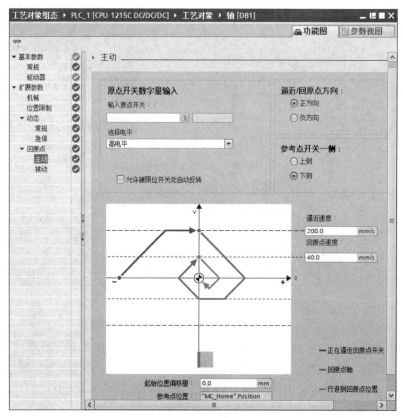

(a) 配置回原点主动参数

图 4-97　配置回原点参数（一）

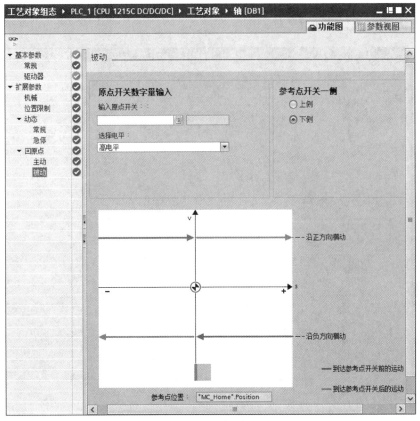

(b) 配置回原点被动参数

图 4-97　配置回原点参数（二）

以及数字量开关的电平状态。选择"允许硬限位开关处自动反转"复选框，可以使能在寻找原点过程中碰到硬件限位点自动反向。在激活回原点功能后，轴在碰到原点之前碰到了硬件限位点，此时系统认为原点在反方向，会按组态好的斜坡减速曲线停止并反转。若该功能没有激活并且轴达到硬件限位，则回原点过程会因为错误被取消，并紧急停止。"逼近/回原点方向"项定义在执行寻找原点的过程中的初始方向，包括正方向逼近和负方向逼近两种方式。"参考点开关一侧"项定义使用参考点上侧或下侧。"逼近速度"项定义在进入原点区域时的速度。"回原点速度"项定义进入原点区域后，到达原点位置时的速度。当参考点开关位置有差别时，在"起始位置偏移量"项输入距离参考点的偏移量，轴已到达，速度接近零位。在 MC_Home 语句的"位置"参数指定绝对参考点坐标。"参考点位置"项定义参考点坐标，参考点坐标由 MC_Home 指令的 Position 参数确定。

（2）轴控制面板的设置。在 TIA Portal 软件中，用户可以使用轴控制面板调试驱动设备、测试轴和驱动的功能。轴控制面板允许用户在手动方式下实现参考点定位、绝对位置运动、相对位置运动和点动等功能。例如在 TIA Portal 软件项目视图下，双击项目树中已添加的"轴"工艺对象下的"调试"，将弹出如图 4-98 所示的轴控制面板设置对话框。在此对话框中，单击"激活"和"启用"按钮，再选中"点动"选项，之后单击

"正向"或者"反向"按钮，电动机将以设定的速度正向或反向运行，并在轴控制面板中，实时显示当前位置和速度。

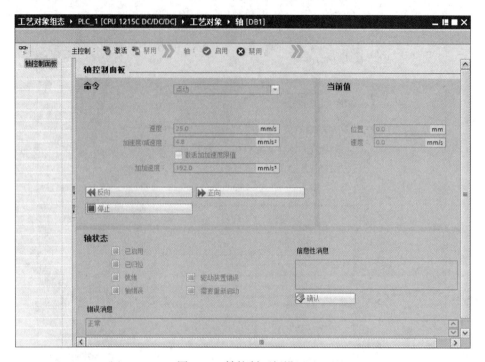

图 4-98　轴控制面板设置

（3）诊断面板的设置。诊断面板用于显示轴的关键状态和错误信息。当轴激活时，在 TIA Portal 软件项目视图下，双击项目树中已添加的"轴"工艺对象下的"诊断"，将打开诊断面板设置界面。该界面包括了状态和错误位、运动状态、动态设置等。

1）状态和错误位。点击"诊断"→"状态和错误位"，将显示如图 4-99 所示的界面。在此界面中将显示轴、驱动器、运动、运动类型的状态消息，限位开关状态消息和错误消息。

2）运动状态。点击"诊断"→"运动状态"，将显示如图 4-100 所示的界面。在此界面将显示位置设定值、速度设定值、目标位置和剩余行进距离等参数。

3）动态设置。点击"诊断"→"动态设置"，将显示如图 4-101 所示的界面。在此界面中包含了加速度、减速度、紧急减速度、加加速度等参数。

3. 运动控制指令

S7-1200 运动控制指令包括 MC_Power、MC_Reset、MC_Home、MC_Halt、MC_MoveAbsolute、MC_MoveRelative、MC_MoveVelocity 和 MC_MoveJog 等，这些指令块在调用时，须指定背景数据块。

（1）MC_Power 系统使能指令块。轴在运动之前，必须先使用 MC_Power 指令将其使能，MC_Power 的指令参数如表 4-166 所示。在用户程序中，针对每个轴只能调用 1 次MC_Power 指令。

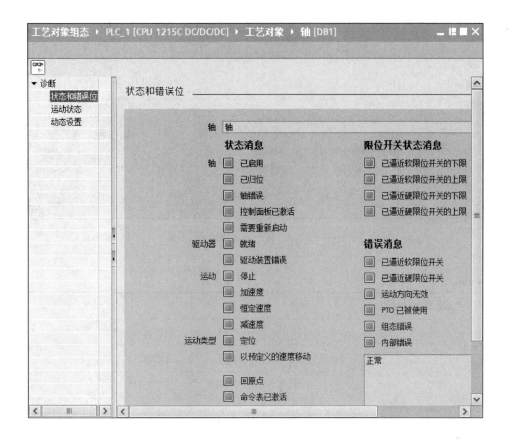

图 4-99　状态和错误位

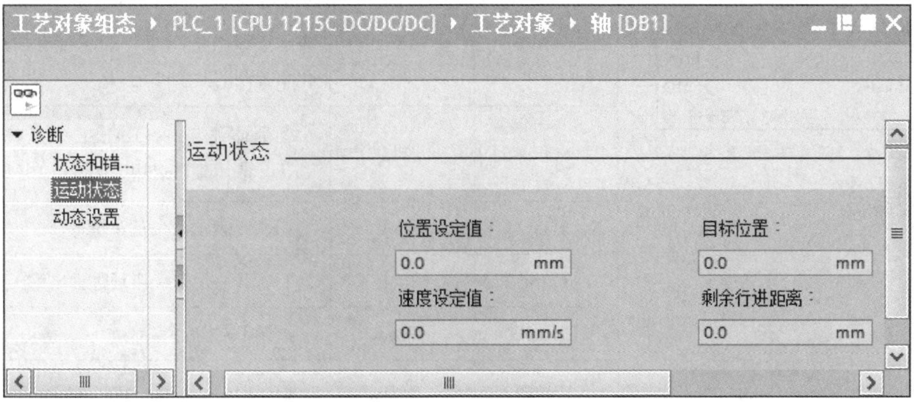

图 4-100　运动状态

图 4-101　动态设置

表 4-166　　　　　　　　　　　　**MC_Power 指令参数表**

梯形图指令符号	参数	数据类型	说明
	EN	Bool	允许输入
	ENO	Bool	允许输出
	Axis	TO_Axis	轴工艺对象
	Enable	Bool	使能端，为 1 时启用轴，为 0 时紧急停止轴
	StartMode	Int	启用模式，"0"表示启用位置不受控的定位轴，"1"表示启用位置受控的定位轴
	StopMode	Int	停止模式，"0"表示紧急停止，"1"表示立即停止，"2"表示带有加速度变化率控制的紧急停止
	Status	Bool	轴的使能状态，FALSE 表示禁止轴，TRUE 表示轴已启用
	Busy	Bool	TRUE 表示命令正在执行
	Error	Bool	TRUE 表示命令启动过程出错
	ErrorID	Word	错误 ID
	ErrorInfo	Word	错误信息

（2）MC_Reset 错误确认指令块。如果存在"伴随轴停止出现的运行错误"和"组态错误"时，需调用 MC_Reset 错误确认指令块进行复位，其指令参数如表 4-167所示。

表 4-167　　　　　　　　　　　　　　　　MC_Reset 指令参数表

梯形图指令符号	参数	数据类型	说明
	EN	Bool	允许输入
	ENO	Bool	允许输出
	Axis	TO_Axis	轴工艺对象
	Execute	Bool	执行端，在上升沿启动指令
	Restart	Bool	TRUE 将轴组态从装载存储器下载到工作存储器；FALSE 确认待决的错误
	Done	Bool	TRUE 表示错误已确认
	Busy	Bool	TRUE 表示命令正在执行
	Error	Bool	TRUE 表示执行命令期间出错
	ErrorID	Word	错误 ID
	ErrorInfo	Word	错误信息

（3）MC_Home 回原点/设置原点指令块。参考点在系统中有时作为坐标原点，对于运动控制系统是非常重要的。MC_Home 指令可以将轴坐标与实际物理驱动器位置匹配，其指令参数如表 4-168 所示。

表 4-168　　　　　　　　　　　　　　　　MC_Home 指令参数表

梯形图指令符号	参数	数据类型	说明
	EN	Bool	允许输入
	ENO	Bool	允许输出
	Axis	TO_Axis	轴工艺对象
	Execute	Bool	执行端，在上升沿启动指令
	Position	Real	当轴到达参考输入点时的绝对位置（Mode＝0、2 或 3）；对当前轴位置的修正值（Mode＝1）
	Mode	Int	为 0 表示绝对式直接归位，为 1 表示相对式直接归位，为 2 表示被动回原点，为 3 表示主动回原点，为 6 表示绝对编码器相对调节，为 7 表示绝对编码器绝对调节
	Done	Bool	TRUE 表示命令已完成
	Busy	Bool	TRUE 表示命令正在执行
	CommandAbort	Bool	TRUE 表示命令在执行过程中被另一命令中止
	Error	Bool	TRUE 表示执行命令期间出错
	ErrorID	Word	错误 ID
	ErrorInfo	Word	错误信息
	ReferenceMarkPosition	Real	显示工艺对象归位位置

305

（4）MC_Halt 停止轴指令块。使用 MC_Halt 指令，可以停止所有运动，当上升沿使能 Execute 后，轴会按照已组态好的减速曲线停车，指令参数如表 4-169 所示。

表 4-169   **MC_Halt 指令参数表**

梯形图指令符号	参数	数据类型	说明
	EN	Bool	允许输入
	ENO	Bool	允许输出
	Axis	TO_Axis	轴工艺对象
	Execute	Bool	执行端，在上升沿启动指令
	Done	Bool	TRUE 表示速度达到零
	Busy	Bool	TRUE 表示命令正在执行
	CommandAborted	Bool	TRUE 表示命令在执行过程中被另一命令中止
	Error	Bool	TRUE 表示执行命令期间出错
	ErrorID	Word	错误 ID
	ErrorInfo	Word	错误信息

（5）MC_MoveAbsolute 绝对位移指令块。使用 MC_MoveAbsolute 指令启动轴定位运动，将轴移动到某个绝对位置，指令参数如表 4-170 所示。该指令需要在定义好参考点、建立起坐标系统后才能使用，通过指定参数可达到机械限位内的任意一点。当上升沿使能调用选项后，系统会自动计算当前位置与目标位置之间的脉冲数，并加速到指定速度，在到达目标位置时减速到启动/停止速度。

表 4-170   **MC_MoveAbsolute 指令参数表**

梯形图指令符号	参数	数据类型	说明
	EN	Bool	允许输入
	ENO	Bool	允许输出
	Axis	TO_Axis	轴工艺对象
	Execute	Bool	执行端，在上升沿启动指令
	Position	Real	绝对目标位置
	Velocity	Real	用户定义的运行速度，必须大于或等于组态的启动/停止速度
	Direction	Int	轴的运动方向，0 为速度的符号，1 为从正方向逼近目标位置，2 为从负方向逼近目标位置，3 为最短距离
	Done	Bool	TRUE 表示达到绝对目标位置
	Busy	Bool	TRUE 表示命令正在执行
	CommandAborted	Bool	TRUE 表示命令在执行过程中被另一命令中止
	Error	Bool	TRUE 表示执行命令期间出错
	ErrorID	Word	错误 ID
	ErrorInfo	Word	错误信息

（6）MC_MoveRelative 相对位移指令块。使用 MC_MoveRelative 指令启动轴定位运动，将轴移动到某个相对位置，指令参数如表 4-171 所示。该指令不需要建立参考点，只需定义运行距离、方向及速度。

表 4-171　　　　　　　　　　MC_MoveRelative 指令参数表

梯形图指令符号	参数	数据类型	说明
	EN	Bool	允许输入
	ENO	Bool	允许输出
	Axis	TO_Axis	轴工艺对象
	Execute	Bool	执行端，在上升沿启动指令
MC_MoveRelative	Distance	Real	定位操作的移动距离
EN　　　　ENO	Velocity	Real	用户定义的运行速度，必须大于或等于组态的启动/停止速度
Axis　　　Done	Done	Bool	TRUE 表示达到绝对目标位置
Execute　Busy	Busy	Bool	TRUE 表示命令正在执行
Distance	CommandAborted	Bool	TRUE 表示命令在执行过程中被另一命令中止
Velocity　CommandAborted			
Error	Error	Bool	TRUE 表示执行命令期间出错
ErrorID	ErrorID	Word	错误 ID
ErrorInfo	ErrorInfo	Word	错误信息

（7）MC_MoveVelocity 以设定速度移动轴指令块。使用 MC_MoveVelocity 指令，将根据指定的速度连续移动轴，指令参数如表 4-172 所示。

表 4-172　　　　　　　　　　MC_MoveVelocity 指令参数表

梯形图指令符号	参数	数据类型	说明
	EN	Bool	允许输入
	ENO	Bool	允许输出
	Axis	TO_Axis	轴工艺对象
	Execute	Bool	执行端，在上升沿启动指令
	Velocity	Real	用户定义的运行速度，必须大于或等于组态的启动/停止速度
	Direction	Int	指定方向，0 表示旋转方向取决于参数 "Velocity" 值的符号，1 为正方向旋转，2 为负方向旋转
MC_MoveVelocity	Current	Bool	TRUE 表示 "保持当前速度" 已启用，不考虑参数 Velocity 和 Direction
EN　　　　　ENO	PositionControlled	Bool	TRUE 表示位置控制操作；FALSE 表示非位置控制操作
Axis　　InVelocity			
Execute　　Busy	InVelocity	Bool	速度指示，当 Current 为 0，InVelocity=1 表示预定速度已达到；当 Current 为 1，InVelocity=1 表示速度已被保持
Velocity			
Direction CommandAborted			
Current　　Error	Busy	Bool	TRUE 表示命令正在执行保持
ErrorID	CommandAborted	Bool	TRUE 表示命令在执行过程中被另一命令中止
PositionControlled ErrorInfo			
	Error	Bool	TRUE 表示执行命令期间出错
	ErrorID	Word	错误 ID
	ErrorInfo	Word	错误信息

（8）MC_MoveJog 点动指令块。使用 MC_MoveJog 指令可以让轴运动在点动模式，指令参数如表 4-173 所示。使用指令时，首先要在 Velocity 端设置好点动速度，然后置位向前点动或向后点动，当 JogForward 或 JogBackrward 端复位时点动停止。

表 4-173　　　　　　　　　　**MC_MoveJog 指令参数表**

梯形图指令符号	参数	数据类型	说明
	EN	Bool	允许输入
	ENO	Bool	允许输出
	Axis	TO_Axis	轴工艺对象
	JogForward	Bool	为 1，轴正向移动
	JogBackward	Bool	为 1，轴反向移动
MC_MoveJog EN　　　　ENO Axis　　InVelocity JogForward　Busy JogBackward Velocity　CommandAborted 　　　　　Error PositionControlled　ErrorID 　　　　　ErrorInfo	Velocity	Real	点动模式下预设速度
	PositionControlled	Bool	TRUE 表示位置控制操作；FALSE 表示非位置控制操作
	InVelocity	Bool	点动模式下的运行速度
	Busy	Bool	TRUE 表示命令正在执行保持
	CommandAborted	Bool	TRUE 表示命令在执行过程中被另一命令中止
	Error	Bool	TRUE 表示执行命令期间出错
	ErrorID	Word	错误 ID
	ErrorInfo	Word	错误信息

4. 伺服控制简介

伺服（servo）是指系统跟随外部指令进行人们所期望的运动。伺服控制是对物体运动的位置、速度及加速度等变化量的有效控制。

（1）伺服系统。伺服系统又称随动控制，是以机械位置或角度为控制对象的自动控制系统，它是机电一体化产品的一个重要组成部分。伺服系统主要用于机械设备位置和角度的动态控制，广泛应用于工业控制、军事、航空、航天等领域，如数控机床、工业机器人等。

一个伺服系统通常由被控对象、执行器和控制器等部分构成。机械手臂、机械平台通常作为被控制对象。执行器的功能是为被控对象提供动力，其主要包括电动机和功率放大器。特别设计应用于伺服系统的电动机称为"伺服电动机"（servo motor），伺服电动机主要包括反馈装置，如光电编码器、旋转变压器。伺服电动机主要有直流伺服电动机、永磁交流伺服电动机、感应交流伺服电动机等类型，其中永磁交流伺服电动机是市场主流。控制器的功能是提供整个伺服系统的闭路控制，如扭矩控制、速度控制、位置控制等。一般工业用伺服系统驱动器通常包括控制器和功率放大器，其组成框图如图 4-102 所示。

（2）台达伺服驱动系统。台达自动化产品的性价比较高，尤其是驱动类产品。台达伺服驱动系统的使用方法与日系伺服驱动系统类似。

台达 ASDA 交流伺服驱动器以其掌握的核心电子技术为基础，针对不同产业的客户

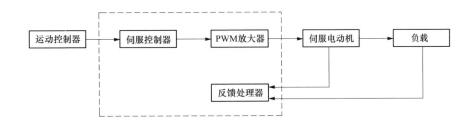

图 4-102　一般工业用伺服系统的组成框图

需求，研发了全方位的伺服驱动器及伺服系统。台达 ASDA 交流伺服驱动器分为 ASDA-A、ASDA-B 和 ASDA-M 这 3 大系列。

ASDA-A 系列内置单轴位置控制模式，可以经由参数设置，并搭配数字输入/输出或使用 Modbus 通信，实现点对点的定位控制、原点搜寻功能、与刀库控制等多种模式。适用于众多产业加工机械及传动设备。

ASDA-B 系列提供容易操控的手持式面板，并搭配友善的软件操作界面，能快速进行伺服驱动增益调试及状态监控，并提供多样化的电动机容量选择。针对新开发的小型自动化系统产商，提供优良的性价比产品。

ASDA-M 系列有全新的前卫思考与应用方式，不再只是单纯的伺服系统，而是三轴运动控制器与伺服驱动器的完美结合。

ASDA-B3-04 21-M 属于 ASDA-B 系列的 B3 子系列，04 表示伺服驱动器的额定输出功率为 400W；21 表示输入 220V 电压，可连接单相或三相电源；M 为机种代码。

ASDA-B3-04 21-M 的参数定义非常多，可分为 8 大群组，参数起始代码 P 后的第 1 字符为群组字符，其后的 3 字符为参数字元。如 P0xxx 为群组 0，用于监控参数的设置；P1xxx 为群组 1，为基本参数的设置，P2xxx 为群组 2，用于扩充参数的设置；P3xxx 为群组 3，用于通信参数的设置；P4xxx 为群组 4，用于诊断参数的设置；P5xxx 为群组 5，用于 Motlon 设定参数；P6xxx 和 P7xxx 为群组 6 和群组 7，用于 PR 路径定义参数。这些参数可以在驱动器面板上进行设置，具体设置方法可查阅"台达 ASDA-B3 系列伺服系统应用技术手册"。

5. 运动控制的应用

【例 4-74】　伺服电动机的运动控制。某控制系统中要求使用运动控制，以实现伺服电动机的点动正反转控制、角度控制和速度控制。在点动模式下，若按下逆时针旋转按钮，电动机实现逆时针旋转；按下顺时针旋转按钮，电动机实现顺时针旋转；松开旋转按钮，电动机停止运行。在自动模式下，启动轴定位运动，根据输入的旋转角度将轴定位到设定角度。

分析：首先在 ASDA-B3-04 21-M 伺服驱动器上按表 4-174 进行参数设置，然后在 TIA Portal 中指定 CPU 模块（CPU 1215C DC/DC/DC）的 PTO1 高速脉冲输出，以控制伺服电动机的转速，设置运动控制"轴"的相关参数，并由运动控制指令来实现伺服电动机的点动正反转控制、角度控制和速度控制。

表 4-174   ASDA-B3-04 21-M 伺服驱动器参数设置

序号	参数代码	名称	设定值
1	P1000	脉冲控制形式	1042
2	P1001	控制模式	0000
3	P1044	电子齿轮比分子	16 777 216
4	P1045	电子齿轮比分母	4000
5	P2010	DI 功能设置，SON（伺服启动）	0101
6	P2015	DI 功能设置，NL（反转禁止极限）	0122
7	P2016	DI 功能设置，PL（正转禁止极限）	0123
8	P2017	DI 功能设置，EMGS（紧急停止）	0021

在 TIA Portal 设备视图下，双击 CPU 模块，执行"属性"→"常规"→"脉冲发生器"，然后选中"PTO1/PWM1"下的"常规"，并启用该脉冲发生器。在"参数分配"中的"脉冲选项"下，将"信号类型"设置为"PTO（脉冲 A 和方向 B)"。"硬件输出"中的"脉冲输出"设置为 Q0.0；"方向输出"为 Q0.1。

在 TIA Portal 软件项目视图下，双击项目树"PLC_1"设备下"工艺对象"的"新增对象"，选择"运动控制"→"Motion Control"→"TO_PositioningAxis"。在基本参数的"常规"选项卡中，在"驱动器"项目中选择 PTO，测量单位设置为"°"。在"驱动器"选项卡下的"硬件接口"中，为轴控制选择脉冲发生器为"Pulse_1"，信号类型设置为"PTO（脉冲 A 和方向 B)"，脉冲输出为"Q0.0"，方向输出为"Q0.1"。在扩展参数的"机械"选项卡中，将"电机每转的脉冲数"设置为 4000，"电机每转的负载位移"设置为 360，"所允许的旋转方向"设置为双向。在"位置限位"选项卡中，设置"软限位开关下限位置"为 $-1.0E+6$，"软限位开关上限位置"为 $-1.0E+6$。在"动态"选项卡下的"常规"选项中，将"速度限值的单位"设置为"转/分钟"，最大转速为"1000 转/分钟"，"启动/停止速度"设置为"1 转/分钟"，"加速时间"和"减速时间"均设置为"0.5s"。在"动态"选项卡下的"急停"选项中，"急停减速时间"设置为"0.1s"，其余内容采用默认值。在"回原点"选项卡下的"主动"选项中，将"逼近速度"设置为"20 000°/s"，回原点速度设置为"4000°/s"，其余内容采用默认值。

在 OB1 中编写程序如表 4-175 所示。程序段 1 为启动控制；程序段 2 为停止指示。在程序段 3 中，当按钮启动按钮时，M0.0 动合触点闭合，通过 MC_Power 指令使 CPU 按照工艺对象（轴_1）中组态好的方式使能伺服电动机。在程序段 4 中，当按下"顺序按钮"或"逆时按钮"时，工艺对象（轴_1）将根据 MW104 中的预设速度，控制伺服电动机点动运行，松开"顺序按钮""逆时按钮"这两个按钮时，伺服电动机立即停止。在程序段 5 中，若没有按下"顺序按钮""逆时按钮"这两个按钮，且预设速度值大于 0 时，按下"执行按钮"，则 M0.1 线圈闭合。在程序段 6 中，工艺对象（轴_1）将根据 MW104 中的预设速度和 MW106 中的预设距离（角度），控制伺服电动机自动运行。在程序段 7 中，进行运行指示。

在项目树的"程序块"中添加"启动组织块"，在启动组织块（OB100）中编写如表 4-176 所示的预设值程序。

表 4-175　　　　　　　　　　　　在 OB1 中输入伺服电动机控制程序

程序段	LAD
程序段 1	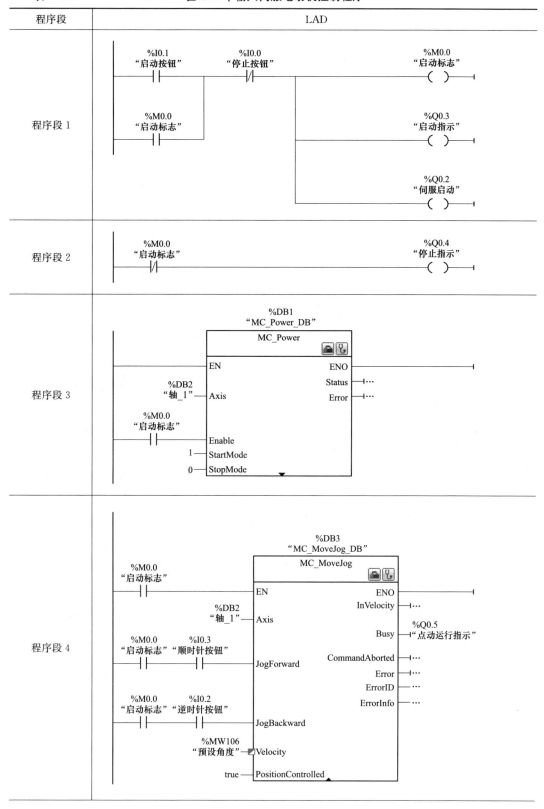
程序段 2	
程序段 3	
程序段 4	

续表

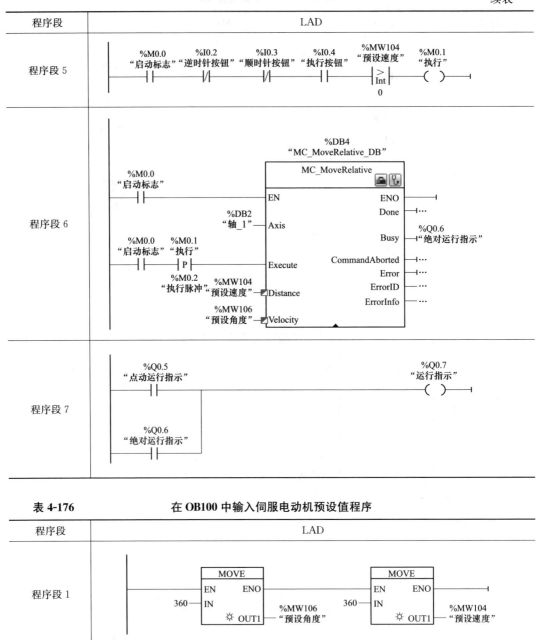

程序段	LAD

表 4-176 　　　在 OB100 中输入伺服电动机预设值程序

程序段	LAD

第 5 章　S7-1200 PLC 的用户程序结构

在 S7-200 SMART 系列 PLC 中，程序可由主程序（MAIN）、子程序（SBR）和中断程序（INT）等构成。而在 S7-1200 系列 PLC 中，程序由主程序组织块 OB1（相当于 MAIN）及多个程序块构成，如组织块 OB、函数块 FB、函数 FC、数据块 DB 等。

5.1　S7-1200 PLC 的用户程序

PLC 的用户程序是由用户使用 PLC 编程语言，并根据控制要求而编写，可工作在操作系统平台上，以完成用户自己特定任务的程序。

5.1.1　S7-1200 PLC 的程序分类

SIMATIC S7-1200 系列 PLC 的 CPU 中运行的程序分两类：系统程序和用户程序。

系统程序是固化在 CPU 中的程序，它提供了一套系统运行和调试的机制，用于协调 PLC 内部事务，与控制对象特定的任务无关。系统程序主要完成这些工作：处理 PLC 的启动（暖启动和热启动）、刷新输入的过程映像表和输出的过程映像表、调用用户程序、检测并处理错误、检测中断并调用中断程序、管理存储区域、与编程设备和其他通信设备的通信等。

用户程序是为了完成特定的自动化任务，由用户在编程软件中（如 STEP 7）编写的程序，然后下载到 CPU 中。用户程序可以完成这些工作：暖启动和热启动的初始化工作、处理过程数据（数字信号、模拟信号）、对中断的响应、对异常和错误的处理。小型 PLC（如 S7-200 SMART）的用户程序比较简单，不需要分段，而是顺序编制的。大中型 PLC（如 S7-1200/1500）的用户程序很长，也比较复杂，为使用户程序编制简单清晰，可按功能结构或使用目的将用户程序划分成各个程序模块。按模块结构组成的用户程序，每个模块用来解决一个确定的技术功能，使很长的程序编制得易于理解，还使得程序的调试和修改变得很容易。

系统程序处理的是底层的系统级任务，它为 PLC 应用搭建了一个平台，提供了一套用户程序的机制；而用户程序则在这个平台上，完成用户自己的自动化任务。

5.1.2　S7-1200 PLC 用户程序中的块

在 TIA Portal 软件中，用户程序编写的程序和程序所需的数据均放置在块中，使单个程序部件标准化。块是一些独立的程序或者数据单元，通过在块内或块之间类似子程序的调用，可以显著增加 PLC 程序的组织透明性、可理解性，使程序易于修改、查错的调试。在 S7-1200 PLC 中，程序可由组织块（organization block，OB）、函数块（function block，FB）、函数（function，FC）、背景数据块（instance data block，DI）和共享数据块（shared data block，DB，又称为全局数据块）等组成，如图 5-1 所示。各块均有相应的功能，如表 5-1 所示。

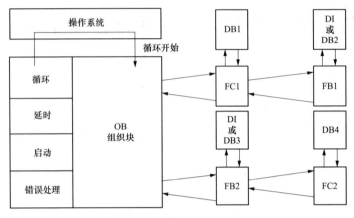

图 5-1　块结构

表 5-1　　　　　　　　　　　　　　用户程序块

块名称	功能简介	举例	块分类
组织块 OB	操作系统与用户程序的接口，决定用户程序的结构，只能被操作系统调用	OB1，OB100	逻辑块
函数块 FB	由用户编写的包含经常使用的功能的子程序，有专用的存储区（即背景数据块）	FB2	逻辑块
函数 FC	由用户编写的包含经常使用的功能的子程序，没有专用的存储区	FC4	逻辑块
背景数据块 DI	用于保存 FB 的输入、输出参数和静态变量，其数据在编译时自动生成	DI10	数据块
共享数据块 DB	用于存储用户数据，除分配给功能块的数据外，还可以供给任何一个块来定义和使用	DB1	数据块

OB1 相当于 S7-200 SMART 系列 PLC 用户程序的主程序，除 OB1 外，其他 OB 相当于 S7-200 系列 PLC 用户程序的中断程序。在 STEP 7 V5.5 中将函数（function，FC）和函数块（function block，FB）分别称为功能和功能块，它们相当于 S7-200 SMART 系列 PLC 用户程序的子程序；DB 和 DI 相当于 S7-200 SMART 系列 PLC 用户程序的 V 区。

在这些块中，组织块 OB、函数块 FB、函数 FC 都包含有由用户程序根据特定的控制任务而编写的程序代码和各程序需要的数据，因此它们为程序块或逻辑块。背景数据块 DI 和共享数据块 DB 不包含 SIMATIC S7 的指令，用于存放用户数据，因此它们可统称为数据块。

5.1.3　S7-1200 PLC 用户程序的编程方法

组织块 OB 是用户和 PLC 之间的程序接口，由 PLC 来调用，而函数 FC 和函数块 FB 则可以作为子程序由用户来调用。FC 或 FB 被调用时，可以与调用块之间没有参数传递，实现模块化编程；也可以存在参数传递，实现参数化编程（又称结构化编程）。所以，在 SIMATIC S7-1200 PLC 中，用户程序可采用 3 种编程方法，即线性化编程、模块化编程和结构化编程，如图 5-2 所示。

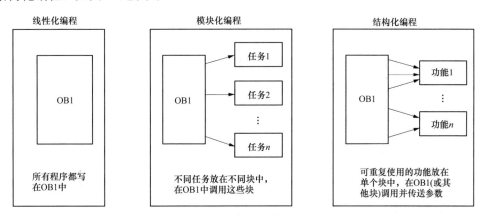

图 5-2　TIA Portal 的 3 种程序编程方法

1. 线性化编程

线性化编程是将整个用户程序放在循环控制组织块 OB1（主程序）中，处理器线性地或顺序地扫描程序的每条指令。这种方法是 PLC 最初所模拟的硬连线继电器梯形逻辑图模式，这种方式的程序结构简单，不涉及函数块、函数、数据块、局部变量和中断等比较复杂的概念，容易入门。对于许多初学者来说，建议在此编写简单的程序。

所有的指令都在一个块中，即使程序中的某些部分在大多数时候并不需要执行，但每个扫描周期都要执行所有的指令，因此没有有效地利用 CPU。此外，如果要求多次执行相同或类似的操作，那么需要重复编写程序。

2. 模块化编程

模块化编程是将用户程序分别写在一些块中，通常这些块都是不含参数的 FB 或 FC，每个块中包含完成一部分任务的程序，然后在主程序循环组织块 OB1 中按照顺序调用这些 FB 或 FC。

模块化编程的程序被划分为若干个块，易于几个人同时对一个项目编程。由于只是在需要时才调用有关的程序块，提高了 CPU 的利用效率。

3. 结构化编程

结构化编程将复杂的自动化任务分解为能够反映过程的工艺、功能或可以反复使用的小任务，将这些小任务通过用户程序编写一些具有相同控制过程，但控制参数不一致的程序段，写在某个可分配参数的 FB 或 FC 中，然后在主程序循环组织块中可重复调用该程序块，且调用时可赋予不同的控制参数。

使用结构化编程的方法较前面两种编程方法先进，适合复杂的控制任务，并支持多人协同编写大型用户程序。结构化编程具有以下优点：

（1）程序的可读性更好、更容易理解。

（2）简化了程序的组织。

（3）有利于将常用功能标准化，减少重复劳动。

（4）由于可以分别测试各个程序块，查错、修改和调试都更容易。

5.2　S7-1200 PLC 数据块

数据块（data block，DB）用来分类存储设备或生产线中变量的值，它也是用来实现各逻辑块之间的数据交换、数据传递和共享数据的重要途径。数据块丰富的数据结构便于提高程序的执行效率和进行数据管理。

5.2.1　数据块的分类

如果按功能划分，在 S7-1200 PLC 中数据块 DB 可以分为全局数据块、背景数据块。

1. 全局数据块

全局数据块（global data block）是为用户提供一个保存程序数据的区域，它不附属于任何逻辑块，所以数据块包含用户程序使用的变量数据。用户可以根据需要设定数据块的大小和数据块内部的数据类型等。在 CPU 允许的条件下，一个程序可创建任意多个DB，每个 DB 的最大容量为 64KB。

2. 背景数据块

背景数据块（instance data block，DI）是专门指定给某个函数块（FB）使用的数据块，它是 FB 运行时的工作存储区。背景数据块 DI 与函数块 FB 相关联，在创建背景数据块时，必须指定它所属的函数块，而且该函数块必须已经存在。

在调用一个函数块时，既可以为它分配一个已经创建的背景数据块，也可以直接定义一个新的数据块，该数据块将自动生成并作为背景数据块。背景数据块与全局数据块相比，只存储函数块接口数据区相关的数据。函数块的接口数据区决定了它的背景数据块的结构和变量。不能直接修改背景数据块，只能通过对应函数块的接口数据区来修改它。数据块格式随着接口数据区的变化而变化。

5.2.2　定义数据块

1. 定义全局数据块

打开 TIA Portal 软件，在项目视图左侧项目树中的 PLC 设备下双击"程序块"下的"添加新块"，打开"添加新块"对话框，如图 5-3 所示。点击左侧的"数据块（DB）"选择添加数据块，类型选择"全局 DB"，编号建议使用"自动"分配，名称可由用户修改。

在图 5-3 中单击"确定"按钮，则可以打开新建数据块编辑器，如图 5-4 所示，其变量声明区中各列的含义如表 5-2 所示。

表 5-2 　　　　　　　　　　　　　　　　数据块中变量声明区的列含义

列名称	说　　明
名称	变量的符号名
数据类型	定义变量的数据类型
起始值	当数据块第 1 次生成或编辑时为变量设定一个起始值，如果不输入，那么就自动以 0 为初始值
保持	将变量标记为具有保持性，即使在关断电源后，保持变量的值也将保留不变
可从 HMI/OPC UA 访问	指示在运行过程中，HMI/OPC UA 是否可访问该变量
从 HMI/OPC UA 可写	指示在运行过程中，是否可从 HMI/OPC UA 写入变量
在 HMI 工程组态中可见	显示默认情况下，该变量在 HMI 选择列表中是否显示
设定值	设定值是指在调试过程中可能需要微调的值。经过调试之后，这些变量的值可作为起始值传输到离线程序中，并进行保存
注释	用于说明变量的注释信息

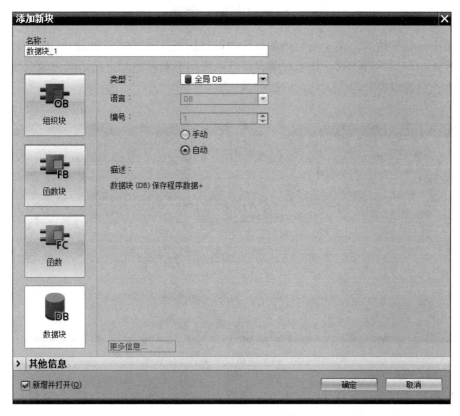

图 5-3 "添加新块"对话框

注意，图 5-4 中部分列未显示或列内容显示不全。列未显示可以在某列名上右击鼠标选择"显示/隐藏"，使某些列隐藏起来。列内容显示不全可以在某列名上右击鼠标选择"调整宽度"，改变某些列宽，列宽的改变使这些列的内容显示不全。

数据块也需要下载到 CPU 中，单击工具栏中的"下载"按钮进行下载，也可以通过选中项目树中的 PLC 设备统一下载。

单击数据块工具栏中的"全部监视"按钮，可以在线监视数据块中变量的当前值（CPU 中的变量的值）。

使用全局数据块中的区域进行数据的存取时，一定要先在数据块中正确地给变量命名，特别要注意变量的数据类型应匹配。

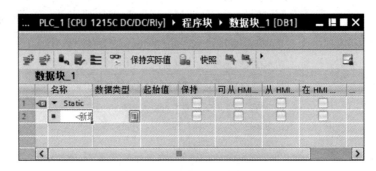

图 5-4 数据块的编辑器

添加全局数据块后，在全局数据的属性中可以切换存储方式，如图 5-5 所示。非优化的存储方式与 SIMATIC S7-300/400 兼容，可以使用绝对地址的方式访问该数据块；优化的存储方式只能以符号的方式访问该数据块。

图 5-5 切换全局数据块的存储方式

如果选择"仅存储在装载内存中"选项，全局数据块下载后只存储于 CPU 的装载存储区，即 SIMATIC MC 卡中。如果程序需要访问全局数据块的数据，那么需要调用指令 READ_DBL 将装载存储区的数据复制到工作存储区中，或者调用指令 WRIT_DBL 将数据写入到装载存储器中。如果选择"在设备中写保护数据块"，那么可以将数据块以只读属性存储。

2. 定义背景数据块

背景数据块与函数块相关联，在生成背景数据时，必须指定它所属的函数块，而且该函数块还必须存在。要添加一个背景数据块，可在 TIA Portal 项目结构窗口的"程序块"中双击"添加新块"，在弹出的添加新块中点击"数据块"，输入数据块的名称，并指定它所属的函数块，如图 5-6 所示。

背景数据块与全局数据块都是全局变量，所以访问方式相同。

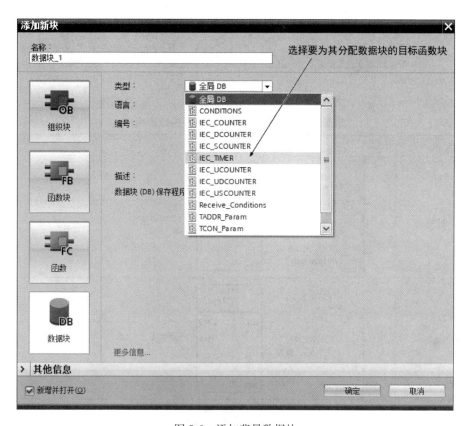

图 5-6　添加背景数据块

5.2.3　使用全局数据块

在第 4 章中，每次调用 IEC 定时器和 IEC 计数器指令时，都指定了一个背景数据块，在本章后续的 5.4.5 节函数块 FB 的应用中，调用自定义的函数块时，也需要生成背景数据块，所以在此只讲述全局数据块的使用。下面，通过一个计算平方根的例子介绍全局数据块的使用方法。

【例 5-1】　计算 $c = \sqrt{(IW0 + IW128) \times a - b}$，其中 a 为整数，存储在 MW0 中，b 也为整数，存储在 MW2 中，c 为实数，存储在 MD4 中。

分析：IW0 为开关数字量输入的整数值，IW128 为模拟量输入的整数值，两者相加再与 a 值相乘，然后再减去 b 值，最后求平方根值。此运算过程可以建立全局数据块，并将相应的运算值暂存到如图 5-7 所示的全局数据块所定义的变量中，编写程序如表 5-3 所示。

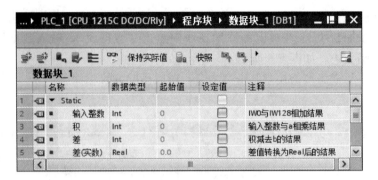

图 5-7　定义数据块中的变量

表 5-3　　　　　　　　　　全局数据块在圆柱体体积计算中的应用程序

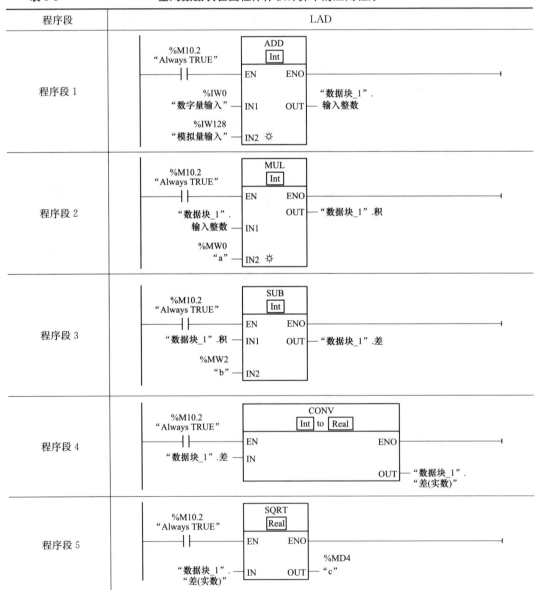

注意，当在数据块中定义的数据类型和程序中使用指令要求的数据类型不一致时，例如将图 5-7 中"积"的数据类型定义为"Real"，则使用符号寻址编程时如输入"数据块_1". 积，系统将报错并提示数据类型不匹配。

5.2.4　访问数据块

数据块用来存储过程的数据和相关的信息，用户程序中需要对数据块中的数据进行访问。通常，对数据单元的访问可采用符号寻址、绝对地址寻址这两种方法。符号寻址是最简便的，但是在某些特殊情况下系统不支持符号寻址，则只能使用绝对地址寻址。

数据块中的数据单元按字节进行寻址，如图 5-8 所示。从图中可以看出，数据块由多个字节构成，每个字节存放 8 位数据。这样，对数据块的直接地址寻址与存储区寻址类似。数据块位数据的绝对地址寻址格式为 DB1.DBX4.1，其中 DB1 表示数据块编号为 DB1，点后面的 DB 表示寻址数据块地址，X 表示寻址位数据，4 表示位寻址的字节地址，1 表示寻址的位数。数据块字节、字和双字数据的绝对地址寻址格式为 DB0.DBB0、DB3.DBW2、DB2.DBD4，其中 DB0、DB3、DB2 表示数据块编号，点后面的 DB 表示寻址数据块，最后的数字 0、2、4 表示寻址的起始字节地址，B、W、D 分别表示寻址宽度为一个字节（Byte）、一个字（Word）和一个双字（double word）。

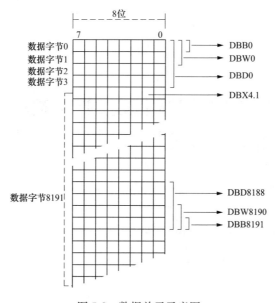

图 5-8　数据单元示意图

5.2.5　复杂数据类型的使用

复杂数据类型是由其他数据类型组成的数据组，不能将任何常量用作复杂数据类型的实参，也不能将任何绝对地址作为实参传送给复杂数据类型。在 S7-1200 PLC 的数据块中常用的复杂数据类型有数组（Array）、结构（Struct）、字符串（String）、长日期和时间（DTL）等。

1. 数组（Array）

Array 数据类型是将一组同一类型的数据组合在一起组成一个单位，即由固定数目的同一数据类型元素组成的一个域。一维数组声明的形式为

域名：Array［最小索引…最大索引］OF 数据类型；

比如一维数组

Array_Value：Array［1..9］of Int

数组声明中的索引数据类型为 INT，其范围为 $-32\,768\sim32\,767$，这也就反映了数组的最大数目。

新建一个全局数据块"Array_DB"，数据块编号为 DB2，然后创建变量 Int_Value 和 Real_Value，数据类型分别选择为 UInt 和 Real 型，数组上下限修改为"0..5"，如图 5-9（a）所示。

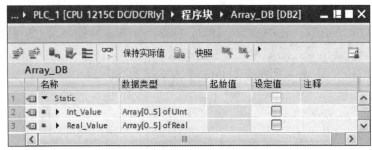

(a) 创建两个数组变量

(b) 给数组变量赋起始值

图 5-9　新建 Array 类型变量

数组元素可以在声明中进行初始化赋值，起始值的数据类型必须与数组元素的数据类型一致。数组元素的起始值要在"扩展模式"中输入，点击数组名左侧的▶图标，可以打开扩展模式的数据块，如图 5-9（b）所示。例如给 Int_Value 的第 1 个元素 Int_Value［0］赋起始值为 2；第 2 个元素 Int_Value［1］赋起始值为 5；给 Real_Value 的第 1 个元素 Real_Value［0］赋起始值为 12.34。

对数组元素的访问，图 5-9（a）扩展模式显示了 Array 型变量的元素，例如 Int_Value 数组上下限为"0..5"，则其有 6 个元素，分别为 Int_Value［0］～Int_Value［5］。访问该数据块中 Int_Value 数组类型变量第 2 个元素的方法为 Array_DB. Int_Value［1］；访问 Real_Value 数组类型变量第 1 个元素的方法为 Array_DB. Real_Value［0］。

2. 结构（Struct）

Struct 数据类型是一种元素数量固定但数据类型不同的数据结构，即每个元素可以具有不同的数据类型。

新建一个全局数据块"Struct_DB"，数据块编号为 DB3，然后创建变量 Moto，数据类型选择 Struct，在下一行新建元素 speed，类型为 Real，继续新建 Bool 型元素 status 和 Int 型元素 temp，如图 5-10 所示。

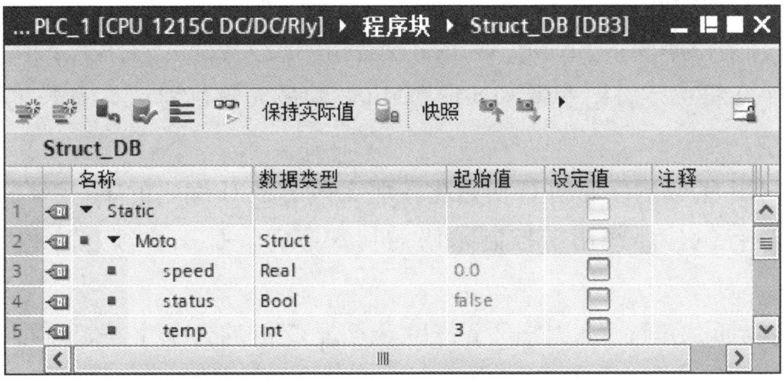

图 5-10　新建 Struct 类型变量

可以使用下列方式来访问结构元素：

　　　　StructureName（结构名称）. ComponentName（结构元素名称）

例如访问数据块 Struct_DB 中 Moto 变量的 speed 元素的方法为 Struct_DB. Moto. speed。

3. 字符串（String）

字符串 String 类型变量是用于存储字符串，如消息文本。通过字符串数据类型变量，在 CPU 中就可以执行一个简单的"（消息）字处理系统"。String 数据类型的变量是将多个字符保存在一个字符串中，该字符串最多由 254 个字符组成。每个变量的字符串最大长度可由方括号中的关键字 STRING 指定（如 STRING［3］）。如果省略了最大长度信息，那么为相应的变量设置 254 个字符的标准长度。在存储器中，String 数据类型的变量比指定最大长度多占用两个字节，在存储区中前两个字节分别为总字符数和当前字符数。

新建一个全局数据块 String_DB，数据块编号为 DB4，然后创建变量 String_Value1，数据类型为 String，在下一行创建变量 String_Value2，类型选择并输入为 String［15］，表示该变量包含 15 个字符，如图 5-11 所示。

图 5-11　新建 String 类型变量

字符串变量可以在声明的时候用初始文本对 String 数据类型变量进行初始化。字符串变量的声明方法为

字符串名称：String［最大数目］。

图 5-11 中，字符串变量 String_Value1 没有指明最大数目，则程序编辑器认为该变量的长度为 254 个字符；字符串变量 String_Value2 的最大数目为 15，其长度为 15 个字符，默认起始值为空。

如果用 ASCII 编码的字符进行初始化，那么该 ASCII 编码的字符必须要用单引号括起来，而如果没有包含那些用于控制术语的特殊字符，那么必须在这些字符前面加字符（$）。

对字符串变量的访问，可以访问字符串 String 变量的各个字符，还可以使用扩展指令中字符串项下的字符指令来实现对字符串变量的访问和处理。

4. 长日期和时间（DTL）

长日期时间数据类型的长度为 12 个字节，其格式为 DTL＃年-月-日-周-小时：分钟：秒.毫秒。

新建一个全局数据块 DTL_DB，数据块编号为 DB5，然后创建变量 Date_Value1，数据类型为 DTL，如图 5-12（a）所示。点击 Date_Value 左侧的 ▶ 图标，可以打开扩展模式的数据块，如图 5-12（b）所示。图中 Date_Value 的起始值为默认值，用户可以根据需要进行修改。从图 5-12（b）中可以看出，Date_Value 各元素的数据类型不同，如 YEAR 为 UInt 类型，DAY 为 USInt 类型，MANOSECOND 为 UDInt 类型。

对于 DTL 数据类型的变量，可以通过符号寻址来访问其中的元素，例如符号寻址为 DAY 元素的格式为 DTL_DB.Date_Value.DAY。还可以通过绝对地址寻址访问 DTL 类型变量的各个内部元素。

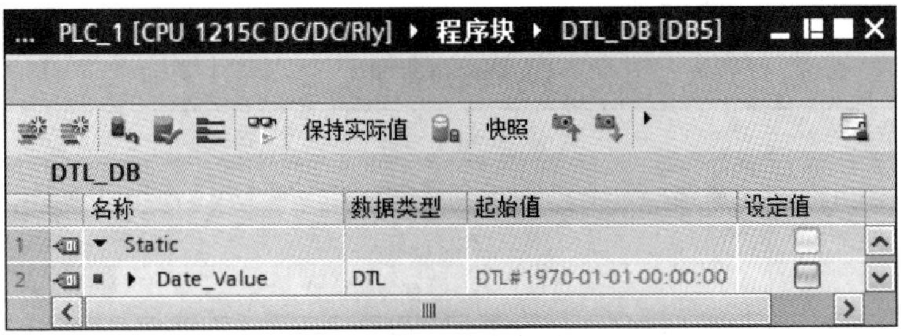

(a) 创建Date_Value变量

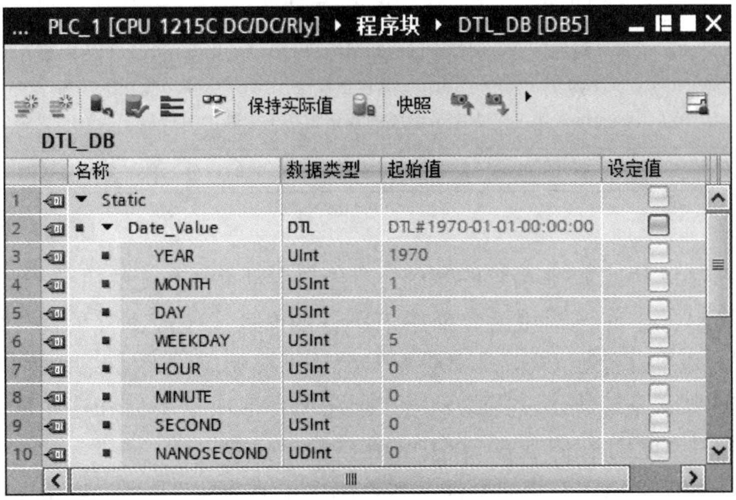

(b) 扩展模式展示的Date_Value变量

图 5-12　新建 DTL 类型变量

5.3　S7-1200 PLC 组织块

在 S7-1200 系列 PLC 的 CPU 中，用户程序是由启动程序、主程序和各种中断响应程序等不同的程序模块构成，这些模块在 TIA Portal 中的实现形式就是组织块 OB。OB 是系统操作程序与用户应用程序在各种条件下的接口界面，它由系统程序直接调用，用于控制扫描循环和中断程序的执行、PLC 的启动和错误处理等，有的 CPU 只能使用部分组织块。

5.3.1　事件和组织块

1. 组织块的构成

组织块由变量声明表和用户程序组成。组织块 OB 没有背景数据块，也不能为组织块 OB 声明静态变量，因此 OB 的变量声明表中只有临时变量。组织块的临时变量可以是基本数据类型、复合数据类型或 ANY 数据类型。

当操作系统调用时，每个 OB 提供 20 字节的变量声明表。声明表中变量的具体内容与组织块的类型有关。用户可以通过 OB 的变量声明表获得与启动 OB 原因有关的信息，

OB 的变量声明表如表 5-4 所示。

表 5-4   **OB 的变量声明表**

地址（字节）	内　　容
0	事件级别与标识符，例如硬件中断组织块 OB40 为 B＃16＃11，表示硬件中断被激活
1	用代码表示与启动 OB 事件有关的信息
2	优先级，如循环中断组织块 OB30 的中断优先级为 8
3	OB 块号，例如编程错误组织块 OB20 的块号为 20
4～11	附加信息，例如硬件中断组织块 OB40 的第 5 字节为产生中断的模块的类型，16＃54 为输入模块，16＃55 为输出模块；第 6、7 字节组成的字为产生中断的模块的起始地址；第 8～11 字节组成的双字为产生中断的通道号
12～19	启动 OB 的日期和时间（年、月、日、时、分、秒、毫秒与星期）

2. 事件

事件是 S7-1200 PLC 操作系统的基础，有能够启动 OB 和无法启动 OB 两种类型的事件。能够启动 OB 的事件会调用已分配给该事件的 OB 或按照事件的优先级将其输入队列，如果没有为该事件分配 OB，那么会触发默认系统响应。无法启动 OB 的事件会触发相关事件类型的默认系统响应。因此，用户程序循环取决于事件和这些事件分配的 OB，以及包含在 OB 中的程序代码或在 OB 中调用的程序代码。

表 5-5 所示为能够启动 OB 的事件，其中包括相关的事件类别。无法启动 OB 的事件如表 5-6 所示，其中包括操作系统的相应响应。

表 5-5   **组织块 OB 的类型**

事件类别	OB 号	OB 数目	启动事件	中断优先级
循环程序	1，≥123	≥1	启动或结束上一个程序循环 OB	1
启动	100，≥123	≥0	STOP 到 RUN 的转换	1
时间中断	≥10	最多 2 个	已达到启动时间	2
延时中断	≥20	最多 4 个	延时时间结束	3
循环中断	≥30	最多 4 个	等长总线循环时间结束	8
硬件中断	≥40	最多 50 个（通过 DETACH 和 AT-TACH 指令可使用更多）	上升沿（最多 16 个） 下降沿（最多 16 个）	18
			HSC：计数值＝参考值（最多 6 次） HSC：计数方向变化（最多 6 次） HSC：外部复位（最多 6 次）	18
状态中断	55	0 或 1	CPU 已接收到状态中断	4
更新中断	56	0 或 1	CPU 已接收到更新中断	4
制造商或配置文件特定中断	57	0 或 1	CPU 已接收到制造商或配置文件特定的中断	4
诊断错误中断	82	0 或 1	模块检测到错误	5

续表

事件类别	OB 号	OB 数目	启动事件	中断优先级
拉出/插入中断	83	0 或 1	删除/插入分布式 I/O 模块	6
机架错误	86	0 或 1	分布式 I/O 的 I/O 系统错误	6
时间错误	80	0 或 1	超出最大循环时间； 仍在执行被调用 OB； 错过时间中断； STOP 期间将丢失时间中断； 队列溢出； 因中断负载过高而导致中断丢失	22

表 5-6　　　　　　　　　　　　　　**无法启动 OB 的事件**

事件类别	事件	事件优先级	系统响应
插入/卸下模块	插入/卸下模块	21	STOP
过程映像更新期间出现 I/O 访问错误	过程映像更新期间出现 I/O 访问错误	22	忽略
编程错误	块中的编程错误（向其使用的操作系统提供系统响应）。如果激活了本地错误处理，那么会执行程序块中的错误处理程序	23	RUN
I/O 访问错误	块中的 I/O 访问错误（向其使用的操作系统提供系统响应）。如果激活了本地错误处理，那么会执行程序块中的错误处理程序	24	RUN
超出最大循环时间两倍	超出最大循环时间两倍	27	STOP

3. 组织块的中断及中断优先级

所谓中断，是指当 CPU 模块执行正常程序时，系统中出现某些急需处理的异常情况和特殊请求，CPU 暂时中止现行程序，转去对随机发生的更为紧迫的事件进行处理，处理完毕后，CPU 自动返回原来的程序继续执行，此过程称为中断。

能向 CPU 发出请求的事件称为中断源。PLC 的中断源可能来自 I/O 模块的硬件中断，或是 CPU 模块内部的软件中断，例如日期时间中断、延时中断、循环中断和编程错误引起的中断。

组织块 OB 都是事件触发而执行的中断程序块，是按照已分配的优先级来执行（见表 5-5）。用相应的组织块，可以创建在特定的时间执行的特定程序，或者响应特定事件的程序。例如，当 CPU 的电池发生故障时，S7 CPU 的操作系统就可以中断正在处理的 OB，发出一个相应的 OB 启动事件。

所谓中断优先级，也就是组织块 OB 的优先权，高优先级的 OB 可以中断低优先级的 OB 的处理过程。如果同时产生多个中断请求，那么最先执行优先级最高的组织块 OB，然后按照优先级由高至低的顺序执行其他 OB。同一优先级可以分配给不同的组织块，具有相同优先级的组织块 OB 按启动它们的事件出现的先后顺序处理。

5.3.2 启动组织块

接通 CPU 后，S7-1200/1500 PLC 在开始执行循环用户程序之前首先执行启动程序。通过适当编写启动组织块程序，可以在启动程序中为循环程序指定一些初始化变量。对启动组织块的数量没有要求，即可以在用户程序中创建一个或多个启动 OB，或者一个也不创建。启动程序由一个或多个启动 OB 组成，OB 编号为 100 或大于等于 123。

1. CPU 的启动模式

S7-1200 PLC 支持三种启动模式：不重新启动模式、暖启动-RUN 模式和暖启动-POWER OFF 前的模式。不管选择哪种启动模式，已编写的所有启动 OB 都会执行。

S7-1200 暖启动期间，所有非保持性位存储内容都将删除，并且非保持性数据块内容将复位为来自装载存储器的起始值。保持性位存储器和数据块内容将保留。

启动程序在从"STOP"模式切换到"RUN"模式期间执行 1 次。输入过程映像中的当前值对于启动程序不能使用，也不能设置。启动组织块 OB 执行完毕后，将读入过程映像并启动循环程序。启动程序的执行没有时间限制。

2. 启动组织块的变量声明表

当启动组织块 OB 被操作系统调用时，用户可以在局部数据堆栈中获得规范化的启动信息。启动组织块的临时变量如表 5-7 所示。可以利用声明表中的符号名来访问启动信息，用户还可以补充 OB 的临时变量表。

表 5-7　　　　　　　　　　　　**启动 OB 声明表中变量的含义**

变量	类型	含义
LostRetentive	Bool	为 1，表示保持性数据存储区已丢失
LostRTC	Bool	为 1，表示实时时钟已丢失

3. OB100 启动组织块的应用举例

【例 5-2】　启动组织块的应用。某系统中使用 1 个主程序启动块 OB1 和两个启动组织块（OB100 和 OB123），进行相关控制。主程序启动块 OB1 中，当按下启动按钮 SB2（SB2 连接 I0.1）时，电动机（电动机与 Q0.0 连接）启动运行；按下停止按钮 SB1（SB1 连接 I0.0）时，电动机停止运行。OB100 用于 CPU 检测系统保持性数据是否丢失和实时时钟是否丢失，当 CPU 检测到保持性数据存储区丢失时，警示灯 HL1（HL1 与 Q0.1 相连）点亮；检测到实时时钟丢失时，警示灯 HL2（HL2 与 Q0.2 相连）闪烁。OB123 用于 HL3（HL3 与 Q0.3 相连）闪烁显示控制，当 SB3（SB3 连接与 I0.2）每次闭合时，HL3 进行闪烁。

解： 首先在 TIA Portal 中建立项目，再在主程序启动块 OB1 和两个启动组织块中分别编写相应程序即可，具体操作步骤如下：

（1）建立项目。首先在 TIA Portal 中新建一个项目，并添加好 CPU 模块。

（2）在 OB1 中编写程序。在 OB1 中编写程序如表 5-8 所示，当按下启动按钮时，Q0.0 线圈得电，控制电动机启动运行，同时 Q0.0 动合触点闭合，实现电动机的自锁运行；按下停止按钮时，Q0.0 线圈失电，电动机停止运行。

表 5-8　　　　　　　　　　　　　　例 5-2 的 OB1 中程序

程序段	LAD
程序段 1	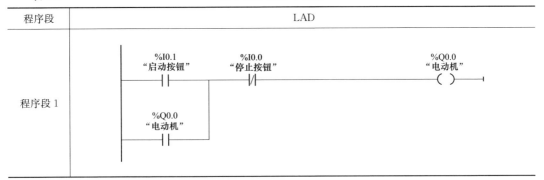

（3）添加启动组织块 OB100，并书写程序。

1）在 TIA Portal 项目结构窗口的"程序块"中双击"添加新块"，在弹出的添加新块中点击"组织块"，先选择"Startup"，并设置编号为"100"，然后按下"确定"键，如图 5-13 所示。

图 5-13　添加启动组织块 OB100

2）在 TIA Portal 项目结构窗口的"程序块"中双击"Startup［OB100］"，在 OB100 中编写如表 5-9 所示的程序，并保存。程序段 1 中的"LosRetentive"为保持性数据存储区检测变量，当 S7-1200 PLC 从 STOP 转到 RUN 时，如果 CPU 检测到保持性数据存储区丢失，那么与 Q0.1 连接的警示灯 HL1 点亮。程序段 2 中的"LostRTC"为实时时钟检测变量，当 S7-1200 PLC 从 STOP 转到 RUN 时，如果 CPU 检测到实时时钟丢失，那么与 Q0.2 连接的警示灯 HL2 闪烁。

表 5-9   例 5-2 中 OB100 的程序

程序段	LAD
程序段 1	#LostRetentive —| |— %Q0.1 "HL1" —( )—
程序段 2	#LostRTC —| |— %M20.3 "Clock_2Hz" —| |— %Q0.2 "HL2" —( )—

（4）添加启动组织块 OB123，并书写程序。

1）在 TIA Portal 项目结构窗口的"程序块"中双击"添加新块"，在弹出的添加新块中点击"组织块"，先选择"Startup"，并设置编号为"123"，然后按下"确定"键即可。

2）在 TIA Portal 项目结构窗口的"程序块"中双击"Startup_1［OB123］"，在 OB123 中编写如表 5-10 所示的程序，并保存。当 S7-1200 PLC 从 STOP 转到 RUN 时，当按下闪烁按钮时，与 Q0.3 连接的指示灯 HL3 闪烁。

表 5-10   例 5-2 中 OB123 程序

程序段	LAD
程序段 1	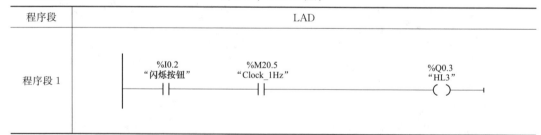

%I0.2 "闪烁按钮" —| |—   %M20.5 "Clock_1Hz" —| |—   %Q0.3 "HL3" —( )—

5.3.3 时间中断组织块

时间中断又称为"日时钟中断"，在 S7-1200 PLC 中提供了 2 个时间中断组织块 OB10、OB11。这些块允许用户通过 TIA Portal 编程，在特定日期、时间（如每分钟、每小时、每天、每周、每月、每年）执行一次中断，也可以从设定的日期时间开始，周期性地重复执行中断操作。

1. 时间中断组织块的启动

时间中断只有设置了中断的参数，并且在相应的组织块中有用户程序存在，时间中断才能被执行。如果没有达到这些要求，那么操作系统将会在诊断缓冲区中产生一个错误信息，并执行时间错误中断处理（OB80）。

周期的时间中断必须对应一个实际日期，例如设置从 1 月 31 日开始每月执行一次 OB10 是不可能的，因为并不是每个月都有 31 天，在此情况下，只在有 31 天的那些月才能启动它。

为了启动日期时间中断，首先要设置中断参数，然后再激活它。可以通过下述 3 种方法启动时间中断。

（1）使用 TIA Portal 在时间中断组织块的"属性"中设置并激活时间中断，如图 5-14 所示，自动启动时间中断，此方法最简单。

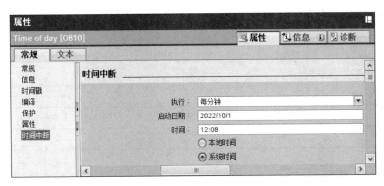

图 5-14　设置和激活时间中断

（2）使用 TIA Portal 在时间中断组织块的"属性"中设置"启动日期"和"时间"，在"执行"文本框内选择"从未"，再通过在程序中调用"ACT_TINT"指令来激活中断。

（3）通过调用"SET_TINT"指令设置参数，然后通过在程序中调用"ACT_TINT"指令激活时间中断。

2. 影响时间中断 OB 的条件

时间中断只能以指定的时间间隔发生，因此在执行用户程序期间，某些条件可能影响 OB 操作。表 5-11 列出了一些条件对执行时间中断的影响。

表 5-11　　　　　　　　　　　　　影响时间中断 OB 的条件

条　件	影响结果
用户程序调用"CAN_TINT"指令并取消时间中断	操作系统清除了时间中断的启动事件（日期和时间），如果需要执行 OB，那么必须再次设置启动事件，并在再次调用 OB 之前激活它
通过对 CPU 系统时钟进行同步或修正，将日时钟设置得快一些。这样就会忽略时间中断 OB 的启动时间	操作系统调用时间错误中断 OB（OB 80），并在启动信息中记录第一个忽略的时间中断 OB 的启动事件、编号和优先级。在处理完 OB 80 之后，操作系统仅运行一次刚才忽略的时间中断 OB
通过对 CPU 系统时钟进行同步或修正，将日时钟设置得慢一些。修正后的时钟时间较已运行的时间中断 OB 的启动时间要早	重复执行该时间中断 OB
下次启动事件开始时还在继续执行该时间中断 OB	操作系统将调用时间错误中断 OB 80。只有在当前时间中断 OB 的运行和后续执行完毕后，才会处理请求的 OB

3. 时间中断组织块的查询

如果要查询设置了哪些日期时间中断，以及这些中断什么时间发生，用户可以调用"QRY_TINT"指令来进行。"QRY_TINT"指令的状态字节 STATUS 如表 5-12 所示。

表 5-12　　　　　　　　QRY_TINT 指令输出的状态字节 STATUS

位	含　义
0	始终为"0"
1	取值为"0"，表示已启用时间中断；取值为"1"，表示已禁用时间中断
2	取值为"0"，表示时间中断未激活；取值为"1"，表示已激活时间中断
3	始终为"0"
4	取值为"0"，表示具有在参数 OB_NR 中指定的 OB 编号的 OB 不存在；取值为"1"，表示存在编号 OB_NR 参数所指定的 OB
5	始终为"0"
6	取值为"0"，表示时间中断基于系统时间；取值为"1"，表示时间中断基于本地时间
7	始终为"0"

4. 时间中断扩展指令参数

用户可以使用 SET_TINTL、CAN_TINT、ACT_TINT 和 QRY_TINT 等时间中断扩展指令来设置、终止、激活和查询时间中断，这些指令的参数如表 5-13 所示。

表 5-13　　　　　　　　时间中断扩展指令的参数表

参数	声明	数据类型	存储区间	参数说明
OB_NR	INPUT	OB_TOD	I、Q、M、D、L 或常量	时间中断 OB 的编号
SDT	INPUT	DT	D、L 或常量	开始日期和开始时间
LOCAL	INPUT	Bool	I、Q、M、D、L 或常量	为"1"表示使用本地时间；为"0"表示使用系统时间
PERIOD	INPUT	Word	I、Q、M、D、L 或常量	从 SDT 开始计时的执行时间间隔 W#16#0000：单次 W#16#0201：每分钟一次 W#16#0401：每小时一次 W#16#1001：每天一次 W#16#1201：每周一次 W#16#1401：每月一次 W#16#1801：每年一次 W#16#2001：月末
ACTIVATE	INPUT	Bool	I、Q、M、D、L 或常量	为"1"表示设置并激活时间中断；为"0"表示设置时间中断，并在调用"ACT_TINT"时激活
RET_VAL	RETURN	Int	I、Q、M、D、L	如果发生错误，那么 RET_VAL 的实际参数将包含错误代码
STATUS	OUTPUT	Word	I、Q、M、D、L	时间中断的状态

5. 时间中断组织块的变量声明表

在 OB10、OB11 中，系统定义了时间中断 OB 的临时（TEMP）变量，如表 5-14 所示。

表 5-14　　　　　　　　　　　　　　　时间中断 OB 临时变量的含义

变量	类型	含　义
CaughtUp	Bool	将时钟时间向前调整而执行了 OB 调用时，该位为 "1"
SecondTime	Bool	将时钟时间向后调整而再次调用该 OB 时，该位为 "1"

6. 时间中断组织块的应用

【例 5-3】　从 2022 年 9 月 10 日 18 时 18 分 18.8 秒起，在 I0.1 的上升沿时启动时期时间中断 OB10，在 I0.0 为 1 时禁止日期时间中断，每分钟中断 1 次。

解：首先在 TIA Portal 中建立项目，再在 Main［OB1］中编写相关设置程序，然后在 OB10 中编写中断程序，具体操作步骤如下：

（1）建立项目。首先在 TIA Portal 中新建一个项目，并添加好 CPU 模块。

（2）在 OB1 中编写程序。在 OB1 中编写如表 5-15 所示的程序。程序段 1 中，通过 QRY_TINT 指令查询输入端为 "10"（表示 OB10）的中断状态，其查询的结果送入 MW4 中，而 MW2 中保存执行时可能出现的错误代码。

表 5-15　　　　　　　　　　　　　　　　　例 5-3 中 OB1 的程序

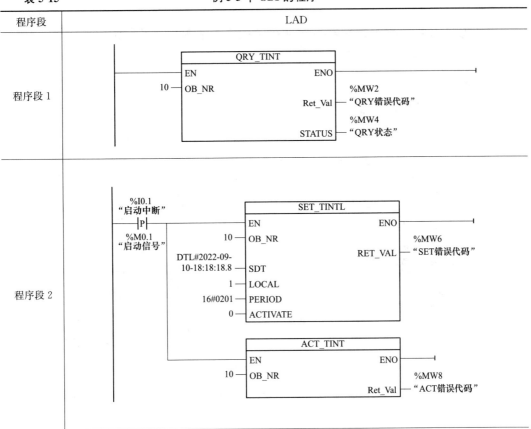

程序段	LAD
程序段 3	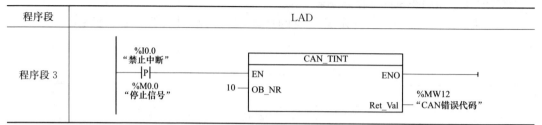

程序段 2 是 I0.1 发生上升沿跳变时，通过 SET_TINTL 和 ACT_TINT 指令来设置和激活时间中断。SET_TINTL 指令中的 SDT 端装载 OB1 中所设置的开始日期和时间值；LOCAL 为 1 表示使用本地时间；PERIOD 装载 W♯16♯0201 表示中断的执行时间为每分钟；ACTIVATE 为 0，仅设置时间中断，需要调用 ACT_TINT 来激活时间中断；RET_VAL 将系统处于激活状态时的出错代码保存到 MW6 中。ACT_TINT 指令用于激活时钟中断，OB_NR 端输入为常数 10，表示激活 OB10 的时间中断块，RET_VAL 端将系统处于激活状态时的出错代码保存到 MW8 中。

程序段 3 是 I0.0 发生上升沿跳变时，通过 CAN_TINT 指令用于终止时间中断，其 OB_NR 端外接常数 10 表示取消的日期时钟组织块为 OB10，其错误代码保存到 MW12 中。

（3）添加时间中断组织块 OB10，并书写程序。

1）在 TIA Portal 项目结构窗口的"程序块"中双击"添加新块"，在弹出的添加新块中点击"组织块"，然后选择"Time of day"，并按下"确定"键，如图 5-15 所示。

图 5-15　添加时间中断组织块 OB10

2）在 TIA Portal 项目结构窗口的"程序块"中双击"Time of day［OB10］"，在 OB10 中编写如表 5-16 所示的程序，并保存。OB10 每发生 1 次中断，MW4 中的内容将加 1。

表 5-16　　　　　　　　　　　　　例 5-3 中 OB10 的程序

程序段	LAD
程序段 1	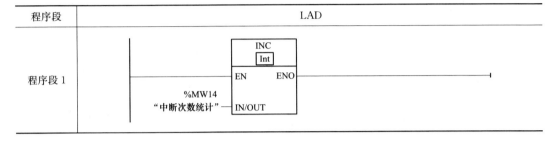

5.3.4　延时中断组织块

PLC 中普通定时器的定时工作与扫描工作方式有关，其定时精度要受到不断变化的扫描周期的影响，使用延时中断组织块可以达到以 ms 为单位的高精度延时。在 SIMATIC S7-1200 系列 PLC 中，提供了 4 个延时中断组织块 OB20～OB23。在用户程序中最多可使用 4 个延时中断组织块 OB 或循环组织块 OB（OB 编号大于等于 123）。如果已使用 2 个循环中断组织块 OB，那么在用户程序中最多可以使用 2 个延时中断组织块 OB。

1. 延时中断组织块的启动

每个延时中断组织块（OB）都可以通过调用 SRT_DINT 指令来启动，延时时间在 SRT_DINT 指令中进行设置。当用户程序调用 SRT_DINT 指令时，需要提供 OB 编号、延时时间和用户专用的标识符。经过指定的延时时间后，相应的 OB 将会启动。

只有当该中断设置了参数，并且在相应的组织块中有用户程序存在时，延时中断才被执行，否则操作系统会在诊断缓冲区中输入一个错误信息，并执行异步错误处理。

2. 时间延时中断组织块的查询

若想知道究竟哪些延时中断组织块已经启动，可以通过调用 QRY_DINT 指令访问延时中断组织块状态。QRY_DINT 指令输出的状态字节 STATUS 如表 5-17 所示。

表 5-17　　　　　　　　　　　　QRY_DINT 指令输出的状态字节 STATUS

位	取值	含　义
0	0	取值为"0"，表示处于运行模式；取值为"1"，表示处于启动模式
1	0	取值为"0"，表示已启用延时中断；取值为"1"，表示已禁用延时中断
2	0	取值为"0"，表示延时中断未被激活或已完成；取值为"1"，表示已启用延时中断
3	0	—
4	0	取值为"0"，表示具有在参数 OB_NR 中指定的 OB 编号的 OB 不存在；取值为"1"，表示存在编号 OB_NR 参数所指定的 OB
其他位	0	始终为"0"

3. 延时中断扩展指令参数

用户可以使用 SRT_DINT、CAN_DINT 和 QRY_DINT 等延时中断扩展指令来启用、终止和查询延时中断，这些指令的参数如表 5-18 所示。

表 5-18 　　　　　　　　　　　　延时中断扩展指令的参数表

参数	声明	数据类型	存储区间	参数说明
OB_NR	INPUT	OB_TOD	I、Q、M、D、L 或常量	延时中断 OB 的编号（20～23）
SDT	INPUT	DT	D、L 或常量	开始日期和开始时间
DTIME	INPUT	Time	I、Q、M、D、L 或常量	延时值（1～60 000ms）
SIGN	INPUT	Word	I、Q、M、D、L 或常量	调用延时中断 OB 时 OB 的启动事件信息中出现的标识符
RET_VAL	RETURN	Int	I、Q、M、D、L	如果发生错误，那么 RET_VAL 的实际参数将包含错误代码
STATUS	OUTPUT	Word	I、Q、M、D、L	延时中断的状态

4. 延时中断组织块的变量声明表

在 OB20～OB23 中系统定义了延时中断 OB 的临时（TEMP）变量，例如 OB20 中的变量 SIGN 为用户 ID，调用 "SRT_DINT" 指令的输入参数 SIGN。

5. 延时中断组织块的应用

【例 5-4】 OB20 延时中断组织块的应用。在主程序循环块 OB1 中，当 I0.1 发生上升沿跳变时，通过调用 SRT_DINT 启动延时中断 OB20，25s 后 OB20 被调用，在 OB20 中将与 Q0.0 连接的 LED 指示灯点亮。在延时过程中当 I0.0 发生上升跳变时，在 OB1 中用 CAN_DINT 终止延时中断，OB20 不会再被调用，LED 指示灯熄灭。

解：首先在 TIA Portal 中建立项目，再在 OB1 中编写相关设置程序，最后在 OB20 中编写中断程序，具体操作步骤如下：

（1）建立项目。首先在 TIA Portal 中新建一个项目，并添加好 CPU 模块。

（2）在 OB1 中编写程序。在 OB1 中编写程序如表 5-19 所示。程序段 1 是在 I0.1 发生上升沿跳变时通过 SRT_DINT 指令来启动延时中断块 OB20。SRT_DINT 指令的 OB_NR 输入端为 25，表示延时启动的中断组织块为 OB20，DTIME 输入端为 T#25s 表示延时启动设置为 25s。

程序段 2 中使用系统功能 QRY_DINT 指令来查询延时中断组织块 OB20 的状态，并将查询的结果通过 STATUS 端送到 MW4 中。

程序段 3 中，当 I0.1 发生上升沿跳变时，取消延时 OB20 的延时中断，同时将 Q0.0 线圈复位，使得 LED 指示灯熄灭。

（3）添加延时中断组织块 OB20，并书写程序。

1）在 TIA Portal 项目结构窗口的 "程序块" 中双击 "添加新块"，在弹出的添加新块中点击 "组织块"，然后选择 "Time delay interrupt"，并按下 "确定" 键，如图 5-16 所示。

2）在 TIA Portal 项目结构窗口的 "程序块" 中双击 "Time delay interrupt

［OB20］"，在 OB20 中编写如表 5-20 所示程序，并保存。OB20 每发生 1 次中断时，Q0.0 线圈将置为 1，使 LED 指示灯点亮 1 次。

表 5-19　　　　　　　　　　　　**例 5-4 中 OB1 的程序**

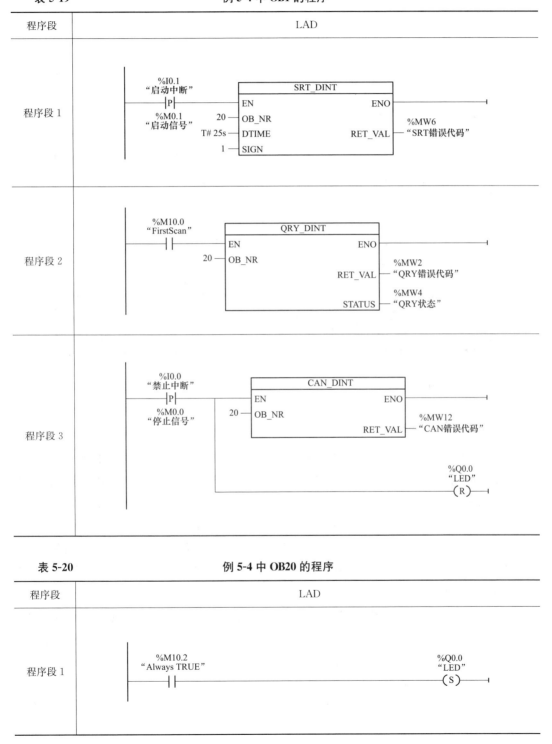

表 5-20　　　　　　　　　　　　**例 5-4 中 OB20 的程序**

程序段	LAD
程序段 1	%M10.2 "Always TRUE"　　　　　　　　　　　%Q0.0 "LED" ─┤ ├──────────────────(S)──

图 5-16　添加延时中断组织块 OB20

5.3.5　循环中断组织块

所谓循环中断就是经过一段固定的时间间隔启动用户程序，而无须执行循环程序。循环中断组织块用于按一定时间间隔循环执行中断程序，例如周期性地定时执行闭环控制系统的 PID 运行程序等。在 SIMATIC S7-1200 系列 PLC 中，提供了 4 个循环中断组织块 OB30～OB33，可用于按一定时间间隔循环执行中断程序。

在用户程序中最多可使用 4 个循环中断组织块 OB 或延时组织块 OB（OB 编号大于等于 123）。如果已使用 2 个延时中断组织块 OB，那么在用户程序中最多可以使用 2 个循环中断组织块 OB。

循环中断组织块的启动时间通过循环时间基数和相位偏移量来指定，其中循环时间基数定义循环中断组织块启动的时间间隔，其设定时间范围为 1～60 000ms；相位偏移量是与基本时钟周期相比，启动时间所偏移的时间。

1. 循环中断相关指令参数

用户可以使用 SET_CINT 指令设置循环中断参数，使用 QRY_CINT 指令查询循环中断参数，它们的指令参数如表 5-21 所示。

表 5-21 　　　　　　　　　　　　　　SET_CINT 和 QRY_CINT 的指令参数表

参数	数据类型	存储区间	参数说明
OB_NR	OB_CYCLIC	I、Q、M、D、L 或常量	循环中断 OB 的编号
CYCLE	UDInt	I、Q、M、D、L 或常量	时间间隔（ms）
PHASE	UDInt	I、Q、M、D、L 或常量	相位偏移
STATUS	Word	I、Q、M、D、L	循环中断的状态
RET_VAL	Int	I、Q、M、D、L	指令的状态

2. 循环中断组织块的变量声明表

在 OB30～OB33 中系统定义了循环中断 OB 的临时（TEMP）变量表，如表 5-22 所示。

表 5-22 　　　　　　　　　　　　　　循环中断 OB 临时变量的含义

变量	类型	含　　义
Initial_Call	Bool	为 1，在下列情况下第 1 次调用此 OB： （1）从 STOP 或 HOLD 切换到 RUN； （2）重新加载后
Event_Count	Int	自上次启动该 OB 之后丢失的启动事件数

3. 循环中断组织块的应用

【例 5-5】　OB30 在 8 只流水灯控制中的应用。PLC 一上电时，若按下启动按钮 SB2，则启动循环移位，若按下停止按钮 SB1，则 8 只流水灯熄灭。在启动状态下，按下 SB4 或 SB5 按钮，启动流水灯每隔 1s 进行移位显示，当 SB4（SB4 与 I0.3 相连）按下时，控制 8 只流水灯左移；SB5（SB5 与 I0.4 相连）按下时，控制 8 只流水灯右移。若按下 SB3 按钮（SB3 与 I0.2 相连），改变间隔时间为 2s。

解：对于 S7-1200 系列 PLC 而言，要实现 8 只流水灯移位显示，可使用字节循环移位指令（ROL 和 ROR），每隔 1s 或 2s 将 QB0 中的内容进行移位。选择左移时，其移位初值为 16#01；选择右移时，移位初值为 16#80。

在本例中，首先在 TIA Portal 中建立项目，并进行循环中断设置，再在 OB1 中编写相关程序，然后在 OB30 中编写循环中断程序，具体操作步骤如下：

（1）建立项目。首先在 TIA Portal 中新建一个项目，并添加好 CPU 模块。

（2）在 OB1 中编写程序。在 OB1 中编写程序如表 5-23 所示。程序段 1 是在 I0.2（SB3 按下）执行循环 QRY_CINT 指令，查询循环中断状态；SET_CINT 指令，设置循环间隔时间为 2s（CYCLE 为 2000）。由于这两条指令的 OB_NR 端输入为 30，表示系统执行循环中断组织块 OB30。

表 5-23　　　　　　　　　　　　　　例 5-5 中 OB1 的程序

程序段	LAD
程序段 1	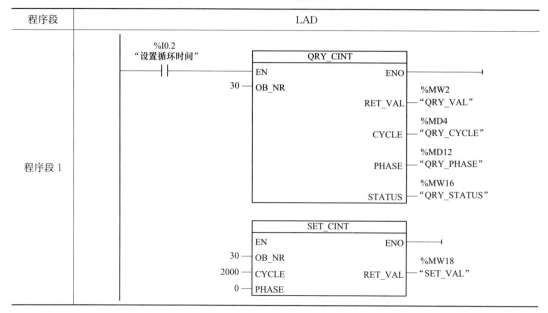

（3）添加循环中断组织块 OB30，并书写程序。

1）在 TIA Portal 项目结构窗口的"程序块"中双击"添加新块"，在弹出的添加新块中点击"组织块"，然后选择"Cyclic interrupt"，并设置循环时间为 1000ms（即 1s），最后按下"确定"键，如图 5-17 所示。

图 5-17　添加循环中断组织块 OB30

2）在 TIA Portal 项目结构窗口的"程序块"中双击"Cyclic interrupt［OB30］"，在 OB30 中编写如表 5-24 所示的程序，并保存。程序段 1 中，当启动按钮 SB2 闭合时，M0.1 线圈得电并自锁。程序段 2 中，当停止按钮 SB1 闭合时，将 QB0 中的内容清零，使 8 只流水灯熄灭，同时将 M0.2 和 M0.3 线圈复位。程序段 3 中，按下左移按钮 SB4，将 M0.2 线圈置位，同时将 M0.3 线圈复位。程序段 4 中，按下右移按钮 SB5，将 M0.3 线圈置位，同时将 M0.2 线圈复位。程序段 5 和程序段 6，分别给循环左移与循环右移赋移位初值。程序段 7 和程序段 8 控制 QB0 中的内容循环左移或循环右移。

表 5-24　　　　　　　　　　　　　　　例 5-5 中 OB30 的程序

程序段	LAD
程序段 1	
程序段 2	
程序段 3	

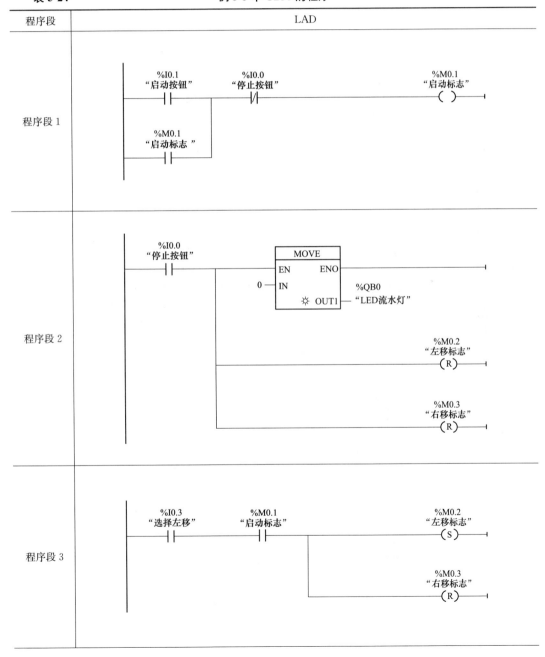

程序段	LAD
程序段 4	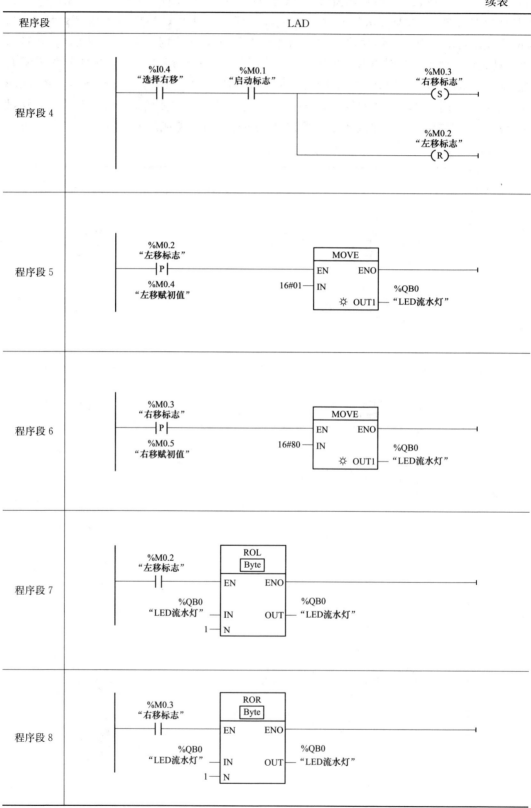
程序段 5	
程序段 6	
程序段 7	
程序段 8	

5.3.6　硬件中断组织块

硬件中断组织块用于处理需要快速响应的过程事件。出现硬件中断事件时，立即中止当前正在执行的程序，改为执行对应的硬件中断组织块。

1. 硬件中断事件与硬件中断组织块

在用户程序中，S7-1200 PLC 最多使用 50 个硬件中断组织块，它们互相独立。硬件中断组织块的编号为 OB40～OB47，或大于等于 OB123。

S7-1200 PLC 的高速计数器（HSC）和输入通道可以触发硬件中断。对于将触发硬件中断的各高速计数器和输入通道，需要组态以下属性：将触发硬件中断的过程事件（例如高速计数器的计数方向改变）和分配给该过程事件的硬件中断组织块的编号。

触发硬件中断后，操作系统将识别输入通道或高速计数器，并确定所分配的硬件中断组织块。如果没有其他中断组织块激活，那么调用所确定的硬件中断组织块。如果已经在执行其他中断组织块，那么硬件中断将被置于与其同优先等级的队列中。所分配的硬件中断组织块完成执行后，即确认了该硬件中断。如果在对硬件中断进行标识和确认的这段时间内，在同一模块中发生了另一个硬件中断，那么只有确认当前硬件中断后，才能触发其他硬件中断，若该事件发生在另一个通道中，将触发硬件中断。

2. 硬件中断事件的处理方法

（1）给一个事件指定一个硬件中断组织块，这种方法简单方便，应优先采用。

（2）多个硬件中断组织块分时处理一个硬件中断事件，需要使用 DETACH 指令取消原有的组织块与事件的连接，用 ATTACH 指令将一个新的硬件中断组织块分配给中断事件。

3. 中断连接与分离指令

ATTACH 为中断连接指令，可以为硬件中断事件指定一个组织块；DETACH 为中断分离指令，可以取消组织块一个或多个硬件中断事件的现有分配，指令参数如表 5-25 所示。

表 5-25　　　　　　　　　　ATTACH 和 DEATCH 的指令参数表

参数	数据类型	存储区间	参数说明
OB_NR	OB_ATT	I、Q、M、D、L 或常量	组织块 OB 的编号
EVENT	EVENT_ATT	I、Q、M、D、L 或常量	要分配给或取消连接的 OB 硬件中断事件
ADD	Bool	I、Q、M、D、L 或常量	对先前分配的影响。ADD＝0，该事件将取代先前此 OB 分配的所有事件；ADD＝1，该事件将添加到此 OB 之前的事件分配中
RET_VAL	Int	I、Q、M、D、L	指令的状态

4. 硬件中断组织块的变量声明表

在 OB40～OB47 中系统定义了硬件中断 OB 的临时（TEMP）变量，如表 5-26 所示。

表 5-26 硬件中断 OB 临时变量的含义

变量	类型	含 义
Laddr	HW_IO	触发硬件中断的模块的硬件标识符
USI	Word	将来扩展的标识符
IChanel	USInt	触发硬件中断的通道编号
EventType	Byte	与触发中断的事件相关的事件类型标识符（如，上升沿）

5. 硬件中断组织块的应用

【例 5-6】 使用硬件中断事件的中断连接指令与分离指令，实现中断操作。要求在出现 I0.0 上升沿事件时，交替调用硬件中断组织块 OB40 和 OB41，控制与 Q0.0 连接的 LED 信号灯的亮与灭。

解： CPU 1215C DC/DC/DC 集成的输入点可以逐点设置中断特性。新建中断组织块 OB40 和 OB41，在这两个中断组织块中使用 DETACH 和 ATTACH 指令交替调用 OB40 和 OB41，分别将 Q0.0 置位或复位，以实现 LED 信号灯的亮与灭。具体操作步骤如下：

（1）建立项目并组态硬件中断事件。

1）首先在 TIA Portal 中新建一个项目，并添加 CPU 模块，以及数字量输入模块和数字量输出模块。

2）添加硬件中断组织块 OB40。在 TIA Portal 项目结构窗口的"程序块"中双击"添加新块"，在弹出的添加新块中点击"组织块"，然后选择"Hardware interrupt"，并按下"确定"键，如图 5-18 所示。

图 5-18 添加硬件中断组织块 OB40

3）启用 I0.0 上升沿检测，硬件中断事件设置为 OB40。连接在 TIA Portal 的"设备组态"界面中单击 CPU 模块，将输入通道 0 的硬件中断进行设置，如图 5-19 所示。

4）参照本步骤中的 2），再添加 OB41。

（2）编写硬件中断程序。在 OB40 和 OB41 中编写的程序如表 5-27 所示。PLC 上电后，在 OB40 的程序段 1 中，用 DETACH 指令断开与 OB40 的连接；程序段 2 中用 AT-TACH 指令建立 I0.0 上升沿事件与 OB41 的连接；程序段 3 中，将 Q0.0 置位，使 LED 信号灯点亮。在 OB41 的程序段 1 中，用 DETACH 指令断开与 OB41 的连接；程序段 2 中用 ATTACH 指令建立 I0.0 上升沿事件与 OB40 的连接；程序段 3 中，将 Q0.0 复位，使 LED 信号灯熄灭。

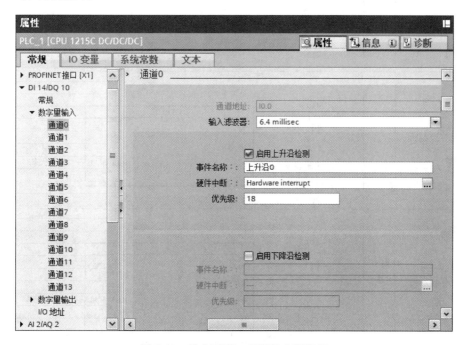

图 5-19　输入通道 0 的硬件中断设置

表 5-27　　　　　　　　　　　例 5-6 中 OB40 和 OB41 的程序

程序	程序段	LAD
OB40	程序段 1	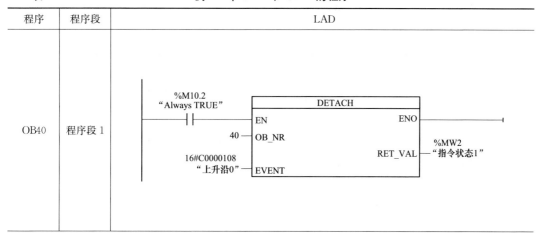

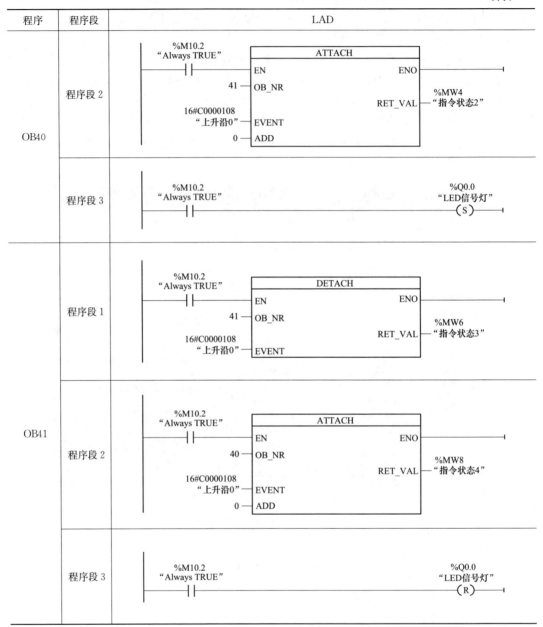

5.4 S7-1200 PLC 函数和函数块

函数（function，FC）是用户编写的程序块，类似于 C 语言编程里面的子程序，它是不带"存储器"的代码块。由于没有可以存储块参数值的存储数据区，在调用函数时，必须给所有形参分配实参。

用户在函数中编写的程序，在其他代码块中调用该函数时将执行此程序。函数 FC 既可以作为子程序使用，也可以在程序的不同位置被多次调用。作为子程序使用时，是将相互独立的控制设备分成不同的 FC 编写，统一由 OB 块调用，这样就实现了对整个程序进行结构化划分，便于程序调试及修改，使整个程序的条理性的易读性增强。函数中通常带有形参，通过在程序的不同位置中被多次调用，并由实参对形参赋值，可实现对功能类似的设备进行统一编程和控制。

函数块 FB 属于编程者自己编程的块，也是一种带内存的块，块内分配有存储器，并存有变量。与函数 FC 相比，调用函数块 FB 时必须要为它分配背景数据块。FB 的输入参数、输出参数、输入/输出参数及静态变量存储在背景数据块中，在执行完函数块后，这些值仍然有效。一个数据块既可以作为一个函数块的背景数据块，也可以作为多个函数块的背景数据块（多重背景数据块）。函数块也可以使用临时变量，临时变量并不存储在背景数据块中。

5.4.1　函数和函数块的接口区

1. 函数的接口区

每个函数的前部都有一个如图 5-20 所示的接口区，该接口区中包含了函数中所用局部变量和局部常量的声明。这些声明实质上可分为在程序中调用时构成块接口的块参数和用于存储中间结果的局部数据。

函数中块参数的类型主要包括 Input（输入参数）、Output（输出参数）、InOut（输入/输出参数）和 Return（返回值）。Input（输入参数）将数据传递到被调用的块中进行处理，其输入的参数只能读不能写，实参可以为常数；Output（输出参数）是将函数执行的结果传递到调用的块中，用户可对输出参数进行读写操作，实参不能为常数；InOut（输入/输出参数）将数据传递到被调用的块中进行处理，在被调用的块中处理数据后，再将被调用的块中发送的结果存储在相同的变量中；Return（返回值）返回到调用块的值 RET_VAL。

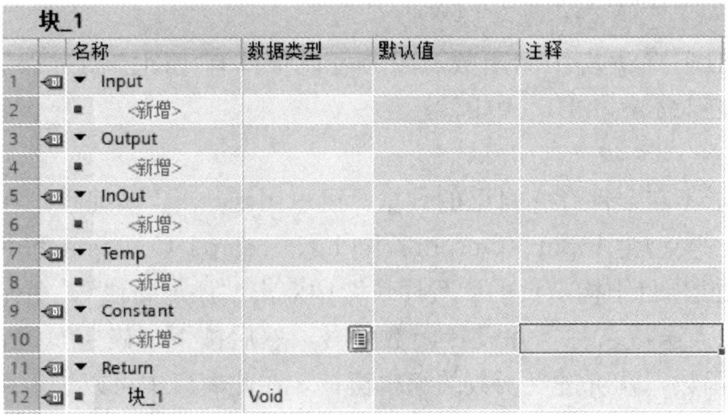

		名称	数据类型	默认值	注释
		块_1			
1	▼	Input			
2	■	<新增>			
3	▼	Output			
4	■	<新增>			
5	▼	InOut			
6	■	<新增>			
7	▼	Temp			
8	■	<新增>			
9	▼	Constant			
10	■	<新增>			
11	▼	Return			
12	■	块_1	Void		

图 5-20　函数的接口区

函数中局部数据的类型主要包括 Temp（临时局部数据）和 Constant（常量）。Temp（临时局部数据）用于存储临时中间结果的变量，只能用于函数内部作为中间变量。临时变量在函数调用时生效，函数执行完成后临时变量区被释放，所以临时变量不能存储中间结果。Constant（常量）声明常量符号名后，程序中可以使用符号代替常量，这使得程序具有可读性且易于维护。

2. 函数块的接口区

与函数 FC 相同，函数块 FB 也有一个接口区，如图 5-21 所示。该接口区中参数的类型主要包括 Input（输入参数）、Output（输出参数）、InOut（输入/输出参数）、Static（静态变量）、Temp（临时局部数据）和 Constant（常量）。Input（输入参数）将数据传递到被调用的函数块中进行处理；Output（输出参数）是将函数块执行的结果传递到调用的块中；InOut（输入/输出参数）将数据传递到被调用的块中进行处理，在被调用的块中处理数据后，再将被调用的块中发送的结果存储在相同的变量中；Static（静态变量）不参与参数传递，用于存储中间过程的值；Temp（临时局部数据）用于存储临时中间结果的变量，不占用背景数据块空间；Constant（常量）声明常量符号名后，程序中可以使用符号代替常量，这使得程序具有可读性且易于维护。

		名称	数据类型	默认值	保持
		块_1			
1	▼	Input			
2	■	<新增>			
3	▼	Output			
4	■	<新增>			
5	▼	InOut			
6	■	<新增>			
7	▼	Static			
8	■	<新增>			
9	▼	Temp			
10	■	<新增>			
11	▼	Constant			
12	■	<新增>			

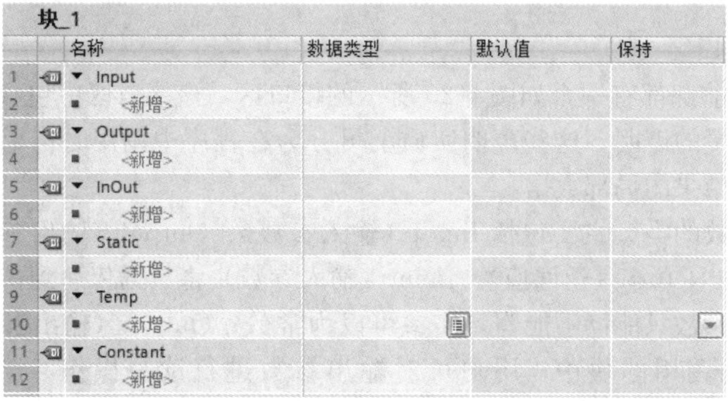

图 5-21　函数块的接口区

5.4.2　函数的生成与调用

函数 FC 类似于 C 语言中的函数，用户可以将具有相同控制过程的代码编写在 FC 中，然后在主程序 Main［OB1］中调用。

1. 生成函数

如果控制功能不需要保存它自己的数据，可以用函数 FC 来编程。在函数的变量接口区中，可以使用的类型为 Input、Output、InOut、Temp、Constant 和 Return。

在 TIA Portal 项目结构窗口的"程序块"中双击"添加新块"，在弹出的添加新块中点击"函数"，输入函数名称，并设置函数编号，然后按下"确定"键，即可生成函数。然后双击生成的函数，就可进入函数的编辑窗口，在此窗口中可以进行用户程序的编写。

2. 调用函数

函数的调用分为条件调用和无条件调用。用梯形图调用函数时，函数的使能输入端（enable，EN）有能流流入时执行块，否则不执行。条件调用时，EN 端受到触点电路的控制。函数被正确执行时使能输出端（enable output，ENO）为 1，否则为 0。

函数没有背景数据块，不能给函数的局部变量分配初值，所以必须给函数分配实参。TIA Portal 为函数提供了一个特殊的输出参数 Return（RET_VAL），调用时，可以指定一个地址作为实参来存储返回值。

5.4.3　函数的应用

函数 FC 是由用户编写的没有固定的存储区的块，其临时变量存储在局部数据堆栈中，FC 执行结束后，这些数据就丢失。函数 FC 常用于对一组输入值执行特定运算，例如，可以使用 FC 执行标准运算和可以重复使用的运算（如数学计算）或者执行工艺功能（如使用位逻辑运算执行独立的控制）。

由于函数 FC 没有背景数据块，在使用函数时，要么就是不带参数传递的 FC 编程，要么就是带参数传递的 FC 编程。如果采用带参数传递的 FC 编程，那么在打开 FC 后，需要在 FC 的接口定义相关的接口参数，调用函数 FC 时需要给 FC 的所有形参分配实参。

1. 不带参数传递的 FC 函数的应用

【例 5-7】　不带参数传递的 FC 函数在 4 台电动机启停控制中的应用。假设 4 台三相异步电动机的启停按钮 SB 与 I0.0 连接，LED 运行指示灯与 Q0.0 连接，KM1 线圈与 Q0.1 连接控制 M1 电动机，KM2 线圈与 Q0.2 连接控制 M2 电动机，KM3 线圈与 Q0.3 连接控制 M3 电动机，KM4 线圈与 Q0.4 连接控制 M4 电动机。奇数次按下 SB 时，I0.0 动合触点闭合，Q0.0 为 ON，运行指示灯点亮；延时 2s 后，Q0.1 为 ON，M1 电动机启动运行；M1 运行后，延时 5s，Q0.2 为 ON，M2 电动机启动运行；M2 运行后，延时 8s，Q0.3 为 ON，M3 电动机启动运行；M3 运行后，延时 10s，Q0.4 为 ON，M4 电动机启动运行；偶数次按下 SB 时，4 台电动机同时停止运行。

分析：不使用参数传递的 FC 函数，也就是在函数的接口数据区中不定义形参变量，使得调用程序与函数之间没有数据交换，只是运行函数中的程序，这样的函数可作为子程序调用。使用子程序可将整个控制程序进行结构化划分，清晰明了，便于设备的调试与维护。

本例不使用参数传递的 FC 函数被调用到 OB1 中时，该 FC 函数只有 EN 和 ENO 端，不能进行参数的传递。为完成任务操作，首先在 TIA Portal 中建立项目、完成硬件组态，然后添加函数 FC 并书写电动机控制程序，最后在组织块 OB1 中调用这个 FC 即可实现控制要求，具体操作步骤如下：

（1）建立项目，完成硬件组态。首先在 TIA Portal 中新建一个项目，并添加好 CPU 模块。

（2）添加函数 FC，并书写电动机控制程序。

1）在 TIA Portal 项目结构窗口的"程序块"中双击"添加新块"，在弹出的添加新块中点击"函数"，输入函数名称为"4 台电动机启停"，并设置函数编号为 1、编程语言为 LAD，然后按下"确定"键，如图 5-22 所示。

2）添加函数 FC1 后，在 TIA Portal 项目结构窗口的"程序块"中双击"4 台电动机控制 [FC1]"，在 FC1 中编写如表 5-28 所示的程序，并保存。程序段 1 和程序段 2 为单按钮启停控制，奇数次按下 SB 时，程序段 1 中的 M0.0 线圈得电；偶数次按下 SB 时，程序段 2 中的 M0.1 线圈得电。程序段 3～程序段 7 为运行指示及 4 台电动机的顺序启动控制。M0.0 线圈得电，程序段 3 中的 M0.0 动合触点闭合，Q0.0 线圈得电，使 LED 运行指示灯点亮，同时启动背景数据块 DB1 的定时器进行延时。当 DB1 延时达到 2s，M0.2 线圈得电，使得程序段 4 中的 M0.2 动合触点闭合，Q0.1 线圈得电，使 M1 电动机

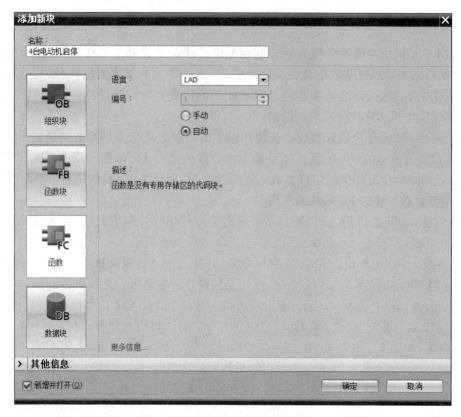

图 5-22　添加函数 FC1

启动，同时启动背景数据块 DB2 的定时器进行延时。当 DB2 延时达到 5s，M0.3 线圈得电，使得程序段 5 中的 M0.3 动合触点闭合，Q0.2 线圈得电，使 M2 电动机启动，同时启动背景数据块 DB3 的定时器进行延时。当 DB3 延时达到 8s，M0.4 线圈得电，使得程序段 6 中的 M0.4 动合触点闭合，Q0.3 线圈得电，使 M3 电动机启动，同时启动背景数据块 DB4 的定时器进行延时。当 DB4 延时 10s，M0.5 线圈得电，使得程序段 7 中的 Q0.4 线圈得电，使 M4 电动机启动，这样 4 台电动机按顺序已启动运行。偶数次按下 SB 时，程序段 1 中的 M0.0 线圈失电，使得程序段 3 中的 M0.0 动合触点断开，这样 4 台电动机同时停止运行。

表 5-28　　　　　　　　　　　　例 5-7 中 FC1 的程序

程序段	LAD
程序段 1	%I0.0 "启停按钮"　　%M0.1 "停止标志"　　　　　　　　　%M0.0 "运行指示" ──┤├──────┤/├───────────( )───┤ %I0.0 "启停按钮"　　%M0.0 "运行标志" ──┤/├──────┤├──

续表

程序段	LAD
程序段 2	
程序段 3	
程序段 4	
程序段 5	

程序段 2:

```
%I0.0        %M0.0                              %M0.1
"启停按钮"    "运行标志"                         "停止标志"
──┤/├──────────┤├──────────┬──────────────────────( )──

%I0.0        %M0.1                │
"启停按钮"    "停止标志"           │
──┤├───────────┤├─────────────────┘
```

程序段 3:

```
%M0.0                                            %Q0.0
"运行标志"                                        "运行指示"
──┤├──────────┬──────────────────────────────────( )──
              │
              │              %DB1
              │          "IEC_Timer_0_DB"
              │          ┌──────────────┐
              │          │     TON      │          %M0.2
              │          │    Time      │          "延时2s"
              │          │              │          ( )
              └──────────┤IN          Q ├──────────
                T#2s ────┤PT         ET ├─── …
                         └──────────────┘
```

程序段 4:

```
%M0.2                                            %Q0.1
"延时2s"                                          "M1电动机"
──┤├──────────┬──────────────────────────────────( )──
              │
              │              %DB2
              │          "IEC_Timer_0_
              │              DB_1"
              │          ┌──────────────┐
              │          │     TON      │          %M0.3
              │          │    Time      │          "延时5s"
              │          │              │          ( )
              └──────────┤IN          Q ├──────────
                T#5s ────┤PT         ET ├─── …
                         └──────────────┘
```

程序段 5:

```
%M0.3                                            %Q0.2
"延时5s"                                          "M2电动机"
──┤├──────────┬──────────────────────────────────( )──
              │
              │              %DB3
              │          "IEC_Timer_0_
              │              DB_2"
              │          ┌──────────────┐
              │          │     TON      │          %M0.4
              │          │    Time      │          "延时8s"
              │          │              │          ( )
              └──────────┤IN          Q ├──────────
                T#8s ────┤PT         ET ├─── …
                         └──────────────┘
```

续表

程序段	LAD
程序段 6	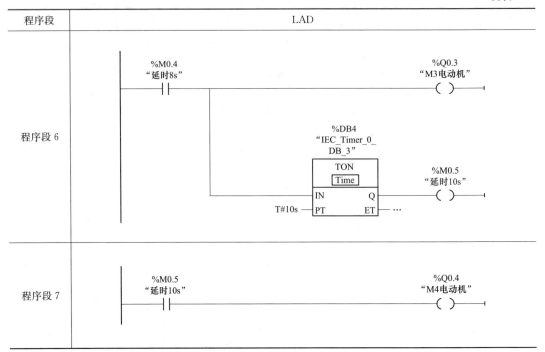
程序段 7	

（3）在 OB1 中编写主控制程序。在 OB1 中，拖曳 FC1 到程序段 1 中，其程序如表 5-29 所示。该程序段中直接调用用户自定义的函数 FC1，而此处 FC1 是不带参数传递的。

表 5-29　　　　　　　　　　　　　　**例 5-7 中 OB1 的程序**

程序段	LAD
程序段 1	%FC1 "4台电动机启停" EN　　　　　ENO

2. 带参数传递的 FC 函数的应用

【例 5-8】　某 S7-1200 PLC 控制系统中，要求使用带参数传递的 FC 函数实现手动模式或自动模式下电动机的正反转控制。

分析：使用参数传递的 FC 函数，也就是在函数的接口数据区中定义形参变量，使得调用程序与函数之间有相关数据的交换。

为实现本例操作，在 TIA Portal 中编写程序时，需编写两个函数 FC1 和 FC2，然后在组织块 OB1 中调用这两个模块即可实现控制要求。具体步骤如下：

在 STEP 7 中编写程序时，需编写多个函数 FC，然后在组织块 OB1 中调用这些 FC 模块即可实现控制要求。具体步骤如下：

（1）建立项目，完成硬件组态。首先在 TIA Portal 中新建一个项目，并添加 CPU 模块。

（2）添加函数 FC1，并书写启停控制程序。

1）在 TIA Portal 项目结构窗口的"程序块"中双击"添加新块"，在弹出的添加新块中点击"函数"，输入函数名称为"启停控制"，并设置函数编号为 1、编程语言为 LAD，然后按下"确定"键。

2）添加函数 FC1 后，在 TIA Portal 项目结构窗口的"程序块"中双击"启停控制[FC1]"，然后在函数的接口数据区 Input 变量类型下输入变量"启停按钮"、InOut 变量类型下输入"启动"和"启动指示"两个变量，这些变量的数据类型均为 Bool，Return 变量类型下的返回值"启停控制"（RET_VAL）数据类型设置为 Void，如图 5-23 所示。

		名称	数据类型	默认值	注释
1	▼	Input			
2	■	启停按钮	Bool		
3	▼	Output			
4	■	启动	Bool		
5	■	启动指示	Bool		
6	▼	InOut			
7	■	<新增>			
8	▼	Temp			
9	■	<新增>			
10	▼	Constant			
11	■	<新增>			
12	▼	Return			
13	■	启停控制	Void		

图 5-23　FC1 函数接口区的定义

3）在 FC1 中编写如表 5-30 所示程序，并保存。程序段 1 和程序段 2 实现了单按钮的启动与停止操作，程序段 3 根据启动状态使"启动"与"启动指示"两个变量输出相应"ON"或"OFF"。

表 5-30　　　　　　　　　　　　例 5-8 中 FC1 的程序

程序段	LAD
程序段 1	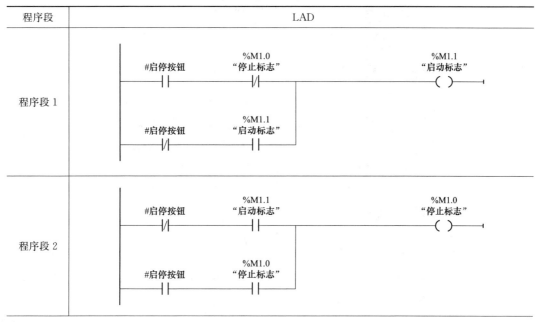
程序段 2	

续表

程序段	LAD
程序段 3	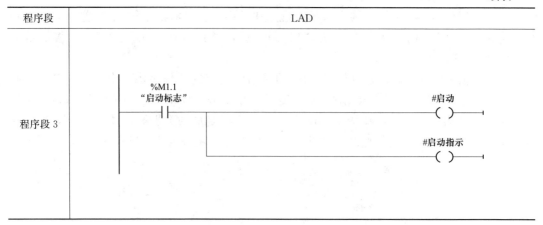

（3）添加 FC2 函数，并书写运行模式选择程序。

1）在 TIA Portal 项目结构窗口的"程序块"中双击"添加新块"，在弹出的添加新块中点击"函数"，输入函数名称为"运行模式选择"，并设置函数编号为 2、编程语言为 LAD，然后按下"确定"键。

2）添加函数 FC2 后，在 TIA Portal 项目结构窗口的"程序块"中双击"运行模式选择〔FC2〕"，然后在函数的接口数据区 Input 变量类型下输入变量"启动开关""手动选择""自动选择"，Output 变量类型下输入变量"手动指示""自动指示""手动模式""自动模式"，这些变量均为 Bool 数据类型，Return 变量类型下的返回值"运行模式选择"（RET_VAL）数据类型设置为 Void，如图 5-24 所示。注意在 FC2 块中定义局部变量时，变量名不能与 FC1 中的变量名相同，否则程序运行时可能会发生错误，下同。

		名称	数据类型	默认值	注释
1		▼ Input			
2		■ 启动开关	Bool		
3		■ 手动选择	Bool		
4		■ 自动选择	Bool		
5		▼ Output			
6		■ 手动指示	Bool		
7		■ 自动指式	Bool		
8		■ 手动模式	Bool		
9		■ 自动模式	Bool		
10		▼ InOut			
11		■ <新增>			
12		▼ Temp			
13		■ <新增>			
14		▼ Constant			
15		■ <新增>			
16		▼ Return			
17		■ 运行模式选择	Void		

运行模式选择

图 5-24　FC2 函数接口区的定义

3）在 FC2 中编写如表 5-31 所示程序，并保存。程序段 1 实现"手动模式"的选择，程序段 2 实现"自动模式"的选择。

表 5-31　　　　　　　　　　　　　　例 5-8 中 FC2 的程序

程序段	LAD
程序段 1	#手动选择 —┤├—，%M1.2 "选择1" —┤├—；%M1.3 "选择2" —┤/├—　#自动选择 —┤/├—　#启动开关 —┤├—　→　%M1.2 "选择1" —( )—；#手动模式 —( )—；#手动指示 —( )—
程序段 2	#自动选择 —┤├—，%M1.3 "选择2" —┤├—；%M1.2 "选择1" —┤/├—　#手动选择 —┤/├—　#启动开关 —┤├—　→　%M1.3 "选择2" —( )—；#自动模式 —( )—；#自动指示 —( )—

（4）添加 FC3 函数，并书写手动控制程序。

1）在 TIA Portal 项目结构窗口的"程序块"中双击"添加新块"，在弹出的添加新块中点击"函数"，输入函数名称为"手动控制"，并设置函数编号为 3、编程语言为 LAD，然后按下"确定"键。

2）添加函数 FC3 后，在 TIA Portal 项目结构窗口的"程序块"中双击"手动控制［FC3］"，然后在函数的接口数据区 Input 变量类型下输入变量"手动正转""手动反转""手动"，Output 变量类型下输入变量"手动正转指示""手动反转指示"，这些变量均为 BooL 数据类型，Return 变量类型下的返回值"手动控制"（RET_VAL）数据类型设置为 Void，如图 5-25 所示。

图 5-25　FC3 函数接口区的定义

3）在 FC3 中编写如表 5-32 所示的程序，并保存。程序段 1 实现"手动正转"控制，程序段 2 实现"手动反转"控制。

表 5-32 例 5-8 中 FC3 的程序

程序段	LAD
程序段 1	#手动正转 —┤├— #手动反转 —┤/├— %M1.5 "反转" —┤/├— #手动 —┤/├— %M1.4 "正转" —( )— %M1.4 "正转" —┤├— #手动正转指示 —( )—
程序段 2	#手动反转 —┤├— #手动正转 —┤/├— %M1.4 "正转" —┤/├— #手动 —┤/├— %M1.5 "反转" —( )— %M1.5 "反转" —┤├— #手动反转指示 —( )—

（5）添加 FC4 函数，并书写自动控制程序。

1）在 TIA Portal 项目结构窗口的"程序块"中双击"添加新块"，在弹出的添加新块中点击"函数"，输入函数名称为"自动控制"，并设置函数编号为 4、编程语言为 LAD，然后按下"确定"键。

2）添加函数 FC4 后，在 TIA Portal 项目结构窗口的"程序块"中双击"手动控制 [FC3]"，然后在函数的接口数据区 Input 变量类型下输入变量"自动"，Output 变量类型下输入变量"自动正转指示""自动反转指示"，这些变量均为 Bool 数据类型，Return 变量类型下的返回值"自动控制"（RET_VAL）数据类型设置为 Void。

3）在 FC4 中编写如表 5-33 所示的程序，并保存。程序段 1 实现"自动正转"控制，程序段 2 实现"自动反转"控制。

表 5-33 例 5-8 中 FC4 的程序

程序段	LAD
程序段 1	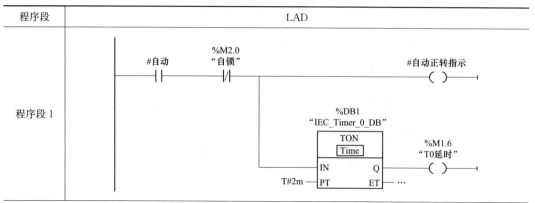

续表

程序段	LAD
程序段 2	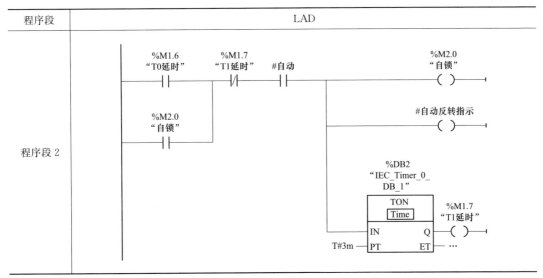

（6）在 OB1 中编写主控制程序。在 OB1 中，分别拖曳 FC1～FC4 到程序段 1～程序段 4 中，并进行相应的参数设置，其程序如表 5-34 所示。该程序段中直接调用用户自定义的函数 FC1～FC4，而此处 FC1～FC4 是带参数传递的。程序段 1 是通过单按钮实现电动机的启停控制；程序段 2 是实现电动机的运行模式选择控制；程序段 3 是在手动模式下实现电动机的正反转控制；程序段 4 是在自动模式下实现电动机的正反转控制；程序段 5 和程序段 6 是根据手动模式和自动模式，通过外接的 KM1 和 KM2 来实现电动机的正转或反转运行控制。

表 5-34   例 5-8 中 OB1 的程序

程序段	LAD
程序段 1	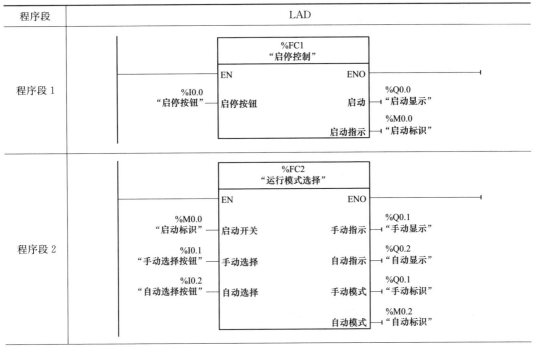
程序段 2	

续表

程序段	LAD
程序段 3	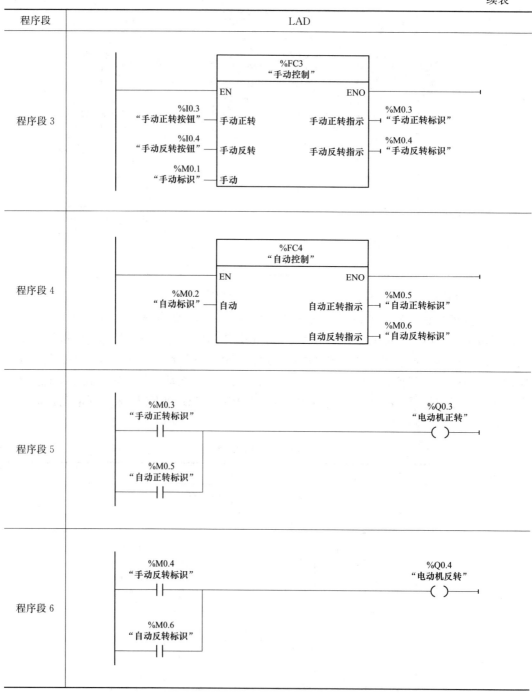
程序段 4	
程序段 5	
程序段 6	

5.4.4 函数块的生成与调用

函数块 FB 也类似于 C 语言中的函数，用户可以将具有相同控制过程的代码编写在 FC 中，然后在主程序 Main［OB1］中调用。

1. 函数块的生成

在 TIA Portal 项目结构窗口的"程序块"中双击"添加新块"，在弹出的添加新块中点击"函数块"，输入函数块名称，并设置函数块编号，然后按下"确定"键，即可生成函数块。然后双击生成的函数块，就可进入函数块的编辑窗口，在此窗口中可以进行用户程序的编写。

2. 函数块的调用

函数块的调用分为条件调用和无条件调用。用梯形图调用函数块时，函数块的使能输入端（Enable，EN）有能流流入时执行块，否则不执行。条件调用时，EN 端受到触点电路的控制。函数块被正确执行时，使能输出端（Enable Output，ENO）为 1，否则为 0。

函数块 FB 很少作为子程序使用，通常函数块作为具有存储功能的函数使用。调用函数块之前，应为它生成一个背景数据块，调用时应指定背景数据块的名称。生成背景数据块时应选择数据块的类型为背景数据块，并设置调用它的函数块的名称。

5.4.5　函数块的应用

函数块 FB 是用户编写的带有自己的存储区的块。FB 在使用时，同样可以使用带参数传递的 FB 和不带参数传递的 FB。带参数传递的 FB 和带参数传递的 FC 的区别在于，带参数传递的 FC 调用后需要赋予实参后才可运行，而带参数传递的 FB 可以不赋予实参，也可以运行。

1. 不带参数传递的 FB 函数块的应用

【例 5-9】　某 S7-1200 系列 PLC 系统中，使用不带参数传递的 FB 函数块编写 5 台电动机 M1～M5 的顺启逆停控制。前级电动机未启动时，后级电动机无法启动工作，例如电动机 M1 没有启动时，电动机 M2 就无法启动，当然电动机 M3 也无法启动，以此类似。停止时，后级电动机不停止，前级电动机无法停止，即当电动机 M5 没有停止时，电动机 M4 不能停止，如此类推。

分析：不使用参数传递的 FB 函数块被调用到 OB1 中时，该 FB 函数块只有 EN 和 ENO 端，不能进行参数的传递。为完成任务操作，首先在 TIA Portal 中建立项目、完成硬件组态，然后添加函数块 FB 并书写多地控制程序，最后在组织块 OB1 中调用这个 FB 即可实现控制要求，具体操作步骤如下：

（1）建立项目，完成硬件组态。首先在 TIA Portal 中新建一个项目，并在添加好 CPU 模块。

（2）添加函数块 FB，并书写多地控制程序。

1）在 TIA Portal 项目结构窗口的"程序块"中双击"添加新块"，在弹出的添加新块中点击"函数块"，输入函数块名称为"5 台电动机控制"，并设置函数块编号为 1、编程语言为 LAD，然后按下"确定"键，如图 5-26 所示。

2）添加函数块 FB1 后，在 TIA Portal 项目结构窗口的"程序块"中双击"5 台电动机控制［FB1］"，在 FB1 中编写如表 5-35 所示程序，并保存。注意，程序中的绝对地址（例如"M1 驱动"）等是在 PLC 变量的默认变量表中对其进行了设置。

图 5-26   添加函数块 FB1

表 5-35   例 5-9 中 **FB1** 的程序

程序段	LAD
程序段 1	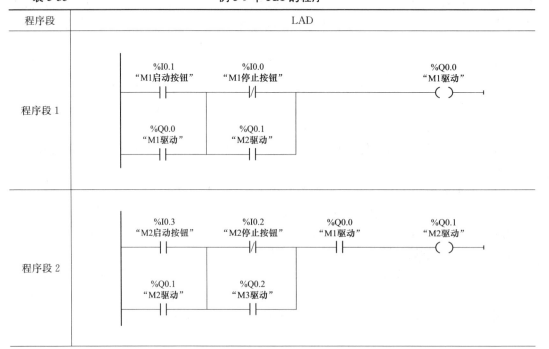
程序段 2	

续表

程序段	LAD
程序段 3	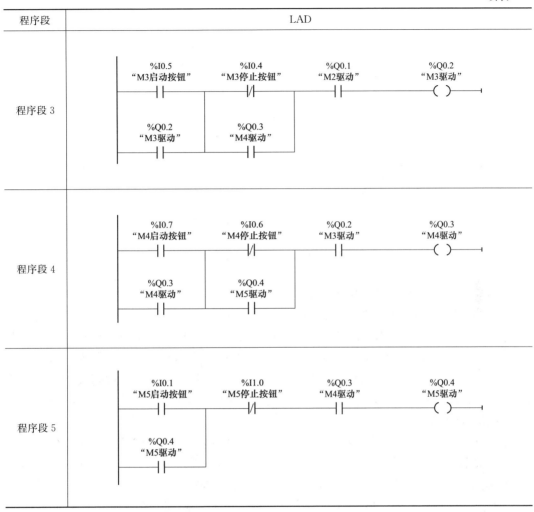
程序段 4	
程序段 5	

（3）在 OB1 中编写主控制程序。在 OB1 中，拖曳 FB1 到程序段 1 中，其程序如表 5-36 所示。该程序段中直接调用用户自定义的函数块 FB1，而此处 FB1 是不带参数传递的。在拖曳时会弹出图 5-27 所示对话框，在此对话框中输入数据块名称以及设置数据块编号，即可生成 FB1 对应的背景数据块。

表 5-36　　　　　　　　　　　　　　　例 5-9 中 OB1 的程序

程序段	LAD
程序段 1	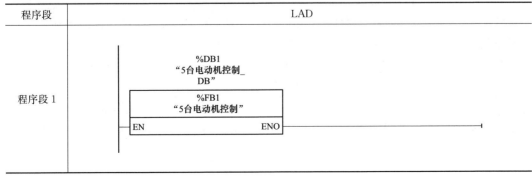

电源控制				
	名称	数据类型	默认值	保持
1	▼ Input			
2	启停按钮	Bool	false	非保持
3	▼ Output			
4	启动指示	Bool	false	非保持
5	<新增>			
6	▼ InOut			
7	<新增>			
8	▼ Static			
9	<新增>			
10	▼ Temp			
11	<新增>			
12	▼ Constant			
13	<新增>			

图 5-27　FB1 函数块接口区的定义

2. 带参数传递的 FB 函数块的应用

【例 5-10】 某 S7-1200 PLC 控制系统中，使用带参数传递的 FB 函数块实现水泵电动机、油泵电动机的启停控制和水位、油位的报警控制。奇数次按下启停按钮后，系统启动；偶数次按下启停按钮后，系统停止。当水泵电动机或油泵电动机启动后，当发生水位超限或油位超限时，超限报警灯根据故障类型以不同频率闪亮（水位超限 1Hz，油位超限 2Hz）；按下故障应答按钮后，若故障已经排除则相应报警灯熄灭，若故障依然存在则相应报警灯常亮。

解： 在 TIA Portal 中编写程序时，需编写两个函数块 FB1 和 FB2，然后在组织块 OB1 中调用这两个函数块即可实现控制要求。调用时，需生成相应的背景数据块。生成背景数据块后，再在 OB1 中进行相应参数设置即可。具体步骤如下：

（1）建立项目，完成硬件组态。首先在 TIA Portal 中新建一个项目，并添加好 CPU 模块。

（2）添加 FB1 函数块，并书写电源控制程序。

1）在 TIA Portal 项目结构窗口的“程序块”中双击“添加新块”，在弹出的添加新块中点击“函数块”，输入函数块名称为“电源控制”，并设置函数块编号为 1、编程语言为 LAD，然后按下“确定”键。

2）添加函数块 FB1 后，在 TIA Portal 项目结构窗口的“程序块”中双击“电源控制[FC1]”，然后在函数块的接口数据区 Input 变量类型下分别输入变量“启停按钮”，Out 变量类型下输入变量“启动指示”，这些变量的数据类型均为 Bool，如图 5-27 所示。

3）在 FB1 的代码窗口中输入表 5-37 所示的程序段，并保存。

（3）添加 FB2 函数块，并书写启停控制程序。

1）在 TIA Portal 项目结构窗口的“程序块”中双击“添加新块”，在弹出的添加新块中点击“函数块”，输入函数块名称为“启停控制”，并设置函数块编号为 2、编程语言为 LAD，然后按下“确定”键。

表 5-37　　　　　　　　　　　　例 5-10 中 FB1（电源控制）的程序

程序段	LAD
程序段 1	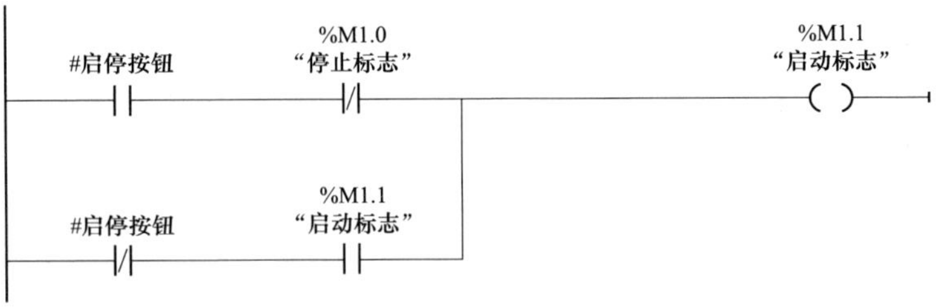
程序段 2	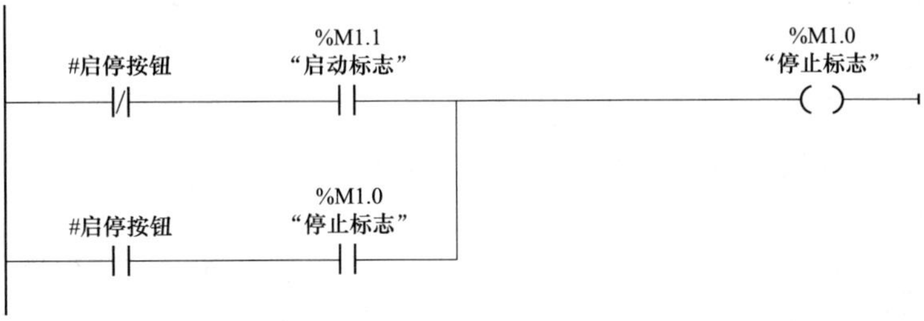
程序段 3	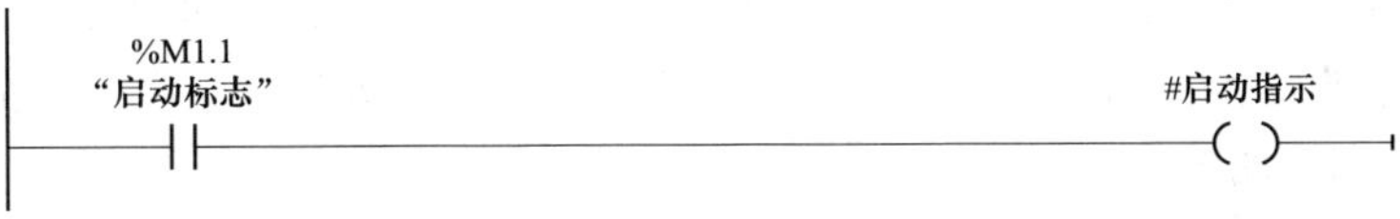

2）添加函数块 FB2 后，在 TIA Portal 项目结构窗口的"程序块"中双击"启停控制[FC2]"，然后在函数块的接口数据区 Input 变量类型下分别输入变量"启动""停止"和"电源启动"，Output 变量类型下输入变量"电源启动指示"，InOut 变量类型下输入变量"启动锁定"，这些变量的数据类型均为 Bool，如图 5-28 所示。

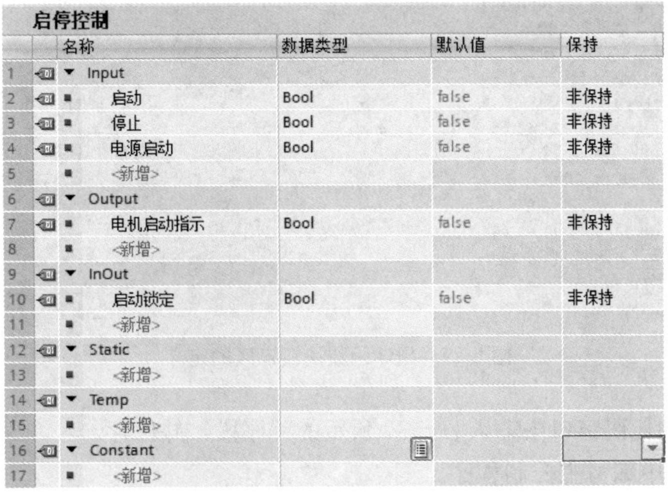

图 5-28　FB2 函数块接口区的定义

3）在 FB2 的代码窗口中输入表 5-38 所示的程序段，并保存。

表 5-38 例 5-10 中 FB2（启动控制）的程序

程序段	LAD
程序段 1	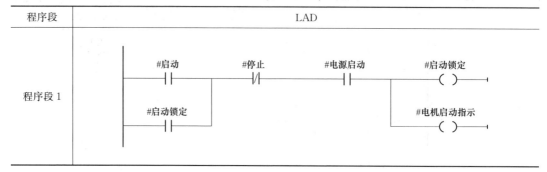

（4）添加 FB3 函数块，并书写报警程序。

1）在 TIA Portal 项目结构窗口的"程序块"中双击"添加新块"，在弹出的添加新块中点击"函数块"，输入函数名称为"报警"，并设置函数块编号为 3、编程语言为 LAD，然后按下"确定"键。

2）添加函数块 FB3 后，在 TIA Portal 项目结构窗口的"程序块"中双击"报警 [FB3]"，然后在函数块的接口数据区 Input 变量类型下输入变量"故障源""故障应答""闪烁频率"和"电动机启动"，数据类型均为 Bool；Output 变量类型下输入变量"报警灯"，数据类型为 Bool；InOut 变量类型下输入变量"闪烁记录"和"故障上升沿"，数据类型为 Bool，如图 5-29 所示。

		名称	数据类型	默认值	保持
1	▼	Input			
2	■	故障源	Bool	false	非保持
3	■	故障应答	Bool	false	非保持
4	■	闪烁频率	Bool	false	非保持
5	■	电动机启动	Bool	false	非保持
6	■	<新增>			
7	▼	Output			
8	■	报警灯	Bool	false	非保持
9	■	<新增>			
10	▼	InOut			
11	■	闪烁记录	Bool	false	非保持
12	■	故障上升沿	Bool	false	非保持
13	■	<新增>			
14	▼	Static			
15	■	<新增>			
16	▼	Temp			
17	■	<新增>			
18	▼	Constant			
19	■	<新增>			

图 5-29 FB3 函数块接口区的定义

3）在 FB3 的代码窗口中输入表 5-39 所示的程序段，并保存。

（5）在 OB1 中编写主控制程序。

1）在 OB1 中，分别拖曳 FB1、FB2 和 FB3 到程序段中，并进行相应的参数设置，其程序如表 5-40 所示。该程序段中直接调用用户自定义的函数块 FB1、FB2 和 FB3。

2）在拖曳 FB1、FB2 和 FB3 过程中，将分别生成相应的背景数据块，用户可以自定义背景数据块的名称。双击背景数据块，可查看详细信息，例如"水位超限报警_DB〔DB3〕"的详细信息如图 5-30 所示。

表 5-39　　　　　　　　　　　　例 5-10 中 FB3（报警）的程序

程序段	LAD
程序段 1	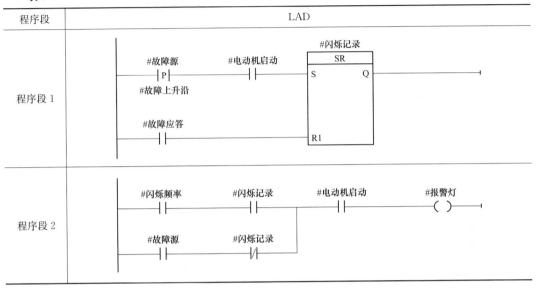
程序段 2	

表 5-40　　　　　　　　　　　　例 5-11 中 OB1 的程序

程序段	LAD
程序段 1	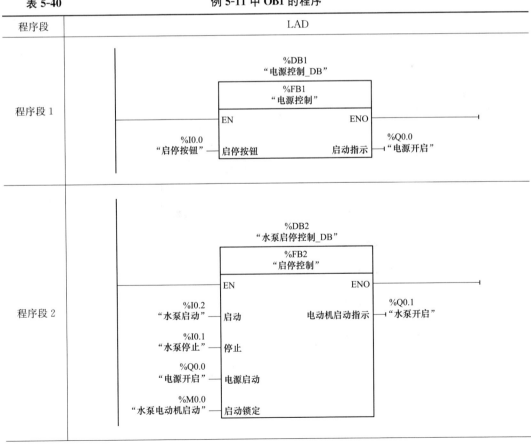
程序段 2	

程序段	LAD
程序段 3	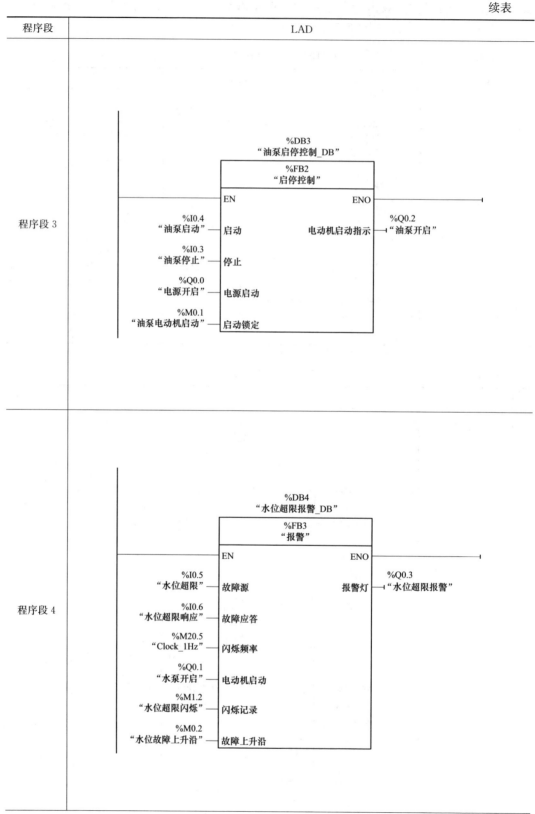
程序段 4	

续表

程序段	LAD
程序段 5	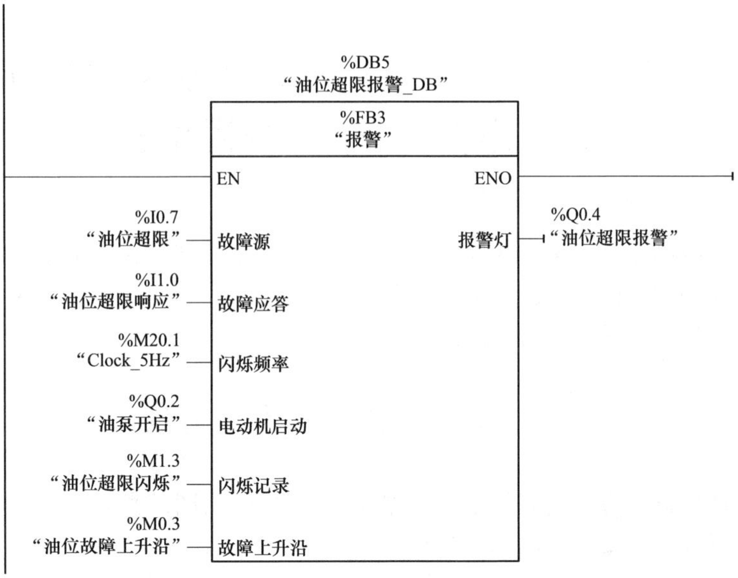

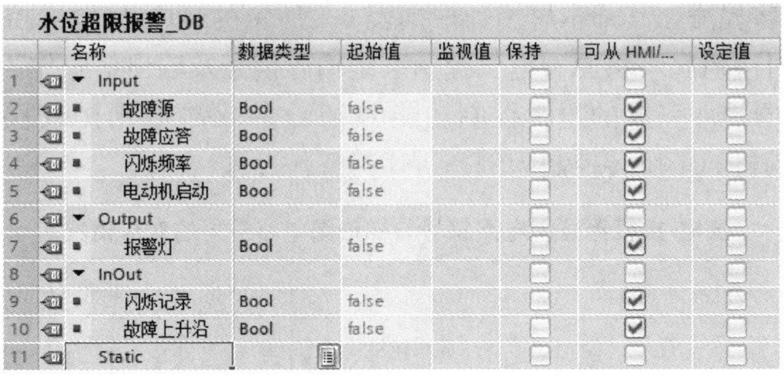

水位超限报警_DB

	名称	数据类型	起始值	监视值	保持	可从 HMI/...	设定值
1	▼ Input				☐	☐	☐
2	■ 故障源	Bool	false		☐	☑	☐
3	■ 故障应答	Bool	false		☐	☑	☐
4	■ 闪烁频率	Bool	false		☐	☑	☐
5	■ 电动机启动	Bool	false		☐	☑	☐
6	▼ Output				☐	☐	☐
7	■ 报警灯	Bool	false		☐	☑	☐
8	▼ InOut				☐	☐	☐
9	■ 闪烁记录	Bool	false		☐	☑	☐
10	■ 故障上升沿	Bool	false		☐	☑	☐
11	Static				☐	☐	☐

图 5-30　查看“水位超限报警_DB［DB4］”的详细信息

第 6 章　S7-1200 PLC 的顺序控制编程方法与 SCL 编程语言

开关量控制系统（例如传统的继电-接触器控制系统）又称为数字量控制系统，该系统通常可采用梯形图及顺序控制方式编写程序。此外，在 S7-1200/1500 PLC 中，还可采用 SCL 编程语言进行程序的编写。

6.1　梯形图设计方法

梯形图的设计方法主要包括根据继电-接触器电路图的翻译设计法、经验设计法和顺序控制设计法，本节讲述前两种设计方法。

6.1.1　翻译法设计梯形图

将经过验证的继电-接触器电路直接转换为梯形图，这种方法被称为翻译设计法。实质上也就是 PLC 替代法，其基本思想：根据表 6-1 所示的继电-接触器控制电路符号与梯形图电路符号的对应情况，将原有电气控制系统输入信号及输出信号作为 PLC 的 I/O 点，原来由继电-接触器硬件完成的逻辑控制功能由 PLC 的软件-梯形图及程序替代完成。下面以三相异步电动机的正反转控制为例，讲述其替代过程。

表 6-1　　　　继电-接触器控制电路符号与梯形图电路符号的对应情况

梯形图电路			继电-接触器电路	
元件	符号	常用地址	元件	符号
动合触点	—||—	I、Q、M、T、C	按钮、接触器、时间继电器、中间继电器的动合触点	
动断触点	—|/|—	I、Q、M、T、C	按钮、接触器、时间继电器、中间继电器的动断触点	

梯形图电路			继电-接触器电路	
元件	符号	常用地址	元件	符号
线圈	—( )	Q、M	接触器、中间继电器线圈	
功能框 定时器	Txxx IN　　TON PT　　???ms	T	时间继电器	
功能框 计数器	Cxxx CU　　CTU R PV	C	无	无

【例 6-1】　翻译法设计两台三相异步电动机的顺序控制。

1. 传统两台三相异步电动机的顺序控制原理分析

传统继电-接触器的两台三相异步电动机的顺序控制电路原理图如图 6-1 所示。两台电动机 M1 和 M2 为顺序启动，逆序停止。即 M1 启动后，M2 才能启动；停止时，M2 先停止，M1 后停止。

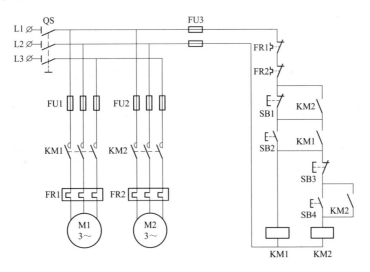

图 6-1　两台三相异步电动机的顺序控制电路原理图

合上隔离开关 QS，按下启动按钮 SB2，KM1 线圈得电，KM1 主触头闭合，M1 电动机启动，同时 KM1 辅助动合触头闭合，形成自锁，保护 M1 电动机继续运行。然后按下启动按钮 SB4，KM2 主触头闭合，M2 电动机启动，同时 KM2 辅助动合触头闭合，形成自锁，保护 M2 电动机继续运行。

当需要电动机停止时，首先要按下 M2 的停止按钮 SB3，使 KM2 线圈失电，M2 电动机停止，同时两个 KM2 辅助动合触点断开，再按下 M1 的停止按钮 SB1，KM1 线圈才能失电，M1 电动机停止运行。

2. 翻译法两台三相异步电动机的顺序控制

通过 PLC 实现两台三相异步电动机的顺序控制时，需要停止按钮 SB1、SB3，M1 启动按钮 SB2，M2 启动按钮 SB4，还需要 PLC，接触器 KM1 和 KM2，三相异步交流电动机 M1 和 M2，热继电器 FR1 和 FR2 等。

PLC 程序采用翻译法实现两台三相异步电动机的顺序控制时，其转换步骤如下。

（1）将继电-接触器式两台三相异步电动机顺序控制辅助电路的输入开关逐一改接到 PLC 的相应输入端；辅助电路的线圈逐一改接到 PLC 的相应输出端，其 I/O 分配如表 6-2 所示，PLC 外部接线如图 6-2 所示。

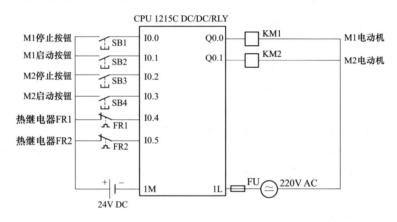

图 6-2 两台三相异步电动机顺序控制的 I/O 接线图

表 6-2   两台三相异步电动机顺序控制电路的 I/O 分配表

输　　入			输　　出		
功能	元件	PLC 地址	功能	元件	PLC 地址
M1 停止按钮	SB1	I0.0	正转控制接触器	KM1	Q0.0
M1 启动按钮	SB2	I0.1	反转控制接触器	KM2	Q0.1
M2 停止按钮	SB3	I0.2			
M2 启动按钮	SB4	I0.3			
热继电器元件	FR1	I0.4			
热继电器元件	FR2	I0.5			

（2）参照表 6-1，将继电-接触器式两台三相异步电动机顺序控制辅助电路中的触点、线圈逐一转换成 PLC 梯形图虚拟电路中的触点、线圈，并保持连接顺序不变，但要将线圈之右的触点改接到线圈之左。

（3）检查所得的 PLC 梯形图是否满足要求，如果不满足，应作局部修改。

实际上，用户可以对图 6-2 进行优化：可以将 FR 热继电器元件改接到输出，这样节省了输入端口。因此，优化后的 PLC 外部接线如图 6-3 所示，使用翻译法编写的程序如

表 6-3 所示。

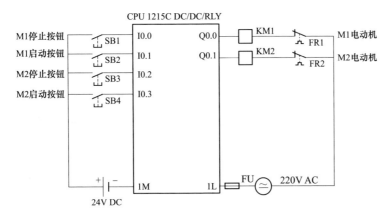

图 6-3　两台三相异步电动机顺序控制优化后的 I/O 接线图

表 6-3　　　　　　　　**翻译法编写的两台三相异步电动机顺序控制控制程序**

程序段	LAD
程序段 1	（梯形图程序，见图）

在程序段 1 中，当按下启动按钮 SB2 时，I0.1 动合触点闭合，Q0.0 线圈得电，控制 M1 电动机启动运行，同时 Q0.0 动合触点闭合形成自锁，此时即使 SB2 松开，M1 电动机仍然正常运行。然后按下启动按钮 SB4，I0.3 动合触点闭合，Q0.1 线圈得电，控制 M2 电动机启动运行，同时 Q0.1 动合触点闭合形成自锁，这样实现两台电动机的顺序启动。

两台电动机启动后，先按下停止按钮 SB3，I0.2 动断触点断开，使 Q0.1 线圈失电，M2 电动机停止运行，Q0.1 动合触点断开解除自锁，为 M1 电动机停止做好准备。再按下停止按钮 SB1，I0.0 动断触点断开，Q0.0 线圈失电，M1 电动机停止，这样两台电动机逆序停止。

3. 程序仿真

（1）启动 TIA 博途软件，创建一个新的项目，并进行硬件组态，然后按照图表 6-3 所示输入 LAD（梯形图）程序。

（2）执行菜单命令"在线"→"仿真"→"启动"，即可开启 S7-PLCSIM 仿真。在弹出的"扩展的下载到设备"对话框中将"接口/子网的连接"选择为"插槽'1×1'处的方向"，再点击"开始搜索"按钮，TIA 博途软件开始搜索可以连接的设备，并显示相应的在线状态信息，然后单击"下载"按钮，完成程序的装载。

（3）在主程序窗口，点击全部监视图标 ，同时使 S7-PLCSIM 处于"RUN"状态，即可观看程序的运行情况。

（4）刚进入在线仿真状态时，各线圈均处于失电状态，表示没有电动机运行。当 I0.1 强制为 ON 后，Q0.0 线圈处于得电状态，即 M1 电动机处于运行状态。将 I0.1 强制为 OFF 后，若 I0.0 未强制为 ON，则 Q0.0 线圈仍然得电，M1 电动机继续运行。若 I0.3 强制为 ON，则 Q0.1 线圈处于得电状态，即 M2 电动机处于运行状态，其仿真效果如图 6-4 所示。按下停止按钮 SB1，Q0.0 和 Q0.1 线圈仍然得电，即 M1 和 M2 电动机仍然运行。只有先按下 SB3，使 I0.2 动断触点断开，M2 电动机停止后，再按下 SB1，M1 电动机才能停止运行。

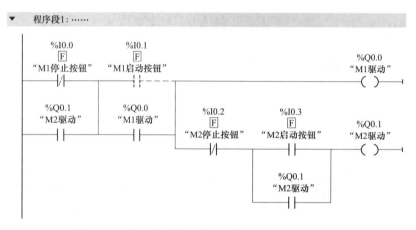

图 6-4　两台三相异步电动机顺序控制的仿真运行图

根据继电-接触器电路图，采用翻译法编写 PLC 梯形图程序，其优点是程序设计方法简单，有现成的电控制线路作为依据，设计周期短。一般在旧设备电气控制系统改造中，对于不太复杂的控制系统常采用此方法。

6.1.2　经验法设计梯形图

在 PLC 发展初期，沿用了设计继电器电路图的方法来设计梯形图程序，即在已有的典型梯形图上，根据被控对象对控制的要求，不断修改和完善梯形图。有时需要多次反复地调试和修改梯形图，不断地增加中间编程元件的触点，最后才能得到一个较为满意的结果。这种方法没有普遍的规律可以遵循，设计所用的时间、设计的质量与编程者的经验有很大的关系，所以有人将这种设计方法称为经验设计法。

经验设计法要求设计者具有一定的实践经验，掌握较多的典型应用程序的基本环节。根据被控对象对控制系统的具体要求，凭经验选择基本环节，并把它们有机地组合起来。其设计过程是逐步完善的，一般不易获得最佳方案，程序初步设计后，还需反复调度、修改和完善，直至满足被控对象的控制要求。

【例 6-2】　经验法设计三相异步电动机的"长动＋点动"控制。

经验设计法可以用于逻辑关系较简单的梯形图程序设计。电动机"长动＋点动"过程的 PLC 控制是学习 PLC 经验设计梯形图的典型代表。电动机"长动＋点动"过程的控制程序适合采用经验编程法，而且能充分反映经验编程法的特点。

1. 传统三相异步电动机的"长动＋点动"控制原理分析

三相异步电动机的"长动＋点动"控制电路原理图如图 6-5 所示。在初始状态下，按下按钮 SB2，KM 线圈得电，KM 主触头闭合，电动机得电启动，同时 KM 动合辅助触头闭合形成自锁，使电动机进行长动运行。若想电动机停止工作，只需按下停止按钮 SB1 即可。工业控制中若是需点动控制，在初始状态下，只需按下复合开关 SB3 即可。当按下 SB3 时，KM 线圈得电，KM 主触头闭合，电动机启动，同时 KM 的辅助触头闭合，SB3 的动断触头打开，因此断开了 KM 自锁回路，电动机只能进行点动控制。

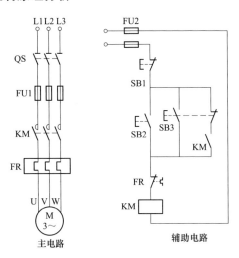

当操作者松开复合按钮 SB3 后，若 SB3 的动断触头先闭合，动合触头后打开，则接通了 KM 自锁回路，使 KM 线圈继续保持得电状态，

图 6-5　三相异步电动机的
"长动＋点动"控制电路原理图

电动机仍然维持运行状态，这样点动控制变成了长动控制，因此在电气控制中称这种情况为"触头竞争"。触头竞争是触头在过渡状态下的一种特殊现象。若同一电器的动合和动断触头同时出现在电路的相关部分，当这个电器发生状态变化（接通或断开）时，电器触点状态的变化不是瞬间完成的，还需要一定时间。动合和动断触头有动作先后之别，在吸合和释放过程中，继电器的动合触头和动断触头存在一个同时断开的特殊过程。因此在设计电路时，如果忽视了上述触头的动态过程，那么就可能会导致产生破坏电路执行正常工作程序的触头竞争，使电路设计遭受失败。如果已存在这样的竞争，那么一定要从电器设计和选择上来消除，如电路上采用延时继电器等。

2. 经验法实现三相异步电动机的"长动＋点动"控制

用 PLC 实现对三相异步电动机的"长动＋点动"控制时，需要停止按钮 SB1、长动按钮 SB2、点动按钮 SB3，还需要 PLC、接触器 KM、三相异步交流电动机 M 和热继电器 FR 等。PLC 用于三相异步电动机"长动＋点动"的辅助电路控制，其 I/O 接线如图 6-6 所示。

用 PLC 实现"长动＋点动"控制时，其控制过程：当 SB1 按下时，I0.0 的动断触点断开，Q0.0 线圈断电输出状态为 0（OFF），使 KM 线圈断点，从而使电动机停止运行；当 SB2 按下，I0.1 的动合触点闭合，Q0.0 线圈得电输出状态为 1（ON），使 KM 线圈得电，从而使电动机长动运行；当 SB3 按下，I0.2 的动合触点闭合，Q0.0 线圈得电，输出状态为 1，使 KM 线圈得电，从而使电动机点动运行。

从 PLC 的控制过程可以看出，可以理解控制程序由长动控制程序和点动控制程序构成，如图 6-7 所示。图中的两个程序段的输出都为 Q0.0 线圈，应避免这种现象存在。试

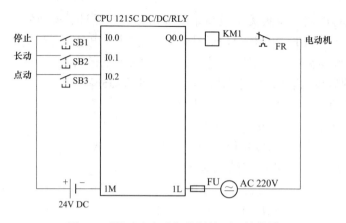

图 6-6 "长动＋点动"控制的 I/O 接线图

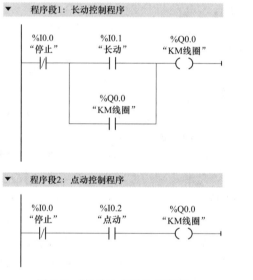

图 6-7 "长动＋点动"控制程

着将这两个程序直接合并，以得到"既能长动、又能点动"的控制程序，如图 6-8 所示。

如果直接按图 6-9 合并，将会产生点动控制不能实现的故障。因为不管是 I0.1 或 I0.2 动合触点闭合，Q0.0 线圈都得电，使 Q0.0 动合触点闭合，从而实现了通电自保。

针对这种情况，可以有两种方法解决：一是在 Q0.0 动合触点支路上串联 I0.2 动断触点，另一方法是引入内部辅助继电器触点 M0.0，如图 6-9 所示。在图 6-9 中，既实现了点动控制，又实现了长动控制。长动控制的启动信号到来（I0.1 动合触点闭合），M0.0 通电自保，再由 M0.0 的动合触点传递到 Q0.0，从而实现了三相异步电动机的长动控制。这里的关键是 M0.0 对长动的启动信号自保，而与点动信号无关。点动控制信号直接控制 Q0.0，Q0.0 不应自保，因为点动控制排斥自保。

根据梯形图的设计规则，图 6-9 还需进一步优化，需将 I0.0 动断触点放在并联回路的右方，且点动控制程序中的 I0.0 动断触点可以省略，因此编写的程序如表 6-4 所示。

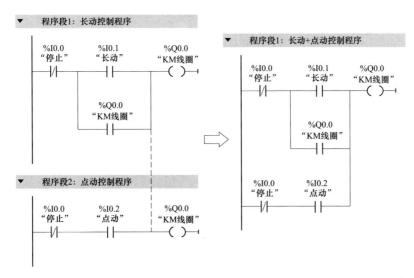

图 6-8　"长动＋点动"控制程序直接合并

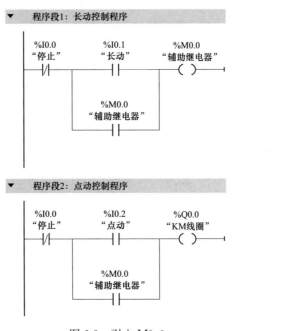

图 6-9　引入 M0.0

表 6-4　　　　　　　　　　　　经验法编写的"长动＋点动"控制程序

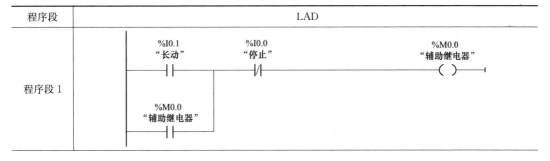

程序段	LAD
程序段 1	

程序段	LAD
程序段 2	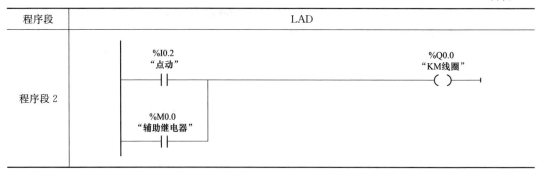

3. 程序仿真

在 TIA 博途软件中输入程序，并下载程序到 CPU 中，然后执行菜单命令"在线"→"仿真"→"启动"，开启 S7-PLCSIM 仿真，然后点击全部监视图标 ，使 S7-PLCSIM 处于"RUN"状态，即可观看程序的运行情况。

刚进入在线仿真状态时，Q0.0 线圈处于失电状态，表示电动机没有运行。然后强制 I0.1 为 ON，Q0.0 输出为"1"，此时再将 I0.1 强制为 OFF，Q0.0 仍输出为"1"，仿真效果如图 6-10 所示。将 I0.2 强制为 ON，Q0.0 输出为"1"，此时再将 I0.2 强制为 OFF，Q0.0 输出为"0"。

通过仿真可以看出，表 6-4 中的程序完全符合设计要求。用经验法设计梯形图程序时，没有一套固定的方法和步骤，且具有很大的试探性、随意性。对于不同的控制系统，没有一种通用的容易掌握的设计方法。

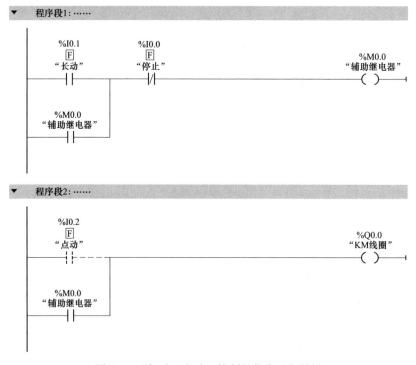

图 6-10 "长动＋点动"控制的仿真运行结果

6.2　顺序控制设计法与顺序功能图

在工业控制中存在着大量的顺序控制，如机床的自动加工、自动生产线的自动运行、机械手的动作等，它们都是按照固定的顺序进行动作的。在顺序控制系统中，对于复杂顺序控制程序而言，仅靠基本指令系统编程会很不方便，其梯形图复杂且不直观。针对这种情况，可以使用顺序控制设计法进行相关程序的编写。

所谓顺序控制，就是按照生产工艺预先规定的顺序，在各个输入信号的作用下，根据内部状态和时间的顺序，在生产过程中各个执行机构自动地有秩序地进行操作。使用顺序控制设计法，首先根据系统的工艺过程，画出顺序功能图，然后根据顺序功能图画出梯形图。有的 PLC 编程软件为用户提供了顺序功能（sequential function chart，SFC）语言，在编程软件中生成顺序功能图后便完成了编程工作。

顺序控制设计法是一种先进的设计方法，很容易被初学者接受，对于有经验的工程师，也会提高设计的效率，程序的调试、修改和阅读也很方便。其设计思想是将系统的一个工作周期划分为若干个顺序相连的阶段，这些阶段称为"步"（step），并明确每一"步"所要执行的输出，"步"与"步"之间通过指定的条件进行转换，在程序中只需要通过正确连接进行"步"与"步"之间的转换，便可以完成系统的全部工作。

顺序控制程序与其他 PLC 程序在执行过程中的最大区别：SFC 程序在执行程序过程中，始终只有处于工作状态的"步"（称为"有效状态"或"活动步"）才能进行逻辑处理与状态输出，而其他状态的步（称为"无效状态"或"非活动步"）的全部逻辑指令与输出状态均无效。因此，使用顺序控制进行程序设计时，设计者只需要分别考虑每一"步"所需要确定的输出，以及"步"与"步"之间的转换条件，并通过简单的逻辑运算指令就可完成程序的设计。

顺序功能图又称为流程图，它是描述控制系统的控制过程、功能和特性的一种图形，也是设计 PLC 的顺序控制程序的有力工具。顺序功能图并不涉及所描述的控制功能的具体技术，它是一种通用的技术语言，可以进行进一步设计，用作和不同专业的人员之间进行技术交流。

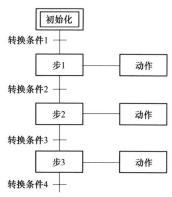

各个 PLC 厂家都开发了相应的顺序功能图，各国家也都制定了顺序功能图的国家标准，我国于 1986 年颁布了顺序功能图的国家标准。顺序功能图主要由步、有向连线、转换、转换条件和动作（或命令）组成。如图 6-11 所示。

图 6-11　顺序功能

6.2.1　步与动作

1. 步

在顺序控制中"步"又称为状态，它是指控制对象的某一特定的工作情况。为了区分不同的状，同时使得 PLC 能够控制这些状态，需要对每一状态赋予一定的标记，这一标记称为"状态元件"。在 S7-1200 系列 PLC 中，状态元件通常用辅助继电器 M 来表示（如 M0.0）。

步主要分为初始步、活动步和非活动步。

初始状态一般是系统等待启动命令的相对静止的状态。系统在开始进行自动控制之前，首先应进入规定的初始状态。与系统的初始状态相对应的步称为初始步，初始步用双线框表示，每一个顺序控制功能图至少应该有 1 个初始步。

当系统处于某一步所在的阶段时，该步处于活动状态，称为"活动步"。步处于活动状态时，相应的动作被执行。处于不活动状态的步称为非活动步，其相应的非存储型动作被停止执行。

2. 动作

可以将一个控制系统划分为施控系统和被控系统，对于被控系统而言，动作是某一步所要完成的操作；对于施控系统而言，在某一步中要向被控系统发出某些"命令"，这些命令也可称为动作。

6.2.2 有向连接与转换

有向连线就是状态间的连接线，它决定了状态的转换方向与转换途径。在顺序控制功能图程序中的状态一般需要 2 条以上的有向连线进行连接，其中 1 条为输入线，表示转换到本状态的上一级"源状态"，另 1 条为输出线，表示本状态执行转换时的下一线"目标状态"。在顺序功能图程序设计中，对于自上而下的正常转换方向，其连接线一般不需标记箭头，但是对于自下而上的转换或是向其他方向的转换，必须以箭头标明转换方向。

步的活动状态的进展是由转换的实现来完成的，并与控制过程的发展相对应。转换用有向连线上与有向连线垂直的短划线来表示，转换将相邻两步分隔开。

所谓转换条件是指用于改变 PLC 状态的控制信号，它可以是外部的输入信号，如按钮、主令开关、限位开关的接通/断开等；也可以是 PLC 内部产生的信号，如定时器、计数器动合触点的接通等，转换条件还可能是若干个信号的与、或、非逻辑组合。不同状态间的转换条件可以不同，也可以相同，当转换条件各不相同时，顺序控制功能图程序每次只能选择其中的一种工作状态（称为选择分支）。当若干个状态的转换条件完全相同时，顺序控制功能图程序一次可以选择多个状态同时工作（称为并行分支）。只有满足条件的状态，才能进行逻辑处理与输出，因此，转换条件是顺序功能图程序选择工作状态的开关。

在顺序控制功能图程序中，转换条件通过与有向连线垂直的短横线进行标记，并在短横线旁边标上相应的控制信号地址。

6.2.3 顺序功能图的基本结构

在顺序控制功能图程序中，由于控制要求或设计思路不同，步与步之间的连接形式也不同，从而形成了顺序控制功能图程序的 3 种不同基本结构形式：单序列、选择序列、并行序列。这 3 种序列结构如图 6-12 所示。

在顺序控制功能图程序中，转换条件通过与有向连线垂直的短横线行进标记，并在短横线旁边标上相应的控制信号地址。

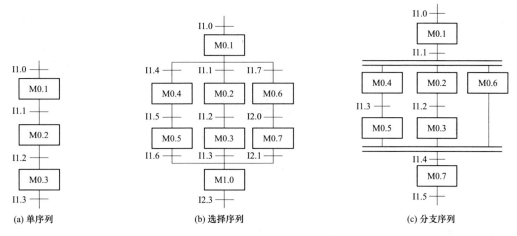

图 6-12　SFC 的 3 种序列结构图

1. 单序列

单序列由一系列相继激活的步组成，每一步的后面仅有一个转换，每一个转换的后面只有一个步，如图 6-12（a）所示。单序列结构的特点如下：

（1）步与步之间采用自上而下的串联连接方式。

（2）状态的转换方向始终是自上而下且固定不变的（起始状态与结束状态除外）。

（3）除转换瞬间外，通常仅有 1 个步处于活动状态。基于此，在单序列中可以使用"重复线圈"（如输出线圈、内部辅助继电器等）。

（4）在状态转换的瞬间，存在一个 PLC 循环周期时间的相邻两状态同时工作的情况，因此对于需要进行"互锁"的动作，应在程序中加入"互锁"触点。

（5）在单序列结构的顺序控制功能图程序中，原则上定时器也可以重复使用，但不能在相邻两状态里使用同一定时器。

（6）在单序列结构的顺序控制功能图程序中，只能有一个初始状态。

2. 选择序列

选择序列的开始称为分支，如图 6-12（b）所示，转换符号只能在标在水平连线之下。在图 6-12（b）中，若步 M0.1 为活动步且转换条件 I1.1 有效，则发生由步 M0.1→步 M0.2 的进展；若步 M0.1 为活动步且转换条件 I1.4 有效，则发生由步 M0.1→步 M0.4 的进展；若步 M0.1 为活动步且转换条件 I1.7 有效，则发生由步 M0.1→步 M0.6 的进展。

在步 M0.1 之后选择序列的分支处，每次只允许选择一个序列。选择序列的结束称为合并，几个选择序列合并到一个公共序列时，用与需要重新组合的序列相同数量的转换符号和水平连线来表示，转换符号只允许标在连线之上。

允许选择序列的某一条分支上没有步，但是必须有一个转换，这种结构的选择序列称为跳步序列。跳步序列是一种特殊的选择序列。

3. 并行序列

并行序列的开始称为分支，如图 6-12（c）所示，当转换的实现导致几个序列同时激活时，这些序列称为并行序列。在图 6-12（c）中，当步 M0.1 为活动步时，若转换条件

I1.1 有效，则步 M0.2、步 M0.4 和步 M0.6 均同时变为活动步，同时步 M0.1 变为不活动步。为了强调转换的同步实现，水平连线用双线表示。步 M0.2、步 M0.4 和步 M0.6 被同时激活后，每个序列中活动步的进展将是独立的。在表示同步的水平双线上，只允许有一个转换符号。并行序列用来表示系统的几个同时工作的独立部分的工作情况。

6.3　常见的顺序控制编写梯形图程序的方法

有了顺序控制功能图后，用户可以使用不同的方式编写顺序控制梯形图。但是，如果使用的 PLC 类型及型号不同，那么编写顺序控制梯形图的方式也不完全一样。比如日本三菱公司的 FX$_{2N}$ 系列 PLC 可以使用启保停、步进梯形图指令、移位寄存器和置位/复位指令这 4 种编写方式；西门子 S7-1200 SMART 系列 PLC 可以使用启保停、置位/复位指令和顺序控制继电器指令这 3 种编写方式；西门子 S7-1200 系列 PLC 可以使用启保停、置位/复位指令这 2 种编写方式。

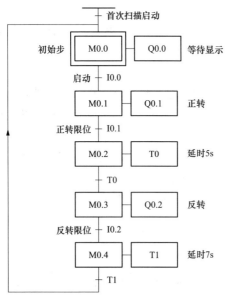

图 6-13　某行车循环正反转的顺序控制功能

注意，在启保停方式和转换中心方式中，状态寄存器 S 用内部标志寄存器 M 来代替。下面，以某回转工作台控制钻孔为例，简单介绍分别使用启保停和转换中心这两种方式编写顺序控制梯形图的方法。

某行车循环正反转控制过程：PLC 一上电或在初始状态下，与 Q0.0 连接的指示灯 HL 点亮。按下启动按钮 SB1（SB1 与 I0.0 连接）时，Q0.1 线圈得电，启动行车正转前进。当行车前进到一定位置时，碰触到正转限位开关 SQ1（SQ1 与 I0.1 连接），行车停止前进，并启动定时器 T0 进行延时。当 T0 延时达到 5s 时，Q0.2 线圈得电，启动行车反转后退。当行车后退到一定位置时，碰触到反转限位开关 SQ2（SQ2 与 I0.2 连接），行车停止后退，并启动定时器 T1 进行延时。当 T1 延时达到 7s 时，回到初始状态。顺序控制功能如图 6-13 所示。

6.3.1　启保停方式编程

启保停电路即启动保持停止电路，它是梯形图设计中应用比较广泛的一种电路。其工作原理：如果输入信号的动合触点接通，那么输出信号的线圈得电，同时对输入信号进行"自锁"或"自保持"，这样输入信号的动合触点在接通后可以断开。

1. 启保停方式的顺序控制编程规律

启保停方式的顺序控制编程有一定的规律，例如单序列启保停方式的顺序功能图与梯形图的对应关系，如图 6-14 所示。

在图 6-14 中，M_{i-1}、M_i、M_{i+1} 是顺序功能图中的连续 3 步，I_i 和 I_{i+1} 为转换条件。

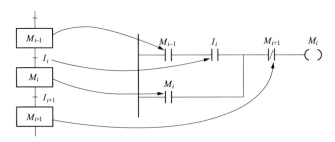

图 6-14　启保停方式的顺序功能图与梯形图的对应关系

对于 M_i 步来说，它的前级步为 M_{i-1}，转换条件为 I_i，要让 M_i 步成为活动步，前提是 M_{i-1} 必须为活动步，才能让辅助继电器的动合触点 M_{i-1} 闭合，当转换条件满足（I_i 动合触点闭合）时，M_i 步即成为活动步，M_i 的自锁触点闭合，让本步保持活动状态。

M_{i+1} 动断触点断开时，M_i 步将成为非活动步，而转换条件为 I_{i+1} 的闭合为 M_{i+1} 步成为活动步做好准备。

2. 启保停方式的顺序控制应用实例

启保停方式通用性强，编程容易掌握，一般在原继电-接触器控制系统的 PLC 改造过程中应用较多。

【例 6-3】 启保停方式在某行车循环正反转控制中的应用。

结合图 6-13 和图 6-14 可以看出，M0.0 的一个启动条件为 M0.4 的动合触点和转换条件 T1 的动合触点组成的串联电路；此外 PLC 刚运行时应将初始步 M0.0 激活，否则系统无法工作，所以初始化脉冲 M10.0 为 M0.0 的另一个启动条件，这两个启动条件应并联。为了保证活动状态能持续到下一步活动为止，还需并联 M0.0 的自锁触点。当 M0.0、I0.0 的动合触点同时为 1 时，步 M0.1 变为活动步，M0.0 变为不活动步，因此将 M0.1 的动断触点串入 M0.0 的回路中作为停止条件。此后 M0.1～M0.4 步的梯形图转换与 M0.0 步梯形图的转换一致。表 6-5 是使用启保停方式编写的与图 6-13 顺序功能图所对应的程序，在程序中使用了动合触点、动断触点及输出线圈等。

在 TIA 博途软件中输入程序，并下载程序到 CPU 中，然后执行菜单命令"在线"→"仿真"→"启动"，开启 S7-PLCSIM 仿真，然后点击全部监视图标🔲，使 S7-PLCSIM 处于"RUN"状态，即可观看程序的运行情况。

刚进入模拟时，M10.0 动合触点闭合 1 次，使 M0.0 线圈得电并自锁，同时 Q0.0 线圈得电，使等待显示指示灯 HL 点亮。将 I0.0 强制为 ON，模拟按下启动按钮，此时 M0.1 和 Q0.1 线圈得电，而 Q0.0 线圈失电。Q0.0 线圈失电，等待显示指示灯 HL 熄灭；Q0.1 线圈得电，模拟行车正转前进。将 I0.1 强制为 ON，模拟行车已前进到指定位置，此时 M0.2 线圈得电，并启动 T0（背景数据块 DB1）进行延时，而 Q0.1 线圈失电。Q0.1 线圈失电，模拟行车停止前进。当 T0 延时达到 5s 时，M1.0 动合触点闭合，模拟行车已等待 5s，此时 M0.3 和 Q0.2 线圈得电，而 M0.2 线圈失电。Q0.2 线圈得电，模拟行车反转后退，其仿真效果如图 6-15 所示。将 I0.2 强制为 ON，模拟行车已后退到指定位置，此时 M0.4 线圈得电，并启动 T1（背景数据块 DB2）进行延时，而 Q0.2 线圈失电。Q0.2 线圈失电，模拟行车停止后退。当 T1 延时达到 7s 时，M1.1 动合触点闭合，模拟行车已等待 7s，此时 M0.0 和 Q0.0 线圈得电，而 M0.4 线圈失电，意味着又回到初始步状态。

表 6-5　　　　　　　　　　启保停方式在某行车循环正反转控制中的应用程序

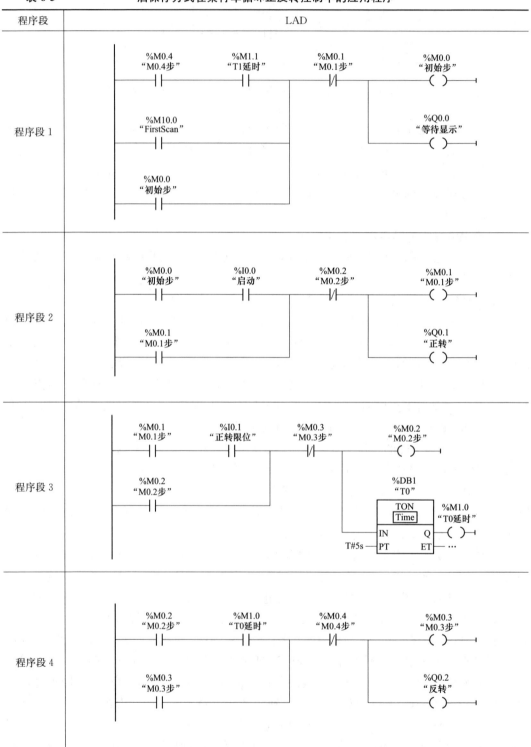

程序段	LAD
程序段 1	
程序段 2	
程序段 3	
程序段 4	

续表

程序段	LAD
程序段 5	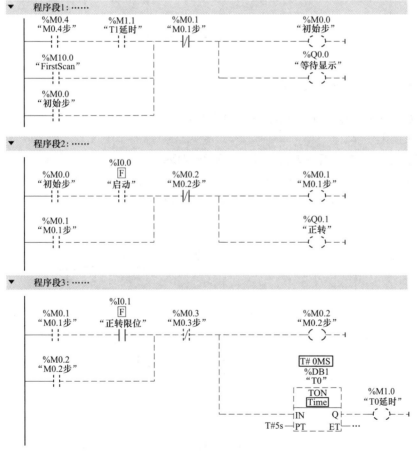

图 6-15　使用启保停方式编写程序的仿真运行效果图（一）

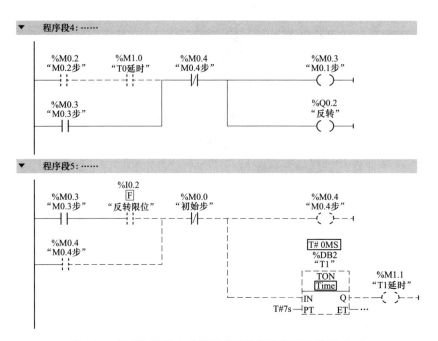

图 6-15 使用启保停方式编写程序的仿真运行效果图（二）

6.3.2 置位/复位方式编程

使用置位和复位指令编写顺序控制程序时，置位指令让本步成为活动步，同时使用复位指令关闭上一步。

1. 使用置位和复位指令方式的顺序控制编程规律

置位和复位指令方式的顺序控制编程也有一定的规律，例如单序列转换置位和复位指令的顺序功能图与梯形图的对应关系，如图 6-16 所示。

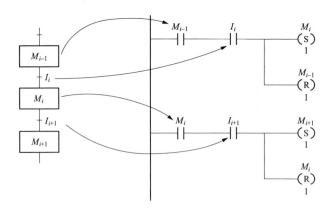

图 6-16 置位/复位指令方式的顺序功能图与梯形图的对应关系

M_{i-1} 为活动步，且转换条件 I_i 满足，M_i 被置位，同时 M_{i-1} 被复位，因此将 M_{i-1} 和 I_i 的动合触点组成的串联电路作为 M_i 步的启动条件，同时它也作为 M_{i-1} 步的停止条件。M_i 为活动步，且转换条件 I_{i+1} 满足，M_{i+1} 被置位，同时 M_i 被复位，因此将 M_i 和 I_{i+1} 的动合触点组成的串联电路作为 M_{i+1} 步的启动条件，同时它也作为 M_i 步的停止条件。

2. 置位/复位指令方式的顺序控制应用实例

置位/复位指令方式的顺序转换关系明确，编程易理解，一般用于自动控制系统中手动控制程序的编写。

【例 6-4】　置位/复位指令方式在某行车循环正反转控制中的应用。

结合图 6-13 和图 6-16 可以看出，M0.0 的一个启动条件为 M0.4 的动合触点和转换条件 T1 的动合触点组成的串联电路；此外 PLC 刚运行时应将初始步 M0.0 激活，否则系统无法工作，所以初始化脉冲 M10.0 为 M0.0 的另一个启动条件，这两个启动条件应并联。为了保证活动状态能持续到下一步活动为止，可使用置位指令将 M0.0 置 1。当 M0.0、I0.0 的动合触点同时为 1 时，步 M0.1 变为活动步，M0.0 变为不活动步，因此使用复位指令将 M0.0 复位，置位指令将 M0.1 置 1。此后 M0.2～M0.4 步的梯形图转换与 M0.0 步梯形图的转换一致。表 6-6 是转换中心方式编写的与图 6-13 顺序功能图所对应的程序。

开启 S7-PLCSIM 仿真，刚进入模拟时，M10.0 动合触点闭合 1 次，使 M0.0 线圈置 1，同时 Q0.0 线圈得电，使等待显示指示灯 HL 点亮。将 I0.0 强制为 ON，模拟按下启动按钮，此时 M0.1 线圈置 1，Q0.1 线圈得电，而 M0.0 线圈复位，Q0.0 线圈失电，等待显示指示灯 HL 熄灭。Q0.1 线圈得电，模拟行车正转前进。将 I0.1 强制为 ON，模拟行车已前进到指定位置，此时 M0.2 线圈置 1，而 M0.2 线圈复位，并启动 T0（背景数据块 DB1）进行延时。M0.2 线圈复位，Q0.1 线圈失电，模拟行车停止前进。当 T0 延时达到 5s 时，T0 动合触点闭合，模拟行车已等待 5s，此时 M0.3 线圈置 1，Q0.2 线圈得电，而 M0.2 线圈复位。Q0.2 线圈得电，模拟行车反转后退，其仿真效果如图 6-17 所示。将 I0.2 强制为 ON，模拟行车已后退到指定位置，此时 M0.4 线圈置 1，并启动 T1（背景数据块 DB2）进行延时，而 M0.3 线圈复位。M0.3 线圈复位，Q0.2 线圈失电，模拟行车停止后退。当 T1 延时达到 7s 时，T1 动合触点闭合，模拟行车已等待 7s，此时 M0.0 线圈置 1，Q0.0 线圈得电，而 M0.4 线圈失电，意味着又回到初始步状态。

表 6-6　　　　置位/复位指令方式编写某行车循环正反转控制的应用程序

程序段	LAD
程序段 1	%M0.4 "M0.4步" ┤├　%M1.1 "T1延时" ┤├　　　　　　　　%M0.0 "初始步" ─(S)─　　%M10.0 "FirstScan" ┤├　　　　　　　　%M0.4 "M0.4步" ─(R)─

程序段	LAD
程序段 2	%M0.0 "初始步" ─┤├─ %I0.0 "启动" ─┤├─ %M0.1 "M0.1步" ─(S)─ / %M0.0 "初始步" ─(R)─
程序段 3	%M0.1 "M0.1步" ─┤├─ %I0.1 "正转限位" ─┤├─ %M0.2 "M0.2步" ─(S)─ / %M0.1 "M0.1步" ─(R)─
程序段 4	%M0.2 "M0.2步" ─┤├─ %M1.0 "T0延时" ─┤├─ %M0.3 "M0.3步" ─(S)─ / %M0.2 "M0.2步" ─(R)─
程序段 5	%M0.3 "M0.3步" ─┤├─ %I0.2 "反转限位" ─┤├─ %M0.4 "M0.4步" ─(S)─ / %M0.3 "M0.3步" ─(R)─

续表

程序段	LAD
程序段 6	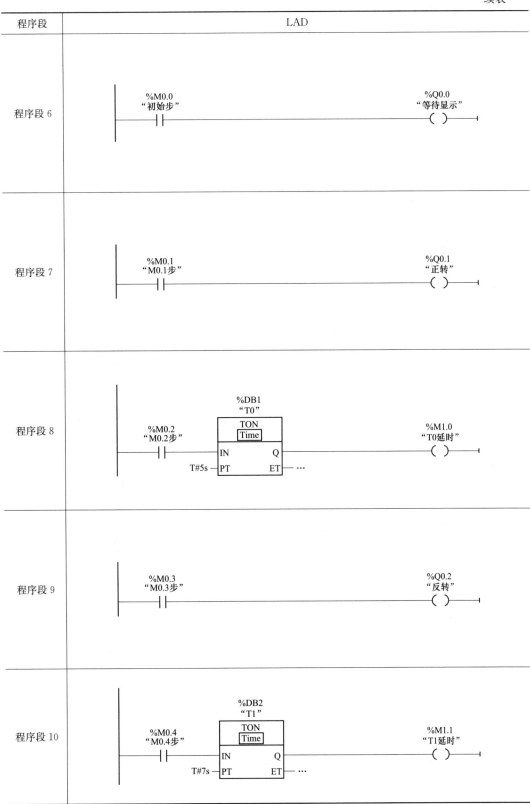
程序段 7	
程序段 8	
程序段 9	
程序段 10	

▼ 程序段1：……

```
    %M0.4            %M1.1                                    %M0.0
    "M0.4步"         "T1延时"                                 "初始步"
    ─┤├──────────────┤├──────────┐                          ─(S)─
                                 │
    %M10.0                       │                            %M0.4
    "FirstScan"                  │                            "M0.4步"
    ─┤├──────────────────────────┘                          ─(R)─
```

▼ 程序段2：……

```
                     %I0.0
    %M0.0            F                                        %M0.1
    "初始步"         "启动"                                    "M0.1步"
    ─┤├──────────────┤├──────────┐                          ─(S)─
                                 │
                                 │                            %M0.0
                                 │                            "初始步"
                                 └───────────────────────────(R)─
```

▼ 程序段3：……

```
                     %I0.1
    %M0.1            F                                        %M0.2
    "M0.1步"         "正转限位"                                "M0.2步"
    ─┤├──────────────┤├──────────┐                          ─(S)─
                                 │
                                 │                            %M0.1
                                 │                            "M0.1步"
                                 └───────────────────────────(R)─
```

▼ 程序段4：……

```
    %M0.2            %M1.0                                    %M0.3
    "M0.2步"         "T0延时"                                 "M0.3步"
    ─┤├──────────────┤├──────────┐                          ─(S)─
                                 │
                                 │                            %M0.2
                                 │                            "M0.2步"
                                 └───────────────────────────(R)─
```

▼ 程序段5：……

```
                     %I0.2
    %M0.3            F                                        %M0.4
    "M0.3步"         "反转限位"                                "M0.4步"
    ─┤├──────────────┤├──────────┐                          ─(S)─
                                 │
                                 │                            %M0.3
                                 │                            "M0.3步"
                                 └───────────────────────────(R)─
```

图 6-17　使用置位/复位指令方式编写程序的仿真运行效果图（一）

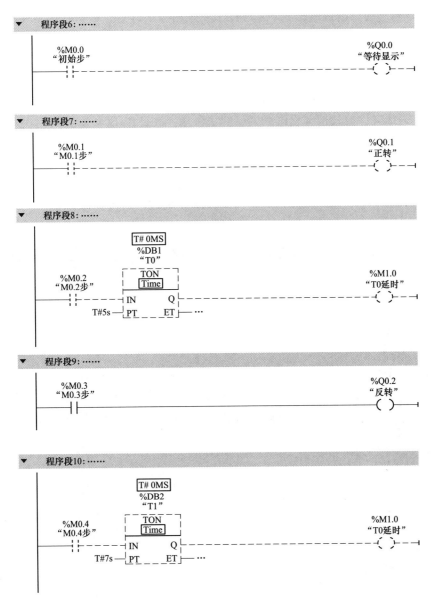

图 6-17　使用置位/复位指令方式编写程序的仿真运行效果图（二）

6.4　SCL 编程语言

SCL（structured control language）是一种类似于计算机高级语言（如 PASCL 语言）的一种结构化控制语言。它是基于国际标准 IEC 61131-3—2013《程序控制器　第 3 部分：程序设计语言》，实现了该标准中定义的结构化文本（structured text，ST）语言的 PL-Copen 初级水平。

S7-SCL 不仅具有 PLC 的典型元素（例如输入、输出、定时器、计数器和存储器位），而且还具有高级语言的特性，例如循环、选择、分支、数组和高级函数等。

S7-SCL 属于高级语言，所以非常适合于复杂的数学计算、数据管理、过程优化、配方管理和统计任务等。

6.4.1 SCL 程序编辑器

在 S7 程序中，SCL 块可以与其他 STEP 7 编程语言生成的块相互调用。SCL 生成的块也可以作为库文件被其他编程语言生成的块调用。在此以 SCL 函数块为例，讲述 SCL 程序编辑器的相关内容。

1. 添加 SCL 函数块

在 TIA Portal 中双击项目树的"程序块"中的"添加新块"，将弹出"添加新块"对话框，在此对话框中可选择添加组织块、函数块或函数，语言选择"SCL"即可。在此，添加函数块，语言选择"SCL"，如图 6-18 所示。

图 6-18　添加 SCL 函数块

2. SCL 的编辑窗口

在 TIA Portal 中双击项目树的"程序块"中的"块_1［FB1］"，弹出的视图就是已添加的 SCL 函数块编辑器，如图 6-19 所示。图 6-19 中标有①的是接口参数区；标有②的是编辑器中的收藏夹；在标有③的侧栏可以设置书签和断点；标有④的代码区用于对 SCL 程序进行编辑，它包括行号、轮廓视图和代码；标有⑤的是程序运行时指令的输入、输出参数的监控区。

离线状态下，单击程序编辑器工具栏上的 按钮，可以在工作区的右边显示或隐藏操作数绝对地址显示区。可以用鼠标拖曳的方法改变代码区和右边监控区边界的位置。

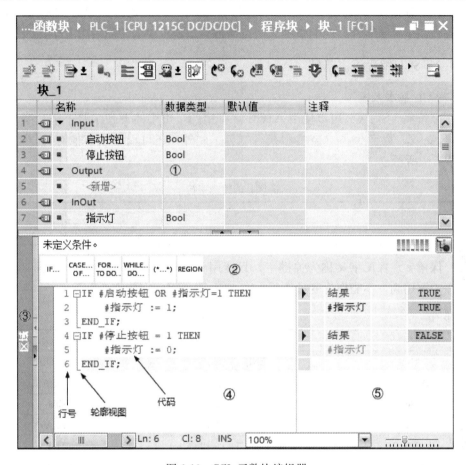

图 6-19　SCL 函数块编辑器

 按钮用于导航到特定行， 和 按钮分别用于缩进文本和减少缩进文本， 按钮用于自动格式化所选文本。

3. 脚本和文本编辑器的设置

在 SCL 的编辑界面中，执行菜单命令"选项"→"设置"，将在工作区显示"设置"视图。在此视图中点击左边导航区的"常规"→"脚本/文本编辑器"，即可定制 SCL 编辑窗口的外观和程序代码。以下是可以设置的对象。

（1）字体选择、字体的大小和各种对象的字体颜色。

（2）编辑器中 Tab 键生成的制表符的宽度（空格数），可选使用制表符或空格。

（3）缩进的方式，可选"无""段落"和"智能"。

4. 对 SCL 语言的设置

在 SCL 的编辑界面中，执行菜单命令"选项"→"设置"，将在工作区显示"设置"视图。在此视图中点击左边导航区的"PLC 编程"→"SCL（结构化控制语言）"，即可设置下列参数：

（1）可以用"视图"区的"高亮显示关键字"选择框设置显示关键字的方式。可选"大写""小写"和"像 Pascal 中定义的一样"。

（2）在"新增块的默认设置区"，可以设置 SCL 程序在编译时是否创建扩展状态信息，检查数组下标是否在声明的范围之内，是否自动置位块的使能输出 ENO。

6.4.2 SCL 编程语言基础

1. S7-SCL 基本术语

（1）字符集。S7-SCL 可以使用 ASCII 字符集的子集中的下列字符：小写字母 a～z、大写字母 A～Z、数字 0～9、空格和换行符等。此外，还可以使用其他有特定意义的字符，如表 6-7 所示。

表 6-7　　　　　　　　　　　　　　　S7-SCL 的特殊字符

+	−	*	/	=	<	>	[	]	(	)
:	;	$	#	"	'	{	}	%	,	.

（2）保留字。保留字又称为关键字，只能用于特定用途，不区分大小写。保留字在编写程序中要用到，不能作为变量使用。S7-SCL 中的保留字如表 6-8 所示。

表 6-8　　　　　　　　　　　　　　　S7-SCL 中的保留字

AND	END_CASE	ORGANIZATION_BLOCK
ANY	END_CONST	POINTER
ARRAY	END_DATA_BLOCK	PROGRAM
AT	END_FOR	REAL
BEGIN	END_FUNCTION	REPEAT
BLOCI_DB	END_FUNCTION_BLOCK	RETURN
BLOCK_FB	END_IF	S5TIME
BLOCK_FC	END_LABLE	STRING
BLOCK_SDB	END_TYPE	STRUCT
BLOCK_SFB	END_ORGANIZATION_BLOCK	THEN
BLOCK_SFC	END_REPEAT	TIME
BOOL	END_STRUCT	TIMER
BY	END_VAR	TIME_OF_DAY
BYTE	END_WHILE	TO
CASE	ENO	TOD
CHAR	EXIT	TRUE
CONST	FALSE	TYPE
CONTINUE	FOR	VAR
COUNTER	FUNCTION	VAR_TEMP
DATA_BLOCK	FUNCTION_BLOCK	UNTIL
DATE	GOTO	VAR_INPUT

续表

DATE_AND_TIME	IF	VAR_IN_OUT
DINT	INT	VAR_OUTPUT
DIV	LABEL	VOID
DO	MOD	WHILE
DT	NIL	WORD
DWORD	NOT	XOR
ELSE	OF	Names of the standard functions

（3）标识符。标识符分配给 S7-SCL 语言对象的名称，即给常量、变量或块等分配的名称。标识符可以最多由 24 个字母或者数字组成，其首字符必须是字母或者下划线，不区分大小写，但标识符不能为关键字或者标准标识符。

例如，X、_001、Sum、Name 都是合法标识符，而 001X（首字符为数字）、void（void 即 VOID，为关键字）、X@12（含有@）、X and Y（字符间含有空格）是非法标识符。

S7-SCL 有些标识符是预定义的，这些标识符称为标准标识符。标准标识符主要包含 4 类：块标识符、地址标识符、定时器标识符和计数器标识符。

1）块标识符（block identifiers）。块标识符是用作单独块的称呼的标准标识符，S7-SCL 中的标准标识符如表 6-9 所示。

表 6-9 　　　　　　　　　　　　**S7-SCL 的块标识符**

SIMATIC 标识符	IEC 标识符	含义
DBx	DBx	数据块，DB0 为 S7-SCL 保留
FBx	FBx	函数块
FCx	FCx	函数
OBx	OBx	组织块
SDBx	SDBx	系统数据块
SFCx	SFCx	系统函数
SFBx	SFBx	系统函数块
Tx	Tx	定时器
UDTx	UDTx	自定义数据类型
Zx	Cx	计数器

2）地址标识符（address identifiers）。在程序中任意处，能够用地址标识符称呼一个 CPU 的内存区域，如%I0.0、%Q0.1、%M0.2、%DB0、%PQB0 等。

3）定时器标识符（timer identifies）和计数器标识符（counter identifiers）都与 STEP 7 中基本一致，其表示方法为"标识符＋编号"，如 T0、C1 等。

（4）数字。在 SCL 中，有多种表达数字的方法，其表达规则如下：

1）一个数字可以有正负号、小数点或者指数表达。

2）一个数字不能包含逗号和空格。

3）为了便于阅读，可以使用下划线分隔符，如 16♯AB12_234C（其值与 16♯AB12234C 相等）。

4）数字前面可以有正号（＋）和负号（－），没有正负号，默认为正数。

5）数字不能超出表示范围，如整数的范围是－32 768～＋32 767。

（5）字符串。字符串就是按照一定顺序排列的字符和数字，字符串用单引号标注，如'SIMATIC S7-1200'。

（6）注释。注释用于解释程序，帮助读者理解程序，不影响程序的执行。下载程序时，注释部分不会下载到 CPU 中去。注释分为多行注释和单行注释，多行注释从"（＊"开始，到"＊）"结束；单行注释由"//"引出，直到行结束。

（7）变量。其值在程序执行期间能够改变的标识符称为变量。在 S7-SCL 中，每个变量在逻辑块或数据块中使用前必须区分其变量的类型。根据不同区域将变量分为局部变量、全局变量和允许预定义的变量。

全局变量是指可以在程序中任意位置进行访问的数据或数据域。局部变量在逻辑块中（如 FC、FB、OB）中定义，只能在块内有效访问，如表 6-10 所示。

表 6-10   **局部变量**

变量	说　明
静态变量	静态变量是变量值在块执行期间和执行后保留在背景数据块中，用于保存函数块值
临时变量	临时变量属于逻辑块，不占用静态内存，其值只在执行期间保留，可以同时作为输入变量和输出变量使用
块参数	块参数是函数块和函数的形式参数，用于在块被调用时传递实际参数，包括输入参数、输出参数和输入/输出参数

2. 运算符

大多数 S7-SCL 运算符由两个地址组成，所以称为二元操作，另一些仅包含一个地址，叫作一元操作。运算符具有优先级，遵循一般算术运算的规律。S7-SCL 中常见的运算符如表 6-11 所示。

表 6-11   **S7-SCL 的运算符**

类别	名称	运算符	优先级
赋值	赋值	:=	11
算术运算	幂	**	2
	一元加	＋	3
	一元减	－	3
	乘法	*	4
	除法	/	4
	取模	MOD	4
	整除	DIV	4
	加法	＋	5
	减法	－	5

续表

类别	名称	运算符	优先级
	小于	<	6
	大于	>	6
比较运算	小于或等于	<=	6
	大于或等于	>=	6
	等于	=	7
	不等于	<>	7
	非	NOT	3
逻辑运算	与	AND	8
	异或	XOR	9
	或	OR	10
其他运算	括号	( )	1

3. 表达式

表达式表示在编译或运行期间计算出来的一个值，由地址（如常量、变量或函数调用）和运算符（如 * 、/、＋或－）组成。地址的数据类型和所用的运算符决定了表达式的类型。表达式的规则如下：

（1）两个运算符之间的地址（变量）与优先级高的运算结合。

（2）按照运算符优先级进行运算。

（3）具有相同的运算级别，从左到右运算。

（4）表达式前的减号表示该标识符乘以－1。

（5）算术运算符不能相互紧跟，即不能两个或者两个以上连用，如 a * －b 是无效的，反之 a * （－b）是允许的。

（6）括号能够用来超越运算符的优先级。

（7）算术运算符不能用于连接字符或逻辑运算。

（8）左右圆括号的数量必须匹配，即左圆括号与右圆括号的个数应相等。

在 S7-SCL 中的表达式主要包括简单表达式、算术运算表达式、比较运算表达式和逻辑运算表达式。

（1）简单表达式。在 S7-SCL 中，简单表达式就是简单的加减乘除的算式，例如 ex := A * B－C＋D * M。

（2）算术运算表达式。算术运算表达式是由算术运算符构成的，允许处理数值数据类型。S7-SCL 的算术运算符及其地址和结果的数据类型如表 6-12 所示。表中的 ANY_INT 是指 INT 和 DINT；ANY_NUM 是指 INT、DINT 和 REAL 的数据类型。

表 6-12　　　　　　　　**S7-SCL 的算术运算符及其地址和结果的数据类型**

运算	标识符	第一地址	第二地址	结果	优先级
幂	**	ANY_NUM	ANY_NUM	REAL	3
一元加	＋	ANY_NUM	—	ANY_NUM	2
		TIME	—	TIME	2

运算	标识符	第一地址	第二地址	结果	优先级
一元减	—	ANY_NUM	—	ANY_NUM	2
		TIME	—	TIME	2
乘法	*	ANY_NUM	ANY_NUM	ANY_NUM	4
		TIME	ANY_INT	TIME	4
除法	/	ANY_NUM	ANY_NUM	ANY_NUM	4
		TIME	ANY_INT	TIME	4
整除	DIV	ANY_INT	ANY_INT	ANY_INT	4
		TIME	ANY_INT	TIME	4
取模	MOD	ANY_INT	ANY_INT	ANY_INT	4
加法	+	ANY_NUM	ANY_NUM	ANY_NUM	5
		TIME	TIME	TIME	5
		TOD	TIME	TIME	5
		DT	TIME	DT	5
减法	—	ANY_NUM	ANY_NUM	ANY_NUM	5
		TIME	TIME	TIME	5
		TOD	TIME	TIME	5
		DATE	DATE	TIME	5
		TOD	TOD	TIME	5
		DT	TIME	DT	5
		DT	DT	TIME	5

（3）比较运算表达式。比较运算表达式就是比较两个地址中的数值，结果为布尔数据类型。如果比较条件是真，那么结果为 TRUE，否则为 FALSE。比较运算表达式的规则如下。

1）可以进行比较的数据类型：Int、DInt、Real、Bool、Byte、Word、DWord、Char、String 等。

2）对于 Date、Time、DT、TOD 等时间数据类型，只能进行同数据类型的比较。

3）不允许 S5Time 型的比较，如果进行比较，那么必须使用 IEC 的时间。

4）比较表达式可以与布尔规则相结合，形成语句。例如"if a＜b and b＞c then ……"。

（4）逻辑运算表达式。逻辑运算表达式是指逻辑运算符 AND、NOT、XOR 和 OR 与逻辑地址（布尔型）或数据类型为 Byte、Word、DWord 型的变量结合而构成的逻辑表达式。S7-SCL 的逻辑运算符及其地址和结果的数据类型如表 6-13 所示。

表 6-13　　　　　　　　　　**S7-SCL 的逻辑运算符及其地址和结果的数据类型**

运算	标识符	第一地址	第二地址	结果	优先级
非	NOT	ANY_BIT	—	ANY_BIT	3
与	AND	ANY_BIT	ANY_BIT	ANY_BIT	8
异或	XOR	ANY_BIT	ANY_BIT	ANY_BIT	9
或	OR	ANY_BIT	ANY_BIT	ANY_BIT	10

4. 赋值

通过赋值，一个变量接受另一个变量或者表达式的值。在赋值运算符"∶="左边的是变量，该变量接受右边的地址或者表达式的值。

（1）基本数据类型的赋值。每个变量、每个地址或者表达式都可以赋值给一个变量或者地址。赋值示例如下：

```
FUNCTION_BLOCK  FB1
VAR
    SWITCH_1    :INT;
    SWITCH_2    :INT;
    SETPOINT_1  :REAL;
    SETPOINT_2  :REAL;
    QUERY_1     :BOOL;
    TIME_1      :S5TIME;
    TIME_2      :TIME;
    DATE_1      :DATE;
    TIMEOFDAY_1:TIME_OF_DAY;
END_VAR;
BEGIN
    //给变量赋予常数
    SWITCH_1    := 2;
    SETPOINT_1  := 23.5;
    QUERY_1     := TRUE;
    TIME_1      := T#1H_25M_18S_32MS;
    TIME_2      := T#3D_2H_24M_10S_28MS;
    DATE_1      := D#2021-09-25;
    //给变量赋予变量值
    SETPOINT_1  := SETPOINT_2;
    SWITCH_2    := SWITCH_1;
    //给变量赋予表达式
    SWITCH_2    := SWITCH_1* 2;
END_FUNCTION_BLOCK
```

（2）结构和 UDT 的赋值。结构和 UDT 是复杂的数据类型，但很常用。可以对其赋值同样的数据类型变量、同样数据类型的表达式、同样的结构或者结构内的元素。应用示例如下：

```
FUNCTION_BLOCK FB1
VAR
  AUXVAR : REAL ;
  MEASVAL : STRUCT    //目标结构
                             VOLTAGE    :REAL ;
                             RESISTANCE :REAL ;
                             SIMPLEARR : ARRAY [1..2, 1..2] OF INT ;
                      END_STRUCT ;
  PROCVAL : STRUCT    //源结构
                             VOLTAGE    : REAL ;
                             RESISTANCE : REAL ;
                             SIMPLEARR : ARRAY [1..2, 1..2] OF INT ;
                      END_STRUCT ;
END_VAR
BEGIN
  //将一个完整的结构赋值给另一个结构
  MEASVAL := PROCVAL ;
  //结构的一个元素赋值给另一个结构的元素
  MEASVAL.VOLTAGE := PROCVAL.VOLTAGE ;
  //将结构元素赋值给变量
  AUXVAR := PROCVAL.RESISTANCE ;
  //将一个常量赋值给结构元素
  MEASVAL.RESISTANCE := 3.52;
  //将一个常量赋值给一维数组元素
  MEASVAL.SIMPLEARR[1,2] := 5;
END_FUNCTION_BLOCK
```

（3）数组的赋值。数组的赋值类似于结构的赋值、数组元素的赋值和完整数组赋值。数组元素赋值就是对单个数组元素进行赋值。当数组元素的数据类型、数组下标、数组上标都相同时，一个数组可以赋值给另一个数组，这就是完整数组赋值。应用示例如下：

```
FUNCTION_BLOCK FB3
VAR
        SETPOINTS :ARRAY [0..127] OF INT ;
        PROCVALS :ARRAY [0..127] OF INT ;
        CRTLLR     : ARRAY [1..3, 1..4] OF INT ; // 声明一个有 3 行 4 列的矩阵 (二维数组)
        CRTLLR_1 : ARRAY [1..4] OF INT ;                // 声明一个有 4 个元素的向量 (一维数组)
END_VAR
BEGIN
        // 将一个数组赋值给另一个数组
        SETPOINTS     := PROCVALS ;
```

```
        // 数组元素赋值
        CRTLLR[2]      := CRTLLR_1 ;
        // 数组元素的赋值
        CRTLLR[1,4]:= CRTLLR_1[4] ;
END_FUNCTION_BLOCK
```

6.4.3　SCL 的寻址

S7-SCL 的寻址可分为直接寻址和间接寻址。

1. 直接寻址

直接寻址就是操作数的地址直接给出，而不需要经过某种变换，图 6-20 所示就是直接寻址的实例。

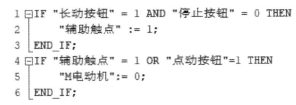

图 6-20　直接寻址实例

2. 间接寻址

间接寻址提供寻址在运行之前，不计算地址的操作数的选项。使用间接寻址，可以多次执行程序部分，且在每次运行时可以使用不同的操作数。当执行 S7-SCL 间接寻址时，需使用相应的指令进行，如 PEEK_BOOL、PEEK、POKE_BOOL、POKE 等。这些指令在 S7-SCL 的"指令树"→"基本指令"→"移动操作"→"读/写存储器"中。

（1）PEEK_BOOL 指令。PEEK_BOOL 为"读取存储位"指令，用于在不指定数据类型的情况下从标准存储区读取存储位，其指令参数含义如表 6-14 所示。

表 6-14　　　　　　　　　　　　　　　PEEK_BOOL 指令的参数含义

参数	声明	数据类型	存储区	说明
AREA	Input	Byte	I、Q、M、D	可以选择以下区域： 16#81：输入；16#82：输出； 16#83：位存储区；16#84：DB； 16#1：外设输入
DBNUMBER	Input	DInt、DB_ANY	D	如果 AREA＝DB，那么为数据块数量，否则为 0
BYTEOFFSET	Input	DInt	I、Q、M、D	待读取的地址，仅使用 16 个最低有效位
BITOFFSET	Input	Int	I、Q、M、D	待读取的位
RET_VAL	Output	Bool	I、Q、M、D	指令的结果

AREA 为地址区；DBNUMBER 为数据块的编号，不是数据块中的地址则为 0；BYTEOFFSET 为地址的字节编号；BITOFFSET 为地址的位编号；RET_VAL 为返回值。

如果要读取输入、输出或位存储区中的存储位，那么必须将参数 DBNUMBER 的值设置为 0，否则指令无效。

【例 6-5】 PEEK_BOOL 指令实现位存储区间接寻址，以读取 MW4 中第 3 位（M4.2）的值。其使用步骤如下所示：

1）在 TIA Portal 中双击项目树的"程序块"中的"添加新块"，将弹出"添加新块"对话框，在此对话框中选择添加函数块，语言选择"SCL"。

2）在 FB1 的接口区生成输入参数"地址区""数据块号""字节偏移"和"位偏移"，以及输出参数"位地址值"，如图 6-21 所示。

		名称	数据类型	默认值	注释
1	◀	▼ Input			
2	◀	■ 地址区	Byte	16#0	
3	◀	■ 数据块号	DInt	0	
4	◀	■ 字节偏移	DInt	0	
5	◀	位偏移	Int	0	
6		■ <新增>			
7	◀	▼ Output			
8	◀	■ 位地址值	Bool	false	

块_1

图 6-21 FB1 中接口区的定义

3）在 FB1 中输入下列 S7-SCL 程序。

```
#位地址值:= PEEK_BOOL(area:= #地址区,
                dbNumber:= #数据块号,
                byteOffset:= #字节偏移,
                 bitOffset:= #位偏移);
"MW2" := 16#948C;
```

4）OB1 程序段的编写。将 FB1 拖曳到 OB1 中，并进行相应参数设置，如表 6-15 所示。将"地址区"设置为 16#83，代表位存储区的间接寻址，这种情况下"数据块号"设置为 0，"字节偏移"设置为 4，"位偏移"设置为 2，以寻址 MW4 的第 3 位（即 M4.2）的值。

表 6-15 例 6-5 中 OB1 程序

程序段	LAD
程序段 1	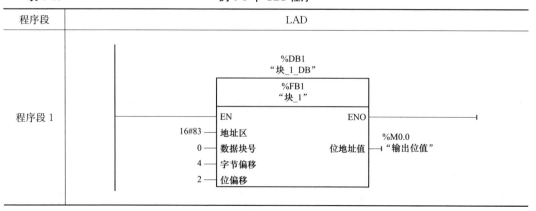

5）执行菜单命令"在线"→"仿真"→"启动"，即可开启 S7-PLCSIM 仿真。MW4 的第 3 位（M4.2）为 TRUE，所以"位地址值"为 TRUE，在 FB1 中的运行结果如图 6-22 所示。

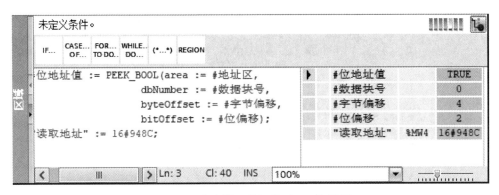

图 6-22　位存储区的间接寻址运行结果

（2）PEEK 指令。PEEK 指令为"读取存储地址"指令，用于在不指定数据类型的情况下从存储区读取存储地址，可以读取字节、字和 64 位的位字符串（LWord）。

PEEK 指令比 PEEK_BOOL 指令少了一个输入参数 BITOFFSET，但是返回的地址值可以是字节（Byte），也可以是字（Word）、双字（DWord）和长字（LWord）。使用 S7-SCL 调用 PEEK 指令时，将 PEEK 指令的名称改为"PEEK_"，将出现指令类型的选择，如图 6-23 所示。选择了指令类型，其返回的地址值即为对应的类型。

图 6-23　选择 PEEK 指令类型

【例 6-6】　PEEK 指令实现存储区间接寻址。使用 PEEK_BYTE 指令，读取 QB2 的值，存储到 MB0 中；使用 PEEK_WORD 指令，读取 IW1 的值，存储到 MW2 中。其使用步骤如下所示：

1）在 TIA Portal 中双击项目树的"程序块"中的"添加新块"，将弹出"添加新块"对话框，在此对话框中选择添加函数块 FB1，语言选择"SCL"。依此方法，添加函数块 FB2。

2）在 FB1 的接口区生成输入参数"地址区""数据块号""字节偏移"，以及输出参数"字节地址值"；在 FB2 的接口区生成输入参数"地址区""数据块号""字节偏移"，以及输出参数"字地址值"，如图 6-24 所示。

3）在两个函数块中输入 S7-SCL 程序。

a. 在 FB1 中输入下列 S7-SCL 程序。

		名称	数据类型	默认值
		块_1		
1	▼	Input		
2	■	地址区	Byte	16#0
3	■	数据块号	DInt	0
4	■	字节偏移	DInt	0
5	▼	Output		
6	■	字节地址值	Byte	16#0

(a) FB1中接口区的定义

		名称	数据类型	默认值
		块_2		
1	▼	Input		
2	■	地址区	Byte	16#0
3	■	数据块号	DInt	0
4	■	字节偏移	DInt	0
5	▼	Output		
6	■	字地址值	Word	16#0

(b) FB2中接口区的定义

图 6-24 FB1 和 FB2 中接口区的定义

```
#字节地址值:= PEEK_BYTE ( area:= #地址区,
            dbNumber:= #数据块号,
            byteOffset:= #字节偏移 );
```

b. 在 FB2 中输入下列 S7-SCL 程序。

```
#字地址值:= PEEK_WORD ( area:= #地址区,
            dbNumber:= #数据块号,
            byteOffset:= #字节偏移 );
```

4）OB1 程序段的编写如表 6-16 所示。在程序段 1 中，将 QB2 赋值为 16#A9，在程序段 2 中，FB1 的地址区设置为 16#82，以实现输出地址 QBx 中的值，由于字节偏移为 2，字节地址值为 MB0，FB1 将读取 QB2 中的字节值，存储到 MB0 中。在程序段 3 中，FB2 的地址区设置为 16#81，以实现输入地址 IWx 中的值，由于字节偏移为 1，字地址值为 MW2，FB2 将读取 IW1 中的字值，存储到 MW2 中。

表 6-16　　　　　　　　　　　　　例 6-6 中 OB1 程序

程序段	LAD
程序段 1	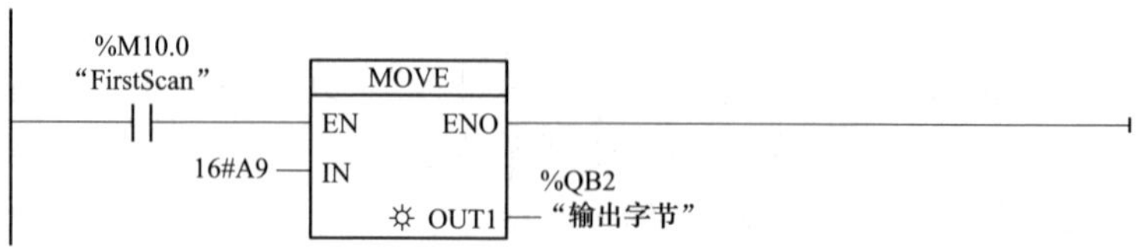 %M10.0 "FirstScan" ─┤├─ MOVE / EN ─ ENO / 16#A9 ─ IN / ☆ OUT1 ─ %QB2 "输出字节"

续表

程序段	LAD
程序段 2	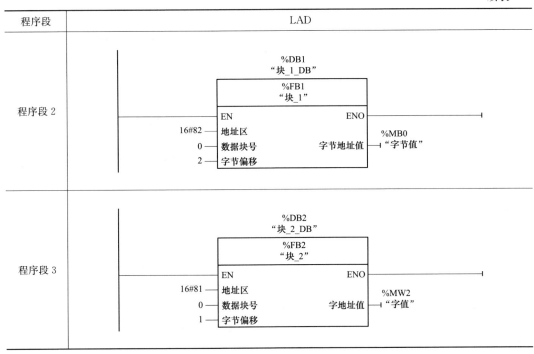
程序段 3	

5）执行菜单命令"在线"→"仿真"→"启动"，即可开启 S7-PLCSIM 仿真。在 FB1 和 FB2 中的运行结果如图 6-25 所示。

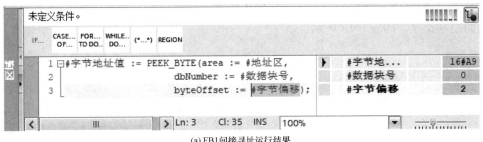

(a) FB1 间接寻址运行结果

(b) FB2 间接寻址运行结果

图 6-25　FB1 和 FB2 间接寻址运行结果

（3）POKE_BOOL 指令。POKE_BOOL 是"写入存储位"指令，用于在不指定数据类型的情况下将存储位写入存储区，其指令参数含义如表 6-17 所示。

表 6-17　　　　　　　　　　　　POKE_BOOL 指令的参数含义

参数	声明	数据类型	存储区	说明
AREA	Input	Byte	I、Q、M、D	可以选择以下区域： 16#81：输入 16#82：输出 16#83：位存储区 16#84：DB 16#1：外设输出
DBNUMBER	Input	DInt、DB_ANY	D	如果 AREA＝DB，那么为数据块数量，否则为 0
BYTEOFFSET	Input	DInt	I、Q、M、D	待读取的地址，仅使用 16 个最低有效位
BITOFFSET	Input	Int	I、Q、M、D	待写入的位
VAL	Input	Bool	I、Q、M、D	指令的结果

（4）POKE 指令。POKE 是"写入存储地址"指令，用于不指定数据类型的情况下将数据值写入存储区。可以将数值写入字节、字和双字。

POKE 指令的输入参数 AREA、DBNUMBER、BYTEOFFSET、BITOFFSET、RET_VAL 的含义与 POKE_BOOL 的相同。

6.4.4　SCL 程序控制语句

S7-SCL 程序控制语句可分为 3 类：选择语句、循环语句和跳转语句，各类语句均有相应的控制指令，如表 6-18 所示。

表 6-18　　　　　　　　　　　　程序控制语句

语句类别	语句指令	说　　明
选择语句	IF	选择分支指令，根据条件真假决定是否执行后续语句
	CASE	多分支选择指令，根据数字表达式的值决定执行哪个程序分支
循环语句	FOR	根据指定循环次数执行程序循环体
	WHILE	根据指定循环条件执行程序循环体
	REPEAT	不满足条件时执行程序循环体
跳转语句	CONTINUE	中止当前程序循环
	EXIT	退出程序循环体
	GOTO	使程序跳转到指定位置开始执行
	RETURN	退出当前块的程序执行，返回

1. 选择语句

（1）IF 语句。IF 语句有 3 种表达形式：IF 分支，IF 和 ELSE 分支，IF、ELSEIF 和 ELSE 分支。

1）IF 分支。

语句格式：

```
IF< 条件 > THEN< 指令 > ;
END_IF;
```

如果满足指令中的条件，那么将执行 THEN 后面的指令；如果不满足该条件，那么程序将从 END_IF 的下一条指令开始继续执行。

2）IF 和 ELSE 分支。

语句格式：

```
IF< 条件 > THEN < 指令 1> ;
ELSE< 指令 2> ;
END_IF;
```

如果满足指令中的条件，那么将执行 THEN 后面的指令 1；如果不满足该条件，那么程序将执行 ELSE 后面的指令 2。然后，程序将从 END_IF 后的下一条指令开始继续执行。

3）IF、ELSEIF 和 ELSE 分支。

语句格式：

```
IF< 条件 1> THEN < 指令 1> ;
ELSIF< 条件 2> THEN < 指令 2> ;
……
ELSE< 指令 n> ;
END_IF;
```

如果满足指令中的条件 1，那么将执行 THEN 后面的指令 1；如果不满足条件 1，而满足条件 2，那么将执行 THEN 后面的指令 2……如果前述条件均不满足，那么程序将执行 ELSE 后面的指令 n。然后，程序将从 END_IF 后的下一条指令开始继续执行。

【例 6-7】　S7-SCL 的 IF 指令在电动机的正反转控制中的应用。其使用步骤如下所示：

1）在 TIA Portal 中双击项目树的"程序块"中的"添加新块"，将弹出"添加新块"对话框，在此对话框中选择添加函数块 FB1，语言选择"SCL"。

2）在 FB1 的接口区按图 6-26 所示进行定义。

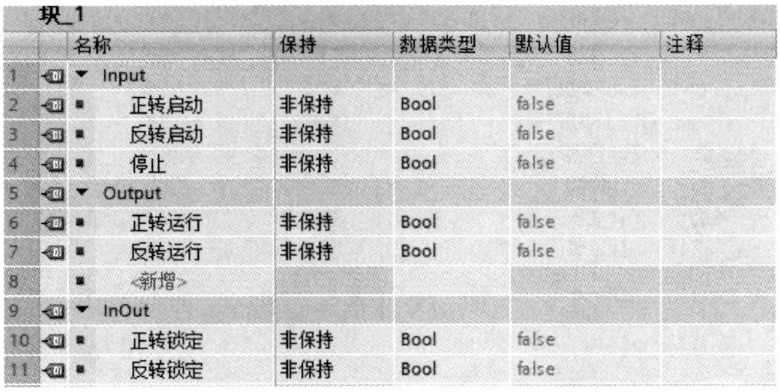

		名称	保持	数据类型	默认值	注释
1	◀	▼ Input				
2	◀	■　正转启动	非保持	Bool	false	
3	◀	■　反转启动	非保持	Bool	false	
4	◀	■　停止	非保持	Bool	false	
5	◀	▼ Output				
6	◀	■　正转运行	非保持	Bool	false	
7	◀	■　反转运行	非保持	Bool	false	
8		■　<新增>				
9	◀	▼ InOut				
10	◀	■　正转锁定	非保持	Bool	false	
11	◀	■　反转锁定	非保持	Bool	false	

图 6-26　例 6-7 的 FB1 接口区的定义

3) 在函数块 FB1 中输入以下 S7-SCL 程序。

```
IF #正转启动= 1 OR #正转锁定= 1 AND #停止= 0 AND
    #反转启动= 0 AND #反转锁定= 0 THEN
    #正转锁定 := 1;
    #反转锁定 := 0;
ELSIF  #反转启动= 1 OR #反转锁定= 1 AND #停止= 0 AND
    #正转启动= 0 AND #正转锁定= 0 THEN
    #反转锁定 := 1;
    #正转锁定 := 0;
END_IF;
IF #正转锁定= 1 AND #反转锁定= 0 THEN
    #正转运行 := 1;
    #反转运行 := 0;
ELSIF #正转锁定= 0 AND #反转锁定= 1 THEN
    #正转运行 := 0;
    #反转运行 := 1;
END_IF;
```

4) 按图 6-27 所示定义 PLC 全局变量表。

默认变量表

		名称	数据类型	地址
1		System_Byte	Byte	%MB10
2		FirstScan	Bool	%M10.0
3		DiagStatusUpdate	Bool	%M10.1
4		AlwaysTRUE	Bool	%M10.2
5		AlwaysFALSE	Bool	%M10.3
6		Clock_Byte	Byte	%MB20
7		Clock_10Hz	Bool	%M20.0
8		Clock_5Hz	Bool	%M20.1
9		Clock_2.5Hz	Bool	%M20.2
10		Clock_2Hz	Bool	%M20.3
11		Clock_1.25Hz	Bool	%M20.4
12		Clock_1Hz	Bool	%M20.5
13		Clock_0.625Hz	Bool	%M20.6
14		Clock_0.5Hz	Bool	%M20.7
15		停止按钮	Bool	%I0.0
16		正向启动按钮	Bool	%I0.1
17		反向启动按钮	Bool	%I0.2
18		正向自锁	Bool	%M0.0
19		反向自锁	Bool	%M0.1
20		正转运行	Bool	%Q0.0
21		反转运行	Bool	%Q0.1

图 6-27 例 6-7 的全局变量表的定义

5) OB1 程序段的编写如表 6-19 所示。

表 6-19　　　　　　　　　　　　例 6-7 中 OB1 程序

程序段	LAD
程序段 1	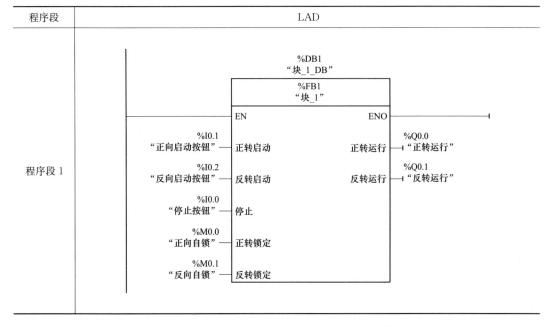

6）执行菜单命令"在线"→"仿真"→"启动"，即可开启 S7-PLCSIM 仿真。只要按下正向启动按钮，电动机将正向启动运行；只要按下反向启动按钮，电动机将反向启动运行，其运行效果如图 6-28 所示；只要按下停止按钮，电动机将立即停止运行。

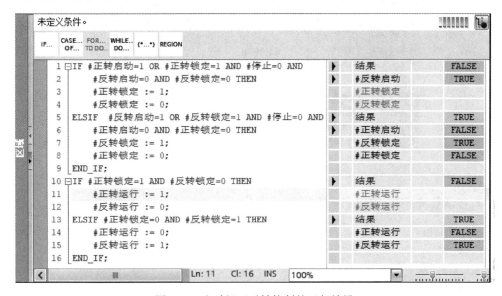

图 6-28　电动机正反转控制的运行效果

（2）CASE 语句。在 S7-SCL 中，使用 CASE 语句可以根据数字表达式的值执行多个指令序列中的一个。表达式的值必须为整数。执行该指令时，会将表达式的值与多个常数的值进行比较。如果表达式的值等于某个常数的值，那么将执行紧跟在该常数后编写的指令。

语句格式：

```
CASE< 表达式> OF
< 常数 1> :< 指令 1> ;
< 常数 2> :< 指令 2> ;
……;
ELSE < 指令 n> ;
END_CASE;
```

【例 6-8】 CASE 语句在 0～99 循环计数中的显示应用。S7-1200 PLC 外接两位共阴极数码管，上电后每隔 1s 数码管加 1 显示，显示范围为 0～99，要求使用 CASE 语句编写数码管的显示程序。

分析：1s 的时基可由 PLC 系统时钟（如 M20.5）产生，M20.5 信号每发生 1 次跳变信号，可以将 MW2 进行加 1 计数。计数范围为 0～99，所以 MW2 的值大于 99 时需要复位。MW2 的计数值要进行显示，需要先将该数值转换为 BCD 码，并进行个位与十位数值的分离，然后再将个位数与十位数显示出来即可。S7-1200 PLC 没有 SEG 指令，所以通过 CASE 语句判断该数值，然后将相应的段码值送给 QB 进行显示即可。步骤如下所示：

1）在 TIA Portal 中双击项目树的"程序块"中的"添加新块"，将弹出"添加新块"对话框，在此对话框中选择添加函数块 FB1，语言选择"SCL"。

2）在 FB1 的接口区按图 6-29 所示进行定义。

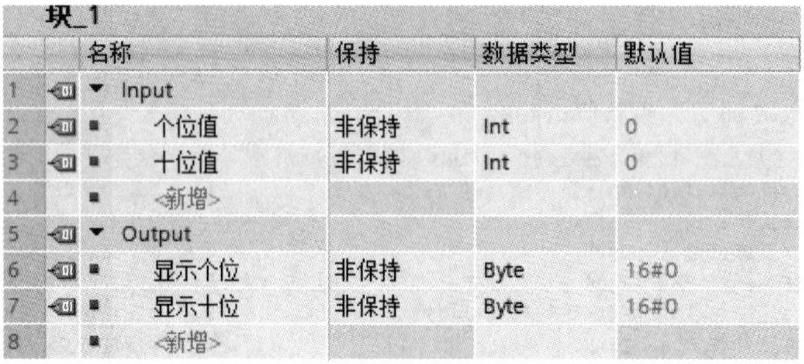

		名称	保持	数据类型	默认值
		块_1			
1	▼	Input			
2	■	个位值	非保持	Int	0
3	■	十位值	非保持	Int	0
4	■	<新增>			
5	▼	Output			
6	■	显示个位	非保持	Byte	16#0
7	■	显示十位	非保持	Byte	16#0
8	■	<新增>			

图 6-29　例 6-8 的 FB1 接口区的定义

3）在函数块 FB1 中输入以下 S7-SCL 程序。

```
CASE #个位值 OF
    0:
        #显示个位 := 16#3F;
    1:
        #显示个位 := 16#06;
    2:
        #显示个位 := 16#5B;
    3:
        #显示个位 := 16#4F;
    4:
```

```
        #显示个位 := 16#66;
    5:
        #显示个位 := 16#6D;
    6:
        #显示个位 := 16#7D;
    7:
        #显示个位 := 16#07;
    8:
        #显示个位 := 16#7F;
    9:
        #显示个位 := 16#6F;
    ELSE
        #显示个位 := 16#00;
END_CASE;
CASE #十位值 OF
    16#10:
        #显示十位 := 16#06;
    16#20:
        #显示十位 := 16#5B;
    16#30:
        #显示十位 := 16#4F;
    16#40:
        #显示十位 := 16#66;
    16#50:
        #显示十位 := 16#6D;
    16#60:
        #显示十位 := 16#7D;
    16#70:
        #显示十位 := 16#07;
    16#80:
        #显示十位 := 16#7F;
    16#90:
        #显示十位 := 16#6F;
    ELSE
        #显示十位 := 16#00;
END_CASE;
```

4）按图 6-30 所示定义 PLC 全局变量表。

5）OB1 程序段的编写如表 6-20 所示。程序段 1 为 MW2 的复位控制，当 PLC 首次上电或者计数超过 99 时，将 MW2 中的内容复位。程序段 2 为计数控制，每隔 1s，MW2 中的值自动加 1。程序段 3 为数值转换控制，先将 MW2 转换为 16 位 BCD 码，取低字节低 4 位送 MB6，低字节高 4 位送 MB7。程序段 4 通过调用 FB1，实现两位共阴极数码管显示。

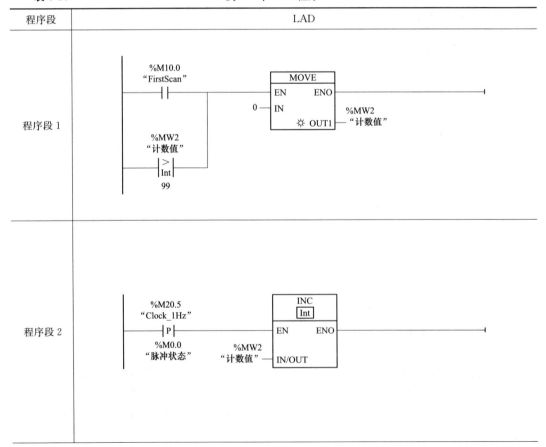

PLC 变量				
	名称	变量表	数据类型	地址
1	System_Byte	默认变量表	Byte	%MB10
2	FirstScan	默认变量表	Bool	%M10.0
3	DiagStatusUpdate	默认变量表	Bool	%M10.1
4	AlwaysTRUE	默认变量表	Bool	%M10.2
5	AlwaysFALSE	默认变量表	Bool	%M10.3
6	Clock_Byte	默认变量表	Byte	%MB20
7	Clock_10Hz	默认变量表	Bool	%M20.0
8	Clock_5Hz	默认变量表	Bool	%M20.1
9	Clock_2.5Hz	默认变量表	Bool	%M20.2
10	Clock_2Hz	默认变量表	Bool	%M20.3
11	Clock_1.25Hz	默认变量表	Bool	%M20.4
12	Clock_1Hz	默认变量表	Bool	%M20.5
13	Clock_0.625Hz	默认变量表	Bool	%M20.6
14	Clock_0.5Hz	默认变量表	Bool	%M20.7
15	脉冲状态	默认变量表	Bool	%M0.0
16	计数值	默认变量表	Int	%MW2
17	转换值1	默认变量表	Int	%MW4
18	转换值2	默认变量表	Byte	%MB5
19	待显示个位	默认变量表	Byte	%MB6
20	待显示十位	默认变量表	Byte	%MB7
21	显示个位	默认变量表	Byte	%QB0
22	显示十位	默认变量表	Byte	%QB1

图 6-30　例 6-8 的全局变量表的定义

表 6-20　　　　　　　　　　　　　例 6-8 中 OB1 程序

程序段	LAD
程序段 1	%M10.0 "FirstScan" —| |— MOVE EN ENO　0 — IN　%MW2 "计数值" — ☼ OUT1 %MW2 "计数值" —| > Int |— 99
程序段 2	%M20.5 "Clock_1Hz" —| P |—　INC Int　EN ENO %M0.0 "脉冲状态"　%MW2 "计数值" — IN/OUT

程序段	LAD
程序段 3	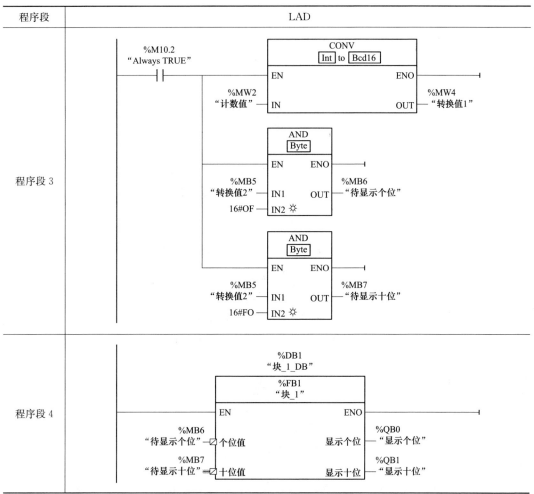
程序段 4	

6）执行菜单命令"在线"→"仿真"→"启动"，即可开启 S7-PLCSIM 仿真。PLC一上电，每隔 1s，两位数码管的显示数字加 1，显示范围为 0～99，其运行效果如图 6-31所示。

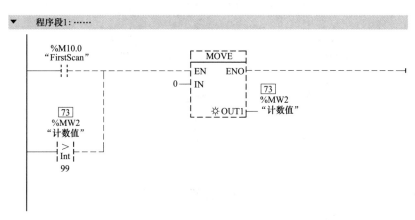

图 6-31　CASE 语句在 0～99 循环计数中的显示仿真效果图（一）

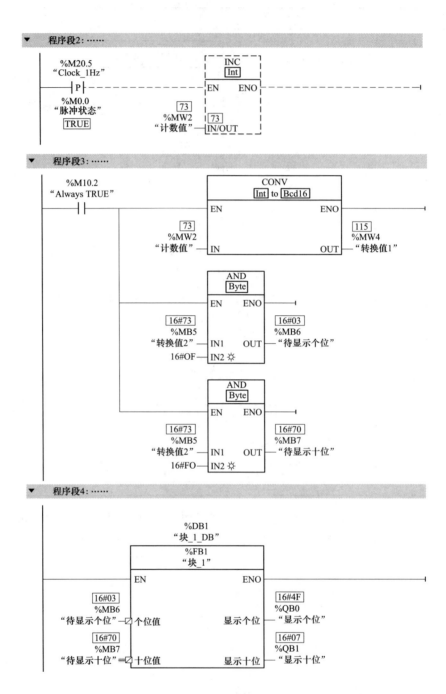

图 6-31 CASE 语句在 0～99 循环计数中的显示仿真效果图（二）

2. 循环语句

（1）FOR 语句。使用"在计数循环中执行"指令 FOR，可重复执行程序循环，直到运行变量不在指定的取值范围内。

语句格式：

FOR＜执行变量＞：=＜起始值＞ TO ＜结束值＞ BY ＜增量＞ DO ＜指令＞；

END_FOR；

开始运行 FOR 循环结构时，将起始值赋值给执行变量，并执行 DO 后面的指令；然后检查执行变量的值，如果未达到结束值，那么将执行变量的值与增量相加并赋值给执行变量，继续执行符合 DO 的指令（此过程循环执行，直到执行变量达到结束值）；如果执行变量达到结束值，那么最后执行一次 FOR 循环，此后执行变量超出结束值，退出FOR 循环。

【例 6-9】　使用 FOR 语句实现连续数据求和统计，要求按下数据的起始值、结束值和增量值均可设置，运算结果由 MD30 输出，其步骤如下所示：

1）在 TIA Portal 中双击项目树的"程序块"中的"添加新块"，将弹出"添加新块"对话框，在此对话框中选择添加函数块 FB1，语言选择"SCL"。

2）在 FB1 的接口区按图 6-32 所示进行定义。

3）在函数块 FB1 中输入 S7-SCL 程序。

```
FOR #执行变量 := #起始值 TO #结束值 BY #增量值 DO
    #运算中间值 := #执行变量 ＋ #运算中间值；
END_FOR；
#运算结果 := #运算中间值；
```

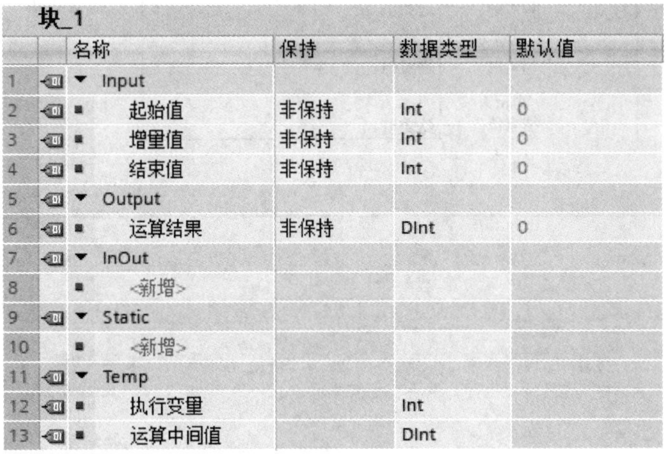

	块_1			
	名称	保持	数据类型	默认值
1	▼ Input			
2	■ 起始值	非保持	Int	0
3	■ 增量值	非保持	Int	0
4	■ 结束值	非保持	Int	0
5	▼ Output			
6	■ 运算结果	非保持	DInt	0
7	▼ InOut			
8	■ ＜新增＞			
9	▼ Static			
10	■ ＜新增＞			
11	▼ Temp			
12	■ 执行变量		Int	
13	■ 运算中间值		DInt	

图 6-32　例 6-9 的 FB1 接口区的定义

4）OB1 程序段的编写。假设起始值由 MW0 输入，增量值由 MW2 输入，结束值由 MW4 输入，运算结果由 MD30 输出，在 OB1 中编写的程序如表 6-21 所示。

5）执行菜单命令"在线"→"仿真"→"启动"，即可开启 S7-PLCSIM 仿真，其仿真结果如图 6-33 所示。

表 6-21	例 6-9 中 OB1 程序
程序段	LAD
程序段 1	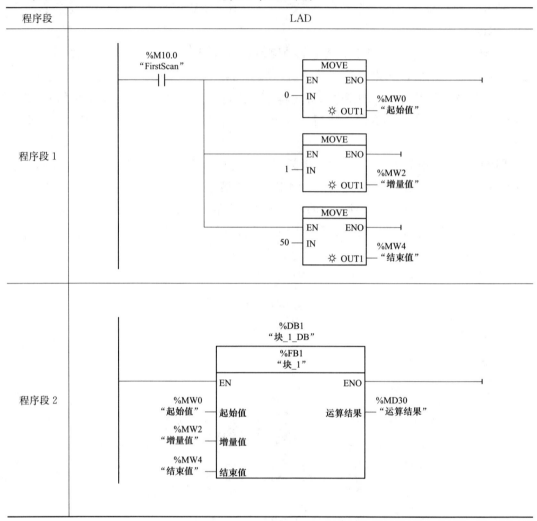
程序段 2	

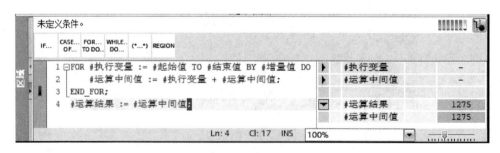

图 6-33　FOR 语句实现连续数据求和统计的仿真结果

（2）WHILE 语句。使用"满足条件时执行"指令 WHILE，可以重复执行程序循环，直到不满足执行条件为止。该条件是结果为布尔值（TRUE 或 FALSE）的表达式，可以使用逻辑表达式或比较表达式作为条件。

语句格式：

```
WHILE< 条件>   DO < 指令> ;
END_WHILE;
```

【例 6-10】 使用 WHILE 语句实现例 6-9 的连续数据求和统计。其步骤与例 6-9 的相同，只不过 FB 中的程序改为如下：

```
#执行变量 := #起始值;
WHILE (#执行变量 < #结束值) DO
    #执行变量 := #执行变量 ＋ #增量值;
    #运算中间值 := #运算中间值 ＋ #执行变量;
END_WHILE;
#运算结果 := #运算中间值;
```

（3）REPEAT 语句。使用"不满足条件时执行"指令 REPEAT，可以重复执行程序循环，直到满足（终止）条件为止。该条件是结果为布尔值（TRUE 或 FALSE）的表达式，可以使用逻辑表达式或比较表达式作为条件。该循环结构在首次执行时，即使满足（终止）条件，此指令也执行一次。

语句格式：

```
REPEAT<指令> ;
UNTIL<条件> ;
END_REPEAT;
```

【例 6-11】 使用 REPEAT 语句实现例 6-9 的连续数据求和统计。其步骤与例 6-9 的相同，只不过 FB 中的程序改为如下：

```
#执行变量 := #起始值;
REPEAT
    #执行变量 := #执行变量 ＋ #增量值;
    #运行中间值 := #运行中间值 ＋ #执行变量;
UNTIL (#执行变量 > #结束值)
END_REPEAT;
#运行结果 := #运行中间值;
```

WHILE 语句是先判断条件，若条件满足才执行指令；而 REPEAT 语句是先执行其中的指令，然后才判断条件，所以即使满足终止条件，循环体中的指令也会执行 1 次。

WHILE 和 REPEAT 语句的循环是在一个扫描循环内完成的，如果在程序中使用 WHILE 和 REPEAT 语句，那么将再次导致 PLC 的扫描循环时间超时，系统异常。

3. 跳转语句

（1）CONTINUE。"复查循环条件"指令 CONTINUE 用于结束 FOR、WHILE 或 REPEAT 循环的当前程序运行。执行该指令后，将再次计算继续执行程序循环的条件。

（2）EXIT。"立即退出循环"指令 EXIT 可以随时取消 FOR、WHILE 或 REPEAT 循环的执行，而无需确认是否满足条件。在循环结束（END_FOR、END_WHILE 或 END_REPEAT）后继续执行程序。

（3）GOTO。执行"跳转"指令 GOTO 后，将跳转到指定的跳转标签处，开始继续执行程序。GOTO 指令和它指定的跳转标签必须在同一个块内。在一个块内，跳转标签的名称只能指定一次。多个跳转指令可以跳转到同一个跳转标签处。不允许从外部跳转到程序循环内，但是允许从循环内跳转到外部。

（4）RETURN。使用"退出块"指令 RETURN，可以终止当前被处理的块中的程序执行，返回调用它的块继续执行。如果该指令出现在块结尾处，那么被忽略。

第 7 章　S7-1200 PLC 模拟量功能与 PID 控制

生产过程中有许多电压、电流信号是用连续变化的形式来表示温度、流量、压力、物位等工艺参数的大小，这就是模拟量信号。这些信号在一定范围内连续变化，如 0～10V 电压或 0～20mA 电流。在工程实践中，应用最为广泛的调节器控制规律为比例、积分、微分控制，简称为 PID 控制。当今第五代 PLC 已增加了许多模拟量处理功能，具有较强的 PID 控制能力，完全可以胜任各种较复杂的模拟控制。

7.1　模拟量控制概述

通常 CPU 模块要处理模拟量信号时，必须连接相应的模拟量扩展模块。模拟量扩展模块的任务就是实现 A/D 转换或 D/A 转换，使 CPU 模块能够接受、处理和输出模拟量信号。

7.1.1　模拟量的处理流程

在 S7-1200 PLC 系统中，CPU 只能处理"0"和"1"这样的数字量，所以需要进行模-数转换或数-模转换。模拟量输入模块 AI 用于将输入的模拟量信号转换成为 CPU 内部处理的数字信号；模拟量输出模块 AO 用于将 CPU 送给它的数字信号转换为成比例的电压信号或电流信号，对执行机构进行调节或控制。模拟量处理流程如图 7-1 所示。

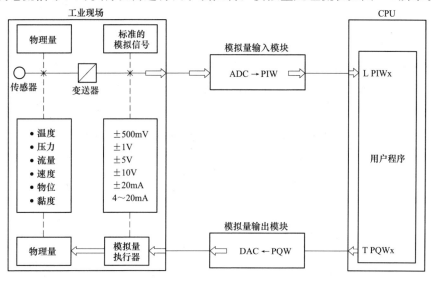

图 7-1　模拟量处理流程

当需将外界信号传送到 CPU 时，首先通过传感器采集所需的外界信号并将其转换为电信号，该电信号可能是离散性的电信号，需通过变送器将它转换为标准的模拟量电压或电流信号。模拟量输入模块接收到这些标准模拟量信号后，通过 ADC 转换为与模拟量成比例的数字量信号，并存放在缓冲器（PIW）中。CPU 通过"L PIWx"指令读取模拟量输入模块缓冲器中的数字量信号，并传送到 CPU 指定的存储区中。

当 CPU 需控制外部相关设备时，首先 CPU 通过"T PQWx"指令将指定的数字量信号传送到模拟量输出模块的缓冲器（PQW）中。这些数字量信号在模拟量输出模块中通过 DAC 转换后，转换为成比例的标准模拟电压或电流信号。标准模块电压或电流信号驱动相应的模拟量执行器进行相应动作，从而实现了 PLC 的模拟量输出控制。

7.1.2 模拟值的表示及精度

1. 模拟值的精度

分辨率是 A/D 模拟量转换芯片的转换精度，即用多少位的数值来表示模拟量。S7-1200 模拟量模块的转换分辨率为 12 位，能够反映模拟量变化的最小单位是满量程的 $1/4096$。

S7-1200 模拟值的表示如表 7-1 所示，当转换精度小于 16 位时，相应的位左侧对齐，最小变化位为 16 减去该模块分辨率，未使用的最低位补"0"。例如表中 12 分辨率的模块则是从 $16-12=4$，即低字节的第 4 位 bit3 开始变化，为其最小变化单位 $2^3=8$，bit0～bit2 则补"0"。则 12 位模块 A/D 模拟量转换芯片的转换精度为 $2^3/2^{15}=4096$。

表 7-1   S7-1200 模拟值的表示

分辨率	模 拟 值															
位	15	14	13	12	11	10	9	8	7	6	5	4	3	2	1	0
位值	2^{15}	2^{14}	2^{13}	2^{12}	2^{11}	2^{10}	2^9	2^8	2^7	2^6	2^5	2^4	2^3	2^2	2^1	2^0
16 位	0	1	0	0	0	1	1	0	0	1	0	1	1	1	1	1
12 位	0	1	0	0	0	1	1	0	0	1	0	1	1	0	0	0

2. 输入量程的模拟值表示

（1）对于电压测量范围，S7-1200 模拟量模块的电压输入值与模块通道显示数值的对应关系如表 7-2 所示。

表 7-2   S7-1200 模拟量电压输入值与模块通道显示数值的关系

电压测量范围					模拟值	
所测电压	±10V	±5V	±2.5V	±1.25V	十进制	十六进制
上溢	11.85V	5.92V	2.963V	1.481V	32767	0x7FFF
					32512	0x7F00
上溢警告	11.759V	5.879V	2.940V	1.470V	32511	0x7EFF
					27649	0x6C01

电压测量范围				模拟值	
正常范围	10V	5V	2.5V	1.250V	27648	0x6C00

	电压测量范围				模拟值	
正常范围	10V	5V	2.5V	1.250V	27648	0x6C00
	7.5V	3.75V	1.875V	0.938V	20736	0x5100
	361.7μV	180.8μV	90.4μV	45.2μV	1	0x1
	0V	0V	0V	0V	0	0x0
					−1	0xFFFF
	−7.5V	−3.75V	−1.875V	−0.938V	−20736	0xAF00
	−10V	−5V	−2.5V	−1.250V	−27648	0x9400
下溢警告					−27649	0x93FF
	−11.759V	−5.879V	−2.940V	−1.470V	−32512	0x8100
下溢					−32513	0x80FF
	−11.85V	−5.92V	−2.963V	−1.481V	−32768	0x8000

（2）对于电流测量范围，S7-1200 模拟量模块的电流输入值与模块通道显示数值的对应关系如表 7-3 所示。

表 7-3　　S7-1200 模拟量电流输入值与模块通道显示数值的关系

	电流测量范围		模拟值	
所测电流	0～20mA	4～20mA	十进制	十六进制
上溢	23.7mA	22.96mA	32767	0x7FFF
			32512	0x7F00
上溢警告	23.52mA	22.81mA	32511	0x7EFF
			27649	0x6C01
正常范围	20mA	20mA	27648	0x6C00
	15mA	16mA	20736	0x5100
	723.4nA	4mA+578.7nA	1	0x1
	0mA	4mA	0	0x0
			−1	0xFFFF
			−20736	0xAF00
			−27648	0x9400
下溢警告			−27649	0x93FF
			−32512	0x8100
	−3.52mA	1.185mA	−4864	0xED00
下溢			−32513	0x80FF
			−32768	0x8000

7.1.3　模拟量的输入/输出方法

1. 模拟量的输入方法

模拟量的输入有两种方法：用模拟量输入模块输入模拟量、用采集脉冲输入模拟量。

（1）用模拟量输入模块输入模拟量。模拟量输入模块是将模拟过程信号转换为数字格式，其处理流程可参见图 7-1。使用模拟量输入模块时，要了解其性能，主要的性能如下：

1）模拟量规格：指可接受或可输出的标准电流或标准电压的规格，一般多些好，便于选用。

2）数字量位数：指转换后的数字量，用多少位二进制数表达。位越多，精度越高。

3）转换时间：指实现一次模拟量转换的时间，越短越好。

4）转换路数：指可实现多少路的模拟量的转换，路数越多越好，可处理多路信号。

5）功能：指除了实现数模转换时的一些附加功能，有的还有标定、平均峰值及开方功能。

（2）用采集脉冲输入模拟量。PLC 可采集脉冲信号，可用于高速计数单元或特定输入点采集。也可用输入中断的方法采集。把物理量转换为电脉冲信号也方便。

2. 模拟量输出方法

模拟量输出的方法有 3 种：用模拟量输出模块控制输出、用开关量 ON/OFF 比值控制输出、用可调制脉冲宽度的脉冲量控制输出。

（1）用模拟量输出模块控制输出。为使控制的模拟量能连续、无波动变化，最好采用模拟量输出模块。模拟量输出模块是将数字输出值转换为模拟信号，其处理流程可参见图 7-1。模拟量输出模的参数包括诊断中断、组诊断、输出类型选择（电压、电流或禁用）、输出范围选择及对 CPU STOP 模式的响应。使用模拟量输出模块时应按以下步骤进行：

1）选用。确定是选用 CPU 单元的内置模拟量输入/输出模块，还是选用外扩大的模拟量输出模块。在选择外扩时，要选性能合适的模块输出模块，既要与 PLC 型号相当，规格、功能也要一致，而且配套的附件或装置也要选好。

2）接线。模拟量输出模块可为负载和执行器提供电源。模拟量输出模块使用屏蔽双绞线电缆连接模拟量信号至执行器。电缆两端的任何电位差都可能导致在屏蔽层产生等电位电流，进行干扰模拟信号。为防止发生这种情况，应只将电缆的一端的屏蔽层接地。

3）设定。有硬设定及软设定。硬设定用 DIP 开关，软设定用存储区或运行相当的初始化 PLC 程序。做了设定，才能确定要使用哪些功能，选用什么样的数据转换，数据存储于什么单元等。总之，没有进行必要的设定，如同没有接好线一样，模块也是不能使用的。

（2）用开关量 ON/OFF 比值控制输出。改变开关量 ON/OFF 比例，进而用这个开关量去控制模拟量，是模拟量控制输出最简单的办法。这个方法不用模拟量输出模块，即可实现模拟量控制输出。其缺点是，这个方法的控制输出是断续的，系统接收的功率有波动，不是很均匀。如果系统惯性较大，或要求不高，允许不大的波动时可用。为了减少波动，可缩短工作周期。

（3）用可调制脉冲宽度的脉冲量控制输出。有的 PLC 有半导体输出的输出点，可缩短工作周期，提高模拟量输出的平稳性。用其控制模拟量，是既简单又平稳的方法。

7.2　S7-1200 系列的模拟量功能

在 S7-1200 PLC 系统中，有些型号的 CPU 本身集成了 AI/AQ（如 CPU 1215C DC/DC/RLY、CPU 1217C DC/DC/DC），具有模拟量输入/输出功能，而没有集成 AI 或 AQ 的 CPU 需通过配置相应的模拟量输入或输出模块，就可以很好地实现模拟量输入/输出控制。

7.2.1　S7-1200 系列 PLC 模拟量扩展模块

S7-1200 系列 PLC 的模拟量扩展模块包括模拟量输入扩展模块、模拟量输出扩展模块和模拟量输入/输出扩展模块。

1. 模拟量输入扩展模块

模拟量输入扩展模块可以测量电压类型、电流类型、电阻类型（RTD）和热电偶类型（TC）的模拟量信号。S7-1200 PLC 的模拟量输入扩展模块型号：SM 1231 AI 4×13 位、SM 1231 AI 4×16 位、SM 1231 AI 8×13 位、SM 1231 AI 4×16 位 TC、SM 1231 AI 8×16 位 TC、SM 1231 AI 4×16 位 RTD、SM 1231 AI 8×16 位 RTD。

SM 1231 AI 4×13 位模拟量输入模块的接线方式如图 7-2 所示，它有 4 组模拟量输入通道，每组通道可以输入电压或电流，L+接 DC 24V 电源端，M 端接地。SM 1231 AI 4×16 位模拟量输入模块的接线方式与 SM 1231 AI 4×13 位相同。SM 1231 AI 8×13 位模拟量输入模块的接线方式如图 7-3 所示，它有 8 组模拟量输入通道，每组通道可以输入电压或电流，L+接 DC 24V 电源端，M 端接地。

SM 1231 接线电流变送器（传感器），可以用作 2 线制变送器或 4 线制变送器。2 线制变送器的接线方式如图 7-4 所示，两根线既传输电源又传输信号，也就是传感器输出的负载和电源是串联在一起的，电源是从外部引入的，和负载串联在一起来驱动负载。4 线制变送器的接线方式如图 7-5 所示，它有两根电源线和两根信号线，电源线和信号线是分开工作。

2. 模拟量输出扩展模块

模拟量输出扩展模块可以输出电压或电流类型的模拟量信号，所以可以连接电压类型或电流类型的模拟量输出设备。S7-1200 PLC 的模拟量输出扩展模块型号：SM 1232 AQ 2×14 位、SM 1232 AQ 4×14 位。

SM 1232AQ 2×14 位模拟量输出模块的接线方式如图 7-6 所示，它有 2 组模拟量输出通道，每组输出通道可以连接负载，L+接 DC 24V 电源端，M 端接地。M 1232 AQ 4×14 位模拟量输出模块的接线方式如图 7-7 所示，它有 4 组模拟量输出通道，每组输出通道可以连接负载，L+接 DC 24V 电源端，M 端接地。

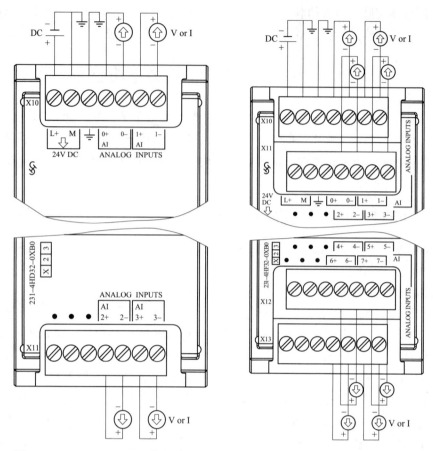

图 7-2　SM 1231 AI 4×13 位的接线图　　图 7-3　SM 1231 AI 8×13 位的接线图

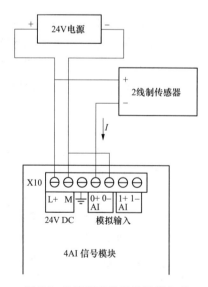

图 7-4　2 线制变送器的接线方式

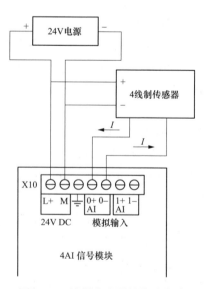

图 7-5　4 线制变送器的接线方式

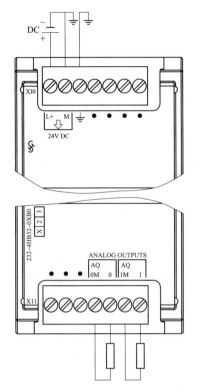

图 7-6　SM 1232 AQ 2×14 位的接线图　图 7-7　SM 1232 AQ 4×14 位的接线图

3. 模拟量输入/输出扩展模块

模拟量输入/输出混合模块就是在一个模块上既有模拟量输入通道，又有模拟量输出通道。S7-1200 PLC 的模拟量输入/输出混合扩展模块仅有 SM 1234 AI 4×13 位/AQ 2×14 位一款产品。

SM 1234 AI 4×13 位/AQ 2×14 位模拟量输入/输出模块的接线方式如图 7-8 所示，它有 4 组模拟量输入通道，每组通道可以输入电压或电流；有 2 组模拟量输出通道，每组通道可以连接负载。

同样，SM 1234 的输入侧接线电流变送器（传感器），可以用作 2 线制变送器或 4 线制变送器。

7.2.2　S7-1200 系列 PLC 模拟量模块的参数设置

S7-1200 PLC 模拟量模块的参数设置主要包括测量类型和测量范围等参数的设置。

1. 模拟量输入扩展模块的参数设置

S7-1200 PLC 模拟量输入模块可以连接不同类型的传感器，它们的接线也不相同，所以在使用时应根据需求进行相应的参数设置。

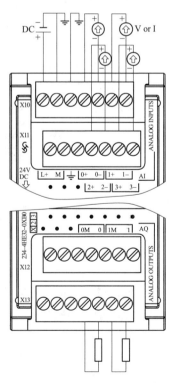

图 7-8　SM 1234 AI 2×13 位/
AQ 2×14 位的接线图

423

模拟量输入扩展模块的参数有 2 个选项卡：常规和 AI。常规选项卡包含项目信息、目录信息的相关内容，其设置与 CPU 的常规选项类似。在此以 AI 4×13 BIT（6SE7 231-4HD32-0XB0）为例，讲述其 AI 的设置相关内容。

AI 参数选项卡中包含模拟量输入和 I/O 地址这 2 个选项。

模拟量输入，主要是对模拟量各输入通道的"测量类型""测量范围"和"滤波"进行设置，例如通道 0 的"模拟量输入"设置参数如图 7-9 所示。"测量类型"中，用户可根据实际情况选择"电压"或"电流"。"测量范围"参数实际就是对传感器量程的选择，若选择测量类型为"电压"，则此处可对电压范围进行选择。"滤波"参数包括在 4 个级别：无、弱、中和强，设备根据指定数量的已转换（数字化）模拟值生成平均值来实现滤波处理。滤波级别越高，对应生成平均值基于的模块周期数越大，经滤波处理的模拟值就越稳定，但获得经滤波处理的模拟值所需的时间也越长。

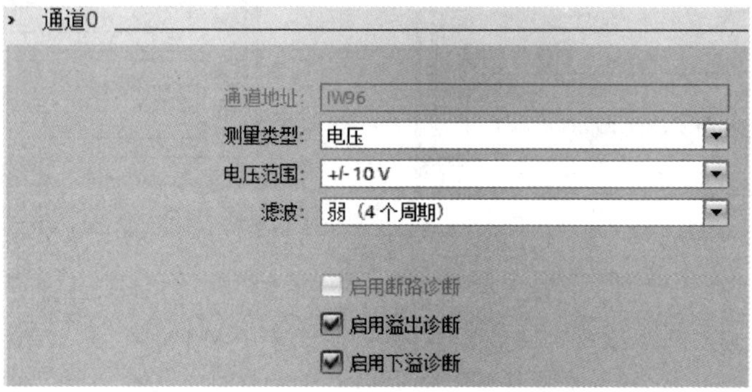

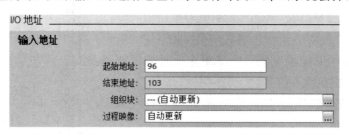

图 7-9　通道 0 的"模拟量输入"设置参数界面

在"I/O 地址"选项中，可以修改模拟量输入模块的地址，其设置界面如图 7-10 所示。在"起始地址"中输入希望修改的地址，然后单击"回车"键即可，"结束地址"是系统自动计算生成的。如果输入的起始地址和系统有冲突，那么系统会弹出提示信息。

图 7-10　模拟量输入模块的 I/O 地址设置

2. 模拟量输出扩展模块的参数设置

模拟量输出模块在使用前一定要根据输出信号的类型、量值大小及诊断中断等要求进行设置。

模拟量输出模块的参数有 2 个选项卡：常规和 AQ。常规选项卡包含项目信息和目录信息的相关内容，其设置与 CPU 的常规选项类似。在此以 AQ 2×14 BIT（6SE7 5232-4HF0B30-0XB0）为例，讲述其 AQ 的设置相关内容。

AQ 参数选项卡中包含模拟量输出和 I/O 地址这 2 个选项。模拟量输出可对模块的每个通道的输出类型、输出范围等进行设置，如图 7-11 所示。在 "I/O 地址" 选项中，可以修改模拟量输出模块的地址，在 "起始地址" 中输入希望修改的地址，然后单击 "回车" 键即可，"结束地址" 是系统自动计算生成的。如果输入的起始地址和系统有冲突，那么系统会弹出提示信息。

图 7-11　通道 0 的 "模拟量输出" 设置界面

3. 模拟量输入/输出扩展模块的参数设置

模拟量输入/输出扩展模块的参数设置包括模拟量输入和模拟量输出及 I/O 地址这 3 部分的设置，其设置方法可分别参考模拟量输入扩展模块和模拟量输出扩展模块的设置。

7.2.3　S7-1200 系列 PLC 模拟量模块的应用——模拟量值的规范化

现场的过程信号是具有物理单位的工程量值，模-数转换后输入通道得到的是 $-27\ 648\sim+27\ 648$ 的数字量，这些数字量不具有工程量值的单位，在程序处理时带来不方便。因此，需要将数字量 $-27\ 648\sim+27\ 648$ 转化为实际的工程量值，这一过程称为模拟量输入值的"规范化"；反之，将实际工程量值转化为对应的数字量的过程称为模拟量输出值的"规范化"。

对于 S7-1200 PLC 可以使用 "缩放" 指令 SCALE_X 和 "标准化" 指令 NORM_X 来解决工程量值 "规范化" 的问题。

【例 7-1】　模拟量输入模块在压力检测中的应用。量程为 $20\sim2000\mathrm{kPa}$ 的压力变送器的输出信号为直流 $4\sim20\mathrm{mA}$，由 IW128 单元输出相应测量的压力值，并将该值由 4 个数码管（带译码电路）进行显示。当实测压力值大于 $1800\mathrm{kPa}$ 时，LED0 指示灯亮；小于 $200\mathrm{kPa}$ 时，LED2 指示灯亮；当压力介于 $500\sim1200\mathrm{kPa}$ 区间时，LED1 指示灯亮。

解：假设压力变送器与模拟量输入模块 AI $4\times13\mathrm{BIT}$（6SE7 231-4HD32-0XB0）相连接，AI $4\times13\mathrm{BIT}$ 可以将 $4\sim20\mathrm{mA}$ 的模拟电流信号转换为 $0\sim27\ 648$ 的整数送入 CPU 中。CPU 首先使用 NORM_X 指令将 $0\sim27\ 648$ 的整数值归一化为 $0.0\sim1.0$ 的浮点数 MD4，然后用 SCALE_X 指令将归一化后的数字 MD4 转换为 $20\sim2000\mathrm{kPa}$ 的浮点压力值，用变量 MW8 存储。最后根据所测压力值的大小与设定值进行比较，从而控制相应的指示灯是否点亮。4 位数码管，每位数码管采用 BCD 码方式连接，则共需 16 个输出端子，因此 CPU 1215C 模块需要外接数字量输出扩展模块，如 DQ 16×24V DC（产品编号6ES7 222-1BH32-0XB0），该扩展模块用于连接 4 位 BCD 码数码管，默认起始输出地址为 QB8。

在 TIA Portal 中进行硬件组态及编写相关程序即可，具体操作步骤如下：

（1）建立项目，设置模拟量输入模块。

1）启动 TIA 博途软件，创建一个新的项目，并添加相应的硬件模块。

2）双击 AI 4×13BIT（6SE7 231-4HD32-0XB0）模块，进行相应的模拟量输入设置。在"通道 0"中将其测量类型设置为"电流"，测量范围为 4～20mA，如图 7-12（a）所示；在"I/O 地址"中将"起始地址"设置为 128，如图 7-12（b）所示。

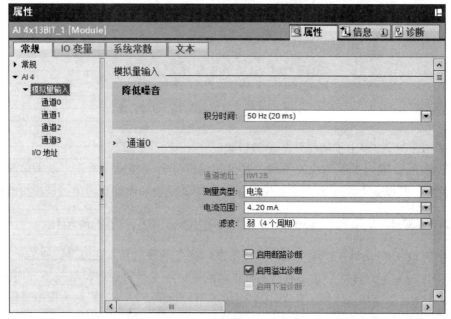

(a) 通道0的设置

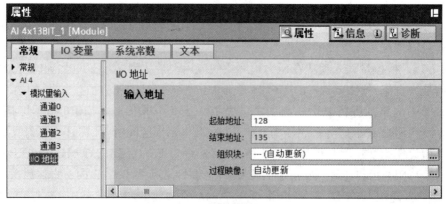

(b) I/O地址的设置

图 7-12 AI 4×13BIT 模块的设置

（2）在 OB1 中编写程序。在 OB1 中编写程序，如表 7-4 所示，程序段 1 是启停控制，当按下启动按钮时 M0.0 线圈得电后自锁。程序段 2 是将 AI 4×13BIT 模块通过 A/D 转换后的数值由 IW128 输入，通过 NORM_X 指令将 IW128 中的数值（对应数值范围为 0～27 648）转换为 0.0～1.0 的浮点数，存入 MD4。程序段 3 是通过 SCALE_X 指令将 MD4 中的数字转换为 200～2000（200～2000kPa）的浮点数压力值，由 MW8 存储，同时使用 CONV 指令将 MW8 中的值转换为 16 位 BCD 码送入 QW8。由于 S7-1200 PLC 连接了数字量输出模块，其输出地址为 QW8（QB8、QB9），而数字量输出模块又与 4 个数码管（带译码电路）连接，这样就实现了压力值的转换显示。程序段 4～程序段 6 是将 MW8 中的数值与设置压力值进行比较，当 MW8 中的实测压力值大于 1800kPa（即 1800）时，Q0.0 输出为 1；实测压力值介于 500～1200（500～1200kPa）时，Q0.1 输出为 1；当实测压力值小于 200kPa（即 200）时，Q0.2 输出为 1。

表 7-4　　　　　　　　　　　　OB1 中的程序

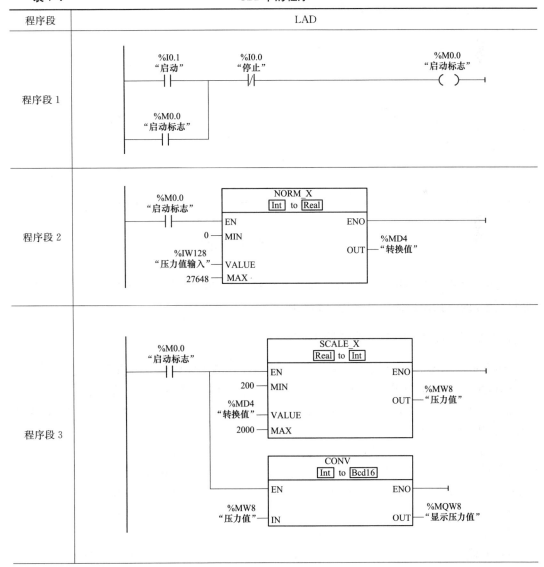

续表

程序段	LAD
程序段 4	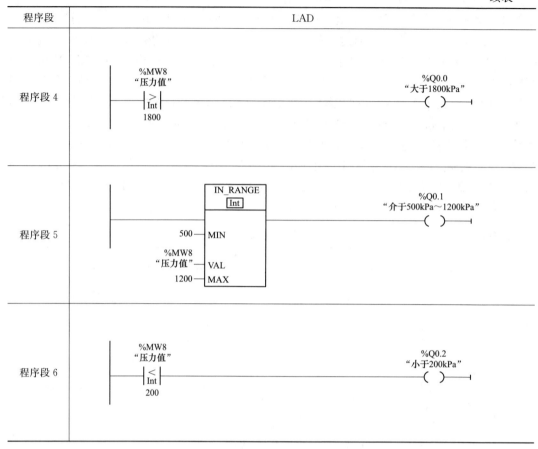
程序段 5	
程序段 6	

7.3 PID 闭环控制

闭环控制是根据控制对象输出反馈来进行校正的控制方式，它是在测量出实际与计划发生偏差时，按定额或标准来进行纠正的。

7.3.1 模拟量闭环控制系统的组成

典型的模拟量闭环控制系统结构如图 7-13 所示，图中虚线部分可由 PLC 的基本单元加上模拟量输入/输出扩展单元来承担。即由 PLC 自动采样来自检测元件或变送器的模拟输入信号，同时将采样的信号转换为数字量，存在指定的数据寄存器中，经过 PLC 运算处理后输出给执行机构去执行。

图 7-13 中 $c(t)$ 为被控量，该被控量是连续变化的模拟量，如压力、温度、流量、物位、转速等。$mv(t)$ 为模拟量输出信号，大多数执行机构（如电磁阀、变频器等）要求 PLC 输出模拟量信号。PLC 采样到的被控量 $c(t)$ 需转换为标准量程的直流电流或直流电压信号 $pv(t)$，例如 4~20mA 和 0~10V 的信号。$sp(n)$ 为是给定值，$pv(n)$ 为 A/D 转换后的反馈量。$ev(n)$ 为误差，误差 $ev(n) = sp(n) - pv(n)$。$sp(n)$、$pv(n)$、$ev(n)$、$mv(n)$ 分别为模拟量 $sp(t)$、$pv(t)$、$ev(t)$、$mv(t)$ 第 n 次采样计算时的数字量。

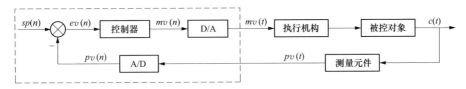

图 7-13　PLC 模拟量闭环控制系统结构框图

要将 PLC 应用于模拟量闭环控制系统中，首先要求 PLC 必须具有 A/D 和 D/A 转换功能，能对现场的模拟量信号与 PLC 内部的数字量信号进行转换；其次 PLC 必须具有数据处理能力，特别是应具有较强的算术运算功能，能根据控制算法对数据进行处理，以实现控制目的；同时还要求 PLC 有较高的运行速度和较大的用户程序存储容量。现在的 PLC 一般都有 A/D 和 D/A 模块，许多 PLC 还设有 PID 功能指令，在一些 PLC 中还配有专门的 PID 控制器。

7.3.2　PID 控制器

1. PID 控制的基本概念

比例（P）-积分（I）-微分（D）（proportional integral derivative，PID），其功能以实现有模拟量的自动控制领域中需要按照 PID 控制规律进行自动调节的控制任务，如温度、压力、流量等。PID 是根据被控制输入的模拟物理量的实际数值与用户设定的调节目标值的相对差值，按照 PID 算法计算出结果，输出到执行机构进行调节，以达到自动维持被控制的量跟随用户设定的调节目标值变化的目的。

当不能完全掌握被控对象的结构和参数，或者得不到精确的数学模型，并且难以采用控制理论的其他技术时，系统控制器的结构和参数必须依靠经验和现场调试来确定，在这种情况下，可以使用 PID 控制技术。PID 控制技术包含了比例控制、微分控制和积分控制等。

（1）比例控制（proportional）。比例控制是一种最简单的控制方式。其控制器的输出与输入误差信号成比例关系，如果增大比例系数，可以使系统反应灵敏，调节速度加快，并且可以减小稳态误差。但是，比例系数过大会使超调量增大，振荡次数增加，调节时间加长，动态性能变差，比例系数太大甚至会使闭环系统不稳定。当仅有比例控制时，系统输出存在稳态误差（steady-state error）。

（2）积分控制（integral）。在 PID 中的积分对应于图 7-14 中的误差曲线 $ev(t)$ 与坐标轴包围的面积，图中的 T_S 为采样周期。通常情况下，用图中各矩形面积之和来近似精确积分。

在积分控制中，PID 的输出与输入误差信号的积分成正比关系。每次 PID 运算时，在原来的积分值基础上，增加一个与当前的误差值 $ev(n)$ 成正比的微小部分。误差为负值时，积分的增量为负。

对一个自动控制系统，如果在进入稳态后存

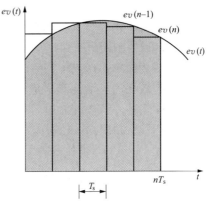

图 7-14　积分的近似计算

在稳态误差，那么称这个控制系统为有稳态误差系统，或简称有差系统（system with steady-state error）。为了消除稳态误差，在控制器中必须引入"积分项"。积分项对误差的运算取决于积分时间 T_1，T_1 在积分项的分母中。T_1 越小，积分项变化的速度越快，积分作用越强。

（3）比例积分控制。PID 输出中的积分项与输入误差的积分成正比。输入误差包含当前误差及以前的误差，它会随时间增加而累积，因此积分作用本身具有严重的滞后特性，对系统的稳定性不利。如果积分项的系数设置得不好，那么其负面作用很难通过积分作用本身迅速地修正。而比例项没有延迟，只要误差一出现，比例部分就会立即起作用。因此积分作用很少单独使用，它一般与比例和微分联合使用，组成 PI 或 PID 控制器。

PI 和 PID 控制器既克服了单纯的比例调节有稳态误差的缺点，又避免了单纯的积分调节响应慢、动态性能不好的缺点，因此被广泛使用。

如果控制器有积分作用（例如采用 PI 或 PID 控制），那么积分能消除阶跃输入的稳态误差，这时可以将比例系数调得小一些。如果积分作用太强（即积分时间太短），那么其累积的作用会使系统输出的动态性能变差，有可能使系统不稳定。如果积分作用太弱（即积分时间太长），那么消除稳态误差的速度太慢，所以要取合适的积分时间值。

（4）微分控制。在微分控制中，控制器的输出与输入误差信号的微分（即误差的变化率）成正比关系，误差变化越快，其微分绝对值越大。误差增大时，其微分为正；误差减小时，其微分为负。在自动控制系统中存在较大的惯性组件（环节）或有滞后（delay）组件，具有抑制误差的作用，其变化总是落后于误差的变化。因此，自动控制系统在克服误差的调节过程中可能会出现振荡甚至失稳。在这种情况下，可以使抑制误差的作用的变化"超前"，即在误差接近零时，抑制误差的作用就应该是零。也就是说，在控制器中仅引入"比例"项往往是不够的，比例项的作用仅是放大误差的幅值，而目前需要增加的是"微分项"，它能预测误差变化的趋势，这样，具有比例＋微分的控制器就能够提前使抑制误差的控制作用等于零，甚至为负值，从而避免被控量的严重超调。所以对于有较大惯性或滞后的被控对象，比例＋微分（PD）控制器能改善系统在调节过程中的动态特性。

2. PID 控制器的主要优点

PID 控制器作为最实用化的控制器已有近百年的历史，现在仍然是应用最广泛的工业控制器，它具有以下优点：

（1）不需要知道被控对象的数学模型。实际上大多数工业对象准确的数学模型是无法获得的，对于这一类系统，使用 PID 控制可以得到比较满意的效果。

（2）PID 控制器具有典型的结构，其算法简单明了，各个控制参数相对较为独立，参数的选定较为简单，形成了完整的设计参数调整方法，很容易为工程技术人员所掌握。

（3）有较强的灵活性和适应性，在不同程度上可应用于各种工业应用场合，特别适用于"一阶惯性环节＋纯滞后"和"二阶惯性环节＋纯滞后"的过程控制对象。

（4）PID 控制根据被控对象的具体情况，可以采用各种 PID 控制的变种和改进的控制方式，如 PI、PD、带死区的 PID、积分分离式 PID、变速积分 PID 等。

7.3.3　PID_Compact 指令

S7-1200PLC 支持的 PID 指令为 Compact PID，Compact PID 是集成 PID 指令，包括

集成了调节功能的通用 PID 控制器指令 PID_Compact 和集成了阀门调节功能的 PID 控制指令 PID_3Step，以及集成了对湿度过程进行调节的 PID 控制指令 PID_Temp。在此，以 PID_Compact 指令为例，讲解其指令的功能、算法及使用。

1. PID_Compact 指令参数

PID_Compact 指令提供了一种可对具有比例作用的执行器进行集成调节的 PID 控制器。该指令存在多种工作模式，如未激活、预调节、精确调节、自动模式、手动模式和带错误监视的替代输出值等。

PID_Compact 的指令参数如表 7-5 所示，该指令分为输入参数和输出参数，其中梯形图指令的左侧为输入参数，右侧为输出参数。指令的视图分为扩展视图和集成视图，单击指令框底部的 ▲ 或 ▼，可以进行选择。不同的视图中看到的参数不一样，表 7-5 中的 PID_Compact 指令为扩展视图，在该视图中展示的参数多，它包含了亮色和灰色字迹的所有参数，而集成视图中可见的参数较少，只能看到亮色的参数，而灰色的参数不可见。

表 7-5　　　　　　　　　　　　　　　　PID_Compact 的指令参数

LAD	参数	数据类型	说明
	EN	Bool	允许输入
	Setpoint	Real	自动模式下的给定值
	Input	Real	实数类型反馈
	Input_PER	Int	整数类型反馈
	Disturbance	Real	扰动变量或预控制值
	ManualEnable	Bool	上升沿为手动模式；下降沿为自动模式
	ManualValue	Real	手动模式下的输出值
	ErrorAck	Bool	上升沿复位 ErrorBits 和 Warrings
	Reset	Bool	重新启动控制器
	ModeActivate	Bool	上升沿时，切换到保存在 Mode 参数中的工作模式
	Mode	Int	指定 PID_Compact 将转换到的工作模式
	SecaledInput	Real	标定的过程值
	Output	Real	实数类型的输出值
	Output_PER	Int	模拟量输出值
	Output_PWM	Bool	脉宽调制输出值
	SetpointLimit_H	Bool	等于 1 表示已达设定值上限
	SetpointLimit_L	Bool	等于 1 表示已达设定值下限
	InputWarning_H	Bool	等于 1 表示过程值已达到或超出警告上限

PID_Compact 指令框：

```
        PID_Compact
                        ▲▲
  EN              ENO
  Setpoint        ScaledInput
  Input           Output
  Input_PER       Output_PER
  Disturbance     Output_PWM
  ManualEnable
  ManualValue     SetpointLimit_H
  ErrorAck        SetpointLimit_L
  Reset           InputWarning_H
  ModeActivate    InputWarning_L
  Mode            State
                  Error
                  ErrorBits
```

LAD	参数	数据类型	说明
PID_Compact EN　　　　　　　ENO Setpoint　　　ScaledInput Input　　　　　Output Input_PER　　Output_PER Disturbance　Output_PWM ManualEnable ManualValue　SetpointLimit_H ErrorAck　　　SetpointLimit_L Reset　　　　InputWarning_H ModeActivate　InputWarning_L Mode　　　　　State 　　　　　　　Error 　　　　　　　ErrorBits	InputWarning_L	Bool	等于 1 表示过程值已 达到或低于警告下限
	State	Int	PID 控制器的 当前工作模式
	Error	Bool	等于 1 表示有错误 信息处于未决状态
	ErrorBits	DWord	显示处于未决 状态的错误消息

2. PID_Compact 指令算法

PID_Compact 指令算法是一种具有抗积分饱和功能并且能够对比例作用和微分作用进行加权运算的 PID 控制器，算法公式如下：

$$y = K_p\left[(bw-x) + \frac{1}{T_I s}(w-x) + \frac{T_D s}{aT_D s}(cw-x)\right] \tag{7-1}$$

式（7-1）中的符号及说明如表 7-6 所示。

表 7-6　　　　　　　　　　PID_Compact 指令算法公式中的符号及含义

符号	说明	符号	说明
y	PID 算法的输出值	x	过程值
K_p	比例增益	T_I	积分作用时间
s	拉普拉斯运算符	T_D	微分作用时间
b	比例作用权重	a	微分延迟系数（微分延迟 $T_I = aT_D$）
w	设定值	c	微分作用权重

PID_Compact 指令算法的框图表示如图 7-15 所示，带抗积分饱和的 PIDTI 方框图如图 7-16 所示。

所谓抗饱和现象是指如果 PID 控制系统误差的符号不变，PID 控制器的输出 y 和绝对值由于积分作用的不断累加而增大，从而导致执行机构达到极限位置。若控制器输出 y 继续增大，执行器开度不可能再增大，此时 PID 控制器的输出量 y 超过了正常运行的范围而进入饱和区。一旦系统出现反向偏差，y 逐渐从饱和区退出。进入饱和区越深，则退出饱和区的时间越长。在这段时间里，执行机构仍然停留在极限位置，而不是随偏差反向立即做出相应的改变。所以系统处于失控状态，造成控制性能恶化，响应曲线的超调量增大，这种现象称为积分饱和现象。

防止积分的方法之一是抗积分饱和法，其思路是在计算控制器输出 $y(n)$ 时，首先判

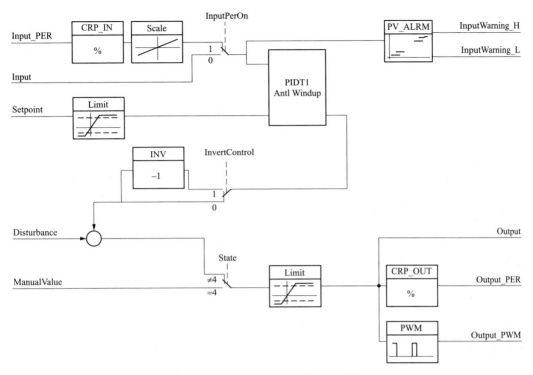

图 7-15　PID_Compact 指令算法框图

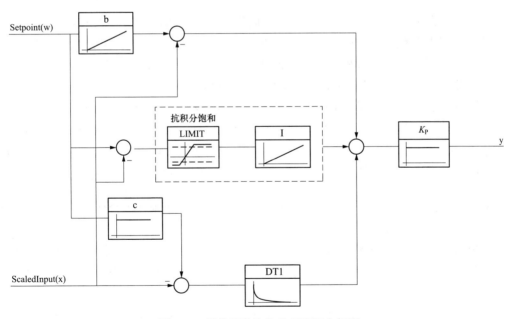

图 7-16　带抗积分饱和的 PIDTI 方框图

断上一时刻的控制器输出 $y(n-1)$ 的绝对值是否已经超出了极限范围。如果 $y(n-1)$ 大于上限值 $y_{\max}$，那么只累加负偏差；如果 $y(n-1)$ 小于下限值 $y_{\min}$，那么只累加正偏差。从而避免了控制器输出长时间停留在饱和区造成的滞后的负面影响。

注意，PID 控制指令需要固定的采样周期，所以指令调用时，需要在循环中断 OB 中进行调用。该 OB 的循环中断时间就是采样周期。此外，如果将 PID_Compact 作为多重背景数据块调用，那么将没有参数分配接口或调试接口可用，必须直接在多重背景数据块中为 PID_Compact 分配参数，并通过监视表格进行调试。

3. PID 组态

若为 PID_Compact 指令分配了背景数据块后，单击指令框右上角的 █ 图标，即可打开 PID_Compact 指令的组态编辑器。组态编辑器有两种视图：功能视图（在 TIA Portal 中称为功能视野）和参数视图。

在 PID_Compact 指令组态编辑器的参数视图中，用户可以对当前 PID 指令的所有参数进行查看，并根据需要直接对部分参数的起始值等离线数据进行修改，也可以对在线的参数数据进行监视和修改。

PID_Compact 指令组态编辑器的功能视图包括基本设置、过程值设置和高级设置等内容。在该视图中，采用向导的方式对 PID 控制器进行设置。

（1）基本设置。"基本设置"选项页面如图 7-17 所示，主要包括控制器类型和输入/输出参数的设置。在"控制器类型"中可以通过下拉列表选择常规、温度、压力、长度、流量、亮度、照明度、力、力矩、质量、电流、电压等。如果希望随着控制偏差的增大而减小输出值，那么可在该页面中勾选"反转控制逻辑"复选框。如果勾选了"CPU 重启激活 Mode"复选框，那么在 CPU 重启后将 Mode 设置为该复选框下方的设置选项。在"Input/Output 参数"中，可以组态设定值、过程值和输出值的源值。例如 Input 过程值中的"Input"项表示过程值来自程序中经过处理的变量；而"Input_PER（模拟量）"项表示过程值来自未经处理的模拟量输入值。同样，Output 输出值的"Output"项表示输出值，需使用用户程序来进行处理，也可以用于程序中其他地方作为参考，如串级 PID 等；输出值与模拟量转换值相匹配时，选择"Output_PER（模拟量）"项，可以直接连接模拟量输出；输出也可以是脉冲宽度调制信号"Output_PWM"。

"过程值设置"包括过程值限值的设置和过程值标定（规范化）的量程设置，如图 7-18 所示。如果过程值超出了这些限值，PID_Compact 指令将立即报错（ErrorBits＝0001H），并取消调节操作。如果在"基本设置"中将过程值设置为"Input_PER（模拟量）"，由于它来自一个模拟量输入地址，必须将模拟量值转换为过程值的物理量。

（2）高级设置。"高级设置"包括过程值监视、PWM 限制、输出值限值和 PID 参数的设置。在"过程值监视"中，可以设置过程值的警告上限和警告下限。如果过程值超出警告上限，那么 PID_Compact 指令的输出参数 InputWarring_H 为 TURE；如果过程值低于警告下限，那么 PID_Compact 指令的输出参数 InputWarring_L 为 TURE；警告限值必须处于过程值的限值范围内。如果没有输入警告限值，那么将使用过程值的上限和下限。

在"PWM 限制"中，可以设置 PID_Compact 控制器脉冲输出 Output_PWM 的最短接通时间和最短关闭时间。如果已选择 Output_PWM 作为输出值，那么将执行器的最小开启时间和最小关闭时间作为 Output_PWM 的最短接通时间和最短关闭时间；如果已选择 Output 或 Output_PER 作为输出值，那么必须将最短接通时间和最短关闭时间设置为 0.0s。

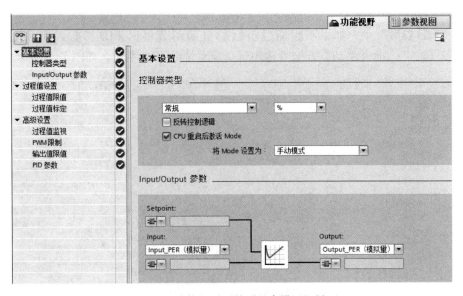

图 7-17　功能视图下的"基本设置"界面

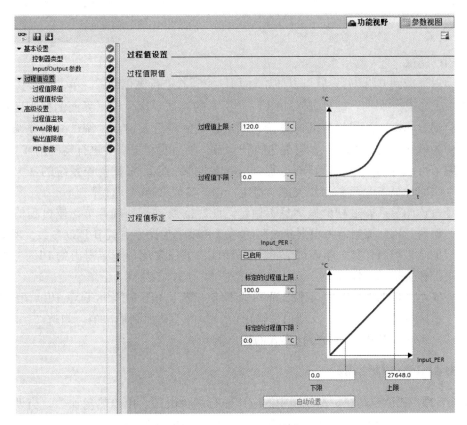

图 7-18　功能视图下的"过程值设置"界面

在"输出值限值"中，以百分比形式组态输出值的限值，无论是在手动模式还是自动模式下，输出值都不会超出该限值。如果在手动模式下，指定了一个超出限值范围的输出值，那么 CPU 会将有效值限制为组态的限值。

在"PID 参数"中，如果不想通过控制器自动调节得出 PID 参数，那么可以勾选"启用手动输入"，通过手动方式输入适用于受控系统的 PID 参数，如图 7-19 所示。

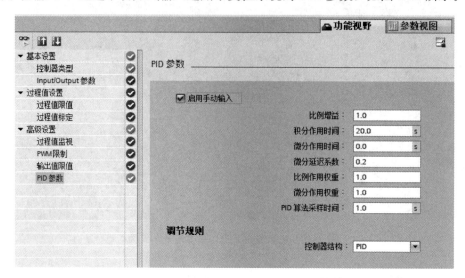

图 7-19   功能视图下"高级设置"中的"PID 参数"界面

4. PID 调试

将项目下载到 CPU 后，就可以开始对 PID 控制器进行优化调试。单击 PID_Compact 指令框右上角的🔧图标，即可进入如图 7-20 所示的调试界面。调试界面的控制区包含了测量的启动（start）和采样时间的设置、调试模式的设置及启动。调试分为预调节和精确调节两种模式，通常 PID 调试时先进行预调节，然后再根据需要进行精确调节。

预调节可确定输出值对阶跃的过程响应，并搜索拐点。根据受控系统的最大上升速率与死区时间计算 PID 参数。过程值越稳定，PID 参数就越容易计算。

若经过预调节后，过程值振荡且不稳定，此时需要进行精确调节，使过程值出现恒定受限的振荡。PID 控制器将根据此振荡的幅度和频率为操作点调节 PID 参数。所有 PID 参数都根据结果重新计算。精确调节得出的 PID 参数通常比预调节得出的 PID 参数具有更好的主控和抗扰动特性。

趋势显示区以曲线方式显示设定值、反馈值、输出值。优化区显示 PID 调节状态。当前值显示区可监视给定值、反馈值、输出值，并可手动强制输出值，勾选"手动"项，可以在"Output"栏内输入百分比形式的输出值。

7.3.4   PID 应用举例

【例 7-2】   PID 控制在炉温控制中的应用。有一台电炉，由电热丝加热，当设定电炉温度后，PLC 经过 PID 运算由 Q0.0 端输出一个脉冲串送到固态继电器，固态继电器根据信号（弱电信号）的大小控制电热丝的加热电压（强电信号）的大小（甚至断开）。温度传感器测量电炉的温度，温度信号经过变送器的处理后输入到模拟量输入端，再通过 PLC 进行 PID 运算，如此循环。

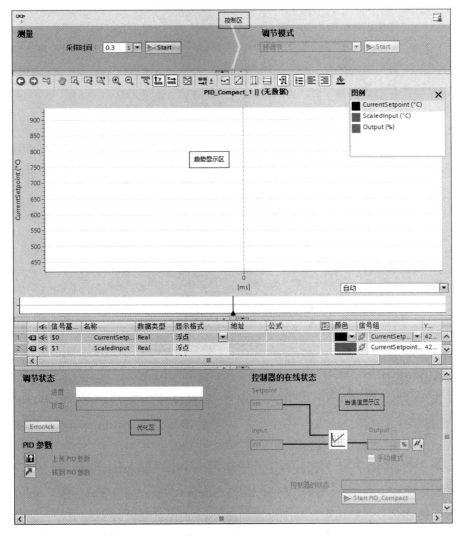

图 7-20　调试界面

解： 首先添加相应的模拟量输入模块和模拟量输出模块，进行组态，然后编写程序，并进行 PID 调试即可，具体步骤如下：

1. 建立项目，进行硬件组态

（1）启动 TIA 博途软件，创建一个新的项目，并添加相应的硬件模块。

（2）双击模拟量输入模块（AI 4×13BIT），进行相应的模拟量输入设置。在"通道模板"中将其测量类型设置为"电压"，测量范围为 ±10V；在"I/O 地址"中将起始地址设置为 128。

（3）双击模拟量输出模块（AQ 4×14BIT），进行相应的模拟量输出设置。在"通道模板"中将其输出类型设置为"电流"，输出范围为 4～20mA；在"I/O 地址"中将起始地址设置为 144。

（4）在 TIA Portal 项目结构窗口的"PLC 变量"中双击"默认变量表"，进行全局变量表的定义，如图 7-21 所示。

PLC 变量					
		名称	变量表	数据类型	地址
1		System_Byte	默认变量表	Byte	%MB10
2		FirstScan	默认变量表	Bool	%M10.0
3		DiagStatusUpdate	默认变量表	Bool	%M10.1
4		AlwaysTRUE	默认变量表	Bool	%M10.2
5		AlwaysFALSE	默认变量表	Bool	%M10.3
6		Clock_Byte	默认变量表	Byte	%MB20
7		Clock_10Hz	默认变量表	Bool	%M20.0
8		Clock_5Hz	默认变量表	Bool	%M20.1
9		Clock_2.5Hz	默认变量表	Bool	%M20.2
10		Clock_2Hz	默认变量表	Bool	%M20.3
11		Clock_1.25Hz	默认变量表	Bool	%M20.4
12		Clock_1Hz	默认变量表	Bool	%M20.5
13		Clock_0.625Hz	默认变量表	Bool	%M20.6
14		Clock_0.5Hz	默认变量表	Bool	%M20.7
15		测量温度	默认变量表	Int	%IW128
16		手动	默认变量表	Bool	%I0.0
17		PWM输出	默认变量表	Bool	%Q0.0
18		PID错误	默认变量表	DInt	%MD4
19		PID_state	默认变量表	Word	%MW0
20		给定温度	默认变量表	Int	%IW8
21		给定实数温度	默认变量表	Real	%MD30

图 7-21　定义电炉的全局变量

2. PID 参数组态

（1）添加循环中断组织块。在 TIA Portal 项目结构窗口的"程序块"中双击"添加新块"，在弹出的添加新块中点击"组织块"，然后选择"Cyclic interrupt"，设置循环时间为 20ms，并按下"确定"键。

（2）在新添加的循环中断组织块 OB30 中添加 PID_Compact 指令，然后单击 PID_Compact 指令框右上角的 图标，打开 PID_Compact 指令的组态编辑器，在"功能视野"视图下进行 PID 参数组态。基本设置如图 7-22 所示，将"控制器类型"选择为"温度"，在输入值（即反馈值 IW2）中选择为"Input_PER（模拟量）"，输出值（即脉宽调制输出值 Q0.0）中选择为"Output_PWM"。过程值即反馈值量程化的设置如图 7-23 所示，将过程值的下限值设置为 0.0，上限设置为传感器的上限值 1000.0，此为温度传感器的量程。在高级设置中，过程值监视设置如图 7-24 所示，当测量值高于此数值时，会产生报警。在高级设置中，PWM 设置如图 7-25 所示，代表输出接通和断开的最短时间，如固态继电器的导通和断开切换时间为 0.5s。在高级设置中，将"输出值限值"采用默认值，如图 7-26 所示。"对错误的响应"中"将 Output 设置为"有 3 个选项，当选择"错误未决时的替代输出值"时，PID 运算出错，以替代值输出，当错误消失后，PID 运算重新开始；当选择"错误待定时的当前值"时，PID 运算出错，以当前值输出，当错误消失后，PID 运算重新开始；当选择"非活动"时，PID 运算出错，错误消失后，PID 运算不会重新开始，在此模式下，若希望重启，则需要用编程的方法实现。在高级设置中，将 PID 参数的"启用手动输入"不勾选，使用系统自整定参数；调节规则使用"PID"控制器，如图 7-27 所示。

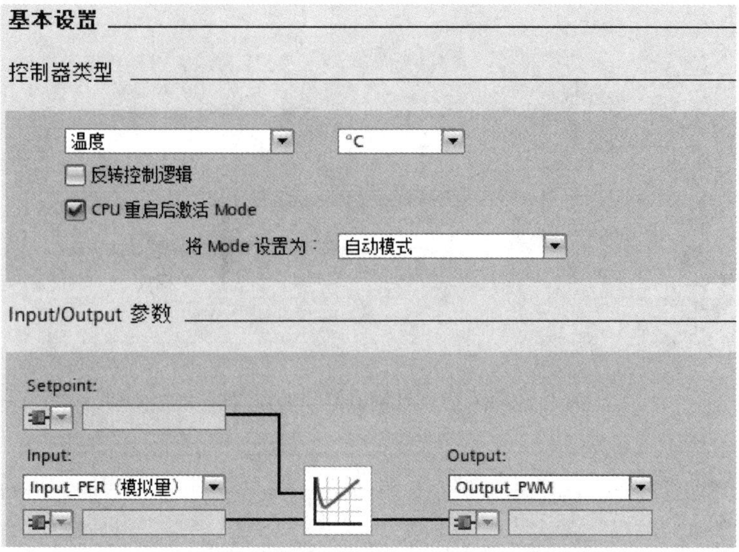

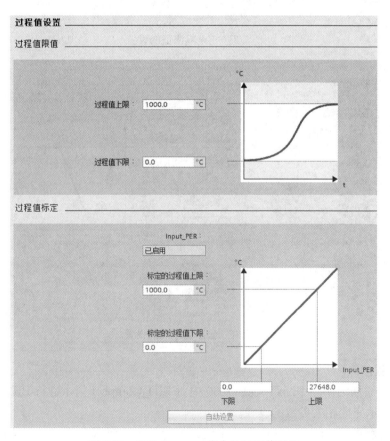

图 7-22　PID_Compact 指令的基本设置

图 7-23　PID_Compact 指令的过程值设置

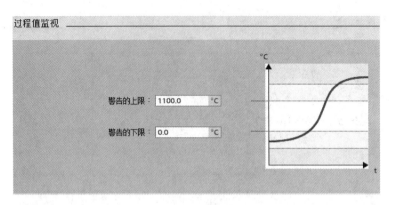

图 7-24　过程值监视的设置

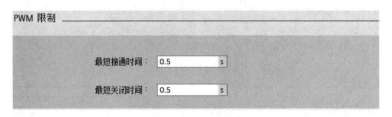

图 7-25　PWM 限值的设置

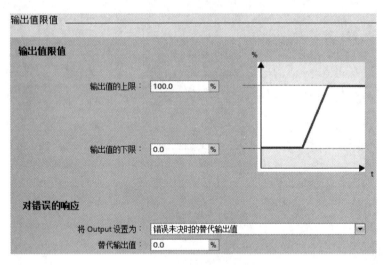

图 7-26　输出值限值的设置

3. 编写程序

（1）在已添加的循环中断组织块 OB30 中对 PID_Compact 指令进行 PID 参数组态后，根据表 7-7 所示完成相关参数的设置。

（2）在主程序 Main(OB1) 中将给定值模拟量输入，量程化为 0.0～1000.0 的实数，并将量程化后的数值赋给 MD30，其程序如表 7-7 所示。

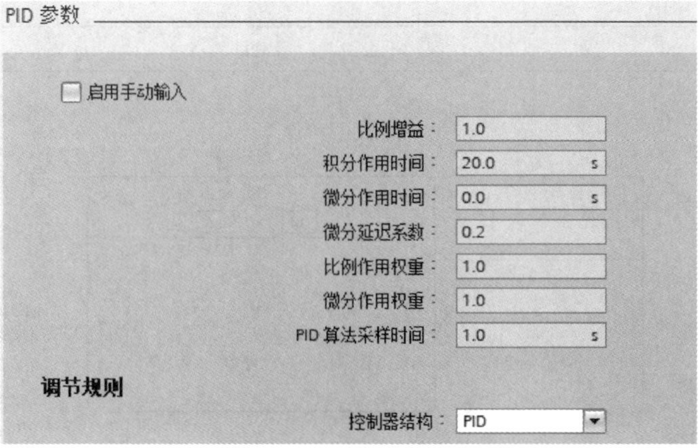

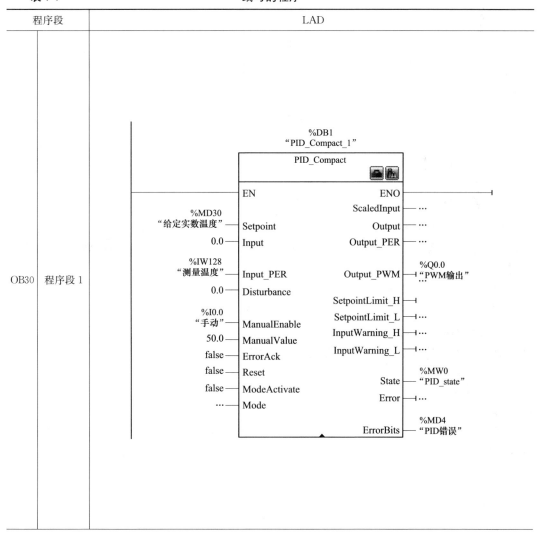

图 7-27　PID 参数的设置

表 7-7　　**编写的程序**

程序段		LAD
OB30	程序段 1	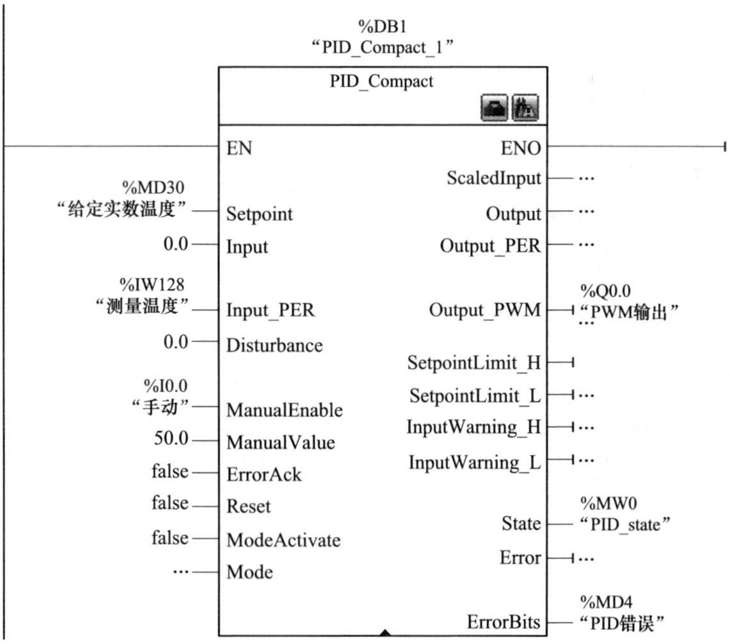

续表

程序段	LAD
OB1	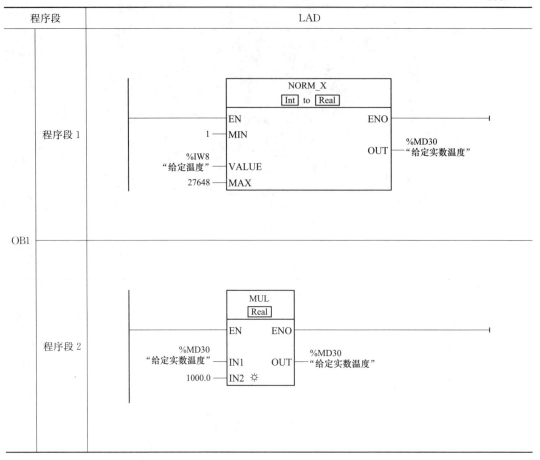

4. PID 调试

将项目编译成功并下载到 CPU 后，就可以开始对 PID 控制器进行优化调试。单击 PID_Compact 指令框右上角的圙图标，进入 PID 调试界面。在此界面的控制区，点击采样时间 Start 按钮，开始测量在线值，在"调节模式"下选择"预调节"，先进行预调节。当预调节完成后，在"调节模式"下再选择"精确调节"。之后将设定值"给定温度"设为 500℃，随着加热丝的加热，系统将进行温度的自整定过程，如图 7-28 所示。

5. 上传参数和下载参数

由于 PID 自整定是在 CPU 内部进行的，整定后的参数并不一定在项目中，所以需要上传参数到项目。

（1）当 PID 自整定完成后，单击图 7-28 左下角的"上传 PID 参数"按钮，参数从 CPU 上传到在线项目中。

（2）单击"转到 PID 参数"，弹出如图 7-29 所示的界面，在此界面单击"监控所有"圙图标，勾选"启用手动输入"选项，再单击"下载"圙图标，将修正后的 PID 参数下载到 CPU 中去。

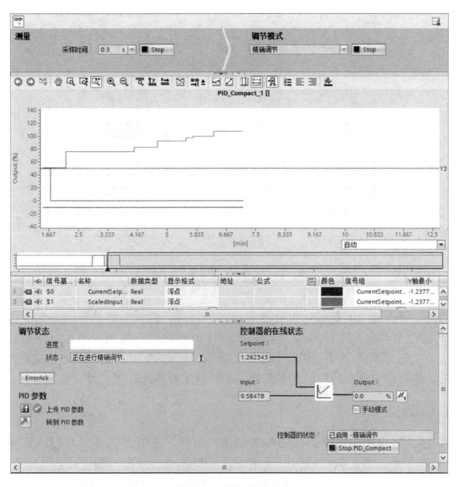

图 7-28　PID 自整定

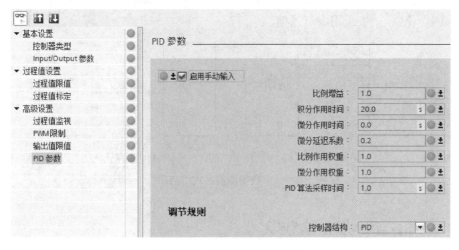

图 7-29　下载 PID 参数界面

第 8 章　S7-1200 PLC 通信

随着计算机网络技术的发展，以及工业自动化程度的不断提高，自动控制也从传统的集中式向多级分布式方向发展。为了适应这种形势的发展，各 PLC 厂商加强了 PLC 的网络通信能力。

8.1　通信基础知识

通信是计算机网络的基础，没有通信技术的发展，就没有计算机网络的今天，也就没有 PLC 的应用基础。PLC 的通信包括 PLC 与 PLC 之间的通信、PLC 与上位计算机之间的通信，以及 PLC 和其他智能设备之间的通信。PLC 与 PLC 之间的通信实质就是计算机的通信，使得众多独立的控制任务构成一个控制工程整体，形成模块控制体系。

8.1.1　通信方式

通常将 CPU 与外部数据的传送称为通信。因此，通信方式分为并行通信和串行通信，如图 8-1 所示。并行数据通信是以字节或字为单位的数据传输方式，除了 8 根或 16 根数据线和 1 根公共线外，还需要双方联络用的控制线。串行数据通信是以二进制的位为单位进行数据传输，每次只传送 1 位。串行通信适用于传输距离较远的场合，所以在工业控制领域中，PLC 一般采用串行通信。

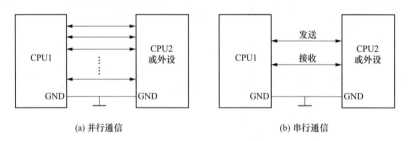

图 8-1　数据传输方式示意图

8.1.2　串行通信的数据通路形式

在串行通信中，数据的传输是在两个站之间进行的，按照数据传送方向的不同，串行通信的数据通路有单工、半双工和全双工等三种形式。

在单工形式下，数据传送是单向的。通信双方中一方固定为发送端，另一方固定为接收端，数据只能从发送端传送到接收端，因此只需一根数据线，如图 8-2 所示。

图 8-2　单工形式

在半双工形式下数据传送是双向的，但任何时刻只能由其中的一方发送数据，另一方接收数据。即数据从 A 站发送到 B 站时，B 站只能接收数据；数据从 B 站发送到 A 站时，A 站只能接收数据，如图 8-3 所示。通常需要一对双绞线连接，与全双工相比，通信线路成本低。例如，RS-485 只用一对双绞线时就是"半双工"通信方式。

在全双工形式下数据传送也是双向的，允许双方同时进行数据双向传送，即可以同时发送和接收数据，如图 8-4 所示。通常需要两对双绞线连接，通信线路成本高。例如，RS-422 就是"全双工"通信方式。

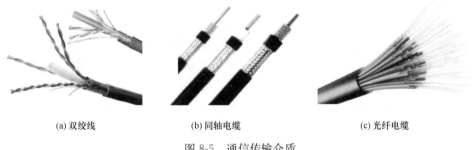

图 8-3　半双工形式　　　　　　　　图 8-4　全双工形式

半双工和全双工可实现双向数据传输，所以在 PLC 中使用比较广泛。

8.1.3　通信传输介质

通信传输介质一般有 3 种，分别为双绞线、同轴电缆和光纤电缆，如图 8-5 所示。

(a) 双绞线　　　　　　(b) 同轴电缆　　　　　　(c) 光纤电缆

图 8-5　通信传输介质

双绞线是将两根导线扭绞在一起，以减少外部电磁干扰。如果使用金属网加以屏蔽，那么其抗干扰能力更强。双绞线具有成本低、安装简单等特点，RS-485 接口通常采用双绞线进行通信。

同轴电缆有 4 层，最内层为中心导体，中心导体的外层为绝缘层，包着中心体。绝缘外层为屏蔽层，同轴电缆的最外层为表面的保护皮。同轴电缆可用于基带传输，也可用于宽带数据传输，与双绞线相比，具有传输速率高、距离远、抗干扰能力强等优点，但是其成本比双绞线要高。

光纤电缆有全塑光纤电缆、塑料护套光纤电缆、硬塑料护套光纤电缆等类型，其中硬塑料护套光纤电缆的数据传输距离最远，全塑料光纤电缆的数据传输距离最短。光纤电缆与同轴电缆相比，具有抗干扰能力强、传输距离远等优点，但是其价格高，维修复杂。同轴电缆、双绞线和光纤电缆的性能比较如表 8-1 所示。

表 8-1 同轴电缆、双绞线和光纤电缆的性能比较

性能	双绞线	同轴电缆	光纤电缆
传输速率	9.6kbit/s～2Mbit/s	1～450Mbit/s	10～500Mbit/s
连接方法	点到点 多点 1.5km 不用中继器	点到点 多点 10km 不用中继器（宽带） 1～3km 不用中继器（宽带）	点到点 50km 不用中继器
传送信号	数字、调制信号、纯模拟信号（基带）	调制信号、数字（基带）、数字、声音、图像（宽带）	调制信号（基带）、数字、声音、图像（宽带）
支持网络	星形、环形、小型交换机	总线形、环形	总线形、环形
抗干扰	好（需要屏蔽）	很好	极好
抗恶劣环境	好	好，但必须将同轴电缆与腐蚀物隔开	极好，耐高温与其他恶劣环境

8.1.4 串行通信接口标准

S7-1200 PLC 的串行通信接口标准有两种：RS-232C 和 RS-422/485。

1. RS-232C

RS-232C 是使用最早、应用最广的一种串行异步通信总线标准，是美国电子工业协会（Electronic Industry Association，EIA）的推荐标准。RS 表示 Recommended Standard，232 为该标准的标识号，C 表示修订次数。

该标准定义了数据终端设备（data terminal equipment，DTE）和数据通信设备（data communication equipment，DCE）之间按位串行传输的接口信息，合理安排了接口的电气信号和机械要求。DTE 是所传送数据的源或宿主，它可以是一台计算机或一个数据终端或一个外围设备；DCE 是一种数据通信设备，它可以是一台计算机或一个外围设备。例如编程器与 CPU 之间的通信采用 RS-232C 接口。

RS-232C 标准规定的数据传输速率为每秒 50、75、100、150、300、600、1200、2400、4800、9600、19 200 波特。它采用单端驱动非差分接收电路，因此有传输距离不太远（最大传输距离 15m）、传送速率不太高（最大位速率为 20kbit/s）的问题。

RS-232C 标准总线有 25 针和 9 针两种"D"型连接器，在工业控制领域中 PLC 一般使用 9 针的"D"型连接器，其引脚功能如表 8-2 所示。

表 8-2 RS-232C 的 9 针的"D"型连接器

连接器	针脚	功能说明	针脚	功能说明
	1 DCD	数据载波检测：输入	6 DSR	数据设备就绪：输入
	2 RXD	从 DCE 接收数据：输入	7 RTS	请求发送：输出
	3 TXD	传送数据到 DCE：输出	8 CTS	允许发送：输入
	4 DTR	数据终端就绪：输出	9 RI	振铃指示器（未使用）
	5 GND	逻辑地	SHELL	机壳接地

RS-232C 接口的最大通信距离为 15m，通过屏蔽电缆可实现两个设备的连接，其连

接方式如图 8-6 所示。如果没有数据流等控制，通常只使用引脚 2、3 和 5 即可。

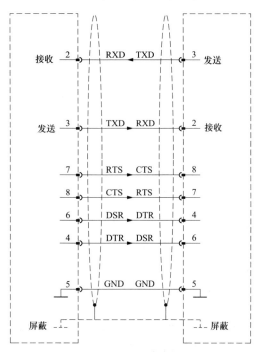

图 8-6　RS-232C 电缆连接方式

2. RS-422/485

RS-422/485 是在 RS-232 的基础上发展起来的，最大通信距离可达 1200m。RS-422/485 为非标准串行接口，有的使用 9 针接口，有的使用 15 针接口，每个设备接口引脚定义不同。9 针接口的引脚功能如表 8-3 所示。

表 8-3　　　　　　　　　　　　　RS-422/485 的 9 针的 "D" 型连接器

针脚	功能说明	连接器	针脚	功能说明
	1	逻辑接地或通信接地	6 PWR	+5V 与 100Ω 串联电阻；输出
	2 T(A)	RS-422 发送数据 A，不适用于 RS-485	7	未连接
	3 R(B)/ T(B)	RS-422 用于接收数据 B，RS-485 用于接收/发送数据 B	8 R(A)/ T(A)	RS-422 用于接收数据 A，RS-485 用于接收/发送数据 A
	4 RTS	请求发送（TTL 电平）输出	9 T(B)	RS-422 发送数据 B，不适用于 RS-485
	5 GND	逻辑接地或通信接地	SHELL	机壳接地

RS-422 使用差分信号，而 RS-232C 使用非平衡参考地的信号。差分传输使用两根线发送和接收信号，对比 RS-232C，它具有更好的抗噪声和更远的传输距离。RS-422 采用四线制全双工模式通信，每个通道要用两条信号线，如果一条是逻辑 "1" 状态，另一条为逻辑 "0"，那么其接线方式如图 8-7 所示。引脚 2、9 为发送端，连接通信方的接收端

即 T(A)-R(A)、T(B)-R(B)；引脚 3、8 为接收端，连接通信方的发送端即 R(A)-T(A)、R(B)-T(B)。

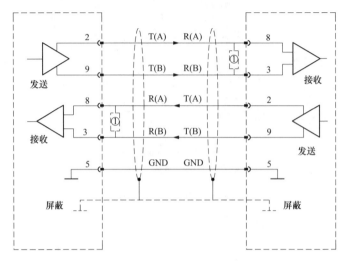

图 8-7　RS-422 接线方式

RS-485 是 RS-422 的改进，它增加了设备的个数，从 10 个增加到 32 个，同时定义了在最大设备个数情况下的电气特性，以保证足够的信号电压。RS-485 采用两线制半双工模式通信，其连接方式如图 8-8 所示。引脚 2、9 与 3、8 内部短接，不需要外接短接。引脚 8 为 R(A)，引脚 3 为 R(B)。通信双方的连线为 R(A)-T(A)、R(B)-T(B)。在通信过程中发送和接收工作不可以同时进行，为半双工通信制。

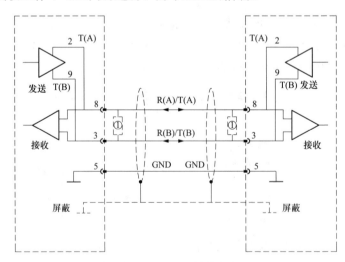

图 8-8　RS-485 接线方式

8.1.5　SIMATIC 通信网络

SIEMENS 按照相应的行业标准，以 ISO/OSI 为参考模型，提供了各种开放的、应用不同控制级别的，且支持现场总线或以太网的工业通信网络系统，统称为 SIMATIC

NET。SIMATIC NET 主要采用了 AS-i、PROFIBUS/MPI 和 PROFINET、串行口等通信网络形式。

1. AS-i

执行器-传感器接口（actuator-sensor interface，AS-i），位于 SIMATIC NET 的最底层，通过 AS-i 总线电缆连接最底层的现场二进制设备，将信号传输到控制器。

2. PROFIBUS

工业现场总线（process field bus，PROFIBUS）是依据 EN 50170《国际性的开放式的现场总线标准》或 IEC 61158-2-2014《工业通信网络　数据总线规范　第 2 部分：物理层规范和服务定义》标准建立的、应用于控制层和现场层的控制网络。应用了混合介质传输技术，以及令牌和主从的逻辑拓扑，可以同时在双绞线或光纤上进行传输。

3. MPI

多点接口（multi point interface，MPI），它是一种适用于小范围、少数站点间通信的网络，主要应用于单元级和现场级。PLC 通过 MPI 能同时连接运行 STEP 7 的编程器、计算机、人机界面（HMI）以及 SIMATIC S7、M7 和 C7。

4. PROFINET

工业以太网也可简称为 IE 网络，它是依据 IEEE 802.3 标准建立的单元级和管理级的控制网络。PROFINET 是基于工业以太网的开放的现场总线，可以将分布式 I/O 设备直接连接到工业以太网，实现从公司管理层到现场层的直接、透明的访问。

通过代理服务器（例如 IE/PB 链接器），PROFINET 可以透明地集成现有的 PROFIBUS 设备，保护对现有系统的投资，实现现场总线系统的无缝集成。

使用 PROFINET I/O，现场设备可以直接连接到以太网，与 PLC 进行高速数据交换。PROFIBUS 各种丰富的设备诊断功能同样也适用于 PROFINET。

PROFINET 使用以太网和 TCP/IP/UDP 协议作为通信基础，对快速性没有严格要求的数据使用 TCP/IP 协议，响应时间在 100ms 数量级，可以满足工厂控制层的应用。

5. 串行口通信

串行口通信是通过串行通信模块 CM 1241（RS232）或 CM 1241（RS485），使用 Freeport(自由口)、3964(R)、USS 或 Modbus 协议串行口实现 PLC 通信的。

8.2　自由口协议通信

自由口（freeport mode）协议通信是西门子 PLC 一个很有特色的点对点（point-to-point，PtP）通信，它是没有标准的通信协议，用户通过用户程序对通信口进行操作，自己定义通信协议（如 ASCII 协议）。

用户自行定义协议使 PLC 可通信的范围增大，控制系统的配置更加灵活、方便。应用此种通信协议，使 S7-1200 系列 PLC 可以与任何通信协议兼容，并使串口的智能设备和控制器进行通信。如打印机、扫描枪、调制解调器、变频器和上位 PC 机等。当然这种协议也可以使两个 CPU 之间进行简单的数据交换。当连接的智能设备具有 RS-485 接口时，可以通过双绞线进行连接；当连接的智能设备具有 RS-232C 接口时，可以通过 RS-232C/PPI 电缆连接起来进行自由口通信，此时通信口支持的速率为 1200～11 5200bit/s。

8.2.1 自由口通信模块及端口参数设置

S7-1200 PLC 的串行口通信模块主要有 CM 1241(RS-232) 通信模块和 CM 1241(RS-485) 通信模块等。CM 1241(RS-232) 通信模块支持基于字符的自由口协议和 Modbus RTU 主从协议；CM 1241(RS-485) 通信模块支持基于字符的自由口协议、Modbus RTU 主从协议。这两种通信模块有以下特点：

(1) 通信模块安于 CPU 模块的左侧，且数量之和不超过 3 块。

(2) 串行接口与内部电路隔离。

(3) 由 CPU 模块供电，不需外接电源。

(4) 模块上有一个 DIAG（诊断）LED 指示灯，可根据此 LED 灯的状态判断模块状态。模块上部盖板下有 TX（发送）和 RX（接收）两个 LED 灯，用于指示串行通信时数据的收发。

(5) 可使用扩展指令或库函数对串行口进行配置和编程。

下面以 CM 1241(RS-485) 通信模块为例，介绍该模块进行自由口协议通信的参数设置。

启动 TIA 博途软件创建项目，并添加点到点通信模块 "CM 1241(RS-485)"（6ES7 241-1CH30-0XB0）到 CPU 模块左边的 101 号插槽上，然后双击该通信模块，即可进行自由口协议的参数设置。

在 "属性"→"常规" 选项卡中，点击 "RS-485 接口" 下的 "IO-Link" 标签栏，可以设置通信接口的参数，如图 8-9 所示。其中 "波特率" 用于指定通信的波特率，可选值为 300bit/s、600bit/s、1.2kbit/s、2.4bit/s、4.8kbit/s、9.6kbit/s、19.2kbit/s、38.4kbit/s、57.6kbit/s、76.8kbit/s、115.2kbit/s，默认为 38.4kbit/s；"奇偶校验" 用于设置校验，可选值为无校验、偶校验、奇校验、Mark 校验（奇偶校验位为 1）、Space 校验（奇偶校验位为 0），默认为无校验；"数据位" 指定传送的数据位长度，可选值为 7 位字符和 8 位

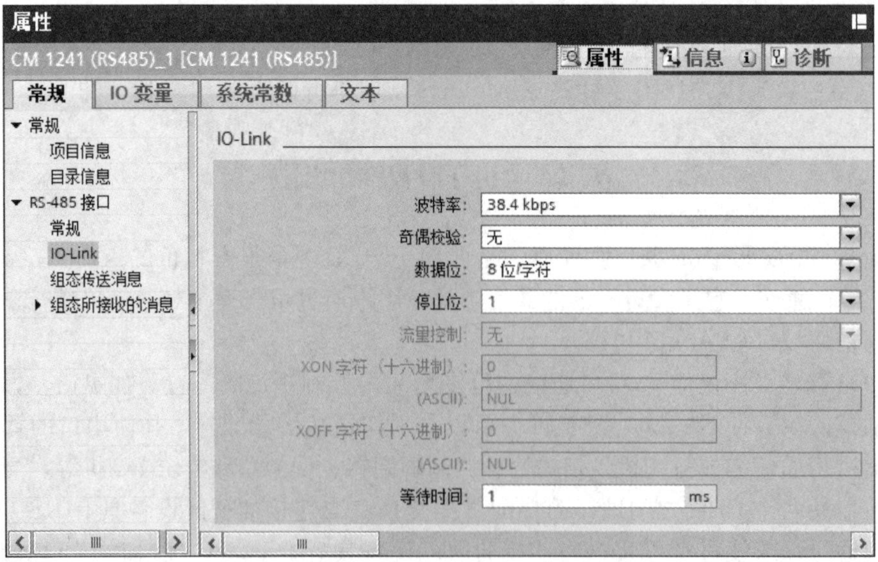

图 8-9　串行通信模块端口的参数设置

字符，默认为 8 位字符；"停止位"用于设置停止位的长度，可选值为 1 和 2，默认为 1；"流量控制"是用来协调数据的发送和接收的机制，以确保传输过程中无数据丢失，CM 1241（RS-485）通信模块无此功能；"等待时间"是指在模块发出 RTS 请求发送信号后，等待接收来自通信伙伴的 CTS 允许发送信号的时间，如果该时间超过设置值，那么通信模块会终止发送操作，并返回一个错误，如果未超过设定值，那么通信模块在等待时间结束后开始发送数据，默认值为 1ms。

8.2.2　自由口通信的发送/接收参数设置

1. 自由口通信的发送参数设置

串行口通信模块在发送数据之前，需对模块的发送参数进行设置。在"属性"→"常规"选项卡中，点击"RS-485 接口"下的"组态传送消息"标签栏，可以设置通信模块的发送参数，如图 8-10 所示。

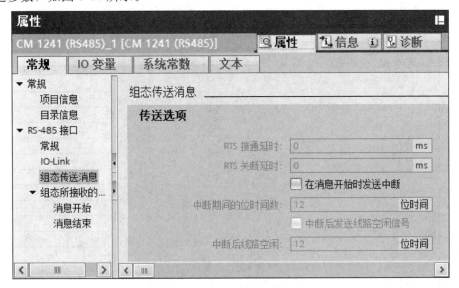

图 8-10　发送参数设置

"RTS 接通延时"仅在"端口组态"中选择硬流控制时有效，表示在发出"RTS 请求发送"信号之后和发送初始化之前需要等待的时间，即在发出"RTS 请求发送"信号之后，经过"RTS 接通延时"设定的时间后，才开始检测"CTS 允许发送"信号，这样确保接收端有足够的准备时间。

"RTS 关断延时"也仅在"端口组态"中选择硬流控制时有效，表示在完成传送后和撤销"RTS 请求发送"信号之前需要等待时间，即在数据发送完后，经过"RTS 关断延时"设定的时间后，才撤销"RTS 请求发送"信号，以确保接收端有足够的时间来接收消息帧的全部最新字符。

选中"在消息开始时发送中断"复选框，其后的"中断期间的位时间数"选项将有效。"中断期间的位时间数"表示在延时"RTS 接通延时"设定的时间，并检测"CTS 允许发送"信号后，在消息帧的开始位置发送中断（逻辑 0、高电平）持续时间为多少个位时间，上限为 8s。

选中"在消息开始时发送中断"和"中断后发送线路空闲信号"这两个复选框,"中断后线路空闲"选项才有效。"中断后线路空闲"表示在中断之后再发送多少个位时间的空闲(逻辑1、低电平)信号,上限为8s。

2. 自由口通信的接收参数设置

串行口通信模块在接收数据之前,需对模块的接收参数进行设置。在"属性"→"常规"选项卡中,点击"RS-485接口"下的"组态所接收的消息"标签栏,可以设置通信模块的接收参数,如图8-11所示。

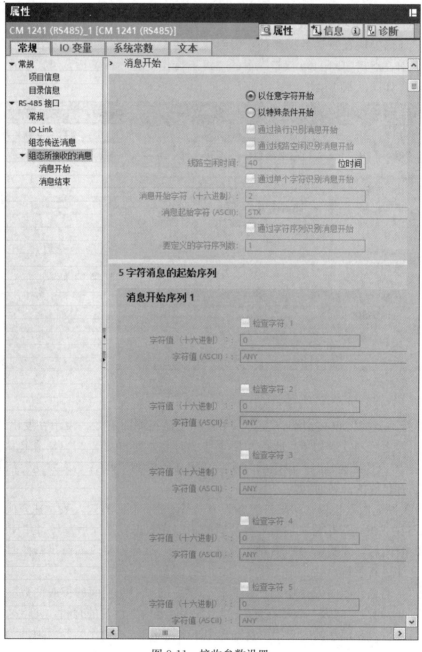

图 8-11　接收参数设置

图 8-11 中，消息帧的起始条件可设置为"以任意字符开始"或"以特殊条件开始"。选择"以任意字符开始"，表示任何字符都可以作为消息帧的起始字符；选择"以特殊条件开始"，表示以特定字符作为消息帧的起始字符。具体设置有以下 4 种，可任选其中一种或几种的组合（条件 3 或 4 只能选其一），选择组合条件时按列表先后次序来判断是否符合消息帧的起始条件。

（1）通过换行识别消息开始：当接收端的数据线检测到逻辑 0 信号，并持续超过 1 个完整字符的传输时间（包括起始位、数据位、校验位和停止位），并以此作为消息帧的开始。

（2）通过空行识别消息开始：在此设置的数据线检测到数据线空闲（逻辑 1 信号，低电平）的位时间，并以此作为消息帧的开始时间。

（3）通过单个字符识别消息开始：以单个特定字符作为消息帧的开始，在此设置消息开始字符。默认设置为 0x02，即 STX。

（4）通过字符序列识别消息开始：以某个字符序列作为消息帧的开始，在此设定字符序列的数量。默认设置为 1，最多可设置 4 个字符序列。每个字符序列均可选择启用或不启用，满足其中任何一个启用的字符序列均作为一个消息帧的开始。

每个字符序列最多可包含 5 个字符，每个字符可被选择是否检测，如果不选择表示任意字符均可，如果选择该项，那么输入该对应的 ASCII 码值。

8.2.3　自由口通信指令

SEND_PTP 为自由口通信的发送指令，RCV_PTP 为自由口通信的接收指令。SEND_PTP 指令参数如表 8-4 所示，当 REQ 端为上升沿时，通信模块发送数据，数据传送到数据存储区 BUFFER 中，PORT 中指定通信模块的地址。RCV_PTP 指令参数如表 8-5 所示，PORT 中指定通信模块的地址，BUFFER 为接收数据缓冲区，NDR 为帧错误检测。

表 8-4　　　　　　　　　　　　　　　　SEND_PTP 指令参数

LAD	参数	数据类型	说明
	EN	FBool	使能
	REQ	Bool	发送请求信号，每次上升沿发送一帧数据
	PORT	Port	通信模块的标识符，符号端口名称可在 PLC 变量表的"系统常数"选项卡中指定
"SEND_PTP_DB" SEND_PTP EN　ENO REQ　DONE PORT　ERROR BUFFER　STATUS LENGTH PTRCL	BUFFER	Variant	发送缓冲区的存储区
	LENGTH	UInt	要发送的数据字长（字节）
	PTRCL	Bool	选择使用正常的点对点通信缓冲区还是在连接的 CM 中执行的特定 Siemens 协议缓冲区，为 FALSE 表示由用户程序控制的点对点操作
	ENO	Bool	输出使能
	DONE	Bool	状态参数，为"0"表示传送尚未启动或仍在执行；为"1"表示传送已执行，且无任何错误
	ERROR	Bool	状态参数，为"0"表示无错误；为"1"表示出现错误
	STATUS	Word	指令的状态

表 8-5   **RCV_PTP 指令参数**

LAD	参数	数据类型	说明
	EN	Bool	使能
	EN_R	Bool	在上升沿启用接收
"RCV_PTP_DB" RCV_PTP EN — ENO EN_R — NDR PORT — ERROR BUFFER — STATUS LENGTH	PORT	Port	通信模块的标识符，符号端口名称可在 PLC 变量表的"系统常数"选项卡中指定
	BUFFER	Variant	接收缓冲区的存储区
	ENO	Bool	输出使能
	NDR	Bool	状态参数，为"0"表示接收尚未启动或仍在执行；为"1"表示接收已执行，且无任何错误
	ERROR	Bool	状态参数，为"0"表示无错误；为"1"表示出现错误
	STATUS	Word	指令的状态
	LENGTH	UInt	要接收的数据字长（字节）

8.2.4 自由口通信应用实例

【例 8-1】 使用 CM 1241(RS-485) 模块实现甲乙两台 S7-1200 系列 PLC(CPU 1215C DC/DC/RLY) 之间的自由口通信，要求甲机 PLC 控制乙机 PLC 设备上的电动机进行星-三角启动。

1. 控制分析

本例为单工通信控制，甲机 PLC 作为发送数据方，将电动机停止、电动机启动控制这些信号发送给乙机 PLC；乙机 PLC 作为数据接收方，根据接收到的信号决定电动机的状态。因此，两台 S7-1200 PLC 可以选择 RS-485 通信方式进行数据的传输。要实现自由口通信，首先应进行硬件配置及 I/O 分配，然后进行硬件组态，为每台 PLC 定义变量、添加数据块，并划定某些区域为发送或接收缓冲区，接着分别编写 S7-1200 PLC 程序，实现任务操作即可。

2. 硬件配置及 I/O 分配

这两台 PLC 设备的硬件配置如图 8-12 所示，其硬件主要包括 1 根双绞线、2 台 CM 1241(RS-485) 模块、2 台 CPU 1215C DC/DC/RLY 等。甲机 PLC 的 I0.0 外接停止运行按钮 SB1，I0.1 外接星形启动按钮 SB2。乙机 PLC 的 Q0.0 外接电动机停止运行指示灯 HL1；Q0.1 外接主接触器 KM1，控制主电路的通断；Q0.2 外接 KM2 实现电动机三角形全电压运行；Q0.3 外接 KM3 实现电动机星形运行控制。

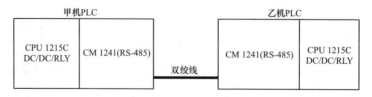

图 8-12 两台 CPU 1215C DC/DC/RLY 之间的自由口通信配置图

3. 硬件组态

（1）新建项目。在 TIA Portal 中新建项目，添加两台 CPU 模块、CM 1241（RS-485）通信模块等，如图 8-13 所示。注意，这两个 CPU 模块可以添加在同一项目中，不需要新建两个项目。

图 8-13　新建项目

（2）CM 1241（RS-485）模块的设置。双击甲机 PLC 中的 CM 1241（RS-485）模块，在 RS-485 接口的"IO-Link"中参照图 8-9 设置波特率。用同样的方法，对乙机 PLC 中的 CM 1241（RS-485）模块进行设置。

（3）启用系统时钟。双击甲机 PLC 中的 CPU 模块，在其"属性"→"常规"选项卡中选择"系统和时钟存储器"，勾选"启用系统存储器字节"，在后面的方框中输入 10，则 CPU 上电后，M10.2 位始终处于闭合状态，相当于 S7-200 SMART 中的 SM0.0；勾选"启用时钟存储器字节"，在后面的方框中输入 20，将 M20.5 设置成 1Hz 的周期脉冲。用同样的方法，双击乙机 PLC 中的 CPU 模块，勾选"启用系统存储器字节"，在后面的方框中输入 10。

（4）定义变量。在 TIA Portal 项目树中，选择"甲机 PLC"→"PLC 变量"下的"默认变量表"，定义甲机 PLC 的默认变量表，如图 8-14 所示；同样的方法，定义乙机 PLC 的默认变量表，如图 8-15 所示。

		名称	变量表	数据类型	地址
		PLC 变量			
1		System_Byte	默认变量表	Byte	%MB10
2		FirstScan	默认变量表	Bool	%M10.0
3		DiagStatusUpdate	默认变量表	Bool	%M10.1
4		AlwaysTRUE	默认变量表	Bool	%M10.2
5		AlwaysFALSE	默认变量表	Bool	%M10.3
6		Clock_Byte	默认变量表	Byte	%MB20
7		Clock_10Hz	默认变量表	Bool	%M20.0
8		Clock_5Hz	默认变量表	Bool	%M20.1
9		Clock_2.5Hz	默认变量表	Bool	%M20.2
10		Clock_2Hz	默认变量表	Bool	%M20.3
11		Clock_1.25Hz	默认变量表	Bool	%M20.4
12		Clock_1Hz	默认变量表	Bool	%M20.5
13		Clock_0.625Hz	默认变量表	Bool	%M20.6
14		Clock_0.5Hz	默认变量表	Bool	%M20.7
15		停止运行	默认变量表	Bool	%I0.0
16		启动运行	默认变量表	Bool	%I0.1
17		停止指示	默认变量表	Bool	%M0.0
18		启动指示	默认变量表	Bool	%M0.1
19		信号暂存	默认变量表	Bool	%M1.0

图 8-14　自由口通信甲机 PLC 默认变量表的定义

		名称	变量表	数据类型	地址
		PLC 变量			
1		System_Byte	默认变量表	Byte	%MB10
2		FirstScan	默认变量表	Bool	%M10.0
3		DiagStatusUpdate	默认变量表	Bool	%M10.1
4		AlwaysTRUE	默认变量表	Bool	%M10.2
5		AlwaysFALSE	默认变量表	Bool	%M10.3
6		Clock_Byte	默认变量表	Byte	%MB20
7		Clock_10Hz	默认变量表	Bool	%M20.0
8		Clock_5Hz	默认变量表	Bool	%M20.1
9		Clock_2.5Hz	默认变量表	Bool	%M20.2
10		Clock_2Hz	默认变量表	Bool	%M20.3
11		Clock_1.25Hz	默认变量表	Bool	%M20.4
12		Clock_1Hz	默认变量表	Bool	%M20.5
13		Clock_0.625Hz	默认变量表	Bool	%M20.6
14		Clock_0.5Hz	默认变量表	Bool	%M20.7
15		电机停止指示	默认变量表	Bool	%Q0.0
16		电机降压运行	默认变量表	Bool	%Q0.3
17		电机全压运行	默认变量表	Bool	%Q0.2
18		主接触器	默认变量表	Bool	%Q0.1
19		启动状态	默认变量表	Bool	%M0.0
20		延时1s	默认变量表	Bool	%M0.2
21		延时5s	默认变量表	Bool	%M0.3
22		延时启动	默认变量表	Bool	%M0.1

图 8-15　自由口通信乙机 PLC 默认变量表的定义

（5）添加数据块。在 TIA Portal 项目树中，双击"甲机 PLC"→"程序块"下的"添加新块"，弹出"添加新块"界面，在此选择"数据块"，类型为"全局 DB"，以添加甲机 PLC 的数据块。用同样的方法，在乙机 PLC 中添加数据块。

（6）创建数组。在 TIA Portal 项目树中，双击"甲机 PLC"→"程序块"下的"DB1"数据块，创建甲机 PLC 的数组"发送"，其类型为"Array［0..1］of Bool"，数组"发送"中有 2 个位，如图 8-16 所示。用同样的方法，创建乙机 PLC 的数组"接收"，如图 8-17 所示。

数据块_1					
	名称		数据类型	起始值	设定值
1	▼ Static				☐
2	▼ 发送		Array[0..1] of Bool		☐
3		发送[0]	Bool	false	☐
4		发送[1]	Bool	false	☐

图 8-16　甲机 PLC 数组的创建

数据块_1					
	名称		数据类型	起始值	设定值
1	▼ Static				☐
2	▼ 接收		Array[0..1] of Bool		☐
3		接收[0]	Bool	false	☐
4		接收[1]	Bool	false	☐

图 8-17　乙机 PLC 数组的创建

4. 编写 S7-1200 PLC 程序

在本项目中，两台 PLC 进行自由口通信时，甲机 PLC 主要负责数据的发送，将启动信号（"数据块_1". 发送［1］）和停止信号（"数据块_1". 发送［0］）通过 SEND_PTP 指令将发送给乙机 PLC，编写的 PLC 程序如表 8-6 所示。

表 8-6　　　　　　　　　　　　　甲机 PLC 程序

程序段	LAD
程序段 1	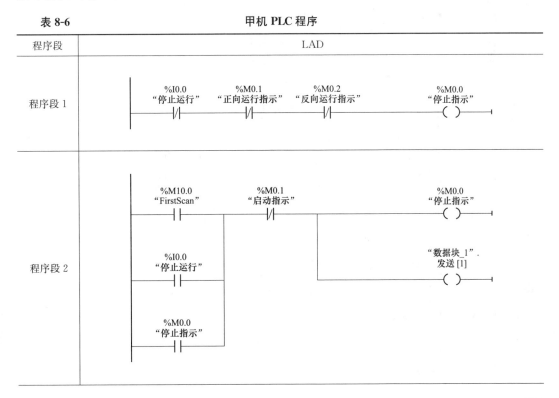
程序段 2	

程序段	LAD
程序段 3	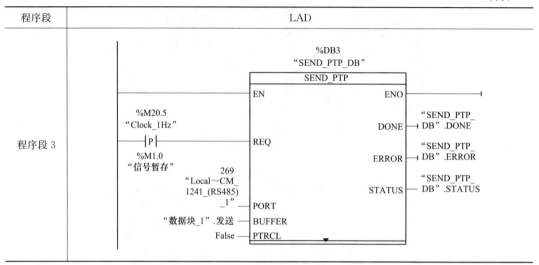

乙机 PLC 主要负责数据的接收，并根据接收到的信号控制电动机的启动与停止操作。当接收到停止信号（"数据块_1"．接收［0］）时，Q0.0 得电使得"电机停止指示"HL1 点亮。当接收到启动信号（"数据块_1"．接收［1］）时，M0.0 线圈得电并自锁、Q0.1 线圈得电使 KM1 动作控制主触点闭合，为降压启动做好准备。同时，启动背景数据块 DB3 的定时器延时。DB3 定时器延时达到 1s，则 Q0.3 线圈得电，KM3 主触点动作使得电动机星形降压启动。在降压启动的同时，背景数据块 DB4 的定时器延时。当 DB4 定时器延时达到 5s 时，Q0.3 线圈失电、Q0.2 线圈得电，KM2 主触点动作使得电动机三角形全压运行。编写的 PLC 程序如表 8-7 所示。

表 8-7　　　　　　　　　　　　　　乙机 PLC 程序

程序段	LAD
程序段 1	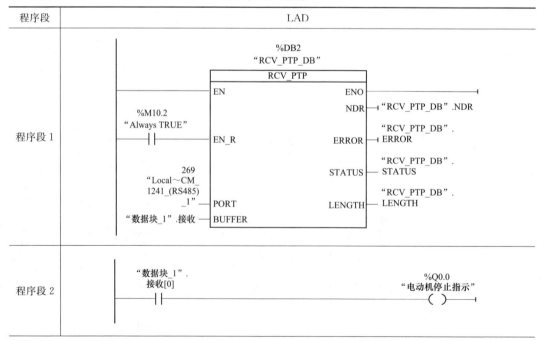
程序段 2	

续表

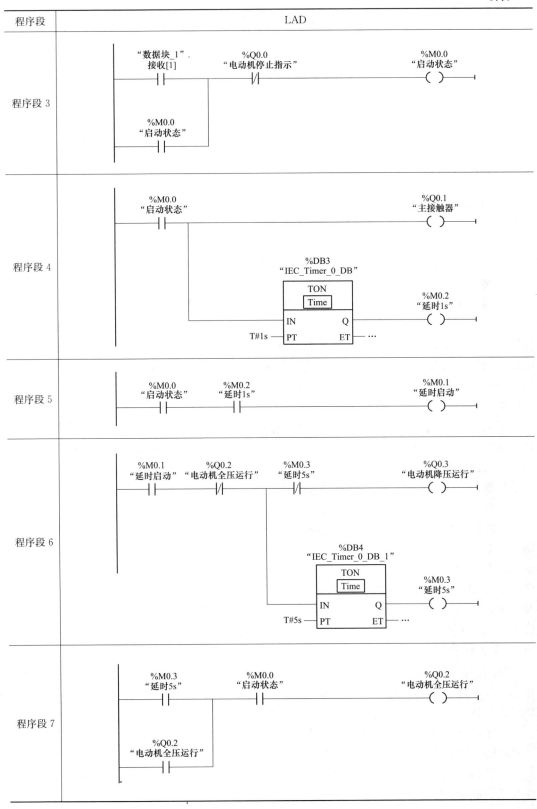

程序段	LAD
程序段 3	
程序段 4	
程序段 5	
程序段 6	
程序段 7	

8.3 Modbus RTU 协议通信

Modbus 是一种应用于电子控制器上的通信协议，于 1979 年由莫迪康公司发明、公开、推向市场。Modbus 是制造业、基础设施环境下真正的开放协议，所以得到了工业界的广泛支持，是事实上的工业标准。还由于其协议简单、容易实施和高性价比等特点，得到全球超过 400 个厂家的支持，使用的设备节点超过 700 万个，有多达 250 个硬件厂商提供 Modbus 的兼容产品。如 PLC、变频器、人机界面、DCS 和自动化仪表等都广泛使用 Modbus 协议。

8.3.1 Modbus 通信基本知识

Modbus 协议现为一种通用工业标准协议，通过此协议，控制器相互之间、控制器通过网络（例如以太网）和其他设备之间可以通信。它已经成为一种通用工业标准。有了它，不同厂商生产的控制设备可以连成工业网络，进行集中监控。

Modbus 协议定义了一个控制器能认识使用的消息结构，而不管它们是经过何种网络进行通信的。它描述了控制器请求访问其他设备的过程，如何回应来自其他设备的请求，以及怎样侦测错误并记录。它制定了消息域格式和内容的公共格式。

在 Modbus 网络上通信时，协议规定对于每个控制器必须要知道它们的设备地址、能够识别按地址发来的消息，以及决定要产生何种操作。如果需要回应，那么控制器将生成反馈信息并用 Modbus 协议发出。在其他网络上，包含了 Modbus 协议的消息转换为在此网络上使用的帧或包结构。这种转换也扩展了根据具体的网络解决节地址、路由路径及错误检测的方法。

Modbus 通信协议具有多个变种，其具有支持串口和以太网多个版本，其中最著名的是 Modbus RTU、Modbus ASCII 和 Modbus TCP 三种。其中 Modbus RTU 与 Modbus ASCII 均为支持 RS-485 总线的通信协议。Modbus RTU 由于其采用二进制表现形式及紧凑数据结构，通信效率较高，应用比较广泛。Modbus ASCII 由于采用 ASCII 码传输，并且利用特殊字符作为其字节的开始与结束标识，其传输效率要远远低于 Modbus RTU 协议，一般只有在通信数据量较小的情况下才考虑使用 Modbus ASCII 通信协议，在工业现场一般都是采用 Modbus RTU 协议。通常基于串口通信的 Modbus 通信协议都是指 Modbus RTU 通信协议。

1. Modbus 协议网络选择

在 Modbus 网络上传输时，标准的 Modbus 口是使用 RS-232C 或 RS-422/485 串行接口，它定义了连接口的针脚、电缆、信号位、传输波特率、奇偶校验。控制器能直接或通过 Modem 进行组网。

控制器通信使用主-从技术，即仅一个主站设备能初始化传输（查询）。其他从站设备根据主站设备查询提供的数据做出相应反应。典型的主站设备，如主机和可编程仪表。典型的从站设备，如 PLC 等。

主站设备可单独与从站设备进行通信，也能以广播方式和所有从站设备通信。如果单独通信，那么从站设备返回消息作为回应，如果是以广播方式查询的，那么不做任何回应。Modbus 协议建立了主站设备查询的格式：设备（或广播）地址、功能代码、所有要发送的数据、错误检测域。

　　从站设备回应消息也由 Modbus 协议构成,包括确认要行动的域、任何要返回的数据、错误检测域。如果在消息接收过程中发生错误,或从站设备不能执行其命令,那么从站设备将建立错误消息,并把它作为回应发送出去。

　　在其他网络上,控制器使用对等技术通信,故任何控制都能初始化,并和其他控制器通信。这样在单独的通信过程中,控制器既可作为主站设备也可作为从站设备。提供的多个内部通道可允许同时发生多个传输进程。

　　在消息位,Modbus 协议仍提供了主-从原则,尽管网络通信方法是“对等”。如果控制器发送消息,它只是作为主站设备,并期望从从站设备得到回应。同样,当控制器接收到消息,它将建立从站设备回应格式,并返回给发送的控制器。

2. Modbus 协议的查询-回应周期

Modbus 协议的主-从式查询-回应周期如图 8-18 所示。

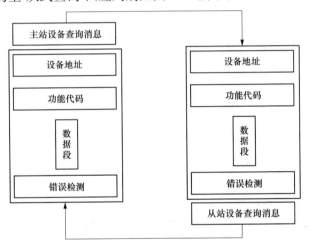

图 8-18　主-从式查询-回应周期

　　查询消息中的功能代码告知被选中的从站设备要执行何种功能。数据段包含了从站设备要执行功能的任何附加信息。例如功能代码 03 是要求从站设备读保持寄存器,并返回它们的内容。数据段必须包含要告知从站设备的信息:从何寄存器开始读,以及要读的寄存器数量。错误检测域为从站设备提供了一种验证消息内容是否正确的方法。

　　如果从站设备产生正常的回应,那么在回应消息中的功能代码是在查询消息中的功能代码的回应。数据段包括了从站设备收集的数据。如果有错误发生,那么功能代码将被修改,并指出回应消息是错误的,同时数据段包含了描述此错误信息的代码。错误检测域允许主设备确认消息内容是否可用。

3. Modbus 的报文传输方式

Modbus 网络通信协议有两种报文传输方式:ASCII(美国标准交换信息码)和 RTU(远程终端单元)。Modbus 网络上以 ASCII 模式通信,在消息中的每个 8bit 字节都作为两个 ASCII 字符发送。这种方式的主要优点是字符发送的时间间隔可达到 1s 而不产生错误。

Modbus 网络上以 RTU 模式通信,在消息中的每个 8bit 字节包含两个 4bit 的十六进制字符。这种方式的主要优点:在同样的波特率下,其传输的字符的密度高于 ASCII 模式,每个信息必须连续传输。

4. Modbus 通信帧结构

在 Modbus 网络通信中，无论是 ASCII 模式还是 RTU 模式，Modbus 信息都是以帧的方式传输，每帧有确定的起始位和停止位，使接收设备在信息的起始位开始读地址，并确定要寻址的设备，以及信息传输的结束时间。

（1）Modbus ASCII 通信帧结构。在 ASCII 模式中，以 ":" 号（ASCII 的 3AH）表示信息开始，以换行键（CRLF）（ASCII 的 OD 和 OAH）表示信息结束。

对其他的区，允许发送的字符为 16 进制字符 0～9 和 A～F。网络中设备连续检测并接收一个冒号（:）时，每台设备对地址区解码，找出要寻址的设备。

（2）Modbus RTU 通信帧结构。Modbus RTU 通信帧结构如图 8-19 所示，从站地址为 0～247，它和功能码各占一个字节，命令帧中 PLC 地址区的起始地址和循环冗余校验码（CRC）各占一个字，数据以字或字节为单位，以字为单位时高字节在前，低字节在后。但是发送时 CRC 的低字节在前，高字节在后，帧中的数据将为十六进制数。

站地址	功能码	数据1	…	数据n	CRC低字节	CRC高字节

图 8-19　Modbus RTU 通信帧结构

8.3.2　Modbus RTU 通信指令

在 TIA Portal 中支持 S7-1200/1500 PLC 的 Modbus RTU 通信的指令有 3 条，分别是 Modbus_Comm_Load（Modbus 通信模块组态指令）、Modbus_Master（作为 Modbus 主站进行通信指令）和 Modbus_Slave（作为 Modbus 从站进行通信指令）。

1. Modbus_Comm_Load 指令

Modbus_Comm_Load 指令是将通信模块（CM 1241）的端口配置成 Modbus 通信协议的 RTU 模式，其指令参数如表 8-8 所示。表中参数 FLOW_CTRL、RTS_ON_DLY 和 RTS_OFF_DLY 用于 RS-232 接口通信，不适用于 RS-422/485 接口通信。

表 8-8　　　　　　　　　　Modbus_Comm_Load 指令参数

LAD	参数	数据类型	说明
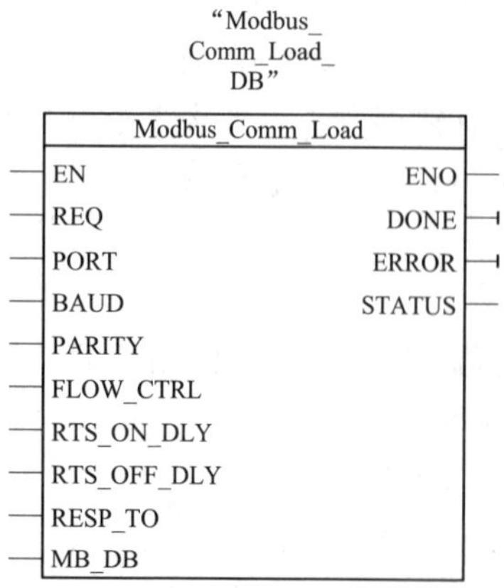	EN	Bool	使能
"Modbus_Comm_Load_DB"	REQ	Bool	发送请求信号，每次上升沿发送一帧数据
Modbus_Comm_Load EN — ENO REQ — DONE PORT — ERROR BAUD — STATUS PARITY FLOW_CTRL RTS_ON_DLY RTS_OFF_DLY RESP_TO MB_DB	PORT	Port	通信模块的标识符，符号端口名称可在 PLC 变量表的 "系统常数" 选项卡中指定
	BAUD	UDInt	传输速率，可选 300～11 5200bit/s
	PARITY	Word	奇偶校验，0 表示无校验；1 表示奇校验；2 表示偶校验
	FLOW_CTRL	UInt	选择流控制，0 表示无流控制；1 表示硬件流控制，RTS 始终开启；2 表示硬件流控制，RTS 切换
	RTS_ON_DLY	Word	RTS 接通延迟选择，0 表示从 RTS 激活直到发送帧的第 1 个字符之前无延迟；1～65 535 表示从 RTS 激活一直到发送帧的第 1 个字符之前的延迟

LAD	参数	数据类型	说明
"Modbus_ Comm_Load_ DB" Modbus_Comm_Load EN　　　ENO REQ　　　DONE PORT　　ERROR BAUD　　STATUS PARITY FLOW_CTRL RTS_ON_DLY RTS_OFF_DLY RESP_TO MB_DB	RTS_OFF_DLY	Word	RTS 关断延迟选择，0 表示从上一个字符一直到 RTS 未激活之前无延迟；1～65535 表示从传送上一字符直到 RTS 未激活之前的延迟
	RESP_TO	Word	响应超时，默认值为 1000ms
	MB_DB	MB_BASE	对 Modbus_Master 或 Modbus_Slave 指令的背景数据块的引用
	ENO	Bool	输出使能
	DONE	Bool	如果上一个请求无错完成，那么将变为一个 TRUE，并保持一个周期
	ERROR	Bool	如果上一个请求有错完成，那么将变为一个 TRUE，并保持一个周期
	STATUS	Word	错误代码

2. Modbus_Master 指令

Modbus_Master 指令参数如表 8-9 所示，该指令可通过由 Modbus_Comm_Load 指令组态的端口作为 Modbus 主站进行通信。当在程序中添加 Modbus_Master 指令时，将自动分配背景数据块。

表 8-9　　　　　　　　　　　　　　　　Modbus_Master 指令参数

LAD	参数	数据类型	说明
	EN	Bool	使能
	REQ	Bool	通信请求，0 表示无请求；1 表示有请求，上升沿有效
	MB_ADDR	UInt	Modbus RTU 从站地址（0～247）
	MODE	USInt	选择 Modbus 功能类型，见表 8-10
"Modbus_ Master_DB" Modbus_Master EN　　　ENO REQ　　　DONE MB_ADDR　BUSY MODE　　ERROR DATA_ADDR STATUS DATA_LEN DATA_PTR	DATA_ADDR	UDInt	指定要访问的从站中数据的 Modbus 起始地址
	DATA_LEN	UInt	用于指定要访问的数据长度
	DATA_PTR	Variant	指向要进行数据写入或数据读取的标记或数据块地址
	ENO	Bool	输出使能
	DONE	Bool	如果上一个请求无错完成，那么将变为一个 TRUE，并保持一个周期
	BUSY	Bool	0 表示 Modbus_Master 无激活命令；1 表示 Modbus_Master 命令执行中
	ERROR	Bool	如果上一个请求有错完成，那么将变为一个 TRUE，并保持一个周期
	STATUS	Word	错误代码

表 8-10   Modbus 模式与功能

Mode	Modbus 功能	操作	数据长度（DATA_LEN）	Modbus 地址（DATA_ADDR）
0	01H	读取输出位	1～2000 或 1～1992 个位	1～9999
0	02H	读取输入位	1～2000 或 1～1992 个位	10 001～19 999
0	03H	读取保持寄存器	1～125 或 1～124 个字	40 001～49 999 或 40 0001～465 535
0	04H	读取输入字	1～125 或 1～124 个字	30 001～39 999
1	05H	写入一个输出位	1（单个位）	1～9999
1	06H	写入一个保持寄存器	1（单个字）	40 001～49 999 或 400 001～465 535
1	15H	写入多个输出位	2～1968 或 1960 个位	1～9999
1	16H	写入多个保持寄存器	2～123 或 1～122 个字	40 001～49 999 或 400 001～465 535
2	15H	写一个或多个输出位	2～1968 或 1960 个位	1～9999
2	16H	写一个或多个保持寄存器	2～123 或 1～122 个字	40 001～49 999 或 400 001～465 535
11	读取从站通信状态字和事件计数器，状态字为 0 表示指令未执行，为 0xFFFF 表示正在执行。每次成功传送一条消息时，事件计数器的值加 1。该功能忽略 Modbus_Master 指令的 DATA_ADDR 和 DATA_LEN 参数			
80	通过数据诊断代码 0x0000 检查从站状态，每个请求 1 个字			
81	通过数据诊断代码 0x000A 复位从站的事件计数器，每个请求 1 个字			

3. Modbus_Slave 指令

Modbus_Slave 指令的功能是将串口作为 Modbus 从站，响应 Modbus 主站的请求，其指令参数如表 8-11 所示。当在程序中添加 Modbus_Slave 指令时，将自动分配背景数据块。

表 8-11   Modbus_Master 指令参数

LAD	参数	数据类型	说明
	EN	Bool	使能
	MB_ADDR	UInt	Modbus RTU 从站地址（0～247）
	MB_HOLD_REG	Variant	Modbus 保持存储器数据块的指针
"Modbus_Slave_DB" Modbus_Slave EN ENO MB_ADDR NDR MB_HOLD_REG DR ERROR STATUS	ENO	Bool	输出使能
	NDR	Bool	0 表示无新数据；1 表示新数据已由 Modbus 主站写入
	DR	Bool	0 表示未读取数据；1 表示该指令已将 Modbus 主站接收到的数据存储在目标区域中
	ERROR	Bool	如果上一个请求有错完成，那么将变为一个 TRUE，并保持一个周期
	STATUS	Word	错误代码

8.3.3 Modbus RTU 通信应用实例

【例 8-2】 使用 CM 1241(RS-485) 模块实现甲乙两台 S7-1200 系列 PLC(CPU 1215C

DC/DC/RLY）之间的 Modbus RTU 通信，要求甲机 PLC 控制乙机 PLC 设备上的电动机正反转。

1. 控制分析

两台 S7-1200 PLC 间进行 Modbus RTU 通信时，甲机 PLC 作为发送数据方（主站），将电动机停止、电动机正转、电动机反转这些信号发送给乙机 PLC；乙机 PLC 作为数据接收方（从站），根据接收到的信号决定电动机的状态。因此，两台 S7-1200 PLC 可以选择 RS-485 通信方式进行数据的传输。要实现 Modbus RTU 通信，首先应进行硬件配置及 I/O 分配，然后进行硬件组态，为每台 PLC 定义变量、添加数据块，并划定某些区域为发送或接收缓冲区，接着分别编写 S7-1200 PLC 程序，实现任务操作即可。

2. 硬件配置及 I/O 分配

这两台 PLC 设备的硬件配置如图 8-20 所示，其硬件主要包括 1 根双绞线、2 台 CM 1241(RS-485) 模块、2 台 CPU 1215C DC/DC/RLY 等。甲机 PLC 的 I0.0 外接停止运行按钮 SB1，I0.1 外接正转启动按钮 SB2，I0.2 外接反转启动按钮 SB3，Q0.0 外接停止指示 HL1，Q0.1 外接正向运行指示 HL2，Q0.2 外接反向运行指示 HL3；乙机 PLC 的 Q0.0 外接电动机停止运行指示灯 HL4，Q0.1 外接 KM1 以实现电动机正向运行控制，Q0.2 外接 KM2 以实现电动机反向运行控制。

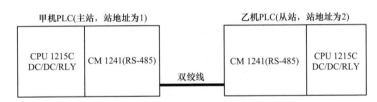

图 8-20　两台 CPU 1215C DC/DC/RLY 间的 Modbus RTU 通信配置图

3. 硬件组态

（1）新建项目。在 TIA Portal 中新建项目，添加两台 CPU 模块、CM 1241(RS-485) 通信模块等。甲机 PLC 作为主站，IP 地址设置为 "192.168.0.1"，乙机 PLC 作为从站，IP 地址设置为 "192.168.0.2"。注意，这两个 CPU 模块可以添加在同一项目中，不需要新建两个项目。

（2）CM 1241(RS-485) 模块的设置。双击甲机 PLC 中的 CM 1241(RS-485) 模块，在 RS-485 接口的 "IO-Link" 中参照图 8-9 设置波特率。用同样的方法，对乙机 PLC 中的 CM 1241(RS-485) 模块进行设置。

（3）启用系统时钟。双击甲机 PLC 中的 CPU 模块，在其 "属性"→"常规" 选项卡中选择 "系统和时钟存储器"，勾选 "启用系统存储器字节"，在后面的方框中输入 10，则 CPU 上电后，M10.2 位始终处于闭合状态；勾选 "启用时钟存储器字节"，在后面的方框中输入 20，将 M20.5 设置成 1Hz 的周期脉冲。用同样的方法，双击乙机 PLC 中的 CPU 模块，勾选 "启用系统存储器字节"，在后面的方框中输入 10。

（4）定义变量。在 TIA Portal 项目树中，选择 "甲机 PLC"→"PLC 变量" 下的 "默认变量表"，定义甲机 PLC 的默认变量表，如图 8-21 所示；同样的方法，定义乙机 PLC 的默认变量表，如图 8-22 所示。

图 8-21　Modbus RTU 通信甲机 PLC 默认变量表的定义

图 8-22　Modbus RTU 通信乙机 PLC 默认变量表的定义

（5）添加数据块。在 TIA Portal 项目树中，双击"甲机 PLC"→"程序块"下的"添加新块"，弹出"添加新块"界面，在此选择"数据块"，类型为"全局 DB"，以添加甲机 PLC 的数据块。用同样的方法，在乙机 PLC 中添加数据块。

（6）创建数组。在 TIA Portal 项目树中，双击"甲机 PLC"→"程序块"下的"DB1"数据块，创建甲机 PLC 的数组，数组名为"发送"，其类型为"Array[0..2]of Bool"，数组"发送"中有 3 个位。用同样的方法，创建乙机 PLC 的数组"接收"，其类型为"Array[0..2]of Bool"，数组"接收"中有 3 个位。

4. 编写 S7-1200 PLC 程序

（1）主站程序的编写。首先在甲机 PLC 的主程序块 OB1 中编写程序，通过 Modbus_

Master 指令将按钮状态发送给乙机 PLC，然后添加启动组织块 OB100，并在此块中使用
Modbus_Comm_Load 指令，对主站（甲机 PLC）进行初始化操作，程序编写如表 8-12
所示。

表 8-12　　　　　　　　　　　　　主站（甲机 PLC）程序

程序段		LAD
OB1	程序段 1	%I0.0 "停止按钮" —|/|— %Q0.1 "正向运行HL2" —|/|— %Q0.2 "反向运行HL3" —|/|— %Q0.0 "停止指示HL1" —( )—
	程序段 2	%I0.1 "正向启动" —| |— %I0.0 "停止按钮" —|/|— %I0.2 "反向启动" —|/|— %Q0.2 "反向运行HL3" —|/|— %Q0.1 "正向运行HL2" —( )— %Q0.1 "正向运行HL2" —| |—
	程序段 3	%I0.2 "反向启动" —| |— %I0.0 "停止按钮" —|/|— %I0.1 "正向启动" —|/|— %Q0.1 "正向运行HL2" —|/|— %Q0.2 "反向运行HL3" —( )— %Q0.2 "反向运行HL3" —| |—
	程序段 4	%Q0.0 "停止指示HL1" —| |— "DB1"发送[0] —( )—
	程序段 5	%Q0.1 "正向运行HL2" —| |— "DB1"发送[1] —( )—
	程序段 6	%Q0.2 "反向运行HL3" —| |— "DB1"发送[2] —( )—

程序段		LAD
OB1	程序段 7	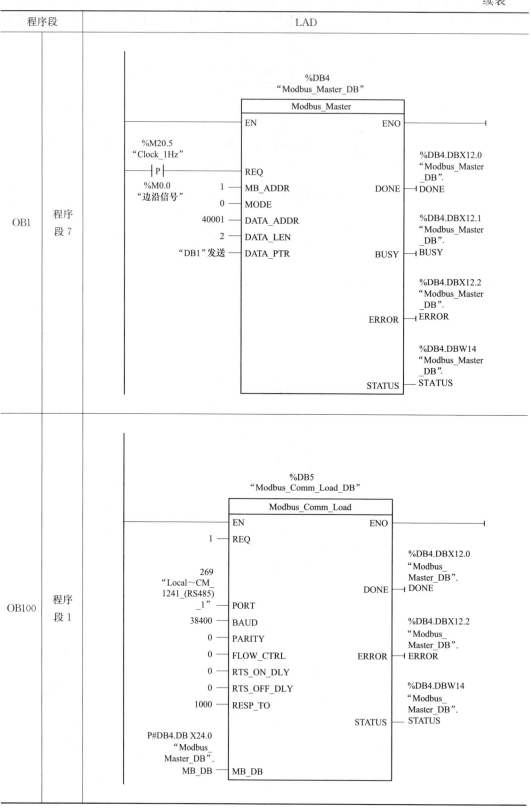
OB100	程序段 1	

（2）从站程序的编写。首先在乙机 PLC 的主程序块 OB1 中编写程序，通过 Modbus_Slave 指令接收甲机发送过来的按钮状态，并根据按钮状态控制电动机是否启动，然后添加启动组织块 OB100，并在此块中使用 Modbus_Comm_Load 指令，对从站（乙机 PLC）进行初始化操作，程序编写如表 8-13 所示。

表 8-13　　　　　　　　　　　　　　从站（乙机 PLC）程序

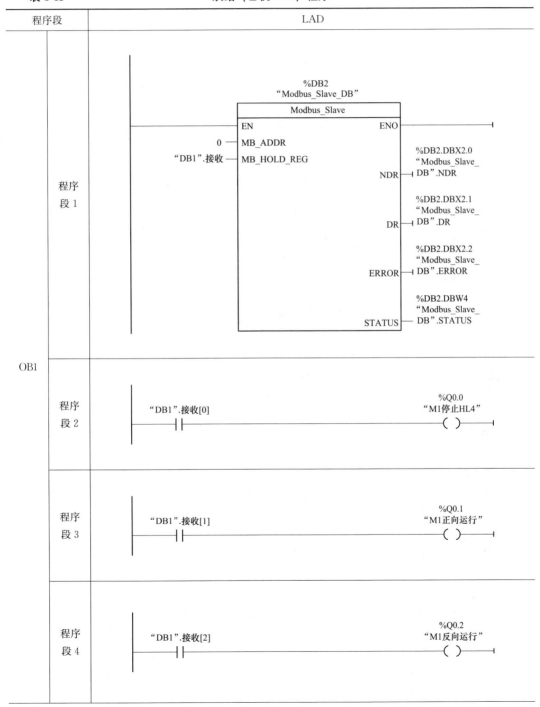

程序段		LAD

（OB1，程序段 1～4）

程序段		LAD
OB100	程序 段 1	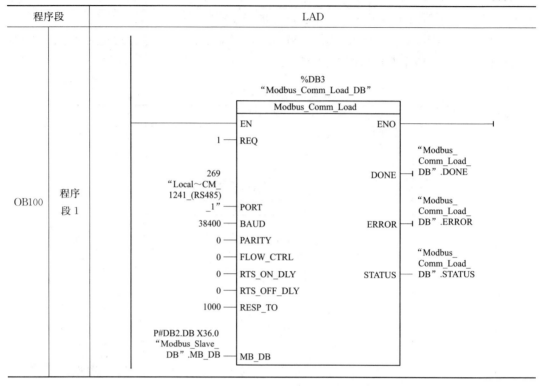

8.4 USS 通 信

通用串行接口协议（universal serial interface protocol，USS 协议）是 SIEMENS 所有传动产品的通用通信协议，它是一种基于串行总线进行数据通信的协议。

8.4.1 USS 通信基本知识

1. USS 协议简介

USS 协议是主-从结构的协议，规定了在 USS 总线上可以有 1 个主站和最多 31 个从站；总线上的每个从站都有 1 个站地址（在从站参数中设定），主站依靠它识别每个从站；每个从站也只对主站发来的报文做出响应，并回送报文，从站之间不能直接进行数据通信。另外，还有一种广播通信方式，主站可以同时给所有从站发送报文，从站在接收到报文并做出相应的响应后，可不回送报文。

USS 提供了一种低成本的，比较简易的通信控制途径，由于其本身的设计，USS 不能用在对通信速率和数据传输量有较高要求的场合。在这些对通信要求高的场合，应当选择实时性更好的通信方式，如 PROFIBUS-DP 等。

USS 协议的基本特点主要有：①支持多点通信（因而可以应用在 RS-485 等网络上）；②采用单主站的"主—从"访问机制；③一个网络上最多可以有 32 个节点（最多 31 个从站）；④简单可靠的报文格式，使数据传输灵活高效；⑤容易实现，成本较低；⑥对硬件设备要求低，减少了设备之间的布线；⑦无需重新连线就可以改变控制功能；⑧可通过串行接口设置或改变传动装置的参数；⑨可实时监控传动系统。

USS 的工作机制是，通信总是由主站发起，USS 主站不断循环轮询各个从站，从站根据收到的指令，决定是否，以及如何响应。从站永远不会主动发送数据。当接收到的主站报文没有错误，并且本从站在接收到主站报文中被寻址时，从站将进行应答响应。否则，从站不会做任何响应。对于主站来说，从站必须在接收到主站报文之后的一定时间内发回响应。否则主站将视为出错。

2. 通信报文结构

USS 通信是以报文传递信息的，其报文简洁可靠、高效灵活。USS 通信报文由一连串的字符组成，其结构如图 8-23 所示。从图中可以看出，每条报文都是以字符 STX（默认为 02H）开始，接着是报文长度的说明（LEG）和从站地址及报文类型（ADR），然后是采用的数据字符报文以数据块的检验符（BCC）结束。

图 8-23　通信报文结构

在 ADR 和 BCC 之间的数据字符，称为 USS 的净数据，或有效数据块。有效数据块分成两个区域，即 PKW 区（参数识别 ID-数值区）和 PZD 区（过程数据），有效数据字符如图 8-24 所示。

图 8-24　有效数据字符

PKW 区说明参数识别 ID 数值（PKW）接口的处理方式。PKW 接口并非物理意义上的接口，而是一种机理，这一机理确定了参数在两个通信伙伴（例如控制器与变频器）之间的传输方式，例如参数数值的读和写。其中，PKE 为参数识别 ID，包括代表主站指令和从站响应的信息，以及参数号等；IND 为参数索引，主要用于与 PKE 配合定位参数；PWEn 为参数值数据。

PZD 区用于在主站和从站之间传递控制和过程数据。控制参数按设定好的固定格式在主、从站之间对应往返。其中，PZD1 为主站发给从站的控制字/从站返回主站的状态字；PZD2 为主站发给从站的给定/从站返回主站的实际反馈。

根据传输的数据类型和驱动装置的不同，PKW 和 PZD 区的数据长度都不是固定的，它们可以灵活改变以适应具体的需要。但是，在用于与控制器通信的自动控制任务时，网络上的所有节点都要按相同的设定工作，并且在整个工作过程中不能随意改变。

注意：对于不同的驱动装置和工作模式，PKW 和 PZD 的长度可以按一定规律定义。一旦确定就不能在运行中随意改变。PKW 可以访问所有对 USS 通信开放的参数；而 PZD 仅能访问特定的控制和过程数据。PKW 在许多驱动装置中是作为后台任务处理，因此 PZD 的实时性要比 PKW 好。

8.4.2　USS 通信指令

在 TIA Portal 中支持 S7-1200/1500 PLC 的 USS 协议通信的指令有 4 条，分别是 USS_

Port_Scan（通过 USS 网络进行通信）、USS_Drive_Control（准备并显示变频器数据）、USS_Read_Param（从变频器读取数据）和 USS_Write_Param（在变频器中更改数据）。

1. USS_Port_Scan 指令

USS_Port_Scanr 指令是用来处理 USS 网络上的通信，它是 S7-1200/1500 CPU 与变频器的通信接口。该指令可以在 OB1 或者时间中断块中调用，其指令参数如表 8-14 所示。

表 8-14　　　　　　　　　　　　　　　USS_Port_Scan 指令参数

LAD	参数	数据类型	说明
	EN	Bool	使能
	PORT	Port	通信模块的标识符，符号端口名称可在 PLC 变量表的"系统常数"选项卡中指定
	BAUD	UDInt	传输速率，可选 300～115 200bit/s
"USS_Port_Scan_DB" USS_Port_Scan EN ENO PORT ERROR BAUD STATUS USS_DB	USS_DB	USS_BASE	和变频器通信时的 USS 数据块
	RESP_TO	Word	响应超时，默认值为 1000ms
	MB_DB	MB_BASE	对 Modbus_Master 或 Modbus_Slave 指令的背景数据块的引用
	ENO	Bool	输出使能
	ERROR	Bool	输出错误，"0"表示无错误，"1"表示有错误
	STATUS	Word	错误代码

2. USS_Drive_Control 指令

USS_Drive_Control 指令是用来与变频器进行交换数据，从而读取变频器的状态以及控制变频器的运行，它是 S7-1200/1500 CPU 与变频器的通信接口。该指令必须在 OB1 中调用，不能在循环中断块中调用，其指令参数如表 8-15 所示。

表 8-15　　　　　　　　　　　　　　　USS_Drive_Control 指令参数

LAD	参数	数据类型	说明
	EN	Bool	使能
"USS_Drive_Control_DB" USS_Drive_Control EN ENO RUN NDR OFF2 ERROR OFF3 STATUS F_ACK RUN_EN DIR D_DIR DRIVE INHIBIT PZD_LEN FAULT SPEED_SP SPEED CTRL3 STATUS1 CTRL4 STATUS3 CTRL5 STATUS4 CTRL6 STATUS5 CTRL7 STATUS6 CTRL8 STATUS7 STATUS8	RUN	Bool	变频器的起始位：该输入为"1"时，将使驱动器以预设速度运行，为"0"时，则电动机滑行至静止
	OFF2	Bool	滑行至静止，该输入为"0"，使变频器滑行至静止而不制动
	OFF3	Bool	快速停止位，该输入为"0"，通过制变频器产生快速停止
	F_ACK	Bool	变频器故障确认位
	DIR	Bool	变频器控制电动机的转向
	DRIVE	USInt	变频器的 USS 站地址
	PZD_LEN	USInt	PDZ 字长
	SPEED_SP	Real	变频器的速度设定值，百分比表示
	CTRL3～CTRL8	Word	控制字 3～控制字 8，写入变频器用户定义的参数值

续表

LAD	参数	数据类型	说明
"USS_Drive_Control_DB" USS_Drive_Control EN　　　　　ENO RUN　　　　　NDR OFF2　　　　ERROR OFF3　　　　STATUS F_ACK　　　RUN_EN DIR　　　　D_DIR DRIVE　　　INHIBIT PZD_LEN　　FAULT SPEED_SP　　SPEED CTRL3　　　STATUS1 CTRL4　　　STATUS3 CTRL5　　　STATUS4 CTRL6　　　STATUS5 CTRL7　　　STATUS6 CTRL8　　　STATUS7 　　　　　STATUS8	ENO	Bool	输出使能
	NDR	Bool	可用的新数据
	ERROR	Bool	出现故障
	STATUS	Word	错误代码
	RUN_EN	Bool	运行已启用
	D_DIR	Bool	变频器的运行方向，"0"为正向，"1"为反向
	INHIBIT	Bool	变频器的禁止状态，"0"为未禁止，"1"为已禁止
	FAULT	Bool	变频器故障
	SPEED	Real	变频器当前速度，百分比表示
	STATUS1～STATUS8	Word	用户自定义的变频器状态字 1～状态字 8

3. USS_Read_Param 指令

USS_Read_Param 指令是通过 USS 通信从变频器中读取参数，其指令参数如表 8-16 所示。

表 8-16　　　　　　　　　　　USS_Read_Param 指令参数

LAD	参数	数据类型	说明
	EN	Bool	使能
	REQ	Bool	读取请求信号，每次上升沿发送一帧读取请求信号
	DRIVE	USInt	变频器的 USS 站地址
USS_Read_Param EN　　　　　ENO REQ　　　　DONE DRIVE　　　ERROR PARAM　　　STATUS INDEX　　　VALUE USS_DB	PARAM	UInt	读取变频器参数号（0～2047）
	INDEX	UInt	读取变频器参数索引号（0～255）
	USS_DB	USS_BASE	和变频器通信时的 USS 数据块
	ENO	Bool	输出使能
	DONE	Bool	1 表示已经读取
	ERROR	Bool	输出错误，"0"表示无错误，"1"表示有错误
	STATUS	Word	错误代码
	VALUE	Variant	读取的参数值

4. USS_Write_Param 指令

USS_Write_Param 指令是通过 USS 通信设置变频器的参数，其指令参数如表 8-17 所示。

表 8-17　　　　　　　　　　　　　USS_Write_Param 指令参数

LAD	参数	数据类型	说明
	EN	Bool	使能
	REQ	Bool	每次上升沿发送 1 次写入请求
	DRIVE	USInt	变频器的 USS 站地址
	PARAM	UInt	写入变频器参数号（0～2047）
	INDEX	UInt	写入变频器参数索引号（0～255）
USS_Write_Param EN　　　　ENO REQ　　　DONE DRIVE　　ERROR PARAM　　STATUS INDEX EEPROM VALUE USS_DB	EEPROM	Bool	是否写入 EEPROM，为"1"写入，为"0"不写入
	VALUE	Variant	要写入的参数值
	USS_DB	USS_BASE	和变频器通信时的 USS 数据块
	ENO	Bool	输出使能
	DONE	Bool	1 表示已经写入
	ERROR	Bool	输出错误，"0"表示无错误，"1"表示有错误
	STATUS	Word	错误代码

8.4.3　USS 通信应用实例

【例 8-3】　使用 CPU 1215C DC/DC/RLY 对 V20 变频器进行 USS 无级调速控制，已知电动机技术参数，功率为 0.06kW，额定转速为 1440r/min，额定电压为 380V，额定电流为 0.35A，额定功率为 50Hz。

1. 控制分析

SIEMENS 的 SINAMICS 系列驱动器包括低压变频器、中压变频器和 DC 变流器（直流调速产品）。所有的 SINAMICS 驱动器均基于相同的硬件平台和软件平台。SINAMICS 低压变频器包括 SINAMICS V20 基本型变频器（简称 V20 变频器）、SINAMICS G 系列常规变频器和 SINAMICS S 型高性能变频器。

基本型变频器 SINAMICS V20 具有调试过程快捷、易于操作、稳定可靠、经济高效等特点。使用 CPU 1215C DC/DC/RLY 对 V20 变频器进行 USS 无级调速控制时，CPU 1215C DC/DC/RLY 可采用 RS-485 方式与 V20 变频器集成的 RS-485 通信端口进行连接。CPU 1215C DC/DC/RLY 将启停等信号，使用 USS 协议，通过 CM 1241 模块传送给 V20 变频器，再通过 V20 变频器实现电动机的启停控制。电动机的额定电压、功率、转速等相关参数可在 V20 变频器的控制面板上设置。

2. 硬件配置及 I/O 分配

要实现 CPU 1215C DC/DC/RLY 对 V20 变频器进行 USS 无级调速控制，应将与 CPU 1215C DC/DC/RLY 模块连接的 CM 1241(RS-485) 端口中的 3、8 引脚与 V20 的 P+、N 端子通过双绞线进行连接，如图 8-25 所示。CPU 1215C DC/DC/RLY 需要外接 5 个按钮，其 I/O 分配如表 8-18 所示，这些动合按钮分别与 I0.0～I0.4 进行连接。

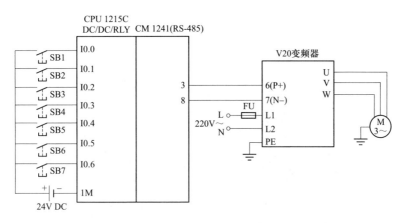

图 8-25　CPU 1215C DC/DC/RLY 与 V20 的连接

表 8-18　　　　　　　　　　　　　　I/O 分配表

功能	元件	PLC 地址	功能	元件	PLC 地址
启动按钮	SB1	I0.0	改变方向按钮	SB5	I0.4
自然停止按钮	SB2	I0.1	写变频器按钮	SB6	I0.5
快速停止按钮	SB3	I0.2	读变频器按钮	SB7	I0.6
清除 V20 故障按钮	SB4	I0.3			

3. V20 变频器参数设置

（1）设置电动机参数。使用 USS 协议进行通信前，应使用如图 8-26 所示的 V20 内置基本操作面板（简称 BOP）来设置变频器有关的参数。首次上电或变频器被工厂复位后，进入 50/60Hz 选择菜单，显示"50?"（50Hz）。

按 OK 键的时间小于 2s 时（以下简称单击）进入设置菜单，显示参数编号 P0304（电动机额定电压）。单击 OK 键，显示原来的电压值 400。可以用 ▲、▼ 键增减参数值，长按 ▲ 键或 ▼ 键，参数值将会快速变化。单击 OK 键确认参数值后，返回参数编号显示，按 ▲ 键显示下一个参数编号 P0305。用同样方法参照表 8-19，分别设置 P0304、P0305、P0307、P0310 和 P0311（电动机的额定电压、额定电流、额定功率、额定频率和额定转速）。

（2）设置连接宏、应用宏和其他参数。在连接宏设置前，应对变频器恢复出厂设置，设置 P0010＝30（工厂的设定值），P0970＝1（参数复位），按 OK 键将变频器恢复到工厂设定值。

V20 将变频器常用的控制方式归纳为 12 种连接宏和 5 种应用宏，可由用户进行选择。单击 M 键，显示"－Cn000"，可设置连接宏。长按 ▲ 键，直到显示"Cn010"时按 OK 键，显示"－Cn010"，表示选中了"USS 控制"连接宏 Cn010。单击 M 键显示"－AP000"，采用默认的应用宏 AP000。

在设置菜单方式长按 M 键或下一次上电时，进入显示菜单方式，显示 0.00Hz。多次单击 OK 键，将循环显示输出频率 Hz、输出电压 V、电动机电流 A、直流母线电压 V 和设

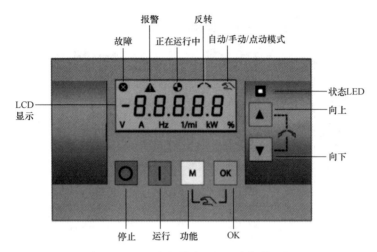

图 8-26　V20 变频器内置的基本操作面板

定频率值。

　　连接宏 Cn010 预设 USS 通信参数，使调试过程更加便捷。在显示菜单方式单击
Ⓜ键，进入参数菜单方式，显示 P0003。设置 P0003＝3（专家级），允许读/写所有的参
数。根据表 8-19 的要求，用◻键和▲、▼键检查和修改参数值。

表 8-19　　　　　　　　　　　　　　V20 变频器参数设定

序号	变频器参数	出厂值	Cn010 设定值	功能说明
1	P0304	400	380	电动机的额定电压（380V）
2	P0305	1.86	0.35	电动机的额定电流（0.35A）
3	P0307	0.75	0.06	电动机的额定功率（0.06kW）
4	P0310	50.00	50.00	电动机的额定频率（50Hz）
5	P0311	1395	1400	电动机的额定转速（1400r/min）
6	P0700	2	5	选择命令源（RS-485 上的 USS）
7	P1000	1	5	频率设定值选择（RS-485 上的 USS＋固定频率）
8	P2023	1	1	RS-485 协议选择
9	P2010	8	8	USS 波特率设为 38 400bit/s
10	P2011	1	1	变频器 USS 站点地址设置为从站 2
11	P2012	2	2	USS 协议的过程数据 PZD 长度
12	P2013	127	127	USS 协议的参数标识符 PKW 长度
13	P2014	500	0	USS/Modbus 报文间断时间

4. S7-1200 PLC 硬件组态

　　（1）在 TIA Portal 中新建项目，添加 CPU 模块、CM 1241(RS-485) 通信模块等。

　　（2）双击 CM 1241(RS-485) 模块，在 RS-485 接口的 "IO-Link" 中设置波特率为
9600bit/s。

（3）启用系统时钟。先选中 CPU 1215C DC/DC/RLY，再在"属性"→"常规"选项卡中选中"系统和时钟存储器"，将"系统存储器位"的"启用系统存储字节"勾选，并在"系统存储器字节的地址"中输入 10，则 M10.2 位表示始终为 1。

5. 编写 S7-1200 PLC 的程序

S7-1200 PLC 的程序编写如表 8-20 所示。在主程序块 OB1 的程序段 1 中，使用 USS_Drive_Control 指令通过变频器实现电动机的调速控制；程序段 2 中，使用 USS_Write_Param 指令修改变频器参数；在程序段 3 中，使用 USS_Read_Param 指令读取变频器参数。在循环中断组织块 OB30 的程序段 1 中，使用 USS_Port_Scan 指令对变频器进行波特率、通信端口的设置。

表 8-20   S7-1200 PLC 的 USS 通信程序

程序段		LAD
OB1	程序段 1	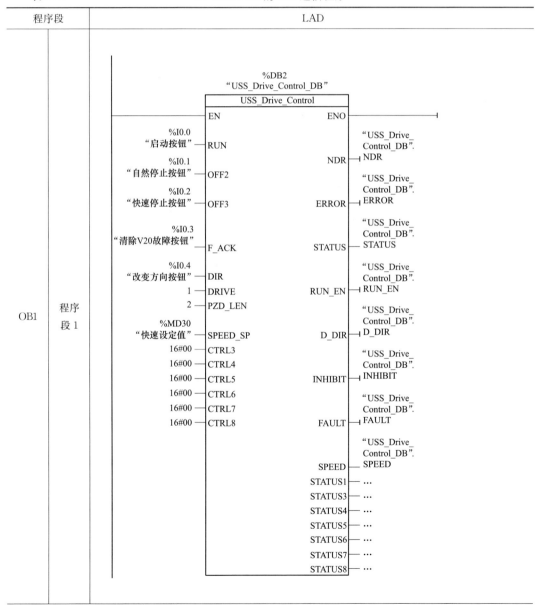

程序段		LAD
OB1	程序段 2	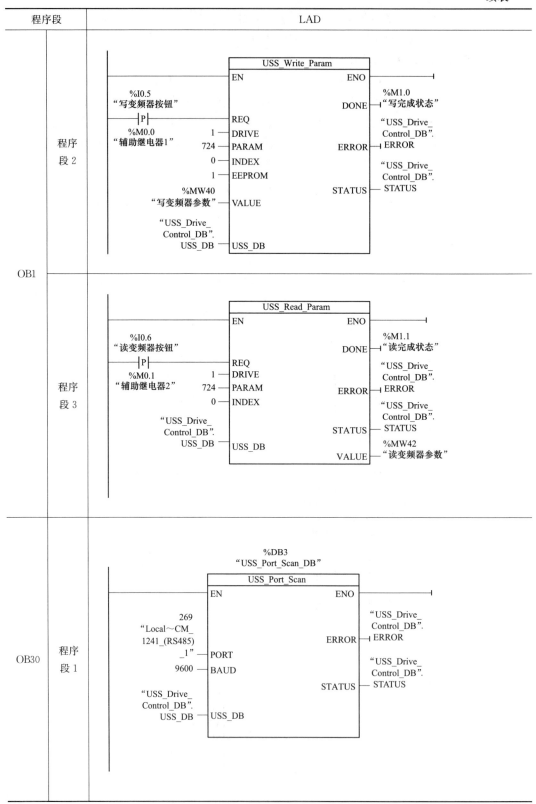
	程序段 3	
OB30	程序段 1	

8.5　PROFIBUS 通信

PROFIBUS(process field bus）是 SIEMENS 推出的现场总线通信协议，也是 IEC 61158《工业通信网络　数据总线规范》系列标准中的现场总线标准之一。

8.5.1　PROFIBUS 通信基本知识

PROFIBUS 是属于单元级和现场级的 SIMATIC 网络，适用于传输中、小量的数据。其开放性可以允许众多的厂商开发各自的符合 PROFIBUS 协议的产品，这些产品可以连接在同一个 PROFIBUS 网络上。可以使用屏蔽双绞线、光纤或无线传输将分布式 I/O 设备、传动装置等设备连接起来。

1. PROFIBUS 通信协议的分类

从用户的角度看，PROFIBUS 通信协议大致分为 3 类：PROFIBUS-DP、PROFIBUS-PA 和 PROFIBUS-FMS。这 3 类 PROFIBUS 现场总线在自动化系统中的位置如图 8-27 所示。

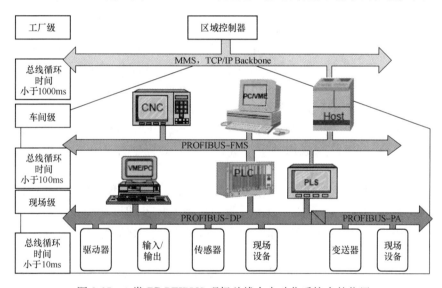

图 8-27　3 类 PROFIBUS 现场总线在自动化系统中的位置

分布式外围设备（PROFIBUS decentralized periphery，PROFIBUS-DP）用于自动化系统中单元级控制设备与分布式 I/O 的通信，可以取代 4～20mA 模拟信号传输。PROFIBUS-DP 的通信速率为 19.2kbit/s～12Mbit/s，通常默认设置为 1.5Mbit/s，通信数据包为 244 字节。

过程自动化（PROFIBUS process automation，PROFIBUS-PA）用于过程自动化的现场传感器和执行器的低速数据传输，使用扩展的 PROFIBUS-DP 协议。它使用屏蔽双绞线电缆，由总线提供电源。

现场总线报文规范（PROFIBUS fieldbus message specification，PROFIBUS-FMS）使用了 ISO/OSI 网络模型的第二层、第四层和第七层，主要用于现场级和车间级的不同供应商的自动化系统之间传输数据，处理单元级的多主站数据通信。由于配置和编程比较烦琐，应用较少。

2. PROFIBUS-DP 网络的构成

PROFIBUS 网络系统由 PROFIBUS 主站、从站、网络部件等部分组成。

（1）PROFIBUS 主站。根据作用与功能的不同，PROFIBUS 主站通常分为 1 类主站和 2 类主站。

1）1 类 DP 主站是 PROFIBUS 网络系统中的中央处理器，它可以在预定的周期内读取从站工作信息或向从站发送参数，并负责对总线通信进行控制与管理。无论 PROFIBUS 网络采用何种结构，1 类主站是系统所必需的。在 PROFIBUS 网络中，下列设备可作为 1 类 DP 主站的设备：

a. 带有 PROFIBUS-DP 集成通信接口的 S7-1500 系列 PLC，例如 CPU 1516-3 PN/DP 等。

b. 将没有集成 PROFIBUS-DP 集成通信接口的 S7-1200 系列 PLC，连接到 PROFIBUS 网络中的通信模块。例如将 S7-1200 连接到 PROFIBUS 系统中的 CM 1243-5 通信模块，可作为 1 类主站使用。

c. 插有 PROFIBUS 网卡的 PC，例如 WinAC 控制器，用软件功能选择 PC 作 1 类主站或作编程监控的 2 类主站。

2）2 类 DP 主站是 PROFIBUS 网络系统的辅助控制器，它可以对网络系统中的站进行编程、诊断和管理。2 类主站能够与 1 类主站进行友好通信，在进行通信的同时，可以读取从站的输入/输出数据和当前的组态数据，还可以给从站分配新的总线地址。在 PROFIBUS 网络中，下列设备可以作为 2 类 DP 主站的设备：

a. PC 加 PROFIBUS 网卡可以作为 2 类主站。SIEMENS 为其自动化产品设计了专用的编程设备，不过一般都用通用的 PC 和 STEP 7 编程软件来作编程设备，用 PC 和 WinCC 组态软件作监控操作站。

b. SIMATIC 操作面板（OP）/触摸屏（TP）可以作为 2 类主站。操作面板用于操作人员对系统的控制和操作，例如参数的设置与修改、设备的启动和停止，以及在线监视设备的运行状态等。有触摸按键的操作面板俗称触摸屏，它们在工业控制中等到了广泛的应用。

（2）PROFIBUS 从站。PROFIBUS 从站是进行输入信息采集和输出信息发送的外围设备，它只与组态它的主站交换用户数据，可以向该主站报告本地诊断中断的过程中断。例如将 S7-1200 连接到 PROFIBUS 系统中的 CM 1242-5 通信模块，可作为从站使用。

（3）网络部件。凡是用于 PROFIBUS 网络进行信号传输、网络连接、接口转换的部件统称为网络部件。常用的网络部件包括通信介质（如电缆、光纤）、总线部件（如 RS-485 总线连接器、中断器、耦合器、OLM 光缆链路）和网络转换器（如 RS-232/PROFIBUS-DP 转换器、以太网/PROFIBUS 转换器、PROFIBUS-DP/AS-i 转换器、PROFIBUS-DP/EIB 转换器）。

（4）网络工具。工具软件是用于 PROFIBUS 网络配置、诊断的软件与硬件，可以用于网络的安装与调试。如 PROFIBUS 网络总线监视器、PROFIBUS 诊断中继器等。

8.5.2　PROFIBUS 网络参数设定

一个 PROFIBUS-DP 系统由 PROFIBUS-DP 主站及其分配的 PROFIBUS-DP 从站组

成。S7-1200 PLC 的 DP 主站模块为 CM 1243-5，DP 从站模块为 CM 1242-5，传输速率为 9600～12 000bit/s。S7-1200 PLC 的 DP 主站与从站间可以自动、周期性地进行通信。通过 CM 1243-5 主站模块，还可以进行下载和诊断等操作，它可以将 S7-1200 连接到其他 CPU、HMI 面板、编程计算机和支持 S7 通信的 SCADA 系统。

某 S7-1200 PLC 的 PROFIBUS-DP 系统中，主要由 1 个 DP 主站和两个 DP 从站构成，要实现 PROFIBUS 通信，可按以下步骤进行网络参数的设定。

(1) 添加 DP 主站模块。在 TIA Portal 的 Portal 视图的硬件目录中，添加 CPU 1215C DC/DC/RLY，然后在 TIA Portal 的 Portal 视图右侧的"硬件目录"中，选择 "通信模块"→"PROFIBUS"→"CM 1243-5"，将 CM 1243-5 拖曳到 CPU 左侧的 101 号插槽，如图 8-28 所示。

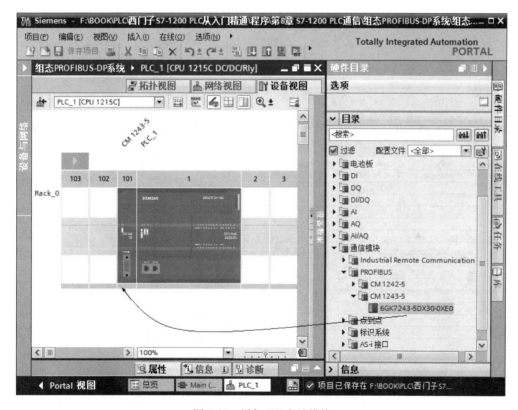

图 8-28　添加 DP 主站模块

(2) 设置 DP 主站模块属性。双击 DP 主站模块（CM 1243-5），选择 CM 1243-5 "属性"对话框的"常规"→"DP 接口"→"PROFIBUS 地址"，在其"接口连接到"的"子网"中点击"添加新子网"，"参数"的"地址"设置为 2，其余采用默认值，如图 8-29 所示。

(3) 添加 DP 从站模块 1。打开"网络视图"，在右侧的"硬件目录"中，选择"分布式 I/O"→"ET 200S"→"接口模块"→"PROFIBUS"→"IM 151-1 标准型"，将 IM 151-1 标准型拖到网络视图的空白处，如图 8-30 所示，这样即可添加 DP 从站点。双击生成的 DP 从站点（IM 151-1），打开它的设备视图，将电源模块（PM）、DI、DQ 等相关模块插入到 1～6 号插槽。

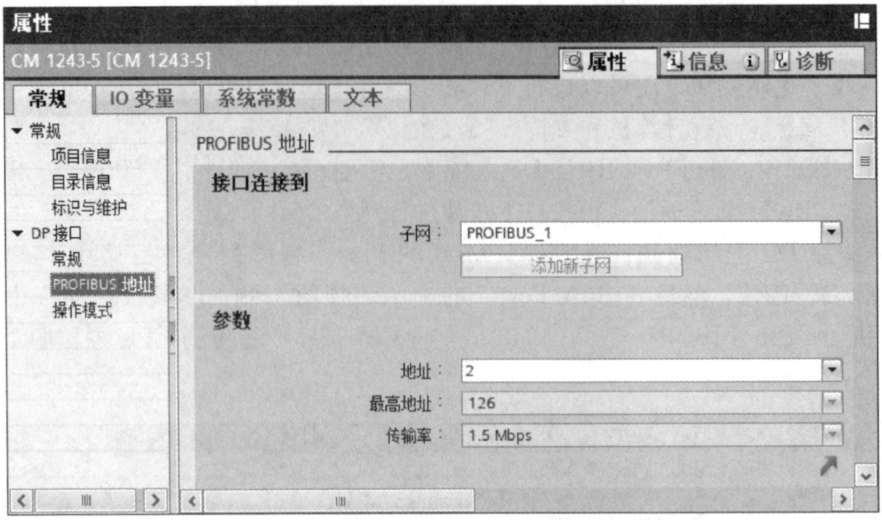

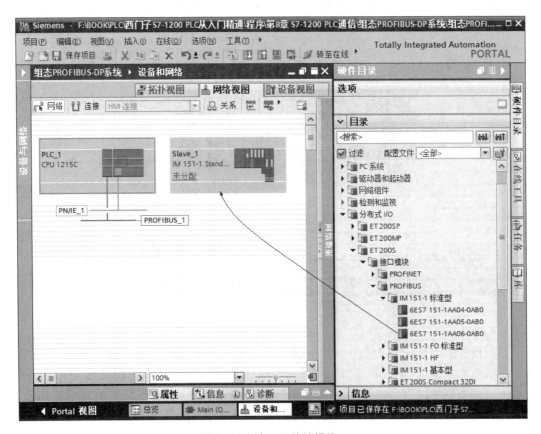

图 8-29　DP 主站模块属性的设置

图 8-30　添加 DP 从站模块 1

（4）设置 DP 从站模块 1 属性。双击 DP 从站模块 1(IM 151-1)，在 IM 151-1 "属性"
对话框的"常规"→"PROFIBUS 地址"中，在其"接口连接到"的"子网"中点击"添加新子网","参数"的"地址"设置为 3，其余采用默认值。

（5）DP 主站连接 DP 从站 1。在"网络视图"中，右键单击 DP 主站模块的 DP 接口（紫色），执行快捷菜单命令"添加主站系统"，生成 DP 主站系统。此时 ET 200S 仍显示"未分配"。右键单击 ET 200S 的 DP 接口，执行快捷菜单命令"分配到新主站"，双击出现的"选择主站"对话框中的 PLC_1 的 DP 接口（如图 8-31 所示），它被连接到 DP 主站系统。这样，实现了 DP 主站连接 DP 从站 1 的操作，其连接如图 8-32 所示。

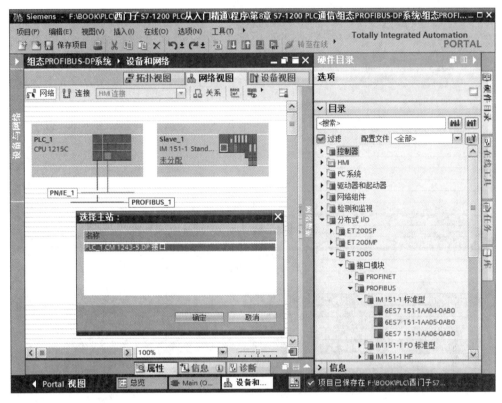

图 8-31　选择主站

（6）参照步骤（3）～（5），添加 DP 从站 2(IM 151-1)，设置 DP 从站 2 的"接口连接到"的"地址"为 4，并与 DP 主站进行连接。这样，实现了 DP 主站连接 2 个 DP 从站的操作，其连接如图 8-33 所示。

8.5.3 PROFIBUS 通信应用实例

【例 8-4】 S7-1200 PLC 与 ET 200S 间的 PROFIBUS 通信。在某 S7-1200 PLC 的 PROFIBUS 通信网络系统中，外接 CM 1243-5 的 CPU 1215C DC/DC/RLY 作为 DP 主站，从站为 ET 200S。要求通过主站上的按钮控制从站上的电动机进行点动与长动控制。

1. 控制分析

将外接 CM 1243-5 的 CPU 1215C DC/DC/RLY 作为 DP 主站，而 ET 200S 作为从站，通过 PROFIBUS 现场总线，可以实现两者进行通信。在此设置主站地址为 2，从站地址为 3。要实现任务控制时，只需在主站中编写相应程序即可。

图 8-32　DP 主站与 DP 从站 1 的连接图

图 8-33　DP 主站与 2 个 DP 从站的连接图

2. 硬件配置及 I/O 分配

本例的硬件配置如图 8-34 所示，其硬件主要包括 1 根 PROFIBUS 网络电缆（含两个网络总线连接器）、1 台 CPU 1215C DC/DC/RLY、DP 主站模块 CM1243-5、1 台 IM 151-1（ET 200S）、1 块数字量输出模块 2DO×24VDC/0.5A ST_1（6ES7 132-4BB01-0AA0）等。主站的数字量输入模块 I0.0 外接停止运行按钮 SB1，I0.1 外接点动按钮 SB2，I0.2 外接长动按钮 SB3，Q0.0 外接停止指示灯 HL1，Q0.1 外接点动指示灯 HL2，Q0.2 外接长动指示灯 HL3；从站的数字量输出模块的 Q2.0 外接 KM1 控制电动机的运行。

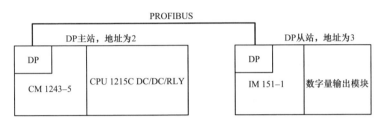

图 8-34　PROFIBUS 通信硬件配置图

3. 硬件组态

（1）新建项目。在 TIA Portal 中新建项目，添加 CPU 模块。

（2）PROFIBUS-DP 通信的组态。参照 8.5.2 节中的内容创建 1 个 DP 主站和 1 个 DP 从站构成的 DP 通信系统。

（3）定义变量。在 TIA Portal 项目树中，选择"PLC_1"→"PLC 变量"下的"默认变量表"，定义 DP 主站 PLC 的默认变量表，如图 8-35 所示。

		名称	变量表	数据类型	地址
1		System_Byte	默认变量表	Byte	%MB10
2		FirstScan	默认变量表	Bool	%M10.0
3		DiagStatusUpdate	默认变量表	Bool	%M10.1
4		AlwaysTRUE	默认变量表	Bool	%M10.2
5		AlwaysFALSE	默认变量表	Bool	%M10.3
6		Clock_Byte	默认变量表	Byte	%MB20
7		Clock_10Hz	默认变量表	Bool	%M20.0
8		Clock_5Hz	默认变量表	Bool	%M20.1
9		Clock_2.5Hz	默认变量表	Bool	%M20.2
10		Clock_2Hz	默认变量表	Bool	%M20.3
11		Clock_1.25Hz	默认变量表	Bool	%M20.4
12		Clock_1Hz	默认变量表	Bool	%M20.5
13		Clock_0.625Hz	默认变量表	Bool	%M20.6
14		Clock_0.5Hz	默认变量表	Bool	%M20.7
15		停止按钮	默认变量表	Bool	%I0.0
16		点动按钮	默认变量表	Bool	%I0.1
17		长动按钮	默认变量表	Bool	%I0.2
18		控制电机运行	默认变量表	Bool	%Q2.0
19		停止指示	默认变量表	Bool	%Q0.0
20		点动指示	默认变量表	Bool	%Q0.1
21		长动指示	默认变量表	Bool	%Q0.2

图 8-35　DP 主站默认变量表的定义

4. 编写 S7-1200 PLC 程序

只需对 DP 主站编写程序即可，而 DP 从站不需编写程序，DP 主站的梯形图程序编写如表 8-21 所示。程序段 1 为停止指示控制，在初始状态下 Q0.0 线圈闭合，表明电动机处于停止状态；程序段 2 为点动指示，当按下点动按钮 SB2 时，I0.1 动合触点闭合，Q0.1 线圈得电，HL2 指示灯亮；程序段 3 为长动指示，只要按下 1 次 SB3，I0.2 动合触点闭合，Q0.2 线圈得电，HL3 指示灯亮，同时 Q0.2 动合触点自锁；程序段 4 为电动机的运行控制，DP 从站数字量输出模块 4DO×24V DC/0.5A HF 在组态时其默认的起始地址为 Q2.0，所以在程序段 4 中，Q2.0 线圈可直接通过 KM 来控制电动机的运行状态。

表 8-21   **DP 主站程序**

程序段	LAD
程序段 1	%I0.0 "停止按钮" ┤├, %I0.2 "长动按钮" ┤/├, %Q0.0 "停止指示" ( ); %Q0.1 "点动指示" ┤/├
程序段 2	%I0.1 "点动按钮" ┤├, %I0.0 "停止按钮" ┤/├, %I0.2 "长动按钮" ┤/├, %Q0.1 "点动指示" ( )
程序段 3	%I0.2 "长动按钮" ┤├, %I0.0 "停止按钮" ┤/├, %Q0.1 "点动指示" ┤/├, %Q0.2 "长动指示" ( ); %Q0.2 "长动指示" ┤├
程序段 4	%Q0.1 "点动指示" ┤├, %Q2.0 "控制电动机运行" ( ); %Q0.2 "长动指示" ┤├

8.6   PROFINET 通信

PROFINET 是继 PROFIBUS 以后，由 SIEMENS 开发并由 PROFIBUS 国际组织（PROFIBUS International，PI）支持的一种基于以太网的、开放的、用于自动化的工业以太网标准。

8.6.1　PROFINET 通信基本知识

1. PROFINET 的基本通信方式

PROFINET 根据不同的应用场合定义了三种不同的通信方式：TCP/IP 的标准通信、实时（real-time，RT）通信和同步实时 IRT 通信。PROFINET 设备能够根据通信要求选择合适的通信方式。

（1）TCP/IP 的标准通信。PROFINET 使用以太网和 TCP/IP 协议作为通信基础，在任何场合下都提供对 TCP/IP 通信的绝对支持。TCP/IP 是 IT 领域关于通信协议方面事实上的标准，尽管响应时间大概在 100ms 的量级，不过，对于工厂控制级的应用来说，该响应时间足够了。

（2）实时（RT）通信。由于绝大多数工厂自动化应用场合（例如传感器和执行器设备之间的数据交换）对实时响应时间要求较高，为了能够满足自动化中的实时要求，PROFINET 中规定了基于以太网层第二层（Layer 2）的优化实时通信通道，该方案极大地减少了通信栈上占用的时间，提高了自动化数据刷新方面的性能。PROFINET 不仅最小化了 PLC 中的通信栈，而且对网络中传输数据也进行了优化。采用 PROFINET 通信标准，系统对实时应用的响应时间可以缩短到 5～10ms。

（3）同步实时 IRT 通信。在现场级通信中，对通信实时性要求最高的是运动控制（motion control），PROFINET 同时还支持高性能同步运动控制应用，在该应用场合 PROFINET 提供对 100 个节点响应时间低于 1ms，抖动误差小于 1μs 的同步实时（isochronous real time，IRT）通信。

2. PROFINET I/O 设备

在 PROFINET 环境中，"设备"是自动化系统、分布式 I/O 系统、现场设备、有源网络组件、PROFINET 的网关、AS-i 或其他现场总线系统的统称。PROFINET 网络中重要的 I/O 设备如图 8-36 所示，表 8-22 列出了 PROFINET 网络中重要的 I/O 设备名称和功能。

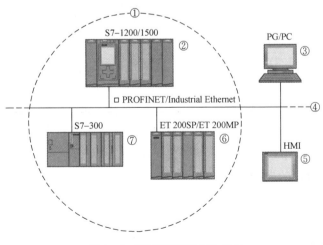

图 8-36　PROFINET I/O 设备

表 8-22   PROFINET I/O 设备及功能

编号	设备名称	功能说明
①	PROFINET I/O 系统	—
②	I/O 控制器	用于连接的 I/O 设备进行寻址的设备。这意味着 I/O 控制器与现场设备交换输入和输出信号
③	PG/PC(PROFINET I/O 监控器)	用于调试和诊断 PG/PC/HMI 设备
④	PROFINET/工业以太网	网络通信基础结构
⑤	HMI	用于操作和监视功能的设备
⑥	I/O 设备	分配给其中一个 I/O 控制器(例如,具有集成 PROFINET I/O 功能的 Distributed I/O,阀终端、变频器和交换机)的分布式现场设备
⑦	智能设备	智能 I/O 设备

3. PROFINET 接口

SIMATIC 产品系列的 PROFINET 设备具有一个或多个 PROFINET 接口(以太网控制器/接口),PROFINET 接口具有一个或多个端口(物理连接器件)。如果 PROFINET 接口具有多个端口,那么设备具有集成交换机。对于其某个接口上具有两个端口的 PROFINET 设备,可以将系统组态为线形或环形拓扑结构;具有 3 个或更多端口的 PROFINET 设备也很适合设置为树形拓扑结构。

网络中每个 PROFINET 设备均通过其 PROFINET 接口进行唯一标识。为此,每个 PROFINET 接口具有一个 MAC 地址(工厂默认值)、一个 IP 地址和 PROFINET 设备名称。表 8-23 说明了 TIA Portal 中 PROFINET 接口的命名属性和规则,以及表示方式。若 PROFINET 接口标签为 X2P1,则表示接口编号为 2,端口编号为 1;PROFINET 接口标签为 X1P2,则表示接口编号为 1,端口编号为 2;PROFINET 接口标签为 X1P1R,则表示接口编号为 1,端口编号为 1(环形端口)。

表 8-23   PROFINET 设备的接口和端口的标识

元素	符号	接口编号
接口	X	按升序从数字 1 开始
端口	P	按升序从数字 1 开始(对于每个接口)
环网端口	R	—

SIMATIC S7-1200 PLC 集成的 PROFINET 接口既可以作为 I/O 控制器连接现场 I/O 设备,又可同时作为 I/O 设备被上一级 I/O 控制器控制,此功能称为智能设备功能。

4. PROFINET 接口的连接方法

S7-1200 PLC 的 PROFINET 通信口在 V4.4 版本中,所支持的最大通信连接:4 个连接用于 HMI(人机界面)触摸屏与 CPU 的通信;4 个连接用于编程设备(PG)与 CPU 的通信;8 个连接用于 S7 通信的客户端/服务器连接,可以实现与 S7-1500/200/300/400 PLC 的以太网 S7 通信;8 个开放式用户通信。

S7-1200 PLC 的 PROFINET 与上述设备的连接有两种方法：直接连接和网络连接。

直接连接：当一个 S7-1200 PLC 与一个编程设备，或一个 HMI，或一个 PLC 通信时，也就是说只有两个通信设备时，实现的是直接通信。直接连接不需要使用交换机，用网络直接连接两个设备即可，如图 8-37 所示。

网络连接：当多个通信设备进行通信时，也就是说通信设备为两个以上时，实现的是网络连接。多个通信设备的网络连接需要使用以太网交换机来实现，如图 8-38 所示。例如，可以使用导轨安装的西门子 CSM1277 的 4 口交换机连接其他 CPU 及 HMI 设备。CSM1277 交换机是即插即用的，使用前不需要做任何设置。

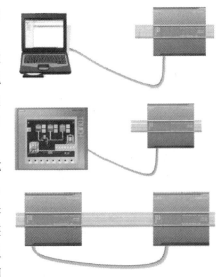

图 8-37　直接连接示意图

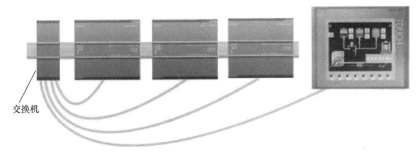

图 8-38　网络连接示意图

8.6.2　构建 PROFINET 网络

可以通过有线连接和无线连接两种不同的物理连接方式在工业系统中对 PROFINET 设备进行联网。有线连接是通过铜质电缆使用电子脉冲，或通过光纤使用光纤脉冲进行有线连接；无线连接是使用电磁波通过无线网线进行无线连接。

SIMATIC 中的 PROFINET 设备是基于快速以太网和工业以太网，所以它的布线技术十分适用于工业用途。快速以太网的传输速率为 100Mbit/s，其传输技术使用 100 Base-T 标准。工业以太网适用于工业环境中，与标准以太网的区别主要是在于各个组件的机械载流能力和抗干扰性。

1. 有源网络组件

交换机和路由器属于有源网络组件，可用于构建 PROFINET 网络。

基于交换式以太网的 PROFINET I/O 支持全双工操作且传输带宽高达 100Mbit/s，通过多个设备的并行数据传输，且以高优先级对 PROFINET I/O 数据帧进行处理，这样将大大提高网络的使用效率。

交换机是用于连接局域网中多个终端设备或网段的网络组件。设备要与 PROFINET 网络上的多个其他设备通信，则需将该设备连接到交换机的端口上，然后将其他设备（包括交换机）连接到该交换机的其他端口。通信设备与交换机之间的连接是点对点连接，交换机负责接收和分发帧。交换机"记住"所连接的 PROFINET 设备或其他交换机的以太网地址，并且只转发那些用于连接的 PROFINET 设备或交换机的帧。

PROFINET 网络上可以使用的交换机有两种型号：集成到 PROFINET 设备的交换机和独立交换机（如 SCALANCE 系列交换机）。对于带有多个端口的 PROFINET 设备，可以使用集成交换机来连接设备。

2. 有线连接的 PROFINET 网络

电气电缆和光纤都可用于构建有线 PROFINET 网络，电缆类型的选择取决于数据传输需求和网络所处的环境。表 8-24 汇总了带有集成交换机，以及可能传输介质的 PROFINET 接口的技术规范。

表 8-24　　　　　　　　　　　　　　PROFINET 的传输介质

物理属性	连接方法	电缆类型/传输介质标准	传输速率/模式	更大分段长度（两个设备间）	优势
电气	RJ45 连接器 IEC 60603-7-2018《电子设备连接器　第7部分：非屏蔽自由和固定连接器的详细规范》	100Base-TX 2×2 双绞对称屏蔽铜质电缆，满足 CAT 5 传输要求 IEEE 802.3	100Mbit/s，全双工	100m	简单经济
光学	SCRJ45 IEC 61754-24-2009《光纤互连装置和无源元件光纤连接器接口　第24部分：SC-RJ 式连接器系列》	100Base-FX POF 光纤电缆 IEC 60793-2-2019《光纤　第2部分：产品规格　总则》	100Mbit/s，全双工	50m	电位存在较大差异时使用，对电磁辐射不敏感，线路衰减低，可将网段的长度显著延长（仅适用于光缆）
		PCF 覆膜玻璃光纤 IEC 60793-2－2019《光纤　第2部分：产品规格　总则》		100m	
	BFOC（Bayonet 光纤连接器）及 SC（用户连接器） IEC 60874《光纤光缆连接器》系列标准	单模玻璃纤维光纤电缆 ISO/IEC 9314-4《信息技术-光纤分布式数据接口（FDDI）　第4部分：单模光纤物理层介质相关（SMF-PMD）》	100Mbit/s，全双工	26km	
		多模玻璃纤维光纤电缆 ISO/IEC 60793-2-10-2019《光纤　第2-10部分：产品规范　A1类多横纤维用分规格》		3km	
电磁波	—	IEEE 802.11x	取决于所用的扩展符号（a、g、h 等）	100m	灵活性更高，联网到远程、难以访问的设备时成本较低

3. 无线连接的 PROFINET 网络

无线数据传输已经实现了通过无线接口将 PROFINET 设备无缝集成到现有总线系统

中，可以灵活使用 PROFINET 设备，以完成各种与生产相关的任务，并根据客户要求灵活组态系统组件，以进行快速开发，通过节省电缆来最大限度维护成本。

在不允许全双工的情况下，工业无线网络的总数据传输速率为 11Mbit/s 或 54Mbit/s。使用 SCALANCE W（接入点）可以在室内或室外建立无线网络。可以安装多个接入点以创建大型无线网络，在该大型网络中，可以将移动用户从一个接入点无缝地传送到另一个接入点（漫游）。除无线网络外，也可以跨越远距离（数百米）建立工业以太网网段的点对点连接。在这种情况下，射频场的范围和特性取决于所使用的天线。

通过 PROFINET，还可以使用工业无线局域网（IWLAN）技术建立无线网络。所以，建议在构建 PROFINET 网络时使用 ACALANCE W 系列设备。

如果使用工业无线局域网建立 PROFINET，那么必须为无线设备增加更新时间。IWLAN 接口的性能低于有线数据网络的性能，多个通信站必须共享有限的传输带宽。

8.6.3　PROFINET 网络参数设定

在 TIA Portal 中可以为 PRORINET 网络设置设备名称、IP 地址、端口互连和拓扑、模块属性等参数。这些参数将加载到 CPU，并在 CPU 启动期间传送给相应的模块。使用备件就可以更换模块，这是因为针对 SIMATIC CPU 分配的参数在每次启动时会自动加载到新模块中。

如果想要设置、扩展或更改自动化项目，那么需要组态硬件。为此，需要向结构中添加硬件组件，将它们与现有组件相连，并根据任务要求修改硬件属性。自动化系统和模块的属性是预设的，所以在很多情况下，不需要再为其分配参数，但是在需要更改模块的默认参数设置、想要使用特殊功能及组态通信连接等情况下，需要进行参数分配。

下面，以 I/O 设备 IM 151-3 PN（6ES7 151-3BB23-0AB0）分配给 I/O 控制器 CPU 1215C DC/DC/RLY（6ES7 215-1HG40-0XB0）为例讲述其操作步骤。

（1）添加 PROFINET I/O 控制器模块。在 TIA Portal 中新建项目，添加 CPU 1215C DC/DC/RLY 模块。

（2）添加 PROFINET I/O 设备。在 TIA Portal 的 Portal 视图的"项目树"中，双击"设备和网络"，可以看到网络视图中已有 CPU 1215C DC/DC/RLY 模块，然后在 TIA Portal 的 Portal 视图右侧的"硬件目录"中，"分布式 I/O"→"ET 200S"→"接口模块"→"PROFINET"→"IM 151-3 PN"，将订货号为"6ES7 151-3BB23-0AB0"的接口模块拖曳到网络视图的空白处，如图 8-39 所示。

（3）组态 PROFINET I/O 设备。在"网络视图"中，双击 IM 151-3 PN 模块切换到"设备视图"，在此视图中，再次双击 IM 151-3 PN 模块，在右边的硬件目录窗口中，将电源模块（PM）、数字量输出模块（DO），分别添加到 1、2 号插槽中。

（4）设置以太网地址。选中"PLC_1"，在"设备视图"下，单击 CPU 1215C DC/DC/RLY 模块的绿色的 PN 接口，选择"属性"→"常规"→"以太网地址"，在"接口连接到"的"子网"中点击"添加新子网"，生成子网为"PN/IE_1"，IP 协议中设置 IP 地址为"192.168.0.1"，如图 8-40 所示。单击 IM 151-3 PN 的 PROFINET 接口，同样的方法，设置 IM 151-3 PN "PROFINET 接口"的 IP 地址为"192.168.0.2"，并选择生成子网为"PN/IE_1"。

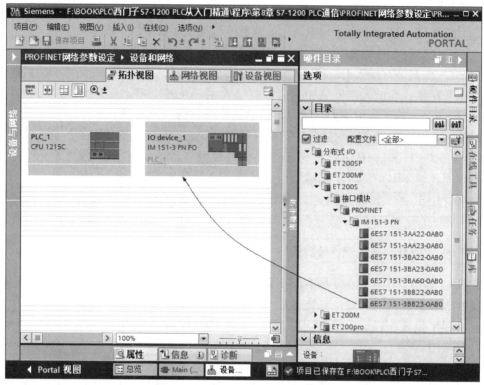

图 8-39　添加 PROFINET I/O 设备

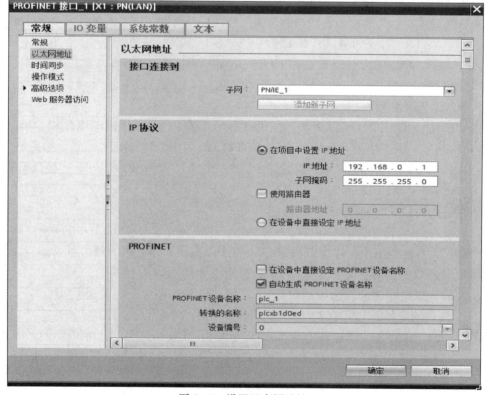

图 8-40　设置以太网地址

（5）创建带有 PROFINET I/O 的子网。在 I/O 设备 IM 151-3 PN 上，用鼠标左键单击"未分配"链接，随即打开"选择 IO 控制器"菜单。在菜单中选择要向其分配的 I/O 控制器 CPU 1215C DC/DC/RLY，此时在 IM 151-3 PN 与 CPU 1215C DC/DC/RLY 间就创建了一个带有 PROFINET I/O 的子网，如图 8-41 所示。

图 8-41　创建带有 PROFINET I/O 的子网

（6）分配 I/O 设备名称。本例的 I/O 设备（I/O device_1）已分配的 IP 地址为"192.168.0.2"，这个 IP 地址仅在初始化时起作用，一旦设备名称分配完成后，这个 IP 地址就失效了。在"网络视图"中，选中"PLC_1. PROFNET IO-System…"，右击鼠标，弹出快捷菜单，单击"分配设备名称"命令，如图 8-42 所示。

在图 8-42 中选择"分配设备名称"命令后，弹出如图 8-43 所示的对话框，在此选择"PROFINET 设备名称"为"io device_1"，"PG/PC 接口的类型"设置为"PN/IE"，并选择合适的 PG/PC 接口，再单击"更新列表"按钮，系统自动搜索 I/O 设备，当搜索到 I/O 设备后，再单击"分配名称"按钮，即可完成设备名称的分配。

8.6.4　PROFINET 通信应用实例

【例 8-5】S7-1200 PLC 作为 I/O 控制器的 PROFINET I/O 通信。在某 S7-1200 PLC 的 PROFINET I/O 通信网络系统中，CPU 1215C DC/DC/RLY 作为 I/O 控制器，ET 200S 作为 I/O 设备。要求 I/O 控制器上的按钮 I0.1 按下时，I/O 设备 ET 200S 上的电动机正向运行；I/O 控制器上的按钮 I0.2 按下时，I/O 设备 ET 200S 上的电动机反向运行；I/O 控制器上的按钮 I0.0 按下时，I/O 设备 ET 200S 上的电动机停止运行。

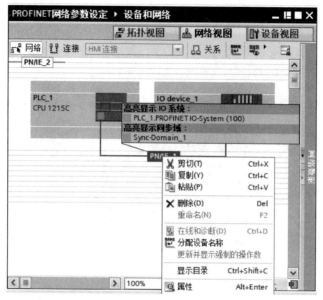

图 8-42 选择"分配设备名称"

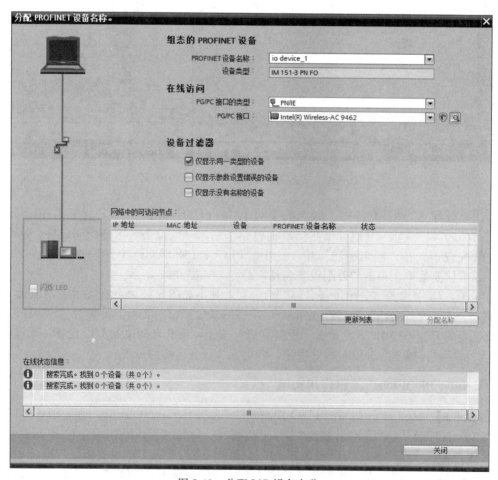

图 8-43 分配 I/O 设备名称

1. 控制分析

将 CPU 1215C DC/DC/RLY 作为 I/O 控制器，而 ET 200S 作为 I/O 设备，使用 PROFINET I/O 可以实现两者进行通信。在此 I/O 控制器的 IP 地址设为 192.168.0.1，I/O 设备的 IP 地址设为 192.168.0.2。要实现任务控制时，只需在 I/O 控制器中编写相应程序即可。

2. 硬件配置及 I/O 分配

本例的硬件配置如图 8-44 所示，其硬件主要包括 2 根 RJ45 接头的屏蔽双绞线、1 块 CPU 1215C DC/DC/RLY 模块、1 块 ET 200S 接口模块（IM 151-3 PN）、1 台交换机等。I/O 控制器的数字量输入模块 I0.0 外接停止运行按钮 SB1，I0.1 外接正向启动按钮 SB2，I0.2 外接反向启动按钮 SB3；I/O 设备的数字量输出模块的 Q2.0 与接触器 KM1 连接，控制电动机正向运行；Q2.1 与接触器 KM2 连接，控制电动机反向运行。

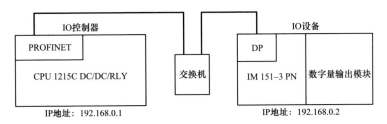

图 8-44　S7-1200 PLC 作为 I/O 控制器的 PROFINET I/O 通信硬件配置图

3. 硬件组态

（1）新建项目。在 TIA Portal 中新建项目，添加 CPU 模块。

（2）网络参数设置。参照 8.6.3 所述进行 PROFINET 网络的参数设置。

（3）定义变量。在 TIA Portal 项目树中，选择 "PLC_1"→"PLC 变量" 下的 "默认变量表"，定义 I/O 控制器的默认变量表，如图 8-45 所示。

PLC 变量

		名称	变量表	数据类型	地址
1		System_Byte	默认变量表	Byte	%MB10
2		FirstScan	默认变量表	Bool	%M10.0
3		DiagStatusUpdate	默认变量表	Bool	%M10.1
4		AlwaysTRUE	默认变量表	Bool	%M10.2
5		AlwaysFALSE	默认变量表	Bool	%M10.3
6		Clock_Byte	默认变量表	Byte	%MB20
7		Clock_10Hz	默认变量表	Bool	%M20.0
8		Clock_5Hz	默认变量表	Bool	%M20.1
9		Clock_2.5Hz	默认变量表	Bool	%M20.2
10		Clock_2Hz	默认变量表	Bool	%M20.3
11		Clock_1.25Hz	默认变量表	Bool	%M20.4
12		Clock_1Hz	默认变量表	Bool	%M20.5
13		Clock_0.625Hz	默认变量表	Bool	%M20.6
14		Clock_0.5Hz	默认变量表	Bool	%M20.7
15		停止按钮	默认变量表	Bool	%I0.0
16		正向启动	默认变量表	Bool	%I0.1
17		反向启动	默认变量表	Bool	%I0.2
18		正向运行	默认变量表	Bool	%Q2.0
19		反向运行	默认变量表	Bool	%Q2.1

图 8-45　I/O 控制器默认变量表的定义

4. 编写 S7-1200 PLC 程序

只需对 I/O 控制器编写程序即可，而 I/O 设备不需编写程序，I/O 控制器的梯形图程序编写如表 8-25 所示。I/O 设备数字量输出模块 4DO×24V DC/2A ST 在组态时其默认的起始地址为 Q2.0。在程序段 1 中，当 I/O 控制器的正向启动按钮 SB2 按下时，I0.1 触点闭合，I/O 设备 ET 200SP 控制 Q2.0 线圈得电并进行，从而使电动机正向启动运行；在程序段 2 中，当反向启动按钮 SB3 按下时，I0.2 触点闭合，I/O 设备 ET 200SP 控制 Q2.1 线圈得电，从而使电动机反向启动运行。当 I/O 控制器的停止按钮 SB1 按下时，I0.0 触点断开，使 I/O 设备 ET 200S 的输出线圈 Q2.0 和 Q2.1 均失电，电动机将停止运行。

表 8-25   DP 主站程序

程序段	LAD
程序段 1	 %I0.1 "正向启动" —┤├— %I0.0 "停止按钮" —┤/├— %I0.2 "反向启动" —┤/├— %Q2.1 "反向运行" —┤/├— %Q2.0 "正向运行" —( )— %Q2.0 "正向运行" —┤├—
程序段 2	 %I0.2 "反向启动" —┤├— %I0.0 "停止按钮" —┤/├— %I0.1 "正向启动" —┤/├— %Q2.0 "正向运行" —┤/├— %Q2.1 "反向运行" —( )— %Q2.1 "反向运行" —┤├—

8.7 开放式用户通信

通过开放式用户通信（open user communication，OUC），可以使具有 PROFINET 接口或以太网接口的 CPU 模块与同一子网中具有通信能力的其他模块进行数据交换。这种通信只受用户程序的控制，可以用程序建立和断开事件驱动的通信连接，在运行期间也可修改连接。

8.7.1 开放式用户通信概述

开放式用户通信的主要特点是在所传送的数据结构方面具有高度的灵活性，可以允许 CPU 模块与任何通信设备进行开放式数据交换，通信伙伴可以是两个 SIMATIC PLC，也可以是 SIMATIC PLC 和相应的第三方设备，只要这些设备支持该集成接口可用的连接类型即可。

SIMATIC S7-1200 的 CPU 集成的以太网接口和 S7-1500 的 CPU 集成的第 1 个以太网接口为 PROFINET 接口，有的 S7-1500 CPU 模块有第 2 个以太网接口 X2，甚至有的 S7-1500 CPU 模块还有第 3 个以太网接口 X3。最新版的 CPU 模块的 X2 也是 PROFINET 接口。

S7-1200/1500 的 PROFINET 接口和所有以太网接口都采用 RJ45 接口，支持开放式用户通信、Web 服务器、Modbus TCP 协议和 S7 通信。可使用 TCP/IP（传输控制协议/网际协议）、UDP（用户数据报协议）和 ISO-on-TCP 连接类型进行开放式用户通信。

在进行数据传输之前，TCP、ISO-on-TCP 这些协议首先会建立与通信伙伴的传输连接。如果要防止数据丢失，那么可以使用面向连接的协议。

采用 UDP 协议时，可以通过 CPU 集成的 PROFINET 接口或以太网接口向 PROFINET 上的一个设备进行单播或向所有设备进行广播。

在 Modbus TCP 协议中，数据作为 TCP/IP 数据包进行传输。只有用户程序中的相关指令才能进行控制。

8.7.2　开放式用户通信指令

开放式用户通信一般包括 3 个步骤：建立连接、发送接收数据和断开连接。

在 S7-1200/1500 自动化系统中要进行开放式用户通信时，可通过对通信伙伴的用户程序进行编程的方式或在 TIA Portal 的硬件和网络编辑器中组态连接的方式建立相关连接。

无论是通过编程建立连接还是通过组态建立连接，都需要在通信双方的用户程序中使用相应的指令发送和接收数据。如果通过编程建立连接，那么需要在用户程序中使用相应的指令建立和终止连接。

在某些应用领域中，可以通过用户程序建立连接，而不是通过硬件组态中的组态静态建立。这样，在需要建立连接时，只需要通过一个特定的应用程序指令即可建立连接。如果选择通过编程建立连接，那么将在数据传输结束后释放连接资源。

在开放式用户通信中，S7-300/400/1200/1500 可以使用指令 TCON 来建立连接，用指令 TDISCON 来断开连接。指令 TSEND 和 TRCV 用于通过 TCP 和 ISO-on-TCP 协议发送和接收数据；指令 TUSEND 和 TURCV 用于通过 UDP 协议发送和接收数据。

S7-1200/1500 除了使用上述指令实现开放式用户通信，还可以使用指令 TSEND_C 和 TRCV_C，通过 TCP 和 ISO-on-TCP 协议发送和接收数据。这两条指令有建立和断开连接的功能，使用它们以后不需要调用 TCON 和 TDSICON 指令。以上指令均为函数块，下面简单介绍 TCON、TDISCON、TSEND、TSEND_C、TRCV 和 TRCV_C 指令的相关知识。

1. TCON 指令（建立通信连接）

TCON 为异步执行指令，可设置并建立开放式用户通信连接。使用 TCON 指令设置并建立连接后，CPU 将自动持续监视该连接。TCON 的指令参数如表 8-26 所示，点击指令右上角的🔒图标，可进行网络的组态；点击🔍图标，可进行网络诊断。参数 CONNECT 和 ID 指定的连接数据用于通信连接，若要建立该连接，则必须检测到 REQ 端发生上升沿跳变。成功建立连接后，参数 DONE 将被设置为"1"。进行 TCP 或 ISO-on-TCP 连接时，通信伙伴应都调用"TCON"指令，以设置和建立通信连接。参数分配期间，用户需要指定哪个是主动通信端点或哪个是被动通信端点。执行"TDISCON"指令或 CPU 切换到 STOP 模式时，会终止现有连接并删除所设置的相应连接。要再次设置并建立连接，需要再次执行"TCON"指令。

表 8-26 TCON 指令参数

梯形图指令符号	参数	数据类型	说明
"TCON_DB" TCON EN ENO REQ DONE ID BUSY CONNECT ERROR STATUS	REQ	Bool	在上升沿时，启动相应作业，建立 ID 所指定的连接
	ID	CONN_OUC	指向已分配连接的引用，范围为 W♯16♯0001～W♯16♯0FFF
	CONNECT	TCON_Param	指向连接描述的指针
	DONE	Bool	状态参数，为 0 表示作业尚未启动或仍在执行；为 1 表示作业已执行，且无任何错误
	BUSY	Bool	状态参数，为 0 表示作业尚未启动或已完成；为 1 表示作业尚未完成，无法启动新作业
	ERROR	Bool	状态参数，0 表示无错误；1 表示出现错误
	STATUS	Word	指令的状态

2. TDISCON 指令（终止通信连接）

TDISCON 也为异步执行指令，可终止 CPU 与某个连接伙伴之间开放式用户通信连接，其指令参数如表 8-27 所示。成功执行 TDISCON 指令后，为 TCON 指定的 ID 不再有效，且不能用于进行发送或接收。

表 8-27 TDISCON 指令参数

梯形图指令符号	参数	数据类型	说明
"TDISCON_DB" TDISCON EN ENO REQ DONE ID BUSY ERROR STATUS	REQ	Bool	在上升沿时启动该作业，终止 ID 所指定的连接
	ID	CONN_OUC	指向要终止连接的引用，范围为 W♯16♯0001～W♯16♯0FFF
	DONE	Bool	状态参数，为 0 表示作业尚未启动或仍在执行；为 1 表示作业已执行，且无任何错误
	BUSY	Bool	状态参数，为 0 表示作业尚未完成；为 1 表示作业已完成或尚未启动
	ERROR	Bool	状态参数，为 0 表示无错误；为 1 表示执行过程中出现错误
	STATUS	Word	指令的状态

3. TSEND 指令（通过通信连接发送数据）

使用 TSEND 指令，可以通过现有通信连接发送数据，其指令参数如表 8-28 所示。指令中显示灰色的为可选参数（下同），用户根据实际需求进行设置。参数 DATA 指定发送区，待发送的数据可以使用除 BOOL 和 Array of BOOL 外的所有数据类型。LEN 可指定发送数据的长度，使用 TCP 传送数据时，TSEND 指令不提供有关发送到 TRCV 的数据长度信息。使用 ISO-on-TCP 传送数据时，所发送数据的长度传递给 TRCV。还必须在 TRCV 接收结束时，再次接收通过 TSEND 以数据包形式发送的数据量，如果接收缓冲区对于待发送数据而言过小，那么在接收结束时会发生错误；如果接收缓冲区足够大，那么在接收数据包后 TRCV 会立即返回 DONE=1。在发送作业完成前不允许编辑要发送的数据。如果成功发送完作业，那么参数 DONE 将设置为"1"。参数 DONE 的信号状态"1"并不能确定通信伙伴已读取所发送的数据。

表 8-28   **TSEND 指令参数**

梯形图指令符号	参数	数据类型	说明
	REQ	Bool	在上升沿时启动发送作业
	ID	CONN_OUC	引用由 TCON 建立的连接，范围为 W♯16♯0001～W♯16♯0FFF
	LEN	Uint	要通过作业发送的最大字节数
"TSEND_DB" TSEND EN ENO REQ DONE ID BUSY LEN ERROR DATA STATUS	DATA	VARIANT	指向发送区的指针，该发送区包含要发送数据的地址和长度
	DONE	Bool	状态参数，为 0 表示发送尚未启动或仍在执行；为 1 表示发送已成功完成
	BUSY	Bool	状态参数，为 0 表示发送尚未启动或已完成；为 1 表示发送未完成，无法启动新作业
	ERROR	Bool	状态参数，为 0 表示无错误；为 1 表示执行过程中出现错误
	STATUS	Word	指令的状态

4. TRCV 指令（通过通信连接接收数据）

使用 TRCV 指令，可以通过现有通信连接接收数据，其指令参数如表 8-29 所示。参数 EN_R 设置为"1"时，启用数据接收，而接收到的数据将输入到接收区中。根据所用的协议选项，接收区长度由参数 LEN 指令，或者通过参数 DATA 的长度信息来指定。接收数据时，不能更改 DATA 参数或定义的接收区以确保接收到的数据一致。成功接收数据后，参数 NDR 设置为值"1"。

表 8-29   **TRCV 指令参数**

梯形图指令符号	参数	数据类型	说明
	EN_R	Bool	启用接收功能
	ID	CONN_OUC	引用由 TCON 建立的连接，范围为 W♯16♯0001～W♯16♯0FFF
"TRCV_DB" TRCV EN ENO EN_R NDR ID BUSY LEN ERROR ADHOC STATUS DATA RCVD_LEN	LEN	UDInt	接收区长度（以字节为单位），如果在 DATA 参数中使用具有优化访问权限的接收区，那么 LEN 参数必须为 0
	ADHOC	Bool	TCP 协议选项使用 Ad-hoc 模式
	DATA	Variant	指向接收区的指针，传送结构时，发送端和接收端的结构必须相同

续表

梯形图指令符号	参数	数据类型	说明
"TRCV_DB" TRCV EN ENO EN_R NDR ID BUSY LEN ERROR ADHOC STATUS DATA RCVD_LEN	NDR	Bool	状态参数，为 0 表示作业尚未启动或仍在执行过程中；为 1 表示接收到新数据
	BUSY	Bool	状态参数，为 0 表示接收尚未启动或已完成；为 1 表示接收未完成，无法启动新作业
	ERROR	Bool	状态参数，为 0 表示无错误；为 1 表示执行过程中出现错误
	STATUS	Word	指令的状态
	RCVD_LEN	UDInt	实际接收到的数据量（以字节为单位）

5. TSEND_C（通过以太网发送数据）

在 S7-1200/1500 中，使用 TSEND_C 指令可以设置和建立通信连接，并通过现有的以太网通信连接发送数据，CPU 会自动保持和监视该通信连接，其指令参数如表 8-30 所示。CONT 为 1 时设置并建立通信连接。CPU 进入 STOP 模式后，将终止现有连接并移除已设置的连接，要再次设置并建立该连接，需再次执行 TSEND_C 指令。在参数 REQ 中检测到上升沿时执行发送作业，使用参数 DATA 指定发送区（包括要发送数据的地址和长度）。使用参数 LEN 可指定通过一个发送作业发送的最大字节数。如果在 DATA 参数中使用具有优化访问权限的发送区，那么 LEN 参数值必须为 0。参数 CONT 置为 0 时，即使当前进行的数据传送尚未完成，也将终止通信连接。但如果对 TSEND_C 使用了组态连接，将不会终止连接，可随时通过将参数 CON_RST 设置为 1 来重置连接。

表 8-30   **TSEND_C 指令参数**

梯形图指令符号	参数	数据类型	说明
	REQ	Bool	在上升沿时启动发送作业
	CONT	Bool	控制通信连接，0 为断开通信连接；1 为建立并保持通信连接
	LEN	UInt	要通过作业发送的最大字节数
	CONNECT	Variant	指向连接描述结构的指针
"TSEND_C_DB" TSEND_C EN ENO REQ DONE CONT BUSY LEN ERROR CONNECT STATUS DATA ADDR COM_RST	DATA	Variant	指向发送区的指针，该发送区包含要发送数据的地址和长度
	ADDR	Variant	UDP 需使用的隐藏参数，包含指向系统数据类型 TADDR_Param 的指针。接收方的地址信息（IP 地址和端口号）存储在 TADDR_Param 的数据块中
	COM_RST	Bool	可重置连接，0 为不相关；1 为重置现有连接
	DONE	Bool	状态参数，为 0 表示发送尚未启动或仍在执行；为 1 表示发送已成功完成
	BUSY	Bool	状态参数，为 0 表示发送尚未启动或已完成；为 1 表示发送未完成，无法启动新作业
	ERROR	Bool	状态参数，0 表示无错误；1 表示建立连接、传送数据或终止连接时出错
	STATUS	Word	指令的状态

6. TRCV_C（通过以太网接收数据）

在 S7-1200/1500 中，使用 TRCV_C 指令可以设置和建立通信连接，并通过现有的以太网通信连接接收数据，CPU 会自动保持和监视该通信连接，其指令参数如表 8-31 所示。CONT 为 1 时设置并建立通信连接。CPU 进入 STOP 模式后，将终止现有连接并移除已设置的连接，要再次设置并建立该连接，需再次执行 TRCV_C 指令。参数 CONT 置为 0 时，即使当前进行的数据传送尚未完成，也将终止通信连接。但如果使用了组态连接，那么将不会终止连接，可随时通过将参数 CON_RST 设置为 1 来重置连接。

表 8-31　　　　　　　　　　　　TRCV_C 指令参数

梯形图指令符号	参数	数据类型	说明
	EN_R	Bool	启用接收功能
	CONT	Bool	控制通信连接，0 为断开通信连接；1 为建立并保持通信连接
	LEN	UDInt	接收区长度（以字节为单位），如果在 DATA 参数中使用具有优化访问权限的接收区，那么 LEN 参数必须为 0
	ADHOC	Bool	TCP 协议选项使用 Ad-hoc 模式
"TRCV_C_DB"	CONNECT	Variant	指向连接描述结构的指针
	DATA	Variant	指向接收区的指针，传送结构时，发送端和接收端的结构必须相同
	ADDR	Variant	UDP 需使用的隐藏参数，包含指向系统数据类型 TADDR_Param 的指针。发送方的地址信息（IP 地址和端口号）存储在 TADDR_Param 的数据块中
	COM_RST	Bool	可重置连接，0 为不相关；1 为重置现有连接
	DONE	Bool	状态参数，为 0 表示接收尚未启动或仍在执行；为 1 表示接收已成功完成
	BUSY	Bool	状态参数，为 0 表示接收尚未启动或已完成；为 1 表示接收未完成，无法启动新作业
	ERROR	Bool	状态参数，为 0 表示无错误；为 1 表示执行过程中出现错误
	STATUS	Word	指令的状态
	RCVD_LEN	UDInt	实际接收到的数据量（以字节为单位）

8.7.3　开放式用户通信应用实例

【例 8-6】　两台 S7-1200 PLC 间的 ISO-on-TCP 开放式用户通信。在某 S7-1200 PLC 系统中，有两台 CPU 1215C DC/DC/RLY 模块，分别为甲机和乙机。要求将甲机的发送数据块中的 10 个整数发送到乙机的接收数据块中，同时甲机的接收数据块接收来自乙机发送过来的数据。

（1）控制分析。两台 S7-1200 PLC 间的 ISO-on-TCP 开放式用户通信，可以直接通过 PROFINET 端口来实现，其中甲机的 IP 地址设为 192.168.0.1，乙机的 IP 地址设为 192.168.0.2。指令 TSEND_C 和 TRCV_C 可用于通过 TCP 和 ISO-on-TCP 协议发送和接收数据，因此甲机使用 TSEND_C 指令将 10 字节数据发送出去，乙机通过 TRCV_C 指令接收数值，并将其存储到相应的存储单元中。

（2）硬件配置及 I/O 分配。本例的硬件配置如图 8-46 所示，其硬件主要包括 2 根 RJ45 接头的屏蔽双绞线，两块 CPU 1215C DC/DC/RLY 模块、1 台交换机。

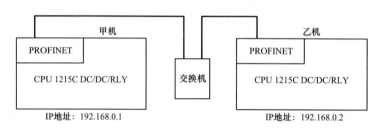

图 8-46　两台 S7-1200 PLC 间的 ISO-on-TCP 开放式用户通信的硬件配置

（3）硬件组态。

1）新建项目。在 TIA Portal 中新建项目，添加两块 CPU 1215C DC/DC/RLY 模块，并分别命名为甲机和乙机。

2）启用系统时钟。先选中"甲机［CPU 1215C DC/DC/RLY］"，再在"属性"的"常规"选项卡中选中"系统和时钟存储器"，将"系统存储器位"的"启用系统存储器字节"勾选上，并在"系统存储器字节的地址"中输入 10，则 M10.2 位表示始终为 1。将"时钟存储器位"的"启用时钟存储器字节"勾选，并在"时钟存储器字节的地址"中输入 20。同样的方法，启用乙机的系统时钟。

3）设置以太网地址。选中"甲机［CPU 1215C DC/DC/RLY］"，在"设备视图"下，单击 CPU 1215C DC/DC/RLY 模块的绿色的 PN 接口，选择"属性"→"常规"→"以太网地址"，在"接口连接到"的"子网"中点击"添加新子网"，生成子网为"PN/IE_1"，IP 协议中设置 IP 地址为"192.168.0.1"，如图 8-47 所示。同样的方法，设置乙机的 IP 地址为"192.168.0.2"，并选择生成子网为"PN/IE_1"。这样两台 PLC 之间就进行了以太网连接，如图 8-48 所示。

（4）编写 S7-1200 PLC 程序。

1）定义发送/接收数据块。选择甲机站点，打开程序块，双击"添加新块"，在弹出的"添加新块"对话框中选择"数据块"，并更改名称为"发送数据块"［DB2］。再双击已添加的"发送数据块"，将其数据类型设置为"Array［0..9］of Byte"，如图 8-49 所示。然后右击"发送数据块"，在弹出的快捷菜单中选择"属性"命令，将"优化的块访问"取消勾选，如图 8-50 所示。依此操作，添加"接收数据块"。

图 8-47　设置以太网地址

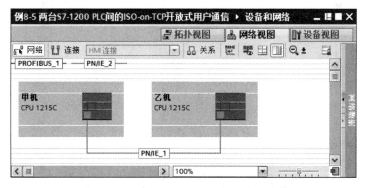

图 8-48　两台 S7-1200 PLC 的以太网连接

图 8-49　定义发送数据块

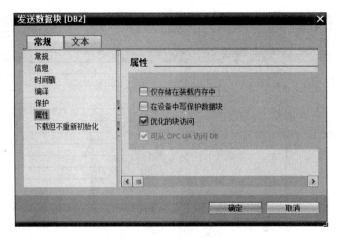

图 8-50　设置发送数据块的属性

2）初始化程序编写。在甲机 PLC 程序块中，添加启动组织块 OB100，进行初始化程序的编写，如表 8-32 所示。在程序段 1 中用 FILL_BLK 指令将 10 个 16♯01 写入发送数据块；在程序段 2 中用 FILL_BLK 指令将接收数据块中的内容清零。

表 8-32　　　　　　　　　　　　　　甲机 OB100 程序

程序段	LAD
程序段 1	%M10.0 "FirstScan"　FILL_BLK　EN　ENO　16#01—IN　10—COUNT　OUT—"发送数据块". 发送数据[O]
程序段 2	%M10.0 "FirstScan"　FILL_BLK　EN　ENO　16#0—IN　10—COUNT　OUT—"接收数据块". 接收数据[O]

3）调用函数块 TSEND_C/TRCV_C。在 TIA Portal 项目视图的项目树中，打开"甲机"的主程序块（Main［OB1]），再选中"指令"→"通信"→"开放式用户通信"，再将"TSEND_C"拖曳到主程序块的程序段 1 中，如图 8-51 所示。依此操作，将"TRCV_C"拖曳到主程序块的程序段 2 中。

4）配置 TSEND_C/TRCV_C 参数。右击"TSEND_C"函数块，在弹出的"属性"对话框中选择"组态"下的"连接参数"。在"连接参数"的"伙伴"端点选择"乙机［CPU 1215C DC/DC/RLY]"，再在"本地"侧的"连接数据"中选择"新建"后，"连接数据"将自动生成为"甲机_Send_DB"，然后"连接类型"选择"ISO-on-TCP"，并将"主动建立连接"勾选上。在"伙伴"侧的"连接数据"中选择"新建"后，"连接数据"将自动生成为"乙机_Receive_DB"，如图 8-52 所示。依此操作，配置"TRCV_C"函数块参数，如图 8-53 所示。

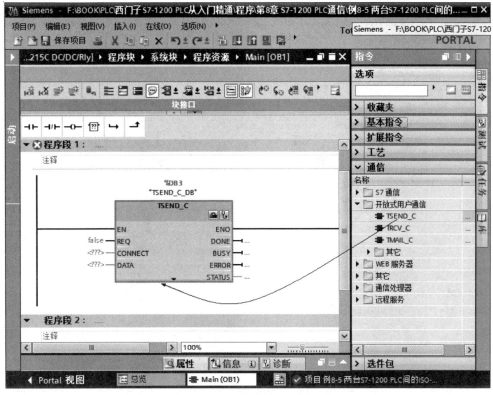

图 8-51　调用函数块 TSEND_C

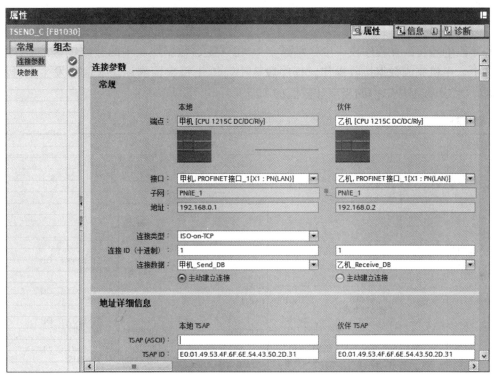

图 8-52　配置例 8-6 的 TSEND_C 连接参数

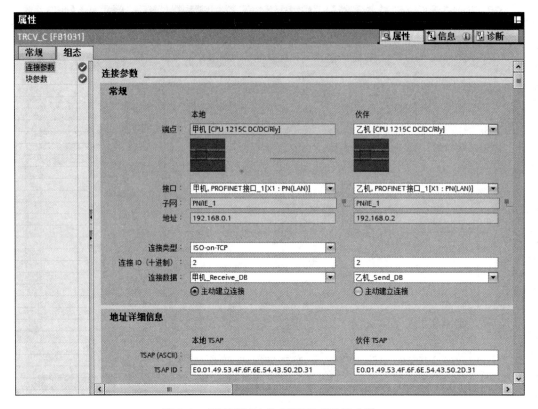

图 8-53　配置例 8-6 的 TRCV_C 连接参数

5）主程序的编写。TSEND_C 和 TRCV_C 参数配置完成后，按表 8-33 所示，完成主程序段的编写。在程序段 1 中，每隔 0.1s 将"发送数据块"中的整数传送出去。程序段 2 中，甲机完成数据接收操作。程序段 3 中，I0.1 每次检测到输入信号发生上升沿跳变时，"发送数据块"中的当前计数值加 1。

表 8-33　　　　　　　　　　　　　　　　甲机主程序

程序段	LAD
程序段 1	%DB3 "TSEND_C_DB" TSEND_C EN ─── ENO %M20.0 "Clock_10Hz" ─┤P├─ REQ ── DONE ─┤ "TSEND_C_DB" DONE %M0.0 "辅助继电器1" ── TRUE ── CONT ── BUSY ─ "TSEND_C_DB" BUSY %DB4 "甲机_Send_DB" ── CONNECT ── ERROR ─ "TSEND_C_DB" ERROR "发送数据块" 发送数据 ── DATA ── STATUS ─ "TSEND_C_DB" STATUS

续表

程序段	LAD
程序段 2	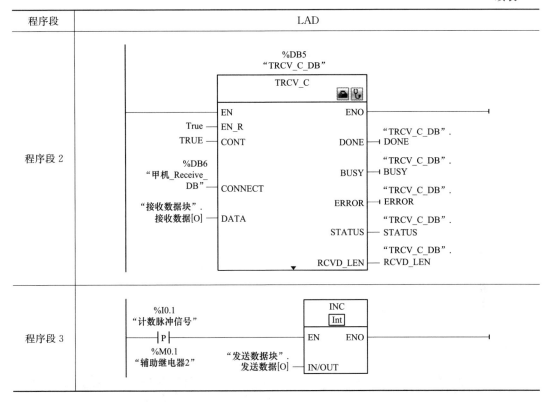
程序段 3	

用同样的方法生成乙机的程序，两台 PLC 的用户程序基本上相同。

【例 8-7】 两台 S7-1200 PLC 间的 UDP 开放式用户通信。在某 S7-1200 PLC 系统中，有两台 CPU 1215C DC/DC/RLY 模块，分别为甲机和乙机。甲机发出一个启停信号时，乙机收到信号，并启停一台电动机。

（1）控制分析。两台 S7-1200 PLC 间的 UDP 开放式用户通信，可以直接通过 PROFINET 端口来实现，其中甲机的 IP 地址设为 192.168.0.1，乙机的 IP 地址设为 192.168.0.2。甲机和乙机通信双方需要调用指令 TCON、TDISCON、TUSEND 和 TURCV 指令函数块来实现操作。

（2）硬件配置及 I/O 分配。本例的硬件配置如图 8-46 所示，其硬件主要包括 2 根 RJ45 接头的屏蔽双绞线，两块 CPU 1215C DC/DC/RLY 模块、1 台交换机。甲机的 I0.0 外接停止按钮，I0.1 外接启动按钮，I1.0 外接通信启动按钮，I1.1 外接通信断开按钮。乙机的 I1.0 外接通信启动按钮，I1.1 外接通信断开按钮，Q0.0 外接 KM，控制电动机 M 的运行。

（3）硬件组态。

1）新建项目。在 TIA Portal 中新建项目，添加两块 CPU 1215C DC/DC/RLY 模块，并分别命名为甲机和乙机。

2）启用系统时钟。先选中"甲机 [CPU 1215C DC/DC/RLY]"，再在"属性"的"常规"选项卡中选中"系统和时钟存储器"，将"系统存储器位"的"启用系统存储器字节"勾选，并在"系统存储器字节的地址"中输入 10，则 M10.2 位表示始终为 1。将

"时钟存储器位"的"启用时钟存储器字节"勾选,并在"时钟存储器字节的地址"中输入 20。同样的方法,启用乙机的系统时钟。

3)设置以太网地址。选中"甲机〔CPU 1215C DC/DC/RLY〕",在"设备视图"下,单击 CPU 1215C DC/DC/RLY 模块的绿色的 PN 接口,选择"属性"→"常规"→"以太网地址",在"接口连接到"的"子网"中点击"添加新子网",生成子网为"PN/IE_1",IP 协议中设置 IP 地址为"192.168.0.1"。同样的方法,设置乙机的 IP 地址为"192.168.0.2",并选择生成子网为"PN/IE_1"。这样两台 PLC 之间就进行了以太网连接。

(4)编写 S7-1200 PLC 程序。

1)甲机 PLC 程序的编写。

a. 调用函数块 TCON。使用函数块 TCON,可以建立以太网通信。在 TIA Portal 项目视图的项目树中,打开"甲机"的主程序块(Main[OB1]),再选中"指令"→"通信"→"开放式用户通信"→"其他",再将"TCON"拖曳到主程序块的程序段 1 中。

b. 配置 TCON 参数。右击"TCON"函数块,在弹出的"属性"对话框中选择"组态"下的"连接参数"。在"连接参数"的"伙伴"端点选择"未指定",再点击"本地"侧的"连接数据"中选择"新建"后"连接数据"将自动生成为"甲机_Connection_DB",然后"连接类型"选择"UDP",本地端口设置 2000,如图 8-54 所示。注意,本地站和伙伴站都不要设置为"主动建立连接"。"甲机_Connection_DB"是指令 TCON 的输入参数 CONNECT(指向连接描述的指针)的实参。

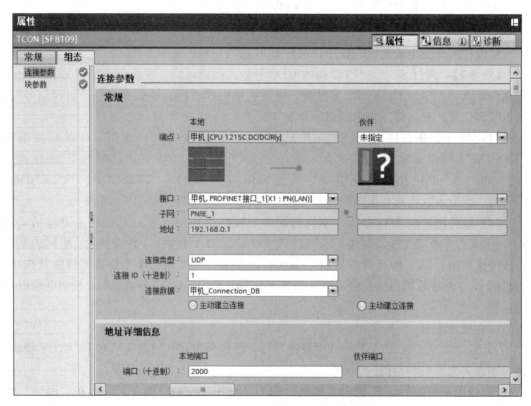

图 8-54 配置例 8-7 甲机的 TCON 连接参数

右击"TCON"函数块,在弹出的"属性"对话框中选择"组态"下的"块参数",其设置如图 8-55 所示。

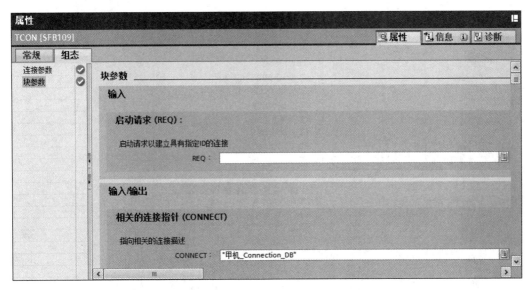

图 8-55　配置例 8-7 甲机的 TCON 块参数

c. 创建 UDP 连接数据块。TADDR_Param 参数保存通信伙伴的 IP 地址和端口号。当连接对多个不同的通信伙伴发送 UDP 数据时,仅需调整 TADDR_Param 参数,而不需要重新调用 TCON 指令和 TDISCON 指令来建立或断开连接。在项目树中,执行"甲机"→"程序块"→"添加新块",在弹出的对话框中选择"数据块",类型选择为"TADDR_Param",然后更改块名称为 DB4,如图 8-56 所示。

打开已创建的 UDP 连接数据块 DB4,修改其启动值,如图 8-57 所示,该修改值与通信伙伴的 IP 地址和端口号一致。

d. 调用函数块 TUSEND。使用函数块 TUSEND,可以通过以太网发送数据。在 TIA Portal 项目视图的项目树中,打开"甲机"的主程序块(Main[OB1]),再选中"指令"→"通信"→"开放式用户通信"→"其他",再将"TUSEND"拖曳到主程序块的程序段 2 中。

e. 调用函数块 TDISCON。使用函数块 TDISCON,可以断开以太网通信连接。在 TIA Portal 项目视图的项目树中,打开"甲机"的主程序块(Main[OB1]),再选中"指令"→"通信"→"开放式用户通信"→"其他",再将"TDISCON"拖曳到主程序块的程序段 3 中。

f. 程序的编写。在 OB1 中调用了 TCON、TUSEND 和 TDISCON 这 3 个函数块,并进行简单设置后,按表 8-34 所示,完成程序段的编写。在程序段 1 中,I1.0 动合触点闭合,建立 UDP 以太网通信。程序段 2 中,每隔 0.1s 将 MB2 中的内容发送给乙机。程序段 3 中,I1.1 动合触点闭合,断开 UDP 以太网通信。程序段 4 中,按下启动按钮 SB2 时,I0.1 动合触点闭合,与 Q0.1 连接的指示灯 HL2 点亮,同时 M2.1 位为"1",M0.0 线圈为 1。按下停止按钮 SB1 时,I0.0 动断触点闭合,M0.0 线圈失电,使得程序段 5 中

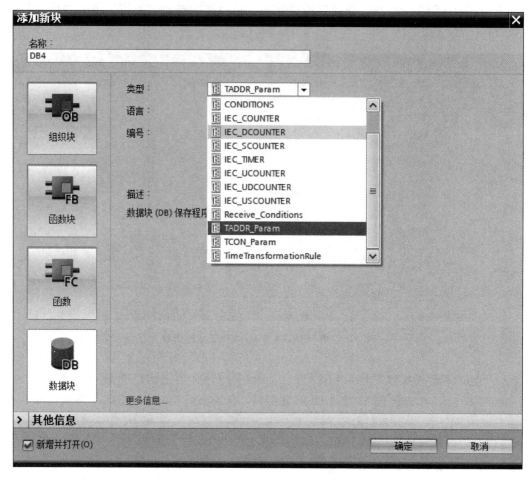

图 8-56　创建 UDP 连接数据块

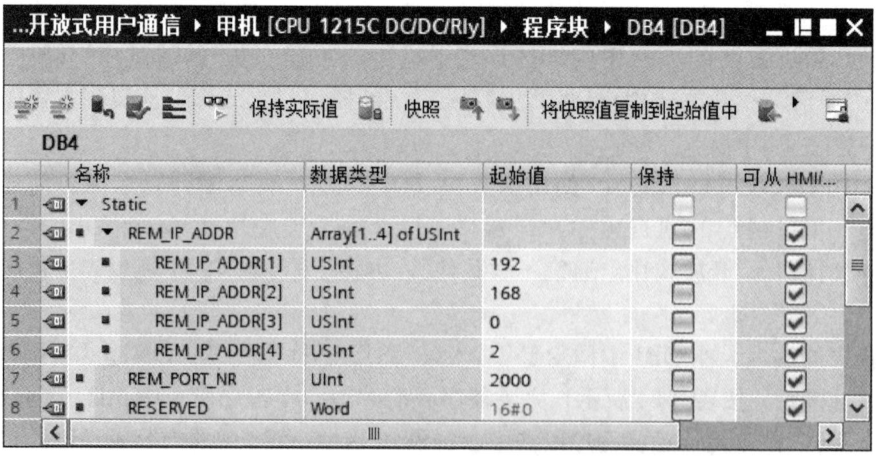

图 8-57　修改甲机 DB4 的启动值

与 Q0.0 连接的指示灯 HL1 点亮，同时 M2.0 位为 "1"。

表 8-34   例 8-7 的甲机程序

程序段	LAD
程序段 1	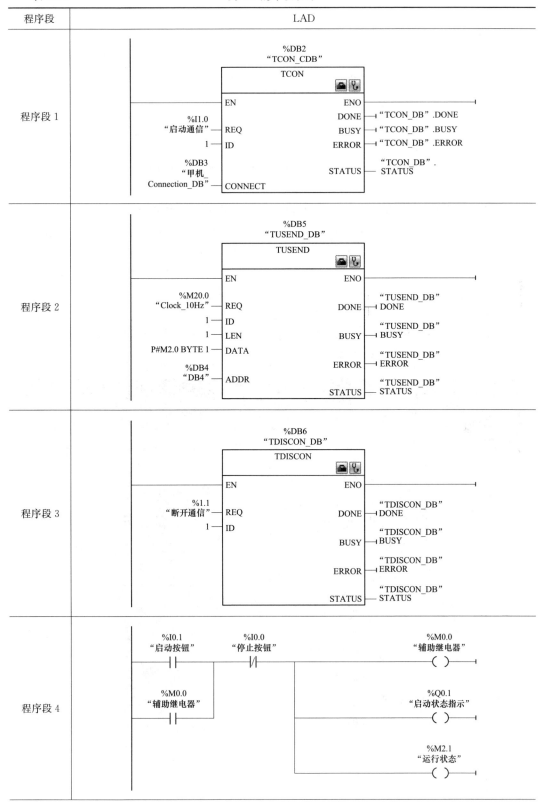
程序段 2	
程序段 3	
程序段 4	

续表

程序段	LAD
程序段 5	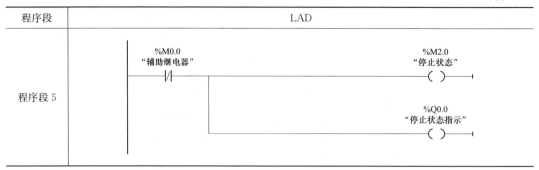

2）乙机 PLC 程序的编写。

a. 调用函数块 TCON。使用函数块 TCON，可以建立以太网通信。在 TIA Portal 项目视图的项目树中，打开"乙机"的主程序块（Main ［OB1]），再选中"指令"→"通信"→"开放式用户通信"→"其他"，再将"TCON"拖曳到主程序块的程序段 1 中。

b. 配置 TCON 参数。右击"TCON"函数块，在弹出的"属性"对话框中选择"组态"下的"连接参数"。在"连接参数"的"伙伴"端选择"未指定"，再在"本地"侧的"连接数据"中选择"新建"后，"连接数据"将自动生成为"乙机_Connection_DB"，然后"连接类型"选择"UDP"，本地端口设置 2000，如图 8-58 所示。注意，本地站和伙伴站都不要设置为"主动建立连接"。

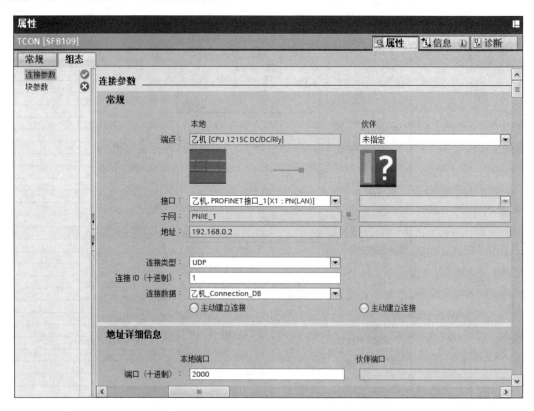

图 8-58　配置例 8-7 乙机的 TCON 连接参数

右击 "TCON" 函数块,在弹出的 "属性" 对话框中选择 "组态" 下的 "块参数",其设置如图 8-59 所示。

c. 创建 UDP 连接数据块。在项目树中,执行 "乙机"→"程序块"→"添加新块",在弹出的对话框中选择 "数据块",类型选择为 "TADDR_Param",然后更改块名称为 DB3。打开已创建的 UDP 连接数据块 DB3,修改其启动值,如图 8-60 所示,该修改值与通信伙伴的 IP 地址和端口号一致。

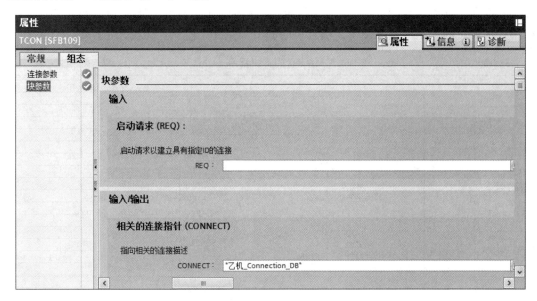

图 8-59　配置例 8-7 乙机的 TCON 块参数

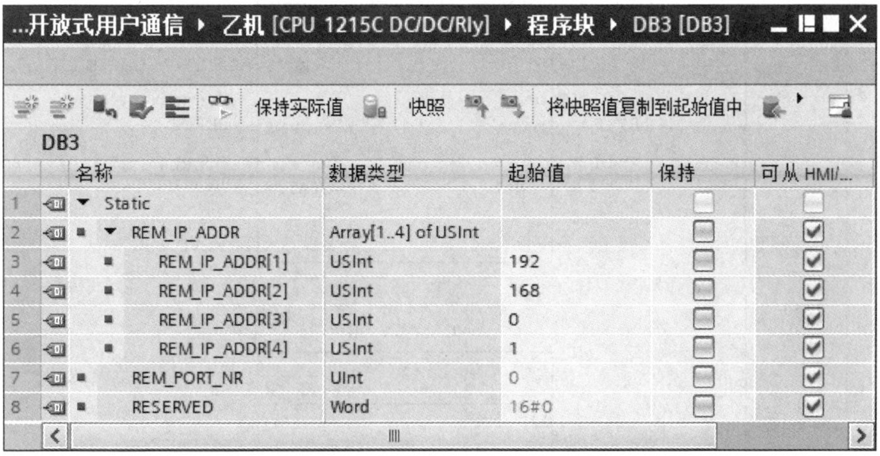

图 8-60　修改乙机 DB3 的启动值

d. 调用函数块 TURCV。使用函数块 TURCV,可以通过以太网接收数据。在 TIA Portal 项目视图的项目树中,打开 "甲机" 的主程序块(Main [OB1]),再选中 "指令"→"通信"→"开放式用户通信"→"其他",再将 "TURCV" 拖曳到主程序块的程序段 2 中。

e. 调用函数块 TDISCON。使用函数块 TDISCON,可以断开以太网通信连接。在

TIA Portal 项目视图的项目树中，打开"甲机"的主程序块（Main［OB1］），再选中"指令"→"通信"→"开放式用户通信"→"其他"，再将"TDISCON"拖曳到主程序块的程序段 3 中。

    f. 程序的编写。在 OB1 中调用了 TCON、TURCV 和 TDISCON 这 3 个函数块，并进行简单设置后，按表 8-35 所示，完成程序段的编写。在程序段 1 中，I1.0 动合触点闭合，建立 UDP 以太网通信。程序段 2 中，将接收到的内容存储到 MB4。程序段 3 中，I1.1 动合触点闭合，断开 UDP 以太网通信。程序段 4 中，当 M4.1 为动合触点为 ON 时，表示甲机的启动按钮已按下，则乙机的 Q0.0 线圈得电，控制电动机运行。

表 8-35   例 8-7 的乙机程序

程序段	LAD
程序段 1	%DB1 "TCON_DB" TCON EN — ENO %I1.0 "启动通信" — REQ — DONE — "TCON_DB".DONE 1 — ID — BUSY — "TCON_DB".BUSY — ERROR — "TCON_DB".ERROR %DB2 "乙机_Connection_DB" — CONNECT — STATUS — "TCON_DB".STATUS
程序段 2	%DB4 "TURCV_DB" TURCV EN — ENO 1 — EN_R — NDR — "TURCV_DB".NDR 1 — ID — BUSY — "TURCV_DB".BUSY 1 — LEN P# M4.0 BYTE 1 — DATA — ERROR — "TURCV_DB" ERROR %DB3 "DB3" — ADDR — STATUS — "TURCV_DB".STATUS — RCVD_LEN — "TURCV_DB".RCVD_LEN
程序段 3	%DB5 "TDISCON_DB" TDISCON EN — ENO %I1.1 "断开通信" — REQ — DONE — "TDISCON_DB".DONE 1 — ID — BUSY — "TDISCON_DB".BUSY — ERROR — "TDISCON_DB".ERROR — STATUS — "TDISCON_DB".STATUS

程序段	LAD
程序段 4	%M4.1 "运行状态" ——| |——　　　　　　　　　　　　　　　　　　　　%Q0.0 "控制电动机" ——( )——

8.8　S7　通　信

S7 通信（S7 communication）集成在每一个 SIMATIC S7 和 C7 的系统中，属于 OSI 参考模型的应用层协议，它独立于各个网络，可以应用于多种网络。

8.8.1　S7 通信基本知识

S7 协议是专门为 SIEMENS 控制产品优化设计的通信协议，它主要用于 S7 CPU 之间的主-主通信、CPU 与西门子人机界面和编程设备之间的通信。S7-1200/1500 所有的以太网接口都支持 S7 通信。

S7 通信协议是面向连接的协议，具较高的安全性。S7 通信可以用于工业以太网和 PROFIBUS-DP，在进行数据交换之前，必须建立与通信伙伴的连接。这些网络的 S7 通信的组态和编程方法基本相同。

连接是指两个通信伙伴之间为了执行通信服务对立的逻辑链路，而不是两个站之间用物理媒体（如双绞线）实现的连接。连接相当于通信伙伴之间一条虚拟的"专线"，它们随时可以用这条"专线"进行通信。一条物理线路可以建立多个连接。

S7 连接可以分为单向连接和双向连接，S7 PLC 的 CPU 集成的以太网接口都支持 S7 单向连接。单向连接中的客户端（client）是向服务器（server）请求服务的设备，客户端是主动的，它调用 GET/PUT 指令来读/写服务器的存储区，通信服务经客户端要求而启动。服务器是通信中的被动方，用户不用编写服务器的 S7 通信程序，S7 通信是由服务器的操作系统完成的。单向连接只需要客户端组态连接、下载组态信息和编写通信程序。

V2.0 及以上版本的 S7-1200 CPU 的 PROFINET 通信口可以作为 S7 通信的服务器或客户端。因为客户端可以读、写服务器的存储区，单向连接实际上可以双向传输数据。

双向连接的通信双方都需要下载连接组态，一方调用指令 BSEND 或 USEND 来发送数据，另一方调用指令 BRCV 或 URCV 来接收数据。S7-1200 PLC 仅支持 S7 单向连接的通信。

8.8.2　PUT/GET 指令

在 S7 PLC 中，使用 GET 指令和 PUT 指令，通过 PROFINET 和 PROFIBUS 连接，创建 S7 CPU 通信。

1. GET 指令（从远程 CPU 读取数据）

使用 GET 指令，可以从远程 CPU 中读取数据。读取数据时，远程 CPU 可以处于 RUN 模式或 STOP 模式，其指令参数如表 8-36 所示。

2. PUT 指令 (将数据写入远程 CPU)

使用 PUT 指令，可以将本地 CPU 数据写入远程 CPU。写入数据时，远程 CPU 可以处于 RUN 模式或 STOP 模式，其指令参数如表 8-37 所示。

表 8-36   GET 指令参数

梯形图指令符号	参数	数据类型	说明
	REQ	Bool	在上升沿时，激活数据交换功能
	ID	Word	S7 连接号
"GET_DB" GET Remote - Variant EN ENO REQ NDR ID ERROR ADDR_1 STATUS RD_1	ADDR_1	Remote	指向远程 CPU 中待读取数据的存储区
	RD_1	Variant	指向本地 CPU 中存储待读取数据的存储区
	NDR	Bool	新数据就绪：0 表示尚未启动或仍在运行；1 表示已完成任务
	ERROR	Bool	是否出错：0 表示无错误；1 表示有错误
	STATUS	Word	故障代码

表 8-37   PUT 指令参数

梯形图指令符号	参数	数据类型	说明
	REQ	Bool	在上升沿时，激活数据交换功能
	ID	Word	S7 连接号
"PUT_DB" PUT Remote - Variant EN ENO REQ DONE ID ERROR ADDR_1 STATUS SD_1	ADDR_1	Remote	指向远程 CPU 中用于写入数据的存储区
	SD_1	Variant	指向本地 CPU 中待发送数据的存储区
	DONE	Bool	状态参数：0 表示尚未启动或仍在运行；1 表示已完成任务
	ERROR	Bool	是否出错：0 表示无错误；1 表示有错误
	STATUS	Word	故障代码

8.8.3   S7 通信应用实例

【例 8-8】 两台 S7-1200 PLC 间的 S7 通信。在某 S7 通信系统中有两台 S7-1200 PLC，其中 1 台 CPU 1215C DC/DC/RLY 作为客户端，另 1 台 CPU 1215C DC/DC/RLY 作为服务器，要求从客户端的 MB2 发出 1 个字节到服务器的 MB30，从服务器的 MB4 发出一个字节到客户端的 MB6。

1. 控制分析

两台 S7-1200 PLC 间的 S7 通信，可以直接通过 PROFINET 端口来实现，其中客户端的 IP 地址设为 192.168.0.1，服务器的 IP 地址设为 192.168.0.2。指令 GET 和 PUT 可用于客户端 PLC 通过 S7 协议向服务器 PLC 读取或写入指定的数据。只需在客户端编写程序，而服务器端不需要编写程序。

2. 硬件配置及 I/O 分配

本例的硬件配置如图 8-61 所示，其硬件主要包括 2 根 RJ45 接头的屏蔽双绞线，两块 CPU 1215C DC/DC/RLY 模块、1 台交换机。

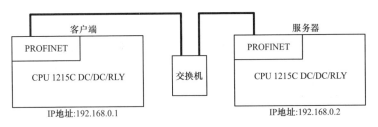

图 8-61　两台 S7-1200 PLC 间的 S7 通信的硬件配置

3. 硬件组态

（1）新建项目。在 TIA Portal 中新建项目，添加两块 CPU 1215C DC/DC/RLY 模块，并分别命名为客户端和服务器。

（2）启用系统时钟。先选中"客户端 [CPU 1215C DC/DC/RLY]"，再在"属性"的"常规"选项卡中选中"系统和时钟存储器"，将"系统存储器位"的"启用系统存储器字节"勾选，并在"系统存储器字节的地址"中输入 10，则 M10.2 位表示始终为 1。将"时钟存储器位"的"启用时钟存储器字节"勾选，并在"时钟存储器字节的地址"中输入 20。同样的方法，启用服务器端 PLC 的系统时钟。

（3）设置以太网地址。选中"客户端 [CPU 1215C DC/DC/RLY]"，在"设备视图"下，单击 CPU 1215C DC/DC/RLY 模块的绿色的 PN 接口，选择"属性"→"常规"→"以太网地址"，在"接口连接到"的"子网"中点击"添加新子网"，生成子网为"PN/IE_1"，IP 协议中设置 IP 地址为"192.168.0.1"。同样的方法，设置服务器端 PLC 的 IP 地址为"192.168.0.2"，并选择生成子网为"PN/IE_1"。

（4）建立 S7 连接。在"网络视图下"，点击 連接，然后选择"S7 连接"，再用鼠标将客户端的 PN（绿色）选中，并按住不放，拖拽到服务器的 PN 口释放鼠标。这时就建立了一个 S7 连接，并呈高亮显示，如图 8-62 所示。

（5）设置服务器端的连接机制。使用固体版本为 V4.0 及以上的 S7-1200 CPU 作为 S7 通信的服务器时，需要设置连接机制才能保证 S7 通信正常。选中"服务器 [CPU 1215C DC/DC/RLY]"，在"设备视图"下，单击 CPU 1215C DC/DC/RLY 模块，再选择"属性"→"常规"→"防护与安全"→"连接机制"，勾选"允许来自远程对象的 PUT/GET 通信访问"复选框，如图 8-63 所示。

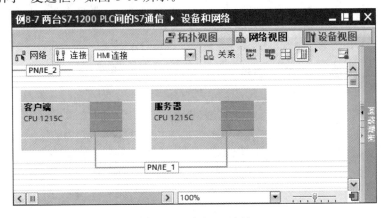

图 8-62　建立 S7 连接

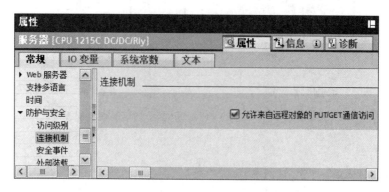

图 8-63　设置服务器端的连接机制

4. 编写 S7-1200 PLC 程序

本例中，只需编写客户端 PLC 的程序，而服务器端不需要编写程序。

（1）调用函数块 GET。在 TIA Portal 项目视图的项目树中，打开"客户端"的主程序块（Main[OB1]），再选中"指令"→"通信"→"S7 通信"，再将"GET"拖曳到主程序块的程序段 1 中。

（2）配置 GET 参数。右击"GET"函数块，在弹出的"属性"对话框中选择"组态"下的"连接参数"。在"连接参数"的"伙伴"端点选择"服务器 [CPU 1215C DC/DC/RLY]"，再在"本地"侧的"连接名称"中选择"S7_连接_1"，然后将复选框"主动建立连接"选中，如图 8-64 所示。

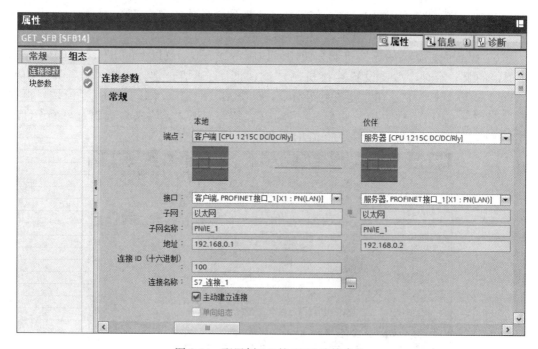

图 8-64　配置例 8-8 的 GET 连接参数

右击 "GET" 函数块, 在弹出的 "属性" 对话框中选择 "组态" 下的 "块参数", 其设置如图 8-65 所示。每隔 REQ 设定的时间激活 1 次接收请求, 每次接收服务器端 MB4 中的信息, 并存储到客户端的 MB6。

(3) 调用函数块 PUT。在 TIA Portal 项目视图的项目树中, 打开 "客户端" 的主程序块 (Main [OB1]), 再选中 "指令"→"通信"→"S7 通信", 再将 "PUT" 拖曳到主程序块的程序段 2 中。

(4) 配置 PUT 参数。右击 "PUT" 函数块, 在弹出的 "属性" 对话框中选择 "组态" 下的 "连接参数"。在 "连接参数" 的 "伙伴" 端点选择 "服务器 [CPU 1215C DC/DC/RLY]", 再点击 "本地" 侧的 "连接名称" 中选择 "S7_连接_1", 然后将复选框 "主动建立连接" 选中。

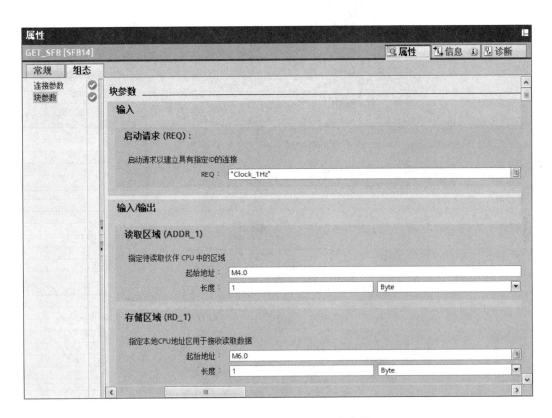

图 8-65 配置例 8-8 的 GET 块参数

右击 "PUT" 函数块, 在弹出的 "属性" 对话框中选择 "组态" 下的 "块参数", 其设置如图 8-66 所示。每隔 REQ 设定的时间激活 1 次发送请求, 每次将客户端 MB2 中的信息发送给服务器的 MB30。

(5) 程序的编写。GET 和 PUT 参数配置完成后, 按表 8-38 完成客户端程序段的编写。注意, 服务器不需要编写程序。

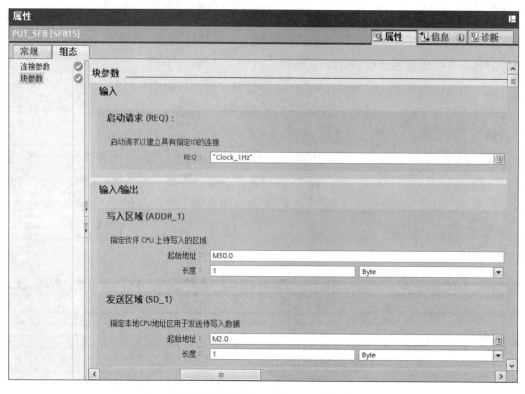

图 8-66　配置例 8-8 的 PUT 块参数

表 8-38　　　　　　　　　　　　　　　　　　　例 8-8 的客户端程序

程序段	LAD
程序段 1	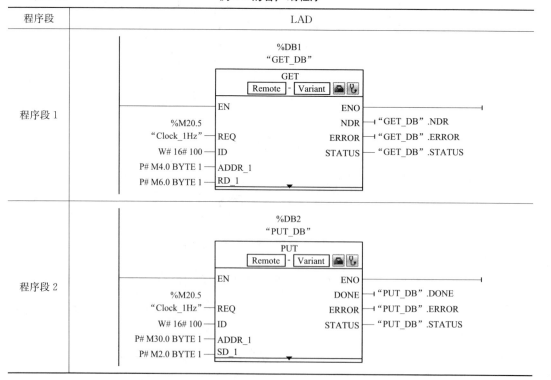
程序段 2	

第9章 PLC控制系统设计与实例

尽管PLC的内部结构与计算机、微机类似，但其接口电路不相同，编程语言也不一致。因此，PLC控制系统与微机控制系统的开发过程也不完全相同，需要根据PLC本身特点、性能进行系统设计。

9.1 PLC控制系统的设计

PLC应用方便、可靠性高，被大量地应用于各个行业、各个领域，随着PLC功能的不断拓宽与增强，它已经从完成复杂的顺序逻辑控制的继电器控制系统的替代物，逐渐进入到过程控制和闭环控制等领域，它所能控制的系统越来越复杂，控制规模越来宏大，因此如何用PLC完成实际控制系统的应用设计，是每个从事电气控制技术人员所面临的实际问题。

9.1.1 PLC控制系统的设计原则和内容

任何一种电气控制系统都是为了实现生产设备或生产过程的控制要求和工艺需求，以提高生产效率和产品质量。因此，在设计PLC控制系统时，应遵循以下基本原则：

（1）最大限度地满足被控对象提出的各项性能指标。设计前，设计人员除了理解被控对象的技术要求外，应深入现场进行实地的调查研究，收集资料，访问有关的技术人员和实际操作人员，共同拟定设计方案，协同解决设计中出现的各种问题。

（2）在满足控制要求的前提下，力求使控制系统简单、经济，使用及维修方便。

（3）保证控制系统的安全、可靠。

（4）考虑到生产的发展和工艺的改进，在选择PLC容量时，应适当留有裕量。

PLC控制系统是由PLC与用户输入、输出设备连接而成的，因此，PLC控制系统设计的基本内容如下：

（1）明确设计任务和技术文件。设计任务和技术条件一般以设计任务的方式给出，在设计任务中，应明确各项设计要求、约束条件及控制方式。

（2）确定用户输入设备和输出设备。在构成PLC控制系统时，除了作为控制器的PLC，用户的输入/输出设备是进行机型选择和软件设计的依据，因此要明确输入设备的类型（如控制按钮、操作开关、限位开关、传感器等）和数量，输出设备的类型（如信号灯、接触器、继电器等）和数量，以及由输出设备驱动的负载（如电动机、电磁阀等），并进行分类、汇总。

（3）选择合适的 PLC 机型。PLC 是整个控制系统的核心部件，正确、合理选择机型对于保证整个系统的技术经济性能有重要的作用。选择 PLC，应包括机型的选择、容量的选择、I/O 模块的选择、电源模块的选择等。

（4）合理分配 I/O 端口，绘制 I/O 接线图。通过对用户输入/输出设备的分析、分类和整理，进行相应的 I/O 地址分配，并据此绘制 I/O 接线图。

（5）设计控制程序。根据控制任务、所选择的机型及 I/O 接线图，一般采用梯形图语言（LAD）或语句表（STL）设计系统控制程序。控制程序是控制整个系统工作的软件，是保证系统工作正常、安全、可靠的关键。

（6）必要时设计非标准设备。在进行设备选型时，应尽量选用标准设备，如果无标准设备可选，那么还可能需要设计操作台、控制柜、模拟显示屏等非标准设备。

（7）编制控制系统的技术文件。在设计任务完成后，要编制系统技术文件。技术文件一般应包括设计说明书、使用说明书、I/O 接线图和控制程序（如梯形图、语句表等）。

9.1.2　PLC 控制系统的设计步骤

设计一个 PLC 控制系统需要以下 8 个步骤：

1. 分析被控对象并提出控制要求

详细分析被控对象的工艺过程及工作特点，了解被控对象机、电、液之间的配合，提出被控对象对 PLC 控制系统的控制要求，确定控制方案，拟定设计任务书。被控对象就是受控的机械、电气设备、生产线或生产过程。控制要求主要指控制的基本方式、应完成的动作、自动工作循环的组成、必要的保护和联锁等。

2. 确定输入/输出设备

根据系统的控制要求，确定系统所需的全部输入设备（如按钮、位置开关、转换开关及各种传感器等）和输出设备（如接触器、电磁阀、信号指示灯及其他执行器等），从而确定与 PLC 有关的输入/输出设备，以确定 PLC 的 I/O 点数。

3. 选择 PLC

根据已确定的用户 I/O 设备，统计所需的输入信号和输出信号的点数，选择合适的 PLC 类型，包括机型的选择、容量的选择、I/O 模块的选择、电源模块的选择等。

4. 分配 I/O 点并设计 PLC 外围硬件线路

（1）分配 I/O 点。画出 PLC 的 I/O 点与输入/输出设备的连接图或对应关系表，该部分也可在"2. 确定输入/输出设备"中进行。

（2）设计 PLC 外围硬件线路。画出系统其他部分的电气线路图，包括主电路和未进入 PLC 的控制电路等。由 PLC 的 I/O 连接图和 PLC 外围电气线路图组成系统的电气原理图。至此，系统的硬件电气线路已经确定。

5. 程序设计

（1）程序设计。根据系统的控制要求，采用合适的设计方法来设计 PLC 程序。程序要以满足系统控制要求为主线，逐一编写实现各控制功能或各子任务的程序，逐步完善系统指定的功能。除此之外，程序通常还应包括以下内容：

1）初始化程序。在 PLC 上电后，一般都要做一些初始化的操作，为启动做必要的准备，避免系统发生误动作。初始化程序的主要内容：对某些数据区、计数器等进行清零，对某些数据区所需数据进行恢复，对某些继电器进行置位或复位，对某些初始状态进行显示等。

2）检测、故障诊断和显示等程序。这些程序相对独立，一般在程序设计基本完成时再添加。

3）保护和连锁程序。保护和连锁是程序中不可缺少的部分，必须认真考虑。它可以避免非法操作引起的控制逻辑混乱。

（2）程序模拟调试。程序模拟调试的基本思想是，以方便的形式模拟，产生现场实际状态，为程序的运行创造必要的环境条件。根据产生现场信号的方式不同，模拟调试有硬件模拟法和软件模拟法两种形式。

1）硬件模拟法是使用一些硬件设备（如用另一台 PLC 或一些输入器件等）模拟产生现场的信号，并将这些信号以硬接线的方式连到 PLC 系统的输入端，其时效性较强。

2）软件模拟法是在 PLC 中另外编写一套模拟程序，模拟提供现场信号，其简单易行，但时效性不易保证。模拟调试过程中，可采用分段调试的方法，并利用编程器的监控功能。

6. 硬件实施

硬件实施方面主要是进行控制柜（台）等硬件的设计及现场施工。主要内容：

（1）设计控制柜和操作台等部分的电器布置图及安装接线图。

（2）设计系统各部分之间的电气互连图。

（3）根据施工图纸进行现场接线，并进行详细检查。

程序设计与硬件实施可同时进行，因此 PLC 控制系统的设计周期可大大缩短。

7. 联机调试

联机调试是将通过模拟调试的程序进一步进行在线统调。联机调试过程应循序渐进，从 PLC 只连接输入设备，再连接输出设备，再接上实际负载等逐步进行调试。若不符合要求，则对硬件和程序做调整。通常只需修改部分程序即可。

全部调试完毕后，交付试运行。经过一段时间运行，如果工作正常、程序不需要修改，那么应将程序固化到 EPROM 中，以防程序丢失。

8. 编制技术文件

系统调试好后，应根据调试的最终结果，整理出完整的系统技术文件。系统技术文件包括说明书、电气原理图、电气布置图、电气元件明细表、PLC 梯形图。

9.1.3　PLC 硬件系统设计

PLC 硬件系统设计主要包括 PLC 型号的选择、I/O 模块的选择、输入/输出点数的选择、可靠性的设计等内容。

1. PLC 型号选择

做出系统控制方案的决策之前，要详细了解被控对象的控制要求，从而决定是否选用 PLC 进行控制。

随着 PLC 技术的发展，PLC 产品的种类也越来越多。不同型号的 PLC，其结构形式、指令系统、编程方式、价格等也各有不同，适用的场合也各有侧重。因此，合理选用 PLC，对于提高 PLC 控制系统的技术经济指标有着重要意义。

  PLC 的选择主要应从 PLC 的机型、容量、I/O 模块、电源模块、特殊功能模块、通信联网能力等方面加以综合考虑。

  （1）对输入/输出点的选择。盲目选择点数多的机型会造成一定浪费。要先弄清楚控制系统的 I/O 总点数，再按实际所需总点数的 15%～20% 留出备用量（为系统的改造等留有余地），然后确定所需 PLC 的点数。另外要注意，一些高密度输入点的模块对同时接通的输入点数有限制，一般同时接通的输入点不得超过总输入点的 60%；PLC 每个输出点的驱动能力也是有限的，有的 PLC 其每点输出电流的大小还随所加负载电压的不同而异；一般 PLC 的允许输出电流随环境温度的升高而有所降低等。在选型时要考虑这些问题。

  PLC 的输出点可分共点式、分组式和隔离式几种接法。隔离式的各组输出点之间可以采用不同的电压种类和电压等级，但这种 PLC 平均每点的价格较高。如果输出信号之间不需要隔离，那么应选择前两种输出方式的 PLC。

  （2）对存储容量的选择。对用户存储容量只能做粗略的估算。在仅对开关量进行控制的系统中，可以用输入总点数乘 10 字/点＋输出总点数乘 5 字/点来估算；计数器/定时器按（3～5）字/个估算；有运算处理时按（5～10）字/量估算；在有模拟量输入/输出的系统中，可以按每输入（或输出）一路模拟量约需（80～100）字的存储容量来估算；有通信处理时按每个接口 200 字以上的数量粗略估算。最后，一般按估算容量的 50%～100% 留有裕量。对缺乏经验的设计者，选择容量时留有裕量要大些。

  （3）对 I/O 响应时间的选择。PLC 的 I/O 响应时间包括输入电路延迟、输出电路延迟和扫描工作方式引起的时间延迟（一般在 2～3 个扫描周期）等。对开关量控制的系统，PLC 和 I/O 响应时间一般都能满足实际工程的要求，可不必考虑 I/O 响应问题。但对于模拟量控制的系统，特别是闭环系统，就要考虑这个问题。

  （4）根据输出负载的特点选型。不同的负载对 PLC 的输出方式有相应的要求。例如，频繁通断的感性负载，应选择晶体管或晶闸管输出型的，而不应选用继电器输出型的。但继电器输出型的 PLC 有许多优点，如导通压降小，有隔离作用，价格相对较便宜，承受瞬时过电压和过电流的能力较强，其负载电压灵活（可交流、可直流）且电压等级范围大等。所以动作不频繁的交、直流负载可以选择继电器输出型的 PLC。

  （5）对在线和离线编程的选择。离线编程是指主机和编程器共用一个 CPU，通过编程器的方式选择开关来选择 PLC 的编程、监控和运行工作状态。编程状态时，CPU 只为编程器服务，而不对现场进行控制。专用编程器编程属于这种情况。在线编程是指主机和编程器各有一个 CPU，主机的 CPU 完成对现场的控制，在每一个扫描周期末尾与编程器通信，编程器把修改的程序发给主机，在下一个扫描周期主机将按新的程序对现场进行控制。计算机辅助编程既能实现离线编程，也能实现在线编程。在线编程需购置计算机，并配置编程软件。采用哪种编程方法应根据需要决定。

  （6）根据是否联网通信选型。若 PLC 控制的系统需要联入工厂自动化程序段，则 PLC 需要有通信联网功能，即要求 PLC 应具有连接其他 PLC、上位计算机及 CRT 等的接口。大、中型机都有通信功能，大部分小型机也具有通信功能。

  （7）对 PLC 结构形式的选择。在相同功能和相同 I/O 点数的情况下，整体式比模块式价格低且体积相对较小，所以一般用于系统工艺过程较为固定的小型控制系统中。模块式具有功能扩展灵活、维修方便（换模块）、容易判断故障等优点，因此模块式 PLC 一般适用于较复杂系统和环境差（维修量大）的场合。

2. I/O 模块的选择

在 PLC 控制系统中，为了实现对生产机械的控制，需将对象的各种测量参数，按要求的方式送入 PLC。PLC 经过运算、处理后再将结果以数字量的形式输出，此时也是把该输出变换为适合于对生产机械控制的量。因此在 PLC 和生产机械中必须设置信息传递和变换的装置，即 I/O 模块。

由于输入和输出信号的不同，I/O 模块有数字量输入模块、数字量输出模块、模拟量输入模块和模拟量输出模块共 4 大类。不同的 I/O 模块，其电路及功能也不同，直接影响 PLC 的应用范围和价格，因此必须根据实际需求合理选择 I/O 模块。

选择 I/O 模块之前，应确定哪些信号是输入信号，哪些信号是输出信号，输入信号由输入模块进行传递和变换，输出信号由输出模块进行传递和变换。

对于输入模块的选择要从 3 个方面进行考虑。

（1）根据输入信号的不同进行选择，输入信号为开关量即数字量时，应选择数字量输入模块；输入信号为模拟量时，应选择模拟量输入模块。

（2）根据现场设备与模块之间的距离进行选择，一般 5、12、24V 属于低电平，其传输距离不宜太远，如 12V 电压模块的传输距离一般不超过 12m。对于传输距离较远的设备应选用较高电压或电压范围较宽的模块。

（3）根据同时接通的点数多少进行选择，对于高密度的输入模块，如 32 点和 64 点输入模块，能允许同时接通的点数取决于输入电压的高低和环境温度，不宜过多。一般同时接通的点数不得超过总输入点数的 60%，但对于控制过程，比如自动/手动、启动/停止等输入点同时接通的概率不大，所以不需考虑。

输出模块有继电器、晶体管和晶闸管三种工作方式。继电器输出适用于交、直流负载，其特点是带负载能力强，但动作频率与响应速度慢。晶体管输出适用于直流负载，其特点是动作频率高，响应速度快，但带负载能力小。晶闸管输出适用于交流负载，响应速度快，带负载能力不大。因此，对于开关频繁、功率因数低的感性负载，可选用晶闸管（交流）和晶体管（直流）输出；在输出变化不太快、开关要求不频繁的场合应选用继电器输出。在选用输出模块时，不单是看一个点的驱动能力，还要是看整个模块的满负荷能力，即输出模块同时接通点数的总电流值不得超过模块规定的最大允许电流。对于功率较小的集中设备，如普通机床，可选用低电压高密度的基本 I/O 模块；对功率较大的分散设备，可选用高电压低密度的基本 I/O 模块。

3. 输入/输出点数的选择

一般输入点和输入信号、输出点和输出控制是一一对应的。

分配好后，按系统配置将通道与触点号分配给每一个输入信号和输出信号，即进行编号。在个别情况下，也有两个信号用一个输入点的，那样就应在接入输入点前，按逻辑关系接好线（如两个触点先串联或并联），然后再接到输入点。

（1）确定 I/O 通道范围。不同型号的 PLC，其输入/输出通道的范围是不一样的，应根据所选 PLC 型号，查阅相应的编程手册，决不可"张冠李戴"。

（2）内部辅助继电器。内部辅助继电器不对外输出，不能直接连接外部器件，而是在控制其他继电器、定时器/计数器时作数据存储或数据处理用。

从功能上讲，内部辅助继电器相当于传统电控柜中的中间继电器。未分配模块的输入/输出继电器区，以及未使用1∶1链接时的链接继电器区等均可作为内部辅助继电器使用。根据程序设计的需要，应合理安排 PLC 的内部辅助继电器，在设计说明书中应详细列出各内部辅助继电器在程序中的用途，避免重复使用。

4. 可靠性的设计

PLC 控制系统的可靠性设计主要包括供电系统设计、接地设计和冗余设计。

（1）PLC 供电系统设计。通常 PLC 供电系统设计是指 CPU 工作电源、I/O 模板工作电源的设计。

1）CPU 工作电源的设计。PLC 的正常供电电源一般由电网供电（交流 220V，50Hz），由于电网覆盖范围广，它将受到所有空间电磁干扰，从而在线路上产生感应电压和电流。尤其是电网内部的变化，开关操作浪涌、大型电力设备的启停、交直流传动装置引起的谐波、电网短路暂态冲击等，都通过输电线路传到电源中，从而影响 PLC 的可靠运行。在 CPU 工作电源的设计中，一般可采取隔离变压器、交流稳压器、不间断电源（UPS）、晶体管开关电源等措施。

PLC 的电源模板可能包括多种输入电压（交流 220V、交流 110V 和直流 24V），而 CPU 电源模板所需要的工作电源一般是 5V 直流电源，在实际应用中要注意电源模板输入电压的选择。在选择电源模板的输出功率时，要保证其输出功率大于 CPU 模板、所有 I/O 模板及各种智能模板总的消耗功率，并且要考虑 30% 左右的裕量。

2）I/O 模板工作电源的设计。I/O 模板工作电源是为系统中的传感器、执行机构、各种负载与 I/O 模板之间的供电电源。在实际应用中，基本上采用 24V 直流供电电源或 220V 交流供电电源。

（2）接地的设计。为了安全和抑制干扰，系统一般要正确接地。系统接地方式一般有浮地方式、直接接地方式和电容接地三种方式。对于 PLC 控制系统而言，它属于高速低电平控制装置，应采用直接接地方式。由于信号电缆分布电容和输入装置滤波等的影响，装置之间的信号交换频率一般都低于 1MHz，PLC 控制系统接地线采用一点接地和串联一点接地方式。集中布置的 PLC 系统适用于并联一点接地方式，各装置的柜体中心接地点以单独的接地线引向接地极。如果装置间距较大，那么应采用串联一点接地方式。用一根大截面铜母线（或绝缘电缆）连接各装置的柜体中心接地点，然后将接地母线直接连接接地极。接地线采用截面积大于 20mm² 的铜导线，总母线使用截面积大于 60mm² 的铜排。接地极的接地电阻小于 2Ω，接地极最好埋在距建筑物 10～15m 远处，而且 PLC 系统接地点必须与强电设备接地点相距 10m 以上。信号源接地时，屏蔽层应在信号侧接地；不接地时，应在 PLC 侧接地；信号线中间有接头时，屏蔽层应牢固连接并进行绝缘处理，一定要避免多点接地；多个测点信号的屏蔽双绞线与多芯对绞总屏电缆连接时，各屏蔽层应相互连接好，并经绝缘处理。选择适当的接地处单点接地。PLC 电源线、I/O 电源线、输入/输出信号线、交流线、直流线都应尽量分开布线。开关量信号线与模拟量信号线也应分开布线，而且后者应采用屏蔽线，并且将屏蔽层接地。数字传输线也要采用屏蔽线，并且要将屏蔽层接地。PLC 系统最好单独接地，也可以与其他设备公共接地，但严禁与其他设备串联接地。连接接地线时，应注意以下几点：

1）PLC控制系统单独接地。

2）PLC系统接地端子是抗干扰的中性端子，应与接地端子连接，其正确接地可以有效消除电源系统的共模干扰。

3）PLC系统的接地电阻应小于100Ω，接地线至少用20mm^{2}的专用接地线，以防止感应电的产生。

4）输入/输出信号电缆的屏蔽线应与接地端子端连接，且接地良好。

（3）冗余设计。冗余设计是指在系统中人为地设计某些“多余”的部分，冗余配置代表PLC适应特殊需要的能力，是高性能PLC的体现。冗余设计的目的是在PLC已经可靠工作的基础上，再进一步提高其可靠性，减少出现故障的概率，减少出现故障后修复的时间。

9.1.4 PLC软件系统设计

1. PLC软件系统设计方法

PLC软件系统设计就是根据控制系统的硬件结构和工艺要求，使用相应的编程语言，编制用户控制程序和形成相应文件的过程。编制PLC控制程序的方法很多，这里主要介绍几种典型的编程方法。

（1）图解法编程。图解法是靠画图进行PLC程序设计。常见的主要有梯形图法、逻辑流程图法、时序流程图法和步进顺控法。

1）梯形图法：梯形图法是用梯形图语言去编制PLC程序。这是一种模仿继电器控制系统的编程方法。其图形甚至元件名称都与继电器控制电路十分相近。这种方法可以很容易地把原继电器控制电路转换成PLC的梯形图语言。这对于熟悉继电器控制的人来说，是最方便的一种编程方法。

2）逻辑流程图法：逻辑流程图法是用逻辑框图表示PLC程序的执行过程，反映输入与输出的关系。逻辑流程图法是用逻辑框图表示系统的工艺流程，形成系统的逻辑流程图。这种方法编制的PLC控制程序逻辑思路清晰、输入与输出的因果关系及联锁条件明确。逻辑流程图会使整个程序脉络清楚，便于分析控制程序，便于查找故障点，便于调试程序和维修程序。有时对于一个复杂的程序，直接用语句表和用梯形图编程可能觉得难以下手，那么可以先画出逻辑流程图，再为逻辑流程图的各个部分用语句表和梯形图编制PLC应用程序。

3）时序流程图法：时序流程图法是首先画出控制系统的时序图（即到某一个时间应该进行哪项控制的控制时序图），再根据时序关系画出对应控制任务的程序框图，最后把程序框图写成PLC程序。时序流程图法是很适合于以时间为基准的控制系统的编程方法。

4）步进顺控法：步进顺控法是在顺控指令的配合下设计复杂的控制程序。一般比较复杂的程序，都可以分成若干个功能比较简单的程序段，一个程序段可以看成整个控制过程中的一步。从整个角度去看，一个复杂系统的控制过程是由若干个这样的步组成的。系统控制的任务，实际上可以认为是在不同时刻或者在不同进程中去完成对各个步的控制。为此，不少PLC生产厂家在自己的PLC中增加了步进顺控指令。在画完各个步进的状态流程图之后，可以利用步进顺控指令方便地编写控制程序。

（2）经验法编程。经验法是运用自己的或别人的经验进行设计。多数是设计前先选择与自己工艺要求相近的程序，把这些程序看成是自己的"试验程序"。结合自己工程的情况，对这些"试验程序"逐一修改，使之适合自己的工程要求。这里所说的经验，有的是来自自己的经验总结，有的可能是别人的设计经验，这种方法就需要日积月累，善于总结。

（3）计算机辅助设计编程。计算机辅助设计是通过 PLC 编程软件在计算机上进行程序设计、离线或在线编程、离线仿真和在线调试等。使用编程软件可以十分方便地在计算机上离线或在线编程、在线调试，使用编程软件可以十分方便地在计算机上进行程序的存取、加密，以及形成 EXE 运行文件。

2. PLC 软件系统设计步骤

在了解了程序结构和编程方法的基础上，就要实际地编写 PLC 程序了。编写 PLC 程序和编写其他计算机程序一样，都需要经历如下过程。

（1）对系统任务分块。分块的目的就是把一个复杂的工程，分解成多个比较简单的小任务。这样可便于编制程序。

（2）编制控制系统的逻辑关系图。从逻辑控制关系图上，可以反映出某一逻辑关系的结果是什么，这一结果又应该导出哪些动作。这个逻辑关系可以是以各个控制活动顺序为基准，也可能是以整个活动的时间节拍为基准。逻辑关系图反映了控制过程中控制作用与被控对象的活动，也反映了输入与输出的关系。

（3）绘制各种电路图。绘制各种电路的目的，是把系统的输入/输出所设计的地址和名称联系起来，这是关键的一步。在绘制 PLC 的输入电路时，不仅要考虑到信号的连接点是否与命名一致，还要考虑到输入端的电压和电流是否合适，也要考虑到在特殊条件下运行的可靠性与稳定条件等问题。特别要考虑到能否把高压引入 PLC 的输入端，当将高压引入 PLC 的输入端时，有可能对 PLC 造成比较大的伤害。在绘制 PLC 输出电路时，不仅要考虑到输出信号连接点是否与命名一致，还要考虑到 PLC 输出模块的带负载能力和耐电压能力。此外还要考虑到电源输出功率和极性问题。在整个电路的绘制中，还要考虑设计原则，努力提高其稳定性和可靠性。虽然用 PLC 进行控制方便、灵活。但是电路的设计仍然需要谨慎、全面。因此，在绘制电路图时要考虑周全，何处该装按钮、何处该装开关都要一丝不苟。

（4）编制 PLC 程序并进行模拟调试。在编制完电路图后，就可以着手编制 PLC 程序了。在编程时，除了注意程序要正确、可靠之外，还要考虑程序简洁、省时、便于阅读、便于修改。编好一个程序块要进行模拟实验，这样便于查找问题，便于及时修改程序。

9.2 PLC 控制系统的应用实例

PLC 控制系统具有较好的稳定性、控制柔性、维修方便性。随着 PLC 的普及和推广，其应用领域越来越广泛，特别是在许多新建项目和设备的技术改造中，常常采用 PLC 作为控制装置。在此，通过几个实例讲解 PLC 应用系统的设计方法。

9.2.1 PLC 在自动售货机的模拟控制中的应用

1. 控制要求

某自动售货机模拟控制系统中有汽水（3 元/瓶）和咖啡（8 元/瓶）两种饮料，投入

1元、5元和10元币后,寄存器存储已投入钱数。当投入的钱数小于3时,投币指示灯点亮,提示顾客继续投币。当投入的钱数大于或等于饮料的价格时,相应的可购买指示灯点亮,表示可购买该饮料。按下"选择购买汽水"或"选择购买咖啡"按钮,汽水或咖啡出料指示灯点亮,表示购买了该饮料。10s后,出料指示灯熄灭,表示饮料已从售货机取出。若购买饮料后,还有余额,则"可以找零指示灯"点亮,告知顾客可以找零。按下找零按钮,"找零指示"灯点亮,延时15s后"找零指示"灯熄灭,表示零钱已被取出。

2. 控制分析

假设按钮SB0、SB1分别表示选择购买汽水和咖啡;SB2～SB4分别表示投币1元、5元和10元;SB5为找零按钮;SB6为退币按钮;Q0.0和Q0.1分别外接可购汽水或可购咖啡指示灯;Q0.2和Q0.3分别外接汽水或咖啡出料指示灯;Q0.4外接找零指示灯;Q0.5外接投币指示灯;Q0.6外接可以找零指示灯。

系统中需要两个存储器进行投币金额的存储,如MW50存储自动售货机模拟系统的投币金额;MW52存储自动售货机模拟系统的实时金额。每按1次SB2时,将数值1送入MW50,同时MW52中的值加1;每按1次SB3时,将数值5送入MW50,同时MW52中的值加5;每按1次SB4时,将数值10送入MW50,同时MW52中的值加10。当MW52中的值达到购买汽水或咖啡时,每按1次SB0,MW52中的值减3;每按1次SB1,MW52中的值减8。

顾客投币后,当MW52中的值小于3时,投币指示灯亮,表示需要顾客继续投币。当MW52中的值大于等于3时,可购汽水指示灯的状态变为"1",表示投币金额可以购买汽水;当MW52中的值大于等于8时,可购咖啡指示灯的状态变为"1",表示投币金额可以购买咖啡。

按下SB0,汽水出料指示灯的状态变为"1",延时10s后,汽水出料指示灯的状态变为"0"。按下SB1,咖啡出料指示灯的状态变为"1",延时10s后,咖啡出料指示灯的状态变为"0"。按下SB5或SB6,找零指示灯的状态变为"1",延时15s后,找零指示灯的状态变为"0"。

3. I/O端子资源分配与接线

根据控制要求及控制分析可知,需要7个输入点和7个输出点,输入/输出分配如表9-1所示,其I/O接线如图9-1所示。

表 9-1　　　　　　　　　　　　自动售货机模拟控制的 I/O 分配表

输入（I）			输出（O）		
功能	元件	PLC 地址	功能	元件	PLC 地址
选择购买汽水	SB0	I0.0	可购汽水指示	HL0	Q0.0
选择购买咖啡	SB1	I0.1	可购咖啡指示	HL1	Q0.1
投币 1 元	SB2	I0.2	汽水出料指示	HL2	Q0.2
投币 5 元	SB3	I0.3	咖啡出料指示	HL3	Q0.3
投币 10 元	SB4	I0.4	找零指示	HL4	Q0.4
找零按钮	SB5	I0.5	投币指示	HL5	Q0.5
退币按钮	SB6	I0.6	可以找零指示	HL6	Q0.6

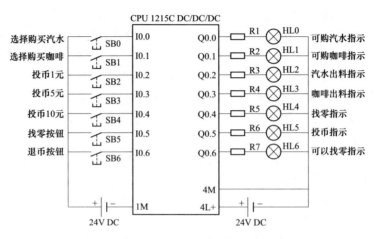

图 9-1　自动售货机模拟控制的 I/O 接线图

4. 编写 PLC 控制程序

根据自动售货机模拟控制的分析和 PLC 资源配置，使用 SB2～SB4 模拟 1 元、5 元和 10 元投币，其设计思路如下：

（1）按下按钮 SB2～SB4 中的某 1 个（用扫描操作数的信号上升沿指令）时，用 MOV 指令将 1、5 或 10 送到 MW50 中。

（2）用 ADD 指令计算投入总金额，当 SB2～SB4 中的某 1 个按钮弹起时（用扫描操作数的信号下降沿指令），MW52 中的值加 1、加 5 或加 10。

（3）通过比较指令控制可购买指示灯。

（4）使用 SUB 指令计算找零金额。

编写程序如表 9-2 所示。程序段 1～程序程 3 分别为投币 1 元、5 元和 10 元操作，每投 1 次，将相应的数值送入 MW50 中进行存储。每投 1 次币后，程序段 4 将执行加运算，结果存入 MW52。程序段 5 显示顾客已投了币，但金额还不足以购买饮料，提示用户要么继续投币，要么可以执行退币操作。程序段 6 和程序段 7 分别表示投币后的金额足以购买汽水或咖啡。程序段 8 和程序段 9 为选择饮料操作，选择饮料后，MW52 中的值相应的减 3 或 8。程序段 10 和程序段 11 分别执行饮料出料提示操作，并判断是否需要找零。程序段 12 为提示顾客可以执行找零操作。程序段 13 和程序段 14 为找零操作，执行找零的同时，将 MW52 中的值清零。程序段 15 表示顾客在投币的同时，不能执行找零操作。

表 9-2　　　　　　　　　　　　　　自动售货机模拟控制程序

程序段	LAD
程序段 1	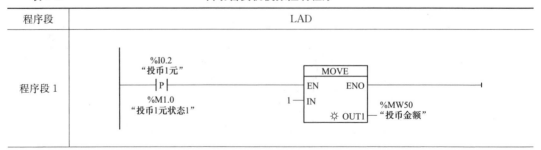

续表

程序段	LAD
程序段 2	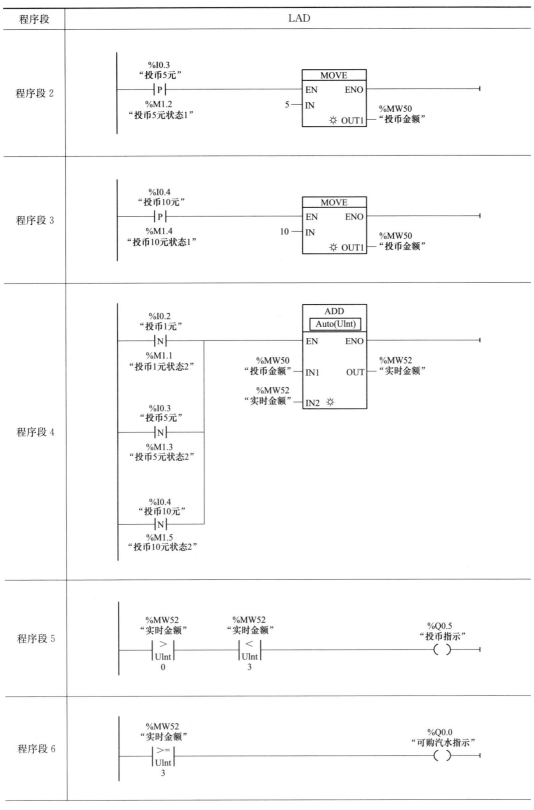
程序段 3	
程序段 4	
程序段 5	
程序段 6	

程序段	LAD
程序段 7	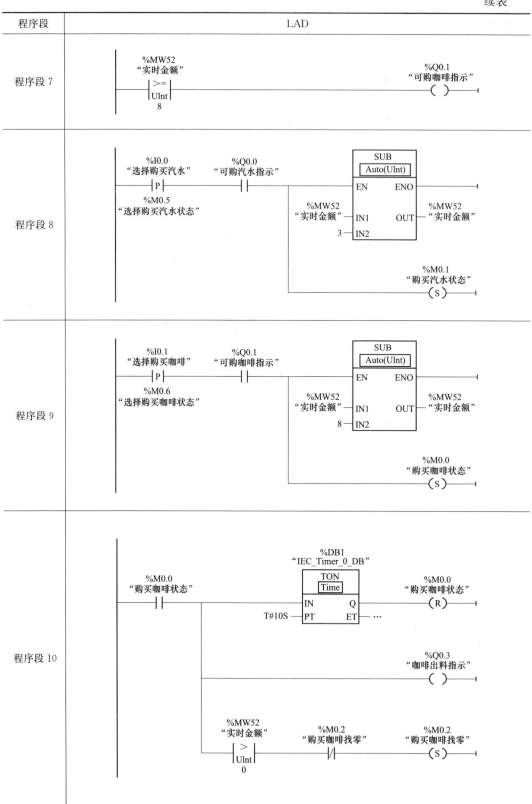
程序段 8	
程序段 9	
程序段 10	

续表

程序段	LAD
程序段 11	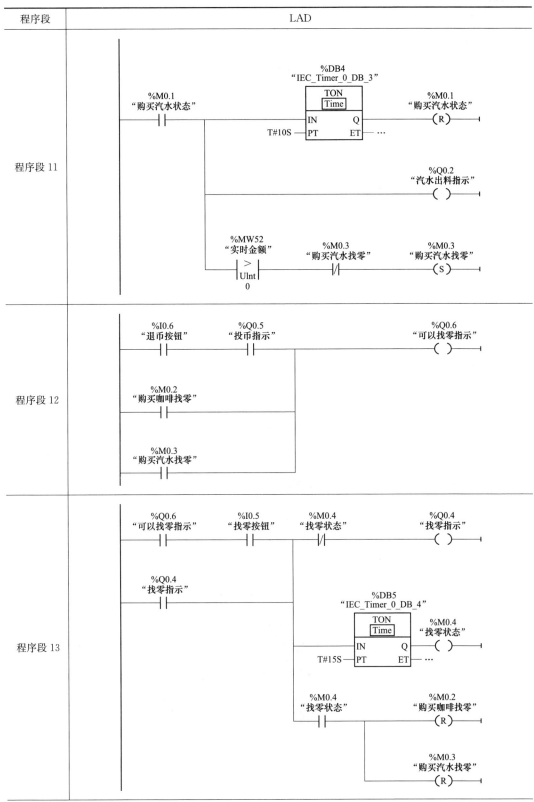
程序段 12	
程序段 13	

续表

程序段	LAD
程序段 14	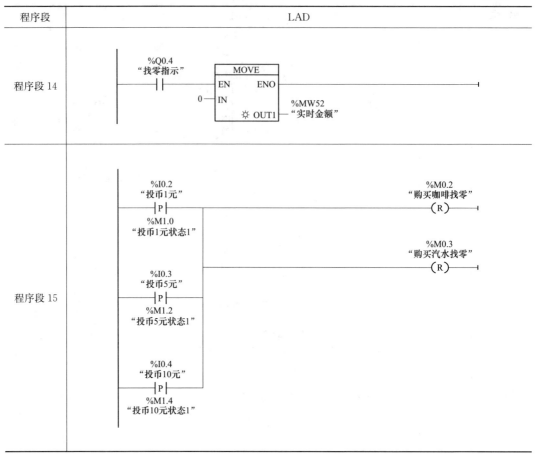
程序段 15	

9.2.2 PLC 在篮球记分牌中的应用

1. 控制要求

使用 S7-1200 PLC 设计一个篮球记分牌，如图 9-2 所示，甲乙双方的最大计分各为 199 分，各设一个 1 分按钮、2 分按钮、3 分按钮和一个减 1 分按钮。

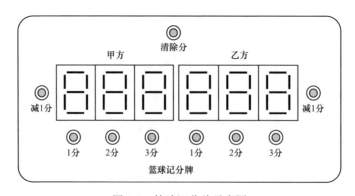

图 9-2 篮球记分牌示意图

2. 控制分析

进行篮球比赛时，甲乙双方都需进行记分，计分值可以是 1 分、2 分或 3 分，当多记分时，应需要执行减分操作。SB1 外接清除分；SB2~SB4 外接甲方的 1 分~3 分按钮；SB5~SB7 外接乙方的 1 分~3 分按钮；SB8、SB9 分别外接甲乙方的减 1 分按钮。甲乙双向都需要 3 位 LED 数码管同时显示，每位数码管都有 8 位段码，共计需要 48 个 PLC 输出端子，这样 S7-1200 系列 PLC 需要通过外接多个数字量输出模块才能实现。

系统中甲乙双方都需要两个存储器进行计分值的存储，如 MW50 存储甲方的计分值输入；MW52 存储乙方的计分值输入；MW2 存储甲方的当前计分；MW6 用于存储乙方的当前计分。每按 1 次 SB2 按钮时，将数值 1 送入 MW50 中，同时 MW2 中的值加 1；每按 1 次 SB3 按钮时，将数值 2 送入 MW50 中，同时 MW2 中的值加 2；每按 1 次 SB4 按钮时，将数值 3 送入 MW50 中，同时 MW2 中的值加 3；每按 1 次 SB8 按钮时，MW2 中的值减 1。每按 1 次 SB5~SB7 和 SB9 时，MW6 中的值进行加 1、加 2、加 3 或减 1 操作。

要进行显示，需要先将该数值转换为 BCD 码，甲方将 MW2 中的 int 数值通过 CONV 指令转换为 BCD16 存放于 MW4 中；乙方将 MW6 中的 int 数值通过 CONV 指令转换为 BCD16 存放于 MW8 中。转换为 BCD 码后，需对 MW4（包括 MB4 和 MB5）、MW8（包括 MB8、MB9）进行高低位数值的分离，其中 MB4 的低 4 位与 MB8 中的低 4 位分别为甲、乙方的百位数值；MB5 的高 4 位与 MB9 中的高 4 位分别为甲、乙方的十位数值；MB5 的低 4 位与 MB9 中的低 4 位分别为甲、乙方的个位数值。然后再将百位数值、十位数值与个位数显示出来即可。S7-1200 PLC 没有 SEG 指令，所以通过判断该数值，然后将相应的段码值送给 QB 进行显示即可。

3. I/O 端子资源分配

根据控制要求及控制分析可知，需要 10 个输入点和 48 个输出点，输入/输出分配如表 9-3 所示，表中输出端子采用字节方式表示，每个字节对应 8 个输出点。CPU 1215C DC/DC/DC 本机只有 10 个输出点，所以在此设计中通过外扩 3 个数字量输出模块 DQ 16×24VD 来实现数码管的显示控制。

表 9-3　　　　　　　　　　　　　　篮球记分牌的 I/O 分配表

输入（I）			输出（O）		
功能	元件	PLC 地址	功能	元件	PLC 地址
清除计分	SB1	I0.1	甲方计分百位数	LED1 段码	QB8
甲方加 1	SB2	I0.2	乙方计分百位数	LED2 段码	QB9
甲方加 2	SB3	I0.3	甲方计分十位数	LED3 段码	QB12
甲方加 3	SB4	I0.4	甲方计分个位数	LED4 段码	QB13
乙方加 1	SB5	I0.5	乙方计分个位数	LED5 段码	QB16
乙方加 1	SB6	I0.6	乙方计分十位数	LED6 段码	QB17
乙方加 3	SB7	I0.7			
甲队减 1	SB8	I1.0			
乙队减 1	SB9	I1.1			

4. 编写 PLC 控制程序

根据篮球记分牌的控制分析和 PLC 资源配置，编写出篮球记分牌的梯形图程序，如表 9-4 所示。程序段 1 为复位操作，当 PLC 一上电，或按下清除计分按钮时，将 MW2、MW6、MW50 和 MW52 的内容清零，为计数操作做好准备。程序段 2～程序段 5 为甲方计分操作；程序段 6 为甲方减 1 分操作；程序段 7～程序段 10 为乙方计分操作；程序段 11 为乙方减 1 分操作；程序段 12 和程序段 13 分别将甲方和乙方的计分值通过 CONV 指令转换为 BCD 码，然后将转换后的数值进行数据分离。程序段 14～程序段 16 为甲方的个位、十位和百位数值显示控制；程序段 17～程序段 19 为乙方的个位、十位和百位数值显示控制。篮球记分牌最大计分数为 199，因此甲乙双方的百位数值只显示"1"。

表 9-4 篮球记分牌的程序

程序段	LAD
程序段 1	
程序段 2	

程序段	LAD

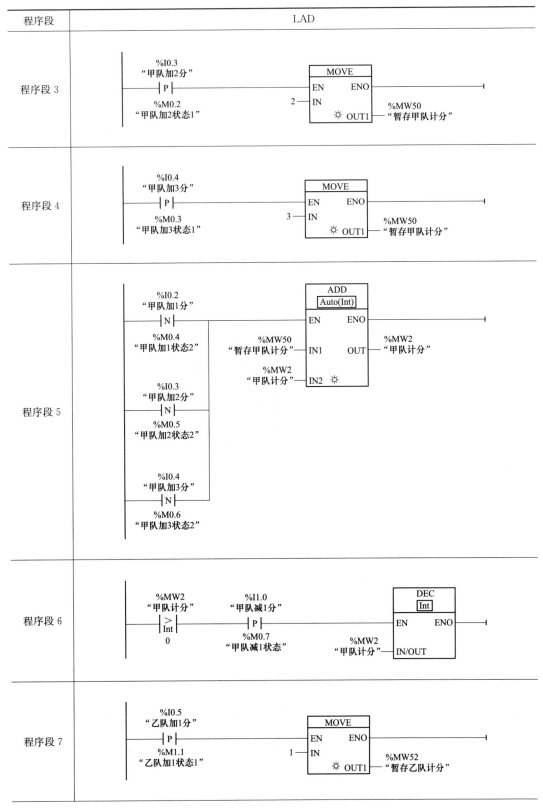

程序段	LAD
程序段 8	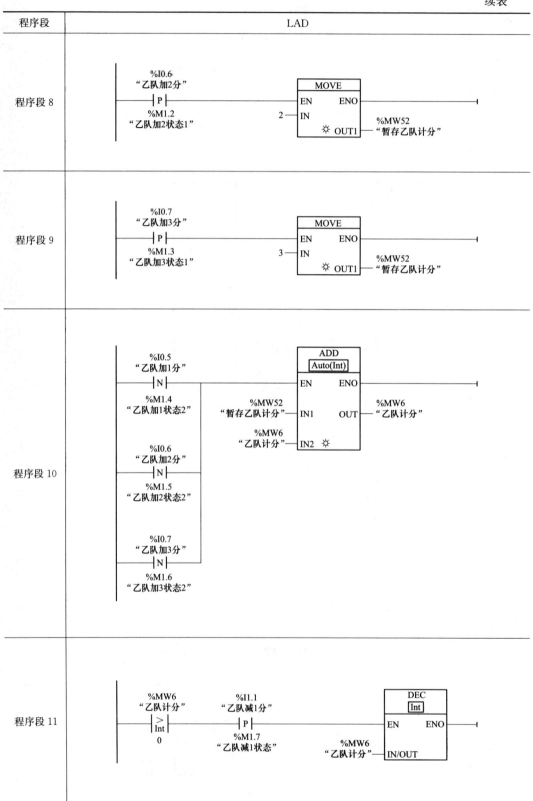
程序段 9	
程序段 10	
程序段 11	

程序段	LAD
程序段 12	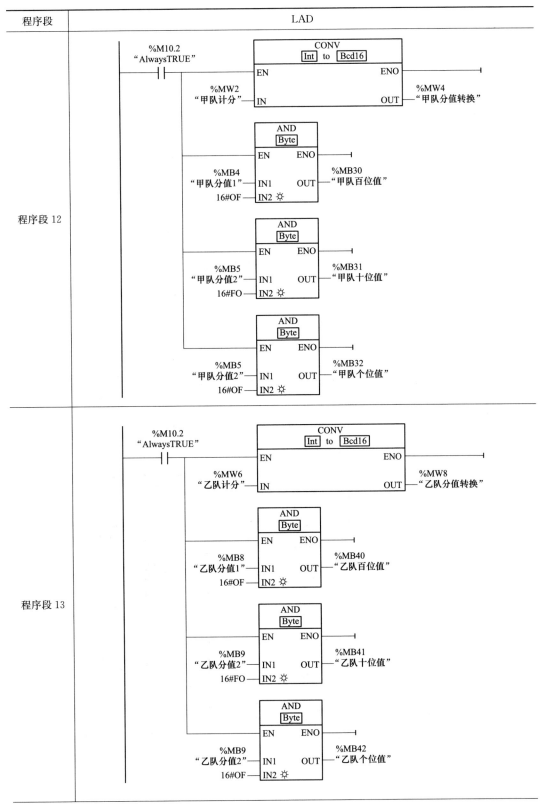
程序段 13	

续表

程序段	LAD
程序段 14	

续表

程序段	LAD
程序段 15	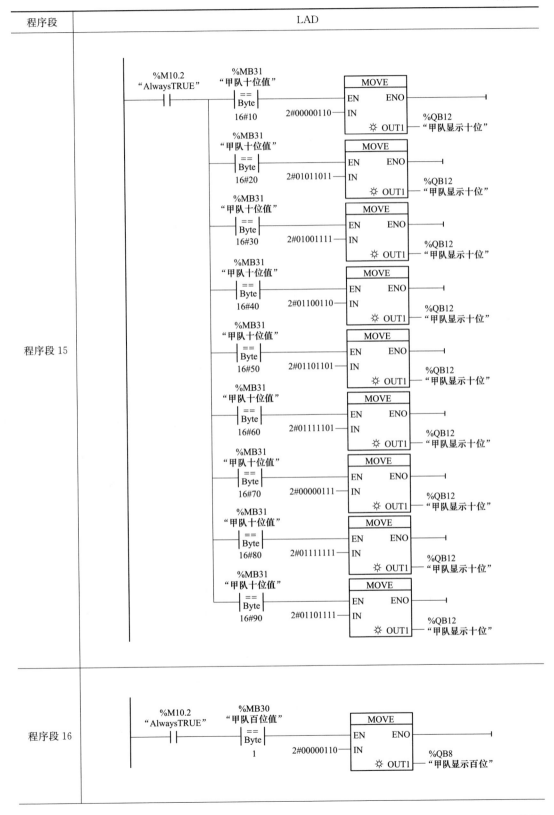
程序段 16	

程序段	LAD
程序段 17	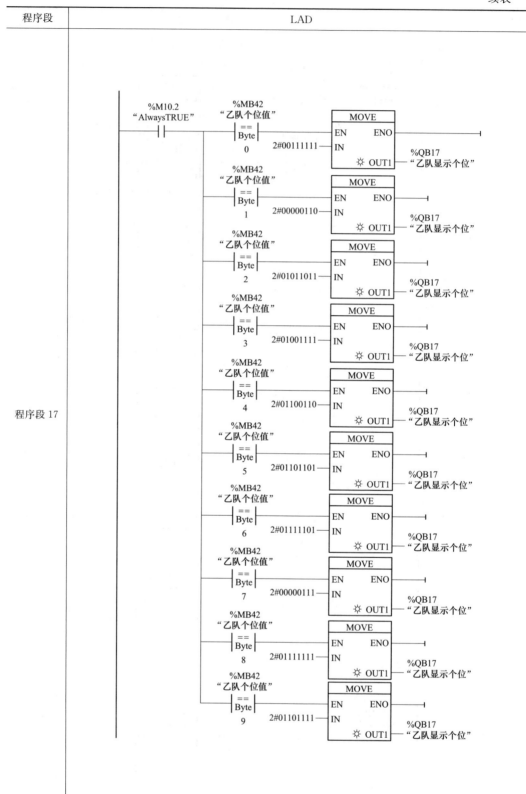

续表

程序段	LAD
程序段 18	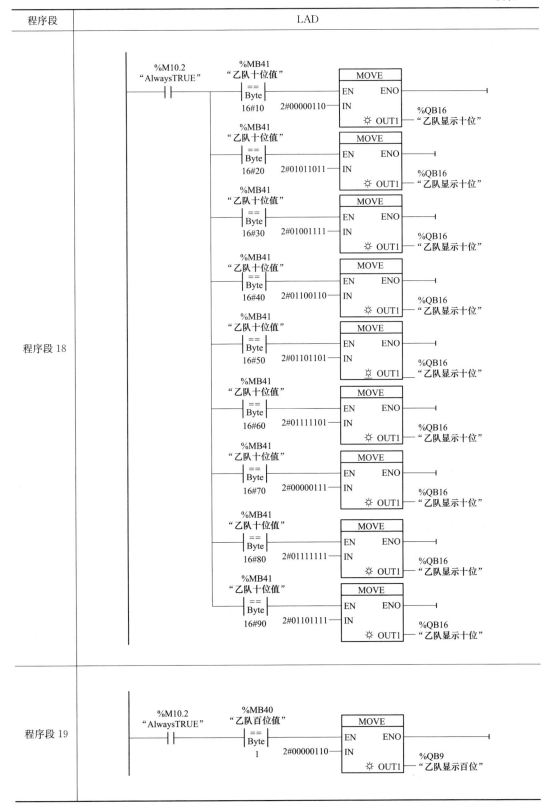

9.2.3 PLC 在音乐喷泉模拟控制中的应用

1. 控制要求

使用 S7-1200 PLC 模拟一个音乐喷泉控制系统，如图 9-3 所示。按下启动按钮，LED 指示灯依次循环显示 L1→L2→L3→…→L8→L1、L2→L3、L4→L5、L6→L7、L8→L1、L2、L3→L4、L5、L6→L7、L8→L1、L2、L3、L4→L5、L6、L7、L8→L1、L2、L3、L4、L5、L6、L7、L8→L1→L2→…，模拟当前喷泉"水流"状态。

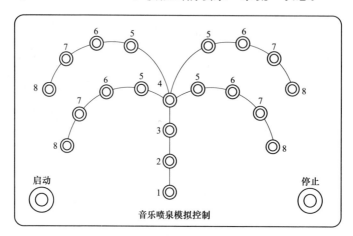

图 9-3 音乐喷泉模拟控制示意图

2. 控制分析

模拟音乐喷泉的"水流"状态显示，可以使用 SHL 移位指令来实现此操作。从控制要求可知，每轮循环需移位 18 次，因此可以每隔 1s，将 MD4 中的内容左移 1 次。SHL 左移时，MD4 的左移规律为 M7.0→M7.1→…→M7.7→M6.0→M6.0→…→M6.7→M5.0→M5.1→…→M5.7→M4.0→…→M4.7。在进行移位时，每轮循环移位 18 次，因此当移位到 M5.2 时，需将 MD4 重新赋移位初值。

3. I/O 端子资源分配与接线

根据控制要求及控制分析可知，系统需要 2 个输入点和 9 个输出点，输入/输出分配如表 9-5 所示，其 I/O 接线如图 9-4 所示。

表 9-5　　　　　　　　　　音乐喷泉模拟控制的 I/O 分配表

输入（I）			输出（O）		
功能	元件	PLC 地址	功能	元件	PLC 地址
停止按钮	SB1	I0.0	彩灯 L1	L1	Q0.0
启动按钮	SB2	I0.1	彩灯 L2	L2	Q0.1
			彩灯 L3	L3	Q0.2
			彩灯 L4	L4	Q0.3
			彩灯 L5	L5	Q0.4
			彩灯 L6	L6	Q0.5
			彩灯 L7	L7	Q0.6
			彩灯 L8	L8	Q0.7

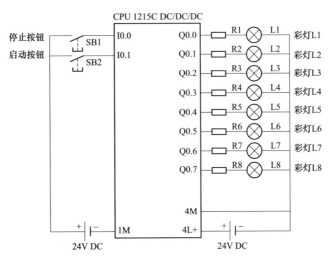

图 9-4　音乐喷泉模拟控制的 I/O 接线图

4. 编写 PLC 控制程序

根据音乐喷泉模拟控制的分析和 PLC 资源配置，编写出 PLC 模拟音乐喷泉控制的梯形图程序，如表 9-6 所示。程序段 1 为启动控制；程序段 2 为给 MD4 赋移位初始值，当按下启动按钮或移位到 M5.2 时，将 MD4 赋初值 1；程序段 3 为移位控制，每隔 1s 将 MD4 中的值移位 1 次；程序段 4～程序段 12 为 9 盏彩灯的点亮控制。

表 9-6　　　　　　　　　　　　　　音乐喷泉模拟控制程序

程序段	LAD
程序段 1	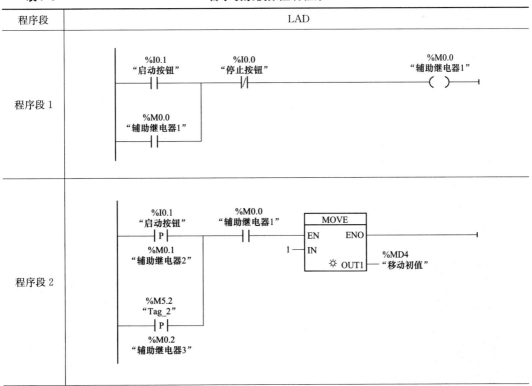
程序段 2	

程序段	LAD
程序段 3	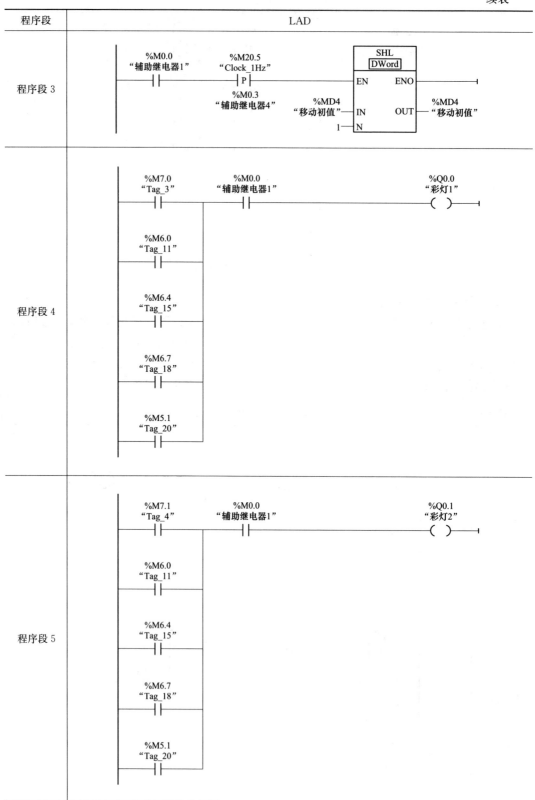
程序段 4	
程序段 5	

程序段	LAD
程序段 6	
程序段 7	

续表

程序段	LAD
程序段 8	%M7.4 "Tag_7" —│ │— %M0.0 "辅助继电器1" —│ │— %Q0.4 "彩灯5" —( )— %M6.2 "Tag_13" —│ │— %M6.5 "Tag_16" —│ │— %M5.0. "Tag_19" —│ │— %M5.1 "Tag_20" —│ │—
程序段 9	%M7.5 "Tag_8" —│ │— %M0.0 "辅助继电器1" —│ │— %Q0.5 "彩灯6" —( )— %M6.2 "Tag_13" —│ │— %M6.5 "Tag_16" —│ │— %M5.0 "Tag_19" —│ │— %M5.1 "Tag_20" —│ │—

程序段	LAD
程序段 10	
程序段 11	

9.2.4 PLC 在自动称重混料控制中的应用

1. 控制要求

自动称重混料装置可对多种原料按质量进行准确配料和混合，在工业生产中有着广泛的应用。图 9-5 所示为某自动称重混料控制装置的示意图，混料罐自重 200kg，每次混料的最大质量为 800kg。混料过程如下：

（1）按下启动按钮，打开进料阀 YV1，向罐内加入原料 A，达到 350kg 后关闭 YV1，停止进 A 料。

（2）YV1 关闭的同时打开进料阀 YV2，向罐内加入原料 B，达到 600kg 后关闭 YV2，停止进 B 料。

（3）YV2 关闭的同时启动搅拌机 M，并打开进料阀 YV3，向罐内加入原料 C，达到 750kg 后关闭 YV3，停止进 C 料。

（4）搅拌机 M 继续工作 6min 后，打开控制蒸汽的加热炉 H，加入蒸汽对混料进行加热。

（5）经过一段时间后，若达到设定的温度（如 120℃），停止加热，打开放料电磁阀 YV4 开始放料，当混合料全部放完后，关闭放料阀 YV4，并停止搅拌机 M。

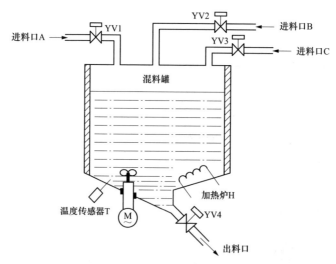

图 9-5　自动称重混料控制装置示意图

2. 控制分析

通过 7.1 节的内容可知，外界的压力、温度等模拟量信号通过相应的传感器（如压力、温度等）将这些非电信号转换成电信号。这些传感器输出的电信号为非标准信号，需由变送器将非标准的电信号转换成标准电信号。根据国际标准，标准信号分为电压型和电流型两种类型。电压型的标准信号 DC 0～10V 和 0～5V 等；电流型的标准型号为 DC 0～20mA 和 DC 4～20mA。变送器将其输出的标准信号传送给模拟量输入扩展模拟后，模拟量输入扩展模块将模拟量信号转换为数字量信号送给 PLC，以进行相应的数据运算与处理。

（1）称重控制分析。自动称重混料控制装置有 4 个电磁阀 YV1～YV4，其中 YV1～YV3 的开启可向罐内进料，YV4 的开启向外放料。这些电磁阀的开启与关闭可以通过柴指令来实现。混料罐称重可以通过质量传感器与质量变送器相连，通过质量变送器将质量信号转换成标准电流信号（4～20mA）送入模拟量输入扩展模块 AI 4×16BIT（6SE7 231-5ND32-0XB0）的一个输入回路，实现对混料罐质量的检测。

模拟量输入扩展模块可以将输入的模拟量信号通过 A/D 转换，变成 PLC 可识别的数字信号。在 S7-1200 PLC 的程序设计中，为了实现控制，有两种方式可以将有关的模拟量转换成相对应的数字量：采用 NORM_X 和 SCALE_X 指令；可以通过手工计算转换为数字量。手工计算转换为数字量时，其计算公式为

$$D = (A - A_0) \frac{(D_m - D_0)}{(A_m - A_0)} + D_0 \tag{9-1}$$

式中，A 为模拟量信号值；D 为 A 经 A/D 转换得到的数值；A_0 为模拟量输入信号的最小值；A_m 为模拟量输入信号的最大值；D_0 为 A_0 经 A/D 转换得到的数值；D_m 为 A_m 经/D 转换得到的数值。AI 4×16BIT 加入的标准电信号为 4～20mA，采用单极性数据格式。因为 4mA 为总量 20mA 的 20%，而 20mA 转换为数字量 D_m 为 27 648，所以以 4mA 对应的数字量 D_0 为 5530，即经 A/D 转换后得到的数值为 5530～27 648（D_0～D_m）。

该混料装置 1 次混料的总质量为 800kg，考虑到罐自重 200kg，以及使用中罐内的少量残留原料，将空罐质量预设为 220kg。为了能够通过比较指令实现对各个质量的准确控制，首先要得到对应 220、550、800、950kg 时，模拟量输入寄存器 IW128 的数值 D_{220}、D_{550}、D_{800} 和 D_{950}。根据控制要求，可知：$D_m = 27\ 648$，$D_0 = 5530$，$A_m = 1000$kg，$A_0 = 200$kg，由式（9-1）得

$$D_{220} = (A - A_0) \frac{(D_m - D_0)}{(A_m - A_0)} + D_0 = (220 - 200) \times \frac{27\ 648 - 5530}{1000 - 200} + 5530$$
$$= 20 \times 28 + 5530 = 6090$$

$$D_{550} = (A - A_0) \frac{(D_m - D_0)}{(A_m - A_0)} + D_0 = (550 - 200) \times \frac{27\ 648 - 5530}{1000 - 200} + 5530$$
$$= 350 \times 28 + 5530 = 15\ 330$$

$$D_{800} = (A - A_0) \frac{(D_m - D_0)}{(A_m - A_0)} + D_0 = (800 - 200) \times \frac{27\ 648 - 5530}{1000 - 200} + 5530$$
$$= 600 \times 28 + 5530 = 22\ 330$$

$$D_{950} = (A - A_0) \frac{(D_m - D_0)}{(A_m - A_0)} + D_0 = (950 - 200) \times \frac{27\ 648 - 5530}{1000 - 200} + 5530$$
$$= 750 \times 28 + 5530 = 26\ 530$$

（2）温度控制分析。混料罐温度可以通过温度传感器 PT100（测温范围为 -50～200℃）与温度变送器相连，通过温度变送器将温度信号转换成标准电压信号（0～10V），送入 CPU 模块集成的模拟量输入模块的一个输入回路，实现对混料罐温度的检测。

模拟量输入模块（地址为 IW64）加入的标准电信号为 0～10V，属于单极性数据格

式。它没有偏移量，27 648 对应最大值数字量 D_m，0 对应最小值数字量 D_0。假定加热温度为 125℃，先通过 NORM_X 指令将 IW64 中的值进行 0～27 648 的标准化，然后将标准化的结果通过 SCALE_X 指令进行缩放操作，其缩放的结果即为所测温度值。当所测温度值大于或等于预设温度值时，加热炉 H 停止工作。

3. I/O 端子资源分配

根据控制要求及控制分析可知，PLC 模块需要 2 个数字量输入点和 5 个数字量输出点，温度变送器与模拟量输入通道 0 连接，质量变送器与模拟量扩展模块 AI 4×16BIT 的通道 0 连接，输入/输出分配如表 9-7 所示。

表 9-7 自动称重混料控制装置的 I/O 分配表

输入（I）			输出（O）		
功能	元件	PLC 地址	功能	元件	PLC 地址
停止按钮	SB1	I0.0	进料口 A 控制电磁阀	YV1	Q0.0
启动按钮	SB2	I0.1	进料口 B 控制电磁阀	YV2	Q0.1
温度测量	温度变送器	IW64	进料口 C 控制电磁阀	YV3	Q0.2
质量测量	质量变送器	IW96	出料口控制电磁阀	YV4	Q0.3
			搅拌电动机控制接触器	KM	Q0.4
			加热炉	H	Q0.5

4. 编写 PLC 控制程序

根据自动称重混料控制装置的分析和 PLC 资源配置，编写出 PLC 控制自动称重混料装置的梯形图程序，如表 9-8 所示。PLC 一上电，在程序段 1 中将温度模块及称重模块采集到的数值分别存储到 MW2 和 MW4 中；程序段 2 和程序段 3 分别通过标准化和缩放指令将采集的温度值送入 MD34 中；程序段 4～程序段 7 为通过比较指令判断混料罐加入各料的状态；程序段 8 为加热时的状态判断；程序段 9 为混料启动控制；程序段 10 为加料 A 控制，当按下启动按钮后，Q0.0 线圈得电使电磁阀 YV1 打开，添加 A 料；程序段 11 为加料 B 控制，当进料 A 达到 350kg 时，M1.1 动合触点闭合，Q0.0 线圈失电 YV1 闭合，同时 Q0.1 线圈得电使 YV2 打开，添加 B 料；程序段 12 为加料 C 控制，当进料 B 达到 600kg 时，M1.2 动合触点闭合，Q0.1 线圈失电 YV2 闭合，同时 Q0.2 线圈得电使 YV3 打开，添加 C 料；程序段 13 为拌料控制，在添加 C 料时 Q0.4 线圈得电，通过交流继电器 KM 控制搅拌电动机 M 运行，同时启动定时器延时；程序段 14 为停止添加 C 料控制，当加料达到 750kg 时，Q0.2 线圈失电 YV3 闭合，停止添加 C 料；程序段 15 为加热控制，当定时器延时达到 6min 时，Q0.5 线圈得电控制加热炉工作；程序段 16 为放料控制，当温度达到 120℃时，M1.4 动合触点闭合，Q0.5 线圈失电使加热炉停止工作，同时 Q0.3 线圈得电 YV4 打开；程序段 17 为放料后控制，在放料时检测到罐空 M1.0 动合触点闭合，Q0.3 线圈失电 YV4 闭合，同时 M0.2 线圈得电，为下一轮的自动称重混料操作做准备。

表 9-8 自动称重混料控制装置程序

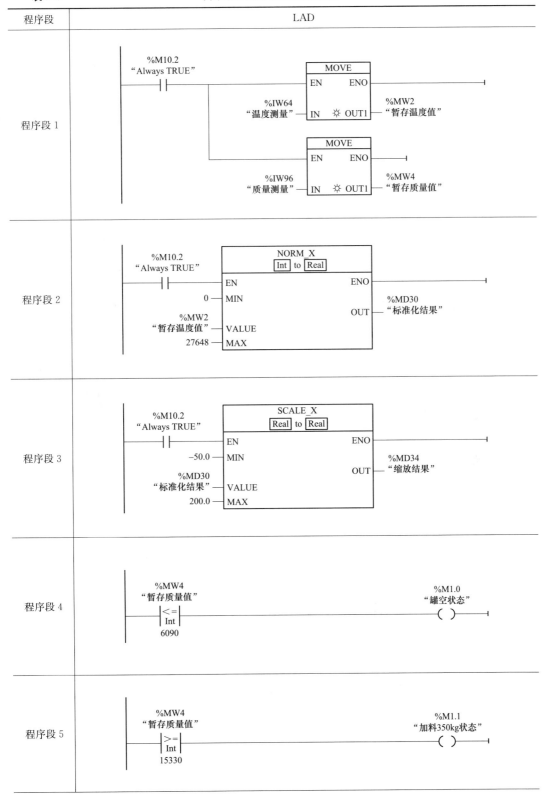

程序段	LAD
程序段 1	
程序段 2	
程序段 3	
程序段 4	
程序段 5	

程序段	LAD
程序段 6	%MW4 "暂存质量值" |>=| |Int| 22330　　　　　　　%M1.2 "加料600kg状态" ( )
程序段 7	%MW4 "暂存质量值" |>=| |Int| 26530　　　　　　　%M1.3 "加料750kg状态" ( )
程序段 8	%MD34 "缩放结果" |>=| |Real| 120.0　　　　　　　%M1.4 "加热状态" ( )
程序段 9	%I0.1　　　　　%I0.0 "启动按钮"　　　"停止按钮"　　　　　　%M0.0 ||───┬───|/|──────────"启动状态" 　　　　　│　　　　　　　　　　　　( ) %M0.0　│ "启动状态"│ ||───┘
程序段 10	%M0.0　　　　　　　　　　　　　　　%Q0.0 "启动状态"　　　　　　　　　　　"电磁阀YV1" ||───┬─────────────────(S) 　　　│ %M0.2│ "下一轮"│ ||───┘
程序段 11	%M0.0　　　　　%M1.1 "启动状态"　　　"加料350kg状态"　　　%Q0.0 ||─────────||───┬───"电磁阀YV1" 　　　　　　　　　　　│　　　(R) 　　　　　　　　　　　│ 　　　　　　　　　　　│%Q0.1 　　　　　　　　　　　│"电磁阀YV2" 　　　　　　　　　　　└───(S)

续表

程序段	LAD
程序段 12	%M0.0 "启动状态" —| |— %M1.2 "加料600kg状态" —| |— → %Q0.1 "电磁阀YV2" —(R)—；%Q0.2 "电磁阀YV3" —(S)—
程序段 13	%M1.2 "加料600kg状态" —| |—（并联 %Q0.4 "搅拌电动机" —| |—）— %M0.0 "启动状态" —| |— %M0.2 "下一轮" —|/|— → %Q0.4 "搅拌电机" —( )—；%DB1 "IEC_Timer_0_DB" TON Time：IN、PT=T#6m、Q、ET → %M0.1 "延时6min" —( )—
程序段 14	%M0.0 "启动状态" —| |— %M1.3 "加料750kg状态" —| |— → %Q0.2 "电磁阀YV3" —(R)—
程序段 15	%M0.1 "延时6min" —| |— %M0.0 "启动状态" —| |— → %Q0.5 "加热炉" —(S)—
程序段 16	%M0.0 "启动状态" —| |— %M1.4 "加热状态" —| |— → %Q0.5 "加热炉" —(R)—；%Q0.3 "电磁阀YV4" —(S)—
程序段 17	%M0.0 "启动状态" —| |— %M1.0 "罐空状态" —| |— → %Q0.3 "电磁阀YV4" —(R)—；%M0.2 "下一轮" —( )—

参 考 文 献

［1］陈忠平. 西门子 S7-200 SMART PLC 从入门到精通［M］. 北京：中国电力出版社，2020.

［2］陈忠平. 西门子 S7-200 SMART 完全自学手册［M］. 北京：化学工业出版社，2020.

［3］陈忠平. 欧姆龙 CP1H 系列 PLC 完全自学手册［M］. 2 版. 北京：化学工业出版社，2018.

［4］陈忠平. 西门子 S7-300/400PLC 从入门到精通［M］. 北京：中国电力出版社，2019.

［5］陈忠平. 西门子 S7-300/400 快速入门［M］. 北京：人民邮电出版社，2012.

［6］陈忠平. 西门子 S7-300/400 快速应用［M］. 北京：人民邮电出版社，2012.

［7］陈忠平. 西门子 S7-300/400 PLC 从入门到精通［M］. 北京：中国电力出版社，2018.

［8］陈忠平. 西门子 S7-1500 PLC 从入门到精通［M］. 北京：中国电力出版社，2022.

［9］廖常初. S7-1200/1500 PLC 应用技术［M］. 北京：机械工业出版社，2018.

［10］刘华波，刘丹，赵岩岭，等. 西门子 S7-1200 PLC 编程与应用［M］. 北京：机械工业出版社，2011.

［11］崔坚. SIMATIC S7-1500 与 TIA 博途软件使用指南［M］. 北京：机械工业出版社，2016.

［12］刘长青. S7-1500 PLC 项目设计与实践［M］. 北京：机械工业出版社，2016.